普通高等教育"十一五"国家级规划教材

 石油和化工行业"十四五"规划教材

 国家级一流本科课程建设成果教材

制药工艺学

（第三版）

元英进　赵广荣　李炳志　主编

U0212036

微信扫描二维码，
获取本书配套数字资源，
首次使用时请按封底说明进行正版认证

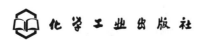

化学工业出版社

·北京·

内容简介

制药工艺是把药物产品化的一个技术过程，是现代医药行业的关键技术。《制药工艺学》（第三版）以制药技术特征和共性规律为基础，对生物制药、化学制药等进行整体设计与有机整合，结合现代制药企业的制药工艺要求和生产质量管理规范，设置生物制药工艺篇、化学制药工艺篇和共性技术篇，共计二十五章，对制药工艺进行了详细全面阐述。内容上充分突出核心知识单元，明确知识点，包括工艺原理、工艺研发与计算设计、工艺过程与控制及反应设备，并进行典型产品应用示范举例。

绪论介绍制药工艺在整个药品生产制造流程工业中的地位和重要性，制药工艺的种类、特点及所涵盖的内容。生物制药工艺篇，按上下游关系进行内容设计，包括微生物发酵工程制药工艺、基因工程制药工艺、合成生物学制药工艺、酶工程制药工艺、动物细胞工程制药工艺等，典型产品包括氨基酸、抗生素、维生素、重组人干扰素、重组人红细胞生成素、抗体药物、基因药物、疫苗等生产工艺。化学制药工艺篇，按反应与合成关系进行内容设计，包括化学制药工艺路线设计、化学制药工艺研究、手性制药工艺、连续流制药工艺，典型产品包括奥美拉唑、紫杉醇、头孢菌类抗生素等生产工艺。共性技术篇，按生物制药和化学制药工艺的共性技术需求进行内容设计，包括质量源于设计与制药工艺优化、反应器设计与放大、制药工艺计算、制药中试工艺研究与验证、"三废"处理工艺等。

《制药工艺学》（第三版）充分反映了现代医药行业的发展方向，体现了原料药的制造技术前沿。本教材基础理论知识丰富，应用参考价值高，适用范围广，适合于制药工程、生物制药、药学、药物制剂等专业的本科生，还可作为医药科研、生产等相关技术人员的参考书。

本书配有微课视频、在线习题、教学课件和知识图谱，读者可扫码使用。

图书在版编目（CIP）数据

制药工艺学 / 元英进，赵广荣，李炳志主编.
3版. -- 北京：化学工业出版社，2024．8（2025．5重印）. -- ISBN
978-7-122-46107-0

Ⅰ．TQ460.1

中国国家版本馆 CIP 数据核字第 2024HF9850 号

责任编辑：徐雅妮　马泽林　孙凤英　　装帧设计：关　飞
责任校对：刘　一

出版发行：化学工业出版社
　　　　　（北京市东城区青年湖南街 13 号　邮政编码 100011）
印　　装：大厂回族自治县聚鑫印刷有限责任公司
787mm×1092mm　1/16　印张 29¼　字数 754 千字
2025 年 5 月北京第 3 版第 2 次印刷

购书咨询：010-64518888　　　　售后服务：010-64518899
网　　址：http://www.cip.com.cn
凡购买本书，如有缺损质量问题，本社销售中心负责调换。

定　　价：79.00 元

《制药工艺学》（第三版）
编写人员

主　　编　元英进　赵广荣　李炳志

编写人员（以姓氏汉语笔画为序）

丁明珠　天津大学合成生物与生物制造学院
元英进　天津大学合成生物与生物制造学院
冯　霞　天津大学理学院
朱宏吉　天津大学合成生物与生物制造学院
李炳志　天津大学合成生物与生物制造学院
李艳妮　天津大学合成生物与生物制造学院
吴成军　沈阳药科大学制药工程学院
邱江凯　南京工业大学生物与制药工程学院
张　磊　博雅干细胞科技有限公司
赵广荣　天津大学合成生物与生物制造学院
钟为慧　浙江工业大学药学院
袁　鑫　南京工业大学生物与制药工程学院
郭　凯　南京工业大学生物与制药工程学院
董　敏　天津大学合成生物与生物制造学院
程景胜　天津大学合成生物与生物制造学院

前　言

我国是全球第一大原料药出口国、第二大医药消费市场和药品研发服务贸易出口国，目前制药行业进入高质量发展的新阶段，对制药人才需求旺盛。制药工艺学是教育部制药工程本科专业教学质量国家标准中的核心课程，在专业人才培养中具有举足轻重的地位。

教材是人才培养的重要载体，教材质量直接关系着立德树人的宗旨和人才自主培养质量。2007年天津大学制药工艺学教学团队组织编写出版了《制药工艺学》，本书是我国第一批制药工程专业核心教材之一，并入选了普通高等教育"十一五"国家级规划教材。本教材于2017年修订再版，2018年获得中国石油和化学工业优秀教材一等奖。为了满足线上教学的需求，2021年我们建设了制药工艺学在线题库，共计3000余道试题，包括选择题、判断题、填空题、简答题、计算题、设计题等，在化学工业出版社的易测网上线。

在本教材首版后的十余年里，天津大学制药工艺学教学团队坚持教学改革与教材建设并举，先后建成国家级教学团队、制药工艺学国家级精品课程、国家级精品资源共享课程。2021年天津大学制药工程获批国家级一流专业建点，2023年天津大学生物制药工艺学课程、重组人红细胞生成素制造工艺虚拟仿真实验课程均被教育部认定为国家级一流课程，在制药工程本科人才培养中起到了示范引领作用。

自本教材第二版出版以来，制药技术发展迅猛，尤其是生物制药技术。合成生物学引领生物制药发展，酶工程技术和连续流技术得到广泛应用，细胞药物、基因药物和mRNA疫苗等相继批准上市。2017年以来，我国加入人用药品技术要求国际协调理事会（ICH），修订了药品监管的法律、行业法规，发布了细胞药物等评价技术指导原则，药品监管体系日益完善。基于以上发展变化，我们对《制药工艺学》教材再次修订。

本教材包括生物制药工艺篇、化学制药工艺篇和共性技术篇。本次修订，在生物制药工艺篇，增加了酶工程、合成生物学等绿色制药技术，增加了抗体药物、基因药物、疫苗等药品制造工艺实例。在化学制药工艺篇，优化了化学制药工艺路线的设计方法，精简了化学制药工艺研究，引入智能制造，增加连续流制药工艺。为了使教材内容与时俱进，我们对其他章节内容也进行了修订和优化，并配套提供了微课视频、在线习题、教学课件和知识图谱，辅助读者提升学习效果。

本教材由教学、科研、生产一线的工作者共同完成，具体分工如下：第 1 章绪论，元英进、赵广荣、李炳志；第 2 章微生物发酵工程制药工艺，程景胜、元英进；第 3 章基因工程制药工艺，赵广荣、元英进；第 4 章合成生物学制药工艺，李炳志、元英进；第 5 章酶工程制药工艺，董敏；第 6 章动物细胞工程制药工艺，赵广荣、元英进；第 7 章氨基酸发酵生产工艺，程景胜、元英进；第 8 章抗生素发酵生产工艺，程景胜、元英进；第 9 章维生素发酵生产工艺，丁明珠、元英进；第 10 章重组人干扰素生产工艺，赵广荣、张磊；第 11 章重组人红细胞生成素生产工艺，赵广荣、元英进；第 12 章抗体和基因药物生产工艺，李炳志；第 13 章疫苗生产工艺，李炳志；第 14 章化学制药工艺路线设计，李艳妮；第 15 章化学制药工艺研究，李艳妮；第 16 章手性制药工艺，吴成军；第 17 章连续流制药工艺，郭凯、邱江凯、袁鑫；第 18 章奥美拉唑生产工艺，李艳妮；第 19 章紫杉醇生产工艺，冯霞、元英进、李艳妮；第 20 章头孢菌类抗生素生产工艺，钟为慧；第 21 章质量源于设计与制药工艺优化，赵广荣、朱宏吉；第 22 章反应器设计与放大，朱宏吉；第 23 章制药工艺计算，朱宏吉；第 24 章制药中试工艺研究与验证，朱宏吉、赵广荣；第 25 章三废处理工艺，朱宏吉。

本教材第一版、第二版所有作者的原创性工作，为本次修订奠定了坚实基础。在修订过程中，化学工业出版社给予了大力支持。在此，对他们的热心帮助和鼎力支持一并致以衷心的感谢。

制药工艺学发展很快，新技术、新方法和新设备迭代呈现。虽然编者进行了大量取材和精心编写，但由于时间紧迫，加之编者业务水平有限，不足之处在所难免，恳请读者在使用中提出宝贵意见和建议，以便在今后修订和完善。

编者

2024 年 3 月

第一版前言

制药工程是建立在化学、药学、生物技术和工程学基础上的新兴交叉学科，主要解决药品生产过程中的工程技术问题和实施"药品生产质量管理规范"（GMP），实现药品的规模化生产和规范化管理。通过研究化学或生物反应及分离等单元操作，探索药物制造的基本原理及实现工业化生产的工程技术，包括新工艺、新设备、GMP改造等方面的研究、开发、放大、设计、质控与优化等。

1995 年首先在美国科学基金的资助下，在新泽西州立大学 Rutgers 分校（The State University of New Jersey，Rutgers）诞生了制药工程研究生教育计划，标志着制药工程专业研究生教育的开端。现在美国、加拿大、英国、德国、日本和印度等国家高校都有制药工程专业本科生和研究生教育。我国教育部于 1998 年在化工与制药类下设置制药工程本科专业，授予工学学士学位，现已有百余所高校开办制药工程专业本科教育。1998 年国务院学位办批准培养制药工程领域工程硕士研究生，2003 年又批准培养制药工程工学研究生，基本形成了我国制药工程学科、专业教育体系。

为了适应现代制药行业对高层次人才的需求，作者在《现代制药工艺学（上册）》（化学工业出版社，2004 年）使用的基础上，经过多次研讨和交流，对教材的结构、层次、内容等方面进行修改，编写了《制药工艺学》，作为普通高等教育"十一五"国家级规划教材，用于制药工程专业的学位课程教学用书。

本书以制药技术特征和共性规律为基础，对化学制药、生物技术制药进行整体设计与有机整合，结合现代制药企业的制药工艺要求和生产质量管理规范，设置化学制药、生物技术制药和共性技术三个领域，对制药工艺学进行了较详细、全面的阐述。内容上充分突出核心知识单元，扩展选修知识单元，明确知识点，包括工艺原理、工艺过程及设备、质量控制，并进行典型产品应用示范举例。

第一章绪论（元英进，赵广荣），介绍制药工艺学在整个药品生产制造的流程工业中的地位和重要性，制药工艺的种类、其特点及所涵盖的内容；制药技术的发展历史、现状及其展望。

第一篇为化学制药工艺，按反应与合成关系进行核心单元设计，包括八章：第二章化学制药工艺路线的设计与选择（孙铁民），第三章化学制药的工艺研究（孙铁民），第四章手性制药技术（冯霞、元英进），第五章氯霉素生产工艺（孙铁民），第六章紫杉醇生产工艺（冯霞、元英进），第七章半合成抗生素生产工艺（孟舒献），第八章甾体激素生产工艺（孟舒献），第九章其他典型合成药物生产工艺（罗振福）。

第二篇为生物技术制药工艺，按生物培养特征和制药特点进行编写，包括十一章：第十章微生物发酵制药工艺（赵广荣、元英进），第十一章抗生素发酵生产工艺（赵广荣、元英进），第十二章氨基酸发酵生产工艺（赵广荣、元英进），第十三章维生素发酵生产工艺（赵广荣、元英进），第十四章基因工程制药工艺（赵广荣、元英进），第十五章重组人干扰素生产工艺（张磊、李梅、田莉、徐建宽），第十六章重组人胰岛素与重组人生长素生产工艺（李梅、张磊），第十七章动物细胞培养制药工艺（赵广荣、元英进），第十八章重组人红细胞生成素生产工艺（赵广荣、元英进），第十九章抗体药物制备工艺（赵广荣、元英进），第二十章疫苗制备工艺（刘建源、王宁）。

第三篇为共性技术，按生物技术制药和化学制药工艺的共性技术需求进行内容设计，包括四章：第二十一章反应器（朱宏吉、闻建平），第二十二章制药工艺计算（朱宏吉），第二十三章制药工艺放大研究（孙铁民、罗振福、赵广荣），第二十四章三废处理工艺（康勇）。

本书不仅有扎实的理论基础，而且结合典型产品的整个制造过程进行阐述，做到理论密切联系实践。力求反映现代医药行业的发展方向，努力体现生物技术制药和化学制药领域的发展前沿。通过对本书的学习，可以系统地掌握制药工艺技术的基本原理、理论和方法，掌握制药过程的主要工艺技术和关键操作要点，并能够运用所学知识进行制药工艺的创新，改革老产品生产工艺及开展新药的研制与开发等方面的工作，了解制药工艺学的最新方法及研究进展。

天津华立达生物工程有限公司为本书提供了基因工程菌生产干扰素的工艺应用，李小兵博士、乔建军副教授、程景胜博士、范秀媛高级工程师等参与了部分内容的资料收集和编写。在此，对他们的热心鼎力支持一并致以衷心的感谢。

制药工艺学发展很快，特别是新技术和新方法、新设备的应用。虽然编者进行了大量详细的取材和精心编写工作，但由于时间紧迫，加之自身的业务水平，不妥之处在所难免，望读者在使用中提出宝贵的批评和建议。

编者

2006 年 12 月

第二版前言

《制药工艺学》自 2007 年出版以来，经过了 10 年的教学实践和使用，取得了显著成效。2009 年制药工艺学课程教学团队被评为国家级教学团队，2015 年制药工艺学课程转型升级为国家精品资源共享课程，教学内容全部在爱课程网上线。

在过去的 10 年里，我国经济全面高速发展，制药企业进行了两轮 GMP 认证，制药行业得到前所未有的发展。我国已成为全球制药大国，制药产业对国民经济的贡献率不断提高。目前，我国正在全面建设创新型国家、实施《中国制造 2025》，进入经济转型和产业升级的新阶段。我国有望成为全球第二大医药市场，制药企业正在走出国门、全球化发展，制药行业正在转向创药与制药相结合、内涵式发展，全面提升药品质量，保障患者用药安全。为了适应我国制药行业发展对制药工程专业人才的创新性和国际化的新要求，我们对《制药工艺学》教材进行了全面修订。

本次修订坚持以下基本原则：

第一，将药品研发和生产的法规要求与制药工艺相结合，体现本教材的实用性，服务于研发与生产型适用性人才的培养；

第二，将最新前沿科技成果与制药工艺相结合，体现本教材的先进性，服务于创新型人才培养；

第三，将质量源于设计引入制药工艺的研究中，体现本教材与国际接轨，服务于国际化人才培养；

第四，将增加新内容与精简相结合，体现本教材结构的科学性和教学内容的完整性，服务于教师的讲授和学生的自学。

为此，我们对教材的组织结构和知识体系进行了调整，删去了个别典型产品的生产工艺，精简了部分章节，增加了新的章节。把生物制药工艺调整为第 1 篇，删去"重组人胰岛素和重组人生长素生产工艺"、"抗体药物制备工艺"、"疫苗制备工艺"。把化学制药工艺调整为第 2 篇，删去"氯霉素生产工艺"、"甾体激素生产工艺"、"其他典型合成药物生产工艺"，增加"化学制药工艺安全性"。第 3 篇为共性技术，增加"质量源于设计与制药工艺优化"。

本教材的修订工作由教学、科研、生产一线工作者共同完成，具体分工如下：第 1 章绪论，元英进、赵广荣；第 2 章微生物制药工艺，赵广荣、元英进；第 3 章抗生素发酵生产工艺，程景胜、元英进；第 4 章氨基酸发酵生产工艺，赵广荣、元英进；第 5 章维生素发酵生产工艺，丁明珠、元英进；第 6 章基因工程制药工艺，赵广荣、元英进；第 7 章重组人干扰素生产工艺，张磊、李梅、田莉、徐建宽、赵广荣；第 8 章动物细胞制药工艺，赵广荣、元英进；第 9 章重组人红细胞生成素生产工艺，赵广荣、元英进；第 10 章化学制药工艺路线的设计方法，李艳妮、孙铁民；第 11 章化学制药工艺研究，李艳妮、孙铁民；第 12 章化学制药工艺安全性，李振华、钟为慧；第 13 章手性制药工艺，宋航；第 14 章奥美拉唑生产工艺，李艳妮；第 15 章紫杉醇生产工艺，冯霞、元英进；第 16 章头孢菌类抗生素生产工艺，钟为慧；第 17 章质量源于设计与制药工艺优化，赵广荣、郭铭；第 18 章反应器与放大设计，朱宏吉；第 19 章制药工艺计算，朱宏吉；第 20 章制药中试工艺研究与验证，赵广荣；第 21 章三废处理工艺，朱宏吉。

本教材第一版所有作者的原创性工作，为本次修订奠定了坚实基础。受教育部高等学校药学类专业教学指导委员会的委托，2016 年 7 月由天津大学承办了第一届全国高校制药工艺学骨干教师培训班，授课专家和参会教师对制药工艺学教材修订提出了宝贵意见与有益建议。在问卷调查中，先后收到多所兄弟院校教师对制药工艺学教材的编写建议。在修订过程中，化学工业出版社给予了大力支持，天津大学制药工程专业研究生马雅婷、宋倩倩、曹嘉誉、张雷、李士林、苑林晨、王恩旭、杨慧、田丽、宋顺意、刘金丛、孙晓翠等参与了部分资料收集、绘图和计算等工作。在此，对他们的热心帮助和鼎力支持一并致以衷心的感谢。

制药工艺学发展很快，特别是新技术、新方法、新设备的应用。虽然编者进行了大量详细的取材和精心编写工作，但由于时间紧迫，加之编者自身的业务水平有限，不足之处在所难免，望读者在使用中提出宝贵的意见和建议，以便进一步完善。

编　者

2017 年 6 月

目 录

第1篇　生物制药工艺

第2篇 化学制药工艺

第3篇 共性技术

第1章

绪　论

学习目标

▶ 掌握制药工艺学的基本概念、制药工艺的主要类型及其区别；根据药物特点，能合理选择制药工艺路线，并理解制药工艺的研究内容。

▶ 理解制药工艺在制药链中的地位，了解制药工艺研发和生产与制药法规的关系。

▶ 理解化学制药和生物制药技术、制药工业的发展历程与现状，培养创新精神。

▶ 了解本教材的全貌，制定适合自己的学习方法，形成终身学习能力。

制药工艺是生产药物的工程技术，在制药链中占有重要地位，往往是药物产业化的桥梁与瓶颈。只有生产出一定数量和质量合格的药物，才能进行临床前和临床试验评价。也只有被药监部门批准的制药工艺，才能用于药物的工业生产。可见，制药工艺的研发既要接受药监部门发布的有关技术指导原则，同时也要遵守安全生产、环境保护等法规，其目的是建立工艺稳定、风险可控、药品质量保证的工业化生产工艺。本章对制药工艺的研究内容、制药技术和产业发展等进行概述，提出本教材的使用和主要学习方法。

1.1　概　述

药物研究开发、生产制造受到高度严格的法规监管，制药工艺及其路线要与不同药物类型相一致。现代制药的特点是技术含量高、智力密集，发展方向是全封闭自动化、全程质量控制、在线可视化分析监测、大规模反应器生产和新型分离技术的综合应用。这就要求制药工艺的研发和生产必须通过技术创新，才能达到工业化生产和临床应用。

1.1.1　制药工艺学

制药工艺学（pharmaceutical technology）是研究药物生产工艺原理及其控制的科学，包括工艺路线与原辅料选择、反应或分离或混合工艺参数与过程控制、中试放大与工艺验证，从而建立稳定、可控的药物生产过程。

（1）制药链

从药物发现、研究与开发、工业化生产到产品上市销售，要经历很多环节和过程，这就构成了制药链（pharmaceutical pipeline）。制药工艺的研发贯穿于整个制药链，在药物研发过程和生产不同阶段，制药工艺的研究深度也不尽相同（图1-1）。

在活性药物分子确定之后，制药工艺的开发就开始了。在临床前，往往需要百克级化学原料药，这个阶段主要是工艺路线筛选和初期工艺开发，包括工艺确认、中间体和放大等问题。在临床阶段，需要千克级原料药，这个阶段主要是工艺路线的优化和确定关键参数的详细研发。完成临床试验后，需要固定工艺路线、选择生产装置和设备、车间建设、工艺验证，并进行上市注册申请。在工业化生产阶段，可能需要扩产、降低成本，进行工艺优化和变更验证。专利期结束后，可能有仿制药物工艺研发和生产。

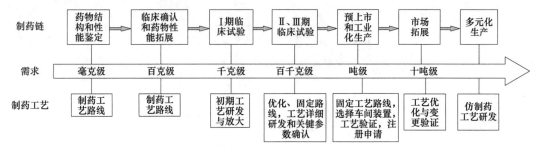

图 1-1　制药链与制药工艺（以化学原料药为例）

（2）制药过程规模

按制药工艺研究的规模，可分为小试、中试及工业化试验三个步骤，分别在实验室、中试车间和生产车间进行（图 1-2）。

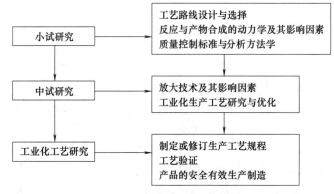

① **小试研究**　在实验室规模的条件下进行，研究化学或生物合成反应或剂型化步骤及其规律，工艺参数与原辅料对产率、收率、质量的影响，特别关注杂质的来源与去向，估算成本。研

图 1-2　制药工艺研究的过程

究建立成品、半成品、中间品、原辅料的检验分析与质量控制方法。最终选择合理的工艺路线，确定质量保证的工艺参数与操作条件，为中试放大研究提供技术资料。

② **中试研究**　在中试车间的条件下，进行工艺试验。研究放大方法及其影响因素，确定最佳工艺参数与控制。进行物料衡算、能量衡算，对工艺进行经济性评价。取得工业生产所需的资料和数据，为工程设计和工业化生产奠定基础。

③ **工业化工艺研究**　基于中试研究成果，初步制定出生产工艺规程，在生产车间进行试生产。研究车间的工艺参数及控制，并进行工艺优化，完善生产工艺规程。对工艺进行验证，在各项指标达到预期要求后，进行正式生产。在工业生产过程中，要监测风险因素，及时根据科学技术的进步，不断研究和改进工艺，修订生产工艺规程，降低风险，提高企业的经济效益和社会效益。

（3）制药生产过程

制药属于流程工业，由若干个车间按一定的工艺流程进行药物生产。药物生产过程包括工艺过程和辅助过程。工艺过程是由直接相关的一系列操作单元与控制组成，包括化学合成反应（如配料比、温度与压力、催化剂与时间、通气与搅拌）或生物合成反应（微生物发酵、细胞培养）过程、分离纯化过程（如萃取、离心、过滤、色谱、结晶）与质量控制（如原辅料、中间体与终端产品）。辅助过程包括基础设施的设计和布局、动力供应、原料供应、包装、储运、三废处理等。在生产制造过程中，药典（pharmacopoeia）和 GMP（good manufacturing practices for drugs）几乎是指导性的中心，对药品安全和有效性起关键作用。

1.1.2 制药工艺的类别

（1）药物种类与制药工艺类型的关系

根据《中华人民共和国药品管理法》，药品（medicines，drugs）是指用于预防、治疗、诊断人的疾病，有目的地调节人的生理机能并规定有适应证或者功能主治、用法和用量的物质。根据上市药品注册管理办法，分为中药（traditional Chinese medicines）和天然药物（natural medicines）、化学药物（chemical drugs）、生物制品（biologics 或 biologic products）三类，下分为创新药、改良型新药、仿制药或生物类似药。中药材、中药饮片和中成药属于中药，应该在传统中医药理论的指导下研究开发和使用。化学药物和生物制品属于现代药物，以现代医学理论和方法研究开发和使用。化学药物是以结构基本清楚的化学原料为基础，通过合成、分离提取、化学修饰等方法所得到的一类药物。生物制品是指以微生物、寄生虫、动物毒素、生物组织作为起始材料，采用生物学工艺或分离纯化技术制备，并以生物学技术和分析技术控制中间产物和成品质量制成的生物活性制剂。

按照制造技术可分为化学合成药物、生物合成药物。基于知识产权情况，药物可分为专利药物或原研药物和仿制药物（generics 或 generic drugs）。原研药物是指新分子实体首次被研发和批准注册的药物。仿制药物是指与原研药物在活性成分、剂型、规格、给药途径、适应证、生物等效（安全性和效力）一致的一种替代药品，其中非活性成分可以不同。仿制药物具有降低医疗支出、普惠药品、提升医疗服务水平等重要经济和社会效益，世界各国都加强仿制药物的研发。

随着生物制品原研药的专利过期，世界各国相继开展生物类似药（biosimilars）开发。2015年国家食品药品监督管理总局发布了《生物类似药研发与评价技术指导原则（试行）》。生物类似药是指在质量、安全性和有效性方面与已获准上市的参照药具有相似性的治疗性生物制品。

根据起始物料的种类，可分为化学制药工艺和生物制药工艺。起始物料含有生物性原料，如生物酶、微生物、细胞、组织器官或生物体的制药工艺，为生物制药工艺。以化学品起始但不含生物性原料的合成工艺，为化学制药工艺。中药制药工艺是以中药材为起始物料进行加工和生产。从制药生产看，药物可分为原料药和制剂。按照原料来源结合制造方法进行分类，更有利于阐明药物制造的工艺特点。为此，可根据典型的药物生产过程，把制药工艺过程分为 4 类：化学制药工艺、生物制药工艺、中药制药工艺和药物制剂工艺（表 1-1）。

表 1-1 各类制药工艺过程及其特点

类别	工艺特点	产品
化学制药工艺	连续多步化学合成反应，分离纯化后处理过程	化学药物、短肽和寡核苷酸药物等
生物制药工艺	生物合成反应（反应器，一步）生成产物，随后多步分离纯化过程	生物制品，植物源或微生物源化学药物或半合成原料、中间体、手性试剂等
中药制药工艺	提取分离单元操作组合（多步）	提取物，中成药
药物制剂工艺	制剂工程技术，使原料药剂型化，最终的临床使用剂型	片剂、胶囊剂、注射剂、冻干剂等

对于原料药生产，可选择的工艺策略有天然原料的直接提取分离、化学全合成、化学半合成、微生物发酵、动物或植物细胞培养，甚至是转基因植物的种植与转基因动物的养殖，很大程度上基于工艺的经济可行性和产品的安全性考虑。

对于化学原料药物，主要通过化学合成工艺生产。但是对于手性结构相对复杂、分子量较大、化学合成工艺经济性较差的药物，可选择天然提取或生物制药。如葛根素、长春碱、青蒿素等植物源药物，采用提取工艺，从葛根、长春花、青蒿植物中提取。青霉素、头孢菌素、氨基酸等微生物源药物，采用发酵制药工艺生产。有些药物的生产工艺是由化学制药和生物制药相互衔接、有机组成，如维生素C。首先是化学合成工艺，以D-葡萄糖为原料，高温高压下氢化反应，生成D-山梨醇。然后经过两步发酵工艺，生成2-酮基古龙酸，最后经过酸或碱催化合成工艺，内酯化和烯醇化，生成维生素C。有些药物经过化学半合成工艺，最后是生物发酵工艺，如氢化可的松。从薯芋植物中分离提取薯蓣皂素为原料，经过化学半合成工艺，获得醋酸化合物S，再经过梨头霉菌的发酵，对C11位进行特异性的羟化，生成氢化可的松。

对于生物制品，主要采用生物制药工艺生产。但由于技术的限制，有些生物制品仍然是从生物原料中直接提取分离，如血液及其制品、肝素等。

（2）化学制药工艺

化学制药工艺是化学合成药物的生产工艺原理、工艺路线的设计、选择和改造，在反应器内进行反应合成药物的过程。化学制药工艺，主要研究配料比、反应介质或溶剂、温度、压力、催化剂、时间等对反应过程和产率等的影响。工艺研究还包括各反应步骤相关的分离纯化技术及其单元组合对收率的影响。

化学制药工艺可分为全合成（total synthesis）工艺和半合成（semisynthesis）工艺两种。化学全合成工艺是由简单的化工原料经过一系列的化学合成和物理处理，生产药物的过程。由化学全合成工艺生产的药物称为全合成药物，如奥美拉唑。化学半合成工艺是由已知的具有一定基本结构的天然产物经过化学结构改造和物理处理，生产药物的过程。这些天然产物可以从天然原料中直接提取或通过生物合成途径制备，如巴卡亭Ⅲ、头孢菌素C等。由化学半合成工艺生产的药物称为半合成药物，如紫杉醇、头孢噻肟。

（3）生物制药工艺

生物制药工艺是以生物体和生物反应和分离过程为基础，包括上游过程和下游过程。上游过程是以生物材料为核心，依赖于生物机体或细胞的生长繁殖及其代谢，目的在于获得药物，包括药物研发（涵盖菌种或细胞的选育）、培养基的组成与制备、无菌化操作、大规模微生物发酵或细胞培养工艺的检测与控制等。上游过程属于生物加工过程，如基因工程、发酵、细胞培养等是核心技术。下游过程是以目标药物后处理为核心，属于生物分离过程，包括产物提取、分离、纯化工艺，产品的检测及质量保证等。不同类型的生物制药工艺，主要是上游过程的差异，其形成的产品不同，下游过程具有相似性。上游过程的研究内容是菌种和细胞系的建立、pH、溶解氧、搅拌、培养基组成及其操作方式对细胞生长和产物合成及其产率的影响。细胞生长和药物生产与培养条件之间的相互关系是生物制药过程优化的理论基础。

1.1.3　原料药工艺的选择标准

确定制药工艺路线是继起始物料筛选之后进行工艺研究的第一步，也是至关重要的一步，直接决定了后续的各环节和研究内容。需要充分调研文献和理论依据，深入研究，提供试验依据，反复论证，综合评估，慎重确定。

对于工业化的原料药工艺路线，业界已经提出了要遵循的核心选择标准"SELECT"如下。

① 安全性（safety）　包括产品质量和工艺过程的安全性。原料药纯度达到98%以上，符合质量标准。反应和操作的安全性，防热失控引发的爆炸和火灾，防止刺激、剧毒试剂和中间体等暴露对人员健康的危害性。

② 环境（environment）　最大限度地利用资源，减少污染，对危害环境和禁止使用的溶剂或化学品进行替代，能解决废水、废气、废渣等三废问题，排放符合国家环境保护法规，绿色环保清洁生产工艺。

③ 合法性（legal） 包括知识产权和试剂中间体的使用。明确化合物专利及其市场前景情况，具有自主知识产权的工艺。避开已有的工艺路线专利，不存在知识产权纠纷，无违禁物品使用。

④ 经济性（economics） 制药工艺路线最短、最简，收率高，生产成本最低，能满足研发和投资，有良好的市场经济性预期，效益最大化。

⑤ 控制（control） 通过工艺参数控制，能达到中间体及成品的质量稳定，满足 GMP 要求，工业化生产具有可行性。

⑥ 产出（throughput） 能适应工艺开发时间进程，进行相应规模生产，起始物料满足工艺注册的要求，并且来源和质量有保障。

1.2 化学制药发展

化学制药的起源可以追溯到中国古代的炼丹术。距今 3000 多年的周代就已经有了关于石胆（胆矾、硫酸铜）、丹砂（朱砂、硫化汞）、雄黄（硫化砷）、矾石（硫酸铝钾）、磁石（氧化锆）的制取方法和治病记录。根据统计，中国古代炼丹术所涉及的化学药物有 60 余种，炼丹的方法大致有加热、升华、蒸馏、沐浴、溶液法等。

1.2.1 全合成制药

随着自然科学和技术的发展，19 世纪末染料化学工业的发展和化学治疗学说的创立，人们对大量的化工中间体和副产物进行了药理活性研究，药物合成突破了仿制和改造天然药物的范围，转向合成与天然产物完全无关的人工合成药物，如对乙酰氨基酚（扑热息痛）、磺胺类药物，开创了化学合成制药。1867 年合成神经传导的药物乙酰胆碱，1892 年合成可卡因的代用品，1905 年合成了普鲁卡因，1896 年用多元醇通过硝化成酯制备了硝酸甘油酯。

20 世纪初期，化学药品生产大多是在德国。1907 年人工合成 606，用来治疗梅毒。1927 年开始研究金黄色物质、吖啶类和偶氮染料的抗菌活性，开始了磺胺类药物的研究。1931 年，将磺胺官能团引入到偶氮染料分子上，相继合成了大量的磺胺染料。1932 年合成了百浪多息（prontosil），其有很强的抑菌活性并首次用于临床治疗细菌感染。随后，合成了大量的磺胺化合物，研发了磺胺醋酰、磺胺噻唑、磺胺嘧啶。总结了磺胺类药物的结构与抑菌活性的关系，并由此开发出了数十个临床应用的磺胺药。磺胺类药物的问世在化学合成药及其临床治疗上具有里程碑的意义，极大地推进了现代制药工业的发展。

1.2.2 半合成制药

20 世纪 60 年代，新型半合成抗生素工业崛起。1959 年获得了 6-氨基青霉烷酸（6-APA）、半合成青霉素和头孢菌素，得到了耐酸、耐酶、对耐药菌株有效的广谱青霉素，进入了用化学方法对已有的抗生素进行化学结构改造的新时期，开创了抗生素研制的新途径，也使大量的半合成青霉素在此期间进入临床应用，代表性药物有氨苄青霉素、羟氨苄青霉素、苯咪唑青霉素等。

20 世纪 70 年代，随着新的有机合成试剂、新的合成技术、新的化学反应的不断得到应用，促进了制药的发展，使合成药物的品种和产量迅速增长，生产规模日益扩大。出现的一系列钙拮抗剂、血管紧张素转化酶抑制剂和 3-羟基-3-甲戊二酰辅酶 A 还原酶抑制剂，用于治疗高血压和心血管疾病。20 世纪 80 年代初期，诺氟沙星（氟哌酸）正式用于临床后，引发了对喹诺酮类抗菌药的研究热潮，开发出了环丙沙星、洛美沙星、氧氟沙星等一系列抗菌药物。

1.2.3 手性制药

20世纪50年代，沙利度胺（thalidomide，商品名为反应停），商品名为以消旋体形式上市销售，作为镇静剂用于缓解孕妇妊娠反应。1961年发现服用此药的孕妇产下了四肢呈海豹状的畸形儿，即反应停事件。该药致畸案例多达17000例以上，在全世界引起震惊，成为20世纪国际医药界最大的药害事件。同时，该事件引发了对手性制药的认识：反应停的一对对映体中，只有S-对映体代谢的产物具有很强的胚胎毒性和致畸作用，而其R-对映体却是安全有效的。

20世纪90年代以前，化学合成药物绝大多数是外消旋体药物。之后，手性药物因其疗效高、毒副作用小、剂量小在全世界迅猛兴起。1983～2002年全球上市730个药物，其中非手性分子（achirals）占38%，混旋体为23%，单一对映体为39%。单一对映体中，多中心手性分子为33%，只有6%为单中心手性。1991～2002年美国FDA批准304个新分子实体，其中非手性分子占42%，混旋体为14%，多中心单一对映体为36%，只有单手性单一对映体为8%。目前在世界销售的近2000个药物中，手性药物占到50%以上，而且单一对映体越来越多，混旋体越来越少。研究开发生产单一对映体手性药物成为现代制药工艺的一项紧迫任务。

1.3 生物制药发展

1919年，匈牙利农业经济学家K.Erecky提出生物技术（biotechnology），并给出最早的定义：生物技术是以生物体为原料，制造产品的技术。1970年以后，诞生了细胞技术和基因工程技术及其应用。1980年，国际经济合作与发展组织给出生物技术的定义：生物技术是应用自然科学与工程学原理，依靠生物性成分（biological agents）的作用将原料进行加工，以提供产品或用于服务社会的技术。其中的生物性成分包括活或死的生物、细胞、组织及其从中提取的生物活性物质，如酶。原料可以是无机物，也可以是有机物，被生物所利用。如果生产的产品为药物，就是生物技术制药（biotechnology pharmaceutical，简称生物制药，biopharmaceutical）。然而在制药行业，只有采用现代生物技术（基因工程和细胞工程技术）生产制造的药物才是生物药物（bio-medicines）或生物制剂（biological agent）。

1.3.1 微生物发酵制药

微生物包括病毒、细菌和真菌，是重要的制药生物。对微生物进行培养，生产有用化学品的过程就是发酵。采用微生物进行药物生产就是微生物制药。酿酒制醋是传统的生物技术，早在公元前6世纪夏禹时代，人们就已用酒曲治胃病。19世纪后期和20世纪初，相继出现了以初级代谢产物为主体的工业发酵产品，1923年发酵生产柠檬酸。当时大多采用表面培养技术，设备要求不高，规模小。

发酵技术大规模应用于制药是在第二次世界大战期间。1940～1960年，诞生了以抗生素为代表的次级代谢产物的工业发酵，是抗生素的黄金时代。1928年，英国Alexander Fleming发现了青霉素（penicillin），1940年，英国牛津大学（Oxford University）Howard Florey和Ernst Chain从霉菌的培养物中，过滤后提取得到青霉素，并证明了青霉素的疗效，开展了抗生素的研究。把发酵技术应用于青霉素的生产，一举成功。1941年，报道了青霉素的生产过程、动物实验结果和临床试验报告，提高了青霉素的生产量。由于他们的发现和贡献，Fleming、Florey和Chain三人获得了1945年诺贝尔生理学或医学奖。

搅拌沉没发酵生产青霉素获得成功，提高了供氧和通气量，同时在菌株选育、提取技术和设备的研究取得了突破性进展，给抗生素生产带来了革命性的变化。随后链霉素、金霉素、红霉素等抗生素出现，抗生素工业迅速发展。抗生素生产的经验也很快应用到其他药物的发酵生产，如氨基酸、维生素、甾体激素、核苷酸和核苷（nucleotide，nucleoside）、酶（enzyme）、酶抑制剂（enzyme inhibitor）、免疫调节剂（immunomodulator）和受体拮抗剂（receptor antagonist）等。

1.3.2 细胞培养制药

细胞是生物体的最小结构单元。细胞培养（cell culture）是建立在细胞学说基础之上，细胞具有全能性，即含物种所有遗传物质的细胞，在离体条件下具有发育成为个体的潜在能力。

19世纪科学家探索细胞培养技术，先后成功培养多种细胞和组织。1907年在无菌条件下离体成功地培养蛙胚神经组织，并使之生长，是现代动物细胞培养的开端。1923年发明了卡士瓶培养法，1951年开发了培养基，动物细胞培养技术开始形成，以后大规模细胞培养技术发展起来。

动物细胞培养制药经历了从原代细胞到异倍体细胞的发展过程。最早只有从正常组织中分离的原代细胞才能用于药物生产，如用胚细胞和兔肾细胞。20世纪50年代，用原代猴肾细胞生产脊髓灰质炎（poliomyelitis）疫苗。20世纪60年代，用人二倍体的传代细胞（如WI-38）生产流行性腮腺炎（mumps）、麻疹（measles）、风疹（rubella）疫苗。在消除了人们对非二倍体细胞的疑虑和担忧之后，异倍体细胞开始用于制药。1964年用幼仓鼠肾（baby hamster kidney，BHK 21）细胞生产口蹄疫苗。在干扰素及其临床价值发现后，1986年用淋巴瘤细胞系Namalwa生产干扰素，标志着异倍体细胞能用于药物生产。1986年第一个杂交瘤生产的治疗性抗体Orthoclone OKT3上市，1987年第一个CHO细胞表达产品tPA上市，1998年CHO细胞表达的第一个融合蛋白药物Enbrel上市。目前，动物细胞广泛应用于生产人畜病毒疫苗、单克隆抗体、重组生物制品等，约有70%批准的蛋白质药物由哺乳动物细胞系统表达制造，而且数目还在不断增加。动物细胞培养制药是药物生产的一个新的重要领域。

1.3.3 基因工程制药

基因工程（gene engineering）制药是将编码药物的基因导入宿主生物细胞内，表达活性蛋白质和多肽等药物。通过基因工程改造微生物细胞的代谢途径，还可提高抗生素、维生素、氨基酸、核酸、辅酶、甾体激素等药物的生产能力。

1973年，重组DNA技术的建立为标志，是科学技术史上的里程碑。基因工程技术首先在医药领域实现产业化，而且占主要地位的是重组生物制品的研究和商品化。到目前为止，基因工程微生物、基因工程动物细胞系、转基因植物细胞、转基因动物相继被批准，用于生产疫苗、重组蛋白质、抗体、基因药物等。

1.3.4 酶工程制药

酶工程（enzyme engineering）制药是对酶的编码基因进行改造，提高催化的专一性和活性，应用于药物生产中。酶工程制药的工艺简洁、条件温和，底物选择性高，产物收率高、纯度高，酶可重复使用，对环境影响小。在制药工业上的主要应用是：①生物酶广泛用于制备手性药物，如固定化氨基酰化酶拆分化学合成的D,L-氨基酸，生产有活性的L-氨基酸；②生物催化与转化，如青霉素酰胺水解酶生产6-氨基青霉烷酸、青霉素酰化酶生产氨苄青霉素、酪氨酸酶生产L-多巴、乙内酰脲酶/甲氨酰化酶生产对-D-羟基苯甘氨酸等。

1.3.5 合成生物学制药

合成生物学（synthetic biology）是在分子层面对基因、基因组进行设计和合成，改造基因型，构建新表型和新功能的生物。自 21 世纪初诞生以来，已经完成了病毒和细菌基因组合成和移植，构建了活细胞。2017 年，天津大学、清华大学、华大基因研究院等单位实现了 4 条酿酒酵母染色体的全合成，开启了真核生物的人工再造，使我国的合成生物学研究处于国际领先水平。合成生物学已经应用于设计和构建氨基酸、抗生素、维生素等药物生产新菌种，从而提升发酵水平，实现发酵制药的效益增长。合成生物学还可用于构建植物源化学药物和天然药物的细胞工厂，如紫杉醇、青蒿素、鬼臼毒素、丹酚酸、丹参酮、黄连素、甘草酸、丹参素等，目前已实现了关键中间产物或前体的微生物合成，未来有可能实现合成微生物发酵生产这些药物。

1.4 制药工业的发展

制药是人类健康永远相伴的事业，随着科学技术的进步而不断发展。但作为一个国民经济的行业，制药工业（pharmaceutical industry）的历史较短，100 多年，却发展很快。在全球制药行业发展过程中，企业兼并风云不断，重组形成更大集团，强强联合优势互补，使制药的集中度不断提高，制药公司的地位随着发生变化。全球制药企业规模较大且分布较为集中，主要分布在欧美、日本、中国等地区。目前，全世界制药企业超过 10000 家，生产制造 5000 多种药物，其中约 100 家为跨国公司。根据美国洲际市场服务健康（International Marketing Services，Health，IMS Health）有限公司的统计，全球医药市场的销售额从 2016 年的 11536 亿美元增长到 2021 年的 14526 亿美元，未来将以 4%～5% 稳定增长。

1.4.1 世界制药工业

（1）现代制药工业的起源

现代制药工业首先出现在科学技术发达的欧洲，其发展可追溯到 19 世纪和 20 世纪之交，当时只有 4 种药物：洋地黄用于治疗各种心血管疾病，奎宁用于治疗疟疾，吐根属植物提取物（活性成分为生物碱）用于治疗痢疾，水银用于治疗梅毒，但当时安全性和有效性缺乏。随着生物学和有机化学的发展，能人工合成某些药物，如阿司匹林，从而诞生了化学制药公司，19 世纪末成立了德国拜耳（Bayer）和赫希斯特（Hoechst）公司。尽管如此，直到 20 世纪 30 年代，制药工业才开始大发展，发现并能化学合成磺胺类药物，用于治疗细菌性感染。20 世纪 40 年代后抗生素工业，建立了很多现代领头制药企业，如美国礼来（Eli Lilly）、惠康（Wellcome）、英国葛兰素（Glaxo）、瑞士罗氏（Roche）等公司。20 世纪 70 年代以后，出现了生物制药公司，如美国基因泰克（Genentech）、安进（Amgen）等公司。在美国 FDA 从 1981 年到 2006 年批准的 1184 个新药中，生物制药占 23%，化学半合成（生物制原料药）制药占 23%，化学全合成制药占 54%。在原料药领域，生物制药和化学制药各有千秋。

（2）制药工业的新药上市

1993～2022 年，30 年间美国 FDA 批准新药 906 个，平均每年上市新药 30.2 个，其中生物制品比例在增加（图 1-3）。

（3）世界制药企业

世界医药企业的集中度高，排名前 50 的制药企业，其年销售额为 15 亿～913 亿美元。其中 30 家制药公司的年销售额在 60 亿美元以上（表 1-2）。每年的研发投入达几十亿美元，占销售额的 10% 以上。

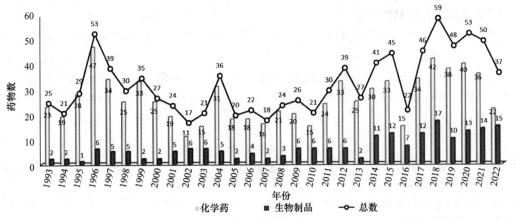

图 1-3　美国 FDA 批准的一类新药

表 1-2　30 家大型制药公司 2022 年的销售额、研发投入和畅销药物

公司	创办年份	年销售额/亿美元	研发费用/亿美元	畅销药物［销售额/亿美元］
辉瑞（Pfizer，美国）	1849	913.03	123.81	Comirnaty [378.06], Paxlovod [189.33], Prevnar 13 [63.37]
艾伯维（AbbVie，美国）	2013	561.79	64.35	Humira [212.37], Skyrizi [51.65], Imbruvica [35.26]
强生（Johnson & Johnson，美国）	1886	501.79	141.40	Stelara [97.23], Darzalex [69.77], Invega Sustena [39.82]
诺华（Novartis，瑞士）	1996	500.79	90.88	Cosentyx [47.88], Entresto [46.44], Promacta [20.88]
默沙东（Merck & Co，美国）	1891	496.27	118.42	Keytruda [209.37], Gardasil [68.97], Lagevrio [56.84]
罗氏（Roche，瑞士）	1896	479.09	147.81	Ocrevus [63.49],Perjeta [42.99],Tecentriq [39.09]
Bristol-Myers Squibb（美国）	1989	454.17	100.16	Eliquis [117.89], Revlimid [99.78], Opdivo [82.49]
阿斯利康（Astra Zeneca，英国）	1999	429.98	95.00	Tagrisso [54.44], Farxiga [42.47], Soliris [37.62]
赛诺菲（Sanofi，法国）	1973	403.53	71.56	Dupixent [88.50], Fluzone [31.77], Pentacel [24.38]
葛兰素史克（Glaxo Smith Kline，英国）	2000	382.54	63.37	Shingrix [37.03], Xevudy [28.90], Triumeq [22.52]
武田（Takeda，日本）	1781	296.90	46.97	Entyvio [52.83], Vyvanse [30.10], Gammagard [28.41]
吉利德（Gilead Sciences，美国）	1987	266.15	49.68	Biktarvy [103.91], Veklury [39.05], Genvoya [24.04]
礼来（Eli Lilly，美国）	1876	254.63	71.91	Trulicity [74.40], Verzenio [24.84], Taltz [24.82]
诺和诺德（Novo Nordisk，丹麦）	1923	253.84	34.50	Ozempic [85.71], NovoRapid [22.18], Victoza [17.68]
安进（Amgen，美国）	1980	225.36	43.41	Enbrel [41.17], Prolia [36.28], Otezta [22.88]
勃林格殷格翰（Boehringer Ingelheim，德国）	1885	194.73	53.86	Jardiance [62.24], Ofex [34.44], Tradjenta [18.17]
拜耳（Bayer，德国）	1863	189.98	70.13	Xarelto [42.43], Eylea [34.29], Mirena [13.63]
莫德纳（Moderna，美国）	1989	184.35	29.93	Spikevax [184.35]
晖致（Viatris，美国）	2020	159.99	6.96	Lipitor [16.35], Fluticasone Propionate [11.34], Norvasc [7.75]
CSL（澳大利亚）	1904	131.23	13.47	Privigen [29.28], Hizentra [17.35], Human albumin [11.31]
梯瓦（Teva Pharmaceutical Industries，以色列）	1901	120.71	8.38	Austedo [9.63], Nifedipine [8.82], Copaxone [6.91]
安斯泰来制药（Astellas Pharma，日本）	2005	105.11	20.11	Xtandi [46.36], Prograf [14.66], Myrbetria [13.59]
福泰制药（Vertex Pharmaceuticals，美国）	1989	86.07	21.04	Trikafta [76.87], kalydeco [5.53], Orkamhi [5.11]
默克（Merk KGaA，德国）	1668	83.66	26.90	Erbitux [10.92], Glucophage [9.92], Rebif [9.47]
渤健（Biogen，美国）	2003	79.88	22.31	Tysabri [20.31] ,Sponraza [17.94], Tecfidera [14.44]
大冢控股（Otsuka Holdings，日本）	1921	73.57	21.46	Rexulti [13.18], Abilify Maintena [12.89], Jynarque [10.87]
第一三共株式会社（Daiichi Sankyo，日本）	2005	70.89	23.14	Lixiana [17.36], Enherfu [11.42], Injectafer [4.75]
再生元制药（Regeneron Pharmaceuticals，美国）	1988	68.94	38.31	Eylea [62.65], Libtayo [3.75], Praluent [1.30]
Bausch Health Companies，加拿大	2000	65.69	5.29	Xifaxan [16.96], Ocuvite [3.86], Wellbutrin XL [2.59]
欧加隆（Organon，美国）	1923	60.38	5.22	Nexplanon [8.34], Atozet [4.578], Singulair [4.11]

注：资料来源 Evaluate Pharma，2023 年 5 月。

（4）制药工业的畅销药品

目前，上市药物主要针对的靶标疾病是癌症、心血管、中枢神经系统、细菌和病毒感染、风湿性关节炎、代谢性疾病如糖尿病等重大疾病。2022年销售额超过40亿美元的畅销药物有31种（表1-3）。受到全球新冠疫情影响，用于预防和治疗新冠病毒感染的药物3种，销售额在184亿～387亿美元，治疗肿瘤、艾滋病、抗凝血的单品种销售额也超过100亿美元。

表1-3　2022年销售额过40亿美元的处方药

药物通用名	药物商品名	适应证	销售额/亿美元
COVID-19 mRNA 疫苗（COVID-19 vaccine mRNA）	复必泰（Comirnaty）	新冠病毒	378.06
奈玛特韦片/利托那韦片组合包装	帕克洛维德（Paxlovod）	新冠病毒	189.33
阿达木单抗（Adalimumab）	修美乐（Humira）	自身免疫疾病	212.37
帕博利珠单抗（Pembrolizumab）	可瑞达（Keytruda）	黑色素瘤、非小细胞肺癌等	209.37
COVID-19 mRNA 疫苗（COVID-19 vaccine mRNA）	Spikevax	新冠病毒	184.35
比克替拉韦-恩曲他滨-丙酚替诺福韦（bictegravir-mtricitabine-tenofovir alafenamide）	必妥维（Biktarvy）	艾滋病	103.91
阿哌沙班（Apixaban）	艾乐妥（Eliquis）	抗凝血	117.89
来那度胺（Lenalidomide）	雷利米得（Revlimid）	多发性骨髓瘤	99.78
乌司奴单抗（Ustekinumab）	喜达诺（Stelara）	银病	97.23
度普利尤单抗（Dupilumab）	达必妥（Dupixent）	湿疹、哮喘	88.50
司美格鲁肽（Semaglutide）	诺和泰（Ozempic）	糖尿病	85.71
纳武利尤单抗（Nivolumab）	欧狄沃（Opdivo）	癌症	82.49
艾乐沙卡托-替扎卡托-依伐卡托（Elexacaftor，Tezacaftor，Ivacaftor）	Trikafta	囊性纤维化	76.87
度拉糖肽（Dulaglutide）	度易达（Trulicity）	糖尿病	74.40
达雷妥尤单抗（Daratumumab）	兆珂（Darzalex）	多发性骨髓瘤	69.77
人乳头瘤病毒疫苗（human papillomavirus vaccine）	佳达修（Gardasil）	人乳头瘤病毒	68.97
奥美珠单抗（Ocrelizumab）	奥瑞（Ocrevus）	多发性硬化	63.49
13 价肺炎球菌荚膜多糖结合疫苗（Pneumococcal 13-valent conjugate vaccine）	沛儿13（Prevnar 13）	链球菌性肺炎	63.37
恩格列净（Empagliflozin）	欧唐静（Jardiance）	糖尿病	62.24
阿柏西普（Aflibercept）	艾力雅（Eylea）	眼底黄斑病变	62.65
莫努匹拉韦（Molnupiravir）	利卓瑞（Lagevrio）	新冠病毒	56.84
奥希替尼（Osimertinib）	泰瑞沙（Tagrisso）	肺癌	54.44
维得利珠单抗（Vedolizumab）	安吉优（Entyvio）	结肠炎、克罗恩病	52.83
瑞莎珠单抗（Risankizumab）	Skyrizi	斑块型银屑病	51.65
司库奇尤单抗（Secukinumab）	可善挺（Cosentyx）	斑块型银屑病	47.88
沙库巴曲+缬沙坦（Sacubitril-valsartan）	诺欣妥（Entresto）	心力衰竭	46.44
恩扎卢胺（Enzalutamide）	安可坦（Xtandi）	前列腺癌	46.36
帕妥单抗（Pertuzumab）	帕捷特（Perjeta）	乳腺癌	42.99
达格列净（Dapagliflozin）	安达唐（Farxiga）	糖尿病	42.47
利伐沙班（Rivaroxaban）	拜瑞妥（Xarelto）	静脉血栓	42.43
依那西普（Etanercept）	恩利（Enbrel）	自身免疫	41.17

（5）重磅炸弹生物药物发展迅速

重磅炸弹（blockbuster）药物是指年销售额达到一定标准，对医药产业具有特殊贡献的一类药物。20世纪80年代，年销售额在5亿美元以上的重磅炸弹药物约有9种，包括头孢克洛、头孢曲松钠、雷尼替丁、共轭雌激素、沙美特罗、卡托普利、依那普利、鲑降钙素、重组人红细胞生成素等。目前，国际上重磅炸弹药物的标准是指单品种年销售额在 10 亿美元以上的产品，化学药物的重磅炸弹地位正在被生物制品撼动。据统计，销售额在 10 亿美元以上药品 2016 年有 113 种，而 2022 年约 160 种。前 100 种药品中，单抗、双抗、ADC（抗体偶联药物）、重组蛋白、基因药物、疫苗类等生物制品共 56 个，销售收入占比 62%；化学药物共 44 个，销售收入占比 38%。重磅炸弹生物制品不断出现，成为跨国制药公司的主要利润来源。可以预见，随着世界各国放开生物类似药的研发，生物药物的地位越来越重要。

1.4.2 中国制药工业

中国医药行业包括化学制药工业、中成药工业、中药饮片工业、生物制药工业、医疗器械工业、制药机械工业、医用材料及医疗用品制造工业、其他工业。

（1）中国制药工业的初发期

中国制药工业的发展经历了从药店到厂房，再到现代化企业和集团的过程。由于制药行业的特点，决定了将永远是不断重组和兼并的发展过程。19 世纪中叶以后，化学药物引入中国，开始建立了早期零售药房，经营进口药物，但未形成制药工厂或企业。

上海、广州是中国近代制药工业的发祥地，1902 年广州建立梁培基药厂，1912 年上海建立中华制药公司，以后逐渐扩展至其他城市。1936 年上海有 58 家药厂，1938 年广州有 30 余家制剂药厂，产品种类 100 多个。总体上，以制剂生产为主，原料药的制造很少。只有少数中小型制药厂，设备简陋，生产品种少，制药工业十分落后。

1949 年新中国成立初期，确定了"以发展原料药为主"的方针，同时，积极发展药物制剂生产。1951 年试制出第一批结晶青霉素，1958 年以生产抗生素为主的华北制药厂建成投产，1960 年建成太原制药厂投产磺胺药物。氯喹、伯喹、氯霉素等化学原料药和生化原料药胰岛素、胃蛋白酶等相继生产。至 1959 年，改造、扩建和新建了一批车间和厂房，中国建立起化学制药工业。

20 世纪 60～70 年代，半合成抗生素尤其是 β-内酰胺类抗生素的研究发展十分迅速，半合成的青霉素类品种增加到十几种。生物酶裂解青霉素 G 以制备 6-APA，头孢菌素 C 裂解制备 7-ACA，开始了半合成头孢菌素的研究和生产，投产链霉素、金霉素、土霉素等。首次在国际上全合成胰岛素，屠呦呦发现了抗疟疾药物青蒿素，于 2015 年获得诺贝尔生理学或医学奖。甾体激素药物工业发展到相当规模，解决了各部位取代基的引入方法，改进工艺，合成并投产去氢氢化可的松等高效抗炎甾体激素。在地方病药物、抗肿瘤药物、维生素类药、心血管类药、神经系统药的合成研究或结构改造上都得到了很大发展。生产各种化学原料药 1000 多种，30 多种剂型。

20 世纪 80 年代后，制药工业走上快速发展的道路。1982 年采用乙炔、丙酮连续炔化法合成维生素 E 中间体——异植物醇新工艺，使原料成本大幅度下降。1983 年完成了青蒿素的全合成，全合成青蒿琥酯和蒿甲醚，并制成油剂、粉针剂和搽剂供临床使用，疗效比青蒿素更好而毒性更低。

（2）中国制药工业的质量提升期

20 世纪 90 年代以后，先后实施两轮 GMP 认证，加强事后监管，逐步提高制药标准和规范管理，要求制药企业对厂房进行设计和改造，建成专业化和先进的制药生产线。药品质量得到保障，企业效益得到相应提高和发展。

制药对经济增长的贡献率明显提高。从 1996 年以来，医药工业的增长速度高于 GDP 的增长速度。1991～2000 年，年平均增长率为 22%。随着经济的快速发展，制药工业加速发展。从 2006～2011 年，制药工业产值年平均增长率为 23.32%。2012～2016 年，随着国家 GDP

增长放缓,制药工业的年平均增长率为 16.8%,占全国工业增加值的比重从 2.3%提高至 3.0%。制药工业的销售收入,从 2006 年 5011 亿元增加到 2022 年的 33707 亿元,突破 3 万亿元。2021年,我国医药工业增加值占全部工业增加值比重持续上升,为 4.1%,对稳定工业经济增长作用进一步增强。

根据国家药监局发布《药品监督管理统计年度数据（2022 年）》,截至 2022 年底,中国拥有 6000 多家制药企业,其中,原料药生产企业约 1600 多家,制剂生产企业 4500 多家,拥有药品生产许可证 7900 多个。

医药行业地区集中度进一步提高,大企业和企业集团在医药经济发展中的骨干作用进一步加强,规模大、实力强、具代表性的大型龙头企业数量逐渐增加。2021 年中国制药百强企业营业收入首次过万亿元（为 10762 亿元）,在医药工业全部营业收入中的比重为 32.6%,其中 28 家企业过 100 亿元。

中国制药工业的国际化程度不断加强,药品研发加快与国际接轨。2022 全球 50 强制药企业中,有恒瑞医药、中国生物制药、上海医药、石药集团等四家,中国企业实力得到大幅度提升。

（3）医药产品结构

2015 版《中华人民共和国药典》一部收载品种 2598 种,二部收载原料药和化学制剂 2603 种。2020 版《中华人民共和国药典》一部收载中药 2711 种,二部收载原料药和化学制剂 2712 种。

1989 年重组人干扰素 α1b（赛诺金）申报新药,1993 年获得批准试生产。rhuIFN α1b 采用中国人基因,是我国第一个拥有自主知识产权的上市重组蛋白药物。随后重组人 p53 腺病毒注射液、结合型灭活甲乙肝疫苗、流感疫苗、重组人血管内皮抑制素（恩度,rhEndostar）注射液等 30 多种生物药物被国家药监局批准上市。2015 版《中华人民共和国药典》三部收载生物制品 137 种,2020 版《中华人民共和国药典》三部收载生物制品 153 种。

从中国制药工业的销售结构看,2019 年中国医药工业主营收入 26147 亿元,化学制药占47.4%(其中原料药占 14.6%,化学制剂占 32.8%),生物制药占 9.5%,中药制药占 24.9%(其中中成药占 17.5%,中药饮片占 7.4%),其他为卫生材料、制药设备和医疗器械等。

中国药物研发和生产上市能力提升,NMPA 批准的创新药物上市许可申请（NDA）数量逐年增加（图 1-4）。从 2017 年的 6 个 I 类创新药,到 2021 年 69 个创新药,其中中药 11 个,化学药 35 个,生物制品 23 个,创新能力持续增强。

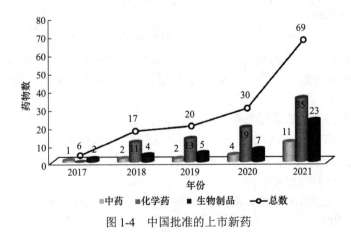

图 1-4　中国批准的上市新药

数据来源:国家药监局《2021 年度药品审评报告》

（4）中国医药工业发展"十四五"规划

2011 年以后，中国进入创新国家战略实施期，启动重大新药创制专项、863 计划和 973 计划、国家重点研发计划等支持制药工业的产品和技术创新发展。在法规层面，先后对药品管理法、疫苗管理法及其实施条例、注册分类等进行全面修订和改革，强化临床试验核查和生产过程的飞行检查，全面进入法治化和规范化管理阶段。

2022 年 1 月，工信部、发改委、科技部、商务部、卫健委、应急管理部、医保局、药品监督管理局、中医药管理局等九部门联合印发《"十四五"医药工业发展规划》，提出了中国医药工业发展的指导思想、基本原则、发展目标、主要任务及其具体措施。

在"十四五"期间，按照生命至上、创新引领、系统推进、开放合作的基本原则，实施医药创新产品产业化工程、医药产业化技术攻关工程、疫苗和短缺药品供应保障工程、产品质量升级工程、医药工业绿色低碳工程等五大工程。到 2025 年，主要经济指标实现中高速增长，前沿领域创新成果突出，创新动力增强，产业链现代化水平明显提升，药械供应保障体系进一步健全，国际化水平全面提高。到 2035 年，医药工业实力将实现整体跃升，创新驱动发展格局全面形成，产业结构升级，产品种类更多、质量更优，实现更高水平满足人民群众健康需求，为全面建成健康中国提供坚实保障。

1.5 制药技术展望

制药行业是一个集约化、国际化程度极高的产业。创新的畅销药物是与时代性疾病的治疗密切相关的。20 世纪 70～80 年代威胁人类健康的主要疾病为细菌感染性疾病、哮喘与高血压等，世界畅销药基本上以治疗高血压、胃及十二指肠溃疡、心血管疾病为主体。20 世纪 80 年代以后，由于世界各国工业化进程的加快和国民生活水平的普遍提高，高血脂、糖尿病及抑郁症等逐渐成为主要疾病，而细菌感染症已下降为次要疾病，世界畅销药已出现了降血脂药、抗抑郁药与激素替代药。人口老龄化和新兴的治疗领域，如精神性疾病等，为制药带来新的市场机遇。国外公司在中国设立研发机构，并把生产制造中心向中国转移。制药子行业市场中，化学制药仍然保持发展优势，生物技术制药已经成为新领域，中药制药有很大发展空间和国际机遇。

1.5.1 创新化学制药技术

（1）创新手性制药技术

加大制药的科研开发投入，研究并拥有自主知识产权的药物和技术。中国制药处于从仿制转变为创新的关键时期。目前开发的化学新药中，手性化合物约占 70%，在临床试验的药物中，80% 为单一异构体。手性药物工业是国际化学制药的主流领域，将手性药物技术、反应合成与分离的耦合、化学与生物技术融合正成为新一代的制药技术。加强连续操作的工艺技术研究，满足未来制药对在线过程分析技术（processing analysis technology，PAT）的需求。

（2）创新化学药物的绿色生产技术

开发化学原料药合成的新技术、晶型控制、微反应连续合成等新技术，开发有毒有害原料替代、生物合成和生物催化、无溶剂分离等绿色化学药物生产工艺。

1.5.2 创新生物制药技术

（1）创新重组蛋白类药物的改构技术

目前上市的药物约 5000 个，制药工业的药物靶点为 483 个，其中 45% 为细胞膜受体，

28%为酶，其余为激素、离子通道、核受体和 DNA 等。人类基因组测序已经完成，约 2 万～3 万个基因，药物靶点将增加 10 倍，3000～5000 个潜在的基因可能成为药物的蛋白质靶点。综合运用各种新生物技术，诸如定点突变、片段嵌合、融合、基因改组等，改变重组蛋白类药物的结构，增加活性位点，提高表达生产能力，从而增强生物活性，延长体内半衰期，达到减小剂量和减少注射次数的目的。对胰岛素、生长素、白介素、表皮生长因子、干扰素、tPA、EPO 等改构研究，上市产品有 Humolog、Infergen、TNK-tPA、Aranesp 和改构 TNF 等。

（2）创新抗体工程制药技术

1975 年，Georges Kohler 和 César Milstein 成功地将骨髓瘤细胞和 B 细胞融合，创造了杂交瘤，可以合成单克隆抗体，由此开创单克隆抗体生产和使用的新纪元，他们获得 1984 年诺贝尔生理学或医学奖。1988 年 Greg Winter 实现了单克隆抗体的人源化，消除鼠源的免疫反应。目前，抗体工程（antibody engineering）的目标是全人源化，研发新型抗体库展示技术和抗体人源化小鼠技术、抗体结构设计和位点改造技术、抗体偶联技术等。1981 年美国第一种单克隆抗体诊断试剂盒被批准进行商品化生产，至今品种已达数百种。FDA 批准上市的生物药物中，抗体类药物所占比例越来越大，占整个制药工业产值比重日益增加。治疗性抗体药物成为国内外制药企业研究和开发的热点和重点。

（3）创新动物细胞制药技术

哺乳动物细胞已成为生物技术药物最重要的表达系统，欧美国家哺乳动物细胞表达的产品种类占 60%～70%，市场份额占 65%～70%以上。对于分子量大、二硫键多、空间结构复杂的糖蛋白，只能使用 CHO 等哺乳动物细胞表达系统。国外动物细胞培养技术及制药能力已经得到很大提高，达到了克级。1986 年，细胞最大密度为 $2×10^6$ 个/(mL·d)，比生产率为 10pg/(细胞·d)，分批式培养 7d 的生产量为 5mg/L。到 2004 年，细胞培养密度已达 10^7 个/mL，并且维持 3 周生产期，比生产率达 90pg/(细胞·d)，生产量达 4.7g/L。

国内动物细胞大规模培养工艺的表达水平有待提高。研究对动物细胞的糖基化表达，对细胞凋亡进行有效控制，实施较长生长周期。采用在线技术，研究不同培养基、不同工艺参数对细胞生长、蛋白质产物合成及其杂质生成等的影响，大幅度提高蛋白质药物的产量和质量，加速产业化进程。

1.5.3 创新合成生物制药技术

（1）合成微生物制药

设计和合成工业微生物基因组，可抵抗发酵中的高温、低 pH、剪切、高底物和高产物浓度、杂菌污染等各种逆境，高产高效地合成药物产品。改造传统工业微生物底盘细胞，敲除工业环境下的非必需和冗余基因，提高菌株的鲁棒性。设计和构建新型代谢途径，扩大制药产品的种类和范围。在基因组规模优化代谢网络，系统提高生产效率。特别是设计和构建微生物细胞工厂，结构复杂、代谢途径长的化学药物的合成生物学制造是未来的重点方向。

（2）基因与细胞治疗药物

2010 年以来，细胞治疗、免疫细胞治疗和基因编辑等理论技术及临床医疗探索研究的发展日益完善，国家药品监督管理局（NMPA）药品审评中心 2022 年发布了《体外基因修饰系统药学研究与评价技术指导原则（试行）》《体内基因治疗产品药学研究与评价技术指导原则（试行）》《免疫细胞治疗产品药学研究与评价技术指导原则(试行)》，2023 年发布了《人源干细胞产品药学研究与评价技术指导原则(试行)》。基因药物和细胞药物的研发成为生物制药的前沿领域。基因药物、细胞制品特别适合于个性化治疗，全球已经有近 50 种药物上市，成为药品研发新热点。

1.5.4 创新清洁生产工艺

（1）创新发酵生产工艺

应用现代科学技术改造我国传统的制药工业，使我国制药行业的经济实现由速度型向效益型、由粗放型向集约型的根本转变，采用先进的制造技术进行药物生产。以组学技术为依托，对发酵过程进行转录组、蛋白质组、代谢物组等不同时空的检测，结合菌种的基因组序列，进行大数据的比对分析，开发基于微生物生理生化代谢变化的过程控制技术和策略，实现抗生素和氨基酸等制药工艺的自动化、信息化全程控制，提高原料利用效率，减少碳排放。

（2）创新全程控污减排工艺

在制药工艺研究和药物生产过程，加强环境保护与污染治理，研究和提升清洁生产水平，严格强制性清洁生产审核。对于化学制药，开发药物中间体的合成新工艺，治理各个环节的污染物。对于生物制药，特别是微生物发酵制药和天然产物提取制药，仍然存在能耗高、废水和废渣排放量大的问题。研发和应用全过程控污减排技术，如循环型生产方式，规范生产和精细操作，减少污染物生成，加强末端治理技术的研发和综合利用，如发酵菌渣等固体废物的无害化处理和资源化利用技术，提高资源综合利用水平。建设绿色工厂，控制污染总量，降低消耗，实现节能减排和可持续发展。

1.6 教材的使用建议

制药工艺学是制药工程专业的必修课，总体教学目标是把现代制药企业对制药工艺技术和药品质量管理要求相结合，培养学生掌握原料药研发和制造的工艺原理与流程、关键技术及其相应的实践技能，并能够灵活综合运用所学知识进行制药工艺的创新、研发和集成，同时了解制药工艺的国内外最新进展。在学习了有机化学、药物化学、药物分析、生物化学、分子与合成生物学、微生物学、化工原理等课程后，进行本课程的教学。一般安排在大三第2学期或大四第1学期进行。

1.6.1 教材的组织结构

基于药物类别与制药技术之间的关系，在制药工程专业课程体系中已经开展药剂学、制药分离工程等课程的学习，本教材主要针对原料药研发和生产的生物和化学反应技术，选择生物制药和化学制药工艺为主要内容。

根据制药技术特征和共性规律，在生物制药、化学制药、共性技术基础领域进行整体设计与有机整合，坚持基础理论与典型药品的生产工艺相结合，技术和法规相结合，前沿与实用相结合，以适应现代制药企业对制药人才知识、能力和素质的要求，从而提高教学质量。制药工艺学教材的结构由知识模块、知识单元和知识点三个层次组成（图1-5）。

第一知识模块为生物制药工艺，按制药技术类型设计五种制药工艺过程，即微生物发酵工程制药、基因工程制药、合成生物学制药、酶工程制药和动物细胞工程制药为总论，每种工艺按上下游关系设计；各论为典型药品生产工艺举例。上游工艺的主要知识点包括生产用菌种或细胞的构建与保藏技术、培养基制备技术、灭菌技术；下游工艺的主要知识点包括发酵或细胞培养技术、工艺过程分析与控制等。

第二知识模块为化学制药工艺，按反应与合成关系进行设计，化学制药总论包括工艺路线设计、合成工艺研究、手性制药、连续流制药等，各论包括典型药品全合成生产工艺、微生物源和植物源半合成生产工艺举例。主要知识点包括设计方法、影响化学工艺的因素分析、手性合成技术等。

第三知识模块为制药工艺的共性技术基础。按生物制药和化学制药工艺中的共性技术需求进行内容设计，由质量源于设计与制药工艺优化、反应器设计与放大、工艺计算、中试工艺研究与验证、三废处理工艺等组成核心知识单元。

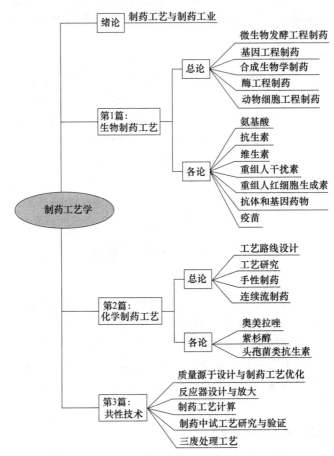

图 1-5 制药工艺学教材组织结构的思维导图

1.6.2 教学方法

本课程力图改革传统的以教师为主的输入式讲授教学方法，转变为以学生为中心的学习成果产出的工程教育模式。以典型药品或制药过程技术的问题为教学切入点，采用启发式、互动式、研究式教学方法，结合多媒体和互联网教学方式，引发学生思考，根据所学知识原理，对其进行改进、创新，从而诞生新工艺。

① 从技术发展的历史角度，激发学生学习的积极主动性和创造性。例如，在讲授青霉素发酵生产工艺时，由于最初工艺是固体表面发酵，野生型菌株，产量极低。启发同学们，大胆设想、科学试验，采用液体培养取代固体培养，一举获得成功。由固体到液体发酵的工艺革新使青霉素产量大幅度提高，也为其他发酵药物奠定了应用基础。

② 针对制药工艺中的多学科交叉知识点，采用互动式教学。由学生回答各个学科的知识，然后再与本课程的知识进行比较，从而加深理解学科之间的联系和区分。例如，在讲授

诱导剂的概念时，互动分析生物学、细胞培养、基因工程等学科对诱导剂的定义和使用。给学生指出在课外阅读文献时，要注意不同学科来源的、看上去文字描述完全相同的、用法不同的概念。这种互动式教学，可以加强师生之间的双向交流，提高学生的学习积极性、思辨能力和口头表达能力，从而提高课堂教学效果。

③ 针对具体产品的制药工艺，采用研究式教学方法。根据药物结构，提出反应合成机理，选择和设计工艺路线，分析影响合成的关键因素，基于实验结果，确定工艺流程中的控制参数。将理论知识具体化到药物产品的工艺过程和参数控制中，培养学生解决问题的思维逻辑，以提高教学效果和质量。

④ 针对制药工艺设计，加强工程训练。通过对具体实例的分析、归纳和总结，使学生建立处理工程实际问题的基本方法。在共性技术篇，以第1和2篇的产品工艺为实例，进行药物反应器设计与放大、工艺计算和评价、工艺验证等训练，让学生体会并运用前面所学知识。同时正确认识和理解只有通过验证的工艺，才能保证药物的安全性和有效性。只有通过报批的工艺，生产的产品才是合法的，才能市场销售。

⑤ 引入制药科学发现、技术发明和药物创制的人物及故事，通过科学家精神、技术专家的工匠情怀和工程职业伦理，进行课程思政，培养学生高尚情操、家国情怀的卓越制药技术能力。

1.6.3 学习方法

制药工艺学是应用型技术课程，学习过程中，要密切联系有机化学、药物合成反应、药物化学、药物分析、生物化学、微生物学、分子生物学、合成生物学、化工原理、制药分离工程等课程，把这些基础知识与特定药物联系起来，以流程工业的方式形成制药工艺。

要有清晰的制药工艺研究基本思路，以药物产品为出发点，根据其理化性质、分子结构等特征，提出工艺路线的类型，如化学制药或生物制药，还是天然提取。然后，按照不同工艺的特点，确定起始物料，如化工产品、天然原料、微生物、工程菌、细胞系，研究影响因素、动力学，建立工艺及其控制。

要了解本课程的知识体系和组织架构，在每个模块的学习中，掌握基本原理和技术，结合具体产品能独立运用。无论在课堂上，还是课后阅读教材的时候，应用以下学习方法，提高学习效率。

① **问题导向式学习**　药物生产中，要搞清楚工艺的核心问题和限制因素是什么，寻找关键技术及解决工艺问题的途径和技术路线。

② **比较式学习**　对于特定药物而言，要比较采用化学制药工艺还是生物制药工艺，化学或生物合成路线的优缺点及其适用范围；各种化学制药工艺的异同，各类生物制药工艺要素的异同。

③ **研究式学习**　查阅科学实验论文和研究报告等文献资料，与同学相互讨论，分析主要影响因素，建立可行的、经济的工艺及其过程控制。

④ **拓展式学习**　针对容易混淆的名词和概念，如遗传育种的诱变剂与分子生物学的诱导剂（inducer），代谢和发酵的前体（precursor）与新药研发的前药（prodrug），基因工程的遗传转化（transformation）与生物转化（bio-conversion）和化学转化等术语，制药行业的 GMP（good manufacturing practice）与生物化学的 GMP（guanosine monophosphate，单磷酸鸟苷酸），基因工程的表达载体、细胞培养的微载体与制剂的药物载体等，从字面看上去相似甚至相同，但所表达的意义完全不同。采用拓展式学习，明确这些词汇的使用环境和所指对象，才能准确运用。

思考题

1-1 制药生产工艺的研发内容是什么？在制药链的不同阶段，制药工艺研发的内容为何不同？

1-2 化学制药、生物制药的工艺特点是什么？适用于哪类注册申报的药物？

1-3 原料药工艺选择的标准是什么？

1-4 世界排名前十位的药物属于哪类注册的药物？采取的制药工艺是什么？

1-5 分析中国制药工业和世界制药工业的趋势，并对如何引领产业发展给予评论。

1-6 从制药技术发展的历史角度，分析未来制药工艺的创新和突破趋势。

参考文献

[1] Blacker A J, Williams M T. 制药工艺开发: 目前的化学与工程挑战. 朱维平, 译. 上海: 华东理工大学出版社, 2016.

[2] Butters M, Catterick D, Craig A, et al. Critical assessment of pharmaceutical processess: A rationale for changing the synthetic route. Chemical Reviews, 2006, 106: 3002-3027.

[3] 赵广荣. 现代制药工艺学.北京: 清华大学出版社, 2015.

第1篇

生物制药工艺

第2章
微生物发酵工程制药工艺

学习目标

> 了解微生物发酵制药的类型和基本过程、菌种保存机构。
> 掌握微生物生长和生产的动力学及其关系，能够计算动力学参数。
> 掌握制药菌种选育与保存原理，能够发现、创新与保存菌种。
> 掌握微生物培养基组成和作用，能够研发发酵培养基配方。
> 了解消毒、杀菌、灭菌的质量标准，掌握培养基和无菌空气制备的灭菌原理，能够进行灭菌操作。
> 掌握微生物培养技术和操作方式，能够进行无菌操作。
> 了解微生物发酵工艺的三类参数及其检测方法，掌握温度、pH、溶解氧和搅拌、补料等参数的影响，能够灵活应用于工艺控制。

微生物是一类体积微小、种类繁多、分布广泛、数量很大的生物，包括细菌、放线菌和霉菌。微生物能产生约 2.3 万种类活性化合物，其中 45% 由放线菌产生，38% 由真菌产生，17% 由单细胞细菌产生。这些化合物往往是研发一类药物的新分子实体来源。病原细菌可用于生产菌苗，病毒可用于生产疫苗，而其他微生物可生产氨基酸、维生素、核苷酸、辅酶、抗生素等化学原料药或半合成制药的原辅料，有些微生物可生产生物制品。少数真菌和食用菌还是中药的原料。但并不是所有的天然来源的微生物都可用于制药，只有药物产生菌才有可能进行工业化发酵培养制备药物。需要从自然界中发现天然制药微生物，进行菌种选育，不断提高产量。研究菌种的发酵工艺，进行自动化、信息化、程序化的工程控制，才能实现工业化药物的制造。本章分析制药微生物的动力学、菌种选育、培养基、灭菌、培养技术、发酵工艺与参数控制。

2.1 概　述

微生物发酵是一种传统生物技术，以粮食和农副产物为原料，其产品为药物或药物中间体时，就是发酵制药。现代发酵技术制药始于 20 世纪 40 年代，伴随大规模抗生素的发现而广泛应用。另外，利用微生物或产生的酶，对前体进行生物转化制药，与化学合成制药相结合，相辅相成实现制药。无论如何，都涉及发酵过程，具有共同的基本特征。

2.1.1 微生物发酵制药

（1）制药的发酵类型

发酵（fermentation）的概念来自拉丁文"发泡"。在应用微生物工业中，把所有通过微生物培养而获得产物的过程称为发酵，包括天然发酵过程和人工控制的发酵过程。现在常常用产物说明，冠以某某发酵，如青霉素发酵、维生素发酵等。根据微生物的代谢产物类型，可把发酵分为初级代谢产物发酵和次级代谢产物发酵，前者应用于生产氨基酸、核苷酸、维生素、有机酸、辅酶等，而后者应用于生产抗生素等产品。从供氧的角度，把发酵分为好氧发酵和厌氧发酵。利用微生物把一种化合物转变为结构相关的更有价值的产物的过程为转化发酵，如甾体药物的转化。由胆酸合成可的松，化学合成需 37 步，用微生物转化后，仅 11 步。微生物制药类型及其过程特点见表 2-1。

表 2-1 微生物制药的类型

发酵类型	发酵产物	过程特点
厌氧	初级代谢产物，乳酸，琥珀酸	产物积累多，产量高，合成途径明确
好氧	初级代谢产物，谷氨酸，柠檬酸	产物积累多，产量较高，合成途径明确
好氧	次级代谢产物，抗生素	产量较低，合成途径复杂
好氧	蛋白酶，脂肪酶，淀粉酶	菌体向外分泌的高分子产物
生物转化	甾体激素，醋酸可的松，黄体酮	酶催化的脱氢、羟化等反应，非菌体代谢产物
好氧或厌氧	疫苗	全菌体或组分，液体或固体发酵

（2）制药微生物的种类

生产药物的天然微生物主要包括细菌、放线菌和真菌三大类。

细菌可生产环状或链状多肽类抗生素，如芽孢杆菌（*Bacillus*）产生杆菌肽（bacitracin），多黏芽孢杆菌（*Paenibacillus polymyxa*）产生黏菌肽（colistin）和多黏菌素（polymyxin）。

放线菌种类很多，是各类主要抗生素的生产菌。以链霉菌属最多，诺卡菌属较少，还有小单胞菌属。生产的抗生素主要有氨基糖苷类、四环类、大环内酯类和多烯大环内酯类、肽类、蒽环类。

制药真菌的种类和数量较少，但其药物却占有非常重要的地位。青霉菌属（*Penicillium*）产生青霉素，顶头孢霉（*Cephalosporium acremonium*）产生头孢菌素 C 等 *β*-内酰胺抗生素，土曲霉菌（*Aspergillus terricola*）产生降血脂的洛伐他汀（lovastatin）。球形阜孢菌（*Papillaria sphaerosperma*）产生脂肽结构的棘白菌素（pneumocandins），用于半合成 echinocandin 类抗真菌药物米卡芬净（micafugin）、阿尼芬净（anidulafungin）、卡泊芬净（caspofungin）。侧耳菌（*Clitopilus sprunulus*）产生三环二萜结构的妙林类抗生素截短侧耳素，用于半合成抗革兰阳性菌和支原体的药物雷帕姆林（retapmulin）。

真菌还可用于生物转化制药，如羟化可的松的制药中，梨头霉菌能特异性地对 17 位碳羟化，生成终产物。此外，阿舒假囊酵母（*Eremotherecium ashbyii*）是目前核黄素的主要生产菌。

微生物发酵生产氨基酸见第 7 章，生产抗生素见第 8 章，生产维生素见第 9 章。

2.1.2 发酵制药的基本过程

发酵制药就是在人工控制的优化条件下，利用制药微生物的生长繁殖，同时在代谢过程中产生药物，然后，从发酵液中提取分离纯化，获得符合药典标准的药品。菌种选育（strain breeding）、发酵（fermentation）和分离纯化（separation and purification）是发酵原料药的三个主要工段（图 2-1）。对于生物制品和疫苗，还要在符合 GMP 标准的洁净车间内进行。

（1）生产菌种选育与保存阶段

采用各种选育技术，获得高产、性能稳定、容易培养的优良菌种，并进行有效的妥善保存，为生产提供源泉。

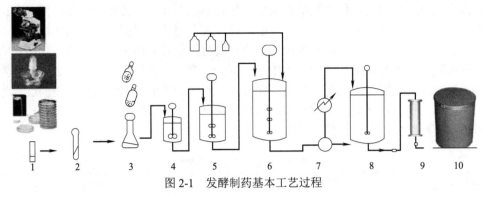

图 2-1　发酵制药基本工艺过程

1—菌种选育；2～5—种子制备；6—发酵培养；7～9—分离纯化；10—包装成品

（2）发酵阶段

发酵阶段包括生产菌活化、种子制备、发酵培养，是生物加工工程过程。保存的菌种需要活化，扩大繁殖，制备各级种子。保存的菌株，在固体培养基上复苏生长，产生孢子。将制备的孢子接到摇瓶或小发酵罐内培养，使孢子发芽繁殖。对于大型发酵，普遍采用 2 次扩大培养制备种子。将种子以一定的比例接入发酵罐，进行发酵培养是生产药物的关键工序。需要通气，搅拌，维持适宜的温度和罐压。发酵是有一定周期的，期间要取样分析，做无菌检查和产量测定。流加消泡剂，控制 pH，补加碳源、氮源和前体等是常用的促进产量的措施。

（3）分离纯化阶段

分离纯化阶段包括发酵液预处理与过滤、分离提取、精制、成品检验、包装、出厂检验，是生物分离工程过程。药物存在于发酵体系中，但往往含量很低，通过预处理使发酵液中的蛋白质和杂质沉淀，增加过滤流速，使菌丝体从发酵液中分离出来。如果药物存在于菌体中，如制霉菌素、灰黄霉素、曲古霉素、球红霉素等，需要破碎菌体处理。如果存在于滤液中，澄清滤液，进一步提取，把药物从滤液中提取出来。吸附、沉淀、溶剂萃取、离子交换等是常用的提取技术。往往是重复或交叉使用几种基本方法，以提高提取效率。粗制品进一步提纯并制成产品就是精制。化学原料药精制车间洁净度要与制剂类型相一致。

成品检验包括性状及鉴别试验、安全试验、降压试验、热源试验、无菌试验、酸碱度试验、效价测定、水分测定等。合格成品进行包装，为原料药。

2.2　制药微生物生长与生产的关系

微生物的生长与生产之间的关系复杂，必须采用各种研究方法研究发酵过程的基本特征、生长的动力学和基质利用动力学和产物生成的动力学，并深入研究产物合成的代谢途径及调控机制，为设计合理的生产工艺提供理论依据。

2.2.1　制药微生物发酵的基本特征

把以形成生物量为主的阶段称为微生物的生长阶段，而以形成药物为主的阶段称为生产阶段。根据菌体生长与产物生成的特征，可把发酵过程分为菌体生长期、产物合成期和菌体自溶期三个阶段。

（1）菌体生长期

菌体生长期（cell growth phase）也称为发酵前期（fermentation prophase），是指从接种

至菌体达到一定临界浓度的一段时间。对于分批式发酵，包括延滞期、对数生长期、减速期和平台期。

（2）产物合成期

产物合成期（product synthesis phase）也称为发酵中期（fermentation metaphase），主要进行代谢产物或目标产物的生物合成。产物量逐渐增加，生产速率加快，直至最大高峰，合成能力维持在一定水平。

（3）菌体自溶期

菌体自溶期（cell autolysis phase）也称为发酵后期（fermentation anaphase）。菌体衰老，细胞开始自溶，产物合成能力衰退，生产速率减慢。发酵必须结束，否则产物被破坏，同时菌体自溶给过滤和提取等带来困难。

2.2.2 制药微生物生长与产物合成

（1）制药微生物的生长特性

由于微生物体积微小，具有极高的比表面积，与培养基和周围环境高度接触和感应。在适宜的条件下，营养物质的吸收、细胞内的代谢过程很快，生长繁殖非常旺盛。细菌的繁殖方式是无性二等分，很难把生长阶段与繁殖阶段完全分开。放线菌则主要是通过产生无性孢子繁殖，菌丝也可以繁殖。真菌以无性孢子和有性孢子及菌丝繁殖，酵母进行出芽生殖和裂殖。

（2）制药微生物的初级代谢产物合成

微生物合成产物是通过细胞内的代谢实现的。代谢（metabolism）是生物体内进行的生理生化反应的统称，分为分解代谢（catabolism）和合成代谢（anabolism）。分解代谢是指把大分子降解为小分子的过程，为合成代谢提供能量和原料。合成代谢是指把小分子合成为复杂大分子的过程，满足菌体生长和分化的需要。根据代谢产物在体内的作用，可分为初级代谢（primary metabolism）和次级代谢（secondary metabolism）。初级代谢是营养物质转变为细胞结构物质和对细胞具有生理活性作用的物质，为细胞提供能量、合成中间体及其生物大分子的代谢网络。在初级代谢过程中形成的产物为初级代谢产物（primary metabolite），包括各种小分子前体、氨基酸、单糖、核苷酸和多糖、蛋白质、脂肪、核酸等，几乎所有生物的初级代谢基本相同。碳代谢的主要途径是糖酵解、磷酸戊糖途径、三羧酸循环，生成各种有机酸。葡萄糖进入细胞内，被代谢为其他糖衍生物，被乙酰化、氨化修饰，生成氨基糖，组成细胞壁。乙酰辅酶 A 通过脂肪酸途径，与磷酸结合，生成细胞膜。氮代谢的主要途径是硝酸还原、转氨反应，生成各种氨基酸。氨基酸聚合生成多肽和蛋白质。氨基酸和酮酸进入核酸途径，生成各种嘌呤、嘧啶，与核糖、磷酸反应生成核苷、核苷酸，最后聚合生成 RNA、DNA。

（3）制药微生物的次级代谢产物合成

次级代谢对微生物的正常生长可能不必要，但对抵抗逆境、分解毒素、繁殖等具有重要意义。微生物的次级代谢产物是由其基因簇决定的，其编码酶与产物结构具有一一对应关系，所以产物结构的解析要与生物合成基因簇功能研究同步进行。对一种次级代谢产物，参与反应的酶有多种，底物特异性不强。主结构生成后，需要不同酶的修饰，在发酵体系中生成多种结构相似的一组混合物，但各组分活性差异较大，这是原料药杂质的主要来源。

次级代谢产物生物合成基因簇包括抗性基因、调节基因、结构基因、修饰基因等，受到多方面控制。对于丝状真菌和放线菌发酵体系，随着菌体的生长，出现营养或环境条件受限，引起形态与生理发生变化，从而启动次级代谢产物的生物合成，由生长期转向生产期。在基因水平，次级代谢产物的调控涉及全局转录因子、途径特异性转录因子、多效转录因子等不同层次的调控，同时还受前体合成的初级代谢调控。

2.2.3 制药微生物的生长动力学

在适宜的培养基中接入菌种，每隔一定时间取样测定细胞数目和生物量、发酵参数（培养基成分和培养条件）、产物生成等，对发酵时间作图，就得到了发酵动力学曲线。这些变化可以用速率表示，即单位时间内某一参数的变化；也可以用比速率表示，即以单位细胞的生物量为基准，表示该参数的变化速率。细胞群体量随发酵时间的变化曲线为微生物生长动力学曲线，它描述了微生物由接种到自溶死亡的整个过程。生长速率（growth rate）r 表示单位时间内菌体浓度或质量（X）的变化，比生长速率（specific growth rate）μ 是生长速率的标准化，反映了菌体活力的大小。

$$r = \frac{\mathrm{d}X}{\mathrm{d}t} ; \quad \mu = \frac{\mathrm{d}X}{X\mathrm{d}t} \quad (2\text{-}1)$$

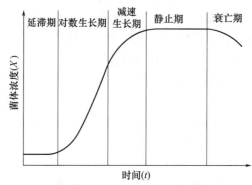

图 2-2 菌体生长与培养时间的关系

发酵过程中培养液会变黏稠，液体的流变学特性影响氧传递、热传递和混合等过程。在批式发酵操作过程中，菌体的生物量与时间的关系是 S 形曲线（图 2-2）。根据生物量的变化，可以把这个过程分为 5 个阶段，即延滞期、对数生长期（指数生长期）、减速生长期、静止期和衰亡期。

（1）延滞期

延滞期（lag phase）或适应期是指接种后，菌体的生物量没有明显增加的一段时间。延滞期是菌体适应环境的生理反应过程。延滞期时间长短不一，与遗传和环境因素有关，由菌体与环境相互作用的程度决定。因不同接种量、不同菌种和菌龄等而表现不同。延滞期长短与生成速率无必然联系，但影响发酵周期。发酵周期短，提高设备利用率和发酵产率。工业生产中希望延滞期越短越好，常采用种子罐与发酵罐的培养基尽量接近，对数生长期的种子、加大接种量等方法进行放大培养和发酵生产。

（2）对数生长期

对数生长期（log phase）是菌体快速繁殖，生物量的增加呈现对数速度增长的一段时间。特点是比生长速率达到最大值，并保持不变，细胞分裂繁殖和代谢极其旺盛。可以认为细胞组分恒定，菌体细胞的生长速率与生物量是一级动力学关系：

$$\frac{\mathrm{d}X}{\mathrm{d}t} = \mu_{\max}X \quad (2\text{-}2)$$

对数期的 $\mu_{\max}$ 是个常数，因此细胞生物量的倍增时间（doubling time）可以表示为：

$$t_{\mathrm{d}} = \ln\frac{2}{\mu_{\max}} = 0.693\left(\frac{1}{\mu_{\max}}\right) \quad (2\text{-}3)$$

不同生物由于 $\mu_{\max}$ 值不同，倍增时间差异很大。微生物细胞 $\mu_{\max}$ 较大，倍增时间为 0.5～5h。

对于单细胞一分裂为二的细菌和酵母，细胞数目倍增时间就是世代时间，t_{d} 可表示为：

$$t_{\mathrm{d}} = t\ln\left(\frac{2}{\ln N_t - \ln N_0}\right) \quad (2\text{-}4)$$

式中，t 为 n 次分裂的总时间；N_t 为 n 次分裂后细胞数目；N_0 为分裂前的细胞数目。根据对数生长期中一定时间内细胞数目的变化，可求出倍增时间。

（3）减速生长期

减速生长期（decline phase）是指菌体生长速率下降的一段时间。由培养基中基质浓度下降，有害物质积累等不利因素引起。在减速生长期内，生长速率与菌体浓度仍符合一级动力学关系，但受基质浓度限制。一般生物的减速生长期较短。

（4）静止期

静止期或稳定期（stationary phase）是指菌体净生长速率为零的一段时间。由于营养耗竭、代谢产物或有毒害物质的积累，菌体浓度不增加，细胞的分裂与死亡同步进行，生长速率与死亡速率相等，达到平衡。符合如下方程：

$$\frac{\mathrm{d}X}{\mathrm{d}t} = (\mu - k_\mathrm{d})X = 0 \tag{2-5}$$

式中，k_d 为死亡速率常数。

最大菌体浓度：

$$X_{\max} = X_0 \exp(\mu t) \tag{2-6}$$

静止期的细胞数达到最大值，细胞生长速率与死亡速率处于一种动态平衡。静止期往往是目标产物生成的主要阶段，生产上常常在此期进行补料培养，增加营养物质，延长静止期，以提高产物量。

（5）衰亡期

衰亡期（death phase）是指菌体死亡速率大于生长速率的一段时间。表现为细胞自溶、死亡加速，细胞浓度迅速下降。菌体死亡速率也符合一级动力学：

$$\frac{\mathrm{d}X}{\mathrm{d}t} = -k_\mathrm{d}X \tag{2-7}$$

在衰亡期，细胞数量显著下降，细胞自溶裂解，形成菌丝片段。对于分批发酵培养，大多数在衰亡期到来前结束发酵，进行放罐。

2.2.4 培养基质利用的动力学

在菌体的生长过程中，随着培养基质（substrate）逐渐被吸收利用，浓度呈现降低（图2-3）。

培养基质浓度的减少可用消耗速率（r_s）和比消耗速率（q_s）表示：

$$r_\mathrm{s} = -\frac{\mathrm{d}S}{\mathrm{d}t}; \qquad q_\mathrm{s} = \frac{-\mathrm{d}S}{X\mathrm{d}t} \tag{2-8}$$

比消耗速率表示培养基质被利用的效率，可用于不同微生物之间发酵效率的比较。

Monod 在研究了大肠杆菌利用葡萄糖与生长速率的关系后发现，较低浓度下，比生长速率（μ）随葡萄糖浓度（S）增加而增大。但达到一定浓度后，继续增加葡萄糖浓度，比生长速率不再增大，表现出饱和现象。在此基础上，一种限制性基质浓度与比生长速率的关系与酶促反应的 Michaelis-Menten 方程非常相似，可用 Monod 方程表示：

$$\mu = \frac{\mu_{\max}S}{K_\mathrm{s} + S} \tag{2-9}$$

式中，$\mu_{\max}$ 为限制性基质过量时的最大比生长速率；K_s 为饱和常数，相当于 1/2 最大比生长速率时的基质浓度。Monod 方程对应的动力学曲线如图2-4所示。

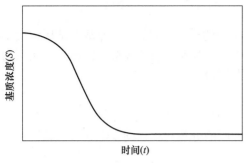
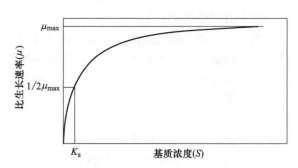

图 2-3　培养基质消耗与培养时间的关系　　　　图 2-4　基质浓度对比生长速率的影响

由方程可见，在 S 很低时，可以近似认为 $K_s+S=K_s$，则 $\mu=\mu_{max}S/K_s$，表明培养基质浓度与比生长速率成正比。在 S 很高时，可以近似认为 $K_s+S=S$，则 $\mu=\mu_{max}$，表明在高培养基质浓度下，菌体能以最大比生长速率进行生长。

μ_{max} 的意义在于各种培养基质对菌体的生长效率，可用于不同培养基质之间的比较。K_s 的意义在于菌体对培养基质的亲和力，K_s 越小，亲和力越大，即越能被菌体良好利用。

Monod 方程的求解，采用双倒数法作图。

$$\frac{1}{\mu}=\frac{1}{\mu_{max}}+\frac{K_s}{\mu_{max}}\times\frac{1}{S} \quad \text{或} \quad \frac{S}{\mu}=\frac{S}{\mu_{max}}+\frac{K_s}{\mu_{max}} \tag{2-10}$$

根据实验测定不同基质浓度下的比生长速率，以 $1/S$ 为横坐标、$1/\mu$ 为纵坐标，Langmuir 作图，求解计算 K_s 和 μ_{max}。

微生物消耗培养基质，用于维持细胞生存、菌体生长和产物生成。如果忽略发酵过程中细胞代谢产生的中间代谢产物的积累，则培养基质消耗的动力学可简化为：

$$-\frac{dS}{dt}=\left(\frac{dS}{dt}\right)\frac{1}{X}+\frac{1}{Y_{X/S}}\frac{dX}{dt}+\frac{1}{Y_{P/S}}\frac{dP}{dt} \tag{2-11}$$

式中，X 为菌体生长；P 为产物生成；$Y_{X/S}$ 为培养基质用于菌体生长得率；$Y_{P/S}$ 为培养基质用于产物得率。理论产物得率可通过代谢反应，列出化学计量式，进行计算。

2.2.5　生长与产物的关系模型

（1）产物生成动力学方程

与菌体生长、基质消耗动力学相似，微生物发酵的生成产物可用产物生成速率和比生成速率表示，即单位时间内产物的生成量为产物生成速率 r_p，单位菌体细胞在单位时间内的产物生成量为产物比生成速率 q_p。把产物生成速率看成是菌体的生长率和菌体生物量的函数，产物生成速率和比生成速率分别为：

$$r_p=\frac{dP}{dt}=\alpha\frac{dX}{dt}+\beta X=\alpha\mu X+\beta X$$

$$q_p=\frac{dP}{dt}\times\frac{1}{X}=\alpha\frac{dX}{Xdt}+\beta=\alpha\mu+\beta \tag{2-12}$$

式中，α、β 为常数；α 是菌体生长相关的产物生成常数；β 是非菌体生长相关的产物生成常数。

（2）生长与生产偶联型

生长与生产偶联型（coupling model）是微生物生长与产物生成直接关联，生长期与生产期是一致的。微生物生长和产物生成动力学曲线几乎平行，变化趋势同步，都有最大值，出现的时间接近，菌体生长期和产物形成不是分开的。产物往往是初级代谢的直接产物，如乳酸、乙酸等属于此类型 [图2-5（a）]。

对于方程（2-12），当 $\alpha > 0$、$\beta = 0$ 时，生长与生产偶联型，所以产物生成速率和比生成速率分别为：

$$r_p = \frac{dP}{dt} = Y_{P/X} \frac{dX}{dt} = Y_{P/X} \mu X$$

$$q_p = \mu Y_{P/X}$$

（2-13）

（3）生长与生产半偶联型

半偶联模型（semi-coupling model）介于完全偶联和完全非偶联之间，产物生成与生长之间存在关系。产物来自能量代谢所用的基质，但是在次级代谢与初级代谢是分开的。在菌体生长前期，基本无产物生成，从生长中后期开始进入产物形成期。发酵过程出现两个高峰，先是基质消耗和菌体生长的高峰，然后是产物形成的高峰。如柠檬酸、亮氨酸、异亮氨酸等发酵属于此类型 [图2-5（b）]。

对于方程（2-12），当 $\alpha > 0$、$\beta > 0$ 时，微生物生长和生产为半偶联型。

（4）生长与生产非偶联型

生长与生产非偶联型（non-coupling model）是指微生物生长期与产物生成期为独立的两个阶段，先形成基质消耗和菌体生长高峰，此时几乎没有或很少有产物生成；然后进入菌体生长静止期，而产物大量生成，并出现产物高峰。产物来自中间代谢途径，而不是分解代谢过程，初级代谢与产物形成是完全分开的，如个别抗生素、生物碱、微生物毒素的发酵 [图2-5（c）]。

对于方程（2-12），当 $\alpha = 0$、$\beta > 0$ 时，微生物生长和生产为非偶联型。产物生成速率和比生成速率分别为：

$$r_p = \frac{dP}{dt} = \beta X; \qquad q_p = \beta$$

（2-14）

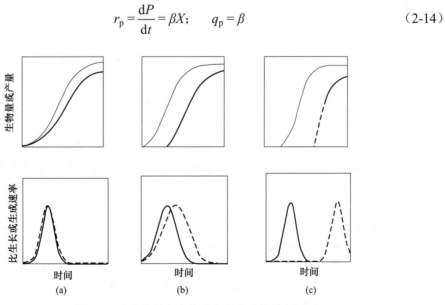

图2-5　菌体生长与产物生产的偶联关系

2.3 制药微生物菌种的建立

发酵生产药物，需高产优质的菌种，自然界中的菌种趋向于快速生长和繁殖，而发酵工业还需要大量积累产物，因此菌种选育很重要。最早是利用自然变异，从中选择优良株系。随后采用物理因子和化学因子进行诱变育种。20世纪80年代，采用杂交育种和基因工程育种，90年代以后，出现了基因组 shuffling 育种。进入21世纪，出现了合成生物学，以设计、合成、组装、修改基因组为对象的育种技术。本节分析微生物菌种选育及其保存的原理、方法和适用范围。

2.3.1 制药对菌种的基本要求

制药生产菌种能在较短的发酵过程中高产有价值的发酵产品，因此对其菌种特性有一定的要求。多数制药菌是非病原菌和纯种，无杂菌、不携带噬菌体。在发酵过程中只产生药物，不产生其他有毒或有害的物质。同时需要具备四性：①遗传稳定性，能长期繁殖，不易变异和退化；②易生长、易培养性，要以利用价廉易得的原料作为其培养基，生长旺盛、迅速，培养条件容易控制；③抗污染性，菌株自身保护机制，抵抗杂菌污染能力强；④经济性，要求其发酵周期短、产量高和具有良好的经济能力。

2.3.2 新药生产菌种的选育

新药生产菌种选育是与新药发现、工艺改造、节能环保等密切相关的科研活动，是发酵制药的源头。其目的是：①通过提高菌种的遗传性能，提高产量，改进质量，降低成本；②优化工艺，节能减排；③方便管理和综合利用。无论是实际使用的菌种，还是新发现的菌种，其生产的遗传潜力远远没有被充分地挖掘出来，菌种选育是一项永久的事业。

（1）自然分离发现新菌株

1）样品的采集与处理

从大陆表层土壤（0～10cm）、海洋水体（0～100m）等环境中采集样品，根据分离目的和微生物的特性预处理。较高温度（40～120℃）处理几十分钟至几小时，甚至几天，可分离到不同种类的放线菌。化学试剂如十二烷基磺酸钠-酵母膏、$CaCO_3$、NaOH 处理样品，减少细菌，有利于放线菌分离。乙酸乙酯、氯仿、苯处理样品，可除去真菌。

2）分离方法

选择适宜的培养基，满足微生物营养需要和 pH 条件，添加抑制剂，有利于目标微生物的富集。加入抗真菌试剂和抗细菌抗生素，可以富集放线菌。

分离方法有稀释法和滤膜法。用无菌水、生理盐水、缓冲液等稀释后，涂布平板。用 0.22～0.45μm 滤膜培养，细菌在膜上，放线菌丝可穿透，进入培养基。放线菌可在 25～30℃、32～37℃或45～50℃下，培养 7～14d 至 1 月。

3）活性测定

以非致病菌或耐药和超敏菌种为对象，采用琼脂扩散法测定活性，筛选生物活性物质。用高效液相色谱（high performance liquid chromatography，HPLC）、液相色谱-质谱（liquid chromatograph-mass spectrometry，LC-MS）等，分析鉴定活性物质结构。其他现代的筛选技术如靶向筛选、高通量筛选、高内涵筛选等可以结合使用。

（2）自然选育稳定生产菌种

在发酵生产过程中，不经过人工诱变处理，根据菌种的自发突变而进行菌种筛选的过程，叫自然选育。工业生产中所用菌种几乎都是经诱变后得到的突变株，打破了原有的代谢系统，生存能力比野生菌株弱，且遗传特性不稳定，故需及时自然选育，淘汰产量低的衰退菌种，留下优良菌种。

自然选育的常用方法是单菌落分离，需要反复筛选，确定生产能力比原菌株高的菌种。基本过程如下：

菌种→单孢子或单细胞悬液→适当稀释→琼脂平板分离→挑单个菌落进行生产能力测定→选出优良菌株。

自然选育简单易行，可达到纯化菌种、防止退化、稳定生产水平和提高产量的目的。但效率低，增产幅度不会很大。

（3）诱变育种改良菌种

诱变育种是人为创造条件，使菌种发生变异，从中筛选优良个体，淘汰劣质个体。诱变育种的特点是速度快、收效大、方法相对简单。但缺乏定向性，要配合大规模的筛选工作。

1）诱变剂

主要有物理和化学因素。物理因素包括各种射线，如紫外线、快中子、X射线、γ射线、激光、太空射线等。化学因素包括碱基类似物、与碱基发生反应的物质（烷化剂和脱氨剂）、DNA嵌合剂等。这些因素最终使遗传物质DNA的一级结构发生变化，从而导致性状变异（表2-2）。

表2-2　菌种选育常用诱变剂

种类	因素	突变机理	相对效果
紫外线	250～270nm	形成嘧啶二聚体和DNA交联，缺失、译码、转换和颠换	中
电离辐射	快中子，X、β、γ射线，激光，微波	热效应使染色体畸形，活性氧损伤DNA，插入、缺失、点突变	高
碱基类似物	5-溴尿嘧啶，2-氨基嘌呤，8-氮鸟嘌呤	核酸合成的底物，错误配对和错误复制，转换点突变	低
脱氨剂	亚硝酸，亚硫酸氢钠，羟胺	A脱氨得到次黄嘌呤，与C配对；C脱氨得到尿嘧啶（U），与A配对。转换点突变	中
烷化剂	芥子气，氮芥，环氧乙烷，二环氧乙烷，硫酸二乙酯，甲基磺酸乙酯，乙烯亚胺，三亚乙基三聚氰胺，丙酸内酯，重氮甲烷，二乙基亚硝酸胺	与碱基发生反应，使核苷酸烷基化，转换点突变	高
嵌入剂	吖啶染料，溴化乙锭	嵌入碱基中，增加了相邻碱基间的距离，移码突变	低

2）诱变育种方案的设计

诱变育种整个过程涉及诱变和筛选两个阶段，甚至是多轮重复。首先制定诱变方案，进行诱变实验。对出发菌株（starting strain）进行诱变处理，交叉使用多种诱变剂或组合诱变剂比一种效果更好。根据致死率和正突变率，确定适宜的诱变剂量。最好是既能增加变异范围，又有大量的正向变异。其次，确定筛选目标和方案，进行筛选。除高产外，快速生长、高效利用廉价碳源、抗噬菌体等都可作为筛选目标。针对目标，施加适宜的选择压力（selective pressure），如高抗生素浓度、高底物浓度等，或营养缺陷的生理作用，以达到预期目标。

（4）杂交育种创新菌种

杂交育种是两个不同基因型的菌株通过接合或原生质体融合使遗传物质重新组合，再从中分离和筛选具有新性状的菌株，带有定向育种的性质。

1）原生质体融合

用去壁酶处理将微生物细胞壁除去，制成原生质体。在高渗条件下，用聚乙二醇（PEG）

促进原生质体发生融合，再生细胞壁，从而获得具有双亲性状的融合细胞，这一技术叫原生质体融合（protoplast fusion）。

原生质体融合育种首先要建立细胞再生体系，这样保证了融合原生质的有效再生。一般要求两个亲本菌种具有明显的遗传标记，便于融合后的有效筛选。除了 PEG 化学促进融合外，还有电融合等其他物理方法，融合效果都很好。链霉菌的原生质体融合的基因组重组率高达20%。

2）基因组 shuffling 技术

以单染色体组成的基因组为对象，进行原生质体融合时，基因组发生重组形成候选突变库，经过筛选得到代谢途径和表型改进的菌株，即经济适用的菌株。基本过程如下。

① **随机突变获得单个性状优良的菌株**　从亲本菌种出发，各种诱变技术处理，微孔发酵，高通量筛选获得优良突变株。

② **第一轮基因组 shuffling**　多个优良菌株的原生质体融合、再生，形成第一个融合库（F1）；发酵筛选，获得优良融合菌种。

③ **第二轮基因组 shuffling**　再次重复循环融合、再生，得到融合库 F2；发酵筛选，鉴定出优良菌种。

④ **多轮融合、筛选鉴定**　依次进行 F3、F4 融合库和筛选，达到不同菌种优良性状的互补，实现个体水平的集成育种。

以前的随机突变和选择（至少 10～20 轮）为工业微生物筛选了优良菌株，但对表型改进仍然困难，因为表型是由分布在基因组中的一批基因决定的。基因组 shuffling 可改变以前的突变育种时间长、改良速度慢等缺点，能在短时间内获得理想的结果。基因组 shuffling 的关键是起始突变体的选择、遗传重组的效率、选择方法的灵敏性。已经在泰乐菌素（通用名泰乐星）生产菌的改造、蛋氨酸生物合成途径的进化等方面取得明显效果。

（5）基因工程技术改造菌种

基因工程技术的原理和方法见第 3 章。对于生产抗生素、氨基酸、维生素等微生物菌种，在明确生物合成途径和调控机理的基础上，采用基因工程进行定向改造，已经取得了很大进展和成功。可用于提高菌株的生产能力、减少副产物、提高品质、改进生产工艺。

（6）合成生物学定制育种

合成生物学制药见第 4 章。采用合成生物学策略，可对微生物菌种进行定制育种。用已知功能的生物元件，重新设计基因、模块、代谢途径乃至整个基因组，组装或大规模替换原基因组，创造自然界中不存在的生物，实现药物的研发和高效生产。

2.3.3　菌种保存

菌种经过多次传代，会发生遗传变异，导致退化，从而丧失生产能力，甚至菌株死亡。因此，必须妥善保存（storage），保持菌种长期存活、不退化。菌种的保存原理是使其代谢处于不活跃状态，即生长繁殖受抑制的休眠状态，可保持原有特性，延长生命时限。因此，根据不同菌种的特点和对生长的要求，用休眠体（如孢子）作为保存材料，人工创造低温、干燥、缺氧、避光和营养缺乏等环境，便可实现菌种的长期保存。

菌种制备时，为了保持菌种优良特性，接种不宜太密，接种量适当，生长要充分。菌种在新培养基斜面或培养皿上生长丰满、健壮，但时间不宜过长。对于液体培养物，一般在对数生长期进行保存。保存过程中，为了防止杂菌污染，一定要做无菌检查。

（1）斜面低温保存

斜面低温保存也称定期移植保存，可用于生产菌种的短期保存。利用低温降低菌体的新陈代谢，使菌种的特性在短时间内保持不变。菌种接在适宜的平板培养基上或斜面试管中，在生长温度下，生长至旺盛期，然后置于低温冰箱内，一般 4～8℃，湿度小于 70%，进行保存，每隔一定时间移植转移一次。细菌 1 个月移植一次，放线菌 3 个月移植一次，酵母 4～6 个月移植一次，丝状菌 4 个月移植一次。该方法的优点是操作简单，使用方便，缺点是保存时间短，不能经常移植。

（2）液体石蜡密封保存

将斜面菌种或穿刺培养物，加入灭菌的液体中性石蜡油，覆盖厚度 1cm 左右，封闭管口，然后置于 4℃低温下保存，约 1 年。石蜡封存，可减少水分蒸发并隔绝了氧气，增加了保存时间。

（3）砂土管保存

黄砂：泥土（3:2 或 1:1）灭菌并无菌检查后与孢子混合，使孢子吸附在砂土上。置于干燥管中，真空泵抽气干燥后，使砂土外形松散。置于干燥器中，冰箱低温下保存，可达一年以上。也可以直接将孢子与砂土混合，在干燥器中干燥，低温保存。或在适宜温度下生长，增殖后干燥，低温保存。对分生孢子真菌、放线菌和芽孢细菌，可保存 5～10 年。该方法只适宜于形成孢子或芽孢的菌种，不适用于只有菌丝的真菌和无芽孢的细菌保存。砂土起保存载体的作用，硅胶、滤纸、瓷珠等也可用于保存。

（4）冷冻干燥保存

菌体与保护剂（脱脂奶或血清等，见表 2-3）混合，制成菌悬液在-35～-45℃（酒精或干冰）下预冻 15min～2h，使细胞快速冻结而不受破坏，保持细胞的完整性。然后低温真空干燥。封瓶后，低温避光保存。保护剂的作用在于降低细胞的冰点，减少冰晶对细胞的伤害，有利于菌体的复苏。低分子保护剂起直接保护作用，而高分子化合物防止了冻干过程中细胞内的氨羰基反应和氧化反应，起辅助作用。一般高、低分子化合物配合使用，效果优于单独使用。冷冻干燥保存时间长，一般 5～10 年，多达 15 年。主要用于保存各种细菌、酵母、真菌及个别病毒，对动物细胞的保存效果不好，不适于原虫的保存。使用明胶，进行干燥保存绿脓杆菌、白喉杆菌、葡萄球菌数年，效果很好，但对奈瑟菌、嗜血杆菌效果不好。

表 2-3　菌种保存常用的保护剂

类别	举例
酸性化合物	谷氨酸，天冬氨酸，苹果酸，谷氨酸钠，乳糖酸
中性化合物	葡萄糖，乳糖，蔗糖，鼠李糖，海藻糖，岩藻糖，山梨醇，木糖醇，肌醇，苏氨酸
碱性化氨基酸	赖氨酸，精氨酸，甜菜碱
高分子化合物	白蛋白，明胶，蛋白胨，酵母膏，可溶性淀粉，糊精，果胶，树胶，葡聚糖，聚维酮（聚乙烯吡咯烷酮，PVP），羧甲基纤维素
天然混合物	脱脂奶，血清，脱纤维蛋白血液
其他小分子	维生素 C，半胱氨酸，羟胺，氨基脲，脯氨酸

（5）液氮保存

菌体培养物，加入细胞冷冻保护剂 10%～20%甘油或 5%～10%二甲基亚砜（DMSO）制成孢子或菌悬液，浓度一般大于 10^8 个/mL。分装于小的安瓿瓶或聚丙烯小管后，密封。先降至 0℃，再以每分钟降 1℃的速度，一直降至-35℃，然后放液氮罐中保存。也可直接置于液氮中速冻，然后在液氮中保存或在-80℃冰箱中保存，是目前最可靠的一种长期保存方法。可用于细菌、酵母和体外培养动物细胞，也是长期保存主种子批的主要方法。

2.3.4 菌种库建立与质量控制

在实验室选育获得优质高产菌种（包括基因工程菌和动物细胞系）后，按照 GMP 对药品生产的有关要求和规定，及时建立各级种子细胞库，实施种子批系统管理，并进行验证，确保菌种的稳定、无污染，保证生产正常有序进行。对于基因工程菌种和动物细胞系尤为重要和关键，建库的流程见图 2-6。

主菌种库（master stock bank，MSB）或主细胞库（master cell bank，MCB）：来源于原始菌种或细胞培养物（starter culture），一般在 10～200 份以上。原始菌种或细胞 3～5 份。

工作菌种库（working stock bank，WSB）或工作细胞库（working cell bank，WCB）：由主菌种库或主细胞库繁殖而来，一般在 40～1000 份以上。

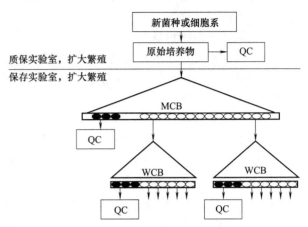

图 2-6　菌种或细胞库构建流程

建立菌种库是相当费时间和昂贵的，要制定相应的标准操作规程，对实验室、人员及其环境提出要求，进行质量控制（quality control，QC），做好相关记录和文件处理，工作细胞库必须与主细胞库完全一致。不同培养物建库的 QC 要求见表 2-4。

表 2-4　菌种库或细胞库建立的 QC 要求

细胞类型	QC
细菌	活性，纯度，真实性，革兰氏染色，形态特征，生化特征，遗传特征
真菌	活性，纯度，真实性，形态特征，生化特征，遗传特征
基因工程菌	宿主菌特征，表达质粒结构与功能，鉴别标志，基因序列，稳定性，表达方式与水平
动物细胞系	活性，纯度，真实性，无菌实验，核型，DNA 分析（如指纹图谱），同工酶分析，支原体试验，其他外源物试验，稳定性和基因型分析

2.3.5 菌种保存机构

（1）中国典型培养物保藏中心

中国典型培养物保藏中心（China Center for Type Culture Collection，CCTCC，武汉大学保藏中心），保藏的培养物包括细菌、放线菌、酵母菌、真菌、藻类、病毒、噬菌体、质粒和基因文库、人和动物细胞系、转基因细胞、杂交瘤等各类培养物（生物材料/菌种）。

（2）中国科学院典型培养物保藏委员会

中国科学院典型培养物保藏委员会下设 9 个库，均隶属于各个研究所，保藏菌株、细胞、基因及基因元件、病毒、离体种质和藻类等。

中国普通微生物保藏管理中心（China General Microbiological Culture Collection Center，CGMCC，中国科学院微生物所）主要保藏真菌和细菌。中国病毒保藏中心（中国科学院武汉微生物所）主要保藏病毒。中国工业微生物菌种保藏管理中心（China Center of Industrial Culture Collection，CICC）保藏食品相关工业微生物。中国医学科学院抗生素所、四川抗生素所和华北制药集团抗生素所负责抗生素菌种的保藏和管理。中国医学微生物菌种保藏中心[National Center for Medical Culture Collection （Bacteria），CMCC]负责医学微生物的保藏管理和分发使用。

（3）国外主要保藏机构

世界各国和地区都有菌种和细胞保藏机构，最著名机构是美国的 ATCC，拥有大量的微生物菌种、动物细胞、杂交瘤细胞等，还有细胞培养基，可通过网络获取相关资料和信息（表 2-5）。

表 2-5　国外著名培养物保藏中心

英文	简称	地址
American Type Culture Collection	ATCC	PO Box 1549, Manassas, Virginia, 20108 1549, USA, http://www.atcc.org
European Collection of Cell Cultures	ECACC	Center for Applied Microbiology & Research, Salisbury, Wiltshire SP4 0JG UK, http://www.camr.org.uk
DSM-Deutsche Sammlung Von Mikro-organismen und Zellkulturen GmbH	DSMZ	Mascheroder Weg1b, D-38124 Braunschweig, Germany http://www.gbf.braunschweig.de.bl/DSMZ
Institute for Fermentation，Osaka	IFO	17-85 Juso-Honmachi 2-Chome, Yodogwa-Ku, Osaka 532, Japan http://www.ifo.or.jp
National Collection of Type Cultures	NCTC	PHLS Central Public Health Laboratory, 61 Colindale Avenue, London NW9 5HT, UK, www.hpa.org.uk/nctc

2.4　制药微生物培养基制备

发酵过程要使用合适的培养基。培养基（medium）是供微生物生长繁殖和合成目标产物所需要的、按一定比例人工配制的多种营养物质的混合物。同时，培养基也提供了渗透压、pH 等营养作用以外的其他微生物生长所必需的环境条件。在工业化生产中，为了稳定工艺条件，还要向培养基中加入少量的非营养成分，如消沫剂。培养基的组成和配比是否恰当，直接影响微生物的生长、产物的生成、提取工艺的选择、产品的质量和产量等。本节分析微生物培养基组成与作用、种类、质量控制和配方研发。

2.4.1　微生物培养基的成分

（1）碳源

凡是构成微生物细胞和代谢产物中碳素的营养物质均称为碳源（carbon source），包括糖类、醇类、脂肪、有机酸等。糖类有单糖（如葡萄糖、果糖）、双糖（如蔗糖、乳糖）、多糖（如淀粉、糊精），常用葡萄糖、淀粉、糊精和糖蜜。糖蜜是制糖的副产物，主要成分为蔗糖，是廉价的碳源。脂肪有豆油、棉籽油和猪油，醇类有甘油、乙醇、甘露醇、山梨醇、肌醇，长链碳氢化合物有石油产品的正烷烃、$C_{14} \sim C_{18}$ 的混合物。以脂肪作为碳源时，必须提供足够的氧气，否则会引起有机酸积累。

（2）氮源

凡是构成微生物细胞和代谢产物中氮素的营养物质均称为氮源（nitrogen source），可分为有机氮源和无机氮源两类。常用有机氮源有黄豆饼粉、花生饼粉、棉籽饼粉、玉米浆、玉米蛋白粉、蛋白胨、酵母粉、鱼粉、尿素等。有机氮源含有丰富的蛋白质、多肽和氨基酸，水解后提供了主要的氨基酸来源。同时，含有少量的糖类、脂肪、无机盐、维生素、某些生长因子等，微生物生长更好。此外，含有微量代谢前体，有利于产物的生成。

常用无机氮源有铵盐、氨水和硝酸盐。铵盐中的氮可被菌体直接利用。硝酸盐中的氮必须还原为氨才可被利用。无机氮源可以作为主要氮源或辅助氮源，铵盐比硝酸盐更快被利用。

根据氮被利用后，残留物质的性质，可把无机氮源分为生理酸性物质和生理碱性物质。生理酸性物质是代谢后能产生酸性物质，如 $(NH_4)_2SO_4$ 利用后，产生硫酸。生理碱性物质是代谢后能产生碱性物质，如硝酸钠利用后，产生氢氧化钠。生产中常常加入无机氮源来调节pH，一举两得。

（3）无机盐

无机盐（mineral salt）包括大量元素（macroelement）和微量元素（trace element，microelement），是生理活性物质的组成成分或具有生理调节作用，包括磷、硫、镁、钙、锰、钾、钠、铜、锌、铁、钼、氯。一般低浓度起促进作用，高浓度起抑制作用。部分盐成分的使用浓度见表2-6。

表 2-6　部分无机盐的使用浓度范围

元素	浓度/(g/L)	化合物
Ca，K	5～17	$CaCO_3$，KCl
P，K	1.0～4.0	KH_2PO_4
Mg，Zn	0.1～3.0	$MgSO_4 \cdot 7H_2O$，$ZnSO_4 \cdot 8H_2O$
Mo，Mn，Fe，Cu	0.01～0.1	$FeSO_4 \cdot 4H_2O$，$MnSO_4 \cdot H_2O$，$CuSO_4 \cdot 5H_2O$，$Na_2MoO_4 \cdot 2H_2O$

微生物对磷酸盐的需要量较大，但在不同阶段是不同的。磷酸盐对次级代谢产物合成有重要影响。因此，控制磷酸盐浓度对制药发酵非常重要。对抗生素发酵，采用生产亚适量（对菌体生长不是最适合，但又不影响其生长的量）的磷酸盐浓度。

对于特殊的菌株和产物，不同的元素具有独特作用，如铜能促进谷氨酸发酵，锰能促进芽孢杆菌合成杆菌肽，氯离子促进金霉素链霉菌合成四环素。加入微量钴，促进维生素 B_{12} 产量，也能增加链霉素、庆大霉素的产量。

（4）水

水是生物细胞的主要成分，是营养传递的介质，良好导体，能调节细胞生长环境温度。

（5）生长因子

生长因子（growth factor）是指微生物生长不可缺少的微量有机物，包括氨基酸、维生素、核苷酸、脂肪酸等。一般天然成分中含有，无需添加。但对于营养缺陷型（氨基酸、核苷酸）菌株，必须添加。

（6）前体与促进剂

前体（precursor）是直接参与产物生物合成的分子，处于目标产物代谢途径的前端。对于聚合反应产物，加入发酵的前体后，将结合到目标产物中，而其结构基本不变化。前体能明显提高产品产量和质量，一定条件下还能控制菌体合成代谢产物的方向。有些前体有毒性，或被菌体分解，因此采用多次少量流加工艺。

促进产物生成的物质为促进剂（accelerant），如氯化物有利于灰黄霉素、金霉素的合成。产物促进剂是加入后能提高产量，但不是营养物，也不是前体的一类化合物。如表面活性剂吐温、清洗剂、脂溶性小分子化合物等。在发酵过程，有时还使用抑制剂，抑制中间副产物的形成。如用金霉素链霉菌生产四环素时，用溴可抑制氯四环素的形成。二乙巴比妥盐抑制其他利福霉素的形成，有利于利福霉素 B 的产生。添加蛋氨酸，抑制顶头孢霉发酵中副产物形成，定向合成头孢菌素 C。

在抗生素等次级代谢产物的发酵中，经常添加前体和促进剂，以提高产量。前体可以是产物途径的中间体，也可以是其中的一部分。如青霉素 G 的前体有苯乙酸或苯乙酰胺，维生素 B_{12} 的前体有钴（表2-7）。

（7）消沫剂

消沫剂的作用是消除泡沫，防止逃液和染菌。一般为动植物油脂和合成的高分子化合物。

表 2-7　发酵制药中的前体及其相应产物

前体	产物	前体	产物
苯氧乙酸，苯乙酸及其衍生物	青霉素 V，青霉素 G	β-紫罗酮	类胡萝卜素
氯化钠	金霉素，氯霉素，灰黄霉素	氯化钴	维生素 B_{12}
肌醇，精氨酸	链霉素	α-氨基丁酸	L-异亮氨酸
丙酸，丙醇	红霉素	甘氨酸	L-丝氨酸
丁酸	吉他霉素	邻氨基苯甲酸	L-色氨酸
丙酸	核黄素		

2.4.2　微生物培养基的种类

培养基可按组成、状态和用途进行分类。按组成分为合成培养基（synthetic medium）、天然培养基（natural medium），在天然培养基的基础上加入成分明确的物质组成的半合成培养基（semi-synthetic medium）。按用途分为选择性培养基（selective medium）、鉴别性培养基（identification medium）、富营养培养基（nutrient medium）等。按物理性质分为固体培养基（solid medium）、半固体培养基（semisolid medium）、液体培养基（liquid medium）。在工业发酵中，常按培养基在发酵过程中所处位置和作用进行以下分类。

（1）固体培养基

固体培养基（solid medium）包括细菌和酵母的固体斜面或平板培养基，链霉菌和丝状真菌的孢子培养基。在液体培养基中，添加 1.0%～2.0% 的琼脂粉（agar）制成固体培养基。作用是供菌体的生长繁殖或形成孢子。特点是营养丰富，包括添加微量元素、生长因子等，菌体生长迅速。对于产孢培养基，如果营养太丰富，如加入 0.5% 以上的酵母粉或酪蛋白氨基酸，则不易产生孢子。

（2）种子培养基

种子培养基（seed medium）是供孢子发芽和菌体生长繁殖，包括摇瓶和一级、二级种子罐培养基，为液体培养基。作用是增加细胞数目，生长形成强壮、健康和高活性的种子。培养基成分必须完全，营养丰富，含有容易利用的碳源、氮源和无机盐等，但总体浓度不宜高。为了缩短发酵的停滞期，种子培养基要与发酵培养基相适应，主要成分接近，不能差异太大。

（3）发酵培养基

发酵培养基（fermentation medium）是供微生物进行目标产物的发酵生产，不仅要满足菌体的生长和繁殖，还要满足菌体大量合成目标产物，是发酵生产中最关键和最重要的培养基。组成应丰富完整，营养成分浓度和黏度适中。不仅要有满足菌体生长所需的物质，还要有特定的元素、前体、诱导物和促进剂等对产物合成有利的物质。不同菌种和不同产物，对发酵培养基的要求差异很大。

（4）补料培养基

补料培养基（fed medium）是发酵过程中添加的培养基。作用是稳定工艺条件，有利于微生物的生长和代谢，延长发酵周期，提高目标产物产量。从一定发酵时间开始，间歇或连续补加各种必要的营养物质，如碳源、氮源、前体等。补料培养基一般按单一成分配制，在发酵过程中各自独立控制加入，或按一定比例制成复合补料培养基，再加入。

2.4.3　影响培养基质量的因素

（1）原料质量

培养基原料的选择应符合企业内控质量标准并固定来源。对于玉米浆、黄豆饼粉、花生饼粉、淀粉等农副产品和蛋白胨、酵母粉等，常常因加工原材料的品种、产地、加工方法、贮存条件不同而质量差异较大。玉米浆中磷含量（0.11%～0.40%）对某些抗生素影响较大。化学原料如各种无机盐类化合物，杂质含量也不相同，其纯度对培养基的质量也会造成影响。

培养基原料的选择应注意碳源和氮源种类和数量的影响。虽然大多数碳源对菌种生长的能力相似，不同碳源和产物的生产能力很不相同，对产物的生成影响很大。碳源过多，有机酸形成多，容易引起 pH 降低；碳源过少，引起菌体衰老和自溶。选择氮源也很重要，不同微生物对最适氮源的要求不同。同时要注意碳氮配比，氮源过多，会使营养生长过旺，pH 偏高，不利于产物的积累；反之，氮源不足，菌体量生长少，也会影响产物生产。速效和缓效成分相互配合，发挥综合优势。不同生长阶段，对碳、氮源的要求也不相同，要根据工艺过程来确定。

选择发酵培养基原料要做试验，一旦选定后，不宜随意更换，保持稳定原料来源。培养基原料的不稳定是生产中发酵不稳定的主要原因。因此，在更换原料来源时，必须进行一系列试验，确保产量和质量的可控性和稳定性。

（2）水质

深井水、自来水、蒸馏水的水质不相同，恒定水源和恒定的水质很重要。水质的主要参数包括 pH、溶解氧、可溶性固体、污染程度、各种矿物特别是重金属的种类和含量。优良菌种有时不能高产，可能是劣质水造成的，生产中要加以注意。对水质定期化验检查，使用符合要求的水质配制各种培养基。新建厂址或引进新菌种，往往由于水质不服，导致发酵产量低下。

（3）培养基的黏度

培养基中的固体不溶性成分，如淀粉、黄豆粉等增加了培养基的黏度，不仅影响发酵的通气、搅拌等物理过程，而且直接影响菌体对营养的利用，也给目标产物的分离提取造成困难。高黏度的培养基，也不易彻底灭菌。生产中可用精料发酵、基础原料用酶水解降低大分子位置，或补加灭菌水，来降低黏度。

2.4.4 发酵培养基的配制

（1）一般原则

① **生物学原则**　根据不同微生物的营养和生化反应需求，设计培养基。营养物质组成较丰富，浓度适当，满足菌体生长和合成产物的需求，酸碱性物质搭配，具有适宜的 pH 和渗透压。各种成分之间比例恰当，特别是有机氮和无机氮源，C/N 适宜。一定条件下，各种原材料之间不能产生化学反应。

② **工艺原则**　既要考虑不影响发酵过程的通气和搅拌，又不影响产物的分离纯化和废物处理，过程容易控制。

③ **低成本原则**　因地制宜，来源方便，供应丰富，质量稳定，质优价廉，成本低。

④ **高效经济原则**　使用安全，环境保护，产品高质量，最高得率，最少副产物。

（2）培养基的设计基本思路

① **确立起始培养基**　根据他人的经验和沿用的成分，通过文献资料的查阅，初步确定培养基的成分，作为研究的起始培养基。

② **单因素实验**　确定最适宜的培养基成分。固定其他组分，一次实验只改变一种组分的不同浓度，找到该组分的适宜浓度，依次进行其他组分的浓度实验。集中所有组分的适宜浓度，为培养基的基本组成。

③ **多因素实验**　优化各组分之间浓度和最佳配比。各组分之间可能存在交互作用，单组分的最优条件往往不是培养基的最佳组成。需要把所有的实验因素都考虑，如采用均匀设计、正交实验等进行多因素实验设计（见第21章），科学合理安排，从中挑选有代表性的水

平组合，节约人、财、物和时间。利用正交实验确定的培养基比单因素所得的培养基，往往能提高产量 10%～50%。近年来，还出现了利用响应面分析和遗传算法进行培养基优化的实验方法，是值得推崇和使用的。

④ **放大试验** 从摇瓶、小型发酵罐，到中试，最后放大到生产罐。

⑤ **确定最终培养基** 综合考虑各种因素后，产量、纯度、成本等，确定一个适宜的生产配方。

（3）理论计算与定量配制

微生物生长和生产可用下列表达式表示：

$$碳源 + 氮源 + 其他营养物质 \longrightarrow 细胞 + 产物 + CO_2 + H_2O + 生物热$$

如果能进行定量表达，就可计算得到一定细胞生物量所需最少的营养物质。如果已知生物量与产物之间的特殊表达关系，就可以计算获得一定产量的最少原料。可参考微生物的化学元素组成（表2-8），做初步计算培养基配方。由于培养基成分的复杂性和所起作用的差异，一般针对碳源和氮源进行转化率计算和分析。

表 2-8 微生物的化学组成

成分	细菌	酵母	真菌
水分/%	75～85	70～80	85～90
蛋白质（占干重）/%	50～80	72～75	14～15
碳水化合物（占干重）/%	12～28	27～63	7～40
脂肪（占干重）/%	5～20	2～15	4～40
核酸（占干重）/%	10～20	6～8	1
矿物质（占干重）/%	2～30	3～7	6～12

转化率是单位质量的培养基原料生产的产物量或细胞量。理论转化率是理想状态下，根据代谢途径的物料衡算结果，而实际转化率是发酵过程中实际测量得到的数值。所以理论转化率高于实际转化率，而使实际转化率靠近理论转化率是发酵控制的最终目标。理论衡算（见第 23 章）建立代谢过程非常清楚的基础之上，但实际上很困难，所以需要对代谢过程简化后，基于代谢通量可以定量计算。

培养基都是由水、碳源、氮源、无机盐等组成的，具有一定 pH 和渗透压。工业生产用培养基的确定需要大量细致和周密的试验研究。目前还无法从生化反应的基本原理来推断和计算出最佳培养基配方，只能根据生理学和生物化学的基本理论，参照前人所用的经验培养基，结合生物学和产品特征要求，对培养基的成分进行优化试验。一种好的培养基配方应随菌种的改良、发酵控制条件和发酵设备的变化而作相应的变化。

2.5 灭菌工艺

对于发酵生产过程，除生产菌以外的任何微生物都属于杂菌（contaminated microbe），感染杂菌的发酵体系为污染（contamination）。制药工业发酵是纯种发酵，污染会给发酵带来严重的后果：杂菌不仅消耗营养物质，干扰发酵过程，改变培养条件，引起溶解氧和培养基黏度降低等变化；还会分泌一些有毒物质，抑制生产菌的生长；杂菌分泌酶，分解目标产物或使之失活，产量大幅度下降；噬菌体（phage）的污染引起溶菌；杂菌污染直接影响后续工序的有效进行，甚至是产品的质量。本节分析培养器皿、发酵罐、培养基、空气的灭菌工艺。

2.5.1 常用灭菌方法与原理

（1）灭菌的质量要求

在微生物培养中，为了防止污染，经常使用消毒、杀菌、灭菌等术语，其使用范围和要求是不同的。消毒（disinfection）是指用物理或化学方法杀灭或清除病原微生物（pathogen），达到无害化程度的过程。消毒只能杀死微生物的营养体，而不能杀灭芽孢，杀灭率要求99.9%以上。杀菌是杀灭或清除所有微生物的过程，杀灭率要求99.9999%以上。灭菌（sterilization）是指杀灭或清除物料或设备中所有生命物质，达到无活微生物存在的过程，杀灭率要求99.999999%以上。灭菌是十分重要的工序，包括培养基、发酵设备及局部空间的彻底灭菌、空气的净化除菌。常用的灭菌方法主要有化学灭菌、物理灭菌两类。

（2）化学灭菌

化学灭菌是指用化学物质杀灭微生物的灭菌操作。常用化学灭菌剂有氧化剂类如高锰酸钾、过氧化氢等，卤化物类如漂白粉、氯气等，有机化合物如70%~75%乙醇、甲醛、戊二醛、环氧乙烷、2%新洁尔灭（苯扎溴铵）、3%~5%石炭酸（苯酚）等。化学灭菌剂使蛋白质变性，酶失活，破坏细胞膜透性，细胞死亡。化学灭菌主要适用于皮肤表面、器具、实验室和工厂的无菌区域的台面、地面、墙壁及局部空间或某些器械的消毒。

（3）辐射灭菌

物理灭菌包括使用各种物理条件如高温、辐射、超声波及过滤等进行灭菌，效果好，操作方便，使用广泛。各种物理射线对生物细胞具有杀伤能力，其中以紫外线最常用。但紫外线穿透力极低，只适宜于表面灭菌，常用于一定空间的空气灭菌，如无菌室、超净工作台等的灭菌。

（4）干热灭菌

在高温120℃以上，蛋白质、酶、核酸、生物膜等生物大分子变性、凝聚破坏，甚至是降解，生物细胞破裂，内容物释放，生物体死亡。对于干热灭菌，微生物营养细胞受热死亡的过程可视为一级动力学反应，与发酵过程中衰亡期的动力学相似。细胞比死亡速率 k_d 与温度 T 的关系可表示为：

$$k_d = A\exp\left(-\frac{E}{RT}\right) \tag{2-15}$$

式中，A 为常数；E 为死亡活化能；T 为热力学温度；R 为气体常数。可见，k_d 与 T 呈正比，温度越高，k_d 越大，死亡越快。因此在高温下灭菌，时间较短。

如果 X 为存活细胞浓度，t 为灭菌时间，k_d 为比死亡速率，那么营养细胞浓度与灭菌时间成正比，细胞浓度越高，灭菌时间越长。如果从零时刻（$t = 0$）、存活细胞浓度为 X_0 开始灭菌，在一定温度下，由积分式可得灭菌时间 t 与比死亡速率 k_d 的关系：

$$t = \frac{1}{k_d}\ln\left(\frac{X_0}{X}\right) \tag{2-16}$$

k_d 与微生物种类、生理状态和灭菌温度有关。k_d 越大，灭菌时间越短，表明细胞越容易死亡。在发酵工业上，如果已知杂菌浓度，一般取 X 为0.001，即千分之一的灭菌失败率，就可计算出灭菌所需时间。

对于干热灭菌，足够长的时间和足够高的温度，都可以杀灭生物体。温度越高，时间相应缩短。干热灭菌是实验室常用于器皿，如培养皿、三角瓶等玻璃器皿和接种针等金属用具进行灭菌的方法，一般在115~140℃，保持一段时间，可以杀死各种生物体。工业要求灭菌后保持干燥状态的物料，在 160℃、2h，或 170℃、1h 干热空气处理，用于器械、容器、细胞固定化载体、填料等的灭菌。

（5）高压蒸汽灭菌

高压蒸汽灭菌（湿热灭菌）的原理与干热灭菌相同，即微生物受热死亡的一级动力学，但高压蒸汽灭菌的效果优于干热灭菌。在高压条件下，热穿透力强。由于蒸汽价格低廉，来源方便，效果可靠，操作控制简便，因此湿热灭菌常用于培养基和设备容器的灭菌。常用条件为 115～121℃，压力 $1×10^5Pa$，维持 15～30min。芽孢是一种休眠体，外面有厚膜包裹，耐热性很强，不易杀灭。因此在设计灭菌操作时，经常以杀死芽孢的温度和时间为指标。为了确保彻底灭菌，实际操作中往往增加 50%的保险系数。

（6）培养基的过滤除菌

有些培养基成分受热容易分解破坏，不能使用蒸汽灭菌，常常采用过滤器除菌。常见的有蔡氏细菌过滤器、烧结玻璃细菌过滤器和纤维素微孔过滤器等。蔡氏细菌过滤器采用石棉滤板，烧结玻璃细菌过滤器的除菌用规格为小孔径的烧结玻璃。纤维素微孔滤膜有醋酸纤维素和混合纤维素等几种质地，具有一定的热稳定性和化学稳定性，孔径规格为 0.1～5μm 不等，一般选用 0.22μm，进行溶液过滤除菌。

2.5.2　培养基的灭菌操作

（1）灭菌对培养基质量的影响

高压蒸汽灭菌是生产中常用的培养基灭菌方法，但控制不当，很容易影响培养基的有效成分含量，甚至是活性。较高温度下长时间灭菌，使营养成分会破坏。一般微生物死亡活化能为 50～100kcal/mol（1cal = 4.184J，下同），而酶、维生素等营养物质分解活化能为 2～20kcal/mol。可见灭菌活化能大大高于营养物质分解活化能。

另外，高温灭菌产生有害物质。如葡萄糖等碳水化合物的醛基与含氮化合物的氨基反应，生成甲基糠醛和棕色的黑精类物质。磷酸盐与碳酸钙、镁盐、铵盐也能反应，生成沉淀或配位化合物，降低了对磷酸和铵离子的利用率。维生素、激素等在高温下被分解破坏、失活。因此应该将糖与其他组分分开灭菌。有研究显示糖类单独湿热灭菌，基本可消除焦化现象。

灭菌会引起培养基的 pH 变化。一般情况下，灭菌会使 LB 培养基的 pH 增加 0.1～0.2，而糖类灭菌会造成培养基的酸化。

微生物死亡符合一级动力学方程，随着温度的升高，微生物的死亡速率加快，但比营养物质分解速率快得多。因此，高温短时灭菌可达到与长时灭菌相同的灭菌效果，而营养物质破坏大大减少，这就是高温短时灭菌的理论基础，可通过连续式操作在工业上实现应用。实践证明，在能达到完全灭菌的情况下，采用高温快速灭菌是有效的措施。

（2）分批灭菌操作

将配制好的培养基输入发酵罐内，直接蒸汽加热，达到灭菌要求的温度和压力后维持一段时间，再冷却至发酵要求的温度，这一工艺过程称为分批灭菌或间歇灭菌。由于培养基与发酵罐一起灭菌，也称实罐灭菌。特点是不需其他的附属设备，操作简便。缺点是加热和冷却时间较长，营养成分有一定损失，罐利用率低，为中小型发酵罐所采用。

①　**灭菌过程**　分批灭菌时间包括加热升温、保温和冷却降温三个阶段（图2-7），灭菌主要在保温阶段实现，但 100℃以上加热升温和冷却降温阶段也有一定灭菌贡献。每个阶段的贡献大小，取决于升温和降温时间，时间越长，贡献越大。一般认为 100℃以上升温阶段对灭菌的贡献占 20%，保温阶段的贡献占 75%，降温阶段的贡献占 5%。习惯上，以保温阶

段的时间为灭菌时间,主要用于计算灭菌时间和热量。升温采用夹套、蛇管中通入蒸汽直接加热,或在培养基中直接通入蒸汽加热,或两种方法并用,得以实现。总体完成灭菌的周期为3~5h。对于热量计算,涉及所需蒸汽量。可用温度、传热系数、培养基质量、比热容、换热面积进行衡算。空罐灭菌的消耗蒸汽体积为罐体积的4~6倍。

② **工艺过程** 排放夹套或蛇行管中冷水,开启排气阀。由空气管通入蒸汽,对培养基加热。夹套通入蒸汽进行间接加热。

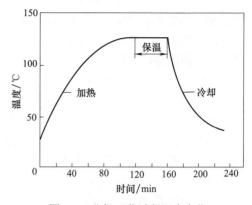

图 2-7 分批灭菌过程温度变化

在70℃左右时,从取样管、放料管通入蒸汽,关闭夹套阀门。

在120℃时,罐压$1×10^5$Pa,打开接种管、补料管、消沫管、酸碱管等阀门进行排气,并调节进汽和排气量,进行保温维持。料液下的管道都应通入蒸汽,料液上的管道都应排放气。达到121℃开始计算维持时间,生产中习惯采用30min。

保温结束后,依次关闭排气、进汽阀门。罐压低于空气压力后,通入无菌空气,夹套通入冷却水快速冷却降温,以减少营养物质的破坏,使培养基降到所需温度。

(3)连续灭菌操作

培养基在发酵罐外经过一套灭菌设备连续的加热灭菌,冷却后送入已灭菌的发酵罐内的工艺过程,为连续灭菌操作(连消)。与分批灭菌操作相比,就是由不同设备执行灭菌过程的加热升温、灭菌温度维持和冷却降温3个功能阶段(图2-8)。其优点是采用高温快速灭菌工艺,营养成分破坏较少;热能利用合理,易于自动化控制。缺点是发酵罐利用率低,增加了连续灭菌设备及操作环节,增加染菌概率;对压力要求高,不小于0.45MPa,一般为0.45~0.80MPa;不适合黏度大或固形物含量高的培养基灭菌。

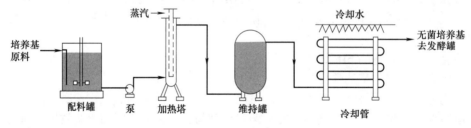

图 2-8 连续灭菌流程

连消塔的热量衡算得到加热蒸汽的用量为

$$G_S = 1.2\frac{G\rho C(t_2-t_1)}{\lambda-C_W t} \quad (\text{kg/s})$$

式中,G 为培养基流量,m^3/s;ρ 为培养基密度,kg/m^3;C 和 C_W 为培养基和水的比热容,$J/(kg\cdot℃)$;λ 为蒸汽热焓,J/kg;t_1、t_2、t 分别为培养基进、出口温度及水的温度,℃。

① **灭菌过程** 连续灭菌过程中的温度和时间的变化如图2-9所示。

加热器有两种:塔式加热器和喷射式加热器。塔式加热器由一根多孔蒸汽导管和套管组成,培养基从下端进入,流速为0.1m/s,蒸汽从塔顶进入,从小孔中喷出,与培养基激烈混合。塔高2~3m,培养基的停留时间20~30s。

喷射式加热器是培养基从中间管进入，蒸汽从料管周围的环隙进入，在喷嘴处快速混合。

保温设备包括维持罐和管式维持器两种，用保温材料包裹，不直接通入蒸汽。

降温设备以喷淋式冷却器为主，还有螺旋板式换热器、板式换热器、真空冷却器等。

② 工艺过程　在配料罐内配制培养基，在预热罐中定容并加热至 70～90℃。在加热塔，预热的培养基与蒸汽混合，快速升温达到灭菌温度，130～140℃。在维持罐内，维持培养基的一定的保温灭菌时间，一般数分钟。从维持罐中出来的料液进入冷却管，经过冷却水管冷却至 40～50℃后，输入灭菌的发酵罐中。

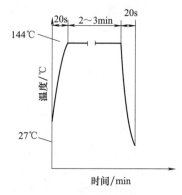

图 2-9　连续灭菌过程中的温度变化

2.5.3　空气过滤灭菌

不耐热的成分及通入发酵罐的空气用过滤灭菌（filtration sterilization）方法。制药微生物好氧，在生长代谢过程中，需要氧气，因此必须通入空气。然而空气是氧气、二氧化碳、氮气等的混合物，其中还有水汽及悬浮的尘埃，包括各种微粒、灰尘及微生物。这就需要对空气严格灭菌，达到无菌状态，才能使用。工业中制备无菌空气的方法有加热灭菌、静电灭菌。在发酵工业中，大多采用过滤介质（filter）灭菌方法制备无菌空气。

（1）过滤灭菌的原理

微生物体积很小，空气中附着在尘埃上的微生物大小为 0.5～5μm。过滤介质可以除去游离的微生物和附着在其他物质上的微生物。其原理在于空气通过过滤介质时，颗粒在离心场产生沉降，同时惯性碰撞产生摩擦黏附，颗粒的布朗运动使微粒之间相互集聚成大颗粒，颗粒接触介质表面，直接被截留。气流速度越大，惯性越大，截留效果越好。惯性碰撞截留起主要作用，另外静电引力也有一定作用。

膜过滤技术已得到发展，膜过滤器也用来空气灭菌，常用的滤膜有硝酸纤维酯、聚四氟乙烯、聚砜、尼龙等。其原理在于微生物和微粒（约 0.5～20.0μm）大于滤膜的网眼直径（0.3μm），被直接截留于表面。

（2）发酵空气的标准

发酵需要连续的、一定流量的压缩无菌空气。空气流量［VVM，单位时间（min）单位发酵液体积（m³）内通入的标准状态下的空气体积（m³）］一般为 0.1～2.0VVM，压强为 0.2～0.4MPa，克服下游阻力。空气质量要求相对湿度小于 70%，温度比培养温度高 10～30℃，洁净度 100 级，或失败率 1/1000。

（3）空气预处理与设备

① 采风塔　在工厂的上风头，高度一般在 10m 左右，设计流速 8m/s。可建在空压机房的屋顶上。

② 粗过滤器　安装在空压机吸入口前，前置过滤器。作用是截留空气中较大的灰尘，保护压缩机，减轻总过滤器的负担，也能起到一定除菌的作用。介质为泡沫塑料（平板式）或无纺布（折叠式），流速 0.1～0.5m/s。要求是阻力小，容灰量大。

③ 空气压缩机　作用是提供空气流动的动力。常用往复式、螺杆式、涡轮式空压机。

④ 空气贮罐　设置在空压站附近，消除压缩空气的脉动，用于往复式空压机。螺杆和涡轮式提供均匀连续空气，可省去贮罐。

⑤ **冷却器** 空气压缩机出口气温一般在 120℃，必须冷却。在潮湿季节，需要除湿。空气冷却器的传热系数为 105W/(m²·℃)。采用双程或四程结构，两级串联使用。第一级循环水冷却，第二级低温水（9℃）冷却，设置在发酵车间外。压缩空气每经过 1m 管道，温度下降 0.5～1.0℃。

（4）油水分离与设备

1）气液分离设备

除去空气中的油和水，保护过滤介质。有旋风分离器和丝网除沫器两类。

① **旋风分离器** 结构简单，阻力小，分离效率高。压缩空气的速度为 15～25m/s，切线方向进入旋风分离器，在环隙内做圆周运动，水滴或固体颗粒被甩向器壁，利用离心沉降原理而收集。完全除去 20μm 以上粒子，对 10μm 粒子的分离效率为 60%～70%。

② **丝网除沫器** 利用惯性拦截原理，对 1μm 以上的雾滴除去率 98%。

2）空气加热设备

空气相对湿度仍然为 100%，需要降到 70% 以下，才能进入空气过滤器。列管式换热器，空气走管程，蒸汽走壳程；套夹式加热器，空气走管程，蒸汽走夹套。

（5）空气过滤介质与设备

要求过滤介质除菌效率高，耐受高温高压，不易被油水污染，阻力小，成本低，易更换。

① **绝对过滤器** 介质孔径小于被截留的微生物体积，如聚四氟乙烯、纤维素树脂微孔滤膜。微孔滤膜过滤器是不锈钢中心柱，滤膜做成折叠型的过滤层，绕在中心柱上，外加耐热的聚丙烯套。特点是体积小，处理量大，压降小，除菌效率高，能除去 0.01μm 以上粒子。流速 0.5～0.7m/s，压降小于 100Pa。一般前置空气预过滤器、蒸汽过滤器，延长其使用寿命。膜材料有硼硅酸纤维，用于预过滤器，除去灰、垢；聚偏二氟乙烯和聚四氟乙烯用于终端过滤器。

② **深层过滤器** 介质空隙小于被截留的微生物体积，但有一定厚度，靠静电、扩散、惯性拦截。

纤维及颗粒介质过滤器是圆筒形，直径 2.5～3m，孔径 10～15mm。空气从下方进入，上方引出。常用介质为棉花、玻璃纤维、活性炭等，空气流速 0.2～0.3m/s。可作为总过滤器。

纸过滤器是以超细玻璃纤维纸为介质，孔径 1～1.5μm，厚度 0.25～0.4mm，填充率 14.8%。除菌效率很高，对于 0.3μm 粒子可达 99.99%。空气流速 0.2～1.5m/s，阻力很小。可作为终端过滤器。

金属烧结管过滤器是由几十至上百根金属微孔过滤管安装在不锈钢壳体内组成。孔径 10～30μm，处理能力达 100m³/min。特点是寿命长，耐高温，阻力小，安装维修方便。可作为终端过滤器。

棉花和活性炭填充时，体积大，吸油水能力强。超细玻璃纤维纸除菌效率高，但易被水油污染。新型过滤器将取代传统过滤器。

③ **过滤器的灭菌** 通入蒸汽，在 0.2～0.4MPa 下 45min。压缩空气吹干，备用。总过滤器每个月灭菌一次。应该有备用过滤器，灭菌时交换使用。

实验室采用一级过滤器，生产规模设置二、三级过滤器，第一级为总过滤器，二、三级为分过滤器。

（6）空气过滤除菌的工艺流程

为了获得无菌空气，一般采用三个主要工段，基本工艺流程如图 2-10 所示。

① **提高空气的洁净度** 通过提高空气吸入口的位置和加强过滤，一般吸入口离地面 5～10m。前过滤器可减少压缩机活塞和气缸的磨损，减少介质负荷。

② **除去空气中的油和水** 空气经过压缩机，温度升高，达 120～150℃，不能直接进入过滤器，必须冷却到 20～25℃。一般采用分级冷却，一级冷却采用 30℃ 左右的水，使空气冷

却到 40～50℃，二级冷却器采用 9℃冷水或 15～18℃地下水，使空气冷却到 20～25℃。冷却后，空气湿度提高到 100%，湿度处于露点以下，油和水凝结成油滴和水滴，在冷却罐内沉降大液滴。旋风分离器分离 5μm 以上的液滴，丝网除沫器分离 5μm 以下的液滴。

③ **获得无菌空气**　分离油水后的空气湿度仍然达 100%，温度稍下降，就会产生水滴，使介质吸潮。加热提高空气温度，降低湿度（60% 以下）。这样空气温度达 30～35℃，经过总过滤器和分过滤器灭菌后，得到符合要求的无菌空气，通入发酵罐。

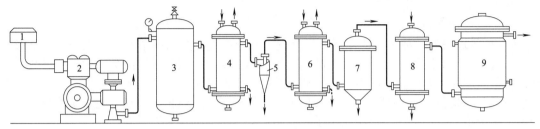

图 2-10　空气过滤除菌流程

1—粗过滤器；2—压缩机；3—贮罐；4，6—冷却器；5—旋风分离器；7—丝网分离器；8—加热器；9—过滤器

2.6　制药微生物发酵技术

对于发酵过程，选择合适的培养基后，就要求提供适宜的工艺条件。微生物的培养技术就是针对不同菌种、不同阶段进行不同操作方式的选择，从而满足菌种对工艺条件的要求。本节分析种子及其质量控制，介绍培养技术和操作方式及其动力学。

2.6.1　种子制备

种子制备的工艺流程包括实验室种子制备和生产车间种子制备，是种子的逐级扩大培养、获得一定数量和质量纯种的过程。获得实验室种子后，进入车间各级种子罐，最后接种到发酵罐，如图 2-11 所示。

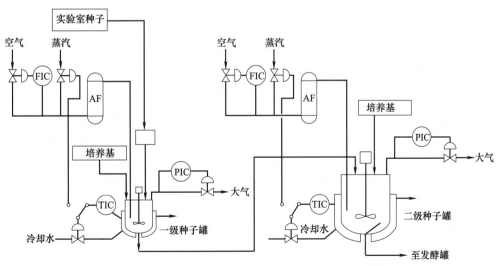

图 2-11　生产种子制备过程

FIC—流量指示控制器；PIC—压力指示控制器；TIC—温度指示控制器；AF—空气过滤器

（1）实验室菌种的制备

实验室种子制备包括固体斜面或平板培养、液体摇瓶培养。

① **孢子制备** 首先是菌种活化，然后在固体培养基上形成大量的孢子。菌种活化是将休眠状态的保存菌种接到试管斜面或平板固体培养基上，在适宜条件下培养，使其恢复生长能力的过程。对于单细胞微生物，生长形成菌落。对于丝状菌，菌落的气生菌丝进一步分化形成孢子。

② **摇瓶种子制备** 将活化后的菌种接入液体培养基中，用扁瓶或摇瓶扩大培养。孢子发芽和菌丝生长速度慢的菌种要经历母瓶、子瓶二级培养。

（2）生产种子制备

① **种子罐培养** 种子罐的作用在于使孢子瓶中有限数量的孢子发芽、生长并繁殖形成一定数量和质量的菌体。对于工业生产，种子培养主要是确定种子罐级数。种子罐级数是指制备种子需逐级扩大培养的次数，种子罐级数取决于菌种生长特性、菌体繁殖速度及发酵罐的体积。车间制备种子一般可分为一级种子、二级种子、三级种子。对于生长快的细菌，种子用量比例小，故种子罐级数相应也小。

② **发酵的级数** 直接将孢子或菌体接入发酵罐，为一级发酵，适合于生长快速的菌种。

通过一级种子罐扩大培养，再接入发酵罐，为二级发酵。适合于生长较快的菌种，如某些氨基酸的发酵。

通过二级种子罐扩大培养，再接入发酵罐，为三级发酵。适合于生长较慢的菌种，如青霉素的发酵。

通过三级种子罐扩大培养，再接入发酵罐，为四级发酵。适合于生长更慢的菌种，如链霉素的发酵。

种子罐的级数越小，越有利于简化工艺和控制，并可减少由于多次接种而带来污染。虽然种子罐级数随产物的品种及生产规模而定，但也与所选用的工艺有关，如改变种子罐的工艺，加速菌体的繁殖，也可相应地减小种子罐的级数。

2.6.2 种子质量控制

① **培养基** 培养基原料和用量对种子质量影响很大。放线菌孢子采用琼脂斜面培养基。霉菌孢子以大米、小米、玉米、麸皮、麦粒等天然农产品为培养基。细菌一般采用碳源有限而氮源丰富的培养基。

② **培养工艺** 微生物生长温度范围较宽，但获得高质量孢子最适温度范围较窄，严格控制孢子形成的斜面培养温度，可提高种子质量。相反，超出适宜温度范围，种子质量降低。如高于37℃培养土霉素生产菌，发酵罐中生长变慢，过早自溶，低产。相对湿度影响也较大，真菌对湿度要求偏高，放线菌偏低。

③ **种龄** 指菌体种子罐中的培养时间，即种子培养时间。工业发酵生产，一般选择生命力旺盛的对数生长期，菌体量未达到最高峰时接种较为合适。

④ **接种量** 指接入的种子液体积和接种后的培养液总体积之比。接种量的大小决定于生产菌种的生长繁殖速度，根据不同的菌种选择合适的接种量，一般为5%～20%。

⑤ **接种方式** 有单种法、双种法和倒种法等接种方式。单种法是一只种子罐接种一只发酵罐。双种法是两只种子罐接种一只发酵罐。倒种法是从发酵罐中取出一定量发酵液，接种到另一个发酵罐。不同接种方法的效应不完全相同。

2.6.3 微生物培养技术

发酵过程中的主要培养方法包括传统的固体表面培养、液体深层培养以及正在发展中的固定化培养和高密度培养等多种方法，这些方法在发酵工程的不同阶段使用，针对不同菌株应选择不同的培养方法，以实现最佳生产过程。

（1）固体表面培养

固体表面培养（solid surface culture）是用接种针或环、涂布器等将菌种点种、划线或涂布在固体培养基的表面，进行培养，常常用于菌种的分离、纯化、筛选和鉴定等。固体表面培养的容器可以是试管或培养皿，用棉塞或封口膜封闭试管或摇瓶。倒置平板，在适宜温度下生长。

（2）液体深层培养

液体深层培养（liquid submerged culture）是把菌种接种到发酵罐中，使菌体游离悬浮在液体培养基中，进行生长和生产的一种培养方法。液体深层培养一般需要通入无菌空气并进行搅拌，是传统的微生物发酵培养方法。

（3）固定化培养

固定化培养（immobilized culture）是把固体培养和液体深层培养特点相结合的一种方法，把菌体固定在固体支持介质上，再进行液体深层发酵培养。固定化培养的优点在于：①实现高密度培养，不需要多次扩大培养，缩短发酵周期；②细胞可较长期、反复或连续使用，稳定性好；③发酵液中菌体少，有利于产物的分离纯化。固定化培养有利于提高产量，是未来最具潜力的制药微生物的培养方法。

（4）高密度培养

高密度培养（high cell density culture）是指菌体浓度（干重）达到50g/L以上的培养技术，是发酵工艺的目标和方向。高密度培养没有绝对的界限，根据Riesnberg理论计算，大肠杆菌最大菌体密度可达400g/L，考虑培养基和其他因素，菌体密度实际可达160～200g/L。生产聚3-羟基丁酸的大肠杆菌密度已达175.4g/L。高密度培养的优点在于缩小发酵培养体积，增加产量，降低生产成本，提高生产效率。

2.6.4 发酵操作方式

按工艺流程可分为分批式操作、流加式操作、半连续式操作和连续式操作等几种，各种操作方式有其独特性，在实践中加以选择使用。

（1）分批式操作

分批式操作（batch operation）又称间歇式操作（intermittent operation）或不连续操作（discontinuous operation），指把菌体和培养液一次性装入发酵罐，在最佳条件下进行发酵培养。经过一段时间培养，完成菌体的生长和产物的合成与积累后，将全部培养物取出，结束发酵。然后清洗发酵罐、装料、灭菌后再进行下一轮分批操作。

在分批式操作过程中，发酵体系的组成如基质浓度、产物浓度及细胞浓度都随发酵时间而变化，发酵过程是一个非恒态过程。分批式操作由两部分组成，一部分是进行发酵所需要的时间，另一部分为辅助操作时间，包括装料、灭菌、卸料、清洗等所需时间的总和。分批式操作的缺点是发酵体系中开始时基质浓度很高，到中后期，产物浓度很高，这对很多发酵是不利的。基质浓度和代谢产物浓度过高都会对细胞生长和产物生成有抑制作用。优点是操作简单，周期短，污染机会少，产品质量容易控制。

分批式操作，流量等于零，由物料平衡可计算出菌体浓度变化、基质浓度变化和产物浓度变化等动力学过程。

（2）流加式操作

流加式操作又称补料-分批式操作（fed-batch operation），是指在分批式操作的基础上，连续不断地补充新培养基，但不取出培养液。由于不断补充新培养基，整个发酵体积与分批式操作相比是在不断增加。控制流加操作的形式有两种，即反馈控制和无反馈控制。无反馈控制包括定流量和定时间流加，而反馈控制根据反应系中限制性物质的浓度来调节流加速率。最常见的流加物质是葡萄糖及氨水等（图2-12）。

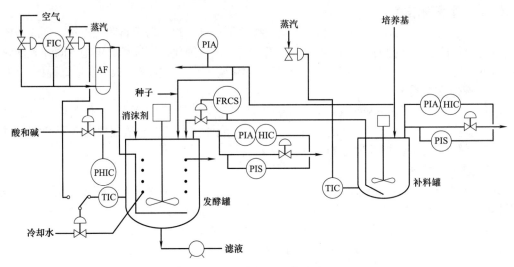

图 2-12 流加式操作方式

HIC—液位高级指示控制器；PIA—压力指示报警器；PIS—压力指示总阀；
PHIC—pH 指示控制器；FRCS—流量记录控制总阀

流加式操作只有输入，没有输出，发酵体积不断增加。如果 S_0 为起始时限制性基质的浓度，X_0 为起始菌体浓度，那么 t 时的菌体浓度 X 为：

$$X = X_0 + Y_{X/S}(S_0 - S_t) \tag{2-17}$$

式中，$Y_{X/S}$ 为培养基质用于细胞生长得率；S_t 为 t 时的限制性基质浓度。当 $S_t=0$，最终菌体浓度为 X_{max}。一般情况下，X_{max} 远远大于 X_0，可以近似得出 $X_{max}=Y_{X/S}S_0$。

如果在 $X=X_{max}$ 时开始流加补料，稀释速率 D 为：

$$D = \frac{F}{V_0 + Ft} \tag{2-18}$$

式中，F 为补料流速；V_0 为发酵液体积；t 为补料时间。

在实际操作中，残留基质浓度变化非常小，可以看成零。补加的营养基质与菌体消耗的营养物相等，即 $dS/dt=0$。随着发酵进程，菌体生物量增加，但浓度保持不变，即 $dX/dt=0$。由此，处于准恒态发酵。

随着菌体的生长，营养物质会不断消耗，加入新培养基，满足了菌体适宜生长的营养要求。既避免了高浓度底物的抑制作用，也防止了后期养分不足而限制菌体的生长。解除了底物抑制、产物的反馈抑制和葡萄糖效应，避免了前期用于微生物大量生长导致的设备供氧不足，可用于理论研究。产物浓度较高，有利于分离，使用范围广。

（3）半连续式操作

半连续式操作（semi-continuous operation）又称反复分批式操作，指菌体和培养液一起装入发酵罐，在菌体生长过程中，每隔一定时间，取出部分发酵培养物（带放），同时在一定时间内补充同等数量的新培养基；如此反复进行，放料 4～5 次，直至发酵结束。与流加式操作相比，半连续式操作的发酵罐内的培养液总体积保持不变，同样可起到解除高浓度基质和产物对发酵的抑制作用。延长了产物合成期，最大限度地利用了设备。

半连续式操作是抗生素生产的主要方式。缺点是失去了部分生长旺盛的菌体和一些前体，发生非生产菌突变。

（4）连续式操作

连续式操作（continuous operation）是指菌体与培养液一起装入发酵罐，在培养过程中，不断补充新培养基，同时取出包括培养液和菌体在内的发酵液，发酵体积和菌体浓度等不变，使菌体处于恒定状态，促进了菌体的生长和产物的积累。连续式操作的主要特征是保持反应体积不变，物系的组成不变，因此称为恒态操作。连续培养体系为恒化器（chemostat），菌体生长受一种限制性基质的控制。

发酵达到稳态时，流出的生物量与生成的生物量相同。稀释速率 $D = F/V$；F 为进料流速，V 为发酵液体积。菌体的生长速率 $dX/dt = \mu X - DX$。在稳态，$dX/dt = 0$，所以 $\mu = D$。

连续式操作的优点是，所需设备和投资较少，利于自动化控制；减少了分批式培养的每次清洗、装料、灭菌、接种、放罐等操作时间，提高了产率和效率；不断收获产物，能提高菌体密度，产量稳定。连续式操作的缺点是，由于连续操作过程时间长，管线、罐级数等设备增加，杂菌污染机会增多，菌体易发生变异和退化，有毒代谢产物积累等。

2.7　发酵工艺过程的检测与控制

微生物发酵的生产水平不仅取决于生产菌种本身的性能，而且要赋予合适的工艺才能使它的生产能力充分表现出来。发酵过程是各种参数不断变化的过程，通过各种监测手段如取样测定随时间变化的菌体浓度，糖、氮消耗及产物浓度，以及采用传感器测定发酵罐中的培养温度、pH、溶解氧等参数的情况，掌握菌种在发酵过程中的变化规律，并予以自动或过程模型计算机有效控制（图 2-13），使生产菌种处于产物合成的优化工艺之中。本节分析发酵参数的影响、检测与控制。

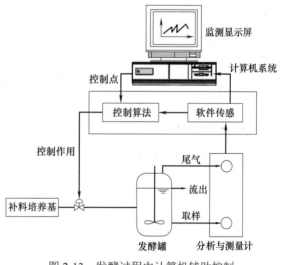

图 2-13　发酵过程中计算机辅助控制

2.7.1　发酵过程的主要控制参数与检测

根据测量方法，可把发酵过程参数分为物理参数、化学参数和生物参数三类，涉及的方法有物理方法、化学方法、生物学方法等。物理参数包括温度、压力、体积、流量等；化学参数包括 pH，氧化还原电位，溶解氧，CO_2 溶解度，尾气成分、基质、前体、产物等浓度；生物学参数包括生物量、细胞形态、酶活性、胞内成分等。常见的参数及其检测方法见表 2-9。

表 2-9　发酵过程中的有关参数及其检测方法

参数名称	检测方法	用途
菌体形态	显微镜观察	菌种的真实性和污染
菌体浓度/(g/L)	称量；吸光度	菌体生长
细胞数目/(个/mL)	显微镜计数；比色	菌体生长
菌体中 ATP、ADP、AMP 含量（干重）/(mg/g)	取样分析	菌体能量代谢
菌体中 NADH$_2$ 含量/(mg/g)	在线荧光分析	菌体合成能力
呼吸强度/[g/(g·h)]	间接计算	比耗氧速率

参数名称	检测方法	用途
呼吸熵	间接计算	代谢途径
杂菌	肉眼和显微镜观察，划线培养	杂菌污染
病毒	电子显微镜，噬菌斑	病毒污染
温度/℃ 或 K	传感器，铂或热敏电阻	生长与代谢控制
罐压/MPa	压力表，隔膜或压敏电阻	维持正压，增加溶解氧
搅拌转速/(r/min)	传感器，转速计	混合物料，增加 $K_L a$
搅拌功率/kW	传感器，功率计	控制搅拌和 $K_L a$
发酵液密度/(g/cm³)	传感器	发酵液性质
通气量/(m³/h)	传感器，质量流量计，转子流量计	供氧，排废气，增加 $K_L a$
黏度/Pa·s	黏度计	菌体状况，$K_L a$
液位/m³ 或 L	传感器，压电晶体，测压元件	发酵液体积
浊度/%	传感器	菌体生长
体积传氧系数 $K_L a$/h^{-1}	间接计算；在线监测	供氧
流加速率/(kg/h)	传感器	流加物质的利用及能量
泡沫	传感器，电导或电容探头	代谢过程
基质、中间体、前体浓度/(g/mL)	取样分析	吸收、转化、利用
无机盐/mol 或%	取样离子电极分析	无机盐含量变化
酸碱度 pH	传感器，复合玻璃电极	代谢过程，培养液
氧化还原电位/mV	传感器，电位电极	代谢过程
溶解氧浓度/(mg/L)或%	传感器，覆膜氧电极	供氧
摄氧率/[g/(L·h)]	间接计算	耗氧速率
溶解 CO_2 浓度	传感器，CO_2 探头	CO_2 对发酵的影响
尾气 CO_2 浓度	传感器，红外吸收分析	菌体的呼吸
尾气 O_2 浓度	传感器，顺磁 O_2 分析	耗氧
产物浓度或效价/(g/mL)或 IU	取样分析	产物合成与积累

（1）物理参数与计量

① **温度**（℃）　指发酵中所维持的温度，由温度计直接读出。温度的高低直接关系到细胞的酶活性和反应速率、培养基中的溶解氧和传递速率、菌体的生长速率和产物合成速率等。

② **罐压**（MPa）　罐体内部的压力，由压力计上直接读出。发酵罐维持正压防止杂菌侵入，罐压影响 CO_2 和 O_2 的溶解度，压力大小对细胞本身有影响。

③ **搅拌**　影响氧等气体在发酵液中的传递速率和发酵液的均匀程度。反映搅拌的指标有搅拌转速和搅拌功率，搅拌转速是指每分钟搅拌器的转动次数（r/min），搅拌功率是指单位发酵液所消耗的动力功率。适宜的搅拌保持了发酵体系中的各种要素（如菌体、培养基、气体、产物等）处于均一温度和良好的悬浮状态。搅拌转速的控制可根据发酵过程中不同阶段对氧的需求进行调节。

④ **通气量**　影响供氧及其他传递。用每分钟单位体积发酵液内通入的空气体积[m³/(m³·min)]或每小时通入的空气体积的线速度（m³/h）表示。

⑤ **黏度**（Pa·s）　用表观黏度表示，黏度高时，对氧传递阻力大。

⑥ **流加速度**　控制流体进料的参数，用每分钟进入的体积（L/min）或每小时进入的质量（kg/h）表示。

温度计、压力计、流量计、搅拌转速（测速电机）等均是原位传感器，给出连续响应信号，实现原位检测，直接读出（图 2-14）。

（2）化学参数与计量

① **pH** 产酸和产碱的生化反应的综合结果，pH 变化与菌体生长和产物合成有关。

② **培养基质浓度** 发酵液中糖、氮、磷等营养物质的浓度。它们影响细胞生长和代谢过程，是提高产量的重要调控手段。

③ **溶解氧**（dissolved oxygen，DO）**浓度** 指溶解于培养液中的氧，常用绝对含量表示（$mg\ O_2/L$），也可用饱和氧浓度的百分数表示（%）。由溶解氧电极测定。

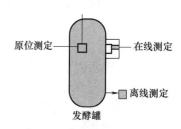

图 2-14 发酵过程检测的方式

④ **氧化还原电位** 影响微生物生长及其生化活性。培养基的氧化还原电位是各种因素的综合影响的表现，它要与细胞本身的电位相一致。

⑤ **尾气** 发酵罐释放的气体，包括氧、二氧化碳等。氧含量和细胞的摄氧率有关，二氧化碳由细胞呼吸释放出。测定尾气中的氧和二氧化碳含量可以计算出细胞的摄氧率、呼吸率和发酵罐的供氧能力。

⑥ **产物浓度** 在发酵液中所含目标产物的量，可以用质量表示，也可用标准单位表示，如 mg/mL、U/mL 等。产物量的高低反映了发酵是否正常，可用于判断发酵周期。

pH 计、溶氧电极等是原位传感测定。基质浓度、代谢产物等往往需要人工取样，离线仪器分析，具有不连贯和迟滞性。如果连接流动注射分析（FIA）系统、高效液相色谱系统和气相色谱系统，则可实现发酵液成分的在线测定。FIA 可分析葡萄糖、氨离子和硫酸盐浓度，液相色谱可分析有机酸、氨基酸、抗生素及其他产物，气相色谱可分析油类、尾气。

（3）生物参数与计量

① **菌体形态** 菌体形态可用于衡量种子质量、区分发酵阶段、控制发酵过程，需要离线在显微镜下观察。

② **菌体浓度**（cell concentration） 指单位体积培养液内菌体细胞的含量，可用质量或细胞数目表示，简称菌浓，需要离线测定。

根据发酵液的菌体量、溶解氧浓度、底物浓度、产物浓度等，计算菌体比生长速率、氧比消耗速率、底物比消耗速率和产物比生成速率，这些参数是控制菌体代谢、决定补料和供氧等工艺的主要依据。

2.7.2 杂菌检测与污染控制

杂菌检测的主要方法有显微镜检测和平板画线检测两种，显微镜检测方便快速及时，平板检测需要过夜培养，时间较长。根据检测的微生物对象不同，选用不同的培养基，进行特异性杂菌检测。检测的原则是每个工序或一定时间进行取样检测，确保下道工序无污染（表 2-10）。

表 2-10 发酵过程的菌种与杂菌检测

工序	时间点	被检测对象	检测方法	目的
斜面或平板培养		培养活化的菌种	平板画线	菌种与杂菌检测
一级种子培养		灭菌后的培养基	平板画线	灭菌检测
一级种子培养	0h	接种后的发酵液	平板画线	菌种与杂菌检测
二级种子培养	0h	灭菌后的培养基	平板画线	灭菌检测
发酵培养	0h	灭菌后的培养基	平板画线	灭菌检测
发酵培养	0h	接种后的发酵液	平板画线	菌种与杂菌检测
发酵培养	不同时间	发酵液	平板画线或显微镜检测	菌种与杂菌检测
发酵培养	放罐前	发酵液	显微镜检测	杂菌检测

发酵污染杂菌的原因复杂，主要有种子污染、设备及其附件渗漏、培养基灭菌不彻底、空气带菌、技术管理不善等几方面。在生产中，根据实际情况，及时总结经验教训，并采取相应的措施，建立完善的制度。

（1）无菌试验方法与污染的判断

可采用肉汤培养法和斜面培养法进行无菌试验。用装有酚红肉汤的无菌试管或空白无菌试管取样，在37℃恒温培养。

种子罐和发酵罐每隔一定时间取样一次，以酚红肉汤反应和双碟检查为主，镜检为辅。连续3个不同时间的无菌样品，在酚红肉汤培养基上发生颜色变化，或连续3个时间样品在双碟培养基上长出杂菌，即判断为染菌。酚红肉汤培养基不明显时，要结合镜检判断。

（2）噬菌体的检测与污染控制

噬菌体（phage）是一类非细胞生物，由外壳蛋白质和内在的核酸组成，专一寄生在活菌内。噬菌体装配成熟后，在溶菌酶作用下，使宿主菌裂解，释放噬菌体，这类称为溶原噬菌体。温和噬菌体的核酸整合到宿主菌的基因组中，与宿主细胞核酸进行同步复制，不使宿主菌裂解。大肠杆菌噬菌体繁殖一代的时间为15~25min。

对于裂解性噬菌体，可采用双平板法检测确认。先制备 2%琼脂糖培养基，作为底层。然后，将被检测的样品、正常的无污染的菌以及 1%琼脂糖培养基（冷却至 45℃以下）混合均匀，涂布在底层培养基上，培养过夜。如果被噬菌体感染，就会出现透明的噬菌斑。发酵液离心后，取上清液，电子显微镜检测会发现有噬菌体颗粒存在。也可采用 RT-PCR 或 PCR技术、特异性荧光技术进行检测。

噬菌体对发酵工业危害极大，要严格防止。感染噬菌体后，引起菌体生长缓慢，自溶，溶解氧浓度回升，pH 逐渐上升，出现大量泡沫，基质消耗减少，产物合成等停止。对于污染噬菌体的发酵液，不能随意排放，必须彻底高压灭菌后，再排放。

（3）培养基灭菌不彻底与控制

培养基灭菌不彻底是常见的导致发酵过程被杂菌污染的原因。如由于蒸汽压力或用量不足，造成灭菌死角。培养基的 pH、原料中难溶固体颗粒及灭菌时产生的大量泡沫会降低蒸汽灭菌效果。培养基灭菌不彻底，杂菌污染会在发酵的前期表现出来，主要为耐高温的芽孢菌。根据造成灭菌不彻底的原因，建立相应的灭菌工艺。

（4）空气带菌与控制

空气带菌也是常见的发酵污染的原因。空气过滤器效能下降，灭菌失败，导致通入带菌空气。空气灭菌环节较多，每一个环节的失控都会导致灭菌失败。过滤介质松动、老化、吸潮等，使过滤灭菌性能下降。通过定期检查管件、更换过滤介质和加强检修来解决。

2.7.3 菌体浓度的影响与控制

在一定条件下，菌体浓度的大小不仅反映菌体细胞的多少，而且反映菌体细胞的生理特性不完全相同的分化阶段。

（1）菌体浓度与生长速率的关系

菌体浓度与生长速率有密切关系。菌体生长速率主要取决于菌种的遗传特性和培养基成分与条件。比生长速率大的菌种，菌体浓度增长迅速，反之就缓慢。细胞体积微小、结构和繁殖方式简单的生物，生长快；反之，体积大、结构复杂的生物，生长缓慢。典型的细菌、酵母、真菌、原生动物倍增时间分别为45min、90min、180min、360min 左右。在一定浓度范围内，比生长速率随着浓度的增加而增加，但超过上限后，浓度增加会引起比生长速率下降。

（2）菌体浓度对发酵产率的影响

菌体浓度影响产物形成速率。在适宜的比生长速率下，发酵产物的产率与菌体浓度成正比关系，即产率为最大比生长速率与菌体浓度的乘积。氨基酸、维生素等初级代谢产物的发酵，菌体浓度越高，产量越高。对次级代谢产物而言，在比生长速率等于或大于临界生长速率时，也是如此。

临界菌体浓度是氧传递速率随菌体浓度的变化曲线和摄氧速率随菌体浓度变化曲线的交叉点处的菌体浓度。为了获得高产，必须采用摄氧速率与氧传递速率平衡时的菌体浓度。菌体浓度超过此值，产率会迅速下降。如何确定并维持临界菌体浓度是一个重要课题，它是菌体遗传特性与发酵罐氧传递特性的综合反映。在通气和搅拌强度大、氧传递效率高时，氧传递速率曲线上升；反之，菌种需氧量小时，曲线下降。但这种情况都会使临界菌体浓度上升，反之则下降。

（3）菌体浓度的控制

发酵过程中要把菌体浓度控制在适宜的范围之内，主要靠调节基质浓度，确定基础培养基配方中的适当比例，避免浓度过高或过低。然后在发酵中采用中间补料、控制 CO_2 和 O_2 量来实现。生长缓慢，菌体浓度低时，补加磷酸盐，促进生长。

2.7.4 发酵温度的影响与控制

（1）温度对发酵的影响

发酵温度对菌体生长的影响存在一个最适温度范围和最佳温度点，偏离一定范围，生长会受到抑制。温度影响体内各种酶的反应速率和蛋白质的性质。温度对呼吸代谢强度、物质代谢方向、产物合成速率等的影响是不一致的，不同温度下，各代谢过程的强度不同，产物不同。温度能改变菌体代谢产物的合成方向，金霉素、链霉菌发酵四环素，30℃以下合成的金霉素增多，35℃以上只产四环素。生长阶段与生产阶段对温度要求也不尽相同，一般生长阶段的温度较高，范围较大；而生产阶段的温度较低，范围较窄。温度还影响产物的稳定性，在发酵后期，蛋白质水解酶积累较多，有些水解情况很严重，降低温度是经常采用的可行措施。除了温度对菌体本身生长的影响外，温度对培养基发酵液的物理性质也有很大影响。

（2）影响发酵温度的因素

发酵过程中的最终能量变化决定了发酵温度，包括产能因素和失能因素的共同作用。发酵热（fermentation heat）等于产生热（production heat）与散失热（loss heat）之差，产生热包括生物热（biological heat）和搅拌热（agitation heat），散失热包括蒸发热（evaporation heat）、显热（sensible heat）和辐射热（radiant heat）。即，$Q_{发热} = Q_{生物} + Q_{搅拌} - Q_{蒸发} - Q_{显} - Q_{辐射}$。

生物热是菌体生长过程中直接释放到体外的热能，使发酵液温度升高。生物热与菌种、培养基和发酵阶段有密切关系。生物热与菌体的呼吸强度有对应关系，呼吸强度越大，生物热越多。培养基成分越丰富，营养被利用得越快，分解代谢越快，产生的生物热越多。在生长的不同阶段，生物热也不同。在孢子发芽期和延滞期，生物热较少，在对数生长期，生物热最多，并与细胞的生长量成正比，对数期之后又较少。对数期的生物热可作为发酵热平衡的主要依据。

搅拌热是搅拌器引起的液体之间和液体与设备之间的摩擦所产生的热量。它近似地等于单位体积发酵液的消耗功率与热功当量的乘积。搅拌热受搅拌设备、搅拌方式、发酵液黏度等因素的影响。

蒸发热是空气进入发酵罐后，引起水分蒸发所需的热能。尾气排出时带走的热能为显热。蒸发热和显热受发酵温度、通气温度、湿度和流量等因素的影响。由于发酵罐壁与大气之间存在温度差异，因此发酵液中部分热能以辐射热的形式通过罐体辐射到大气中。罐内外温差越大，辐射热越多。这两部分都是因温度差异而造成的热能损失。由此从发酵热=冷却热，可计算通入的冷却水用量（见第23章）。

（3）发酵温度的控制

① **最适发酵温度的选择**　理论上，在发酵过程中不应只选一个温度，而应该根据发酵不同阶段对温度的不同要求，选择最适温度并严格控制，以期高产。在生长阶段选择适宜的菌体生长温度，在生产阶段选择最适宜的产物生产温度，进行变温控制下的发酵。很多试验证明变温发酵的效果最好。

② **发酵温度的控制**　发酵温度采取反馈开关控制策略，当发酵温度低于设定值时，冷水阀关闭，蒸汽或热水阀打开。当发酵温度高于设定值时，蒸汽或热水阀关闭，冷水阀打开。

大型发酵罐一般不需要加热，因为发酵中产生大量的发酵热和搅拌热，往往经常需要降温冷却，控制发酵温度。给发酵罐夹层或蛇形管通入冷却水，通过热交换降温，维持发酵温度。在夏季时，外界气温较高，冷却水效果可能很差，需要用冷冻盐水进行循环式降温，以迅速降到发酵温度。建立冷冻站，提高冷却能力。用冷却水降温，往往存在滞后现象。$10m^3$ 以上的发酵罐，采用立式蛇管，而不是夹层。$1m^3$ 发酵液的传热面积为 $0.5\sim1.5m^2$。从生产角度，罐温尽可能高些，有利于夏天的节省能源。

2.7.5　发酵 pH 的影响与控制

（1）**发酵 pH 的影响**

微生物对生长 pH 有一定的自我调节能力，但超出一定范围，则死亡。生长范围与忍耐限度各不相同，放线菌和细菌为 pH6.5～7.5 和 pH5～8.5，真菌为 pH5～7 和 pH3～8.5。

生产阶段 pH 与生长阶段 pH 不同。链霉素和红霉素为中性偏碱，pH6.8～7.3；金霉素和四环素为 pH5.9～6.3，而青霉素为 pH6.4～6.8。链霉素的发酵中，pH6.8～7.3，产量接近；pH 大于 7.5，合成受到抑制，产量下降。pH 对菌体和产物合成影响很大，维持最适 pH 已成为生产成败的关键因素之一。

由于细胞膜的选择透过性，培养环境中 pH 的变化虽然不会引起细胞内等同的变化，但必然引起细胞内 pH 的同方向变化。pH 对生长代谢和产物生成的影响在于：①改变了细胞膜的透性，通过膜电位和细胞的跨膜运输的变化，影响了物质的吸收和产物的分泌；②胞内 pH 影响酶活性和产物的稳定性。

（2）**发酵 pH 的变化**

发酵液的 pH 变化是菌体产酸和产碱代谢反应的综合结果，它与菌种、培养基和发酵条件有关。菌种利用糖类成分后，往往产生有机酸，如丙酮酸、乳酸、乙酸等积累，使 pH 下降。灰黄霉素发酵，以乳糖为碳源，缓慢利用，丙酮酸堆积少，pH 维持在 6～7，以葡萄糖为碳源，丙酮酸迅速积累，pH 降至 3.6。

培养过程中菌体对碳源、氮源物质的利用也是造成培养体系 pH 变化的重要原因。当培养基中不添加糖类物质时，细菌会以水解酪蛋白，即氨基酸或者短肽为碳源，该过程包括氨基酸的脱氨过程和脂肪酸的吸收利用过程。由于脂肪酸的利用速度大于氨的吸收速度，而脂肪酸的吸收伴随质子的吸收，氨的吸收伴随质子的释放，所以以水解酪蛋白为碳源的发酵过程必然伴随着培养基的碱化。若培养基添加糖类物质，糖和水解酪蛋白成为竞争性碳源，菌体优先利用糖类，引起 pH 的下降，出现酸化现象。

（3）**发酵 pH 的控制**

要根据菌体生长最适 pH 和产物合成最适 pH，分不同阶段分别控制 pH，以达到最佳生产。

① 培养基配方　含有产酸物质如葡萄糖和硫酸铵、产碱物质如尿素和硝酸铵均衡使用及缓冲剂如碳酸钙和磷酸盐缓冲液等，碳氮比平衡。碳酸钙与酮酸反应起到了缓冲作用，常用碳酸钙控制 pH 变化。然而这种调节能力非常有限，有时达不到要求。

② 酸碱调节　常用流加酸如硫酸和流加碱如氢氧化钠来直接控制 pH，效果好。也可用生理酸性物质如硫酸铵和生理碱性物质氨水来控制，不仅调节了 pH，还补充了氮源。当 pH 和氮含量低时，补充氨水；pH 较高和氮含量低时，补充硫酸铵。一般用压缩氨气或工业氨水（浓度 20%左右）进行通氨，采用少量间歇或少量自动流加，避免一次加入过量，造成局部偏碱。

③ 补料流加　目前采用补料调节 pH 是成功的，通过控制代谢强度实现 pH 控制。在青霉素的发酵中，通过控制流加糖的速率来控制 pH。另外，也可直接补料流加氮源，如在氨基酸和抗生素发酵中，补加尿素。

2.7.6　溶解氧的影响与控制

（1）溶解氧浓度

氧是细胞呼吸的底物，氧浓度的变化对细胞影响很大，也反映了设备的性能。临界氧浓度是不影响呼吸或产物合成的最低溶解氧浓度（critical oxygen concentration），发酵液的溶解氧浓度要高于此浓度。如果用空气氧饱和浓度表示，细菌和酵母的临界氧浓度为 3%～10%，放线菌为 5%～30%，真菌为 10%～15%。

呼吸临界氧浓度和产物合成临界氧浓度可能不一致。在卷曲霉素和头孢霉素生产中，菌体呼吸临界氧浓度分别为 13%～23%和 5%～7%，而产物合成临界氧浓度分别为 8%和 10%～20%。

不同菌种对溶解氧浓度的需求是不同的，有一个适宜的范围，不是越高越好。必须通过试验确定临界氧浓度和最适氧浓度，并在发酵中维持最适氧浓度。氨基酸发酵中，对溶解氧需求有三类不同情况。对于 Glu、Arg、Pro 三种氨基酸，供氧充足的条件，产量最大，供氧不足，积累大量有机酸，产量严重受限；对于 Ile、Lys、Thr 三种氨基酸，对供氧量不敏感，供氧充足可得最高产量，但供氧受限对产量影响也不明显；对于 Leu、Val、Phe 三种氨基酸，供氧充足，产物合成受限；只有在供氧受限才获得最大产量。这与合成代谢途径有关，如果产生 $NADH_2$ 越多，呼吸链需要氧越多，此时必须多供氧。

溶解氧浓度由供氧和需氧两方面所决定，使之需氧不超过设备的供氧能力。溶解氧水平决定了培养液中溶解态氧的浓度，保持一个合适的溶解氧水平对保证菌体生长和生产过程是很重要的。

（2）供氧

供氧（oxygen supply）是指氧溶解于培养液的过程。氧是难溶于水的气体，在 1atm（1atm = 101325Pa，下同）、25℃的纯水中，氧的溶解度为 0.265mmol/L。氧从空气气泡扩散到培养液（物理传递），主要由溶解氧速率（dissolved oxygen rate；氧传递速率，oxygen transfer rate，OTR）决定。氧溶解速率 r_{DO} 与体积传氧系数 K_La（h^{-1}）、氧饱和浓度（oxygen saturation concentration）c_1（mmol/L）、实测氧浓度 c_2（mmol/L）的关系可用下式表示：

$$r_{DO} = \frac{dc}{dt} = K_La(c_1 - c_2) \qquad (2-19)$$

式中，r_{DO} 为单位时间内培养液溶解氧浓度的变化，mmol/(L·h)；K_L 为分散气泡中氧传递到液相液膜的溶解氧系数（dissolved oxygen coefficient）或氧吸收系数，m/h；a 为单位体积发酵液的传氧界面面积，气液比表面积，m^2/m^3。

K_La 与发酵罐大小、型式、鼓泡器、挡板、搅拌等有关。在通气搅拌一定时，反映了通气（ventilation）或供氧的效果。K_La 越大，设备的通气效果越好。

(c_1-c_2) 为氧分压或浓度差，是溶解氧的推动力。

（3）耗氧

菌体吸收溶解氧的过程是耗氧（oxygen consumption）过程。菌体的耗氧可用摄氧速率（oxygen uptake rate，OUR）r_{O_2} [mmol/(L·h)] 来表征，它主要取决于呼吸强度（respiratory intensity）Q_{O_2} [mmol/(g·h)] 和菌体浓度 X（g/L），可用下列式表示：

$$r_{O_2} = Q_{O_2} X \qquad (2\text{-}20)$$

摄氧速率也称为耗氧速率，菌体呼吸强度也称为比摄氧速率或比耗氧率。

不同的微生物的摄氧速率是不同的，大致范围为 25~100mmol/(L·h)。在发酵过程的不同阶段，摄氧速率也不同。在发酵前期，菌体生长繁殖旺盛，呼吸强度大，摄氧多，往往由于供氧不足，出现一个溶解氧低峰，摄氧速率同时出现一个低峰。在发酵中期，摄氧速率达到最大。发酵后期，菌体衰老自溶，摄氧减少，溶解氧浓度上升。

（4）溶解氧控制

发酵过程中，菌体生长不断消耗发酵液中的氧，有使溶解氧浓度降低的趋势，同时通气和搅拌有增加溶解氧浓度的趋势，实际的溶解氧浓度是这两个相反过程相互作用的结果。如果溶解氧速率等于菌体摄氧速率，则溶解氧浓度保持恒定。如果溶解氧速率小于菌体的摄氧率，则造成供氧不足。发酵过程中溶解氧速率必须大于或等于菌体摄氧速率，才能使发酵正常进行。溶解氧的控制就是使供氧与耗氧相等，即达到平衡：

$$K_La\,(c_1 - c_2) = Q_{O_2} X \qquad (2\text{-}21)$$

直接提高溶解氧的措施有增加氧传递推动力，如搅拌转速和通气速率等，间接控制溶解氧的策略是控制菌体浓度。主要有以下几种措施。

① **增加氧推动力**　改变通气速率，加大通气流量。通入空气往往高于所需量的 2 倍，有时达 5~10 倍。一般为 0.1~2.0m³/(m³·min)，以维持良好的推动力。通气量增大，并维持原有搅拌功率，有利于提高溶解氧。但通气太大，泡沫增多。仅增加通气量，不维持原有搅拌功率时，对提高溶解氧不是十分有效。

通入纯氧，增加氧分压，从而增加氧饱和浓度，但工业上不经济。提高罐压，增加氧分压的同时，增加了二氧化碳分压。增加了动力消耗，同时影响微生物生长。

② **控制搅拌**　从工程角度，可以设计搅拌器，包括类型、叶片、直径、挡板、位置等（见第 22 章），通过增加搅拌转速，提高供氧能力。

对于成型的发酵罐，增加搅拌强度，K_La 正比增加。搅拌将通入的空气打成细小气泡，增加了气液接触面积。搅拌产生涡流运动，细小气泡从罐底以螺旋方式上升运动到罐顶，路径延长，增加了气液接触时间。搅拌产生湍流断面减少了液膜的厚度，减少了液膜阻力。

转速很高时，不仅增加了动力消耗，而且过度搅拌影响菌体形态。对菌体产生机械剪切，使菌体受伤，甚至引起自溶，导致减产。

③ **增加传氧中间介质**　传氧中间介质能促进气液相之间氧的传递，如烃类石蜡、甲苯及含氟碳化物。近年，有将细菌的血红蛋白基因转入微生物中，就是增加了菌体内对低浓度氧的利用。

④ **控制菌体浓度**　摄氧率随菌体浓度增加而按比例增加，但氧传递速率随菌体浓度对数关系而减少。控制菌体的比生长速率比临界值稍高，就能达到最适菌体浓度，维持溶解氧

与消耗平衡。如果菌体浓度过高，超出设备的供氧能力，此时可降低发酵温度，抑制微生物的呼吸和生长，减少对氧的需求。

⑤ **综合控制** 各种控制溶解氧措施的选择见表2-11。溶解氧的综合控制可采用反馈级联策略，把搅拌、通气、补料流加、菌体生长、pH等多个变量联合起来，溶解氧为一级控制器，根据比例（P）、积分（I）、微分（D）控制（PID控制）算法，计算出控制输出比，控制二级控制器的搅拌转速、空气流量等，以满足溶解氧水平，实现多维一体控制。

表 2-11 溶解氧控制措施的优劣比较

措施	作用机理	控制效果	对生产	投资	成本	注意
搅拌转速	$K_L a$	高	好	高	低	避免剪切
挡板	$K_L a$	高	好	中	低	设备改装
中间介质	$K_L a$	中	好	中	中	基于实验
罐压	c_1	中	好	中	低	罐强度和密封要求高
气体成分	c_1	高	好	中或低	高	适合于小型发酵
空气流量	c_1, a	低	好	低	低	可能引起泡沫
培养基	生长	高	不一定	中	低	基于实验
表面活性剂	K_L	变化	不一定	低	低	基于实验
温度	生长, c_1	变化	不一定	低	低	不常用

在生产中，供氧设备、工艺控制发生故障时，会出现溶解氧浓度异常降低和升高现象，搅拌速率下降、排气管封闭等会引起溶解氧降低。

2.7.7 二氧化碳的影响与控制

（1）二氧化碳的影响

二氧化碳是发酵过程中菌体生长的重要代谢终产物之一，但也是某些合成代谢的底物，对菌体的生长、发酵和pH都有不同的影响。高浓度的CO_2会使菌体细胞变形，CO_2含量从8%提高到15%～22%，产黄青霉菌丝由丝状变为膨大的短粗状，CO_2含量进一步提高时，菌丝变成球状，青霉素合成受阻。高浓度CO_2抑制菌体的糖代谢和呼吸速率，对菌体生长表现为抑制作用。CO_2也影响发酵产物，在精氨酸发酵中，最适CO_2分压为$0.12×10^5Pa$，否则都会使产量降低。CO_2对次级代谢产物的合成可能具有调控作用。在青霉素发酵中，废气中CO_2含量大于4%时，青霉素合成受阻。CO_2在培养液中是以HCO_3^-形式存在，过量的CO_2势必使培养液的pH下降，还能与金属离子如钙、镁等反应生成盐沉淀，影响发酵过程。

（2）二氧化碳浓度的控制

菌体的呼吸强度、发酵液流变学特性、通气搅拌程度、罐压能影响CO_2浓度。通过尾气测定，计算耗氧率r_{O_2}和二氧化碳释放率r_{CO_2}：

$$r_{O_2} = V \frac{C_{O_2 in} - C_{O_2 out}}{L} = Q_{O_2} X \tag{2-22}$$

$$r_{CO_2} = V \frac{C_{CO_2 in} - C_{CO_2 out}}{L} = Q_{CO_2} X \tag{2-23}$$

式中，r_{O_2}为单位体积发酵液单位时间的耗氧量，mmol/(L·h)；r_{CO_2}为单位体积发酵液单位时间的二氧化碳释放量，mmol/(L·h)；V为空气流量，mmol/h；L为发酵液体积；$C_{O_2 in}$为进口氧含量；$C_{O_2 out}$为尾气氧含量；Q_{O_2}为呼吸强度，mmol/(g·h)；X为菌体浓度；$C_{CO_2 in}$为进口二氧化碳含量；$C_{CO_2 out}$为尾气二氧化碳含量；Q_{CO_2}为单位菌体单位时间的二氧化碳释放量，mmol/(g·h)，也叫比 CO_2 释放率。

呼吸熵（respiratory quotient，RQ）是产生 CO_2 与吸收 O_2 的摩尔比值（r_{O_2}/r_{CO_2}），正常情况下为 1。测定尾气中 CO_2 和罐内 CO_2 量，提供耗氧和碳源情况。通过计算呼吸熵，可以平衡碳源利用，维持溶解氧水平在临界值以上，保证 CO_2 维持在临界抑制值以下。

在发酵液中 CO_2 浓度的控制应针对它对发酵的影响而定。CO_2 对发酵有利就提高其浓度，反之就降低其浓度。通气和搅拌也能调节 CO_2 溶解度，低通气量和搅拌速率能增加 CO_2 溶解度。发酵罐规模和罐压的调节对 CO_2 浓度也有影响，CO_2 溶解度随着罐压增加而增大，大发酵罐的静压达 0.1MPa，罐底压强达 0.15MPa，CO_2 浓度增加，导致在罐底容易形成碳酸。以增加罐压的方式消泡时，会增加 CO_2 溶解度。CO_2 控制还要与供氧、补料等工艺结合起来，使之在适宜范围内。

2.7.8　补料的作用和控制

（1）补料与放料操作

补料（fill）是间歇或连续地补加一种或多种培养基成分的操作过程。放料（withdraw）是发酵到一定时间，放出一部分培养物，又称带放。放料与补料往往同时进行，已广泛应用于抗生素、氨基酸、维生素、激素、蛋白质类等药物的发酵工业生产中。

补料碳源一般用速效碳源，如葡萄糖、淀粉糖化液等。补料氮源一般用有机氮源，如玉米浆、尿素等。用无机氮源补料，加氨水或 $(NH_4)_2SO_4$，既可作为氮源，又能调节 pH。间歇微量补加磷酸盐，能提高四环素、青霉素、林可霉素的产量。

（2）补料控制系统

根据生产实际的需求，可以采取不同的补料策略。如连续、不连续、多周期流加的补料方式，可以是快速流加、恒速流加、指数流加、变速流加不同速度补料，可以是单组分、多组分流加补料。采用发酵动力学，研究开发补料控制策略。可参考菌体形态、残糖浓度、溶解氧浓度、尾气中 CO_2 和 O_2 浓度、摄氧率、呼吸熵等指标，但常用残糖浓度为指标，次级代谢发酵中，控制还原糖在 5g/L 左右。

①　**反馈控制系统**　反馈控制系统由传感器、控制器、驱动器组成。一般选择与过程直接相关的可检参数为反馈对象，如溶解氧、pH、呼吸熵、CO_2 分压、产物浓度等，依据这些反馈指标，直接进行控制。对于好气发酵，尾气中 CO_2 含量较为常用。精确测量 CO_2 的释放速率和葡萄糖的流加速率，使二者达到平衡点，就能实现比生长速率和菌体浓度的控制。

②　**非反馈控制系统**　非反馈控制流加系统是不通过固定的反馈控制参数，而是多因素综合分析，使微生物保持在最大生产力的状态，通过经验或数学模拟建立控制模型，并最大优化模型，得到最优流加操作曲线，从而实现补料控制。

2.7.9　泡沫的影响与控制

（1）泡沫的影响

气体分散在少量液体中，气体与液体之间被一层液膜隔开就形成了泡沫（foam）。发酵中泡沫有两种：一种是液面上的泡沫，即气泡（bubble），气相所占比例大，与液体有明显界限；另一种是流态泡沫（fluid foam），分散于发酵液内部，比较稳定，与液体之间无明显界限。

在发酵过程中，由于培养基中存在蛋白质类、糖类等发泡性物质，在通气条件下，容易产生泡沫。微生物代谢过程也会产生一些物质，引起发泡。通气搅拌强度、灭菌条件等，快速搅拌会引起很多泡沫,灭菌体积太大或不彻底也容易引起发泡。发泡对发酵带来诸多不利,减少装料量,降低氧传递。过多泡沫造成大量逃液,从排气管线逃出增加了污染的概率,甚至使搅拌无法进行。泡沫使菌体呼吸受阻,代谢异常或自溶。因此控制泡沫是正常发酵的基本要求。

一般情况下,发酵罐的装料系数(料液体积占发酵罐总体积)为 0.8 左右,泡沫所占体积约为培养基的 10%、发酵罐体积的 0.08。

(2)泡沫控制

在罐外或罐内安装消沫装置,使用消沫剂清除泡沫,是工业生产中采用的较好方法。

① **机械消沫** 对已经形成的泡沫,可用机械消沫(mechanical defoaming),利用机械强烈振动或压力变化而使泡沫破裂。

在罐内搅拌轴上方安装消沫桨,形式多样,消沫桨转动,靠旋风离心场打破泡沫。在消沫转子上添加消沫剂,能增强消沫效果。罐外消沫是将泡沫引出罐外,通过喷嘴加速力或离心力消除泡沫。机械消沫的优点是节省原料,污染机会低,但效果不理想,只是一种辅助方法。

② **化学消沫** 使用消沫剂(defoaming agent)消沫是化学消沫。加入消沫剂,降低了泡沫的液膜强度和表面黏度,使泡沫破裂。消沫剂都是表面活性剂(surfactant),降低表面张力(surface tension)。常用的消沫剂有天然油脂类(lipid)、高碳醇脂肪酸(high alcohol fatty acid)和酯类(ester)、聚醚类(polyether)、聚硅氧烷类(silicone)。其中天然油脂类、聚硅氧烷类在微生物发酵中最常用。

天然油脂类包括植物油,如豆油、玉米油、棉籽油、菜籽油等和动物油如猪油等。碘值(iodine value)和酸值(acid value)低的油,消沫能力强,反之对发酵产生不良影响。油很容易发生氧化,导致酸败(rancidification)。应注意保存条件,并对不同种类的油进行发酵试验,控制油品质量。

聚醚类是氧化丙烯(oxypropylene)或氧化丙烯和环氧乙烷(epoxyethane)与甘油(glycerol)聚合而成,品种很多。聚氧丙烯甘油亲水性低,抑制泡沫比消除泡沫能力高。聚氧乙烯氧丙烯甘油,又称泡敌,亲水性好,用量少(0.03%),效果好,比植物油大 10 倍以上,消泡能力强。但消沫维持时间较短,在黏稠发酵液中比稀薄发酵液中更好。聚硅氧烷类,不溶于水。单独使用效果很差,与分散剂(微晶 SiO_2)一起使用,适宜于微碱性的放线菌和细菌发酵。

③ **分散剂** 消沫剂的效果取决于在发酵液中的扩散能力。分散剂可帮助消沫剂扩散、缓慢释放,减少消沫剂的黏度,延长消沫剂的作用时间,便于运输。土霉素发酵中,泡敌、植物油、水的比例为(2~3):(5~6):30 的乳浊液,效果很好。在实际使用中,采用增效的方法可提高消沫剂的消沫效果。与惰性载体(inert carrier)如矿物油(mineral oil)、乳化剂(emulsifier)或分散剂(dispersant)如吐温等并用,分散消沫剂,增加溶解度;消沫剂之间联合使用,也能互补增效。消沫剂的添加会影响发酵过程、微生物的生长和产物的合成,要注意其不良影响。

其他措施包括培养基成分与发酵工艺的调整,根据具体情况使用。

2.7.10 发酵终点与控制

发酵终点是结束发酵的时间,控制发酵终点的一般原则是高产量、低成本,可计算相关的参数,如发酵产率,单位发酵液体积、单位发酵时间内的产量 [kg/(h·m^3)];发酵转化率或得率,单位发酵基质底物生产的产物量(kg/kg);发酵系数,单位发酵罐体积、单位发酵周期内的产量 [kg/(m^3·h)]。

（1）经济因素

发酵终点应是最低成本获得最大生产能力的时间。对于分批式发酵，根据总生产周期，求得效益最大化的时间，终止发酵。

$$t = \frac{1}{\mu_m} \ln\left(\frac{X_1}{X_2}\right) + t_T + t_D + t_L \qquad (2\text{-}24)$$

式中，μ_m 为最大比生长速率；X_1 为起始浓度；X_2 为终点浓度；t_T 为放罐检修时间；t_D 为洗罐、配料、灭菌时间；t_L 为延滞期。

（2）下游工序

发酵终点还应该考虑下游分离纯化工艺特点及其对发酵液的要求。发酵时间太短，过多营养物质残留在发酵液中，对分离纯化不利。发酵时间太长，菌体自溶，释放出胞内蛋白酶，改变发酵液性质，增加过滤工序的难度，不稳定的产品降解破坏。

临近放罐时，补料或消沫剂要慎用，其残留影响产物的分离，以允许的残量为标准。对于抗生素，放罐前16h停止补料和消沫。

（3）其他因素

可考虑生物学、物理学、化学指标的变化以及放罐对三废处理的影响，如主要产物浓度，残糖、残氮含量，菌体形态，代谢毒物的积累，pH，溶解氧，发酵液外观和黏度等，按照常规经验计划进行。

如遇到染菌、代谢异常等情况，采取相应措施，及时处理。

思考题

2-1 发酵制药的基本过程是什么？各阶段的主要任务和技术需求是什么？

2-2 微生物发酵可生产哪些药物？与代谢之间的关系是什么？

2-3 对于分批发酵，分析微生物生长、基质消耗和产物生成的动力学的影响因素。

2-4 微生物生长与生产之间的关联模型有几种？与过程控制的关系是什么？举例分析。

2-5 生产菌种选育方法有哪些？各有何优缺点？如何选择应用？

2-6 菌种保存的基本原理是什么？有哪些主要方法？各有何优缺点？

2-7 为什么要建立菌种库？如何才能保证菌种的质量控制？

2-8 微生物发酵培养基组成成分有哪些？有何作用？

2-9 如何研制生产用发酵培养基？

2-10 影响培养基质量的因素有哪些？如何控制？

2-11 空气过滤灭菌的原理及其工艺过程是什么？分析影响灭菌效率的主要因素。

2-12 比较分析培养基的间歇和连续灭菌工艺的优缺点及操作要点。

2-13 比较各种发酵操作方式的异同点。如何选择应用？

2-14 发酵过程污染的原因及其控制途径有哪些？

2-15 发酵过程中温度有何影响？如何控制？

2-16 发酵过程中溶解氧和搅拌有何影响？控制策略有哪些？

2-17 发酵过程中 pH 有何影响？如何控制？

2-18 补料与放料的作用是什么？有哪些控制策略？

2-19 如何确定发酵终点？如何实现发酵过程的最优化控制？

参考文献

［1］ 元英进. 现代制药工艺学: 上册. 北京: 化学工业出版社, 2004.

［2］ 熊宗贵. 发酵工艺原理. 北京: 中国医药科技出版社, 2004.

［3］ 吴剑波. 微生物制药. 北京: 化学工业出版社, 2002.

［4］ 顾觉奋. 抗生素. 上海: 上海科学技术出版社, 2001.

［5］ 褚志义. 生物合成药物学. 北京: 化学工业出版社, 2000.

［6］ 梅乐和, 姚善泾, 林东强. 生化生产工艺学. 北京: 科学出版社, 2001.

［7］ El-Mansi M, Bryce C. Fermentation Microbiology and Biotechnology. London: Taylor & Francis, 1999.

［8］ Hickey A J, Ganderton D. Pharmaceutical Process Engineering. New York: Marcel Dekker, 2001.

［9］ Shanbury P. Principles of Fermentation Technology. Oxford: Pergamon Press, 1995.

［10］ Wood J P. Containment in the Pharmaceutical Industry. New York: Marcel Dekker, 2001.

第3章

基因工程制药工艺

学习目标

▶ 理解基因工程的创新性及其制药应用。

▶ 掌握大肠杆菌和酿酒酵母表达系统，能够合理选择表达系统应用于制药。

▶ 掌握目标基因的克隆、载体构建技术的原理，能够进行设计和构建表达载体。

▶ 理解工程菌构建过程，掌握表达筛选、产物表达形式的鉴定原理，能够建立工程菌。

▶ 理解影响质粒稳定性的因素，掌握表达质粒和工程菌的动力学，能够调控工程菌的稳定性。

▶ 掌握工程菌发酵培养基和发酵参数的影响，能够优化和控制发酵过程。

基因工程制药是以工程生物的构建为起始，通过上游工艺的培养，工程生物对培养原料进行代谢并合成产物；通过下游工艺的分离纯化，获得药物产品；通过制剂工艺，制成相应的临床用剂型。工程生物不仅可以生产重组治疗性蛋白质、多肽或核酸、疫苗、抗体等生物制品，还可用于抗生素、维生素、氨基酸、辅酶、甾体激素等化学药物的生产。本章以生产重组蛋白药物为例，重点介绍工程生物种类、构建技术，讨论工程菌稳定性、发酵工艺、过程分析与参数控制。

3.1 概　述

基因工程率先在制药行业实现了技术的产业化应用，重磅炸弹重组 DNA 制品的临床大量使用，提高了患者的生存质量，也改变了药物市场格局，带动了现代生物技术的实质性发展。本节介绍基因工程发展历史、制药和研发的基本过程。

3.1.1　基因工程制药的创新发展

基因工程或遗传工程（genetic engineering）或重组 DNA 技术（recombinant DNA technology）是一种设计和改造生物遗传物质的技术。在生物工程等领域，常使用基因工程术语，而在医药领域和药物管理法规中，常使用重组 DNA 技术。

（1）基因工程的创新

20 世纪中期，生物学研究确定了遗传信息的中心法则，即生物的性状是由基因决定的，基因的化学本质是核酸，核酸序列决定蛋白质序列，酶催化细胞内的每步代谢反应和产物的合成。先后发现了基因工程的三大工具：具有剪切基因功能的核酸内切酶，具有拼接基因片段的连接酶，存在于染色体外的遗传物质——质粒。1972 年，美国斯坦福大学 Paul Berg 等

分别用 *EcoR* I 酶切猿猴病毒 SV40 的 DNA 和噬菌体 DNA，再用 T4 DNA 连接酶连接，实现了体外的 DNA 重组，标志着基因工程的诞生，获得了 1980 年诺贝尔化学奖。1973 年，加州大学 Stanley N. Cohen 和 Herbert W. Boyer 等将卡那霉素抗性基因质粒和四环素抗性基因质粒酶切、连接，转化大肠杆菌，重组质粒能稳定复制并赋予双抗性功能，证明了体外重组质粒在细胞内是具有生物功能的。Stanley N. Cohen 获得 1986 年诺贝尔生理学或医学奖。

生物技术的创新在于将体内的复杂生化过程，转化为体外的简单可控反应，而基因工程是对遗传物质进行体外简单操作的创新生物技术。对天然质粒和噬菌体、病毒等改造，开发了一系列适用于不同宿主的基因载体。用基因工程表达和生产限制性内切酶和连接酶，取代了天然酶的使用，降低了实验研究成本。这些工具的革新和技术进步，促进了基因工程作为实验技术的普及和在生物医药、农业、环境、化工、材料、能源等众多领域的广泛应用。

（2）基因工程的制药应用

20 世纪前半叶，只能从动物脏器中提取，制备生化药物，如从牛或猪胰腺中制备胰岛素，用于治疗人的糖尿病。而基因工程技术的诞生，颠覆了生化药物的制备技术，使得生产高质量的生物制品成为可能。正是在技术上的突破，催生了基因工程制药公司。1976 年美国加州大学的 Herbert Boyer 和风险投资 Robert A. Swanson 创建了世界上第一家基因工程公司（Genetic Engineering Technology，Genentech），开始了技术产业化的应用。该公司 1977 年表达出生长抑制素，1978 年表达出胰岛素。1982 年世界上第一个基因工程药物重组人胰岛素（human insulin，Hunulin，rDNA origin），分别用大肠杆菌、酵母生产，获得美国 FDA 批准上市，开启了基因工程微生物制药。1986 年酿酒酵母生产的重组人乙肝疫苗上市，1987 年 CHO 细胞生产的组织纤溶酶原激活剂上市，标志着治疗性蛋白质的制药技术已经成熟。1997 年 CHO 细胞生产人源化抗体药物达利珠单抗（Daclizumab，Zenapax）上市，2006 年大肠杆菌生产的重组人源化 IgG1 上市。2004 年第一个基因药物重组人 p53 腺病毒注射液（今又生，Gendieine）被批准在中国上市，用于治疗晚期鼻咽癌。

基因工程在微生物制药中的成功应用，引导科技界向高等生物进军。转基因动物和转基因植物相继被研发，成为药物生产的新型宿主。2009 年美国 FDA 批准用转基因山羊奶生产的抗血栓药物 Atryn 上市，用于治疗遗传性抗凝血酶缺乏症。2014 年美国 FDA 批准转基因兔奶生产重组补体 C1 酯酶抑制剂阿法可奈司他（conestat alfa, Ruconest），治疗遗传性血管性水肿。2015 年美国 FDA 批准转基因鸡蛋生产人溶酶体酸性脂肪酶（sebelipase alfa，Kanuma），用于治疗溶酶体酸脂肪酶缺乏症。2012 年美国 FDA 批准用转基因胡萝卜细胞系表达生产人葡萄糖脑苷脂酶（taliglucerase alfa，Elelyso，Plant-based）上市，用于 I 型戈谢病患者（葡萄糖脑苷脂酶溶酶体基因缺陷）的长期酶替代治疗。

到目前为止，从生物学角度看，微生物、植物、动物都具有生产药物的潜力。从药政管理角度看，任何一种生物都有可能被批准进行药物生产。这就为生物类似药物的研发提供了更多的选择。

除了通过构建基因工程菌或细胞生产重组生物制品外，基因工程在制药工艺中的应用还有以下几方面：①通过改造生物制品编码基因，研发疗效和安全性更好的高一代产品；②通过改造生物酶的编码基因，研发高催化活性的新酶和工艺，用于酶工程制药；③通过改造制药微生物的基因组和代谢途径，开发抗生素、氨基酸、维生素等化学药物的高产高效的新菌株。

3.1.2 基因工程制药的基本过程

制备蛋白质药物的基本过程包括工程生物的检定、规模化培养、蛋白质产物的分离纯化和生物制品的质量控制。

（1）基因工程生物

基因工程生物（genetically engineered organism）或简称工程生物（engineered organism），是通过基因工程技术，获得的表达目标基因或过量或抑制表达自身基因的生物，也称为重组生物（recombinant organism）。根据生物类型，可分为基因工程微生物、基因工程植物和基因工程动物。

按照生物制品生产检定用菌毒种管理规程，对工程菌（表达载体和宿主菌）进行登记、检定、保存、使用、销毁等管理，生产重组产品的工程菌按第四类病原微生物管理，即通常情况下不会引起人类或动物疾病。工程菌来源途径合法，并经过国务院药品监督管理部门批准。工程菌由国家药品检定机构或国务院药品监督管理部门认可的单位保存、检定和分发。

采用种子批系统进行生物制品生产用菌毒种管理。原始种子批（primary seed lot）应验明其记录、历史、来源和生物学特性。从原始种子批传代和扩增后保存的为主种子批（master seed lot）。从主种子批传代和扩增后保存的为工作种子批（working seed lot）。工作种子批的生物学特性应与原始种子批一致，每批主种子批和工作种子批均应按要求保管、检定和使用。应规定各级种子批允许传代的代次，并经国务院药品监督管理部门批准合格的菌株，才能用于生产。

（2）基因工程生物的培养

根据工程生物的特性和产品的质量要求，研究建立培养工艺，制定相应的操作规程。在生产过程中，根据 GMP 和工程生物培养工艺规程，控制培养物料，制备培养基。对细胞库进行检定，合格后才能用于生产。取工作种子批，经过活化、扩大后，接种在反应器中，进行发酵培养。生产车间的洁净度符合 GMP 要求，根据批准的生产工艺，在线控制温度、pH、溶解氧、压力等参数和流加等操作，使工程细胞高效合成并积累重组蛋白质药物。

（3）重组蛋白质药物的分离纯化

在洁净度和温湿度等符合 GMP 要求的车间内，以菌体或培养液为中间体，按照批准工艺，进行初级分离和精制纯化等单元操作，获得重组蛋白质药物的原液。原液经过稀释、配制和除菌过滤，成为半成品。

（4）生物制品的分批和包装

按照生物制品分批规程进行分批和编批，半成品配制后确定批号，用于区分和识别产品批次。半成品分装、密封在最终容器后，经过目检、贴签、包装，并经过全面检定合格的产品，为成品。按照生物制品分装和冻干规程，制成注射剂。按照制剂通则，制成其他剂型。按照生物制品包装规程进行包装，在生产、待检、待销售和分发过程中，按照生物制品贮藏和运输规程要求，在最快速度、最短时间和低温（2～8℃）下进行贮运，以保证产品质量稳定。

3.1.3　基因工程制药工艺的研发

基因工程制药工艺的研发是基于相关技术指导原则，进行工程生物的设计构建、培养工艺、分离纯化工艺、质量标准等研究。

（1）基因工程制药的相关法规和技术指导原则

采用基因工程开发重组 DNA 制品（recombinant DNA products，rDNA 制品），包括多肽、细胞因子、酶、抗体等。根据生物制品通用名称命名规则，采用重组 DNA 技术生产的制品，名称前加"重组"二字，以与非重组制品相区别。采用不同细胞基质或不同表达系统制备的同种制品应标明，如重组人干扰素 α2b 注射液（大肠埃希菌）、重组人干扰素 α2b 注射液（假单胞菌）。工程菌的研究开发过程中，要遵循以下法规和原则：①《中华人民共和国药典》（三部）；②国务院发布的《药品注册管理办法》及其附件三生物制品注册分类及申报资料要求；③CFDA 发布的《人用重组 DNA 制品质量控制技术指导原则》《生物制品生产工艺过程变更管理技术指导原则》《生物类似药研发与评价技术指导原则（试行）》；④审评中心发布的《生物制品质量控制分析方法验证技术审评一般原则》等。

（2）重组生物制品的制药工艺研究内容

制药应用的目的不同，基因工程制药的技术要求和生产工艺也不尽相同。首先考虑临床用途，是治疗用生物制品还是预防用生物制品，药品注册类型是原研药品还是生物类似药。其次，围绕生物制品质量和安全性，参考上述国家的相关法规和相关技术指导原则，选择适宜的方法、技术和手段，进行全面工艺研发。做到全生产过程质量控制，要求工艺可控、稳定，批间一致，确保生物制品的有效性和安全性。制药工艺的研究，要与质量标准、制剂开发等相互配合，以下重点介绍工程细胞构建、培养工艺、分离纯化工艺、质量标准研究内容（图3-1）。

1）工程生物的构建研究

工程细胞是生物制品生产用生物材料，必须严格全面进行研究。生产用宿主（菌种、动物细胞）来源要清晰，符合技术指导原则。首先根据生物制品的一级、二级、三级或四级结构和特性，结合宿主生物的表达特点，二者相互匹配，从而选择适宜的宿主。然后根据蛋白药物的一级氨基酸序列，反向推出其编码的基因序列，要与选择宿主具有一致的密码子偏好性。由此设计目标基因序列与表达模式，化学合成或PCR制备蛋白质药物的编码基因，经过限制性内切酶酶切和连接酶催化，将编码基因和质粒连接起来，构建表达质粒。转化宿主生物后，经过筛选、鉴定，获得基因工程生物。建立原始细胞库、主细胞库和工作库，妥善保存。

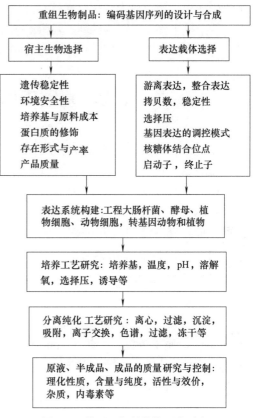

图 3-1　基因工程制药的研究过程

2）培养基原料来源及其质量研究

培养基原料包括碳源、氮源、无机盐、水等，物料来源合法、质量符合标准，能持续稳定性供应。研究不同来源的物料对工艺和产品质量的影响，建立相应的控制标准，以确保生物制品安全和有效性。在物料选择中，最好使用非抗生素抗性的质粒，避免使用青霉素类抗生素，可选择卡那霉素或新霉素作为表达质粒的选择标记。

3）工程细胞的培养工艺和稳定性研究

研究不同工艺参数（温度、pH、溶解氧、搅拌、压力等）和条件（包括培养基成分、操作方式、流加等）对表达载体中目标基因序列、表达模式、丢失和变异等不稳定性及所引起的产品质量变化和产量影响，发现工艺参数与产品质量和产量之间的关系，建立培养和诱导基因产物的物料和方法，制定出相应的控制工程细胞质量的培养工艺和控制措施。工程生物为有限代次生产，根据宿主细胞-表达质粒系统的稳定性资料，确定在生产过程中允许的最高细胞倍增数或传代次数及其培养条件。

4）分离纯化工艺研究

在培养体系，重组蛋白质药物的含量较低。要根据重组蛋白质药物的结构、活性等特点，选择特异性的方法，建立适宜的分离和纯化工艺，并对原液进行质量控制。对于细胞内形成的包涵体，则要研究变性和复性工艺，重折叠形成具有生物活性的产品。重组蛋白质原料药与成品制剂生产往往由同一家企业完成。

5）质量标准研究

对重组蛋白质药物，以生物化学、分子生物学、免疫学分析方法为主，包括分子量、等电点、紫外光谱、肽图谱等物理性质，一级序列、氨基酸组成、*N*-端序列、C-端序列等化学结构、生物学活性、蛋白质含量、比活性、纯度等生物学性质，外源 DNA 残留量、宿主蛋白质残留量、残余抗生素、残留诱导剂、残留溶剂和试剂等杂质，免疫学的鉴别方法、无菌检查、内毒素、异常毒性等方法，建立相应的质量标准，从而对原液、半成品和成品进行检验和质量控制。

3.2 基因工程制药微生物表达系统

工程生物的表达系统由目标基因的表达质粒和宿主生物两者组成。一个优秀的表达系统，往往是表达质粒和宿主的最佳遗传适配。虽然放线菌、丝状真菌等微生物已经被用于基因工程菌的研究与开发，但由于其遗传背景、基因转录、表达等方面存在一定的问题，大肠杆菌和酵母系统是用于生产蛋白质药物的主流表达系统。充分了解和深入研究宿主菌和质粒的特征，才能合理选择，构建出最佳的工程菌。

3.2.1 大肠杆菌表达系统

大肠杆菌表达系统由表达质粒和宿主菌组成，共同决定了表达方式和生产特点。

（1）生物学特性

大肠杆菌（*Escherichia coli*，学名大肠埃希菌）是最简单的原核细胞生物（prokayotic organism），属于革兰阴性菌（Gram-negative bacterium，G⁻）。杆状，大小为(2～4)μm×(0.4～0.1)μm。大肠杆菌是单细胞微生物，分裂方式是裂殖（fission），在 37℃下，17min 繁殖一代。在平板上形成白色至黄白色的菌落（colony），光滑，直径 2～3mm。

大肠杆菌细胞由拟核（nucleoid）、细胞质（cytoplasm）、细胞膜（plasma membrane）、细胞壁和外膜等构成（图 3-2）。细胞核无核膜，一条环状双链 DNA 浓缩成团，形成拟核区。细胞质呈溶胶状态，含有酶、mRNA、tRNA、核糖体，是代谢的主要场所。细胞膜由磷脂双分子层组成，具有信号转导、物质运输、交换、分泌等功能。细胞膜向内折叠形成间体，扩大了生化反应的内表面积。

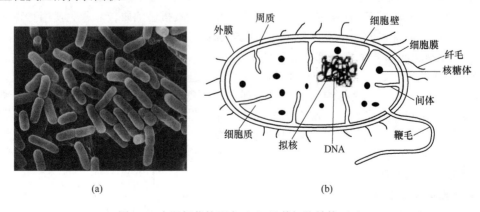

(a) (b)

图 3-2 大肠杆菌的形态（a）及其细胞结构（b）

细胞壁较薄，外膜是由双层磷脂和脂多糖（lipopolysaccharide）构成。细胞死亡后，脂多糖游离出来，形成内毒素（endotoxin），这是大肠杆菌产生热源的原因。细胞壁与外膜之间的部分为周质（periplasmic space），常为细胞分泌的蛋白质所占据。基因工程表达的外源蛋白质，有时分泌到周质，而不能释放到胞外。

大肠杆菌细胞外有鞭毛（flagellium），较长，使细胞游动。有些菌株有菌毛或纤毛（pilium），较细而且短，使细胞附着在其他物体上。无芽孢，一般无荚膜（capsule）。

大肠杆菌能在仅有碳水化合物和氮、磷及微量元素的无机盐的极限培养基上生长，发酵糖，产气产酸。大肠埃希菌是 Escherich 在 1885 年发现的，是正常肠道菌群的组成部分，认为是非致病菌。20 世纪中叶以后，发现一些特殊血清型的大肠杆菌对人和动物有致病性。在基因工程研究中，最广泛使用的菌株是无致病性的大肠杆菌 B 菌株、K-12 株及其衍生菌株。1997 年首次完成 K-12 MG1655 菌株基因组的测序，大小为 4.64Mb，G+C 含量为 50.8%，约 4500 个基因，编码 4100 多种蛋白质。目前已完成了 K-12 DH10B、K-12 W3110、BL21（DE3）、B REL606 等模式研究和工业应用大肠杆菌基因组的测序，基因组大小、基因数和编码蛋白质数目与 MG1655 菌株接近。已经构建了大肠杆菌（BW25113）的单基因敲除库和必需基因数据库、全基因组的代谢网，可供菌株遗传改造的参考。

BL21 是最常用的表达目标基因的宿主，是 ATP 依赖的 Lon 和外膜 OmpT 蛋白酶缺陷，有效减少异源蛋白质的降解，提高表达量。BL21（DE3）是 BL21 菌株基因组中插入了溶源噬菌体 DE3 序列，它含有 lacUV5 启动子控制的 T7 RNA 聚合酶基因。在该宿主菌种，T7 RNA 聚合酶基因和目标基因的表达同步受到 IPTG 诱导与调控（图 3-3）。

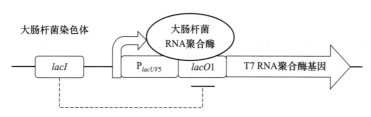

图 3-3　大肠杆菌 BL21(DE3)基因组中的 T7 RNA 聚合酶表达模式

（2）质粒结构

质粒（plasmid）是一类存在于细菌细胞质中能独立于染色体而自主复制的共价、封闭、环状双链 DNA 分子（covalently closed circular DNA）。现在基因工程操作中常用质粒是对细菌原始质粒进行删减、去除非必需序列后，形成的 3～5kb 小质粒，可承载 10～20kb 的目标基因。质粒由复制子、抗性标记基因和多克隆位点三部分组成（图 3-4），具有以下的基本特征。

① **自主复制性**　是指质粒不依赖于宿主染色体的复制调控系统，能进行自主复制（autoreplication）。这是由复制子（replicon）或复制原点（origin of replication）决定的。它是控制复制频率的调控元件，它决定着质粒在细胞内的拷贝数和稳定性。

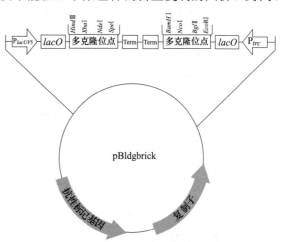

图 3-4　大肠杆菌质粒的基本结构

根据在细胞内的拷贝数，质粒分为严紧型和松弛型质粒。严紧型质粒在细胞内只有少数几个拷贝，如 pSC101 及其衍生质粒。松弛型质粒在细胞内有几十至数百个拷贝数，如 pMB1、ColE1、p15A 等复制子的质粒 pBR322、pET、pACYC 等有 15～25 个拷贝数，而 pUC 系列质粒则有 300 个拷贝数以上。

② **选择标记基因**　是指编码一种选择标记（selective marker）酶或蛋白质，产生一种新的表型，可用于筛选转化细胞。

在细菌中，最常用的选择标记是抗生素抗性基因。根据不同抗生素抗性基因的筛选机理（表 3-1）和表达蛋白质的质量要求，在培养基中添加相应的抗生素，筛选工程菌，排除宿主菌。

表 3-1　工程大肠杆菌常用抗生素及其筛选机理

抗生素	抗性基因	编码产物	抗性机理
卡那霉素 Kanamycin	neo，nptⅡ，Kan^R	新霉素磷酸转移酶Ⅱ	转移 ATP 的磷酸基团，使卡那霉素分子不能与 70S 核糖体结合，失去抑制蛋白质合成活性
氯霉素 Chloramphenicol	cat，Cam^R	氯霉素乙酰转移酶	乙酰氯霉素不能与 50S 核糖体结合，失去抗性
链霉素 Streptomycin	aat，Str^R	氨基糖苷腺嘌呤转移酶	催化 ATP 的腺苷酸转移，阻断抗生素与核糖体 30S 亚基结合作用
四环素 Tetrecyclin	Tet^R	四环素外排蛋白	对细菌膜结构进行修饰，阻止四环素进入细胞内
氨苄青霉素 Ampenicillin	bla，Amp^R	β-内酰胺酶	水解内酰胺环，使氨苄青霉素失去干扰细菌细胞壁合成的活性
潮霉素 Hygromycin	hyg	潮霉素磷酸转移酶	磷酸化修饰，使潮霉素失去抑制蛋白质合成活性

③ **多克隆位点**（multiple cloning site，MCS）　是由常见的多种Ⅱ型限制性内切酶位点序列构成的一段 DNA 序列，通过酶切和连接，将目标基因克隆到载体上。

④ **转移性**（transferability）　是指质粒可以从一个细胞转到另一个细胞，甚至另一种宿主菌。

⑤ **不相容性**（incompatibility）　是指具有相同或相似复制子结构、不同抗性基因的质粒不能稳定地存在于同一宿主细胞内。

在目标基因的表达中，经常需要多个质粒共表达多个基因或基因簇，要充分考虑质粒的不相容性。选择使用不同复制子、不同选择标记的质粒。目前已经开发了共表达 Duet 系列质粒载体（表 3-2），T7 启动子转录模式，质粒之间复制子兼容、抗性不同。可将这些表达质粒组合，转化同一细胞，并能稳定存在。如果每个质粒表达两个基因，就可共表达 8 个基因。共表达可以增加目的蛋白药物的产量、可溶性、活性并减少降解等，是合成生物学和代谢途径工程必须考虑的策略。

表 3-2　大肠杆菌的共表达质粒

质粒	复制子	拷贝数	特点
pACYCDuet-1	p15A	10～12	IPTG 诱导表达，氯霉素抗性
pETduet-1	ColE1	40	IPTG 诱导表达，氨苄青霉素抗性
pRSFDuet-1	RSF1030	>100	IPTG 诱导表达，卡那霉素抗性
pCOLADuet-1	ColA	20～40	IPTG 诱导表达，卡那霉素抗性
pCDFDuet-1	CloDF13	20～40	IPTG 诱导表达，链霉素抗性

（3）质粒类型

根据其功能和用途，大肠杆菌的质粒可分为克隆载体、表达载体和穿梭载体。

克隆载体（cloning vector）是指专门用于基因的克隆和测序的质粒。其特征是具有松弛型复制子，多克隆位点的两侧有 M13F 和 M13R 或 T7 和 T3 或 SP6 和 T7 等测序的通用引物。目标基因连接到多克隆位点，能直接用相应的引物进行测序。

T 载体是一种特殊的 5′-端含有一个突出 T 的线性克隆载体。与 *Taq* 聚合酶的 PCR 产物 3′-端突出 A 形成 T=A 碱基配对，连接效率高，能节省基因克隆的时间。

表达载体（expression vector）是指在宿主细胞内能表达目标基因的质粒，如细菌表达载体、酵母表达载体、动物细胞表达载体等。商业化的表达质粒在多克隆位点的内部已经设计有启动子（含核糖体结合位点）和终止子，只需酶切连接把目标基因克隆到该位点上，就构成了完整的目标基因表达盒。

穿梭载体（shuttle vector）是指能在两种不同种属的细胞中复制并遗传的表达载体，如大肠杆菌-链霉菌穿梭载体、大肠杆菌-酵母菌穿梭载体、大肠杆菌-哺乳动物细胞穿梭载体等。这类载体，具有两套亲缘关系不同的复制子及相应的选择性标记基因，以适应不同宿主对载体复制和目标基因表达的要求。如大肠杆菌-酵母菌穿梭载体，具有大肠杆菌和酵母菌中分别复制和筛选的标记，在大肠杆菌中完成目标基因表达构建，在酵母菌中实现目标基因的功能表达。

整合载体（integration vector）是指能整合在基因组染色体上的表达载体，一般含有整合酶编码基因以及特异性的位点序列。不过在大肠杆菌中很少用，常用于酵母菌、链霉菌等微生物。对于大肠杆菌，有成熟的重组系统，如 Red 重组系统、CRISPR-Cas 系统，可将目标基因准确地整合到染色体 DNA 的特定位点上。

（4）表达特点

大肠杆菌表达系统的遗传背景清楚，目标基因表达水平高，一般可占总蛋白质的 20%以上。培养周期短，抗污染能力强。大量的目标基因在大肠杆菌中都实现了超量的表达，四十余种蛋白质药物和疫苗已通过大肠杆菌系统生产而上市（表 3-3）。

表 3-3　大肠杆菌系统表达生产的生物制品

通用名	商品名	适应证
Teriparatide	Forteo	骨质疏松
Nesiritide	Natrecor	充血性心力衰竭
Human somatropin，人生长激素	BioTropin，GenoTropin，Humatrope，Norditropin，Nutropin AQ，Protropin，Nutropin Depot	侏儒症
	Somavert（PEG 化）	肢端肥大症
Human insulin，人胰岛素	Humulin	糖尿病
Insulin lispro，赖脯胰岛素	Humalog	糖尿病
	Humalog Mix75/25	糖尿病
Insulin glargine，甘精胰岛素	Lantus	糖尿病
Reteplase	Retavase	急性心肌梗死
Collagenase Clostridium histolyticum，溶组织梭菌胶原酶	Xiaflex（芽孢梭菌）	杜普伊特伦挛缩症
Pegloticase，乙二醇尿酸酶	Krystexxa	慢性痛风
Asparaginase Erwinia chrysanthemi，菊欧文菌 L-天冬酰胺酶	Erwinaze	急性淋巴细胞白血病
Glucarpidase	Voraxaze	甲氨蝶呤中毒性
细胞因子（Cytokines）		
Filgrastim，非格司亭	Neupogen	白细胞减少
Pegfilgrastim	Neulasta	白细胞减少
Tbo-filgrastim，重组非糖基化甲硫胺酰基人粒细胞集落刺激生长因子	Neutroval	中性粒细胞减少症
Romiplostim，罗米司亭	Nplate	血小板减少症

通用名	商品名	适应证
Anakinra，阿那白滞素	Kineret	类风湿关节炎
Oprelvekin，奥普瑞白介素	Neumega	血小板减少
Aldesleukin，阿地白介素	Proleukin	肾瘤、黑色素瘤
Interferon alfacon-1	Infergen	丙肝
Interferon α-2a，干扰素 α2a	Roferon-A	乙肝、丙肝、白血病、Kaposi's 肉瘤等
Peginterferon α-2a，聚乙二醇干扰素 α2a	Pegasys	乙肝、丙肝、白血病、Kaposi's 肉瘤等
Interferon α-2b，干扰素 α2b	Intron A Rebetron	乙肝、丙肝、非甲非乙型肝炎、白血病、Kaposi's 肉瘤
Peginterferon alfa-2b，聚乙二醇干扰素 α2b	PegIntron	慢性丙型肝炎
Interferon β1b，干扰素 β1b	Betaseron	多发性硬皮病
interferon γ1b，干扰素 γ1b	Actimmune	慢性肉芽肿病，重度恶性骨骼石化症
Palifermin，帕利夫明	Kepivance	放化疗产生的黏膜炎
Ranibizumab，雷珠单抗	Lucentis	黄斑退行性变性和水肿
Certolizumab pegol，聚乙二醇赛妥珠单抗	Cimzia	Crohn 病和类风湿关节炎
AbobotulinumtoxinA，肉毒毒素 A 型	Dysport（A 类肉毒杆菌）	颈肌张力障碍者
Metreleptin，美曲普汀	Myalept	瘦素缺乏症，全身脂肪代谢障碍
OspA lipoprotein，OspA 脂蛋白	LYMErix	预防莱姆病
Denileukin diftitox，白喉毒素-IL 2 融合蛋白	Ontak	T 细胞淋巴瘤

在大肠杆菌中，目标基因表达产物的主要存在形式为可溶性蛋白质和不溶性蛋白质两种。不溶性蛋白质是以包涵体（inclusion body）的形式存在于细胞质中。包涵体是由目标蛋白质的非正确折叠所形成的微小颗粒，含有 RNA、质粒、酶等大量的杂质。包涵体蛋白质，虽然分离容易，但没有生物活性，要获得活性产物，还必须经过变性、复性等过程，不仅增加了工艺的难度，而且不是所有的产物都能完全恢复到一致的活性，产品质量不易控制。可溶性蛋白质可以存在于细胞质，也可能经过加工并运输分泌到周质，甚至是胞外。周质表达有利于分离纯化和减少蛋白酶的降解，避免 N-端附加蛋氨酸（由起始密码 ATG 编码），需要与信号肽和跨膜蛋白基因一起构建表达载体，但不是对任何蛋白质都有效。大肠杆菌自身向胞外分泌蛋白少，如果能将目标蛋白质分泌胞外，不仅实现了可溶性表达，分离纯化更加简单和方便，是最理想的表达形式。已有报道，将目标基因与分泌蛋白融合表达或与膜透性蛋白共表达，能表达胞外分泌的蛋白质，并已实现商业化应用。

大肠杆菌细胞没有内质网、高尔基体等蛋白质翻译后修饰加工的亚细胞器，合成的外源重组蛋白质不能进一步被加工修饰，表达的产物缺乏糖基化、酰胺化等，因此大肠杆菌表达系统不能用于加工修饰化蛋白的表达。此外，大肠杆菌会产生具有热源性的脂多糖和内毒素，有些蛋白质的 N-端增加的蛋氨酸也容易引起免疫反应。这些缺点限制了大肠杆菌系统的应用。从工艺研究的角度，目前的研究重点是解决包涵体、提高分泌表达效率、实现产物的定位表达和修饰加工等问题。

3.2.2 酿酒酵母表达系统

酿酒酵母表达系统由宿主菌和表达质粒组成。

（1）生物学特性

酵母（yeast）是人类最熟悉的微生物，几千年前已为人类所利用。酿酒酵母（*Saccharomyces cerevisiae*）形态为椭圆形，大小为（3～6）μm×（5～10）μm 形态（图 3-5）。细胞壁由甘露聚糖（占 40%～45%）、葡聚糖（占 35%～45%）、蛋白质（占 5%～10%）及少量脂类和几丁质组成。细胞质是进行生化反应的场所。酿酒酵母有两种繁殖方式。一种是无性繁殖方式，酿酒酵母的单倍体和二倍体都能进行芽殖（budding）。另一种是有性繁殖方式，二倍体细胞在特定条件下产生子囊孢子（ascospore）。孢子萌发产生单倍体细胞，两个性别不同的单倍体细胞交配（matting），形成二倍体细胞。

酿酒酵母生长繁殖快，倍增期约 2h。能发酵葡萄糖、蔗糖、麦芽糖、半乳糖等，在固体培养基上生长 2～4d，形成菌落乳白色，有光泽，边沿整齐。酿酒酵母有 16 条染色体，遗传背景较清楚，1996 年完成其全基因组测序，基因组约为 12.16Mb，G+C 含量 38.2%，6349 个基因，编码 5900 个蛋白质。酿酒酵母的基因密度为 1/2kb，只有 4%的编码基因有内含子。

（2）表达载体

在酿酒酵母中发现了质粒，改造酵母使用营养缺陷选择外源载体，由此建立了酵母表达系统。酵母表达载体是穿梭载体，利用大肠杆菌进行表达载体构建，简单快速，然后在酵母中进行目标基因的产物表达。酵母表达载体含有复制起始序列或整合序列、选择标记以及由启动子、终止子和信号肽序列构成的表达盒序列，遗传操作容易。

酵母附加载体（yeast episomal plasmid），含有 2μm 质粒的复制子（2μm *ori*）（图 3-6），能在酵母细胞内自主复制，转化频率很高。最常用。

图 3-5　酿酒酵母的细胞形态

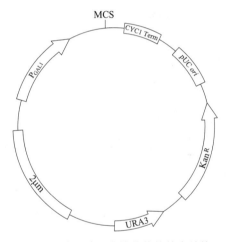

图 3-6　酿酒酵母表达载体的基本结构

酵母着丝粒载体含有着丝粒序列（centromere sequences，CEN）和自主复制序列（autonomously replicating sequences，ARS），能在酵母细胞内独立自主复制。但拷贝数很低，只有 1～3 个/细胞，无选择压，极易丢失。

酵母复制质粒含有酵母基因组 DNA 复制序列，在细胞中能独立自主复制。转化效率高，拷贝数高达上百个。但存在分配不均一性，无选择压，容易丢失。

酵母整合载体含有选择标记和多克隆位点。无自主复制序列，有整合序列。由于酿酒酵母具有较高的同源重组能力，一般将含有上下游同源臂的目标基因的片段导入酵母，即可整合到酵母染色体中，随同染色体一起复制和稳定遗传。

酿酒酵母表达系统由缺陷型宿主细胞和互补的表达质粒组成。最常用表达质粒的遗传标记是脲和氨基酸合成基因，如 *URA3*、*HIS3*、*LEU2*、*TRP1* 和 *LYS2*，分别互补酵母菌的特异性营养缺陷型 *ura*3-52、*his*3-Δ1、*leu*2-Δ1、*trp*1-Δ1 和 *lys*2-201。通常用醋酸锂处理、电转化、原生质体转化，将外源质粒导入酿酒酵母。转化后的酵母，涂布在营养缺陷的极限培养基上，30℃下生长，筛选转化细胞，一般需要 2~4d。

（3）表达特点

酿酒酵母表达系统安全、无毒，是 GRAS（Generally Regarded As Safe）微生物。酿酒酵母的培养条件简单而且大规模培养技术成熟。酵母具有亚细胞器分化，能进行蛋白质翻译后的修饰和加工，类似于高等真核生物，并具有蛋白质分泌能力。1981 年 Hitzman 等在酵母中实现了人干扰素的表达，FDA 批准的酿酒酵母表达的第一个基因工程疫苗就是乙肝疫苗，上市的重组生物制品见表 3-4。

表 3-4　酵母表达系统生产的重组生物制品

通用名	商品名	适应证
多肽类（Polypeptides）		
Glucagon，胰高血糖素	Glucagen	低血糖症
Human insulin，人胰岛素	Novolin，Novolin L，Novolin N，Novolin R，Novolin 70/30，Velosulin	糖尿病
Insulin aspart，门冬胰岛素	NovoLog	糖尿病
Albiglutide，阿必鲁肽	Tanzeum	2 型糖尿病
Hirudin，水蛭素	Refludan	抗血凝
Urat oxidase，尿酸降解酶	Elitek	血浆尿酸症
Ocriplasmin，人纤溶酶	Jetrea	玻璃体黄斑粘连
细胞因子（Cytokines）		
Sargramostim，沙格司亭	Leukine	骨髓移植，白细胞中毒
Becaplermin，贝卡普勒明	Regranex Gel	糖尿病足溃疡
Ecallantide，艾卡拉肽	Kalbitor	遗传性血管水肿
疫苗（Vaccine）		
Hepatitis B surface antigen，乙肝表面抗原	Engerix B	预防乙型肝炎

虽然已成功地应用酿酒酵母表达系统进行制药，但该系统并非尽善尽美。其主要缺点是，酿酒酵母发酵产生乙醇，制约了高密度发酵；蛋白质糖基化修饰的侧链过长，过度糖基化会引起副作用；表达质粒不稳定性，表达产物主要在胞内，分泌能力弱。

3.3　工程大肠杆菌的构建

从制药管理角度看，工程菌是重组蛋白质药物生产的重要起始物料。工程菌的构建是生物药物生产的前提，工程菌株的优劣直接关系到产品研发的成败。本节以大肠杆菌为例，介绍表达蛋白质药物的工程菌构建的基本过程、目标基因获得和主要的基因工程原理及方法。这些方法和技术同样可用于构建其他基因工程细菌、链霉菌、霉菌等，为抗生素、氨基酸、维生素等生产提供优良菌株。

3.3.1　工程菌构建的基本过程

（1）工程菌构建的基本流程

工程菌的构建包括目标基因的设计与合成、最佳表达质粒的构建、工程菌的筛选与鉴定三个主要阶段（图 3-7）。

对于目标基因设计与合成，常用克隆或测序质粒，普通大肠杆菌即可。对于表达质粒的构建，主要是设计启动子、终止子和质粒拷贝数的选择，转化普通大肠杆菌，进行表达盒的鉴定。对于工程菌构建，主要是对适宜的宿主细胞进行转化、筛选鉴定和遗传稳定性分析，药物质量与活性分析等，获得质粒能稳定遗传、高效表达的可供生产使用的工程菌。

（2）DNA体外重组的基本过程

在构建过程中，进行基因的体外重组（图3-8），如酶切、连接、转化、筛选等，只不过目的不同，所针对的宿主菌不同而已。

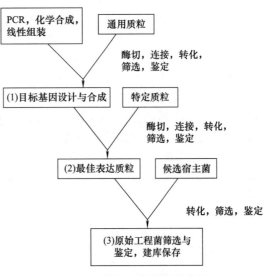

图3-7　基因工程菌构建流程

3.3.2　目标基因的克隆

目标基因（target gene）是编码感兴趣的蛋白质或多肽的DNA序列，即蛋白药物或酶。确保目标基因的序列正确在整个构建中是至关重要的，只要有一个碱基发生错义突变或移码突变，就导致编码氨基酸的变化，从而影响产物蛋白质的功能和生物学活性。即使发生同义突变，也会影响基因的转录和翻译效率，从而影响蛋白质的表达量。

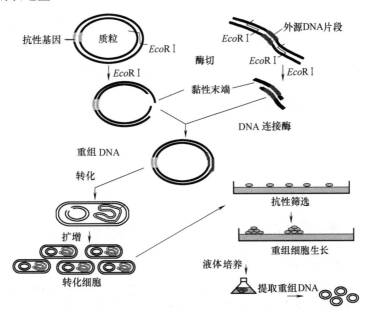

图3-8　DNA分子体外重组过程

（1）目标基因获取的策略

1985年，美国科学家Kary Mullis发明了PCR技术，是生物技术革命性象征，于1993年获得诺贝尔化学奖。使目标基因的获得摆脱了文库构建和筛选的烦琐，变得相对容易和简单，并衍生了很多PCR相关技术。

2003年完成了人类基因组测序，测序技术进步和化学合成寡核苷酸的低成本，使得无需从基因组中克隆目标基因。对于原核生物，可用PCR方法从染色体上克隆目标基因。对于真核生物，由于染色体上的基因结构通常被多个内含子间隔，因此，不能直接从基因组上获得有用的目标基因。然而，在已知基因组序列的情况下，可采用反转录PCR（reverse transcription PCR，RT-PCR）技术进行基因克隆。

对于完全已知序列的目标基因，可通过全新设计、化学合成或组装方法，获得目标基因。对于不完全已知序列的基因，仍然需要费时的传统方法，如文库筛选、染色体步移等进行克隆和鉴定。要根据目标基因的来源和宿主细胞的密码子使用特性，选择适宜策略，获取目标基因。常见的几种获取目标基因的策略及其特点见表3-5。

表 3-5　几种基因获得方法的比较

方法	优点	缺点
文库筛选	可获得很长片段，无碱基错误，适用于未知序列基因克隆	烦琐，过程复杂，耗时，昂贵，现在很少使用
PCR 扩增	完全已知序列或只知道两端序列，简便快速，高效，特异性强，长度可达数千碱基对（kb），适合于单基因克隆	受 DNA 聚合酶活性和保真性限制，会发生碱基错误
化学合成与组装	完全已知序列，可对序列进行设计，化学合成一系列片段，组装成全长基因	要求高质量和纯度的短片段；短片段组装，可能发生突变。组装与测序要互为验证
全合成	完全已知序列，设计并合成目标基因	成本较高，耗时较长

随着 PCR 仪性能的改进和自动化程度的提高，RT-PCR 已成为实验室的常规操作和基因克隆的主要手段，一般过程如图 3-9 所示。从细胞、组织等样品中，分离纯化获得 mRNA 后，RT-PCR 包括两个步骤：第一步为反转录反应，合成 cDNA 第一链；第二步为 PCR 扩增反应，对基因进行扩增。RT-PCR 还适合于克隆基因的末端序列、表达的功能区段，也可用于从少量 mRNA 样品构建cDNA 文库及检测基因表达和诊断遗传病和感染的病毒等。

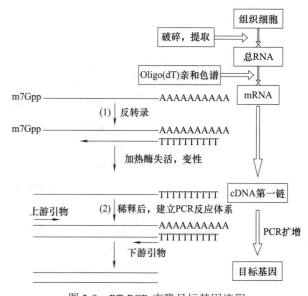

图 3-9　RT-PCR 克隆目标基因流程

（2）反转录

1）反转录反应体系组成

反转录反应是以 mRNA 为模板，由反转录酶催化，以 dNTP 为底物，以含有 Oligo（dT）的寡核苷酸或基因特异性反向序列为引物，合成 cDNA（complementary DNA，cDNA）第一链。RT 反应体系包括 mRNA、dNTP、引物、缓冲液、RNase 抑制剂和反转录酶，其基本组成如表 3-6 所示。

表 3-6　RT 反应体系的组成与作用

成分	浓度	用量	作用
mRNA		1pg～100ng	模板，无降解，无 DNA 污染
缓冲液	10×	2μL	提供适宜的反应环境
4 种 dNTPs 混合液	20mmol/L	1μL	反应底物
引物	5～20pmol/L	1μL	合成的起始点
RNase 抑制剂	20U	1μL	防止 RNase 对 mRNA 的降解

成分	浓度	用量	作用
MgCl$_2$	50mmol/L	1μL	反转录酶的辅酶
反转录酶	100~200U	1μL	催化功能，合成 DNA
H$_2$O		13μL	稀释
总体积		20μL	

2）反转录反应的操作

① **样品的变性**　在离心管中将 mRNA 与反向引物混合，加 H$_2$O 至 10μL，在 75℃水浴中变性 5min，然后在冰上冷却，使引物与模板 mRNA 复性配对。

② **反转录**　加入反应体系的其他成分，混合，瞬时离心集中样品。根据使用的反转录酶在 42℃或 37℃下，反转录合成 cDNA 第一链，一般进行 1h。

③ **终止反应**　反转录后必须使反转录酶失活，才能有效进行 PCR 的扩增反应。反转录酶的污染会降低扩增效率，一般在 95℃加热 5min，可使反转录酶失活。

催化反转录反应的酶为反转录酶，它是 RNA 依赖的 DNA 聚合酶，以 RNA 为模板、dNTP 为底物，以 RNA 或 DNA 为引物，合成与 RNA 互补的 DNA。最常用的反转录酶为禽源成髓细胞瘤病毒（avian myeloblastosis virus，AMV）反转录酶，在 42℃下反应，合成片段较短；而鼠源败血病毒莫勒尼株（moloney murine leukemia virus，MMLV）反转录酶在 37℃下反应，合成片段较长。

作为起始材料，可以用 mRNA，也可以用总 RNA，一般用量为 10pg~1μg。影响反转录的主要因素是模板序列的丰度和 RNA 的质量，提取试剂会影响 RNA 的质量，不能有 DNA 的残留。要求用无 RNase 的 DNase 处理样品，彻底去除 DNA，同时在反应体系中添加 RNase 抑制剂，减少 RNase 对 RNA 的降解。所用水及相关试剂必须用焦碳酸二乙酯（diethyl pyrocarbonate，DEPC）处理，除去 RNase。玻璃器皿需 160℃烘烤数小时，塑料器皿高压灭菌，并用 DEPC 处理的水冲洗。在 RNA 操作专用空间内进行，防止 RNase 的污染。

（3）聚合酶链式反应

1）PCR 原理

聚合酶链式反应（polymerase chain reaction，PCR）是指在引物指导下，以 DNA 为模板，由 DNA 聚合酶催化的扩增特定 DNA 序列聚合延伸形成互补序列的反应（图 3-10）。

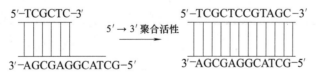

图 3-10　DNA 聚合酶催化的延伸反应

PCR 扩增技术的本质是根据生物体的 DNA 复制原理在体外合成 DNA。PCR 是一个重复性的循环过程，每循环结束，目标基因的数量约增加一倍，即呈几何级数增加。其中每一循环包括 3 个基本步骤：第一步骤是变性（denaturation），在高温下双链模板 DNA 变性解链，形成单链；第二步骤是退火（annealing），在低温下寡核苷酸引物与单链模板配对，形成局部双链；第三步骤是延伸（extension），在酶催化下，以 A-T 和 G-C 碱基配对的原则，沿模板链，在引物的 3'-端逐个添加碱基，延伸合成完整的目标片段。

随着循环的进行，新合成的目标基因可以作为下一轮循环的模板，参与变性、退火、延伸等反应过程。当扩增产物达到 10^{12} 拷贝时，聚合酶活性下降，成为限制性因素，反应效率急剧下降，不再以几何级数增加。PCR 扩增工作原理如图 3-11 所示。

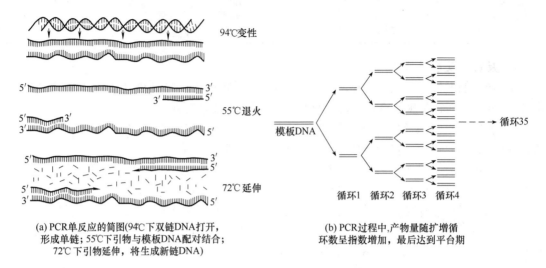

(a) PCR 单反应的简图 (94℃下双链DNA打开，
形成单链；55℃下引物与模板DNA配对结合；
72℃下引物延伸，将生成新链DNA)

(b) PCR过程中，产物量随扩增循
环数呈指数增加，最后达到平台期

图 3-11　PCR 扩增工作原理

2）PCR 扩增体系

包括模板 DNA、一对脱氧寡核苷酸（为引物）、4 种等浓度的脱氧核糖核苷酸（dNTP）（为底物）、热稳定性 DNA 聚合酶以及缓冲溶液。各成分的用量及其主要作用见表 3-7。

表 3-7　标准 PCR 反应体系的组成与作用

成分	母液浓度	用量	作用
缓冲液（50mmol/L KCl，10mmol/L Tris-HCl，pH8.3）	10×	5μL	提供合适离子强度和缓冲能力，满足反应的环境
4 种 dNTP 混合液	20mmol/L	1μL	等量混合，反应的底物
正向引物	20μmol/L	2.5μL	决定基因扩增的起始点
反向引物	20μmol/L	2.5μL	决定基因扩增的终止点
DNA 聚合酶	1～5U/μL	1～2U	催化底物的聚合，热稳定性
MgCl₂	1.5～5.0mmol/L	1μL	Mg²⁺是 DNA 聚合酶催化反应的辅因子
模板 DNA		5～10μL	含有目标基因序列，双链，单链，或环状
H₂O		27～33μL	稀释反应体系
总体积		50μL	

不同热稳定性聚合酶的效率和保真性是不同的，*Taq* 酶通常在 3′-端会添加一个碱基 A。而 *Pfu* 酶比 *Taq* 酶更好，具有很高的保真性和热稳定性，可根据克隆基因的长度和要求选择。

引物的设计对扩增成功、特异性与效率是至关重要的。根据目标基因序列，设计上下游引物，长度一般为 21～27bp。引物设计要注意退火温度，一般在 50～65℃之间，温度越高特异性越强。防止二聚体和发卡结构的形成，有很多计算机软件辅助设计引物，可供使用。

3）PCR 扩增参数

① **变性温度**　双链模板 DNA 变性温度取决于其 G+C 含量，含量越高，变性温度要求越高。分子越长，变性时间越长。一般第一个反应为变性反应，设置温度 94～95℃，3～5min，就可以完全变性。

② **退火温度** 太高的退火温度使引物和模板不能完全复性配对，扩增效率低。太低温度不能特异配对，将引起非特异性扩增。通常采用的退火温度比理论计算温度低 3~5℃。

③ **延伸温度** 在聚合酶的最适温度下进行，一般为 72~78℃。此时 *Taq* 聚合酶的合成速率约为 2000bp/min，由此可推断一个延伸反应的所需时间。

④ **PCR 循环数** 根据最初加入的模板 DNA 量、扩增效率等而定。一般 35~40 个循环就足够了，达到最大 PCR 产率。典型的 PCR 的循环参数见表 3-8。

表 3-8　标准 PCR 反应的循环参数

反应	变性	退火	聚合	循环数
第一个反应	94℃，5min			1
第二个反应	94℃，30s	55℃，30s	72℃，1min	30~35
第三个反应	94℃，1min	55℃，30s	72℃，7~10min	1

4）PCR 操作

① **建立 PCR 体系** 在洁净环境中，如超净工作台上进行操作，避免污染。取微量 PCR 管置冰上，按照体系组成，逐一加入，并充分混合均匀。同时设置正、负对照，无模板、无引物、无聚合酶等对照，以便检测 PCR 的结果。

② **PCR 参数设置与仪器运行** 整个 PCR 扩增过程是在热循环仪（thermocycler）或 PCR 仪内进行的。根据扩增基因的情况，设计 PCR 参数，输入 PCR 仪。仪器将按照程序，自动完成目标基因扩增。有时候，PCR 反应的参数需要反复优化，才能扩增获得目标基因。

③ **结束反应** PCR 产物可在 4℃暂时存放，要较长时间存放，可置-20℃保存。但存在产物降解的风险，所以一般是立即进行电泳和分离纯化。

④ **PCR 产物的电泳** 用 0.7%~2%的琼脂糖凝胶电泳检测 PCR 产物，检测是否得到与目标基因片段大小基本相符的扩增产物及其特异性。

（4）酶切反应

酶切反应是指通过酶催化，使 DNA 断裂的反应。在基因工程操作中，限制性核酸内切酶（restriction endonuclease）能在特异位点上催化双链 DNA 分子的断裂，产生相应的限制性片段。常用Ⅱ型限制性内切酶，它识别 6 个碱基组成的回文对称结构，并对此位点的 3,5-磷酸二酯键进行特异性切割，形成 3′-端的游离羟基和 5′-端的游离磷酸基。切割后，产生三种末端类型：5′-突出端、平末端和 3′-突出端（图 3-12）。

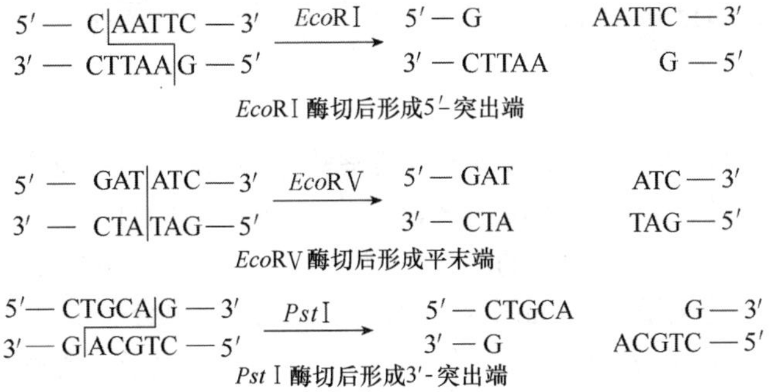

图 3-12　限制性内切酶消化反应后形成的 DNA 末端类型

将得到的目标基因片段与质粒分别建立相同酶切反应体系，切除保护碱基，打开酶切位点，形成连接性末端。酶切体系由目标基因片段或质粒、限制性内切酶、缓冲液组成，在适宜的温度下酶切 0.5h 以上。加入 0.5μL 0.5mol/L EDTA 以螯合镁离子，终止酶切反应。也可加入 1/10 体积的终止缓冲液（1%SDS，50%甘油，0.05%溴酚蓝），在 0.7%～2.0%琼脂糖凝胶上电泳。

完全酶切非常重要，因为只有末端完全匹配的目标基因片段与质粒片段才能实现正确连接，不完全酶切会大大降低连接效率。较长时间酶切反应有利于完全切割。

（5）连接反应

DNA 连接反应是在连接酶（ligase）的催化下，将 DNA 链上相邻的 3'-羟基和 5'-磷酸基团共价结合，形成 3,5-磷酸二酯键，使两条断开的 DNA 链重新连接起来。DNA 连接反应可看成是 DNA 酶切反应的逆反应。常用的连接酶有大肠杆菌 DNA 连接酶、T4 DNA 连接酶。前者只能对突出（或黏性）末端连接，而后者对突出端和平端都能连接。

酶切后，对相应片段分别进行纯化并回收。常用方法是苯酚、苯酚：氯仿（1:1）抽提，然后 2 倍体积乙醇沉淀。也可采用层析柱，对酶切产物进行快速纯化。按质粒片段与目标基因片段 3:1 摩尔比，建立连接反应。连接反应体系由具有可连接末端的基因片段、载体片段、连接酶、缓冲液组成。在连接酶催化的温度下连接 0.5～8h，甚至过夜，使目标基因片段准确地与质粒片段相连接，形成重组分子。连接酶功能强时，连接反应时间可缩短。

（6）转化与培养

遗传转化（genetic transformation），简称转化，是指将 DNA 分子导入到宿主细胞的过程（图 3-13）。转化方法有物理方法、化学方法、生物学方法等，对于大肠杆菌，最常用 $CaCl_2$ 法制备感受态，热击实现转化。

图 3-13　重组 DNA 分子的遗传转化

细胞的感受态是指细胞处于容易吸收获取外源 DNA 的一种生理状态。用冷 $CaCl_2$ 处理大肠杆菌，就能使细胞进入感受态。热击转化的基本过程是，将连接反应产物加入含有感受态细胞的溶液中，轻轻混匀，置冰上 30min。在 42℃下热击处理 90s，立即置冰上，冷却 1～2min。加入 4 倍体积的 LB 液体培养基，在 37℃培养 45min～1h，完成一个分裂周期。取一定体积的转化后细胞，涂布在有相应抗性筛选的 LB 固体培养基上。倒置平板，在 37℃下培养过夜，使单细胞生长形成可见的单菌落。

（7）筛选与鉴定

在 DNA 体外重组实验中，外源 DNA 片段与载体 DNA 的连接反应物一般不经分离直接用于转化。由于连接效率和转化率都很低，因此必须使用适宜的方法，筛选与鉴定转化子（transformant，含有质粒或重组分子的转化细胞）或重组子（recombinant，含有重组 DNA 分子的转化细胞）与非转化子（untransformant，无载体或重组分子的宿主细胞）或非重组子（unrecombinant，仅含有质粒分子的转化细胞），以及期望重组子（含有目标基因的正确重组子）与非期望重组子（不正确的重组子）。

可采用菌落杂交、抗生素筛选、营养缺陷筛选、蓝白斑筛选等对单菌落初步筛选，然后用菌落 PCR、酶切、基因测序等方法鉴定和确认。常见的转化细胞的筛选和鉴定方法与原理见表 3-9，可根据具体情况选择使用。

表 3-9　转化细胞筛选和鉴定的方法及其原理

方法	原理	特点
菌落杂交	核酸的分子杂交	费时，筛选量大
抗生素筛选	质粒有抗性标记基因，培养基中添加相应抗生素	方便，快速，筛选量大，能确定转化细胞，主要用于细菌
营养缺陷筛选	质粒有氨基酸或核苷酸的生物合成基因，培养基中缺陷相应氨基酸、核苷酸	方便，快速，筛选量大，能确定转化细胞，有一定假阳性
蓝白斑筛选	目标基因插入质粒的 *lacZ* 基因内，菌落呈白斑。反之，菌落呈蓝斑	方便，快速，筛选量大，有较高的假阳性
PCR	扩增出目标基因	较快，能确定基因大小，但不能确定连接方向
限制性酶切图谱	限制性内切酶消化，根据电泳图谱分析质粒分子的大小	较快，能确定基因大小和连接方向，但不能确认序列
DNA 序列分析	Sanger 酶法测序	相对费时，能确定基因的边界，确认目标基因序列的正确性

3.3.3　目标基因的设计

在同一物种的基因组中，同义密码子使用频率不同。不同物种的密码子使用频率也不同，即密码子的使用具有偏好性。无论是异源基因的表达，还是内源基因的过表达，蛋白质合成起始和延伸速度是影响蛋白质翻译效率的主要因素。在选择宿主细胞和确定目标基因来源后，必须从密码子使用、tRNA 的丰度和 mRNA 二级结构等几个方面综合考虑，对基因序列进行全新设计，以实现高效表达。

① **使用适宜的密码子**　天然来源的目标基因含有稀有密码子（使用频率低于 10‰），常常表现为低水平表达。因此，根据宿主基因组密码子使用频率，不使用低频或稀有密码子，从同义密码子中选择中等或较高频率的密码子，按照一个氨基酸对应一个密码子原则，对目标基因序列进行初步设计，以增加翻译的速度和准确性。如果都使用最高频密码子，由于tRNA 基因拷贝数的限制，将导致细胞 tRNA 库的不平衡，最终降低翻译速度，在设计中要尽量避免这种情况发生。

② **不使用 Shine-Dalgarno（SD）序列或类 SD 序列（SD-like sequence）的密码子**　在mRNA 编码区内的 SD 或类 SD 序列与 16S 核糖体 RNA 之间杂交，引起普遍翻译暂停，障碍翻译速度。在密码子设计过程，消除 SD 或类 SD 序列的密码子。

③ **提高 mRNA 一级结构的稳定性**　mRNA 二级结构稳定性越低，一级结构稳定性就越高，翻译表达水平越高。取 5'mRNA（一般 50～100bp），用 RNA 二级结构预测软件（如DINAmelt、RNAfold、Mfold、UNAfold）进行模拟设计。通过使用同义密码子取代，减少5'-端 mRNA 二级结构的折叠热力学稳定性，把起始密码子 AUG 从颈结构中释放出来，能显著增加目标基因表达水平。

④ **不使用限制性内切酶位点**　在目标基因序列中不能有常见的限制性内切酶位点，以方便克隆、连接等操作。

目前，已有多种基因设计软件，如 Genscript OptimumGene、GeneOptimizer、OPTIMIZER、ORFOPT 等。采用计算机辅助设计，对密码子进行设计和优化，包括使用偏向密码子和同义密码子之间的碱基平衡，G+C 或 A+T 含量，从而提高表达量。

3.3.4　目标基因的组装

根据目标基因的序列及其长度，将其拆分成寡核苷酸，对寡核苷酸逐级组装，可获得最终长度的目标基因。这里只介绍重叠延伸 PCR 组装，其他方法见第 4 章。

重叠延伸 PCR（overlapping extension PCR）是指以较长 DNA 片段为引物，引物之间具

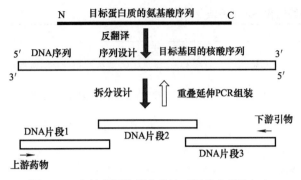

图 3-14　全长基因的拆分设计（黑色实箭头）与
重叠延伸 PCR 组装（白色空箭头）

有重叠序列（20～50bp）的一种 PCR。通过重叠延伸反应，可将 2～6 个片段组装在一起，长度可达 6～9kb（图 3-14）。

将数个 DNA 片段等量混合为模板，以最外侧两端的寡核苷酸为引物，进行重叠延伸 PCR。如果一次重叠延伸 PCR 组装产物较少，可进行第 2 次 PCR 扩增。以第 1 次 PCR 产物为模板，使用最外部的上、下游的寡核苷酸为引物，在较高退火温度下进行二次扩增，可获得足够的 DNA 片段。

重叠延伸 PCR 组装，必须使用高保真 DNA 聚合酶。不使用来源于嗜热微生物（*Thermus aquaticus*）的 *Taq* DNA 聚合酶，产物保真性低。使用来源于热栖原始菌（*Pyrococcus furiosus*）的 *Pfu* DNA 聚合酶，具有较高的保真性和热稳定性。*Taq* 和 *Pfu* DNA 聚合酶性能的比较见表 3-10。对 *Pfu* 酶突变改造，获得的 Fast *Pfu* 酶，大大提高了延伸速度，为 2～3kb/min，超过了 *Taq* 酶，同时具有高保真性。

表 3-10　*Taq* 和 *Pfu* DNA 聚合酶性能的比较

性能	*Taq* DNA 聚合酶	*Pfu* DNA 聚合酶
5′→3′ 外切酶活性	有	无
3′→5′ 外切酶活性	无	有
错误掺入率	较高	低
错配碱基的矫正功能	无	有
97℃下半衰期/min	7	180
延伸速度/(个碱基/min)	2000	600
产物末端	3′-端突出 A	平端

3.3.5　表达质粒构建

表达质粒的构建过程所使用的技术与基因克隆和组装相似，包括目标基因的扩增、酶切、连接等共性技术。表达质粒构建的重点是把外源目标基因与启动子、终止子正确连接，形成完整的开放阅读框架。以下着重从表达模式设计、启动子选择、终止子使用等方面说明表达质粒的构建效率。

（1）大肠杆菌目标基因表达盒的结构

表达质粒是在普通质粒的基础上，构建目标基因的表达盒。目标基因表达的设计是基于生物体内的基因表达结构，在大肠杆菌中，是以操纵子模型为基础的改进和发展。目标基因表达盒由启动子（promoter）、功能目标基因（targetting gene）和终止子（terminator）组成（图 3-15）。转录效率较高的启动子及其调控序列、合适的核糖体结合位点以及强有力的终止子结构，才能使目标基因能在宿主细胞中得以高效表达。

（2）启动子

启动子是最关键的转录调控元件，决定着目标基因表达的类型和产量。由于原核生物的转录和翻译是同步进行的，所以启动子序列之后是核糖体结合位点，它与 16S rRNA 的序列（CCUCC）互补。大肠杆菌中表达目标基因主要使用两类启动子：一类来源于大肠杆菌的基因，另一类来源于噬菌体。

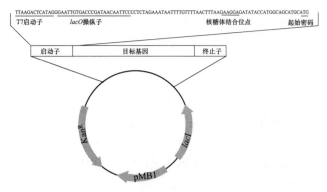

图3-15 质粒中目标基因表达盒基本结构及启动子/操纵基因、
核糖体结合位点和翻译起始密码子

最常见的大肠杆菌来源的启动子有 *lac*、*tac*、*trc* 等。*lac* 启动子来源于 *lac* 操纵子，该启动子受阻遏蛋白 LacI（组成型表达）负调控和 cAMP 激活蛋白（cAMP activating protein，CAP）正调控。LacI 形成四聚体，与操纵基因 *lacO* 结合，阻止转录起始。IPTG（isopropylthio-*β*-D-galactoside，异丙基-*β*-D-硫代半乳糖苷）是乳糖类似物，它与 LacI 结合，解除 LacI 的阻遏作用，激活基因转录。IPTG 无需 LacY 转运蛋白的跨膜运输，就能进入细胞，基因的转录与 IPTG 的浓度正相关。因此通过使用不同浓度 IPTG，调控目标基因的表达强度。CAP-cAMP 复合物与操纵子结合后，促进了 RNA 聚合酶与启动子结合，使基因转录效率提高几十倍。

使用 *lacI* 温度敏感突变体 *lacI*(ts)、*lacI*^q(ts)，使 *lac* 启动子为温度敏感型，在低温（30℃）下抑制表达，高温（42℃）下启动基因表达，实现温敏控制，而不使用 IPTG。

tac 启动子是 *trp* 启动子和 *lacUV*5 的杂合启动子，仅受 LacI 调控，不受 CAP 调控，基因表达水平比 *lac* 启动子更高。*lacI*^q 产生更多 LacI，能有效地降低高拷贝质粒的背景表达。

在大肠杆菌中表达目标基因，还可使用噬菌体的启动子。T7 噬菌体启动子很短，只被 T7 RNA 聚合酶识别和结合，比大肠杆菌 RNA 聚合酶的转录效率高数倍。通常将 T7 启动子与 *lacO* 结合起来，组成 T7/*lacO* 杂合启动子，目标基因受到双重调控：被 T7 RNA 聚合酶转录，但受 LacI 阻遏，能被 IPTG 诱导表达（图3-15）。如宿主菌 BL21（DE3），它染色体含有 T7 RNA 聚合酶基因，该基因由 *lacUV*5 启动子控制，受 IPTG 诱导。T7 启动子的优点是 T7 RNA 聚合酶只识别染色体外的 T7 启动子，而且可持续合成，因此能转录大肠杆菌 RNA 聚合酶不能有效转录的基因。

P_L、P_R 启动子是 *λ* 噬菌体启动子，它受温度敏感型阻遏物 cI857（ts）调控。在较低温度（30℃）下阻遏物有活性，抑制基因转录，而高温（42℃）下阻遏物失活，驱动基因转录。对宿主菌有毒性产物的表达非常有利。

相对于化学诱导，温度诱导的成本较低，但也诱导了热激基因，包括部分蛋白质水解酶，可能水解目标产物。同时，高温使目标蛋白热变性，聚集形成包涵体。采用 *λ*-噬菌体 cI^+溶原菌、色氨酸诱导载体，可在一定程度上克服。

（3）终止子与密码子

在目标基因的下游是转录终止子，由一个反向重复序列和 T 串组成。反向重复序列使转录物形成发卡，转录物与非模板链 T 串形成弱 rU-dA 碱基对，使 RNA 聚合酶停止移动，基因转录终止，释放转录物。常用 T7 终止子或 *rrn*B 的终止子。

生物体有三个终止密码子 TAA、TGA 和 TAG，其中 TAA 是真核和原核中高效终止密码子。在目标基因设计中，应该优先选择使用 TAA。为了防止通读，可使用双终止密码子。也可在终止密码子之后增加一个碱基，成为四联终止密码子，如 TAAT、TAAG、TAAA 和 TAAC，从而加强终止。

（4）目标基因的定位克隆

在上述表达质粒设计的基础上，根据质粒多克隆位点及目标基因序列，设计上下游引物。引物序列包括末端与质粒多克隆位点相同的酶切位点序列 6bp，酶切位点外 2～3bp 的保护碱基，12～15bp 的目标基因序列。引物设计必须保证目标基因被插入载体后，有完整的阅读框架，否则无法翻译出正确的蛋白质。通过 PCR 产物两端设计合适的酶切位点，酶切后，可把目标基因准确地引入质粒。

选用高保真 DNA 聚合酶，设计 PCR 循环参数，对目标基因特异性扩增。用琼脂糖凝胶电泳 PCR 扩增产物，用成像仪观察或照相，检查目标基因带谱位置与特异性。与标准分子量的 DNA 片段比对，分析目标基因片段大小是否达到预期（图 3-16）。对于预期片段，切胶，回收后，酶切，再纯化。与质粒骨架片段连接，转化筛选。特别要鉴定目标基因连接的方向是否正确，序列是否准确无误。提取重组质粒后，可用酶切反应，鉴定连接的方向（图 3-17）。最后用测序方法确证目标基因的序列是正确的，阅读框架通读。至此，才得到表达质粒。

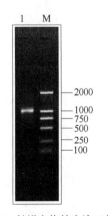

图 3-16　PCR 扩增产物的电泳（单位：bp）

1—目标基因；M—DNA marker DL2000

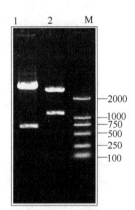

图 3-17　表达质粒中目标基因连接方向的鉴定（单位：bp）

1—*Eco*R Ⅰ酶切；2—*Bam*H Ⅰ酶切；M—DNA Marker DL2000

3.3.6　工程菌的筛选鉴定

对于一种表达质粒，不是任何一种菌株都能对其进行有效表达，因此对宿主菌必须进行筛选。将表达质粒转化到不同的宿主菌株中，常常以目标蛋白质的表达量及形式为主要考察对象，结合表达质粒的稳定性，对转化细胞进行筛选，获得遗传性稳定、高效表达的工程菌。产物检测对工程菌的取舍具有决定性作用，只有正确、高效表达目标基因的细胞才能用于工业化生产。目标基因克隆在表达载体上，它具有在宿主细胞中发挥功能的表达控制元件，通过检测这种蛋白质的表达工艺、生物学功能或结构来筛选和鉴定工程菌，最终以发酵结果决定取舍。

（1）工程菌的表达筛选

以 T7/*lacO* 启动子控制的目标基因表达为例，工程菌的表达筛选围绕目标产物的表达量、表达形式和产物的质量进行，包括宿主菌的筛选、IPTG 诱导浓度、诱导表达时间、温度等对表达影响的研究内容。

① **重组蛋白的诱导表达** 挑取单菌落于 3mL 含相应抗生素的液体 LB 培养基中，培养过夜。将培养物以 1：100 的比例接种于新鲜且预热的培养基中扩大培养，至 OD$_{600}$=0.5～1.0 时，向培养物中加入 IPTG，以诱导重组蛋白的表达。继续培养 3～5h 后，取菌液离心，弃上清液，收集的菌体于−20℃保存备用。

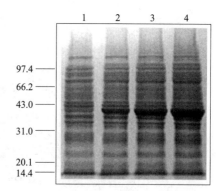

图 3-18　目标基因在大肠杆菌 JM109 中的表达

1—诱导前的总蛋白（对照）；2～4—1mmol/L IPTG 诱导 1h、2h、4h 的总蛋白

② **SDS-PAGE** 制备 SDS-聚丙烯酰胺凝胶电泳（SDS-polyacrylamide electrophoresis，SDS-PAGE）的浓缩胶和分离胶（浓度依赖于目标蛋白质分子量），按电泳板的大小制备足够的体积。下层为分离胶，待分离胶凝固后，加入浓缩胶。菌体用样品处理液混合重悬，沸水浴中煮 5min，裂解细胞，高速离心 3min，取上清液上样。采用恒压电泳，当溴酚蓝接近底部时，结束电泳。SDS-PAGE 电泳结束后，凝胶经考马斯亮蓝 R-250 染色，用凝胶成像仪照相，得到电泳图谱（图 3-18）。可用相关软件分析，计算重组蛋白质的分子量及相对含量。

③ **宿主菌和工程菌株筛选** 不同宿主菌的表达能力不同，即使同一宿主菌，不同转化细胞之间也可能存在差异。同时选择数个宿主菌，转化表达质粒后，进行摇瓶培养，诱导表达。制备表达产物，进行 SDS-PAGE 电泳，筛选高表达宿主菌和相应的工程菌株。

④ **最佳表达条件筛选** 由于细胞生长速率影响目标蛋白的表达，因此工程菌构建中，必须对接种量、诱导条件、诱导前细胞生长时间、诱导后细胞密度等进行试验，甚至包括培养基组成及其添加物等的优化。一般在对数期中期进行诱导，取不同诱导剂浓度、不同表达时间、不同温度的样品，SDS-PAGE 电泳检查目标蛋白质的表达量，确定表达的最佳条件。

（2）重组蛋白的存在形式

在表达分析中，经常需要确定重组蛋白在细胞中的表达部位和存在形式，即在胞外、周质或胞内，是包涵体或可溶性蛋白质。取少量（50～100mL）工程菌诱导培养物，离心收获菌体。菌体用 5～10mL 裂解液重悬，置于冰浴，超声裂解。超声处理中，要避免发热使蛋白质降解破坏。然后高速 4℃离心 20min，收集上清液（含有可溶性蛋白质），将沉淀部分用 5～10mL 超声裂解液重悬（含有包涵体）。用 SDS-PAGE 检测所收集的上清液和沉淀，就可以确定重组蛋白质在工程菌中是以可溶性蛋白质还是以包涵体的形式存在。如果重组蛋白在上清液中，则为可溶性表达；如果重组蛋白在沉淀中，则为包涵体的形式表达。一种重组蛋白，可能同时存在两种表达形式，只是相对量不同而已。图 3-19 的结果表明目标产物在 DH5α 中为包涵体，而在 JM109 中以可溶性形式存在（图 3-20）。

（3）表达产物的结构与活性

对表达产物进行 SDS-PAGE、等电点电泳、免疫杂交、末端测序等分析，鉴定表达产物是否正确，是否与目标产物具有同一性。

（4）工程菌的遗传稳定性筛选

工程菌的遗传稳定性主要是表达质粒遗传稳定性，必须进行实验和监测。对表达质粒进行酶切，凝胶电泳，根据酶切图谱变化判断质粒的结构是否发生变化。也可提取目标蛋白质，进行凝胶电泳，根据图谱分析，目标基因的结构是否发生变化。

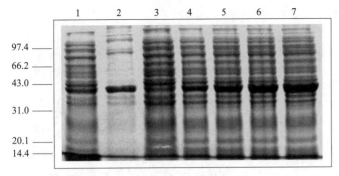

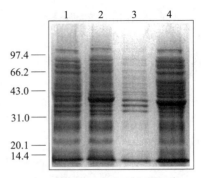

图 3-19　目标基因在大肠杆菌 DH5α 中的
表达及其存在形式

1，2—1mmol/L IPTG 诱导后的上清液与沉淀；
3—诱导前的总蛋白（对照）；
4～7—诱导 1h、2h、3h 和 4h 的总蛋白

图 3-20　目标蛋白在大肠杆菌
JM109 中的存在形式

1—诱导前总蛋白（对照）；2—1mmol/L IPTG
诱导后的总蛋白；3—诱导后的沉淀；
4—诱导后的上清液

3.3.7　工程菌的质量控制

为了确保工程菌构建的有效性，必须遵循有关生物制品研究技术指导原则，做好菌种的记录和管理。以下几点对于构建工程动物细胞系同样适用。

（1）表达质粒

详细记录表达质粒，包括基因的来源、克隆和鉴定，表达质粒的构建、结构和遗传特性。各部分的来源和功能，如复制子、启动子和终止子的来源以及抗生素抗性标记等，载体中的酶切位点及其限制性内切酶图谱。

必要时，对 DNA 质粒的安全性进行研究和分析，尤其对病毒性启动子、哺乳动物细胞或病毒终止子的安全性。

（2）宿主细胞

详细记录宿主细胞（host cell）的资料，包括细胞株系名称、来源、传代历史、鉴定结果及基本生物学特性等。转化方法及质粒在宿主细胞内的状态及其拷贝数，工程菌的遗传稳定性及目标基因的表达方法和表达水平。宿主细胞株由国家检定机构认可，并建立原始细胞库。

（3）目标基因序列

目标基因的序列包括插入基因和表达质粒两端控制区的核苷酸序列，以及所有与表达有关的序列，做到序列清楚。基因序列与蛋白质的氨基酸序列一一对应，没有任何差错。详细记录目标基因的来源及其克隆过程，用酶切图谱和 DNA 序列分析确认基因序列正确。对于PCR 技术，记录扩增的模板、引物、酶及反应条件等。对基因改造，记录修改的密码子、被切除的肽段及拼接方式等。

3.4　工程菌的遗传稳定性

对于工程菌，其稳定性对生产影响很大。基因工程菌的遗传不稳定性具体表现为下列三种形式：表达质粒的不稳定性，表达质粒逐渐减少甚至完全丢失或发生部分 DNA 片段缺失，减少了目标产物的产量；宿主菌染色体 DNA 的不稳定性，整合到染色体的外源 DNA 在分裂期间发生重组或丢失或表达的沉默；表达产物的不稳定性。目前基因工程菌主要是含有表达质粒的重组菌，因此重点探讨表达质粒不稳定性（expression plasmid instability）引发的遗传不稳定性及其对策。

3.4.1　表达质粒稳定性

表达质粒的不稳定不仅使目标产物的产量下降，甚至使产物的结构改变，而直接影响到药品的质量。对于表达质粒不稳定性而言，基本上是随机的，主要由以下几种原因引起。

（1）表达质粒复制不稳定性

小质粒都是以滚环形式进行复制，要经过单链 DNA 中间体阶段。在复制过程中，不正常的起始和终止、延伸时断裂及错配等都会造成表达质粒的不稳定性，并产生单链质粒和高分子量畸形质粒，这就是表达质粒复制不稳定性（replication instability）。在质粒中插入外源 DNA 后，会产生高分子量畸形质粒。如插入 pBR322 或 pUC 类质粒起始位点的 DNA，就促进产生高分子量畸形质粒。

（2）表达质粒分配不稳定性

在细胞分裂时，表达质粒也要分配到子代细胞。但由于在子代细胞中分配不均一而导致部分细胞完全丢失表达质粒，结果产生无表达质粒的细胞，这就是表达质粒分配不稳定性（segregation instability）。已发现 par 基因起分配功能，在细胞分裂时，主动把表达质粒分配到子代细胞中。没有 par 基因，表达质粒在子代细胞中随机分配，从而导致分配不稳定性。进行连续培养后，分配不稳定性才明显表现出来，出现表达质粒丢失的细胞。

（3）表达质粒结构不稳定性

由于缺失（deletion）、插入（insertion）、突变（mutation）或重排（rearrangement）等使表达质粒 DNA 的序列结构发生变化，引起复制和表达的不稳定性，这就是质粒结构不稳定性（structural instability）。一般地，大质粒容易发生结构不稳定性，小质粒比大质粒的结构稳定性高。

3.4.2　质粒稳定性的检测

通常采用平板稀释计数和平板点种法，以菌种的选择性是否存在来判断表达质粒的分配稳定性。

平板计数法是把基因工程菌在有选择剂的培养液中生长到对数期，然后在非选择性培养液中连续培养。在不同时间（即繁殖一定代数）取菌液，离心，稀释后，涂布在固体选择性和非选择性培养基上，倒置培养，菌落计数。选择性菌落数除以非选择性菌落数，计算出表达质粒的丢失率，评价表达质粒的稳定性。

平板点种法是将菌液涂布在非选择性培养基上，长出菌落后，再接种到选择性培养基上，验证表达质粒的丢失。平板点种法是中国药典规定的质粒丢失率检查方法，可用于研发和生产过程中，定期对发酵液取样，评价表达质粒的稳定性。

对于结构稳定性，需要进一步从单菌落中提取表达质粒，进行 DNA 测序，分析结构是否发生变化。

3.4.3　质粒稳定性动力学

工程菌发酵过程中，表达质粒是编码目标蛋白药物的染色体外遗传物质，质粒结构的变化和分配的不均一是质粒不稳定的根本原因。发酵过程中表达质粒丢失，形成两类细胞，即携有表达质粒的工程细胞和无表达质粒的宿主细胞。这两类细胞的生长和代谢完全不同，工程细胞要进行产物的表达，而无质粒的宿主细胞则无此功能。工程细胞携有表达质粒的数目往往不相同，因此每个细胞的结构是非均一的，细胞之间也存在差异。

在工程菌的发酵中，假设如下：①培养液中存在两类细胞，工程细胞（携带质粒，plasmid-bearing cell）X^+ 和宿主细胞（无质粒，plasmid-free cell）X^-；②一旦丢失质粒，细胞不能再重新获得；③细胞生长处于对数期，工程细胞的比生长速率为μ^+，宿主细胞的比生长速率为μ^-，其比生长速率保持不变；④表达质粒的全部丢失是一个渐进过程，每个细胞分裂导致质粒丢失率（possibility of plasmid loss）P是均等和恒定的；⑤起始细胞都携有质粒，没有无质粒细胞。在该系统中，细胞的生长过程是工程细胞分裂一次后产生1个工程细胞和1个宿主细胞。

基于以上假设，对于大肠杆菌BL21（DE3）为宿主菌，游离表达质粒。分批发酵过程中，两类细胞浓度的变化率分别为：

$$\frac{dX^+}{dt} = (1-P)\mu^+ X^+; \qquad \frac{dX^-}{dt} = P\mu^+ X^+ + \mu^- X^- \qquad (3\text{-}1)$$

类似地，在连续发酵培养过程中，基质浓度恒定时，两类细胞生长的动力学方程分别为：

$$\frac{dX^+}{dt} = (1-P)\mu^+ X^+ - DX^+; \qquad \frac{dX^-}{dt} = P\mu^+ X^+ + \mu^- X^- - DX^- \qquad (3\text{-}2)$$

式中，D为质粒的稀释率（dilution rate）。如果发酵处于衡态，工程细胞与宿主细胞的比生长速率相等，即$D = \mu^+ = \mu^-$。那么可简化为：

$$\frac{dX^+}{dt} = -PDX^+; \qquad \frac{dX^-}{dt} = PDX^+ \qquad (3\text{-}3)$$

可见，连续发酵的结果是工程细胞逐渐减少，失去表达质粒细胞逐渐增加。

3.4.4　工程菌发酵动力学

在工程菌发酵培养过程中，工程细胞和宿主细胞对基质利用的动力学是完全不同的，只有工程细胞利用基质生成目标产物，宿主细胞不合成目标产物。

（1）工程菌基质消耗动力学

工程细胞的基质消耗用于细胞活性维持（maintenance）、生长繁殖（growth）和产物生成（product formation）三部分，而宿主细胞的基质消耗仅用于细胞活性维持和生长繁殖两部分。那么，在分批发酵培养中，工程细胞和宿主细胞的基质消耗速率分别为：

$$r_s^+ = -\frac{dS^+}{dt} = \mu^+ \frac{X^+}{Y_s^+} + m^+ X^+ + q_p^+ \frac{X^+}{Y_p^+}; \qquad r_s^- = -\frac{dS^-}{dt} = \mu^- \frac{X^-}{Y_s^-} + m^- X^- \qquad (3\text{-}4)$$

相应地，比消耗速率分别为：

$$q_s^+ = \frac{r_s^+}{X^+} = \frac{\mu^+}{Y_s^+} + M^+ + \frac{q_p^+}{Y_p^+}; \qquad q_s^- = \frac{r_s^-}{X^-} = \frac{\mu^-}{Y_s^-} + m^- \qquad (3\text{-}5)$$

式中，Y_s^+、Y_s^-分别为两类细胞只用于生长的基质消耗系数（或生长得率）；m^+、m^-分别为两类细胞维持细胞活力的基质消耗系数（或细胞维持系数）；q_p^+为质粒编码产物的比生成速率；Y_p^+为产物生成的得率系数。

（2）工程菌产物生成动力学

对于诱导型基因工程菌，往往在对数期或静止期，加入诱导物，诱导基因转录和产物表达。而诱导剂一般对细胞有一定毒性，抑制生长。可按生长与生产非偶联模型，计算产物生成速率和比速率分别为：

$$r_{\mathrm{p}}^{+} = \frac{\mathrm{d}P}{\mathrm{d}t} = \beta X^{+}; \qquad q_{\mathrm{p}}^{+} = \beta \qquad (3\text{-}6)$$

很多基因编码产物在产物生成期会出现降解现象，此时的动力学方程可表示为：

$$r_{\mathrm{p}}^{+} = \frac{\mathrm{d}P}{\mathrm{d}t} = \alpha\mu^{+}X^{+} + \beta X^{+} - k_{\mathrm{p}}P \qquad (3\text{-}7)$$

式中，k_{p} 为产物降解常数。

3.4.5　提高工程菌稳定性的策略

工程菌的表达质粒稳定性受多种因素影响，如宿主细胞的特性、表达质粒的类型和发酵工艺等。从本质上讲，工程菌稳定性是表达质粒、宿主菌与培养环境三者之间相互作用的结果，各种影响因素的作用不同。可以通过基因操作策略构建高稳定性宿主菌和表达质粒，并通过优化发酵工艺及过程控制而提高表达质粒稳定性（表 3-11）。

表 3-11　提高质粒稳定性的策略

基因途径控制	培养条件与工艺控制
外源目标基因表达盒：基因稳定，启动子强度适宜，有自主选择系统	培养基组成：营养要素适当，无限制性基质
	发酵参数：适宜的溶解氧、温度、搅拌等
质粒：有分配基因 par，高效复制起始点，质粒数目适当	操作方式：流加培养，两段培养，固定化
基因表达调控：可控、诱导表达	改变温度，使用诱导剂
宿主菌：重组缺陷型，营养缺陷型	添加缺陷的氨基酸等营养要素

（1）宿主菌基因组对稳定性的影响

遗传改造宿主菌，敲除基因组中不稳定的遗传元件，如转座序列、插入序列、重组酶基因等。如使用重组缺陷（rec^{-}）菌株作为宿主菌，由于失去了基因重组的功能，有外源质粒存在时，表现遗传稳定性。表达质粒也必须不能含有转座子序列，否则会整合在染色体上，引起不稳定性。对于大质粒，使用 par 基因将极大地改善质粒稳定性。

（2）发酵培养基对稳定性的影响

复合培养基营养较丰富时，表达质粒稳定性一般高于合成培养基。培养基中添加酵母提取物有利于提高表达质粒的稳定性。营养不足时，会引起多拷贝表达质粒稳定性的下降。一般而言，大肠杆菌对葡萄糖和磷酸盐限制易发生表达质粒不稳定，有一些表达质粒对氮源、钾、硫等表现不稳定。对于酵母，极限培养基比丰富培养基更有利于维持质粒稳定性。

（3）发酵工艺对稳定性的影响

大多数的基因工程菌，在一定的温度范围内，随着温度升高，表达质粒的稳定性在下降，高温培养往往引起表达质粒的丢失。提高氧压力或增加氧浓度能引起细胞内氧化胁迫，表达质粒稳定性变差。随搅拌强度提高，质粒稳定性下降，温和的搅拌速率有利于保持表达质粒的稳定性。基因工程菌的生长和表达质粒稳定性的最适 pH 可能不一致，需要控制 pH 在合适的范围内，确保表达质粒的稳定性。

（4）操作方式对稳定性的影响

不同培养操作方式对表达质粒稳定性的影响不同。分批操作的培养时间较短，细胞代数低，因此表达质粒相对稳定。在长期的连续操作中，特别是非选择性培养基中，质粒很不稳定，可采用两段培养以克服表达质粒不稳定性。流加方式对于质粒的稳定性影响很大。可先在选择性培养基中间歇培养，再在非选择性培养基中培养，适时间歇流加底物，形成周期性的饥饿期，保持质粒的稳定性。改恒速流加为变速流加，能提高大肠杆菌在非选择性条件下的表达质粒稳定性。

与游离悬浮培养相比，固定化基因工程菌，在连续操作条件下，能较长时间地保持较高的质粒稳定性，特别是在非选择性条件下培养时。因此对于连续操作，固定化提供了一种很有吸引力的生产技术。

3.5　工程菌的发酵工艺建立与控制策略

工程菌的发酵培养方法和工艺控制原理与宿主菌发酵基本相同，都涉及培养基制备与灭菌、接种与扩大培养、工艺参数的控制。在工程菌的发酵工艺研发过程中，不仅要检测细胞生长和产物合成，同时还要检测分析表达质粒的稳定性，建立优化的发酵工艺。本节就工程菌的特殊性，仅分析培养基、关键工艺参数与控制策略。

3.5.1　工程菌发酵培养基组成

（1）工程菌发酵培养基的研究思路

工程菌发酵培养基应该具备三个基本作用：满足工程菌营养和环境、维持表达载体稳定性和产物合成、稳定发酵过程。培养基成分包括碳源、氮源、无机盐 3 类营养和环境要素，也包括选择剂和诱导剂以及消沫剂。选择不同来源的这些成分，设计培养基的配方，进行多因素发酵实验，研究对工程菌生长、表达质粒稳定性、产物合成的影响，计算原料利用率和产率，特别关注对产品质量的影响以及作为原料来源杂质的残留情况。根据适宜的成分和浓度，确定最佳培养基配方。

（2）营养成分

① **碳源**　与宿主菌相同，基因工程菌可利用的碳源包括糖类和蛋白质类。大肠杆菌能利用蛋白胨、酵母粉等蛋白质的降解物作为碳源，酵母只能利用葡萄糖、半乳糖等单糖碳源。在大肠杆菌等以蛋白胨为碳源的基因工程菌发酵中，添加低浓度的单糖如葡萄糖、果糖、半乳糖和双糖如蔗糖、乳糖、麦芽糖及其他有机物如甘油等对菌体生长具有一定的促进作用。

② **氮源**　与宿主菌相同，基因工程菌可直接很好地吸收利用铵盐等，硝态氮利用能力较弱。几乎都能利用有机氮源，如蛋白胨、酵母粉、牛肉膏、黄豆饼粉、尿素等。不同工程菌对氮源利用能力差异很大，具有很高的选择性。有机氮源的利用程度与细胞是否产生分泌相应的降解酶有关，能分泌大量的蛋白酶、降解蛋白胨等，就能吸收利用。大肠杆菌、酵母等能利用大分子有机氮源，常用蛋白胨、酵母粉等作为培养基的成分。工程菌能利用氨基酸，但增加发酵成本，一般不使用。

③ **无机盐**　无机盐包括磷、硫、钾、钙、镁、钠等大量元素和铁、铜、锌、锰、钼等微量元素的盐离子，为基因工程菌生长提供必需的矿物质、稳定渗透压和 pH 的作用。

④ **培养基物料的选择**　一般选择化学结构明确的成分作为营养要素，如葡萄糖为碳源，铵盐为氮源。不使用农副产品来源的碳源和氮源，以免其中的蛋白质、多肽等的残留对后续分离纯化的影响。按照规定的质量标准及生物制品检定规程购进培养基原料，并按规定检查合格后，才能使用。

（3）选择剂

工程菌往往是具有营养缺陷或携带选择性标记基因，这些特性保证了基因工程菌的纯正性和表达质粒的稳定性。含有抗生素抗性基因的基因工程大肠杆菌，添加相应的抗生素作为选择剂，但要有相应的去除抗生素的下游工艺。对于氨基酸营养缺陷型的工程酵母菌，在极限培养基必须缺失相应的氨基酸成分。在维持工程菌稳定性的前提下，尽可能使用低浓度（10～100mg/L）的选择剂。

（4）诱导剂

对于诱导表达型的基因工程菌，当菌体达到一定密度时，必须添加诱导剂（inducer），以解除目标基因的抑制状态，活化基因，进行转录和翻译，生成产物。使用 lac 启动子的表达系统，在基因表达阶段需要 IPTG 诱导，一般使用浓度为 0.1～2.0mmol/L。诱导剂是产物表达必不可少的，但较高浓度的诱导剂对细胞生长往往有毒性，影响蛋白质产物的表达形式，需要经过实验研究，才能确定适宜的浓度。

3.5.2 工程菌发酵的工艺控制

（1）工程菌发酵工艺建立的思路

进行工程菌发酵工艺的研究，其目的在于确定参数及其控制范围。对不同的工艺参数，设计出参数范围，进行正交实验，研究发酵动力学。具体实验设计见第 21 章。

表达质粒对工程菌是一种额外遗传负担，往往引起生长速率下降，有些重组蛋白质产物可能对菌体还有毒性。在多数情况下，较常采用两段工艺进行工程菌的发酵控制。针对每个发酵阶段，控制的重点不同。第一阶段是以促进工程菌生长为基础，重点评价对表达质粒稳定性的影响，防止丢失。第二阶段是以促进产物积累为基础，重点评价对产量和质量（包括效价、活性和均一性）的影响。既要提高重组蛋白质的合成能力，也要降低或防止被蛋白酶降解，尽量避免产生不均一性的产物，同时兼顾产物的积累形式。通过两阶段工艺研究，达到协调菌体生长和质粒表达产物合成之间的关系，综合评判，确定适宜的工艺参数控制范围。

（2）温度影响的分析与控制

温度对工程菌的影响要从对宿主菌、表达质粒和产物积累三个方面考虑。大肠杆菌和酿酒酵母生长的最低温度为 10℃，大肠杆菌生长的最适温度为 37℃，最高温度为 45℃。酿酒酵母生长的最适温度为 30℃，最高温度为 40℃。基因工程菌生长的最适温度往往与发酵温度不一致，这是因为发酵过程中，不仅要考虑生长速率，还要考虑发酵速率、产物生成速率等因素。特别是外源蛋白质表达时，在较高温度下形成包涵体的菌种，常常在较低温度下有利于表达可溶性蛋白质。对于热敏感的蛋白质，恒温、高温发酵往往引起大量降解。生产期可采用先高温诱导，然后降低温度，进行变温表达，避免蛋白质不稳定性降解。

对于大多数的基因工程菌，在一定的温度范围内，随着温度升高，表达质粒的稳定性在下降。对于大肠杆菌往往在 30℃左右表达质粒稳定性最好。对于温度诱导的大肠杆菌表达系统，可以建立基于温度变化的分步连续培养。在第一个反应器中细胞进行生长，30℃下培养，增加质粒稳定性，获得生物量。然后流入第二个反应器中，提高温度，在 42℃下诱导，实现产物的最大限度表达。温度的控制相当重要，必须选择适当的诱导时期和适宜的诱导温度。

（3）溶解氧影响的分析与控制

工程菌是好氧微生物，发酵过程需要适宜浓度的供氧。在无氧条件下，大肠杆菌生长缓慢。在低氧条件下，大肠杆菌发酵产生有机酸，如乙酸积累。酵母则进入无氧呼吸，导致大量的能量消耗，同时产生乙醇。无论是乙酸还是乙醇，都抑制细胞生长，对蛋白质产物也不利。低溶解氧环境中，质粒稳定性差。

高氧浓度条件下，细胞代谢旺盛，碳源不完全利用，短时间内产生大量有机酸。同时高氧浓度引起细胞内氧化性胁迫，对细胞和表达质粒造成氧化损伤，引起质粒不稳定性。与供氧相联系，搅拌强度明显影响质粒丢失速率，质粒稳定性都随搅拌强度提高而下降，温和的搅拌速率有利于保持质粒的稳定性。

发酵过程中保证充分供氧显得十分重要，基本原理是使需氧与供氧之间平衡。通过通气和搅拌的级联控制，使供氧在临界氧浓度以上。

（4）pH 影响的分析与控制

不同生物生长的最适 pH 是不同的，细菌喜欢偏碱性环境，如大肠杆菌适宜 pH 为 6.5～7.5。酿酒酵母的适宜 pH 为 5.0～6.0，pH 高于 10.0 和低于 3.0 不能生长。以葡萄糖为主要碳源的基因工程菌发酵培养过程常常产酸，使培养液 pH 不断下降，所以生产中要采用有效措施控制 pH 的变化。

与常规微生物发酵相似，基因工程菌的生长和生产期的 pH 往往不同，基因工程菌的生长和质粒稳定性的最适 pH 也不一致。设计不同的 pH 实验，研究对生长、表达质粒稳定性和产物合成的影响。获得发酵过程中各个阶段的适宜 pH 后，采用酸碱流加方式进行控制。

3.5.3　产物的表达诱导与发酵终点控制

工程菌发酵的进程是营养要素和工艺参数的综合结果。工艺参数作为外部因素，控制生长状态、代谢过程及其强度。工程菌发酵常用条件诱导表达目标基因，进行生产目标重组蛋白质。在工程菌构建阶段，表达盒的设计，所选择启动子的类型和调控模式就已经决定了发酵生产目标基因产物的表达方式。几类常见用于药物生产的启动子与表达控制特点见表 3-12。

表 3-12　启动子类型与工程菌表达特点

工程菌	启动子	表达特点	诱导条件
大肠杆菌	*lac* 启动子	高度严谨控制蛋白质的转录与表达	IPTG
大肠杆菌	T7/*lacO* 启动子	高度严谨控制无毒蛋白的高水平表达	IPTG
大肠杆菌	P_L、P_R 启动子	高度严谨转录控制有毒蛋白质的表达	高温（42℃）
大肠杆菌	*phoA* 启动子	与信号肽序列融合，组成性分泌表达	无需诱导
酿酒酵母	*GAL* 启动子	高拷贝附加质粒，严谨控制，可分泌表达	半乳糖

对于 *lac*、*tac*、T7/*lacO* 等化学诱导型启动子，进入对数期之后开始诱导表达。葡萄糖对 *lac* 启动子的诱导表达有副作用，不使用葡萄糖，以提高诱导效果。对于 P_L、P_R 等温度诱导型启动子，则在稳定期后，升高温度进行诱导。当蛋白质药物产率达到最大时，即可结束发酵。

发酵结束后，收集菌体，进行菌种检查，监控发酵过程。主要检测项目，包括平板划线、显微镜检查、电镜检查、抗生素的抗性、生化反应等，控制菌种真实性和发酵污染情况；进行质粒及其稳定性、表达量、目标基因的核苷酸序列检查等，控制工程菌的特性。

思考题

3-1　从基因工程和 PCR 技术中获得感悟，你认为生物技术创新的本质是什么？

3-2　重组生物制品的工艺研发与法规技术指导原则之间的关系是什么？

3-3　分析比较工程大肠杆菌和酵母表达系统制药的优缺点。如何选择应用？

3-4　工程菌构建的基本过程和各阶段的主要任务是什么？所涉及技术原理是什么？

3-5　大肠杆菌表达质粒与酿酒酵母表达质粒结构有什么不同？为什么？

3-6　目标基因获得的主要方法有哪些？如何选择应用？

3-7　分析影响 PCR 技术成功扩增基因的关键因素。如何优化扩增参数控制？

3-8　在大肠杆菌中高效表达蛋白药物，设计和构建的重点是什么？

3-9　引起工程菌的不稳定性因素有哪些?如何提高工程菌的稳定性？

3-10 工程大肠杆菌与宿主菌对培养基要求有何不同？如何配制？

3-11 根据工程大肠杆菌的遗传特性，如何优化发酵工艺参数控制？

3-12 诱导表达对工程菌发酵有何影响？如何选择使用诱导策略？

参考文献

［1］ 元英进. 现代制药工艺学: 上册. 北京: 化学工业出版社, 2004.

［2］ 国家药典委员会. 中华人民共和国药典(三部). 北京: 中国医药科技出版社, 2015.

［3］ Richardson S M, Mitchell L A, et al. Design of a synthetic yeast genome. Science, 2017, 355(6329): 1040-1044.

［4］ Celik E, Calik P. Production of recombinant proteins by yeast cells. Biotechnol Adv, 2012, 30: 1108-1118.

［5］ Demain A L, Vaishnav P. Production of recombinant proteins by microbes and higher organisms. Biotechnol Adv, 2009, 27: 297-306.

［6］ de Marco A. Recombinant polypeptide production in *E. coli*: towards a rational approach to improve the yields of functional proteins. Microb Cell Fact, 2013, 12: 101.

［7］ Peleg Y, Unger T. Resolving bottlenecks for recombinant protein expression in *E. coli*. Methods Mol Biol, 2012, 800: 173-86.

［8］ Sanchez-Garcia L, MartIn L, Mangues R, et al. Recombinant pharmaceuticals from microbial cells: A 2015 update. Microb Cell Fact, 2016, 15: 33.

第4章

合成生物学制药工艺

学习目标

▶ 掌握合成生物学的基本概念和相关术语，理解合成生物学的制药应用。

▶ 掌握组装技术和原理，能应用于代谢途径的构建、基因组的设计合成。

▶ 掌握基因组编辑与基因组合成技术和原理，能应用于改造制药底盘细胞和细胞工厂构建。

随着人类基因组计划完成，新一代测序技术和 DNA 化学合成能力的大幅度提升，在 21 世纪初诞生了合成生物学，改造生物的技术从基因工程发展到合成生物学。合成生物学为天然存在的药物开发应用提供了新的生产技术，设计、组装代谢途径，构建人工细胞工厂，用于连续、高效地生产制造化学药物，具有低碳、经济和环境友好的特点，是一种极具潜力的药物生产方式。同时，采用合成生物学技术，编辑细胞基因组，生产基因药物，直接应用于临床治疗肿瘤等疾病。本章介绍合成生物学的概念、DNA 组装技术、基因组编辑、基因组设计与合成技术，并以丹参素、青蒿酸、小檗碱等化学药物为例，应用于设计和构建细胞工厂的生产菌株。

4.1 概　述

4.1.1　合成生物学概念

合成生物学（synthetic biology）是指设计、构建自然界不存在的生物或改造已存在的生物，赋予新功能，满足人类的物质需要，促进社会发展。合成生物学的技术路径是设计-构建-测试-学习的循环模式，以基因组序列和生化代谢为基础，综合生物信息、人工智能、生化反应等技术，设计、改造、重建中心法则，在生物元件、代谢途径、基因组等不同层次上，构建具有生命活性的功能酶、人工细胞工厂或人造细胞。

合成生物学是一种新的生命科学研究范式。传统生物学是以分析为主，对宏观生物体逐级降维解析，经历了系统、器官、组织、细胞、细胞器、代谢途径、酶、基因，所有生物基因的化学组成是 4 种碱基，蛋白质的组成是 20 种氨基酸，但生物个体的表型均不相同。合成生物学逆向传统生物学的思路，通过设计构建生物，研究生物的组成、结构和功能，是一种崭新的视角。

合成生物学也是一种全新的工程范式。其核心思想是生物元件都能化学合成，通过工程装配获得定制功能的生物体，极大加速了菌株改造进程，变革药物生产方式，引领生物经济发展。

4.1.2　生物元件与底盘细胞

在合成生物学领域，生物元件、生物模块、基因回路、底盘细胞是经常使用的术语，是由生物学与计算机、电信、机械制造等工科融合交叉而产生。

与组装计算机的电子元件类比，把构建生物的基本单元称为生物元件。生物元件可分为基因元件、蛋白质元件等。基因元件是具有某种特定的生物学功能的 DNA 或 RNA，是设计和合成生物的基本单位，如启动子、核糖体结合位点、靶基因、转录终止子等等。经过 20 余年的发展，已经形成了天然和杂合启动子元件库、核糖体结合位点元件库、终止子元件库，在应用中可选择使用。

生物模块是多个生物元件集成后的功能单位，如由多个基因的表达盒组成的一个生化代谢模块，是途径设计和构建中常用策略。

把电信工程中的电路与基因表达的层级调控交叉，形成了基因回路（gene circuit）或遗传回路（genetic circuit）概念。基因回路是通过逻辑门关系，把不同功能的生物模块连接起来，行使特定功能。各种操纵子调控模型、正负反馈调控机理等是基因回路设计和构建的基础。目前已经设计和构建出了具有多种功能的基因回路，包括基因振荡器、计数器、生物传感开关及核糖体开关等。

底盘细胞（chassis cells）的概念来自汽车制造领域的底盘（chassis），是指没有特异性的细胞，大肠杆菌和酿酒酵母是最常用的微生物底盘细胞。经过灵活的设计改造，就能高效生产目标药物。它应该具有基因组最简、代谢效率最高、抗环境干扰能力最强、与外源途径最适配的特征。

4.1.3　合成生物学的制药应用

（1）化学药物生产与发现

天然产物是化学药物和药物先导化合物的一个重要来源，在过去 30 年制药行业的发展中，61%的抗癌药物和 49%的抗感染药物来源于天然产物。传统的植物提取天然产物具有很大局限性，存在产量低、成本高、环境破坏、不可持续供应等问题。一方面受限于植物生长周期以及气候、地理等因素，产量品质不稳定，难以满足日益增长的需求；另一方面植物中结构类似物多，限制了植物天然产物的分离纯化及其深入发掘。利用合成生物学改造的微生物平台能够定向可控地获取高价值的天然产物，是理想而又稳固的生物绿色制造途径。

合成生物学在化学制药的应用主要包括以下三方面。一是合成生物学赋能，改造底盘细胞和传统的化学药物生产菌株，构建新型高产细胞工厂，提升氨基酸、有机酸、维生素、抗生素等生产能力和新产品。如大肠杆菌细胞工厂生产氨基酸的能力超过每升 100g，有机酸的产量超过每升 200g。二是设计构建复杂结构的天然药物生物合成途径，导入大肠杆菌、酵母等模式底盘细胞中，建成天然药物的细胞工厂生产药物。该技术已实现抗疟药青蒿素和抗癌药紫杉醇前体、小檗碱、阿片、长春碱等植物天然产药物的微生物细胞工厂合成。三是按人们的意愿设计一条全新的多基因控制的药物合成途径，利用无细胞体系制备结构优化、产量高的天然药物，实现新药的发现和制造。相对普通合成生物学，无细胞合成生物学在底物添加、产物移除、取样和检测、代谢调控等方面具有优势，且因没有细胞自身基因组，原料利用率更高，产物更容易纯化。

（2）基因治疗药物与活体生物药物

基因疗法是基因缺陷所致的遗传疾病和肿瘤等的一种新型治疗策略，传统化学药物和重组蛋白质药物难以有效。合成生物学是开发基因治疗药物的有效策略。一方面对失控的疾病细胞进行编程纠错，使其变为正常细胞，经扩增培养后，将细胞回输患者体内进行治疗，如嵌合抗原受体 T（CAR-T）细胞药物。编辑定制化胰岛细胞，能稳态控制血糖，是有潜力的治疗糖尿病的细胞药物。另一方面，将治疗疾病的基因设计和构建在病毒载体上，基因药物直接递送到患者体内，进行治疗，已批准上市了十几个基因药物。

近几年，活体生物药物（live biotherapeutics）研发活跃，如工程噬菌体用于治疗耐药菌的感染，而工程活体肠道益生菌可用于治疗代谢性疾病和肠道疾病。表达苯丙氨酸解氨酶基因的人工大肠杆菌，是治疗苯丙酮尿症的活体药物，经肠道给药定殖后，能明显消除血液中的苯丙氨酸。

4.2　DNA 组装技术

生物中心法则的信息流动告诉人们，生物的表型是由基因型决定的。要创造生物的表型，就必须要有相应的 DNA 组装技术。本节介绍体外组装和细胞内组装技术。

4.2.1　体外组装

把外切酶、聚合酶和连接酶有效组合，在体外建立酶反应体系，可实现 40～60bp 左右对末端重叠序列的 DNA 元件的组装。常用外切酶有 T5 核酸外切酶（5′外切活性）、外切核酸酶Ⅲ（Exo Ⅲ）、T4 DNA 聚合酶（3′-外切酶活性），聚合酶有 Taq 聚合酶、Pfu 聚合酶，Taq 连接酶。根据外切酶活性，主要有三种策略进行组装。

（1）两步组装

使用 T4 DNA 聚合酶、Taq 聚合酶和 Taq 连接酶的组装体系，包括两步反应（图 4-1）。

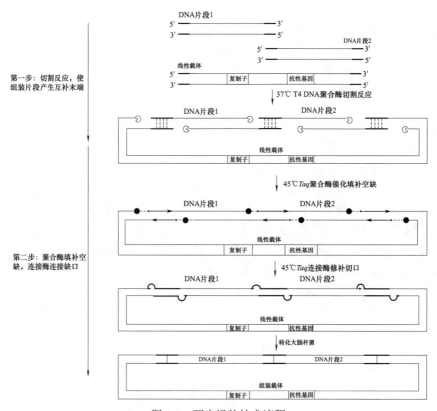

图 4-1　两步组装技术流程

第一步：切割反应。在37℃下，用含5% PEG-8000 的 T4 DNA 聚合酶溶液（无 Dntp）处理被组装的 DNA 片段。由于 T4 DNA 聚合酶的 3′-外切酶活性，使 DNA 片段产生 5′-单链突出末端。

第二步：修补与组装。75℃处理 20min，使 T4 DNA 聚合酶失活。缓慢降低到 45℃，加入 Taq 聚合酶和 Taq 连接酶，以及 dNTP，维持 30min。Taq 聚合酶进行聚合反应，修补空缺部分。Taq 连接酶催化切口之间磷酸二酯键的形成，实现断口的连接。

（2）一步组装

在有 dNTP 时，外切核酸酶Ⅲ（Exo Ⅲ）能从 3′端切除双链 DNA，但它与 DNA 聚合酶竞争 3′末端。为了排除竞争，用抗体封闭 Taq 聚合酶活性。由外切核酸酶Ⅲ、抗体-Taq 聚合酶、dNTPs、Taq 连接酶和重叠 DNA 片段组成反应体系，在 PCR 仪中进行。37℃下，抗体-Taq 聚合酶无活性，而外切核酸酶Ⅲ进行切割反应，形成单链末端。提高反应温度到 75℃，使外切核酸酶Ⅲ失活，同时抗体从 Taq 聚合酶上解离。在 60℃下，Taq 聚合酶和 Taq 连接酶，进行退火-延伸-连接反应。具有 40～300bp 重叠序列的 5～7kbDNA 片段，能被有效修补和连接，实现一步 DNA 组装（图4-2）。

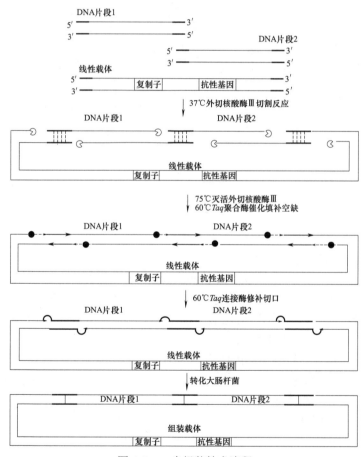

图 4-2　一步组装技术流程

（3）等温组装

等温组装的基本原理与两步组装类似（图4-3）。使用 T5 核酸外切酶（具有 5′外切活性）、Pfu 聚合酶和 Taq 连接酶，组成反应体系。T5 核酸外切酶切割 DNA 的 5′-端，Pfu 聚合酶催化延伸填补，*Taq* 连接酶连接缺口。整个反应在 50℃下进行 60min 左右，然后转化大肠杆菌感受态，检测和鉴定组装体。该方法已经商业化，是应用最多的组装技术。

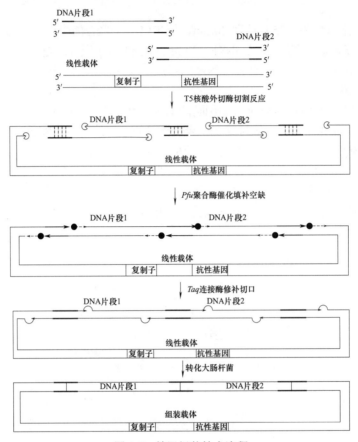

图 4-3　等温组装技术流程

4.2.2　酿酒酵母细胞内组装

酿酒酵母细胞具有很强的吸收大量、大片段 DNA 和高效同源重组的能力，已经发展了转化相关重组（transformation-associated recombination，TAR）技术。只要相邻 DNA 片段之间有短的同源序列（20bp 以上），酵母就能把它们组装起来（4-4）。酿酒酵母用寡核苷酸组装出几百碱基对（bp）片段，再组装出几千碱基对（kb）和几万碱基对的 DNA 片段，甚至是细菌的基因组，因此广泛应用于代谢途径构建和基因组的组装。

由于用酿酒酵母细胞制备质粒通常产量很低而且质量很差，既费时间，效果有时还不理想且不稳定。因此，在实际的组装过程，常用酿酒酵母-大肠杆菌穿梭质粒。用线性质粒和被组装的 DNA 片段（F1～F7）共转化酵母，在酵母中发生同源重组的组装（图 4-4）。提取组装质粒，在大肠杆菌中扩繁组装质粒，进行分析和鉴定（图 4-5）。

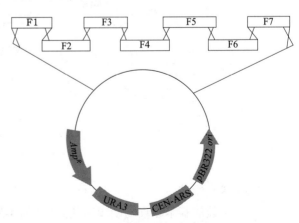

图 4-4　酿酒酵母细胞内组装代谢途径

图 4-5 酿酒酵母组装代谢途径的实验流程

（1）载体选择与构建

根据重组的目的，选择酿酒酵母-大肠杆菌穿梭载体，并进行构建。选择酵母的着丝粒载体骨架，用营养缺陷型作为选择标记。为了增加外源 DNA 的承载容量，可选择大肠杆菌的 F 复制子。使用移动元件的转移复制子（origin of transfer，oriT），有助于结合转移。如果组装的 DNA 元件是酵母中表达，则无需设计大肠杆菌的复制子和选择标记。在 DNA 元件两侧设计与基因组同源的序列，可定位整合到酿酒酵母基因组中，有利于稳定表达。

（2）DNA 片段

酵母既能组装寡核苷酸，也能组装很长的 DNA 片段、代谢途径，乃至细菌的基因组。同源臂越长，组装效率越高。对于代谢途径的组装，同源重叠长度 50bp 左右。使用计算机软件，检查是否有同源或相似序列，并排除。

（3）组装反应

载体用酶切后，进行 PCR 扩增，制备具有同源臂的载体。PCR 制备代谢途径基因 DNA 片段，DNA 片段应该超过载体 20 倍（摩尔比）。DNA 片段与载体混合后，用 PEG/LiAc 溶液，转化酵母原生质体或酵母细胞。不同菌株的转化方法和效率不尽相同，尽量使用高效转化菌株。

（4）重组子的筛选与鉴定

在酵母筛选培养基上培养 3～4 天，进行克隆筛选和鉴定。常用菌落 PCR 初步筛选，以组装接头的 PCR 产物为主要检测对象。提取候选重组质粒，电转化大肠杆菌，进一步分析和鉴定。由于酵母的重组能力强大，组装体中的错配、缺失、截断等突变较为常见，需要加大筛选量，增加测序鉴定的能力，才能得到正确的组装体。

4.3 基因组编辑技术

基因组编辑技术为制药工艺带来了前所未有的创新机会，通过精确地修改细胞的基因组遗传信息，提高传统菌株的生产效率，也加快细胞工厂构建速度，同时针对特定疾病目标基因进行编辑和改造，以开发出更加高效、安全、个性化的基因药物。本节介绍基因组的重组技术、CRISPR-Cas 编辑技术和原理。

4.3.1 Cre-*loxP* 重组系统

位点特异性重组能在特定位点上切割 DNA，然后修补连接，形成重组 DNA 分子。双组分的 Cre-*loxP* 系统和 Flp-*FRT* 系统、单组分的 ΦC31 整合酶是常用特异性重组系统。下面以 Cre-*loxP* 系统为例介绍工作原理及其应用。

（1）Cre-*loxP* 重组系统的原理

Cre 是来源于噬菌体 P1 的重组酶，它特异性地识别 *loxP* 位点（34bp，由两个 13bp 的反向重复序列和 1 个 8bp 的间隔区组成）（图 4-6），并在间隔区进行切割。当两个 *loxP* 位点方向相同时, *loxP* 位点之间的 DNA 片段发生敲除; 而方向相反时, 发生 DNA 片段的反转 (图 4-6)。发生重组时, Cre 切割后, 细胞内连接酶修补连接形成重组分子。Cre-*loxP* 的优点是效率高、应用范围广, 主要用于原核生物、真菌、动物和植物等的基因敲除, 也用于染色体整合的辅助性

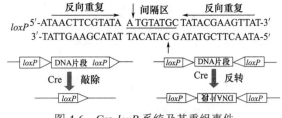

图 4-6　Cre-*loxP* 系统及其重组事件

筛选。该方法的缺点是由重组酶切割后有 *loxP* 序列残留, 多次重组, 会引起基因组不稳定。

(2) 应用 Cre-*loxP* 重组系统敲除酿酒酵母染色体基因

酿酒酵母具有很强的同源重组能力, 染色体基因敲除的基本实验过程是: ①PCR 扩增制备含有筛选标记基因的供体同源片段; ②转化到酿酒酵母细胞内, 供体 DNA 片段与染色体发生同源交换和重组, 引发染色体上基因的敲除, 供体 DNA 被整合到染色体的同源位点上; ③导入 Cre 酶表达载体, 诱导表达, Cre 酶识别并切割 *loxP* 位点, 筛选标记基因丢失; ④获得染色体基因敲除的酿酒酵母细胞 (图 4-7)。类似地, 可多轮迭代敲除染色体上的多个基因。

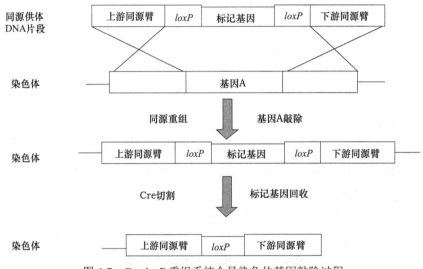

图 4-7　Cre-*loxP* 重组系统介导染色体基因敲除过程

(3) 应用 Cre-*loxP* 重组系统在酿酒酵母染色体上整合基因

与基因敲除不同之处在于供体同源片段含有整合的靶基因, 其实验过程相同。①重叠 PCR 扩增或同源重组制备含有筛选标记基因、靶基因的供体同源片段; ②转化到酿酒酵母细胞内, 供体 DNA 片段与染色体发生同源交换和重组, 引发染色体上基因的敲除, 供体 DNA 被整合到染色体的同源位点上; ③导入 Cre 酶表达载体, 诱导表达, Cre 酶识别并切割 *loxP* 位点, 筛选标记基因丢失; ④获得染色体上的基因被靶基因替换 (基因敲除同时靶基因整合) 的酿酒酵母细胞 (图 4-8)。如果上下游同源臂之间没有间隔 DNA 序列, 则为纯粹插入整合。通过多次迭代, 可整合或替换多个染色体基因。

4.3.2　Red 重组系统

(1) Red 重组系统的原理

由 λ 噬菌体的三个基因 *exo* (*redα*)、*bet* (*redβ*) 和 *gam* (*redγ*) 编码 Red 重组酶系统。Redα 从 5' 端切割双链 DNA, 产生 3' 端突出端。Redβ 结合到单链 DNA 上, 保护 DNA 末端不

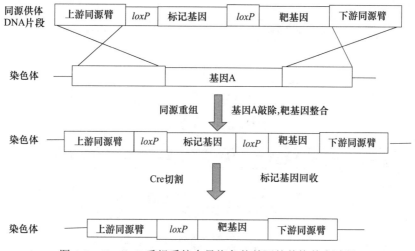

图 4-8 Cre-*loxP* 重组系统介导染色体基因的替换整合过程

被细胞内的单链核酸酶降解，又能启动互补单链的退火，引发链间 DNA 分子同源区的复制和交换反应，从而发生重组（图 4-9）。Redγ蛋白与大肠杆菌的 RecBCD 核酸外切酶结合，抑制其对外源 DNA 的胞内降解。

由于大肠杆菌的同源修补能力弱，因此把 Red 重组酶与 Flp-*FRT* 联合使用，建立了 Red 重组系统。Flp-*FRT* 系统来源于酿酒酵母，其工作原理与 Cre-*loxP* 相似，Flp 重组酶识别并切割 *FRT* 位点（38bp），引发重组。最常见 Red 重组系统由 pKD46、pKD3、pCP20 三个质粒组成。质粒 pKD46 表达 *exo*、*beta*、*gam* 三个基因，受阿拉伯糖诱导。质粒 pKD3 提供氯霉素抗性基因，两侧有 *FRT* 位点。质粒 pCP20 表达 *FLP* 重组酶基因。

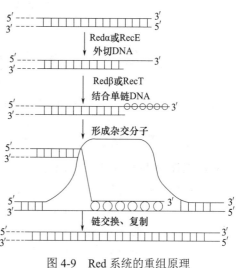

图 4-9 Red 系统的重组原理

（2）应用 Red 重组系统进行大肠杆菌染色体基因敲除

Red 重组可实现大肠杆菌染色体的基因敲除,基本实验过程是:①以质粒 pCP20 为模板, PCR 扩增制备含有氯霉素抗性基因和 *FRT* 位点的供体同源片段。②转化到阿拉伯糖诱导的大肠杆菌细胞（含有 pKD46）内，Red 重组酶使供体 DNA 片段与染色体发生同源交换和重组，引发染色体上基因敲除，供体 DNA 被整合到染色体的同源位点上。③导入质粒 pCP20，高温 42℃ 诱导表达重组酶 Flp，使两个 *FRT* 位点之间发生重组，敲除基因组中的氯霉素抗性基因。④不添加抗生在高温下（42℃）培养，丢失温敏型质粒 pKD46 和 pCP20，获得基因敲除、无质粒菌株（图 4-10）。类似地，可多轮迭代敲除染色体上的多个基因。

把大肠杆菌的重组酶 RecA 和 Red 重组有机结合，如将 *recA* 和 *redα*、*redβ*、*redγ* 共表达，可提高重组效率。用原噬菌体 Rac 的 RecE、RecT 取代 Redα 和 Redβ，如共表达 *recA*、*recE*、*recT* 和 *redγ*，构成 Red/ET 重组系统，重组效率进一步提高。

Red 重组系统的优点是只需要 50bp 以上同源臂序列，重组效率高。除了基因敲除和整合外，还可用于 DNA 片段之间、DNA 片段与载体之间的组装。

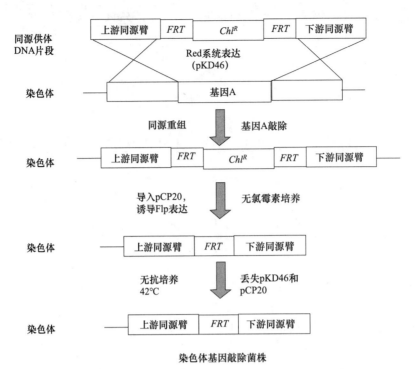

图 4-10 应用 Red 系统敲除染色体基因的过程

4.3.3 CRISPR-Cas 系统

（1）CRISPR-Cas 系统的原理

CRISPR-Cas 系统是双组分系统，由 Cas 核酸酶和向导 RNA（guide RNA，gRNA）组成。gRNA 大约 100nt（核苷酸），通过碱基互补配对方式，其 5'端 20bp 特异性结合在 PAM 位点上游（一般 PAM 的序列为 NGG）的靶序列上，从而引导 Cas 核酸酶对 PAM 上游 4～6bp 处切割（图 4-11）。如果细胞内有同源供体 DNA 片段，则发生基因敲除、整合、替换等染色体重组事件。CRISPR-Cas 的优点是效率高、应用范围广，可用于原核生物、真菌、动物和植物等几乎所有生物的基因失活、突变、基因整合表达等。

常用的 Cas 核酸酶有：Cas9，具有两个核酸酶结构域（HNH 和 RuvC），切割双链 DNA，产生平末端切口。Cas12a，只有一个核酸酶结构域（RuvC），识别 PAM 序列为 TTN，切割双链 DNA 或单链 DNA，产生黏性末端切口。Cas13，具有 RNA 核酸酶活性，切割单链 RNA。Cas 核酸酶对细胞有毒性，不同 Cas、表达强度和表达时间都影响实际的编辑效率。在实际应用中，要根据编辑的细胞类型，合理选择 Cas 核酸酶和构建适宜的表达方式。

gRNA 是影响 Cas 编辑效率的另一个非常重要的因素。要提高 gRNA 的特异性结合能力，防止脱靶，在全基因组范围内搜索筛选适宜的 PAM 位点，由此设计上游 20bp 的特异性序列。针对不同生物，已有相关设计软件，可供设计 gRNA 使用。如果设计多个 gRNA，可同时编辑多个位点。

（2）CRISPR-Cas 系统编辑酿酒酵母基因组

对于单基因编辑，构建 Cas-gRNA 表达质粒，与同源供体 DNA 片段，转化酿酒酵母细胞。然后筛选培养，鉴定重组克隆。之后，在无选择压培养基上连续培养，丢失 Cas-gRNA 表达载体，获得基因编辑的酿酒细胞（图 4-12）。

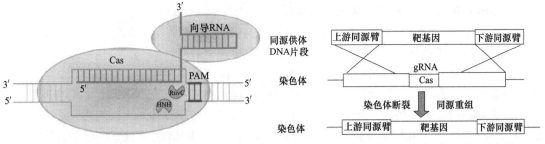

图 4-11　CRISPR-Cas 结构和切割机制的示意图　　图 4-12　CRISPR-Cas 介导的同源重组示意图

（3）CRISPR-Cas 系统编辑大肠杆菌基因组

将 Cas-Red 共表达载体转化大肠杆菌细胞，然后转化 gRNA 表达载体和同源供体 DNA 片段，进行筛选培养，获得供体 DNA 片段整合染色体的克隆。42℃下培养，丢失 Cas-Red 表达载体和 gRNA 表达载体后，获得基因编辑的大肠杆菌。

（4）CRISPR-Cas 系统编辑动物细胞基因组

除了用载体表达 Cas 和 gRNA 外，还可用 Cas 核酸酶和 gRNA、供体 DNA 片段直接转染动物细胞，进行基因组编辑。筛选转化后细胞，获得基因编辑的细胞。

4.3.4　单碱基编辑系统

（1）单碱基编辑原理

该系统由 gRNA、功能缺陷的 nCas（Cas9 突变体 D10A）和脱氨酶组成。gRNA 引导 nCas9 结合到双链 DNA 上形成 R 环构象，切割单链，脱氨酶催化切口碱基脱氨反应，发生了碱基突变。根据脱氨酶，碱基编辑器基本分为胞嘧啶碱基编辑器(cytosine base editor，CBE)、腺嘌呤碱基编辑器(adenine base editor, ABE)、双碱基编辑器（dual base editor，DBE）三种。

（2）胞嘧啶碱基编辑器

将 CG 碱基对转变成 TA 碱基对，即从 C 到 T 的编辑。nCas 与大鼠胞嘧啶脱氨酶（Apobec1）、尿嘧啶 DNA 糖基化酶抑制剂（Ugi）融合表达，脱氨酶催化 C 变成 U（图 4-13）。随后在 DNA 复制过程中，U 被识别为 T，即一条链 C 被编辑为 T，另一条链则配对为 A。融合表达两个拷贝的 Ugi，抑制细胞自身的修复机制，提高编辑效率。

（3）腺嘌呤碱基编辑器

将 AT 碱基对转变成 GC，即从 A 到 G 的编辑。nCas 与大肠杆菌 tRNA 腺嘌呤脱氨酶 TadA 融合表达，催化 A 变成次黄嘌呤（图 4-14），在 DNA 复制配对中被识别为 G，即一条链 A 被编辑为 G，另一条链则配对为 C。

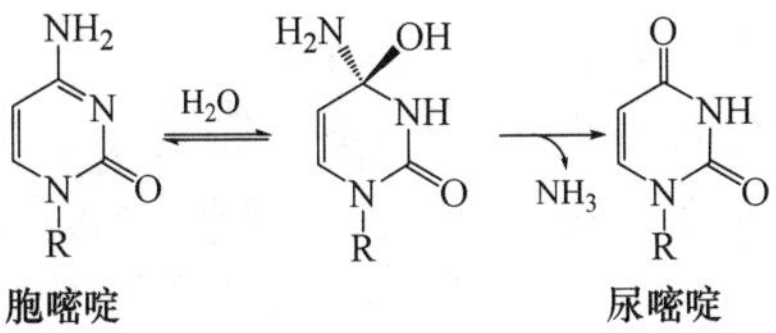

图 4-13　胞嘧啶脱氨酶催化的反应 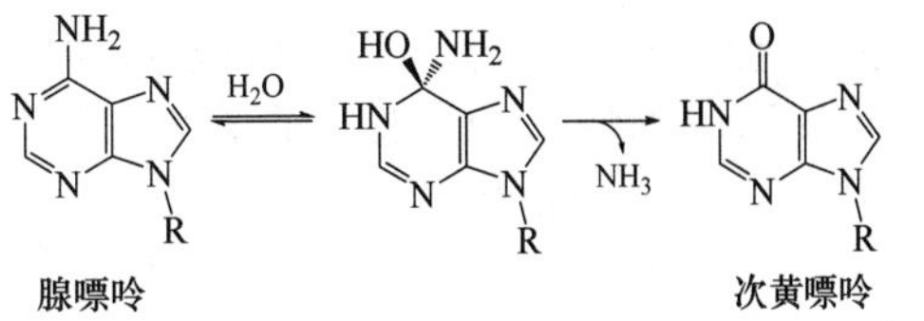　　　　图 4-14　腺嘌呤脱氨酶催化的反应

（4）双碱基编辑器

将 CBE 和 ABE 结合起来，使用胞嘧啶脱氨酶和腺嘌呤脱氨酶融合表达，在同一位点上同时实现 C 到 T 和 A 到 G 的转换编辑。

和 CRISPR-Cas 编辑一样，CBE、ABE、DBE 都依赖于 PAM 序列，编辑窗口为 PAM 远端的 4～8 位，存在脱靶效应、产生插入和缺失的问题。通过突变，提高 nCas、脱氨酶的活性，优化核定位和融合表达，能减少脱靶和提高编辑效率。

通过单碱基编辑器，可矫正基因组单碱基突变，治疗遗传性疾病，如镰刀红血病。单碱基编辑器的使用方式，与 CRISPR-Cas 相同，构建质粒 DNA 并转化导入细胞，编辑基因组和筛选。在动物细胞中使用时，还有另外三种方式。通过病毒载体递送到细胞内，通过脂质体包裹 nCas9-脱氨酶和 sgRNA 的复合体递送到细胞内，以 mRNA 方式递送到胚胎细胞内。

4.3.5 锌指核酸酶系统

锌指核酸酶（ZFNs）通常由两个主要部分构成：锌指蛋白结构域和限制酶结构核酸酶（图 4-15）。锌指蛋白（Zinc Finger Protein，ZFP）是一类 DNA 识别蛋白，每个 ZFP 包含大约 30 个氨基酸，其中包含两个保守的半胱氨酸和两个保守的组氨酸，这两种保守残基再各自募集锌离子以将肽链折叠成三级构象，即反平行的 β-折叠（含有保守的半胱氨酸）和 α-螺旋（含有保守的组氨酸残基）。每个锌指的 α-螺旋再与 DNA 的主沟相互作用，特异地识别靶点上的 3～4 个碱基对。一个拥

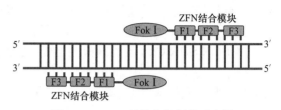

图 4-15 ZFNs 结构和机制的示意图

有 3 个锌指的 ZFN 二聚体可以识别 18 bp 的靶序列，而 18 bp 的 DNA 序列具有较高的特异性。ZFNs 作为基因编辑工具的关键点是可以通过人工设计改变锌指结构，以特异性识别广谱的 DNA 序列。

限制酶结构核酸酶（restriction enzyme nuclease）负责切割 DNA 链，常用 Fok I 核酸酶。它是一种 IIS 限制酶，具有双链切割能力。两个相邻且独立的 ZFN 以适当的方向结合靶序列以形成二聚体时，Fok I 核酸酶才能生效和切割 DNA，这种方式减少了脱靶效应及其毒性作用。

ZFNs 的缺点在于设计和合成过程较为复杂，成本相对较高，限制了其在大规模应用中的推广。

4.3.6 转录激活因子样效应物核酸酶系统

转录激活因子样效应物核酸酶（TALEN）系统是由转录激活因子样效应物（TAL effector，TALE）和 Fok I 组成（图 4-16）。TALE 由一个 DNA 结合结构域和一个切割酶结构域组成，其原理类似于 ZFN。植物病原菌黄单胞菌的 TALE 能识别特异性 DNA 碱基位点。TALE 蛋白通常由 34 个氨基酸排列形成，除了第 12 和 13 位两个高度可变的氨基酸位点(Repeat variable diresidue，RVD)外，其他序列高度保守。RVD 是基本的识别特异性的关键。TALE 通过 RVD 的功能能够识别特定的目标。Fok I 核酸内切酶催化区域与 TALE 重复序列结合后形成 TALEN 蛋白，识别和剪切特定 DNA 位点。当左右一对 TALEN 蛋白同时识别目标序列的正反序列，催化区域 Fok I 核酸内切酶形成二聚体，能够在两端识别序列之间（12～20bp）切割 DNA 序列。使用 TALEN 蛋白可以形成特定位点的双链断裂，随后通过同源修复或非同源末端连接途径进行基因编辑。和 ZFN 技术

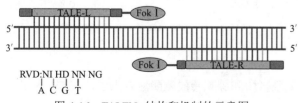

图 4-16 TALENs 结构和机制的示意图

相比，TALEN 具有独特的优势，设计更加简单，特异性更高，但其缺点主要是具有一定的细胞毒性、模块组装过程复杂。TALEN 技术已成功应用于酵母、动物、植物等多种生物。

4.4　基因组设计与合成

合成生物学研究的目标之一是得到一个全新的全合成基因组（synthetic genome），通过转入到新细胞中，从而实现新生命系统的全合成。但由于核酸化学合成技术的限制，寡核苷酸的合成长度一般在 200 bp 之内，远远不能满足合成基因组的要求。因此，目前合成基因组的策略是首先化学合成寡核苷酸，然后采用各种体外组装方法合成较长 DNA 片段，再然后在生物体内组装，最终合成全长基因组。本节以合成大肠杆菌基因组和酵母染色体为例，介绍基因组的设计与合成方法。

4.4.1　合成基因组的设计原则

设计是整个合成基因组工作的重要组成部分。由于生物系统的复杂性、合成性状的凸显性和不可完全预测性，任何一个细小的差错，都可能出现基因组失去活性的问题。在计算机辅助基因组设计过程中，应该考虑以下因素。

（1）合成基因组设计的依据

由于对生命的了解和基础知识的积累远远不足，只能以一个基因组为参考序列，以生理生化、遗传变异等生物学特征为依据，进行合成基因组的设计。基因组测序是合成基因组的先决条件，清晰的基因组序列和全面的功能注释是非常必要的。对于较大的基因组，通过单基因敲除或组合敲除，建立必需基因数据库，将为基因组的设计提供功能信息基础。

（2）删减序列的设计

为了减少基因组的冗余性，提高遗传稳定性，在参考基因组序列的基础上，一般会进行删减设计。一些转座子、反转录转座子、插入元件、高度重复序列等，通常认为对基因组的存活是非必需的，也是基因组不稳定的原因，合成基因组的设计中可以删除。

真核生物完整基因序列长度包含内含子，在转录过程中被加工除去。在基因组设计中，可将没有明确功能的内含子删除，保留外显子形成完整的开放阅读框，不影响基因的表达和翻译等功能。遗传密码子只有 61 种（不包括终止密码子），tRNA 种类不超过 61 种，而编码 tRNA 的基因往往数百个，冗余性十分明显。因此，可以删减部分 tRNA 基因。

基于生物学研究成果，对于不影响生长、细胞形态、发育等非必需基因，可考虑删除设计。

（3）增补与替换序列的设计

为了对合成基因组进行筛选和区别于参考基因组序列，可增加抗性基因、水印序列、报告基因等遗传标记。这些序列插入在基因的间隔中，不应该影响前后基因的功能。

在三种终止密码子中，TAA 比 TAG 和 TGA 更常用，因此在设计中，可用 TAA 取代另外两个终止密码子 TAG 和 TGA，消除基因组中所有的 TAG 和 TGA 密码子。现有研究表明，TAG 可用于编码其他人工氨基酸，拓展了合成生物学的密码子来源。

为了合成基因组的后续高效构建，常常使用部分酶切位点或特殊序列。有时为了增强或减弱部分基因的表达强度，可使用同义密码子进行替换性突变设计，但应尽可能地把突变控制在最小范围内。为了使合成基因组具有新功能，使用合理的或最优化密码子，设计相应的代谢途径和基因线路，以满足药物合成目标。

4.4.2 大肠杆菌基因组的设计与合成

（1）大肠杆菌基因组的原位迭代替换技术

2016 年英国剑桥大学科学家发明了 REXER 技术，能对 10～200 kb 的合成型 DNA 片段迭代替换大肠杆菌野生型基因组片段，技术原理如图 4-17 所示。野生型大肠杆菌染色体上融合表达 rpsLK43R-Kan^R（插入到 cra 和 mraZ 之间），赋予链霉素 Str^R 和卡那霉素 Kan^R 抗性筛选标记。通过 BAC 载体将合成型 DNA 片段导入大肠杆菌内，CRISPR-Cas9 系统切割 BAC 载体和基因组，释放出含有同源臂的合成型 DNA 序列-筛选标记（sacB-Chl^R）。通过 Red 同源重组系统，合成型 DNA 片段替换染色体上野生型 DNA 片段。通过氯霉素抗性正筛选和卡那霉素抗性负筛选，获得 DNA 片段替换菌株。该技术特点是 CRISPR-Cas9 切割载体和基因组，提高了整合替换的效率；使用正负双重筛选方案，使得阳性克隆正确率高；更换 BAC 上的合成型 DNA 片段和筛选标记，可迭代多轮替换实验。

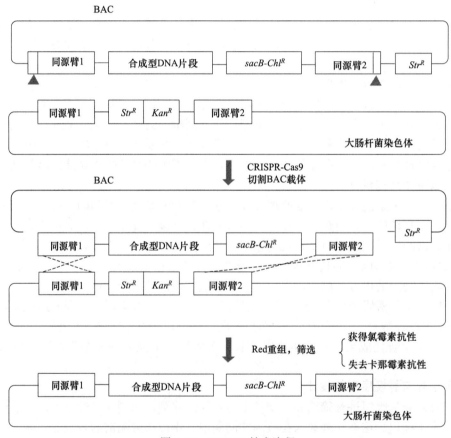

图 4-17　REXER 技术流程

（2）大肠杆菌基因组的逆合成拆分与组装设计

2019 年英国剑桥大学科学家将大肠杆菌 MDS42 编码基因中的丝氨酸密码子 TCG 和 TCA 分别替换成同义密码子 AGC 和 AGT，终止密码子 TAG 替换成同义密码子 TAA（图 4-18），相当于删除了全基因组中 3 个密码子，设计了具有 61 个密码子的合成型大肠杆菌基因组，全长 3978937bp。

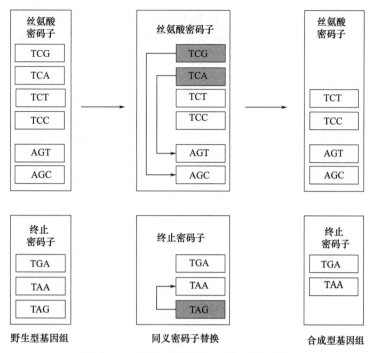

图 4-18 大肠杆菌基因组密码子简化设计

将合成型大肠杆菌基因组分成 8 个大片段，每个大片段长度约为 0.5Mb，标记为 A～H 片段。每个大片段分成 4～5 个片段，其长度在 91～136kb。片段的末端位于非必需基因的间隔区，不能破坏必需基因的功能。每个片段进一步拆分为 9～14 个约 10kb 的小片段（图 4-19）。

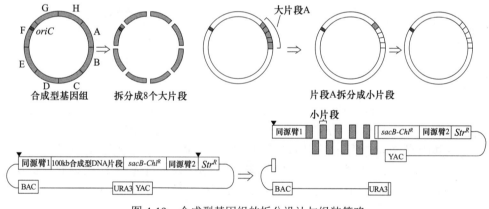

图 4-19 合成型基因组的拆分设计与组装策略

利用酵母细胞的同源重组能力，将合成型小片段组装到细菌人工染色体（BAC）上，每个 BAC 承载大约 100kb 的片段。再依次导入大肠杆菌中，对野生型基因组进行原位迭代替换，获得具有合成型大片段 A-B、C、D、E、F、G、H 共 7 株大肠杆菌，用于合成型全基因组的组装。

（3）合成型大肠杆菌基因组的接合组装

合成型大肠杆菌基因组是通过两菌株的接合转移，将合成型片段从供体菌转移到受体菌中。在受体中发生合成型片段之间及其与基因组之间的同源重组，将合成型片段替换野生型片段，从而获得含有合成型片段的基因组，该技术称为接合组装（conjugative assembly）。如

图 4-20 所示，将基因组含有 C 片段的菌株与含有 A-B 片段的菌株进行结合转移，通过正、负双筛选，获得基因组含有合成型 A-B-C 片段的菌株。类似，D 片段和 E 片段组装成 D-E 片段，并替换了野生型片段。D-E 片段与 A-B-C 片段组装成 A-B-C-D-E 片段，再依次与 F 片段、G 片段、H 片段组装，获得合成型基因组。由于密码子被缩减到 61 个，该菌株被命名为 Syn61。

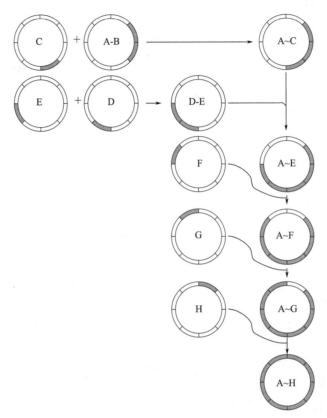

图 4-20　大肠杆菌 Syn61 基因组的接合组装过程

合成型大肠杆菌基因组中引入了 8 个随机碱基突变，但不影响基因组功能。其中 4 个突变是在合成 100kb 片段时产生，另外 4 个突变是在基因组组装过程中产生的。

合成型基因组 Syn61 的研究表明，生物的密码子可以缩减，有巨大的应用潜力。一方面，释放出的三个密码子可分配编码非典型氨基酸后，应用于开发抗体、重组蛋白质等长效药物。另一方面，可赋予工业大肠杆菌对噬菌体的抗性，有助于发酵污染的防治。

4.4.3　酿酒酵母基因组的设计与合成

（1）合成酵母基因组的计划

2009 年，美国约翰霍普金斯大学 Boeke 教授开始了合成酵母基因组计划（synthetic yeast genome project），简称 Sc2.0。Sc2.0 计划的目标是重新设计和合成酵母基因组，以探索生物学问题，并实现新功能。2011 年，约翰霍普金斯大学 Boeke 课题组合成了 91010 bp 的Ⅸ号右臂，取代野生型染色体的 20.3%；合成了 29932 bp 的Ⅵ号染色体左臂，取代野生型的 15.7%。用重新设计合成的染色体替换野生型，基因表达和酵母细胞生长正常。

2012 年在北京召开了第一届合成酵母基因组会议，来自中国、美国、英国等的科学家参会，启动了全球范围内的酵母基因组合成计划（表 4-1），形成了酿酒酵母基因组合成国际联盟。联盟的目标是完成单染色体的合成，然后把它们集成放在一个细胞内。天津大学、清华大学、华大基因研究院等单位主要合成Ⅱ、Ⅴ、Ⅹ、Ⅻ、ⅩⅢ号染色体，总长度为4.1 Mb，约占整个基因组的1/3。

表 4-1　合成酵母基因组计划（Sc 2.0）

染色体编号	野生型长度/kb	编码基因	合成型长度/kb	承担单位	完成时间
Ⅰ	230.2	89	180.5	美国纽约大学	2023 年
Ⅱ	813.2	410	770.0	华大基因研究院	2017 年
Ⅲ	316.6	182	772.2	美国约翰霍普金斯大学	2014 年
Ⅳ	1531.9	796	1454.6	美国纽约大学	2023 年
Ⅴ	576.9	271	536.0	天津大学	2017 年
Ⅵ	270.2	129	242.7	美国约翰霍普金斯大学	2017 年
Ⅶ	1090.9	572	1028.9	英国爱丁堡大学和华大基因研究院	2023 年
Ⅷ	562.6	269	504.8	美国纽约大学	2023 年
Ⅸ	439.9	221	404.9	美国约翰霍普金斯大学	2023 年
Ⅹ	745.8	379	707.4	天津大学	2017 年
Ⅺ	666.8	331	659.6	英国帝国理工学院	2023 年
Ⅻ	1078.2	534	976.0	清华大学	2017 年
ⅩⅢ	924.4	459	883.7	深圳大学	2024 年
ⅩⅣ	784.3	419	753.1	澳大利亚麦考瑞大学	2023 年
ⅩⅤ	1091.3	560	1048.3	新加坡国立大学	2023 年
ⅩⅥ	948.1	487	448.1	澳大利亚麦考瑞大学	2025 年
tRNA			186.6	英国曼彻斯特大学	2023 年

（2）人工酵母染色体的设计原则

2011 年，酿酒酵母Ⅸ号染色体右臂和Ⅵ号染色体左臂设计合成完成，提出了酿酒酵母染色体的 3 个基本设计合成原则：

① **表型相似性**　设计合成后，在酵母生长情况、环境响应、组学变化等方面验证，合成型菌株与野生型菌株表型尽可能相似，即设计不影响生长。

② **遗传稳定性**　在设计后的菌株中，通常会删掉亚端粒、转座子、内含子等不稳定和基因组功能非必需的部分，转移了 tRNA 基因的位置，所以应尽可能保持设计后菌株的稳定性；

③ **操作灵活性**　设计重组酶切位点、标签等，使基因组具有灵活和可变性，为后续对合成型染色体重排和功能研究做准备。

2017 年，人工合成了酿酒酵母Ⅱ号、Ⅴ号、Ⅵ号、Ⅹ号、Ⅻ号染色体，2023 年人工合成了Ⅰ号、Ⅳ号、Ⅶ号、Ⅷ号、Ⅸ号、Ⅺ号、ⅩⅣ号、ⅩⅤ号，同时将所有 tRNA 集成在一起，合成了一条新染色体。

（3）酿酒酵母Ⅴ号染色体的设计

以天津大学承担的Ⅴ号染色体设计合成为例，基于酿酒酵母 BY4741 天然Ⅴ号染色体序列进行重新设计获得合成型Ⅴ号染色体（SynⅤ）序列（图 4-21）。设计过程引入了如下变化：用合成型端粒替换 2 个亚端粒区域，删除 30 个转座子或 Ty 元件、10 个内含子以及 20 个 tRNA 基因；插入了 176 个 loxPsym 位点；将 62 个终止密码子 TAG 替换为 TAA；利用氨基酸密码子的简并性在编码区引入了 339 对 PCRTag 标签，用于区分野生型Ⅴ号染色体（wtⅤ）和 SynⅤ。SynⅤ被划分为 17 个大片段（平均长度约为 30kb）、263 个小片段（平均长度约为 2～4kb）、942 个构建模块（平均长度约为 750bp），每个构建模块进一步被拆分为 70nt 左右的寡核酸链，作为化学合成的人工基因组的原料。设计后，synⅤ的长度 536024bp，而 wtⅤ长度 576874bp，

Syn V 染色体长度较 wt V 缩减 7.08%。引入核苷酸变化 62450 bp,约占染色体总长的 10.83%,增强了 V 号染色体的遗传稳定性和操作柔性。

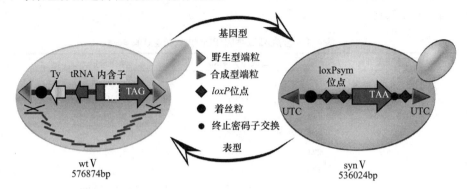

图 4-21　合成型酿酒酵母 V 号染色体

（4）酿酒酵母 V 号染色体的合成

每个 750 bp 的构建单元（简称 BB）由 16～18 条寡核酸链组装而成,两条相邻寡核酸链之间有约 15 nt 的重叠序列。全部寡核酸链等摩尔量混合,采用无模板 PCR（templateless PCR,T-PCR）,将寡核酸链连接在一起。以最外端两条寡核酸链为引物,以稀释的 T-PCR 产物为模板,PCR 扩增获得全长约 750 bp 的构建单元。纯化后的 PCR 产物,连接到平末端克隆载体上,经过大肠杆菌转化、蓝白斑筛选、菌落 PCR 验证和 Sanger 测序,得到正确的构建单元（图 4-22）。

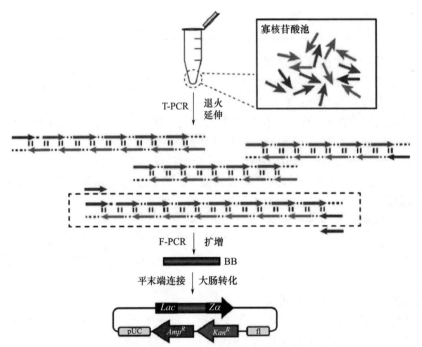

图 4-22　无模板 PCR 组装 750bp 构建单元

相邻的构建单元之间具有 50bp 左右的同源臂,采用重叠延伸-PCR（OE-PCR）或酵母细胞内组装,将 3～6 个构建单元组装成 1 个 2～4kb 片段（图 4-23）。连接到平末端克隆载体上,转化大肠杆菌和筛选、Sanger 测序,获得组装正确的 2～4kb 小片段。在全部 263 个小片段中,利用重叠延伸 PCR 方法获得 203 个,利用酵母组装方法获得 60 个。

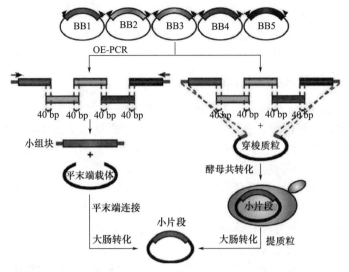

图 4-23　体外组装和体内组装 2～4kb 片段示意图

Syn V 共包含 17 个大片段，平均每个大片段包括约 15 个 2～4kb 小片段，最后一个小片段末端携带筛选标记（URA3 或 LEU2）和约 500 bp 的同源臂。基于酿酒酵母高效的同源重组特性，以大片段为单位从左到右逐段引入合成型 DNA 片段，实现对野生型 V 号染色体的逐级替换。每一轮向酵母细胞中同时转化 15 个小片段，相邻片段之间具有同源重叠区域，在酵母细胞内同源重组成一大片段，并整合到染色体上，将野生型染色体片段替换。两个筛选标记 URA3 和 LEU2 插入到非必需基因中，交替使用。在新一轮大片段替换整合时，上一轮的筛选标记被移除。经过 17 轮连续的大片段整合替换和 2 轮人工端粒的整合替换，成功构建了合成型 V 号染色体，获得 Syn V 酿酒酵母菌株。

（5）合成型染色体的缺陷与修复

由于生物系统的复杂性，合成型染色体会出现缺陷，需要发现缺陷位点并进行修复。天津大学团队结合人工序列识别标签、酵母单双倍体生活史、减数分裂的基因交换事件，建立了高效的人工基因组缺陷位点的定位技术和双标定点编辑技术，实现了所有缺陷位点发现和全部修复。如 Syn V 染色体上共修复 3333 个错误碱基，实现了全染色体设计序列与合成序列的完美匹配。

（6）合成型染色体酵母的表征

生长曲线分析证实 Syn V 菌株的生长速率和倍增时间与野生型菌株 BY4741 基本相同。从细胞形态分析，在 30℃和 37℃培养条件下，Syn V 菌株与天然菌株 BY4741 的细胞形态、菌落没有明显差异。在培养基中添加微管抑制剂苯菌灵、拓扑异构酶抑制剂喜树碱、 DNA 复制抑制剂羟基脲、翻译抑制剂 6-氮杂尿嘧啶、高渗透剂山梨醇、双氧水、甘油、乙醇以及高 pH 和低 pH 等胁迫，Syn V 酿酒酵母菌株在绝大多数条件下具有良好的适应能力，与天然酵母菌株具有相似的环境适应性。

4.5　人工细胞工厂制药

对于结构复杂的化学药物，生产过程复杂、时间长、成本高，并且可持续性较差。而人工细胞工厂制药的优势在于其高效的产量、定制化的生产以及较好的环境可持续性。通过基因改造和优化，人工细胞工厂能够生产出高纯度、高产量的药物，不仅提高了药物生产效率，还满足了个性化药物需求的快速调整。本节以丹参素、青蒿素、小檗碱为例，介绍人工细胞工厂的途径构建、底盘改造和发酵工艺优化。

4.5.1 人工大肠杆菌细胞工厂合成丹参素

丹参素（salvianic acid A 或 danshensu）是一种多酚酸，化学名是 3,4-二羟基-D-苯乳酸（图 4-24）。丹参素是一种化学药物，具有改善脑血流、抑制血小板活化和动脉血栓形成、抗炎、抗氧化等药理活性，用于治疗心脑血管疾病。以丹参素的衍生物丹酚酸 B 为主要成分的中成药，在临床上用于治疗稳定型心绞痛。目前丹参素主要从中药材丹参的根中提取，但含量低，化学合成的产物是对映异构体。利用合成生物学技术构建细胞工厂，采用生物发酵方法生产丹参素是一种很有潜力的替代方法。

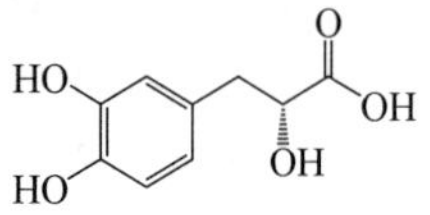

图 4-24　丹参素的化学结构

（1）丹参素生物合成途径的设计

丹参素与苯丙酮酸相比，具有相同的碳数、1 个苯环和 3 个碳的侧链羧酸。因此可采用逆生物合成分析的策略设计全新的人工生物合成途径（图 4-25）。

丹参素的侧链是乳酸，其羟基被氧化后，可形成 3,4-二羟基苯丙酮酸。丹参素的苯环含有两个羟基，分别在对位和间位。间位羟基和对位羟基可以通过生物氧化反应生成，消去间位羟基形成对羟基苯丙酮酸，其是酪氨酸的前体。进一步消去对位羟基后形成苯丙酮酸，其是苯丙氨酸的前体。因此，既可从苯丙酮酸出发，也可从对羟基苯丙酮酸出发，有两条可选择的丹参素生物合成途径（图 4-25）。

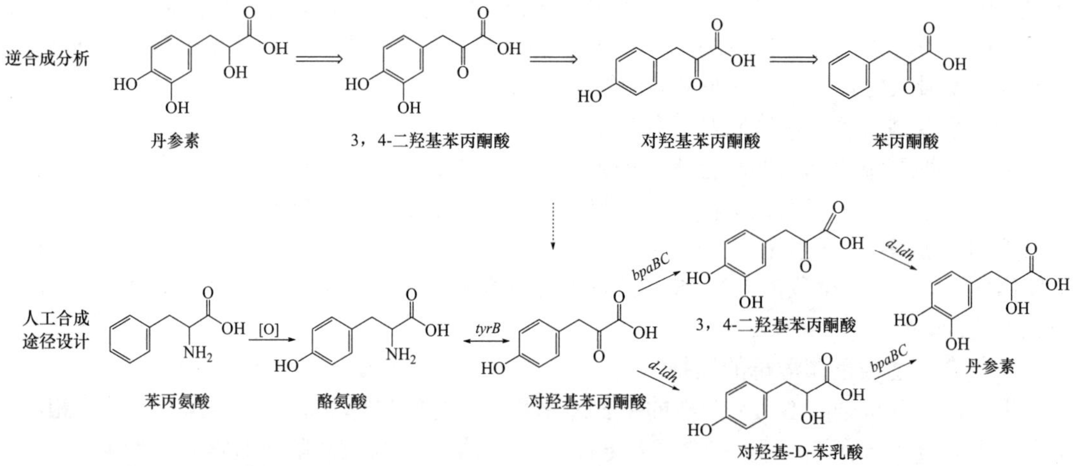

图 4-25　丹参素的逆生物合成途径分析与功能基因的挖掘

由逆生物合成分析可知，从对羟基苯丙酮酸出发，需要羟化酶在苯环的 3 位上氧化，生成 3,4-二羟基苯丙酮酸；进一步需要还原酶对侧链的酮基进行立体选择性还原，生成对羟基-D-苯乳酸。如果从苯丙酮酸出发，苯环的对位也需要羟化，多一步氧化反应。因此，可优先选择对羟基苯丙酮酸的合成路线。对羟基苯丙酮酸是酪氨酸的前体，它们之间的转氨酶催化可逆反应，由此连通了丹参素与芳香氨基酸的基础代谢，丹参素可以视为酪氨酸的下游产品。

（2）丹参素生物合成途径的构建

搜索生物反应和酶大数据库，寻找苯环 3-羟化酶和侧链酮基还原酶，组成丹参素模块。

植物中的对羟基苯丙酮酸还原酶底物范围宽泛，催化活性较低，不太适合用于丹参素的微生物合成。动物中的苯环羟化酶是 P450 酶，在大肠杆菌中行使功能往往受限。大肠杆菌 B 菌株有对羟基苯乙酸降解代谢途径，其中 3-羟基化酶（HpaBC）能对苯环羟化，酶催化活性高。HpaBC 是双组分酶，HpaB 是 FAD 依赖的 4-羟基苯乙酸间位羟化酶，HpaC 催化辅因子 FAD 再生。HpaBC 对侧链的选择性不强，L-酪氨酸、对香豆酸和 4-羟基苯乙酸等均可作为底物，生成相应的双酚酸化合物。植物乳杆菌的 D-乳酸脱氢酶（D-LDH）能催化丙酮酸还原成 D-乳酸，对苯环的选择性不强，而且突变体 D-LDH^{Y52V} 极大提高了催化苯丙酮酸生成 D-苯乳酸的活性。因此由 HpaBC 和 D-LDH^{Y52V} 组成人工丹参素合成途径，是一条与植物中合成途径完全不同的非天然生物合成途径。由于苯环羟化反应和侧链酮基还原反应的先后顺序还未确定，因此，丹参素生物合成途径中的反应顺序有两种可能，一种是 HpaBC 催化苯环的间位羟基化，生成 3,4-二羟基苯丙酮酸，然后 D-乳酸脱氢酶还原侧链酮基，生成终产物丹参素；另一种是 D-乳酸脱氢酶还原侧链酮基，生成对羟基苯乳酸，然后 HpaBC 催化苯环间位羟基化，生成终产物丹参素（图 4-25）。在该途径中，D-LDH 决定了产物的立体构型。如果使用 L-乳酸脱氢酶（L-LDH），则生成 L-丹参素。

人工丹参素合成途径的两种酶来源于大肠杆菌和乳杆菌，大肠杆菌具有高效合成芳香化合物的能力，对丹参素有较高的耐受性，因此优先选择大肠杆菌为底盘细胞进行合成丹参素途径的构建和优化。

从大肠杆菌 B 菌株中克隆 hpaBC 基因、从乳杆菌中克隆 d-ldh 基因，并进行点突变，获得 52 位突变基因 d-ldh^{Y52V}。用 T7 启动子驱动多顺反子表达这两个基因，构建表达载体，转化大肠杆菌，获得验证性工程菌株。在培养基中添加 L-酪氨酸，用 IPTG 诱导，进行发酵。提取发酵产物，进行液质联用仪分析检测，验证了人工丹参素合成途径是有效的，而且 D-LDH^{Y52V} 突变体更有利于丹参素的合成，由此打通丹参素的微生物合成。

（3）底盘细胞的改造

为了从葡萄糖起始高效合成丹参素，需要对大肠杆菌的 L-酪氨酸途径进行深度改造（图 4-26）。基于芳香氨基酸代谢途径及其调控机理，首先采用同源重组技术，敲除转录因子基因 tyrR，解除对芳香氨基酸代谢的阻遏调控。敲除 ptsG，减少葡萄糖转运时对 PEP 的消耗。敲除 pykF、pykA，减少 PEP 转化为丙酮酸，敲除 pheA，减少苯丙氨酸合成途径的竞争。随后采用模块化工程，进行理性改造。第一个模块是从 DAHP 到莽草酸，由 aroG、tyrA 和 aroE 三个关键基因组成。采用突变体 AroG^{fbr}（D146N）和 TyrA^{fbr}（M53I-A354V）以解除 L-酪氨酸的反馈抑制。过表达 aroE，增加莽草酸的合成。第 2 个模块是提高前体 PEP 和 E4P 的通量，由 ppsA、tktA 和 glk 三个基因组成。过表达 ppsA 加强丙酮酸到 PEP 的转化。过表达 tktA 强化了磷酸戊糖途径，提高 E4P 的含量。过表达 glk 促进胞内葡萄糖的磷酸化。通过敲除和模块化过表达，构建高通量合成 L-酪氨酸的底盘菌株。

为了稳定质粒而使用抗生素和诱导表达而使用诱导剂，减轻菌株负担和下游的环保压力，采用染色体工程技术，选择对丹参素合成无影响或有利的位点，将酪氨酸合成的两个模块、丹参素合成模块整合在染色上，构建无诱导剂、无抗生素的组成型表达工程菌株。大肠杆菌基因组中有多个芳香产物降解基因簇、整合热位点，是可供选择的候选整合和替换位点。用 aroG^{fbr}-tyrA^{fbr}-aroE 模块替换 mao 操纵子，能减少芳香产物的降解。用 ppsA-tktA-glk 模块替换 lacI 基因（编码 LacI 阻遏蛋白），可增强 lac 和 trc 启动子的组成型表达强度。采用启动子工程，用 5 个串联的 tac 启动子组成型表达丹参素模块 hpaBC-d-ldh^{Y52A}，并整合在染色体的热位点 nupG 和 speC 之间（图 4-27），构建成不使用抗生素和诱导剂的丹参素细胞工厂。

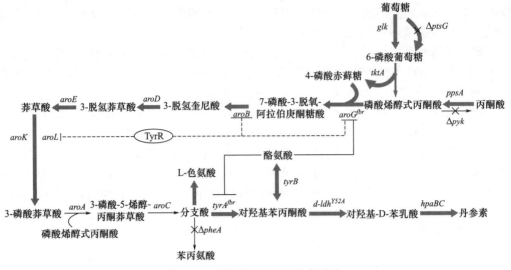

图 4-26　大肠杆菌底盘细胞的改造

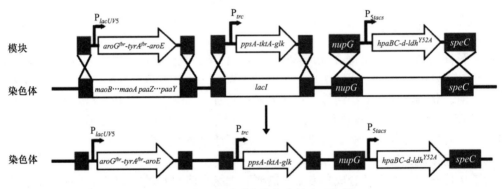

图 4-27　三个模块的染色体整合示意图

（4）发酵工艺

采用无机盐培养基，用葡萄糖为碳源，进行补料发酵。添加少量酵母粉，有利于丹参素菌种生长和发酵。酸碱调节，控制 pH 值为 6～7。合成丹参素的两步反应分别为氧化和还原，合理控制溶解氧很重要。氧浓度过高，会导致中间产物如酪氨酸氧化生成多巴，进而聚合成黑色素，严重影响发酵进行。发酵过程中，丹参素的合成和积累与细胞生长相关，残糖控制在 0.1%～0.5%。当丹参素产量达最大时，结束发酵，进入下游分离纯化。

4.5.2　人工酿酒酵母细胞工厂合成青蒿酸

青蒿素（artemisinin）及其衍生物青蒿琥酯、蒿甲醚和双氢青蒿素（图 4-28）是我国在世界首先研制成功的创新化学药。青蒿素被世界卫生组织称为目前世界上唯一有效的疟疾治疗药物。青蒿素是中国中医科学院屠呦呦研究员从我国民间治疗疟疾草药菊科植物黄花蒿（*Artemisia annua*）中，采用乙醚提取技术分离出来的有效单体。由于青蒿素发现对人类抗疟疾的重大贡献，屠呦呦获得了 2015 年的诺贝尔生理学或医学奖，2016年获得我国最高科学技术奖。青蒿素的全化学合成的工艺复杂，成本太高。目前青蒿素是从我国西南地区生长黄花蒿中提取，

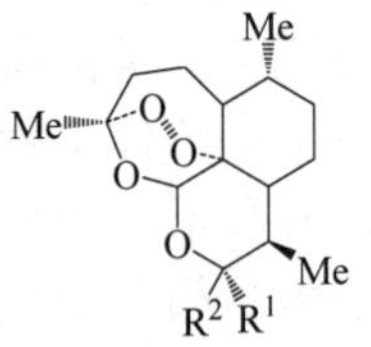

图 4-28　青蒿素（R¹=R²=O）
及其衍生物的化学结构

R¹ = H，R² = OH，双氢青蒿素；
R¹ = H，R² = OMe，蒿甲醚；
R¹ = H，R² = 琥珀酸酯，青蒿琥酯

然后半化学合成制备青蒿素衍生物。青蒿素的生物合成途径中，已经解析了青蒿二烯合酶(ADS)、青蒿酸合成酶基因，还没有解析青蒿素合成基因，因此构建酿酒酵母细胞工厂，只能合成青蒿酸。

（1）酿酒酵母萜类合成途径

酿酒酵母通过甲羟戊酸（MVA）途径合成鲨烯，用于合成细胞膜的甾醇。萜类合成途径是酵母必需的，萜类对酵母的毒性远远低于对大肠杆菌的毒性，因此是萜类药物的适宜底盘细胞。

酵母的 MVA 途径中，乙酰-CoA 为起始底物，在硫解酶（Erg10）催化下生成乙酰乙酰辅酶 A。与 1 分子乙酰-CoA 反应，由 Erg13 催化生成 3-羟基-3-甲基戊二酰辅酶 A（HMG-CoA），被 HMG-CoA 还原酶（Hmgr）催化生成中间产物甲羟戊酸。随后，经过甲羟戊酸激酶（Erg8）、甲羟戊酸磷酸激酶（Erg12）催化生成甲羟戊酸-5-焦磷酸，被脱羧酶（Erg13）催化生成异戊烯焦磷酸（IPP），由异构酶（Idi）催化生成二甲基丙烯焦磷酸（DMAPP）。IPP 和 DMAPP 是所有萜类的 C_5 构建单元（图4-29）。

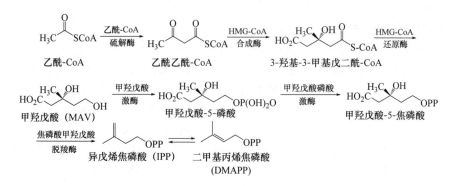

图 4-29　合成异戊烯焦磷酸的 MVA 途径

（2）青蒿酸生物合成途径设计

青蒿素是倍半萜类化合物，由 3 个异戊二烯基单元聚合和氧化修饰而成，以法尼烯焦磷酸(FPP)为前体，涉及 6 个外源功能基因（图4-30）。利用酵母的甲羟戊酸途径合成青蒿酸，整个合成途径分为 3 个模块。第一模块是从乙酰辅酶 A 到中间体甲羟戊酸，第二模块是从甲羟戊酸到青蒿二烯，第三模块是青蒿二烯到青蒿酸。甲羟戊酸是整个途径的重要中间产物，容易积累并将产生细胞毒性，可用于检测分析上游代谢途径的通量。青蒿二烯是青蒿素合成途径的中间产物，可用于检测下游代谢途径的通量。

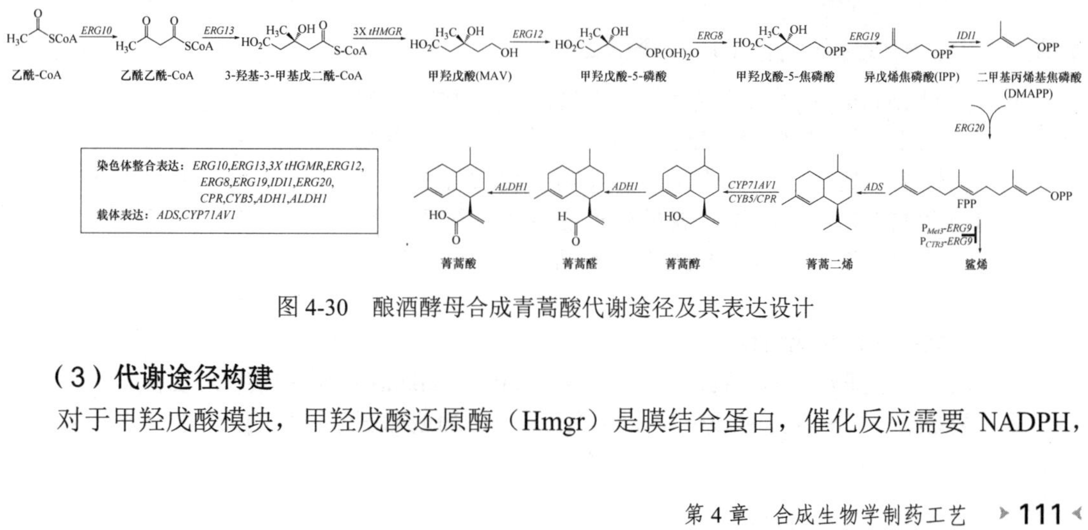

图 4-30　酿酒酵母合成青蒿酸代谢途径及其表达设计

（3）代谢途径构建

对于甲羟戊酸模块，甲羟戊酸还原酶（Hmgr）是膜结合蛋白，催化反应需要 NADPH，是整个途径的限速步骤。Hmgr 由 N 端的膜结合域和 C 端的催化域组成，除去 N 端域，使之成为细胞质酶，有利于发挥催化功能。采用生物信息学预测，截短 N 端域的 Hmgr（简称 tHmgr），进行多拷贝染色体整合表达，以加大甲羟戊酸模块通量。

对于青蒿二烯模块，酵母没有青蒿二烯合成基因，只能从青蒿植物中发现，建立异源生物合成途径。采用同源克隆策略，从黄花蒿叶片表皮绒毛中克隆青蒿二烯合成酶（amorphadiene synthase，ADS）基因，并进行催化功能分析，构建表达载体，转化酿酒酵母，合成了青蒿二烯产物，打通了异源生物合成途径。

对于青蒿酸模块，由青蒿二烯到青蒿酸是氧化反应，由 P450 酶催化。青蒿二烯氧化酶（CYP71AV1）和细胞色素 P450 还原酶（cytochrome P450 reductase，CPR）催化青蒿二烯生成青蒿醇，进而由青蒿醇脱氢酶（Adh1）和青蒿醛脱氢酶（Aldh1）催化生成青蒿酸。细胞色素 B5（Cytochrome B5，Cyb5）有利于转移电子。按照单顺反子模式对每个基因进行表达设计，构建青蒿酸模块。导入酵母，合成了青蒿酸。如果还原反应不足，则生成中间产物青蒿醇和青蒿醛。

（4）底盘细胞设计与改造

改造底盘细胞，加强前体合成途径和削弱支路途径，为青蒿酸合成提供充足的前体法尼烯焦磷酸。对整个法尼烯焦磷酸合成途径中的基因（ERG10、ERG13、ERG12、ERG8、ERG19、ERG20、IDI）进行染色体整合单拷贝过表达，对 tHMGR 进行多拷贝过表达。单拷贝过表达固醇途径特异性转录调控因子基因 UPC2-1，减弱固醇合成通量。用铜离子调控基因 CTR3 启动子或蛋氨酸特异性启动子驱动 ERG9 的表达，通过向培养基中添加铜离子（CuSO₄）或用蛋氨酸浓度抑制 ERG9 转录，减少 FPP 用于合成鲨烯的支路，提高 FPP 到青蒿酸的通量。敲除半乳糖代谢的基因（GAL1、GAL7、GAL10、GAL80），解除半乳糖对葡萄糖利用的阻遏效应，实现所有过表达基因在葡萄糖培养基上组成型表达。

多拷贝表达青蒿醇氧化和还原酶基因（CPR、CYB5、ADH1、ALDH1）有害，因此这些基因在染色体上整合单拷贝表达，而 ADS 和 CYP71AV1 用游离载体进行高拷贝表达。

（5）发酵工艺

青蒿酸对酵母有毒性，在培养基中添加肉豆蔻酸异丙酯形成有机相，采用两相发酵。酵母在水相中生长和合成产物，有利于高细胞密度，有机相用于富集青蒿酸。调节培养基中的磷含量，采用反馈控制发酵策略，进行脉冲补料流加碳源乙醇，解决细胞活性与产物大量合成积累之间的矛盾。在细胞高密度下进行两相发酵，青蒿酸的产量达到 25g/L。

已经报道了多种以青蒿酸为原料的半合成青蒿素工艺，在进一步提高发酵工艺经济性的前提下，有望取代种植生产青蒿素工艺。

4.5.3 人工酿酒酵母细胞工厂合成小檗碱

小檗碱（berberine）亦称黄连素（图 4-31），是植物来源的抗生素，主要用于治疗胃肠炎、细菌性痢疾等肠道感染、眼结膜炎、化脓性中耳炎等。目前小檗碱主要通过化学合成工艺生产。利用合成生物学手段进行发酵生产提供了一种更加环保、有潜力的生产技术，本节介绍构建酿酒酵母细胞工厂合成小檗碱。

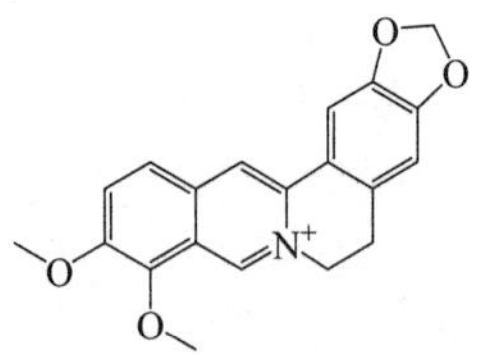

图 4-31　小檗碱的化学结构

（1）小檗碱生物合成途径

小檗碱属于苄基异喹啉生物碱（benzylisoquinoline alkaloids），由前体酪氨酸衍生而来。前体酪氨酸经过脱羧酶催化生成酪胺，再经过酪氨酸酶或酪氨酸羟化酶催化生成多巴胺。多巴胺和 4-羟基苯乙醛经去甲乌药碱合成酶（norcoclaurine synthase，NCS）催化聚合生成(S)-去甲乌药碱，再经过甲基转移酶 6OMT、CNMT 生成(S)-N-乌药碱，(S)-N-乌药碱经过一个 P450 酶 NMCH 催化在 3′位置氢化，再经过甲基转移酶 4′OMT 在 4′甲基化，最终生成(S)-网状番荔枝碱。(S)-网状番荔枝碱是大部分异喹啉生物碱的共同前体，经小檗碱桥酶 BBE 催化生成(S)-金黄紫堇碱，再经过两个氧化还原酶 SOMT 和 CAS 生成(S)-四氢小檗碱。(S)-四氢小檗碱经 STOX 氧化一步生成小檗碱。

（2）代谢途径构建

小檗碱合成代谢途径可分为四个模块，第一个模块为碳源到酪氨酸的合成（图 4-32）。通过优化酵母内源的芳香酸合成途径，使用 ARO4^{Q166K}、ARO7^{T226I}，解除产物的反馈抑制，对编码关键酶的基因过表达来进行 L-酪氨酸的过量生产。

第二个模块为 L-酪氨酸到(S)-去甲乌药碱的合成（图 4-33）。酪氨酸到多巴的羟化可以由酪氨酸酶 TYR 与酪氨酸羟化酶 TH 实现。酪氨酸酶 TYR 还具有二酚氧化酶活性，容易将多巴氧化成多巴醌；而酪氨酸羟化酶 TH 催化需要辅因子四氢生物蝶呤 BH4 参与，由于酵母中无天然 BH4，需要引入包括至少三个目标基因的 BH4 合成途径，产生较大的代谢负担。因此，可选用植物来源的酪氨酸羟化酶 TyrH 和 CPR，避免副产物并提高羟化效率。抑制酵母内源的 ARI1、ADH6、YPR1 基因的表达，阻断醛还原酶的功能，防止 4-羟基苯乙醛生成 4-羟基苯乙醇。截除植物源 NCS 的 N 端 35 个氨基酸信号肽，并和 TryH、CPR、DoDC（二羟基苯丙氨酸脱羧酶）串联，通过同源重组，整合到 ARI1 位点上。

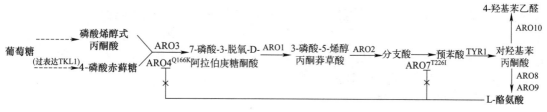

图 4-32 小檗碱的生物合成途径

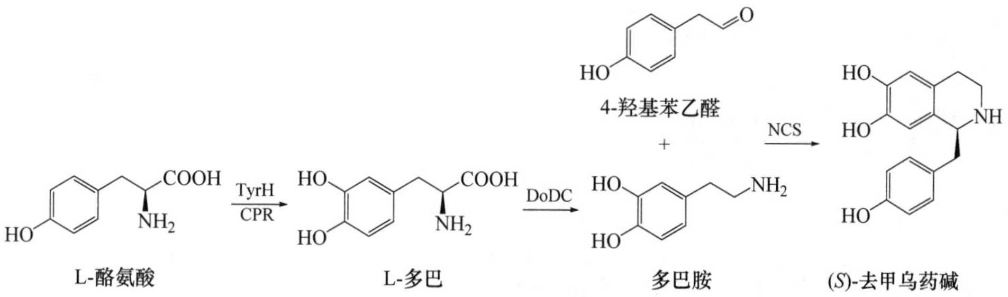

图 4-33 (S)-去甲乌药碱合成模块

第三个模块为(S)-去甲乌药碱到(S)-网状番荔枝碱的合成（图 4-34）。将罂粟来源的甲基转移酶 6OMT、CNMT、羟化酶 NMCH 和 4′OMT 基因串联表达，通过同源重组，整合到染色体的 ADH6 位点上。

第四个模块为(S)-网状番荔枝碱到小檗碱的合成（图 4-35）。通过小檗碱桥酶（BBE）、甲基转移酶（9OMT）、四氢小檗碱合酶（CAS）转化为四氢小檗碱，并由四氢原小檗碱氧化酶（STOX）最终转化为小檗碱。将小檗碱合成模块基因，通过同源重组技术，整合染色体的 YPR1 位点上。有研究表明，四氢小檗碱在高温（98℃）下全部氧化为小檗碱，其效率比酶转化更高，因此该模块可不表达 STOX 基因。发酵结束后，提取四氢原小檗碱，再化学转化合成小檗碱。

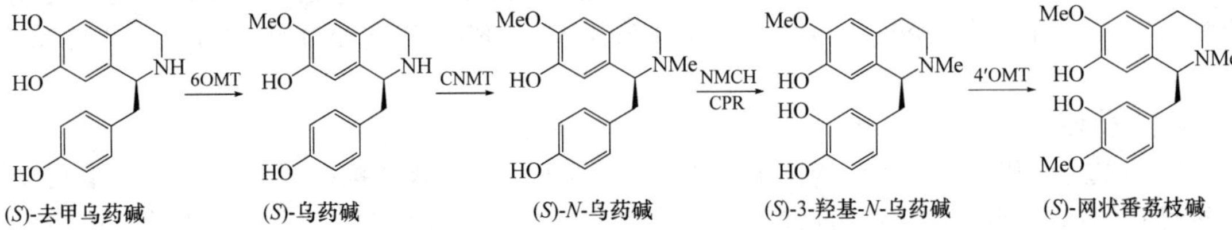

图 4-34　(S)-网状番荔枝碱合成模块

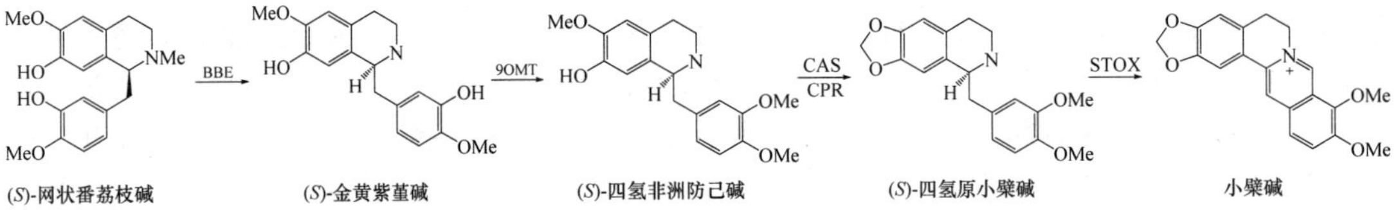

图 4-35　小檗碱合成模块

（3）底盘细胞设计改造

设计改造底盘酵母，加强 L-酪氨酸的合成。为了提高酪氨酸的合成通量，需要解除酪氨酸对内源代谢的抑制。选取对酪氨酸抑制不敏感的 3-脱氧-D-阿拉伯庚酮糖酸-7-磷酸合成酶 $ARO4^{Q166K}$ 和分支酸变位酶 $ARO7^{T226I}$，同时过表达酵母内源性的转酮酶 TKL1，增大磷酸戊糖途径向 E4P 的通量，把这些基因整合到非必需基因位点上。敲除了 4 个酵母内源基因，降低对上游前体对羟基苯乙醛的代谢。

（4）发酵工艺

由葡萄糖、无机氮源和无机盐组成基本培养基，如果菌株是营养缺陷型，需要添加相应的营养物，进行分批补料发酵。中间产物多巴、多巴胺等具有邻苯二酚结构，在酸性条件下容易被氧化，因此选择柠檬酸盐缓冲液，流加 NaOH 溶液控制 pH 5.7 左右。也可加入抗坏血酸等还原剂，防止氧化，提高中间产物的稳定性。溶解氧控制在 25%，25～30℃进行发酵。当产物达到平台期后，及时结束发酵。

思考题

4-1 元件、模块、基因回路、底盘细胞之间的关系是什么？

4-2 合成生物学在制药有哪些应用？

4-3 体外 DNA 组装和酵母细胞内组装的原理和操作有什么异同？如何选择应用？

4-4 分析比较几种基因组编辑技术的优缺点，如何选择应用？

4-5 基因组设计的原则是什么？拆分设计和组装合成的思路是什么？

4-6 大肠杆菌基因组和酿酒酵母染色体设计合成中的异同点是什么？

4-7 人工细胞工厂设计构建的思路是什么？

4-8 丹参素、青蒿酸、小檗碱细胞工厂的优化策略有什么不同？

参考文献

［1］ 赵广荣. 现代制药工艺学. 北京: 清华大学出版社, 2015.

［2］ 丁明珠, 李炳志, 王颖, 等. 合成生物学重要研究方向进展. 合成生物学, 2020, 1(1): 7-28.

［3］ 汪君仪, 武晓乐, 曹月阳, 等. 基因组设计与合成: 从复写到理性设计. 合成生物学, 2021, 2(2): 247-265.

［4］ Jiang Y, Chen B, Duan C, et al. Multigene editing in the *Escherichia coli* genome via the CRISPR-Cas9 system. Appl Environ Microbiol, 2015, 81: 2506–2514.

［5］ 陈力权, 李谦. ZFNs、TALENs 和 CRISPR-Cas 基因编辑技术在肿瘤治疗中的应用. 药物生物术, 2018, 25(06): 537-541.

［6］ Wang K, Fredens J, Brunner S F, et al. Defining synonymous codon compression schemes by genome recoding. Nature, 2016, 539(7627): 59-64.

［7］ Fredens J, Wang K, de la Torre D, et al. Total synthesis of *Escherichia coli* with a recoded genome. Nature, 2019, 569(7757): 514-518.

［8］ Datsenko K A, Wanner B L. One-step inactivation of chromosomal genes in *Escherichia coli* K-12 using PCR products. Proc Natl Acad Sci USA, 2000, 97(12): 6640-6645.

［9］ Xie Z X, Li B Z, Mitchell L A, et al. "Perfect" designer chromosome V and behavior of a ring derivative. Science, 2017, 355(6329): eaaf4704.

［10］ Wu Y, Li B Z, Zhao M, et al. Bug mapping and fitness testing of chemically synthesized chromosome X. Science, 2017, 355(6329): eaaf4706.

［11］ Richardson S M, Mitchell L A, Stracquadanio G, et al. Design of a synthetic yeast genome. Science, 2017, 355(6329): 1040-1044.

［12］ Yao Y F, Wang C S, Qiao J, et al. Metabolic engineering of *Escherichia coli* for production of salvianic acid A via an artificial biosynthetic pathway. Metab Eng, 2013, 19(5): 79-87.

［13］ Zhou L, Ding Q, Jiang G Z, et al. Chromosome engineering of *Escherichia coli* for constitutive production of salvianic acid A. Microb Cell Fact, 2017, 16(1): 84.

［14］ Paddon C J, Westfall P J, Pitera D J, et al. High-level semi-synthetic production of the potent antimalarial artemisinin. Nature, 2013, 496(7446): 528-532.

［15］ Galanie S, Smolke C D. Optimization of yeast-based production of medicinal protoberberine alkaloids. Microb Cell Fact, 2015, 14: 144.

［16］ Matsumura E, Nakagawa A，Tomabechi Y，et al. Microbial production of novel sulphated alkaloids for drug discovery. Sci Rep, 2018, 8(1): 7980.

［17］ Han J, Li S. De novo biosynthesis of berberine and halogenated benzylisoquinoline alkaloids in *Saccharomyces cerevisiae*. Commun Chem, 2023, 6: 27.

酶工程制药工艺

从化学反应角度看，生物制药都是在酶催化下完成的。不同生物制药，所涉及的酶种类和酶所处的环境不同。对于微生物制药和动物细胞制药而言，是复杂多酶体系，既要维持细胞生长，也要催化生成产物。酶工程制药是利用酶分子的催化特性，在一定的反应装置中将底物转化为药物或药物中间体的技术过程，也称为生物转化制药。酶工程制药具有效率高、特异性强、条件温和、低污染、产物收率高、生产耗能低等特点，本章介绍酶的分类、酶活性评价和改造技术，同时结合实例介绍单酶、多酶和化学-酶联在制药工艺中的应用。

5.1 概　述

随着对酶催化机制的深入了解和新酶的不断发现，酶工程技术得到了迅速发展。天然酶的催化效率、稳定性等不足，需要对酶进行提纯、改造和固定化等工程操作，以满足制药工业应用的需要。

5.1.1 酶的分类

1961 年国际生物化学与分子生物学联合会（IUBMB）按照催化的反应类型，将酶分为六大类，2018 年增加了转位酶。目前共有七大类酶（表 5-1），分别是氧化还原酶（EC1）、转移酶（EC2）、水解酶（EC3）、裂合酶（EC4）、异构酶（EC5）、连接酶（EC6）和转位酶（EC7），统一用酶学委员会的缩写（EC）编号。

表 5-1　酶的分类

酶编号	酶的种类	特性及代表性亚类
EC1	氧化还原酶（oxidoreductase）	催化氧化还原反应，即分子间的电子转移。催化分子内氧化还原反应的酶属于异构酶。包括脱氢酶、氧化酶、过氧化物酶、加氧酶等
EC2	转移酶（transferase）	催化底物之间功能基团的转移反应。包括糖基转移酶、甲基转移酶、转醛醇酶、转酮酶、酰基转移酶、烷基转移酶、转氨酶、磺基转移酶、磷酸转移酶、核苷酸转移酶等

酶编号	酶的种类	特性及代表性亚类
EC3	水解酶（hydrolase）	催化底物的水解反应。包括淀粉酶、酯酶、脂肪酶、糖苷酶、蛋白酶、硫酸酯酶、磷脂酶、氨基酰化酶、核酸内切酶、核酸外切酶、卤代酶等
EC4	裂合酶（lyase）	催化从底物上脱去一个基团而留下双键（或环）的反应或其逆反应。包括脱羧酶、醛缩酶、酮酶、水合酶、多糖裂解酶、解氨酶等
EC5	异构酶（isomerase）	催化同分异构体之间的相互转化。包括消旋酶、差向异构酶、顺反异构酶、变位酶等
EC6	连接酶（ligase）	催化两种底物合成为一种分子化合物，必须与 ATP 分解相偶联。促进 C—C、C—S、C—O、C—N 等单键的形成，包括合成酶、羧化酶等
EC7	转位酶（translocases）	催化离子或分子从膜的一侧转移到另一侧。包括氢离子转位酶、氨基酸和肽转位酶、糖及其衍生物转位酶等

5.1.2 酶活性指标

（1）酶活力指标

酶活力的高低是研究酶的特性、进行酶制剂生产及应用时的一项重要指标。

① **酶的活力测定** 酶促反应的速率常用单位时间内、单位体积中底物的减少量或产物的生成量表示，即：

$$-d[S]/d[t] \text{ 或 } d[P]/d[t] \tag{5-1}$$

测定酶的活力应以酶促反应的初速率为准，即在酶浓度和底物浓度一定的条件下，在最初一段时间内，产物的浓度随时间的增加而线性增加时的速率。

② **酶的活力单位** 国际酶学委员会规定，一个酶活力单位（unit）是指在 25℃下，其它条件如 pH 及底物浓度均采用最适条件，在 1min 内转化 1μmol 底物所需的酶量（或转化 1μmol 底物的有关基团所需的酶量）。但是，酶的活力单位常根据实际需要来规定。

③ **酶的比活力** 比活力（specific activity）是指每毫克蛋白质所具有的活力单位数，即活力单位数/mg 蛋白质。在酶的纯化过程中，每步纯化后都要测定酶的比活力，比活力高，表明酶的纯度高。酶的纯度是用比活力表示的：

比活力=活力单位数/mg 蛋白=总活力单位数/总 mg 蛋白

在提纯过程中，总活性在减少，总蛋白也在减少，但比活性在提高。

（2）酶反应动力学指标

酶反应动力学主要研究酶催化反应的速率以及影响反应速率的各种因素，为提高酶催化效率及解析酶催化机理提供科学依据。

1）中间产物学说

1913 年 L. Michaelis 和 M. Menten 提出了酶的中间产物学说。他们认为：酶降低活化能的原因是酶参加了反应，即酶分子与底物分子先结合形成不稳定的中间产物（中间结合物），这个中间产物不仅容易生成，而且容易分解出产物，释放出原来的酶，这样就把原来活化能较高的一步反应变成了活化能较低的两步反应。其反应过程可表示如下：

$$E + S \underset{k_{-1}}{\overset{k_1}{\rightleftharpoons}} ES \xrightarrow{k_2} P + E \tag{5-2}$$

这里，E、S、ES 和 P 分别代表酶、底物、酶-底物复合物和产物。

2）酶促反应的基本方程——米氏方程

根据中间产物学说的原理，当废物浓度远大于酶浓度，第二步反应逆反应可忽略，推导出米氏方程：

$$v = v_{max}[S] / (K_m + [S]) \tag{5-3}$$

v 代表底物浓度为[S]时的反应速率，v_{max} 代表最大反应速率，K_m 称为米氏常数，等于 $(k_{-1} + k_2) / k_1$。米氏方程表明了酶反应速率与底物浓度间的关系。

3）K_m 的测定

当反应速率达到最大反应速度一半时，即 $v = v_{max} / 2$ 时，得到：

$$v_{max} / 2 = v_{max}[S] / (K_m + [S]) \tag{5-4}$$

即 $K_m = [S]$。可见，K_m 值的含义是酶反应速率达到最大反应速率一半时的底物浓度。为了准确地求出 K_m，可把米氏方程改变形式为直线方程后，用双倒数作图法求出。现在常通过测定不同底物浓度下反应初速度，借助软件对米氏方程进行非线性回归，从而给出计算的 K_m 值。

K_m 是酶的特征性常数，与酶反应条件（温度、pH 等）和酶的性质有关，与酶的浓度无关，不同的酶有不同的 K_m。如果一种酶可作用于几种底物，就有几个不同的 K_m，K_m 值小的底物一般作为该酶的最适底物或天然底物。

4）酶的转换数

酶的转换数（turnover number，即 k_{cat}）的定义为：酶被底物饱和时，每分子酶（单体酶）或每分子酶活性中心（含有多个活性中心的酶）在单位时间内转化底物的分子数。假定反应混合物中的酶浓度[E_T]已知，在饱和的[S]下，$v = v_{max} = k_2[E_T]$，v_{max} 揭示了转换数。因此，

$$k_2 = v_{max} / [E_T] = k_{cat} \tag{5-5}$$

5）k_{cat}/K_m

比较不同酶的催化效率时需要选择适当的参数。k_{cat} 反映的是一种酶被饱和时的性质，在低[S]下，k_{cat} 值失去意义。由于当 $v = v_{max} / 2$ 时 $K_m = [S]$，K_m 值须与细胞内的正常[S]有某种关系。对于讨论催化效率来说，最重要的指标应该包含 k_{cat} 和 K_m 两者。根据米氏方程的推导，$v_{max} = k_{cat}[E_T]$，代入米氏方程得到：

$$v = k_{cat}[E_T][S] / (K_m + [S]) \tag{5-6}$$

当[S] $\ll K_m$ 时，游离酶的浓度[E]大体上接近[E_T]，于是就得到：

$$v = k_{cat}[E_T][S] / K_m = (k_{cat} / K_m)[E][S] \tag{5-7}$$

在这种情况下，v 取决于两种反应物 E 和 S 的浓度，因而这是一种二级反应，常数 k_{cat} / K_m 是二级速率常数。k_{cat} / K_m 一般认为是用来比较催化效率的最好的动力学参数。因为一种酶的催化效率不可能超过 E 和 S 结合形成 ES 的扩散控制限制，所以 k_{cat} / K_m 的上限由 E 和 S 扩散在一起的扩散系数决定。这种扩散控制限制（diffusion-controlled limit）大约是 $10^8 \sim 10^9$ L/(mol·s)。一些酶的 k_{cat} / K_m 值接近这一范围。

5.1.3 酶工程技术

天然酶的改造技术包括化学修饰和生物改造技术。生物改造技术是在酶结构信息的基础上，对编码酶的基因进行突变等实现的。改造后的酶通过建立离体生化反应或细胞内反应等，进行活性的测试、筛选和功能评价。

（1）酶的物理化学修饰

酶的物理修饰主要体现在酶与环境的相互作用上，如在不同温度、pH 缓冲体系及外在限制因素的作用下，酶分子的空间构象被改变，进而其稳定性、特异性和选择性等特性发生变化。酶的化学修饰主要是利用化学修饰剂所具有的各种基团的特性，直接或间接地经过一定

的活化过程与酶分子的某些氨基酸残基发生化学反应，从而改造酶分子的结构。相较于物理修饰，化学修饰的作用力更强。

（2）酶定向进化

酶定向进化策略是通过易错 PCR、DNA 改组及交错延伸等技术，使酶朝着人们期望的方向发生突变，从而改良酶分子性能。酶定向进化技术与噬菌体展示技术获得了 2018 年的诺贝尔化学奖。酶分子体外定向进化策略属于非理性设计，主要包括突变文库构建和高通量筛选两部分，而建立有效的高通量筛选方法是酶定向进化成功的关键。

（3）酶的半理性设计

酶的半理性设计是利用生物信息学技术，通过序列分析、分子建模等，结合酶学知识，有针对性地选取若干氨基酸位点进行改造，设计和构建"小而精"的突变体文库。在众多半理性设计方法中，常用组合活性中心饱和突变及迭代饱和突变技术应用最为广泛。

（4）酶的理性设计

酶的理性设计是基于对酶三维结构和催化机制的认识，在计算机上设计关键氨基酸残基及其虚拟突变，计算出某位点突变后的最优解，指导实验突变和筛选。一些常用的计算方法有 CASTp、Fpocket、Q-SiteFinder、PISA、Evolutionary Trace、I-Mutant、PROVEAN、ddg_monomer 等。选择合适的计算方法可加速酶的理性设计效果。

（5）酶的机器学习

机器学习是利用计算机提取酶的序列、结构、功能等信息，用训练集的数据构建酶模型，然后学习训练集以外的序列空间与活性的关系，获得有益突变，指导实验突变和筛选。机器学习是以蛋白质结构和功能活性的大数据为基础，正在快速发展，代表着未来酶设计和改造的方向。

5.1.4　酶的固定化技术

酶的固定化是把酶限定在一定范围内，以提高酶浓度和化学反应速度的技术。目前固定化酶技术大致可分为吸附法、包埋法、共价偶联法和交联法。

（1）吸附法

吸附法是指酶通过非共价作用力如范德华力、氢键等附着在载体上。该方法的酶活性较高，但由于酶分子与载体间结合力较弱，酶分子很容易从载体上脱落，不能多次重复使用，因而未在工业上广泛使用。

（2）包埋法

包埋法是将酶包埋在高聚物网格或高分子半透膜内，酶与载体没有结合，因而对酶活性的保留较高，且酶易于与底物和产物分离。由于高聚物网格和半透膜只允许小分子自由通过，因而不适用底物或产物是大分子的反应。

（3）共价偶联法

共价偶联法是通过酶分子上的功能基团如氨基、羧基、巯基和羟基等与载体上的官能团之间形成共价键，从而固定酶的方法。由于酶与载体间连接牢固，酶不易脱落，大大提高酶的稳定性和重复利用性。但由于固定化是剧烈的化学反应，需要严格控制条件，减少酶活性损失。此外，共价结合会影响酶的空间构象，容易对酶的催化活性产生影响。

（4）交联法

交联法是指用功能试剂使酶分子间、酶分子与载体间形成共价键，把酶分子相互交联形成网络结构的固定化方法。因为交联法的反应条件一般也较为剧烈，交联剂容易使固定化酶活力受到影响，所以这种方法很少单独使用，常和吸附法、包埋法联用，防止酶分子从载体上脱落，从而得到活力更高、重复使用性更高的固定化酶。在制药工业中，包埋法的使用率相对较高，吸附法次之。

5.2 单酶制药工艺

单酶制药工艺是通过一种酶，催化一种反应，合成一种药物或中间体的工艺。单酶制药工艺在手性拆分、氧化还原手性基团的合成等方面具有广泛的应用。本节主要介绍单酶在手性氨基酸的拆分和内酰胺抗生素衍生物合成中的应用。

5.2.1 固定化酶生产 L-氨基酸

在 20 世纪 60 年代末，固定化米曲霉的氨基酰化酶（EC 3.5.1.14）用于拆分化学合成的外消旋 DL-氨基酸，生产 L-氨基酸，由此开启了固定化酶的工业化应用，目前在制药工业中，用固定化酶法生产的氨基酸已有十多种。DL-氨基酸首先被转化为乙酰-DL-氨基酸，然后由固定化的氨基酰化酶水解生成 L-氨基酸和乙酰-D-氨基酸，D-对映体外消旋化后再重复以上的过程，直至外消旋体几乎全部转变为 L-氨基酸。以下是工业上利用酶拆分法制备 L-蛋氨酸（甲硫氨酸）的工艺介绍。

（1）氨基酰化酶固定化工艺

卡拉胶是从麒麟菜、石花菜、鹿角菜等红藻类海草中提取的一种多糖，氨基酰化酶可以利用卡拉胶作为载体采用包埋法进行固定。在 60～90℃ 条件下，将卡拉胶按照 5%（质量分数）的比例溶解于水中。降温至 40～60℃后，按照氨基酰化酶与卡拉胶的质量比为(1～15)：(99～85)，加入氨基酰化酶，混合均匀。将混合液流加到 20～35℃ 的有机溶剂（如煤油、汽油或植物油）中搅拌，过滤并用去离子水洗涤所得颗粒。将颗粒加入到含有 0.5%戊二醛的 0.1mol/L KCl 水溶液中，固化 2h，增加固定化氨基酰化酶的稳定性，并置于 4℃保存。

（2）DL-蛋氨酸酰化工艺

N-酰化反应常用的酰化剂有羧酸、羧酸酐、酰氯、酯及烯酮类化合物，其中酸酐的酰化活性较强且反应不可逆，因此蛋氨酸的酰化常选用乙酸酐作为酰化剂。反应中乙酸酐用量一般需要过量 5%～50%，反应温度为 20～90℃。将 DL-蛋氨酸投入反应釜，加入 1～5 倍当量的水溶解，搅拌状态下滴加 1.5 倍当量的乙酸酐，控制反应温度为 25～50℃（图 5-1）。滴加完毕后，在 25～50℃持续搅拌 5～10h，生成乙酰化的 DL-蛋氨酸和乙酸。将反应液转移至结晶釜中，冷却至 0～5℃，加入晶种促进结晶，搅拌结晶约 5h 后离心分离，得到乙酰-DL-蛋氨酸。

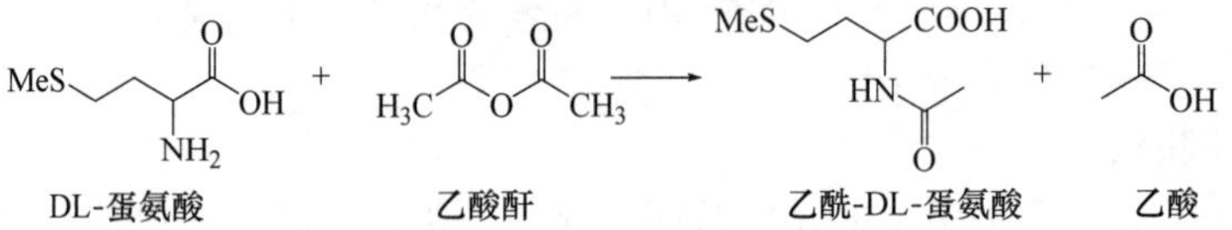

图 5-1　乙酸酐 N-乙酰化 DL-蛋氨酸

（3）固定化酶催化拆分工艺

氨基酰化酶可专一性水解乙酰-L-蛋氨酸的酰胺键生成 L-蛋氨酸，而不水解乙酰-D-蛋氨酸的酰胺键（图 5-2）。向反应罐中注入 0.1mol/L 乙酰-DL-蛋氨酸，用磷酸缓冲液调 pH 值至 7.0，按 20～30g/L 的浓度加入固定化氨基酰化酶，在酶的最适温度 35～45℃进行 4～5h 反应。过滤，滤液含有 L-蛋氨酸和乙酰-D-蛋氨酸，固定化酶颗粒继续用于后续的转化。

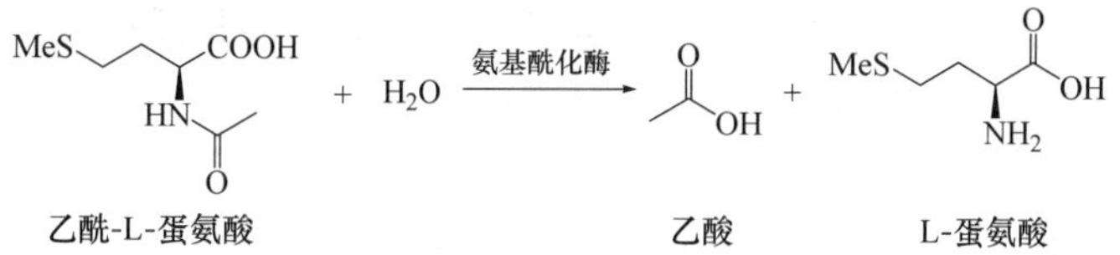

图 5-2　氨基酰化酶专一性水解乙酰-L-蛋氨酸

（4）分离工艺

利用 L-蛋氨酸在水中的溶解度在等电点附近降低，通过调节溶液 pH 值结合降温结晶对 L-蛋氨酸和乙酰-D-蛋氨酸进行分离。将滤液用醋酸调 pH 值至 5.0，减压浓缩至总体积减小一半以上后，置于 0℃ 结晶。等体积冷乙醇洗涤晶体，于 80℃烘干 3～4h，得 L-蛋氨酸粗品。滤液和洗涤液合并后减压浓缩得乙酰-D-蛋氨酸溶液，通过热消旋反应或消旋酶处理生成乙酰-DL-蛋氨酸后，再重复进行催化拆分。

5.2.2　固定化青霉素酰化酶生产抗生素

青霉素酰化酶（EC 3.5.1.11），又称青霉素酰基转移酶，催化青霉素水解产生 6-氨基青霉烷酸（6-APA）和相应的有机酸。根据底物特异性的不同，青霉素酰化酶可分为三类：第一类青霉素 G 酰化酶（PGA）主要由细菌产生，优先水解青霉素 G；第二类青霉素 V 酰化酶（PVA）主要由放线菌、真菌产生，特异性水解青霉素 V；第三类苄基青霉素酰化酶主要由假单胞菌产生，特异性水解氨苄青霉素。目前 PGA 酶在工业上主要由工程大肠杆菌和巨大芽孢杆菌产生。其中，工程大肠杆菌产生的 PGA 酶在细胞内，用固定化细胞进行制药。而巨大芽孢杆菌产生的 PGA 酶分泌到细胞外，用固定化酶进行制药。

青霉素 G 酰化酶在 β-内酰胺类抗生素的生产中占据重要地位，既可以在碱性条件下催化青霉素 G 水解为母核 6-氨基青霉烷酸（6-APA）和苯乙酸，又可以作用于头孢菌素 G（或扩环酸、头孢 G 酸）使其脱去苯乙酰生成 7-氨基去乙酰氧基头孢烷酸（7-ADCA）。而 6-APA 和 7-ADCA 均是生产 β-内酰胺类半合成抗生素的重要中间体。另外，青霉素 G 酰化酶是可逆酶，还可以催化 6-APA、7-氨基头孢烷酸（7-ACA）或 7-ADCA 发生酰胺化缩合反应，合成 β-内酰胺类半合成抗生素，如阿莫西林、氨苄西林、头孢唑林、头孢氨苄、头孢羟氨苄等。同时，用此方法还可合成头孢拉定、头孢克洛、头孢丙烯、头孢唑啉等更多头孢类抗生素。

（1）青霉素 G 酰化酶（PGA）的固定化工艺

① **工程巨大芽孢杆菌培养**　将工程巨大芽孢杆菌（表达 PGA）种子，接入含 1%葡萄糖、1.5%蛋白胨、0.4%～0.6%酵母膏、0.6%～0.9%苯乙酸（酶活诱导剂）的发酵培养基（pH 为 6.5～8.5）中，在 28℃、180～200r/min，培养 40～45h。

② **粗酶制备**　用醋酸将发酵液 pH 调至 6.5，加入 100g/L 的硅藻土，搅拌吸附 2h 并静置 1h。等体积去离子水洗三次，抽干。加入 pH8.5、24%的硫酸铵溶液，装柱，用硫酸铵溶液洗脱。用中空纤维膜超滤浓缩，获得青霉素酰化酶液。

③ **酶固定化**　用水稀释酶液至酶活为 100U/mL，按 900U/g 的比例，加入环氧基载体，在温度27℃、pH 为 8、150r/min 下，固定化 30h。酶分子的氨基或巯基能与载体的环氧基发生化学反应，通过共价键固定在载体上。抽干溶液，按照固定化酶质量加入 4 倍体积的去离子水，清洗 3 次，抽干溶液，收集固定化酶置于 4℃保存。

（2）固定化青霉素酰化酶生产 6-APA 的工艺

① **水解工艺**　将青霉素 G 浓缩液通入搅拌式反应器中，加入固定化青霉素酰化酶浓缩

液，进行水解（图 5-3），控制反应温度为 30℃。生成苯乙酸使反应溶液的 pH 下降，补加 3mol/L 氨水调节 pH 值为 8.0 左右。到达反应终点，过滤除去杂质，得到 6-APA 和苯乙酸的混合液。

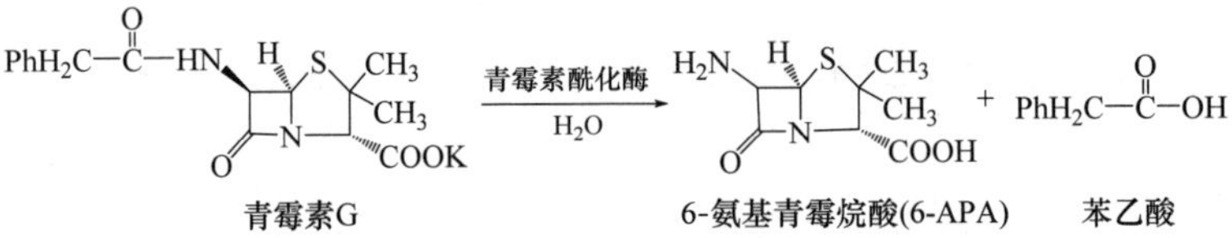

图 5-3　青霉素酰化酶水解青霉素 G 生成 6-APA

② 分离工艺　将转化液降温至 5～10℃，加入活性炭，搅拌 30min 除去有色杂质。利用 AB-8 大孔吸附树脂吸附苯乙酸，过滤，得 6-APA 滤液。用含有乙醇或丙酮的氢氧化钠溶液洗涤树脂，使苯乙酸脱吸附，再生树脂。将 6-APA 滤液转移至结晶罐，控制温度为 10～15℃，调节溶液 pH 值至 6-APA 的等电点 4.3，得到 6-APA 的结晶。过滤、洗涤、干燥得到 6-APA，含量为 98.0%，收率为 86%。

（3）固定化青霉素酰化酶生产 7-ADCA 的工艺

目前国内外 7-氨基去乙酰氧基头孢烷酸(7-ADCA)的工业生产普遍采用酶法裂解工艺。在 7-ADCA 的酶法裂解制备中，首先青霉素 G 经过化学氧化和扩环，得到中间产物头孢菌素 G，然后在青霉素酰化酶的作用下直接水解为 7-ADCA（图 5-4）。

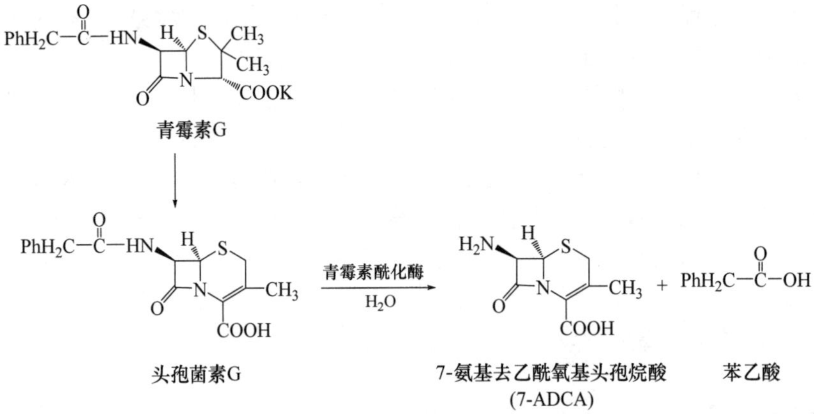

图 5-4　青霉素 G 生产 7-ADCA 的路线

① 水解工艺　头孢菌素 G 溶液通入反应器中，控制温度为 20～25℃，用 50g/L 氨水调反应液 pH 至 7.5，搅拌使头孢菌素 G 溶解。加入固定化青霉素酰化酶，温度升高至 30℃，逐渐滴加 50g/L 氨水调 pH 至 7.8～8.0，进行水解反应。头孢菌素 G 的残留低于 1.2mg/mL，达到水解反应终点。过滤，去离子水洗涤，合并滤液和洗涤液得到水解液。

② 分离工艺　向水解液中加入活性炭，在 30～35℃下搅拌 25min 脱色，过滤。在 30～35℃下滴加过氧化氢，搅拌 20min，加入甲醇，滴加 20%硫酸调 pH 至等电点 4.0，使 7-ADCA 在水-醇混相体系中等电点结晶。降温至 20℃，搅拌 20min 后过滤，用甲醇洗涤滤饼，在 50℃下真空干燥，得 7-ADCA，含量为 99.8%，纯度为 99.8%。

（4）固定化青霉素酰化酶生产 β-内酰胺类抗生素的工艺

① 酰胺化缩合工艺　将 6-APA 和苯甘氨酸甲酯通入反应器，用水溶解，控制二者的摩尔比为 1∶（1～2）。加入 5～60U/mL 的固定化青霉素 G 酰化酶，用硫酸和碳酸氢钠调节反应

液的 pH 值为 5.5～5.9，保持温度在 15～20℃下进行缩合反应。当 6-APA 的残留量低于 10mmol/L 时，结束反应（图 5-5）。

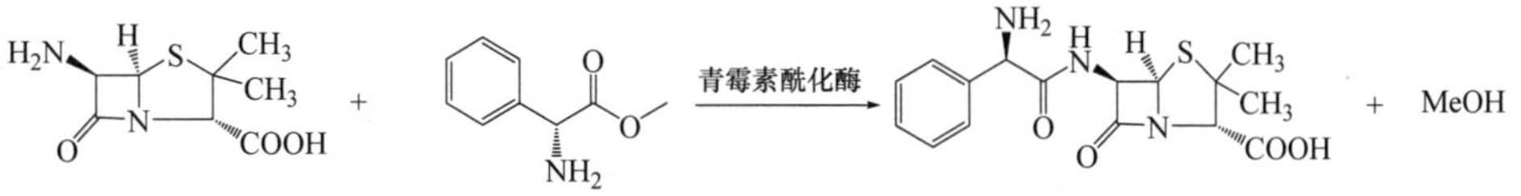

图 5-5　青霉素酰化酶催化 6-APA 生成氨苄西林

② 分离工艺　将反应液降温至 6℃，通过 80 目筛网分离固定化青霉素 G 酰化酶。由于氨苄西林粗品的黏性大，用等体积预冷至 6℃的去离子水洗酶，收集被吸附的氨苄西林。将氨苄西林溶液转入溶解罐，加入 9mol/L 盐酸将 pH 调至 0.8～1.0，过滤后转入结晶罐。用 6mol/L 的氨水缓慢调节体系 pH 至 5.0 进行结晶，温度降至 3℃，养晶 2.5 h。过滤、洗涤、干燥，即得氨苄西林。6-APA 转化率可达 98%以上。

5.3　多酶级联制药工艺

多酶级联反应是指由两个或两个以上生物催化反应步骤的组合。根据酶反应是否发生在细胞内，可分为体内多级酶级联反应和体外多酶级联反应。体内多酶级联反应的优势是无需进行酶纯化、中间产物分离，细胞能提供辅因子再生。体外多酶级联反应的优势是副产物少、产品得率高、反应速度快、产品易分离、操作性强等，应用较多。

5.3.1　伊斯拉曲韦的合成工艺

（1）多酶催化的合成工艺路线

伊斯拉曲韦是美国默克公司研发的含炔烃和氟的抗艾滋病药物，是一种非天然核苷类化合物。多酶工艺总收率可达 51%，与化学合成工艺（12 步，总产率 15%）相比，具有较大优势。

基于细菌核苷再利用途径，逆合成设计了从起始化合物(R)-2-乙炔基甘油醛-3-磷酸到伊斯拉曲韦的多酶催化合成路线，包括 5 种关键酶和 4 种辅助酶（图 5-6）。2-乙炔基甘油在半乳糖氧化酶（Goase，EC 1.1.3.9）作用下，生成(R)-2-乙炔基甘油醛和过氧化氢，由辅助酶过氧化氢酶（Catalase，EC 1.11.1.6）和辣根过氧化物酶（HRP，EC 1.11.1.7）分解 H_2O_2 为水。泛酸激酶（PanK，EC 3.1.3.2）利用 ATP 将(R)-2-乙炔基甘油醛活化，生成(R)-2-乙炔基甘油醛-3-磷酸，辅助酶乙酸激酶（AcK，EC 2.7.2.1）催化乙酰基磷酸盐和 ADP 合成 ATP，为泛酸激酶提供 ATP。脱氧核糖-5-磷酸醛缩酶（DERA，EC 4.1.2.4）、磷酸戊糖变位酶（PPM，EC 5.4.2.7）催化生成(3S,4R)-4-乙炔基脱氧核糖-1-磷酸，由嘌呤核苷磷酸化酶（PNP，EC 2.4.2.1）催化生成伊斯拉曲韦。为了消除副产物磷酸的影响，引入蔗糖磷酸化酶（SP，EC 2.4.1.7），促进反应朝目标分子方向发展。

（2）多酶的固定化工艺

为减轻产物分离困难，将半乳糖氧化酶、泛酸激酶和乙酸激酶固定化。半乳糖氧化酶具有组氨酸标签，能与镍离子特异性结合。因此选择镍离子固定化金属螯合层析（IMAC）树脂为材料，进行共价偶联法固定。用 10 倍当量的结合缓冲液（15mmol/L 咪唑、500mmol/L 氯化钠、50mmol/L 磷酸钠，pH 8.0），洗涤平衡镍离子 IMAC 树脂。冻干半乳糖氧化酶重悬于硫酸铜（Ⅱ）(100µmol/L)溶液中，加入镍离子 IMAC 树脂（1g 酶需 8mL 树脂）器混合均匀（20℃，5h），使填料与酶充分结合。过滤、PIPES 缓冲液洗涤，除去未结合酶，获得固定化半乳糖氧化酶。

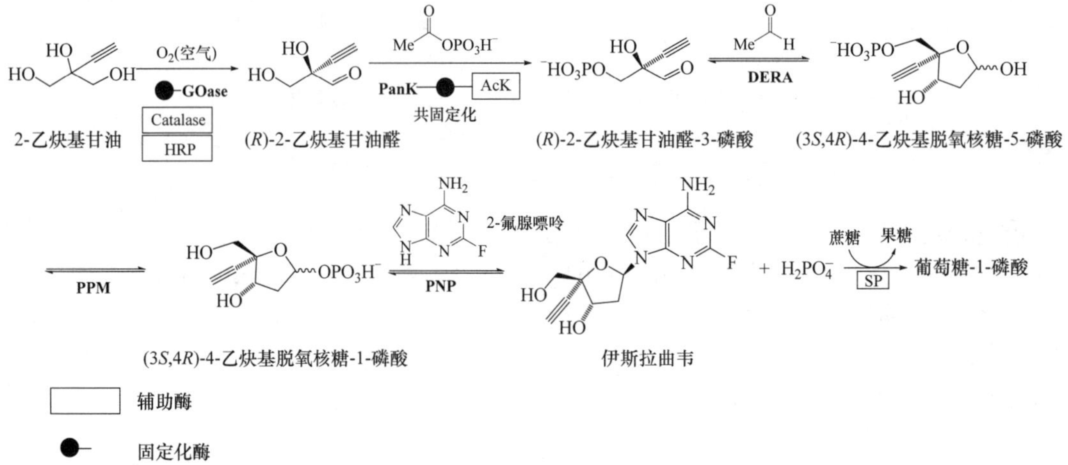

图 5-6　伊斯拉曲韦的多酶级联反应合成路线

泛酸激酶和乙酸激酶（AcK，EC 2.7.2.1）均含有组氨酸标签，与镍离子 IMAC 树脂进行共固定化。冻干泛酸激酶和乙酸激酶与树脂混合（20℃，18h），过滤，洗涤，完成双酶固定在一个树脂中。

（3）(R)-2-乙炔基甘油醛的合成工艺

在 100mL 反应体系中，50mmol/L PIPES-钾离子缓冲液，加入消泡剂 204 和固定化半乳糖氧化酶（750 mg）和辅因子五水合硫酸铜（Ⅱ）（10µmol），以 50cm^3/min 的速度通入氧气 15min。加入过氧化氢酶（210mg，2000～5000U/mg）、辣根过氧化物酶（100mg，130U/mg）和 2-乙炔基甘油的水溶液 [6.25%（质量分数），29.4mmol]。反应温度 25℃，调节 pH7.5，搅拌状态下持续通气 22h，得到(R)-2-乙炔基甘油醛溶液（200mmol/L，100mL，68%产率，97%e.e.）。

（4）(R)-2-乙炔基甘油醛-3-磷酸的合成工艺

在 100mL 反应体系中，加入含(R)-2-乙炔基甘油醛（20mmol）、氯化镁（1mmol）（镁是酶的辅因子）、乙酰基磷酸二铵盐（5.75g）和腺苷三磷酸二钠盐（ATP，0.159g），KOH 调节 pH 至 6.4，加入共固定化泛酸激酶和乙酸激酶。控制 pH 为 6.4，温度 25℃，搅拌 18h。补加 0.1 倍当量的乙酰基磷酸二铵盐（575mg），反应 24h。过滤除去固定化酶，收集滤液，真空抽滤后富集滤液，得到(R)-2-乙炔基甘油醛-3-磷酸（143mmol/L，137mL，97%转化率）。

（5）伊斯拉曲韦的合成工艺

在 150mL 反应体系中，加入含(R)-2-乙炔基甘油醛-3-磷酸（8.75mmol）和三乙醇胺（517mg）的溶液，调节 pH 至 7.5。加入磷酸戊糖变位酶辅因子二氯化锰四水合物（62.5mg）、蔗糖（10.5g），混匀后加入脱氧核糖-5-磷酸醛缩酶（DERA，18mg）、磷酸戊糖变位酶（PPM，331mg）、嘌呤核苷磷酸化酶（PNP，74mg）、蔗糖磷酸化酶（SP，37mg）。酶溶解后，加入 2-氟腺嘌呤（1.139g），并调节 pH 至 7.5。加入 40%乙醛/60%异丙醇溶液（1.8mL），调节 pH 为 7.5。35℃下密封反应 25h，反应过程控制 pH 为 7.5。

（6）分离工艺

反应结束后，反应液冷却至 5℃，静置 60min。冷却结晶，过滤，冷水洗涤，抽滤干燥，得到伊斯拉曲韦一水合物（2.16g，6.61mmol，产率 76%）。

5.3.2　四氢异喹啉的合成工艺

（1）多酶催化的工艺路线

四氢异喹啉（THIQ）是生物碱类药物的基础骨架，如药物黄连素、金黄紫堇碱、那可丁等。THIQ 主要通过提取或发酵生产，其次通过化学合成生产。以 3-羟基苯甲醛和丙酮酸盐为起始物料，由醛连接酶（乙醛羟基酸合成酶，EC. 2.2.1.6）催化进行 C—C 键连接，合成(R)-1-羟基-1-(3-羟基苯基)丙烷-2-酮［简称(R)-2］。在转氨酶（EC 2.6.1.18）催化下，合成立体特异性产物(1R,2S)-2-氨基-1-（3-羟基苯基)-1-丙醇［简称(1R,2S)-3］。去甲月桂酸合酶（NCS，EC 4.2.1.78）催化和磷酸盐催化产生相反的立体选择性（图 5-7）。

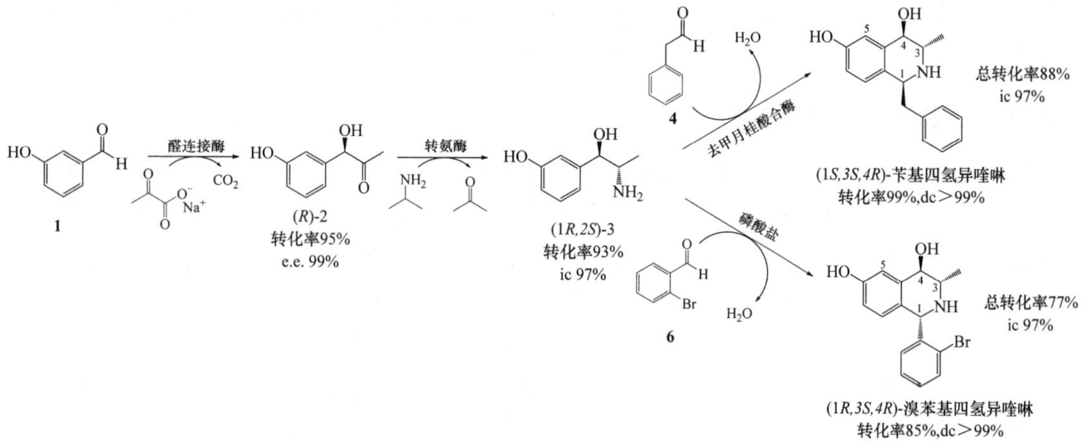

图 5-7　四氢异喹啉的多酶级联反应合成路线

e.e.—对映体过量；ic—异构体含量；dc—非对映异构体含量

（2）(R)-1-羟基-1-(3-羟基苯基)丙烷-2-酮［简称(R)-2］的合成工艺

在 HEPES 缓冲液（pH 7.5）中，加入 5mmol/L MgCl$_2$·6 H$_2$O、0.1mmol/L 辅因子硫胺素二磷酸（ThDP）、0.05mmol/L 黄素腺嘌呤二核苷酸二钠盐水合物（FAD）、10mmol/L 3-羟基苯甲醛（3-HBA）和 20mmol/L 丙酮酸钠以及 2.5%（体积分数）二甲基亚砜溶剂，最后加入 0.5mg/mL 醛连接酶，反应温度 30℃，750r/min 搅拌 1h。超滤、除去酶，终止反应。

（3）(1R,2S)-2-氨基-1-(3-羟基苯基)-1-丙醇［简称(1R,2S)-3］的合成工艺

加入 3 mg/mL 冻干转氨酶粉末、0.2mmol/L 辅因子 5'-磷酸吡哆醛（PLP）、100mmol/L 异丙胺（IP）和 3.1%（体积分数）二甲基亚砜（提高化合物溶解度）。反应温度 30℃，控制转速 750r/min，反应 8h。超滤、除去酶，终止反应。

（4）(1S,3S,4R)-苄基四氢异喹啉［简称(1S,3S,4R)-5］的合成工艺

加入 9.5mmol/L 苯乙醛、2.5%二甲基亚砜（体积分数）、0.5mg/mL 去甲月桂酸合酶。反应温度 37℃，750r/min 搅拌 3.2h。

（5）(1R,3S,4R)-溴苯基四氢异喹啉［简称(1S,3S,4R)-7］合成工艺

在第二步处理后反应液中，添加底物 10mmol/L 2-溴苯甲醛，补加 200mmol/L 磷酸钾缓冲液（pH 7.0）。控制温度 50℃，750r/min 搅拌 24h。

（6）分离工艺

通过萃取获得反应产物。淬灭后的反应液用 NaOH 调节 pH 至 7.5，根据极性大小，利用相似相溶原理，选用乙酸乙酯作为萃取溶剂，利用无水 Na_2SO_4 干燥剂除去乙酸乙酯中多余的水分，并用真空抽滤方法除去溶剂。残留物用 1mol/L HCl 溶解，并用碳酸二甲酯再次萃取。蒸发溶剂后可获得无色固体的产物 HCl 盐（92%，99.4% e.e.）。

5.4 化学-酶偶联制药工艺

将化学反应的多样性和酶的特异性与温和的反应条件相结合，利用两类反应各自的优势，建立化学-酶偶联工艺，其在绿色制造中具有重要作用。化学-酶偶联反应可分为三种模式：分步分釜反应、分步同釜反应、同步同釜反应。分步分釜反应是化学反应与酶反应在单独的反应器中分别进行，实现反应独立高效进行，不必考虑二者兼容性，在制药实际应用中多采取。

5.4.1 度洛西汀的合成工艺

度洛西汀是一种抗抑郁药物，2004 年在美国上市。该药物含有噻吩结构和一个手性中心，仅 S 构型的对映体具有药物活性。目前化学合成路线是：以 2-乙酰基噻吩（**5-1**）为底物经 Mannich 反应得到 N,N-双甲基-3-酮-3-(2-噻吩基)丙酰胺盐酸盐（**5-2a**），用硼氢化钠将 **5-2a** 还原生成中间体 N,N-双甲基-3-羟基-3-(2-噻吩基)丙酰胺（**5-3a**），通过(S)-扁桃酸拆分得到(S)-**5-3a**，再经化学反应生成(S)-度洛西汀。(S)-**5-3a** 的动力学拆分理论收率最高为 50%，异构体浪费较多。圆红冬孢酵母（*Rhodosporidium toruloides*）的羰基还原酶（EC 1.1.1.148）RtSCR9 直接催化 **5-2a** 不对称还原生成(S)-**5-3a**，总产率达到 60%，e.e.值大于 98.5%，为化学-酶偶联高效合成度洛西汀提供了可行方案（图 5-8）。

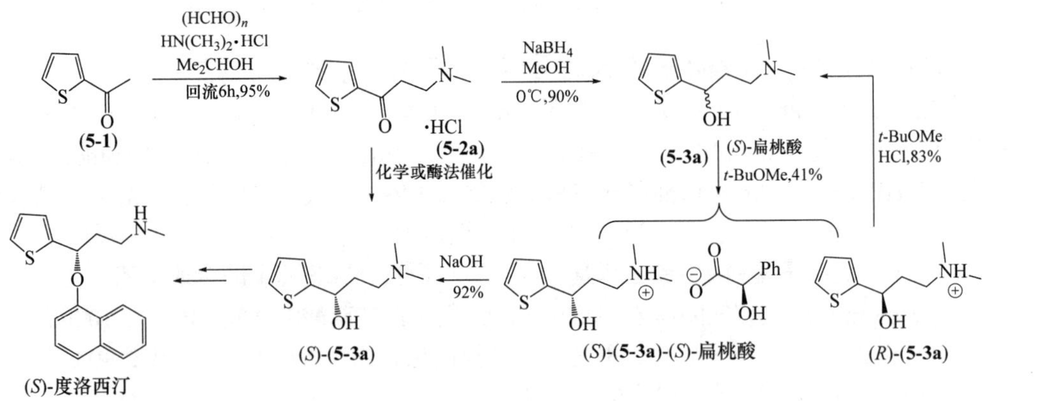

图 5-8　(S)-度洛西汀化学-酶偶联工艺路线

（1）以 2-乙酰基噻吩为底物化学合成 N,N-双甲基-3-酮-3-(2-噻吩基)丙酰胺盐酸盐

向反应器中加入 1700g 异丙醇，并依次加入 700g 2-乙酰基噻吩（**5-1**）、670g 二甲胺盐酸盐和 290g 多聚甲醛。加入 40g 浓盐酸，开启搅拌并控制速度为 80r/min，加热至回流。回流6h 后，冷却至室温，过滤取残渣，使用无水乙醇洗涤 2 次后，在 70℃下干燥至重量不发生变

化。得到 1161g N,N-双甲基-3-酮-3-(2-噻吩基)丙酰胺盐酸盐（**5-2a**），收率约为 95%（以 2-乙酰基噻吩计）。

（2）羰基还原酶不对称还原合成手性中间体

构建表达羰基还原酶 RtSCR9、葡萄糖脱氢酶（GDH，EC 1.1.1.47）的工程大肠杆菌，进行发酵，生产含酶细胞。在 100mmol/L、pH 7.0 的磷酸缓冲液中，加入 40g/L 的湿菌体、1mol/L 底物 N,N-双甲基-3-酮-3-(2-噻吩基)丙酰胺盐酸盐（**5-2a**）和 6mol/L 葡萄糖。羰基还原酶不对称还原 **5-2a** 生成(S)-**5-3a**，葡萄糖脱氢酶为羰基还原酶提供辅因子 NADPH。在 30℃、150r/min，反应 4h，获得含有手性中间体(S)-**5-3a** 的反应液（图 5-9）。

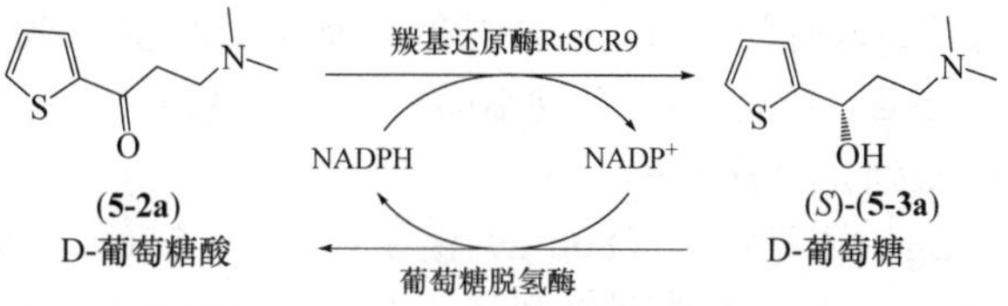

图 5-9 羰基还原酶 RtSCR9 不对称还原制备手性中间体(S)-3a

（3）手性中间体分离工艺

将反应液升温至 55～60℃，加入一定量 1∶1 的活性炭和硅藻土，保温搅拌 0.8h，过滤除去酶。用 6mol/L NaOH 调 pH 至 11～12，用等体积乙酸乙酯萃取两次。合并有机相，用无水硫酸镁干燥，过滤，旋蒸除去乙酸乙酯。浓缩物干燥，即得(S)-N,N-双甲基-3-羟基-3-(2-噻吩基)丙酰胺，再经过相应的化学反应制得最终产物(S)-度洛西汀。

5.4.2 西他列汀的合成工艺

（1）化学合成工艺路线

西他列汀是美国默沙东公司研发的治疗 2 型糖尿病药物，2005 年经 FDA 批准上市。目前，工业上合成西他列汀的主要方法是以化合物 2,4,5-三氟苯乙酸（**5-1**）与米氏酸（**5-2**）、3-(三氟甲基)-[1.2.4]-三唑并[4.3-a]吡嗪（**5-4**）为原料，化学合成 4-氧代-4-[3-(三氟甲基)-5,6-二氢-[1.2.4]三唑并[4.3-a]哌嗪-7-(8H)基]-1-(2,4,5-三氟苯基)丁烷-2-酮（**5-5**）。将化合物 **5-5** 的羰基转化为烯胺，再使用含铑（Ⅰ）催化剂通过不对称催化氢化技术合成手性胺，磷酸化后生成磷酸西他列汀（图 5-10）。

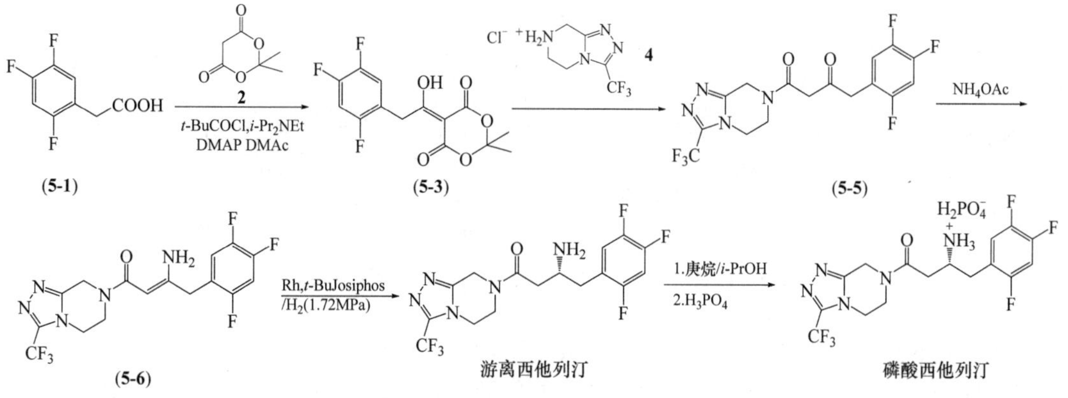

图 5-10 西他列汀化学合成路线

① 化合物 4-氧代-4-[3-(三氟甲基)-5,6-二氢-[1.2.4]三唑并[4.3-*a*]哌嗪-7-(8*H*)基]-1-(2.4.5-三氟苯基)丁烷-2-酮（**5-5**）化学合成工艺　向 50L 反应器中加 2,4,5-三氟苯乙酸（2.5kg）、米氏酸（2.09kg）、4-二甲氨基吡啶（DMAP，128.5g）和乙腈（7.5L）。分批加入 *N*,*N*-二异丙基乙胺（*i*-Pr$_2$NEt，4.92 L）并保持温度为 50℃以下，随后滴加戊酰氯溶液（1.78L），45～50℃反应 2～3h。加入 3-(三氟甲基)-[1.2.4]-三唑并[4.3-*a*]吡嗪（化合物 **5-4**，3.01kg），并滴加三氟乙酸（303mL），控制反应温度 50～55℃，反应 6h。得到化合物 **5-5**（产率 90%，4.81kg）。

② 由化合物 5-5 合成磷酸西他列汀化学合成工艺　将 NH$_4$OAc（0.91kg）溶于甲醇溶液中（27L）并加热至 45℃，滴加上述 10%反应液，45℃搅拌 1.5h，之后加入化合物 **5-6**（140g）作为晶核，并在 45℃下，继续反应 30min。然后在 3～6h 内滴加剩余 90%反应液，继续搅拌反应 3h。缓慢加入甲醇（加入时间 2h 以上），其间控制反应温度为 40～45℃。然后将反应液在 3～4h 左右冷却至 0～5℃，维持 1h。产物结晶析出，过滤沉淀，并用冷甲醇洗涤。干燥后得到 4.37kg 白色结晶，得到化合物 **5-6**。

将化合物 **5-6**（405.3g）和氯化铵（80mg）溶于甲醇（3.25L）溶液，然后加手性催化剂配体 *t*-Bu[Josiphos]（1.55mmol）、手性催化剂铑（Ⅰ）（1.5mmol）。将反应体系脱气，氮气保护搅拌 1h 后加热至 50℃，并在 1.72MPa 氢气压强下氢化，反应 15～17h。反应结束将反应体系冷却至室温，加入 Ecosorb C-941（40.5g）回收金属铑。将反应体系过滤，滤渣用甲醇（1.2L）萃取洗涤，并将萃取相减压蒸馏，加入异丙醇进行溶剂置换，并继续蒸馏，结束后，温度保持 40℃，维持 1h。然后冷却至 15～20℃，并在 3～4h 内滴加庚烷（3.2L）进行萃取洗涤，有沉淀析出，减压抽滤得到的滤渣用 20%异丙醇（溶于庚烷）洗涤，得到的滤渣真空干燥后，得到化合物游离西他列汀（产率 82%，e.e.>99.9%）。

向溶于 79%异丙醇-水溶液（2.18L）的游离西他列汀（407.3g）中滴加 45%（质量分数）的 H$_3$PO$_4$（1.15mol）。加热至 70～80℃，溶解固体。然后将溶液分批冷却至 60～65℃，加入磷酸西他列汀（3g）作为晶核，60～65℃搅拌 3h，并在 6h 以上缓慢冷却至环境温度，在 1～2h 滴加异丙醇（1.26L），使得结晶磷酸西他列汀析出。反应体系过滤，得到的滤渣用 80%异丙醇水溶液（1.2L）洗涤。并在 40℃下真空干燥，得到西他列汀磷酸一水合物（产率 96%，390g）。

（2）酶催化工艺

化学催化剂铑使用时需要和手性催化剂配体一起使用，手性催化剂及配体储存和使用都需要氮气保护，且需要在压强为 1.72MPa 下催化氢化反应，对工厂设备要求高，且化学反应立体选择性不足。添加催化剂后产物容易被污染，还需要增加额外的分离步骤。而对化合物 **5-5** 进行转氨酶催化的一步转氨反应（图 5-11）不仅具有高立体选择性，还能减少分离步骤增加产率。

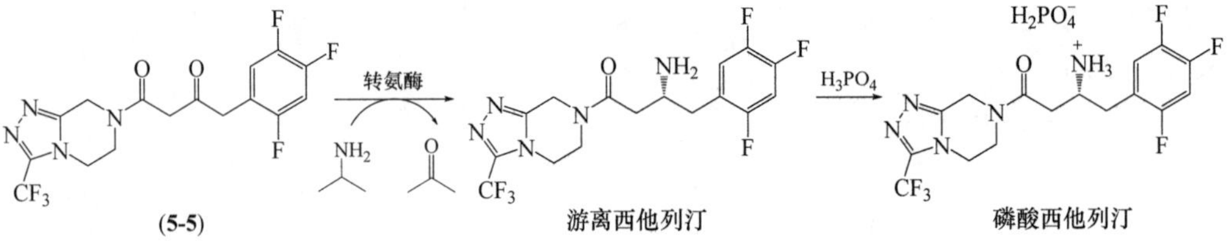

图 5-11　转氨酶催化的生物酶法代替化学法合成路线

化合物 **5-5** 合成工艺与上文相同，合成结束后需要进行后处理，向粗反应体系中缓慢加入 NaOH（0.5mol/L，6.5L），搅拌 1h，0℃静置 3h。过滤，滤渣用 20%乙腈（5.2L）洗涤三次。固体干燥，得到中间体 **5-5**（3.35kg）。

① **转氨酶生产工艺** 采用基因工程技术，构建表达转氨酶 ATA-117 的工程大肠杆菌，保存菌种。发酵生产工程菌，离心收集菌体。细胞沉淀重悬于 2 倍体积的 100mmol/L 三乙醇胺（氯化物）缓冲液［pH 7.5，含有 100μmol/L 或 500μmol/L 5'-磷酸吡哆醛（PLP）］中，破碎。加终浓度 5g/L 的聚乙烯亚胺（pH 7.2）、100mmol/L Na_2SO_4 溶液对混悬液预处理，离心收集上清液，浓缩、冻干成酶粉末。

② **转氨反应工艺** 向反应容器中加三乙醇胺、异丙胺（i-PrNH$_2$）溶液，调节 pH 至 8.5。向反应器中加入辅因子 PLP、转氨酶冻干粉末，混合均匀，加入 DMSO 帮助化合物溶解。控制反应温度 45℃，pH 8.5，并加中间体化合物 **5-5**（溶于 DMSO），持续反应 15h（图 5-11）。反应在真空条件下进行，通过通入氮气去除丙酮，提高反应产率。

③ **分离工艺** 酶反应结束后，通过盐酸淬灭，过滤除去酶。用异丙醇/醋酸异丙酯萃取，富集有机层，盐水洗涤，得游离西他列汀（产率 88%～92%）。然后将溶剂置换为异丙醇，进行磷酸化处理。磷酸化处理步骤与化学法合成磷酸西他列汀相同。

思考题

5-1 如何评价酶的优劣？

5-2 不同酶分子改造方法有什么优缺点？如何选择应用？

5-3 固定化酶有哪些优点？不同固定化酶技术有什么优缺点？如何选择应用？

5-4 相对于传统化学合成，酶工程制药的优势是什么？可应用于哪些化学反应中？

5-5 单酶制药工艺、多酶制药工艺、化学-酶联制药工艺的优缺点是什么？如何选择应用？

5-6 以 7-ACA 为母核，设计头孢唑林的酶工程制药工艺路线。

参考文献

［1］ 王凤山, 邹全明, 唐晓波, 等. 生物技术制药. 北京: 人民卫生出版社, 2011.

［2］ Demain A L, Vaishnav P. Production of recombinant proteins by microbes and higher organisms. Biotechnol Adv, 2009, 27 (3): 297-306.

［3］ Huffman M A, Fryszkowska A, Alvizo O, et al. Design of an in vitro biocatalytic cascade for the manufacture of islatravir. Science, 2019, 366(6470):1255-1259.

［4］ Erdmann V, Lichman B R, Zhao J, et al. Enzymatic and chemoenzymatic three-step cascades for the synthesis of stereochemically complementary trisubstituted tetrahydroisoquinolines. Angew Chem Int Ed Engl, 2017, 56(41):12503-12507.

［5］ Chen X, Liu Z Q, Lin C P, et al. Chemoenzymatic synthesis of (S)-duloxetine using carbonyl reductase from *Rhodosporidium toruloides*. Bioorg Chem, 2016, 65: 82-89.

［6］ Patel R N, Chu L, Mueller R. Diastereoselective microbial reduction of (S)-[3-chloro-2-oxo-1- (phenylmethyl)propyl]carbamic acid,1,1-dimethylethyl ester. Tetrahedron: Asymmetry, 2003, 14 (20): 3105-3109.

［7］ Savile C K, Janey J M, Mundorff E C, et al. Biocatalytic asymmetric synthesis of chiral amines from ketones applied to sitagliptin manufacture. Science, 2010, 329(5989): 305-309.

第6章

动物细胞工程制药工艺

学习目标

▶ 了解动物细胞基质研究开发的技术指导和评价原则。

▶ 理解动物细胞的代谢特性，掌握常用制药动物细胞系，能够合理选择应用。

▶ 掌握工程动物细胞表达载体、转染、筛选的原理，能够研发和建立工程动物细胞系。

▶ 掌握动物细胞培养基的配方及其质量的影响因素，能够配制动物细胞培养基。

▶ 掌握动物细胞的实验室和大规模培养技术，能够进行细胞培养。

▶ 掌握动物细胞培养参数的检测原理，能够应用于研发工艺控制。

　　生物制品药物的合成过程复杂，包括基因转录、翻译及其后修饰，不仅要有精确折叠的空间结构，而且有些制品必须糖基化等修饰，其结构的微观变化，直接影响生物活性、稳定性、免疫原性等产品的质量属性。动物细胞能克服重组微生物表达的缺陷，生产蛋白质药物与天然产物相同或接近。目前，动物细胞主要应用于生产病毒疫苗、单克隆抗体、治疗性蛋白质药物及医学诊断试剂等生物制品，其大规模培养技术和工艺在现代制药产业中的地位越来越重要。本章从动物细胞的生理生化特性出发，结合细胞基质技术原则、生物制品研发技术指导原则、GMP等规范，讨论细胞系的建立、培养基、培养技术、培养过程分析与参数控制等。

6.1　制药动物细胞的特征与表达系统

　　动物细胞是生产生物制品的主要原料，其质量直接影响终产品的产量和有效性、安全性。动物细胞属于真核细胞（eukaryotic cell），其结构精细，成分复杂，功能全面。充分了解细胞的结构与功能、基因转录、蛋白质翻译及其后修饰，才能调控目标产物的正确合成。参考WHO、ICH和中国药典关于生产用细胞基质的规程、技术指导原则及其质量要求，对动物细胞的安全性和有效性进行全面研究和验证，从而选择适宜的细胞进行药物开发和生产。

6.1.1　动物细胞的特征

（1）动物细胞的结构与功能

　　在光学显微镜下，哺乳动物细胞由细胞膜（cell membrane）、细胞质（cytosol）和细胞核（nucleus）三部分组成，没有细胞壁（cell wall）。线粒体（mitochodrium）、内质网（endoplasmic reticulum）、核糖体（ribosome）、高尔基体（Golgi body）、质体（plastid）、微粒体（microsome）、溶酶体（lysosome）、中心体（centrosome）等亚细胞器，都由一层或两层生物膜包裹并区域

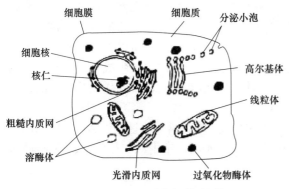

图 6-1 动物细胞结构的模式图解

化，成为独立的结构，行使各自的独特功能（图 6-1）。

动物细胞的各种代谢活动都在亚细胞分区内进行，各区域被生物膜所分隔。细胞膜包裹细胞，使之与环境分开，维持细胞渗透压和离子的交换。膜上有受体，接受外界信号的刺激，使细胞做出应答。悬浮培养的动物细胞，呈球形，直径为 7～20μm，属于单细胞培养。动物细胞膜对大分子具有胞吞和胞吐作用。

动物细胞的不同代谢途径及其相应的酶体系定位于特定的亚细胞区域（表 6-1）。区域之间通过胞内运输（囊泡包裹）实现物质、信息和能量的流动，通过穿梭实现不同代谢途径之间的交换。

表 6-1　细胞代谢的功能分区

亚细胞定位		酶	相关代谢及其途径
细胞膜		受体、离子通道等	外界信号的接收、感应，物质的吸收与分泌，能量转换
细胞核		核酸聚合酶，连接酶等	DNA 复制，RNA 转录
核糖体		蛋白质合成酶	蛋白质生物合成
内质网		加氧酶，合成酶，脂肪酶等	蛋白质、糖、脂加工修饰
溶酶体		各种水解酶，蛋白质水解酶，磷酸酶，核酸酶，多糖酶等	糖、脂、蛋白质、核酸水解
高尔基体		蛋白质、糖等加工酶	修饰加工，包装成不同囊泡，进行转运
过氧化物酶体		氧化酶，如氨基酸氧化酶，羟酸氧化酶，尿酸氧化酶，过氧化氢酶等	对细胞解毒
线粒体	外膜	单胺氧化酶，脂酰基转移酶，NDP 激酶	胺氧化，脂肪酸活化，NTP 合成
	膜间隙	腺苷酸激酶，NDP 激酶，NMP 激酶	核苷酸代谢
	内膜	呼吸链酶类，肉碱脂酰转移酶	电子传递，脂肪酸转运
	基质	TCA 酶类、氧化酶类、氨基酸氧化脱氨及转氨酶，DNA，核糖体	糖、脂肪酸、氨基酸的有氧氧化，基因转录，蛋白质合成
细胞质（胞浆）		糖酵解酶类，磷酸戊糖途径酶类，脂肪酸合成酶类，氨酰 tRNA 合成酶	糖分解与合成，脂肪酸及脂质合成，氨基酸活化

注：NMP—单磷酸核苷酸；NDP—二磷酸核苷酸；NTP—三磷酸核苷酸。

（2）动物细胞的基础代谢

在动物细胞培养中，葡萄糖和谷氨酰胺是提供能量和合成代谢的底物。这使动物细胞培养具有一定的灵活性。葡萄糖的受限可以通过增加谷氨酰胺的消耗得以补偿，反之亦然。谷氨酰胺是动物细胞的氮源，在谷氨酰胺受限制时，可以通过增加其他氨基酸的消耗得以补偿。

动物细胞吸收葡萄糖后，进行糖代谢，主要途径有糖酵解，把葡萄糖分解为丙酮酸，最终进一步被还原为乳酸，乳酸分泌到胞外并在培养液中积累。另一条途径为丙酮酸转化为乙酰辅酶 A，进入三羧酸循环，彻底氧化产生 CO_2 和水。还有一小部分（4%～8%）葡萄糖进入戊糖磷酸途径，把葡萄糖转化为 4、5、7 碳糖和 NADPH，5 碳糖用于核酸合成。中间产物进入脂肪酸代谢、核酸代谢和氨基酸代谢。葡萄糖代谢旺盛时，会产生大量的乳酸，对细胞有毒性。

动物细胞吸收谷氨酰胺后，进入氨基酸代谢，通过脱氨、转氨等作用，合成其他非必需氨基酸。大多数谷氨酰胺通过脱氨生成谷氨酸，并释放氨，对细胞有毒性。小部分谷氨酰胺通过转氨生成其他嘌呤、嘧啶和氨基糖等合成代谢的前体。谷氨酸还原酶把谷氨酸转化为中间产物 α-酮戊二酸，α-酮戊二酸进入三羧酸循环，为细胞提供能量。所以谷氨酰胺在细胞能量代谢中具有重要作用。谷氨酰胺与丙酮酸、草酰乙酸发生转氨作用，生成丙氨酸和天冬氨酸，丙氨酸可进入培养液并积累。在快速生长的动物细胞培养体系，转氨作用是主要的代谢途径。

不同的培养条件，葡萄糖和谷氨酰胺代谢是在丙酮酸上有重叠。能量是以 ATP 和 NADPH 的形式提供，但二者对各个代谢途径的贡献和所起的作用不同。常用流加葡萄糖或谷氨酰胺，来控制整个代谢过程，避免有毒废物的积累。

（3）蛋白质的生物合成、糖基化与分泌

细胞核内基因转录形成 RNA，经过剪切和加工，形成 mRNA，运送到与细胞核膜紧密相连的内质网膜体系上。粗糙内质网上有大量的核糖体存在，以 mRNA 为指导，在核糖体上进行翻译。通过三联体密码子的互补配对识别相应的氨基酸，将 mRNA 序列转换为由氨基酸组成的多肽链，进而折叠形成高级结构的蛋白质。

蛋白质的糖基化无模板指导，因此糖蛋白（glycoprotein）中的寡糖结构容易发生变化。糖蛋白的单糖单元主要有 α-D-葡萄糖、α-D-半乳糖、α-D-甘露糖、α-D-岩藻糖、N-乙酰-α-D-葡萄糖胺、N-乙酰-α-D-半乳糖胺和 α-N-乙酰甘露糖胺丙酮酸（唾液酸）。寡糖基是以共价键与蛋白质的氮或氧原子结合的，分别称为 N-糖基化和 O-糖基化（glycosylation）。

糖基化过程与产物的分泌紧密相连，发生在内质网和高尔基体上，由糖基转移酶和糖苷酶控制。当蛋白质进入内质网时，核心聚糖基结构被转移到糖基化位点上。蛋白质滞留在内质网上，切除末端糖单元。然后由内质网分泌的囊泡把蛋白质转运到高尔基体的顺式面（cis layer），除去部分甘露糖。在高尔基体的基层（medial layer）和反式面（trans layer），进一步糖基化，添加半乳糖、GlcNAc（N-乙酰葡萄糖胺）、唾液酸单元。如果缺乏 GlcNAc 转移酶，或糖化位点在蛋白质结构内部，就形成寡聚甘露糖型或杂合型。

完成糖基化后，被转运到适宜的细胞场所。对于分泌型蛋白，分泌泡与细胞膜融合，释放到胞外，完成了蛋白质的分泌表达。

尽管哺乳动物细胞具有胞内糖基化功能，但不同细胞系，糖基化特征不同。鼠和猪细胞倾向于添加乙酰果糖而不是乙酰唾液酸。在鼠杂交瘤生产的抗体中，乙酰果糖占优势。CHO 细胞不能合成等分的 GlcNAc，而鼠细胞系却能形成半乳糖末端，对人有免疫原性。因此要根据蛋白质药物产品的糖基化种类和结构，选择适宜的细胞系（表 6-2）。

表 6-2　人和哺乳动物不同细胞系表达蛋白质的糖基化功能

细胞系	Fuc		Gal		唾液酸			
	α-1,6	α-1,3	α-1,3Gal	SO$_4$-GalNAc	α-2,3	α-2,6	糖基化	等分 GlcNAc
BHK	++	0	+	0	++	0	—	0
CHO	++	—	0	0	++	0	+	0
鼠杂交瘤	++	0	++	0	++	0	+++	0
C127	++	0	++	++	++	++	+++	0
J558L	++	0	++	—	++	++	+++	0
人淋巴细胞	++	0	0	0	+	+	0	++
人垂体	++	0	0	+++	+	+	0	++
Namalwa	++	0	0	0	++	++	—	—
人鼠杂交瘤	++	0	0	0	+	+	+	0

注：Fuc—岩藻糖（fucose）；Gal—半乳糖（galactose）。

（4）细胞周期

细胞周期（cell cycle）或细胞世代（cell generation）
是指从一个母细胞分裂形成两个子细胞的过程。动物
细胞与其他真核细胞一样，细胞周期明显，时间较长，
包括细胞间期（gap phase）和细胞分裂期（mitosis phase，
M 期），间期又包括间期 1（gap 1，G_1）、DNA 合成
期（synthesis phase，S 期）和间期 2（gap 2，G_2）三
个时期（图 6-2）。

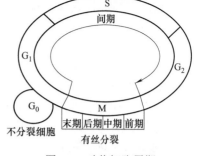

图 6-2　动物细胞周期

G_1 期也称 DNA 合成前期（或细胞分裂后期），为
DNA 合成作准备，主要是 DNA 聚合酶和 RNA 的合成，细胞体积逐渐增大。不同细胞的 G_1
期持续时间差别较大，生长和增殖旺势的细胞 G_1 期短，老化和衰退细胞则时间长。G_0 期是
细胞分裂停止的时期，在分裂末期和 G_1 期之间。G_0 期细胞具有潜在分裂能力，有一个细胞
周期控制点，只有通过控制点的细胞才能继续分裂，即从 G_0 到 G_1 期，其余细胞只能分化或
衰老死亡。在流式细胞分析中，由于无法区分 G_0 和 G_1 期，合并写成 G_0/G_1 期。

S 期是 DNA 合成期，DNA 以半保留方式进行半不连续复制。此期 DNA 敏感，容易受
到损伤影响，而发生突变。各种细胞的 S 期持续时间差异不大，一般时间为 6～8h。G_2 期为
DNA 合成后期（或细胞分裂前期），此时 DNA 含量加倍，染色体螺旋化，遗传物质转录表
达，mRNA 合成，蛋白质合成，准备能量。G_2 期持续时间为 2～5h。

M 期为有丝分裂期，超螺旋化的染色单体，经过前期、中期、后期和末期，被纺锤体拉
向两极，中间形成细胞板，一个细胞分裂成两个子细胞。M 期一般时间很短，为 0.5～1h。
同一类细胞的周期及其各期持续时间是一定的，但不同类型的细胞分裂周期及各期时间都不
同（表 6-3），差异主要取决于 G_1 期，而 S 和 G_2 期相对稳定。

表 6-3　不同细胞类型的分裂周期（h）

细胞类型	细胞间期			细胞分裂期（M 期）	细胞周期
	G_1 期	S 期	G_2 期		
小鼠成纤维细胞	9.1	9.9	2.3	0.7	22.0
小鼠腹水癌细胞	5.7	8.5	3.8	1.0	19.0
中国仓鼠成纤维细胞	2.7	5.8	2.1	0.4	11.0
中国仓鼠卵巢细胞	4.7	4.1	2.8	0.8	12.4
WI-38	8.0	8.0	4.0	0.8	20.8

动物细胞分裂周期为 12～24h，典型的细胞周期为 24h。正常细胞不增殖，被滞留在 G_0
期。干细胞和肿瘤细胞等，易于体外培养，成活率高。失去了细胞周期控制的细胞就是连续
细胞系。

在培养过程中，细胞有两种死亡方式：一种是程序化细胞死亡（programmed cell death）
即凋亡（apoptosis）；另一种是坏死。凋亡是整个细胞分解后被膜包裹形成凋亡小体。在培养
过程中，以凋亡为主。当人工培养条件不适，如缺乏生长因子或血清、营养受限和逆境等均
可引起凋亡发生。

6.1.2　制药用动物细胞研发的要求

制药用动物细胞的研发，首先要明确其用途，用于生产重组蛋白质、疫苗、抗体等不同
产品，其技术评价不完全相同。其次按照相关技术指导和评价原则展开研究，如《生物制品
生产用动物细胞基质制备及检定规程》《重组制品生产用哺乳动物细胞质量控制技术评价一般

指导原则》《生物组织提取和真核细胞表达制品的病毒安全评价技术审评一般原则》《疫苗生产用细胞基质的技术审评一般原则》等。还可参考 WHO、ICH 关于生产用细胞基质的规程及其质量要求。

（1）基本要求

无论原代细胞、有限传代细胞，其历史渊源要清晰，来源物种、细胞类型、数量、生长与增殖、培养基与培养方法、代次与寿命等基本资料齐全。没有任何外源因子（如细菌、真菌、支原体、病毒）污染。基因工程动物细胞系还要对目标基因、载体等进行质量控制，与工程菌的要求相同，见第 3 章。

建立细胞质量控制方法，检测项目包括细胞鉴别、无菌检查、支原体检查、病毒敏感性、病毒污染检查（包括外源病毒、种属特异性和逆转录病毒）、细胞致瘤性等，并进行方法学验证。

来自人或动物的细胞，通过全面检定，并得到国家药品监督管理部门的批准，才能用于生物制品的生产及检定。

（2）评价潜在风险性

细胞的潜在风险性包括携带的病毒、无限细胞残余 DNA 和蛋白质。人源或灵长目动物源细胞可能携带潜在的病毒，如乙型肝炎病毒、逆转录病毒及其整合在基因组上其他可传播的因子。禽类细胞可能携带内源和外源逆转录病毒，近年来出现人感染禽流感病毒的情况，有加强的趋势，需要对鸡胚基质生产疫苗严密监测，防范对人类的风险。啮齿类动物可能携带感染人的逆转录病毒，如出血热病毒等。

原代和二倍体细胞 DNA 无危险性，无限细胞的 DNA 对生物制品是一种污染，其残余细胞 DNA 对其他细胞具有潜在致瘤性。虽然生物制品中规定了细胞 DNA 的限量，但对于新细胞系，要进行致瘤性研究，最大限度地从源头降低潜在风险。

传代细胞可分泌促生长因子和蛋白质，这些细胞残留蛋白可能引起机体过敏反应。除了纯化去除细胞蛋白工艺外，还对细胞本身进行检测，控制潜在的风险。

（3）评价细胞遗传稳定性

系统全面地研究细胞的稳定性，使细胞始终能够持续、稳定地生产生物制品，将安全性影响的风险因素严格控制在最低限度。

1）细胞传代次数计算

用细胞传代次数表示体外培养的细胞龄（简称胞龄）。二倍体细胞龄以细胞群体倍增计算，以每个培养容器细胞群体细胞数为基础，每增加一倍为一世代，即 1 瓶细胞传 2 瓶（1∶2，分种率）为一世代；1 瓶传 4 瓶（1∶4）为二世代；1 瓶传 8 瓶（1∶8）则为三世代。传代细胞系以一定稀释倍数进行传代，每传一次为一代。根据每个细胞系的时间经验数据，确保细胞质量及安全，确定生产使用细胞最后限制代次。

2）细胞传代次数的实验

研究保存、复苏等操作对细胞稳定性的影响。如果复苏的细胞存活率和生产性能未改变，表明保存方法是有效的，细胞具稳定性。

研究传代过程中的细胞遗传稳定性，当超过一定的传代次数时，细胞稳定性丧失、生产能力衰减，则由此确定细胞传代限次。

模拟生产过程，使用工作库种子，研究代次与细胞稳定性的关系，确定生产代次。最末代次可超过实际代次 10 次以上。

研究生产过程中、终末期、超过终末期细胞的生长、生产性能等，确定生产细胞增殖限次和连续培养时间。

原始细胞可以传少数几代（一般不应超过 5 代），尚可用于生产，但要以该细胞生长特性及对病毒繁殖敏感性不发生改变为基础。二倍体细胞，生产用细胞龄限制在细胞寿命期限的前 2/3 内。根据传代细胞系的时间经验数据，确定生产使用细胞最后限制代次。

3）细胞传代次数的评价内容

取不同传代次数的细胞，进行以下比较分析。

① **目标基因序列与拷贝数** 通过测序、限制性内切酶图谱、PCR 等方法，研究目标基因编码序列和表达盒是否发生突变、缺失、插入等变异，基因拷贝数是否变化。目标基因编码序列和表达框架不能错误，无突变、缺失、插入。目标基因拷贝数的变化在许可范围。

② **目标产物表达水平** 通过蛋白质分离和电泳、免疫杂交等方法，研究目标产物的表达量和表达活性，确定重组细胞的生产性能。目标产物的表达量和表达活性不能有明显降低，制定可接受标准。

③ **细胞的稳定性** 具有稳定的细胞形态、生长、代谢等生理生化特征、遗传特征。

④ **内源因子** 分析易染病毒如内源性逆转录病毒对于人类的致病性和重要性，内源因子的复制要得到有效抑制，严格控制其产生。

⑤ **致瘤性** 采用动物试验和软琼脂法，分析致瘤性特征是否发生改变，包括肿瘤转移扩散、肿瘤增殖时间、瘤组织病理特征等和致肿瘤特性。

6.1.3 制药用动物细胞的种类

从药品质量管理角度看，细胞是生产药物的一种特殊基质，即细胞基质（cell substrate）。为此，细胞基质分为动物或人源的原代细胞、二倍体细胞株、连续传代细胞系。根据体外培养细胞的整个生命过程，可把细胞分为原代细胞（primary cell）和传代细胞（passage cell）。直接用体内组织或器官，经过粉碎、消化而制备的细胞为原代细胞。根据细胞体外的传代次数和寿命，传代细胞可分为有限细胞系（finite cell line）和无限细胞系（infinite cell line）或连续细胞系（continuous cell line）。有限细胞系是指寿命和活性有限的细胞，经过若干传代培养后失去增殖能力，老化死亡，如原代细胞和二倍体细胞等。如二倍体传代细胞，人细胞最高培养次数为 50～60 代。

（1）原代细胞

原代细胞的生长分裂并不旺盛，与体内细胞相似，适合于药物检测实验和医学生物学研究。有些原代细胞在疫苗生产中使用了 50 多年了，证明是安全有效的。如用地鼠肾细胞生产乙脑炎疫苗、肾综合征出血热疫苗、狂犬病疫苗等，鸡胚细胞生产麻疹、腮腺炎疫苗，兔肾细胞生产风疹疫苗，猴肾细胞生产脊髓灰质炎疫苗。

原代细胞的特点是：来源较容易，能繁殖病毒并敏感性高；基因组正常，无 DNA 突变和致瘤性。缺点：潜在内源和外源病毒污染，动物个体间细胞质量和对病毒的敏感性有差异。对于减活疫苗，制备原代细胞的健康动物应该在洁净级厂房饲养；对于灭活疫苗，制备原代细胞的健康动物应在清洁级以上厂房饲养。

用于制药的原代细胞质量控制，只能使用原始分离细胞或少次传代（一般 1～5 代）细胞，以生物学性状不发生改变为原则。

（2）二倍体细胞株

二倍体细胞（diploid cell）是原代细胞经过传代、筛选、克隆化等，获得的具一定特征的细胞系，有接触抑制性。

人二倍体细胞是采用人源细胞（通常为胚胎组织）建立的细胞株，理论上不具备致瘤性，是安全有效的。其有限生长，但可建立细胞种子库系统，在一定传代次数范围内，用于药物生产。如 2BS 细胞、KMB-17、MRC-5 细胞等，已经使用了 40 多年了，生产甲型肝炎疫苗、脊髓灰质炎疫苗、风疹减活疫苗、水痘减毒活疫苗等。但二倍体细胞系的缺点是超过一定代次，细胞就衰老，难以大规模生产，对培养液和血清要求高，不是理想的生产用细胞系。

WI-38 是美国 Wistar 研究所（Wistar Institute，WI）从正常人胚肺组织中分离获得的二倍体成纤维（fibroblast）细胞系，贴壁生长，$2n=46$。细胞倍增时间 24h，寿命为 50 代，第一个被用于制备疫苗。MRC-5 是正常二倍体成纤维细胞系，但生长较 WI-38 快，寿命为 42～46 代。

（3）连续传代细胞系

连续传代细胞系是在体外能连续传代培养的细胞系。根据其传代次数，可进一步分为有限细胞系和无限细胞系。无限细胞系是指细胞寿命和活性不受传代次数影响，也称为永久细胞系（immortal cell line）。

无限细胞系的特点是：细胞生长不受密度影响，没有接触抑制现象，生长繁殖快，倍增时间短，能形成高密度。细胞形状规则，不出现异常染色体，其遗传和生化等特性能够充分鉴定和标准化，能使用种子库系统生产，有利于产品的质量控制。对营养成分要求较低，能用微载体生物反应器，是理想的药物工业生产细胞系。无限细胞系的缺点是理论上具有致瘤的危险性，在使用过程要密切关注其潜在的风险性。这也是肿瘤细胞及其衍生细胞不能用于疫苗生产的原因。

获得无限细胞系的途径有以下几种。正常细胞经过物理（紫外线、X 射线等）、化学（致癌因子诱变剂等）或生物因素（病毒感染、癌基因和突变基因转染等）处理，可突变为异倍体无限细胞系。由于遗传不稳定性，有些正常细胞连续传代后，就形成了无限细胞系，如 CHO 细胞、BHK 细胞等。由于肿瘤是异质细胞的集群，对肿瘤的原代细胞进行分离纯化，可获得无限细胞系，如 Hela 细胞和 Namalwa 细胞。

Namalwa 细胞是从淋巴瘤病人（*Homo sapiens*，human）中分离获得的类淋巴母细胞，含有部分 Epstein-Barr （EB）病毒基因，但不表达完整的 EB 病毒。非整体核型，$2n=12$～14，单 X 染色体，无 Y 染色体。表达 IgM，悬浮生长。目标基因的表达水平较高，可用无血清培养基高密度培养。已成功地表达了 rhEPO、rhG-CSF、tPA 等，曾批准用于大规模生产上市干扰素。

6.1.4 动物细胞表达系统

动物细胞表达系统由动物细胞系和表达载体组成。除了原代细胞外，常用异倍化的工程细胞系进行制药研发和生产，按来源分为啮齿类细胞系、哺乳动物细胞系、杂交瘤细胞系。

（1）啮齿类细胞系

1）CHO 细胞

1957 年从中国仓鼠（*Cricetulus griseus*，$2n = 22$）卵巢（Chinese hamster ovary，CHO）中分离的上皮样（epithelial）细胞系，是目前使用最为普遍和成熟的宿主细胞。对水泡性口炎和 Getah 病毒敏感。亚二倍体核型。分泌表达目标蛋白，而内源蛋白分泌很少，有利于分离纯化。属于贴壁生长细胞，也可进行悬浮培养，对剪切力和渗透压有较高的忍受能力，不易被人类病毒感染，具有良好的生长表型，适合大规模工业化培养。蛋白质翻译后的修饰准确，表达产物的结构、性质和生物活性接近天然。有多个衍生突变株应用于药物的生产，培养时需要添加脯氨酸。采用二氢叶酸还原酶（DHFR）的缺陷系株，在甲氨蝶呤（methotrexate，MTX）存在下，增加异源基因的拷贝数和转录效率，提高蛋白的表达水平。生产能力高，批式培养工艺蛋白质产量为 0.1～1g/L，分批流加培养工艺可达 1～10g/L，灌流浓缩培养工艺达 25g/L。据估计，1987 年至 2020 年 CHO 细胞生产药物占哺乳动物细胞系类型的 81%，部分治疗用重组蛋白质药物见表 6-4。

表 6-4　CHO 细胞生产的重组蛋白质药物

通用名	商品名	适应证
激素类		
Follitropin beta，促滤泡素-β	Follistim	不孕症
Follitropin alfa，促滤泡素-α	Gonal-F	不孕症
酶类		
Alteplase，tPA	Activase	急性心肌梗死，肺栓塞，急性脑卒中
Laronidase，黏多糖-艾杜糖醛酸水解酶	Aldurazyme	黏多糖贮积症
Imiglucerase，葡糖脑苷脂酶	Cerezyme	Gaucher's 病
Algasidase-β，半乳糖苷酶-β	Fabrazyme	Fabry's 病
Dornase alfa，DNA 酶	Pulmozyme	囊性纤维化
Tenecteplase，t-PA 突变体	TNKase	急性心肌梗死
Galsufase，多态人类酶	Naglazyme	黏多糖贮积症
Alglucosidase alfa，酸性 α-葡萄糖苷酶	Myozyme，Lumizyme	庞贝病
Elosulfase alfa，糖胺-特异性酶	Vimizim	黏多糖贮积症
凝血因子		
Coagulation factor Ⅸ	BeneFix	血友病 B
Antihemophilic factor Ⅷ	Recombinate rAHF	血友病 A
Factor Ⅷ（无 B 链）	ReFacto	血友病 A
细胞因子		
Interferon β1a，干扰素 β1a	Avonex，Rebif	多发性硬皮病
darbepoetin alfa，EPO 突变体	Aranesp	肾性贫血
epoietin alfa，促红细胞生成素	Epogen，Procrit	肾性贫血
Bonemorphogenetic protein-2，rhBMP-2	INFUSE Bone Graft /LT-CAGE	脊骨退行性病变的脊骨融合
Osteogenic protein 1，BMP-7	Osigraf	胫骨骨折
Rilonacept	Arcalyst	家族冷自主炎症综合征
治疗性抗体		
Bevacizumab（anti-EGFR）	Avastin	转移性结肠癌或直肠癌
Alemtuzumab（anti-CD52）	Campath	B-细胞慢性淋巴细胞白血病
Trastuzumab（anti-HER-2）	Herceptin	转移性乳腺癌
Efalizumab（anti-CD11a）	Raptiva	慢性中重度银屑病
Rituximab（anti-CD20）	Rituxan	非霍奇淋巴瘤
Omalizumab（anti-IgE）	Xolair	中重度持续性哮喘
Daclizumab（anti-CD25）	Zenapax	肾移植急性排斥
Denosumab（anti-RANKL）	Prolia Xgeva	骨质疏松症
B rentuximab vetodin（anti-CD30）	Adcetris	霍奇金淋巴瘤及大细胞淋巴癌
Afibercept（anti-VEGFR）	Eylea	湿性老年性黄斑变性及黄斑水肿
Pertuzumab（anti-HER2）	Perjeta	晚期（转移性）乳腺癌
Ziv-aflibercept（anti-VEGFR）	Zaltrap	转移性结直肠癌
Belimumab（anti-BlyS）	Benlysta	靶向治疗红斑狼疮
Ipilimumab（anti-T 细胞抗原 4）	Yervoy	不可切除或转移性黑色素瘤
Ado-trastuzumab emtansine（anti-HER2）	Kadcyla	晚期（转移）乳腺癌
Qbinutuzumab（anti-CD20）	Gazyva	慢性淋巴细胞白血病
Siltuximab（anti-IL-6）	Sylvan	型巨大淋巴结增生症
Panitumumab（anti-EGFR）	Vectibix	结直肠癌
Rilonacept（anti-IL-1）	ARCALYST	家族冷自主炎症综合征
Ramucirumab（anti-VEGFR2）	Cyramza	晚期胃癌或腺癌
Siltuximab（anti-IL-6）	SYLVANT	Castleman 病

通用名	商品名	适应证
Vedolizumab（抗整合素受体）	Entyvio	活动性溃疡性结肠炎
Panitumumab（anti-EGFR）	Vectibix	转移性直肠癌
Omalizumab（anti-IgE）	Xolair	中重度持续性哮喘、慢性特发性荨麻疹
Bevacizumab（anti-VEGF）	Avastin	结肠或直肠转移性癌，转移性非小细胞肺癌，乳腺癌，胶质母细胞瘤，转移性肾细胞癌
融合蛋白		
Alefacept（LFA3-Fc 融合蛋白）	Amevive	中重度银屑病
Etanercept（TNFR-Fc 融合蛋白）	ENBREL	中重度类风湿关节炎、银屑病
Drotrecogin alfa，活化蛋白 C	Xigris	脓毒症

对 CHO 细胞突变和不同培养条件适应性驯化，筛选出不同 CHO 细胞的亚细胞系，提高生产和应用性能。CHO-K1 细胞缺乏甘氨酸生物合成基因，CHO-S 是 CHO-K1 驯化后的悬浮细胞。CHO-DXB11（或 DUKX）是通过 CHO-K1 细胞进行化学诱变获得的细胞系，敲除了 1 个 DHFR 位点，而另一个位点为错义突变。CHO-DG44 是 DHFR 双缺陷，双等位基因敲除，可用甲氨蝶呤（MTX）（ 是 DHFR 的拮抗剂）作为筛选剂，使用 DGFR 扩增系统增加基因拷贝数。但所需 MTX 浓度较高，筛选细胞克隆的工作量大。以谷氨酰胺合成酶（glutamine synthetase，GS）基因作为显性基因扩增选择标记的 CHO-K1 细胞，筛选得到在没有谷氨酰胺的培养基中生长的 GS-CHO（或 CHO-K1SV）细胞，具有更高的扩增能力。在 CHO-K1SV 基础上，敲除 GS 双等位基因，为 CHO-K1SV GS-KO 细胞系。在化学成分限定培养基上驯化 CHO-K1 细胞，然后用锌指核酸酶敲除 GS 双等位基因，获得 GS 缺陷型细胞系 CHOZN GS。敲除 GS 后，大大缩短了稳转细胞系的筛选周期。

由于该细胞存在缺少脯氨酸合成基因的遗传缺陷，因此在培养过程中需在培养基中加入 L-脯氨酸才能生长。存在 DHFR 缺陷，不能合成四氢叶酸，在添加次黄嘌呤和胸腺嘧啶的培养基才能生长。DHFR 可作为筛选标记或报告基因。

2011 年完成了对 CHO-K1 细胞系的测序，21 条染色体，基因组大小约为 2.45Gb，24383 个基因。中国仓鼠 22 条染色体，2013 年基因组测序，大小为 2.4Gb，有 24044 个基因。对 DG44、CHO-S 衍生株系测序表明，不同株系之间存在大量变异，表现遗传不稳定性和高度异质性。CHO 细胞的缺点是不能进行某些人糖基化修饰，如 α-2,6-唾液酸化、α-1,3/4-岩藻糖基化，能发生非人糖基化修饰，如 N-羟乙酰神经氨酸、半乳糖-α-1,3-半乳糖基化，存在潜在的免疫原性。

2）BHK 细胞

从幼仓鼠肾脏（baby hamster kidney，BHK）中分离的成纤维样细胞，非整倍体，$2n=44$。可悬浮生长，用于增殖病毒和纯化,生产疫苗和重组蛋白，如重组人红细胞生成素和多种重组凝血因子Ⅷ、口蹄疫疫苗批准上市。

3）C127 细胞

从小鼠（*Mus musculus*，mouse，$2n=40$）乳腺（mammary gland）肿瘤中分离获得的上皮样细胞，贴壁生长。被牛乳头病毒（bovine polyoma virus）DNA 载体转染后，细胞形态发生明显变化。C127-LT 细胞系生长密度高，表达组成型大 T 抗原，可用于识别和筛选。C127I 细胞系适合于牛乳头病毒 DNA 载体的转化。C127 细胞系已表达多种目标基因，rhGH 已批准上市。

（2）灵长类细胞系

Vero 细胞系是从成年非洲绿猴（*Cercopithecus aethiops*，African green monkey）肾中分

离获得的贴壁依赖性成纤维细胞，经过连续传代驯化后，形成的有限细胞系。WHO 认为，Vero 细胞在 150 代以内使用是安全的，无致瘤性。Vero 可增殖多种病毒，如脊髓灰质炎病毒、狂犬病毒、乙型脑膜炎病毒、艾滋病毒、新冠病毒等，生产灭活或纯化疫苗，被批准用于人体。也可作为转染的宿主细胞，用于表达目标基因的蛋白质药物和病毒的检测。

HEK293 细胞来源于人胚肾（human embryonic kidney，HEK）细胞，在 19 号染色体整合了大约 4.35 kb 的腺病毒基因组片段。易无血清培养，适应悬浮生长，速度快，密度高。易转染，具有相对较高的蛋白质生产力。已经驯化建立了多种 HEK 衍生细胞系。HEK293F 细胞能够在无血清培养基中悬浮培养、高表达蛋白，HEK293H 细胞能够无血清培养、快速生长。HEK293T 细胞是 HEK293 细胞系表达温度敏感的 SV40T 抗原突变体而形成的细胞系，能使含有 SV40 复制子的质粒扩增复制。HEK293E 是 HEK293H 中整合表达 EB 核抗原 1(EBNA-1)基因而建立的细胞系，能使 EBV 复制子（oriP）的表达质粒稳定复制。HEK293-6E 细胞系是通过表达缺乏 GGA 结构域的截断 EBNA-1 而建立的细胞系。HEK293FT 细胞是 HEK293F 细胞系中插入 pCMV-SPORT6-Tag-Neo 质粒的转化细胞系，能够快速增殖，易转染，用于慢病毒的生产。HEK293S 细胞能够耐受低钙离子、悬浮培养。HEK293SGGD 细胞是在 HEK293SG 转染 pcDNA3.1-zeo-STendoT 质粒的细胞系，其主要用于糖基化工程研究中。

HEK293 细胞的衍生细胞系广泛用于科学研究，生产治疗性蛋白、病毒样颗粒疫苗，细胞和基因治疗中的病毒包装。治疗性蛋白质药物有重组人凝血因子Ⅷ、重组人凝血因子 Ⅷ-Fc 融合蛋白（Efmoroctocog alfa）、重组人凝血因子Ⅸ-Fc 融合蛋白（Eftrnonacog alfa）、度拉糖肽 （Dulaglutide）。生产基因药物有重组人腺病毒 p53 注射液(今又生，Gendicine)，用于联合化疗治疗头颈部鳞状细胞癌患者。

（3）杂交瘤细胞与骨髓瘤细胞系

从鼠骨髓瘤细胞与 B 细胞的融合细胞中分离、筛选和纯化，建立的杂交瘤（hybridoma）细胞系，用于研发和生产抗体药物。杂交瘤细胞能在无血清培养基中高密度悬浮生长，容易转染，能进行糖基化等加工修饰，大量分泌和高效表达。不同的启动子在骨髓瘤细胞中都能起作用。骨髓瘤细胞系 SP2/O 和 NS0 不仅可以作为制备杂交瘤的供体细胞，也适宜于重组蛋白质的生产。SP2/O-Ag14 不分泌免疫球蛋白抗体链，可用 8-氮鸟嘌呤筛选，用于抗体的制备。骨髓瘤和杂交瘤细胞生产的上市抗体药物见表 6-5。

表 6-5　骨髓瘤和杂交瘤细胞生产的上市抗体药物

通用品	商品名	适应证
骨髓瘤 NS0 细胞		
Cetaximab（anti-EGFR）	Erbitux	转移性结肠癌或直肠癌
Basiliximab（anti-CD25）	Simulect	肾移植急性排斥
Natalizumab	Tysabri	多发性硬化
Eculizumab	Soliris	血红蛋白尿征
Ofatumumab	Arzerre	慢性淋巴细胞白血病
Ramucirumab（anti-VEGFR2）	Cyramza	晚期胃癌或腺癌
Canakinumab，IgG1/k 亚型抗人 IL-1β	Ilaris	隐热蛋白相关周期综合征
杂交瘤细胞系		
Muromomab-CD3（anti-CD3）	Orthoclone OKT3	肾移植急性排斥
Abciximab（anti-GPⅡb/Ⅲa）	ReoPro	抗凝血
Palivizumab（anti-F protein of RSV）	Synagis	小儿下呼吸道合胞病毒
Infliximab（anti-TNFα）	Remicade	Crohn 病，类风湿关节炎
Ibritumomab tiuxetan（anti-CD20）	Zevalin	B 细胞非 Hodgkin 淋巴瘤
Adalimumab（anti-TNFα）	Humira	风湿关节炎、强直性脊柱炎、溃疡性结肠炎、斑块状银屑病

通用品	商品名	适应证
I-131Tositumomab（anti-CD20）重组细胞系	Bexxar	非 Hodgkin 淋巴瘤
Golimumab（anti-TNF）	Simponi	中度至严重活动性类风湿关节炎，银屑病关节炎，强直性脊柱炎
Ustekinumab（anti-IL-12/IL-23）	Stelara	银屑病关节炎
Tocilizumab（anti-IL-6R）	Actemra	中重度风湿性关节炎

（4）动物细胞表达系统的特点

动物细胞有完善的翻译后修饰功能，能进行蛋白质的正确加工、修饰并装配折叠形成具有精确三维结构的生物活性功能分子，产品接近或类似天然产物（表 6-6），适于临床使用。动物细胞表达产物分泌到培养液中，使分离纯化相对简单。目前约有 70% 批准的蛋白质药物由哺乳动物细胞系统表达制造，而且数目还在不断增加。

表 6-6　不同生物表达重组蛋白的糖基化特征

表达系统	O-糖基化	寡聚甘露糖	高甘露糖	复合体
大肠杆菌	0	0	0	0
酿酒酵母	++	0	++++	−
昆虫 Sf9	++	++++	0	−
仓鼠 CHO	++	++	0	++
仓鼠 BHK	++	++	0	++
鼠杂交瘤	++	++	0	++
鼠骨髓瘤	++	++	0	++
C127	++	++	0	++
J558L	++	-	0	++
人淋巴细胞	++	0	0	+
Namalwa	++	++	0	++
人鼠杂交瘤	−	++	0	++

注：0 表示未检测到；+表示糖基化的水平；−表示未知或有不同结果。

离体动物细胞是完全异养的，对培养基要求高。只能利用简单、丰富的低分子量的营养物，需要 12 种必需氨基酸、8 种以上维生素、多种无机盐和微量元素、多种附加成分。

与细菌和植物细胞相比，动物细胞培养条件要求严格、苛刻，对生长的周围环境十分敏感。但与微生物的显著不同，动物细胞没有细胞壁的保护，细胞膜直接接触外界。对物理化学因素如温度、渗透压、pH、离子浓度、气泡、剪切力等耐受力弱，容易受伤害。动物细胞生长缓慢，生产效率较低，成本高，产量落后于其他表达系统（表 6-7）。

连续细胞系的生长较快，代谢速率较高，但同时导致了副产物的增加。不同细胞系的表达水平差异较大。因此，表达载体的改进和宿主细胞的改造是动物细胞表达系统的重要研发内容。

表 6-7　重组蛋白质药物表达系统的比较

项目		大肠杆菌	酿酒酵母	哺乳动物细胞
产品属性	分子量	较小	大	大
	二硫键	有限	不受限制	不受限制
	折叠	不正确	正确	正确
	糖基化	无	可能	完全
	逆转录病毒	无	无	可能
	热原	可能	无	无

项目		大肠杆菌	酿酒酵母	哺乳动物细胞
表达特点	形式	包涵体为主	可溶性	可溶性
	分泌	无或弱	强或弱	强
	产物浓度	高	较高	低-中等
工艺特点	培养基	简单	较简单	复杂
	上游培养	容易，周期短	容易，周期短	严格，周期长
	下游分离纯化	复杂	复杂	简单
宿主特点	生长	快	较快	慢
	基因组	1 条染色体，小	16 条染色体，较大	基因组大，不清晰
	营养与生化	简单，兼性厌氧	较简单，兼性厌氧	复杂，好氧

6.2 基因工程动物细胞系的构建

基因工程动物细胞系是指携带有目标基因并能够持续稳定表达重组目标产物的工程化动物细胞系。基因工程动物细胞系的构建与基因工程菌的构建原理、过程和使用技术类似。使用穿梭质粒，首先在细菌中构建序列正确的表达载体，然后转染动物细胞，并进行筛选鉴定，可获得生产用工程化细胞系，并建立各级细胞库。构建工程动物细胞系严格按照《生物制品生产检定用动物细胞基质制备及检定规程》和相关技术指导原则进行，对要求内容进行全面研究，做好资料记录和文件整理。这里仅从技术层面，讨论与基因工程菌构建的不同之处。

6.2.1 动物细胞的表达载体

动物细胞的表达载体有两类：病毒载体和非病毒载体。病毒载体主要用于基因药物和细胞药物的研发和递送（见第 12 章），非病毒载体应用于重组蛋白质药物的表达。

动物细胞的非病毒表达载体也称为质粒载体，与微生物的表达载体类似，是穿梭载体，即在细菌和动物细胞内都能增殖,具有两个复制子和筛选标记基因。一个为大肠杆菌中的复制子（如 ColE1），以便在细菌中构建和扩增；抗生素抗性标记（如 Amp^R），用于原核细胞筛选。另一个为动物细胞所有的复制子（SV40 ori）和动物细胞特异的抗性标记基因（Neo^R），以便在宿主细胞中被筛选和稳定表达。动物细胞的非病毒表达载体的结构如图 6-3 所示。

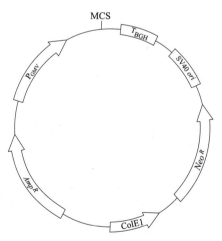

图 6-3　动物细胞的非病毒表达载体

6.2.2 表达载体设计与构建

动物细胞表达载体的构建过程及其技术基本上与工程菌表达载体构建相同，仅在于所用启动子、终止子、选择标记、复制子等元件不同。这里只讨论载体构建的设计策略，实际操作技术和过程见第 3 章。

常用的启动子包括来源于病毒和动物基因的启动子。动物病毒启动子，如逆转录病毒的长末端重复序列（long terminal repeat sequences，LTRS）、SV40 病毒的早期和晚期启动子、腺病毒的晚期启动子、人巨噬病毒（cytomegalovirus，CMV）立即早期启动子。动物基因的启动子，如转录因子 EF-1α 启动子、泛素蛋白（ubiquitin）启动子、β-肌动蛋白启动子、干扰素-α 启动子、IgG 启动子、鼠金属硫蛋白基因启动子等。在转录起始点上游或下游使用相同类型的增强子，有利于提高目标基因的转录水平。

牛生长素（bovine growth hormone，BGH）基因的 PolyA 信号序列比 SV40 PolyA 转录终止作用更强，常用于高效表达载体中。使用连续的终止密码 UGA、UAA 和 UAG，防止翻译通读。

商业化的表达载体具有多克隆位点，只有目标基因末端具有匹配的酶切位点，可通过酶切连接构建。利用拓扑异构酶（topoisomerase）的连接特性，PCR 产物可直接与载体连接，而无需连接酶。载体上有拓扑异构酶的识别序列和 T 突出端，PCR 产物具有 3′-端 A，拓扑异构酶把二者在数分钟之内连接起来，完成表达载体的构建。

除了常用的单顺反子表达模式外，基于内含子的剪切信号功能，还可采用双顺反子(dicistron) 表达策略，容易筛选，而且能高效表达。目标基因和标记基因在同一启动子控制之下，转录形成同一 mRNA。由内部核糖体进入位点（internal ribosome entry site，IRES），使转录物的第二个基因得到翻译，翻译效率是第一个的 1/10。如图 6-4 所示，将扩增系统和双顺反子表达结合起来，用甲氨蝶呤（methotrexate，MTX）筛选，二氢叶酸还原酶（dihydrofolic acid reductase，DHFR）基因的扩增，使得目标基因的拷贝数也随之增加，进而增加表达水平。类似地，谷氨酰胺合成酶（glutamine synthetase，GS）基因与硫胺蛋氨酸（氨基亚砜蛋氨酸 methionine sulfoximine）也是一对扩增系统。双顺反子在多亚基蛋白的偶联表达及其控制策略等方面有广泛应用前景。

图 6-4　动物细胞的双顺反子表达盒

6.2.3　转染与培养

转染（transfection）是将目标基因导入哺乳动物细胞的技术通用名称。基因导入真核细胞的方法很多，主要有化学转染、物理转染和病毒介导的转化（表 6-8）。这里主要介绍化学转染方法。

表 6-8　动物细胞转染方法

	方法	表达类型	毒性	细胞类型	特点
化学转染	磷酸钙	瞬时，稳定	无	贴壁细胞，悬浮细胞	简单
	DEAE-葡聚糖	瞬时	有	CV1，COS	简单
	阳离子树脂	瞬时，稳定	有或无	贴壁细胞、悬浮细胞	简单，有效
物理转染	基因枪	瞬时，稳定	无	多种细胞组织，器官	有效，仪器操作
	显微注射	瞬时，稳定	无	多种细胞	有效，技术难度大
	电穿孔	瞬时，稳定	无	多种细胞	有效，仪器操作
	冲击波	瞬时，稳定	无	多种细胞，局部组织	简单有效，仪器操作
生物法	逆转录病毒	瞬时，稳定	无	对应的宿主细胞	有效

（1）化学转染原理
化学转染的基本原理是磷酸钙、二乙氨乙基（DEAE）-葡聚糖和阳离子树脂与核酸形成复合物，附着于细胞表面，通过细胞的内吞作用进入细胞。渗透性休克和 DMSO 等化学试剂能促进 DNA 进入细胞。已有多种商业化转染试剂盒供应，特别是脂质体材料的转染试剂。

（2）脂质体转染操作

① **细胞制备**　以 10^5 细胞浓度铺培养皿或培养板，于 5% CO_2 在 37℃培养 18～20h，收集 CHO 细胞。

② **脂质体制备**　将 DNA 和脂质体混合均匀，在室温下温育 10min。常用脂质体有一价、二价和多价阳离子，使用中注意厂商的说明。

③ **转染与培养**　用含有 DNA 和脂质体的培养基更换原培养基，继续培养 6～16h。其间不断摇动培养皿，使细胞与 DNA-脂质体接触均匀。吸弃培养基，加入含有 DMSO 的培养基，轻轻摇匀。培养数分钟，迅速吸弃培养基。用无血清培养基洗涤 2 次。加入含有丁酸钠（终浓度 2.5～10mmol/L）的血清培养基，培养 20～24h。吸弃培养基，加入血清培养基，继续培养。

6.2.4　工程动物细胞系的筛选与鉴定

（1）基本过程

转染后 1～6d 收获细胞，进行核酸分子杂交或蛋白质杂交，检测目标基因的瞬时表达。为了获得稳定整合的细胞系，先在非选择性培养基上培养 24～48h，让细胞倍增 1～2 代，使转染 DNA 表达。再按 1:15 比例转移到选择性培养基上，每 2～4d 更换培养基，持续 2～3 周，促进抗性细胞生长，清除死细胞残骸，最后筛选得到独立的克隆。鉴定单克隆的产物表达量、生物活性等，对高量表达、遗传稳定的单克隆建立细胞系，并进行妥善保存。

（2）稳定整合的筛选原理

一般地，在转染中大约有万分之一的细胞将稳定整合目标基因，因此需要显性选择标记来分离转染细胞（表 6-9）。一旦选择标记基因整合在染色体上，就赋予工程细胞永久抗性。因此在培养基中，添加这些选择剂，进行连续传代筛选。

表 6-9　工程动物细胞常见选择剂及使用浓度

选择剂	基因	作用机理	使用浓度
G418，Zeocin	*neo*	干扰核糖体功能，阻断蛋白质合成	100～800μg/mL
潮霉素 B	*hyg*	干扰蛋白质翻译的转位，促进错译	10～400μg/mL
杀瘟稻菌素	*bsd*	杀稻瘟菌素脱氨酶使其失活	2～10μg/mL
霉酚酸	*gpt*	特异性抑制肌苷脱氢酶活性，阻断尿苷单磷酸的从头合成途径	25μg/mL
嘌呤霉素	乙酰基转移酶	氨酰 tRNA 类似物，抑制蛋白质合成	0.5～10μg/mL
Xyl-A	*ada*	Xyl-ATP 掺入核酸，细胞死亡	4μmol/L

（3）目标基因的整合方式

目标基因转染细胞后，有两种方式整合到细胞的染色体上（图 6-5）。第一种是定位整合。在目标基因的上、下游设计一段被整合位点的染色体序列（即同源臂序列），进入细胞后，发生同源重组，将目标基因定位整合到染色体上。染色体上的不同位点直接影响插入基因的表达量和效果，因此要选择无生物学功能、有利于表达的热点区域为整合位点。第二种是随机整合。目标基因进入细胞后，随机整合到染色体上。通过大量的筛选，可获得遗传稳定的、表达量高的细胞系。

对于 CHO 细胞系，它是二氢叶酸还原酶缺陷型。质粒上有 *DHFR* 基因，可回补 CHO 的缺陷型。培养基中添加二氢叶酸的类似物 MTX，进行筛选，可获得稳定转染的细胞系。

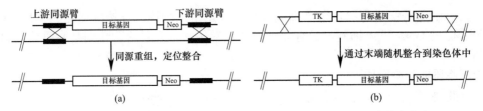

图 6-5　用 G418 筛选，将目标基因定位（a）和随机整合（b）在染色体上

6.3　动物细胞培养基的制备

培养基是维持体外细胞生长的基本物质基础。动物细胞离体后，失去了消化等系统，不能利用多糖、蛋白质等聚合程度高的化合物，只能利用简单的单体化合物。培养基的主要组成成分包括糖类、必需氨基酸、维生素、无机盐类、激素及其他附加成分等。由于动物细胞对培养基的要求高，不同细胞系的要求也不尽相同，因此培养基成分复杂而且昂贵。

6.3.1　动物细胞培养基的成分

（1）糖类

糖类提供细胞生长的碳源和能源，分解后释放出能量 ATP，主要是葡萄糖。不同细胞对葡萄糖（2～20mmol/L）利用相似，在无氧条件下还产生乳酸等有机酸。

（2）氨基酸

对于动物细胞培养，氨基酸可分为两类：必需氨基酸和非必需氨基酸。动物细胞在体内，必需氨基酸有 8～10 种。在离体条件下培养，由于在培养过程中容易失去，20 种氨基酸中至少 12 种是必需氨基酸，包括精氨酸（Arg）、半胱氨酸（Cys）、组氨酸（His）、异亮氨酸（Ile）、亮氨酸（Leu）、赖氨酸（Lys）、蛋氨酸（Met）、苯丙氨酸（Phe）、苏氨酸、色氨酸（Trp）、酪氨酸（Thr）、缬氨酸（Val）等。这些氨基酸必须在培养基中添加，才能满足细胞的生长。

在添加非必需氨基酸时，很多细胞生长更好。而缺乏非必需氨基酸，增加了对必需氨基酸的需要。而 CHO 衍生的细胞系是脯氨基酸营养缺陷型，通常要添加 0.1～1.0g/L。而丝氨酸、甘氨酸对低密度培养也有益处，但在大规模培养条件下不很重要。

氨基酸可通过生糖或生酮途径转变为糖或脂肪酸，间接提供能量。谷氨酰胺（2～10mmol/L）是体外动物细胞培养的重要碳源和能源之一。在无谷氨酰胺的培养基上，无氨积累，但生长往往不及有谷氨酰胺的。

（3）维生素与无机盐类

维生素是培养基的必需成分，具有多种生理功能，需要添加。

胞内的无机盐是细胞代谢所需酶的辅基，同时保持细胞的渗透压和缓冲 pH 的变化。胞外无机盐对维持正常生长环境很重要。Na^+ 是重要的胞外阳离子，Na^+ 和 Cl^- 参与生理电活动，一般为生理盐水的离子浓度（0.9% NaCl）。

正常血浆渗透压（osmotic pressure）范围为 280～310mOsm/kg（690～859kPa），主要是无机盐 Na^+、K^+、Cl^-、HCO_3^- 等构成。高于 310mOsm/kg 的溶液为高渗透压溶液，低于 280mOsm/kg 为低渗透压溶液。动物细胞对渗透压有较强的耐受性，常用增减 NaCl 的浓度来调整渗透压，每增加 1mg/mL NaCl，渗透压增加 32mOsm/kg。离体培养细胞的渗透压应控制为等渗透溶液。

（4）激素及附加成分

细胞离体生长时，必须添加激素等。胰岛素及其类似物是最常用的激素，使用浓度为 0.5～10μg/mL，对细胞的生长有刺激作用。其他激素有生长素、促卵泡激素、甲状腺素、乳激素等，细胞因子有表皮生长因子、成纤维细胞生长因子和神经细胞生长因子，根据不同细胞添加。为了细胞的贴壁生长，必须添加贴附因子，如胶原等。

脂类化合物对动物细胞培养是必需的，很多细胞需要添加脂肪酸、磷脂及其前体和疏水化合物如固醇，随细胞系、培养条件而变化。不饱和脂肪酸对细胞培养有好处，但相对不溶和高度不稳定。可与脱脂的白蛋白和环糊精形成共轭物，或以脂质体形式添加。在实际中，脂类及其前体和血清经常平行使用。

培养基通常添加次黄嘌呤和胸腺嘧啶，特别是对于代谢缺陷型细胞必须添加，提高嘌呤和嘧啶来源，其他核酸和核苷酸不需要添加。

添加的结合蛋白类主要有转铁蛋白，起离子载体的作用。有时用无机铁盐，如硫酸亚铁、柠檬酸铁、葡萄糖酸铁等代替转铁蛋白。

6.3.2 动物细胞培养基的种类

在动物细胞培养的早期，动物源成分是培养成功的关键。经过近 60 多年的发展和对细胞生长的认识和知识积累，现在已经完全不用动物源或天然成分，动物细胞的生长在批次之间非常稳定和表现良好。

（1）天然培养基

天然培养基是人们最早期采用的细胞培养基，直接取自于动物组织提取液或体液，如血清、血浆凝块、淋巴液、胚胎浸出液等，应用于原代及传代细胞培养。

在动物细胞培养中，血清（serum）是最有效和最常用的天然成分，含有蛋白质、氨基酸、激素和生长因子等，对细胞贴壁、生长增殖并维持生物学特性是不可缺少的。但血清的作用机理不十分清楚。血清的来源有胎牛血清、新生牛或成牛血清、马血清、鸡血清、羊血清及人血清，最广泛应用的是胎牛血清和新生牛血清。

水解乳蛋白（hydrolytic albumin）和胶原（collagen）富含氨基酸，具有改善细胞表面特征、促进附着生长的作用，应用于许多细胞系及传代细胞培养。对于大规模药物生产而言，血清不仅成分不完全清楚，质量难控，具有逆转录病毒的危险，增加下游分离纯化的成本，不宜使用。如果使用牛血清，必须符合《细胞培养用牛血清生产和质量控制技术指导原则》。

（2）半合成培养基

半合成培养基是由化学物质和天然成分配制的培养基，组分相对稳定。1911 年 Lewis 首先用含有盐和糖的培养基培养动物细胞，之后又添加 2～3 种氨基酸和 1～2 种激素。1950 年 Morgan 等研究 M199 培养基，成分达 69 种，包括了氨基酸、维生素、核酸衍生物、糖、脂类和 Earle 生理盐等，但只有添加血清后，M199 培养才能支持细胞生长。半合成培养基发展至今已有几十种，大部分已商品化。由于细胞种类和培养条件不同，所用半合成培养基也不同。

Eagle 是培养基研究的先驱，在对动物必需氨基酸研究的基础上，建立了 Eagle's MEM（minimum essential medium，MEM），是最经典的培养液，含有 12 种必需氨基酸、8 种维生素，广泛用于细胞培养。随后衍生了 MEM 的各种改进培养基，并冠以发明人姓氏。在 BME（basal medium Eagle's）中，大部分氨基酸减半，增加了培养液的透明度，易于观察，但要求隔天更换培养液。DMEM （Dulbecco's modified Eagle's medium）中大部分成分加倍，对附着性差、以糖代谢为主、分裂旺盛的细胞培养效果好，常用于骨髓瘤细胞和 DNA 转染细胞的培养。其他改进的培养基含有 GMEM（Glasgow's modified Eagle's medium）和 JMEM（Joklik's modified Eagle's medium）。

RPMI（Roswell Park Memorial Institute）1640 是为淋巴细胞培养设计的，但适宜多种细胞，如正常细胞和肿瘤细胞。Ham's 培养基增加了 Cu^{2+}、Fe^{2+} 和 Zn^{2+} 等微量元素，适合于低血清培养。

半合成培养基中经常添加血清等天然成分才能支持动物细胞正常生长，一般必须添加 5%～10% 的小牛血清。在杂交瘤培养中，添加浓度高，一般为 10%～20% 的胎牛血清。

（3）无血清培养基

无血清培养基（serum-free medium，SFM）是不加血清的合成培养基。无血清培养基的设计，通常在半合成培养基的基础上，用其他成分取代血清。最初用血清的组分或血清蛋白，如转铁蛋白、白蛋白和生长因子，取代血清，但仍然不能支持细胞生长。20 世纪 90 年代末，添加蛋白质水解物、某些维生素和高浓度铁离子，才能生长。由此开发了多种无血清培养基。现在，来源多样的蛋白质水解物，如大豆、小麦、棉花等植物蛋白胨水解物，或动物蛋白胨水解物，用于无血清培养基。无血清培养基提高了动物细胞培养的质量，产品容易分离纯化，避免了使用血清带来的麻烦：血清中存在病毒、真菌、支原体等微生物污染的危险，血清中蛋白对产物蛋白测定的干扰。使用无血清培养基，简单而且低成本，但批次之间的差异和产品质量的风险较大。

（4）全合成培养基

进入 21 世纪初，为了提高培养基的生产性能，开发了全合成培养基（synthetic medium）或化学成分确定的培养基（chemically defined medium），以消除无血清培养基中的未知成分（蛋白胨和水解物）的风险。常用生长附加成分（激素与生长因子）、结合蛋白、贴壁与伸展因子和低分子营养成分等（表 6-10）取代其中的天然成分，保证细胞良好生长，动物细胞培养的批次之间稳定，适合于大规模制药生产。已经有针对 CHO 细胞的全合成培养基商业化产品。

表 6-10　无血清培养基添加生长附加成分

种类	举例
激素与生长因子类	胰岛素，生长素，表皮生长因子，成纤维生长因子，神经生长因子，血小板生长因子，促卵泡激素释放因子，促甲状腺素释放因子，促黄体激素释放因子，甲状旁腺激素，前列腺素，三碘甲状腺素，氢化可的松，黄体酮，胰高血糖素，雌二醇，睾酮
结合蛋白类	转铁蛋白，去脂牛血清白蛋白
贴壁与伸展因子	冷不溶球蛋白，血清伸展因子，胎球蛋白
低分子营养因子	H_2SeO_3，$CdSO_4$，腐胺，维生素 C，维生素 E，维生素 A，亚油酸

6.3.3　动物细胞培养基的质量控制

（1）培养用水质

细胞生长离不开水，水是细胞反应的重要介质。细胞及各种营养物质都分散在水中。水对细胞生长的作用在于：①水是一种良好的溶剂，营养物质在水中被吸收，废物被排泄；水的惰性使许多物质在其中溶解而不发生化学变化。②水具有热稳定性和良好的导热性，对温度的稳定调节十分重要。

离体动物细胞对水质特别敏感，对纯度要求较高。水中微量的杂质都可能影响细胞的生存，甚至导致死亡。细胞培养水质的要求电阻率在 $1 \times 10^6 \Omega \cdot cm$ 以下，使用纯净水配制培养基。

普通水必须经过过滤、去离子、反渗透等技术，除去各类元素、有毒或有害物质及微生物，还必须除热源，在80℃不锈钢罐中备用。

（2）缓冲液

缓冲液（buffer solution）由弱酸与弱酸盐或弱碱与弱碱盐组成，pH恒定但不干扰培养。不同种类细胞对pH要求不一致，不同生长阶段对pH要求也不同。原代细胞对pH要求严格，而传代细胞对pH要求较宽，细胞对偏酸环境比偏碱环境的耐受性高。在细胞的培养过程中由于细胞的代谢产生酸性物质，使培养基的pH不断下降，缓冲液可中和培养液中的酸性物质。一般要求离体培养缓冲液pH为7.2～7.4，满足动物细胞生长的最适pH。

最广泛使用的缓冲液为盐离子缓冲液$NaHCO_3/Na_2CO_3$，其次为Na_2HPO_4/NaH_2PO_4。碳酸盐缓冲液除了直接的缓冲作用外，还有间接作用，碳酸生成CO_2后很快逸出。细胞呼吸产生的CO_2与水形成碳酸，在培养液中的任何碱都被中和，生产相应碳酸氢盐。碳酸氢钠在37℃时的缓冲能力为pH7.0～7.5，如果培养液pH超出此范围，就不能维持pH的稳定性。而CO_2的逸出，增加培养液的碱性。因此，在培养箱内进行平板或培养瓶培养时，需要供应5%～10%CO_2和95%～90%空气，以平衡培养液中的CO_2。离体培养中，缓冲液多为平衡盐溶液的重要组分之一，很少单纯使用。

（3）生理盐水与平衡盐溶液

在缓冲液的基础上，添加调节渗透压的盐类，在一定程度上能满足细胞对pH和盐离子的要求。缓冲液或缓冲盐溶液多用于配制一些与活细胞经常接触的溶液或培养后进一步处理细胞的溶液，如培养物的洗涤液等。对于直接接触、长期培养的培养液，常用生理盐水和平衡盐溶液，是渗透压与胞浆渗透压平衡的溶液。

生理盐水供给细胞水分和盐离子，维持一定的渗透压，并能良好溶解试剂和药物。最简单的生理盐水为0.9% NaCl溶液，为等渗溶液。现在有各种不同成分的生理盐水，分别加入pH缓冲剂与指示剂、葡萄糖等，形成了平衡盐溶液。

平衡盐溶液（balanced saline solution，BSS）是集缓冲液的缓冲能力、生理盐水的等渗能力和营养供给为一体，具有多种功能和作用。几种常见的BSS配方见表6-11。在平衡盐溶液中，加少量酚红（phenol red）作为酸碱指示剂。溶液变酸时呈黄色，变碱时呈紫红色，中性时为樱桃红色，肉眼可检测pH的变化。Hanks溶液中$NaHCO_3$量较少，缓冲能力弱，对CO_2和空气要求低。Earle溶液相反，缓冲能力强，必须通入5%或10%CO_2维持平衡。BSS中的Ca^{2+}、Mg^{2+}具有细胞凝集作用，对于分散细胞的消化液及洗涤液，应该采用Dulbecco溶液、D-Hanks溶液、磷酸盐缓冲液（phosphonate buffer solution，PBS）。

表6-11　常用的BSS配方（g/L）

成分	Ringer	Hanks BSS	Earle BSS	Tyrode BSS	Puck BSS	D-Hanks BSS	Gey BSS	Eagle	PBS	Dulbecco PBS
$CaCl_2$	0.25	0.14	0.20	0.20	0.012	—	0.17	—	—	—
KCl	0.42	0.40	0.40	0.20	0.40	0.40	0.37	0.40	0.2	0.20
KH_2PO_4	—	0.06	—	—	0.15	0.06	0.03	—	0.2	0.20
$MgCl_2 \cdot 6H_2O$	—	0.10	—	0.10	—	—	0.21	—	—	0.10
$MgSO_4 \cdot 7H_2O$	—	0.10	0.20	—	0.154	—	0.07	0.20	—	0.10
NaCl	0.90	8.0	6.68	8.00	8.00	8.0	7.00	6.8	0.8	8.00
$NaHCO_3$	—	0.35	2.20	1.00	—	0.35	2.27	2.2	—	—
$Na_2HPO_4 \cdot 7H_2O$	—	0.09	—	1.00	0.39	0.06	0.226	—	2.16	2.16
$NaH_2PO_4 \cdot H_2O$	—	—	0.14	0.05	0.29	—	0.4	—	—	—
葡萄糖	—	1.00	1.00	1.00	1.00	—	1.00	1.0	—	1.00
酚红	—	0.01	0.01	—	0.005	0.01	—	0.01	—	—

（4）培养基原料的质量控制

生产生物制品的原材料来源复杂，可能引入外源因子或毒性化学物质，而且产品一般不能进行终端灭菌。因此，要根据《生物制品生产用原材料及辅料的质量控制规程》，基于原材料的风险等级（表6-12），进行原材料来源和残留物的质量控制，降低外源因子和有毒杂质风险，保证生物制品的安全性和有效性。

表6-12　生物制品生产用原材料的分类

级别	举　例
第1级 较低风险原材料	已获得上市许可的生物制品和无菌制剂产品，如人血清白蛋白、各种氨基酸、抗生素注射液
第2级 低风险原材料	已有国家标准和批准文号，按GMP生产的用于生产生物制品培养基成分、化学原料药和药用级非动物来源的蛋白质水解酶
第3级 中等风险原材料	非药用，包括生物制品生产用培养基，非动物来源的蛋白水解酶，用于靶向纯化的单克隆抗体，用于生物制品提取、纯化、灭活的化学试剂等
第4级 高风险原材料	具有生物作用机制的毒性化学物质，如甲氨蝶呤、霍乱毒素等，成分复杂的动物源性组织和体液、牛血清、酶等

根据生物制品的质量标准要求，对培养基质量进行控制。动物细胞的培养基，要求化学成分明确，一般含有50～100种成分。优先选择第1级和第2级原材料作为培养基成分。第3级原材料，可能需要纯化或灭活等加工后才能使用。对于第4级原材料，研发阶段可以使用，大规模生产中不建议使用，需要替代。如果使用第4级原材料，需要改进其生产工艺，或除去外源因子或污染物，进行全面严格的质量检定，合格后才能使用。培养基最好无动物来源的成分，使用重组人蛋白质、重组人转铁蛋白和重组人激素等，生物活性要有保证。如果使用血清，必须符合质量控制规程的规定。

（5）培养基原料的配制

一般情况下，培养基成分如氨基酸、维生素、葡萄糖、缓冲液、附加成分，先配制成高倍浓缩的母液，过滤灭菌，冷藏。使用时按一定比例稀释，配制成工作液。

根据pI，把氨基酸溶解在水中，配制成溶液。有些难溶氨基酸，加0.5%～1.0%泊洛沙姆（Poloxamer）F68助溶。

谷氨酰胺是培养基的能源，在基础培养基中的浓度为2～6mmol/L。在细胞培养基中谷氨酰胺不稳定，自发水解，生成的副产物是氨和焦谷氨酸。因此，可使用商业化的L-丙氨酰-L-谷氨酰胺二肽（Glutamax），在水溶液中更稳定，不会自发降解。而且在肽酶作用下，L-丙氨酰-L-谷氨酰胺二肽水解，逐渐释放L-谷氨酰胺。比流加谷氨酰胺的策略好，始终维持较低的浓度水平，为细胞提供有效的能量代谢和较高的生长量。

脂溶性成分不能过滤灭菌，否则被滤膜吸附。脂类能溶解在乙醇（低于1g/L）中，作为储液。加入吐温-20（1～10μg/mL）、泊洛沙姆等有助于维持脂肪酸的水溶性。

为了优化细胞的生长环境，合成培养基还添加一些其他成分。核酸降解物，如嘌呤和嘧啶类。抗氧化剂，如维生素C、谷胱甘肽、半胱氨酸和胱氨酸（cystine）、巯基乙醇等。根据产品和培养过程的细胞氧化还原状态，选择使用，抵抗氧化逆境。

在控制培养基成分来源和质量合格的基础上，在使用过程中从维持适宜浓度和适宜的渗透压两个方面去控制。一旦培养基配方确定后，要制定严格的培养基配制的标准操作规范，以保证培养基浓度在适宜的范围内；通过渗透压仪监控，控制基础和补料培养基的渗透压范围，来保障生物制品的产品质量。

6.4 动物细胞的培养技术

最早只有从正常组织中分离的原代细胞才能用于药物生产，如鸡胚细胞、兔或鼠肾细胞、淋巴细胞。以后，二倍体的传代细胞也可用于生产，如 WI-38 和 2BS 细胞系。1986 年 Namalwa 用于生产干扰素，标志大规模工业化动物细胞培养制药成为可能。目前用于制药的动物细胞有 4 类，即原代细胞系、二倍体细胞系、异倍体细胞系和融合的或重组的工程细胞系。

6.4.1 动物细胞生长的基质依赖性

（1）细胞对基质的依赖性

根据细胞的生长特性和对基质的依赖性，可分为贴壁依赖性细胞（anchorage-dependent cell）和非贴壁依赖性细胞（anchorage-independent cell）。

贴壁依赖性细胞的生长需要适量带电荷的固体或半固体支持表面。细胞自身分泌或人为在培养基中加入贴附因子（attachment factor），使细胞依附在支持物表面，才能生长和增殖。大多数动物细胞都属于此类，包括非淋巴组织细胞和许多异倍体细胞。当细胞长满整个培养表面后，细胞之间相互接触，不再生长增殖了，但仍然能存活一段时间，这就是接触抑制性。

非贴壁依赖性细胞的生长不依赖于固体支持物表面，可在培养液中悬浮生长，所以也称为悬浮细胞。淋巴细胞、肿瘤细胞（包括杂交瘤细胞）和某些转化细胞属于此类。

有些细胞对固体支持表面的依赖性不严格，可以贴壁生长，但在一定条件下，也可以悬浮生长，这就是兼性细胞，如 CHO 细胞、BHK 细胞等。

（2）生长基质

贴壁依赖性细胞的生长需要一个支持介质，培养器皿表面的材质不适合，因此采用在培养液中添加或在器皿表面覆盖生长基质，帮助细胞的贴附和生长。把改变支持介质表面特性，促进细胞贴附的物质称为生长基质（growth substratum）。天然的生长基质一般为胞外基质成分，最常用胶原。多聚赖氨酸（poly-lysine）是合成的赖氨酸多聚体，分子量为 7000～30000 的多聚赖氨酸可作为细胞生长基质。一些支架材料，如聚乳酸也可用作动物细胞生长基质。

生长基质已有商业化产品，用 PBS 或 BSS 配成 10 倍贮存液。在 37℃ 下，静置 2～4h 或室温过夜，对器皿表面进行包被，然后经无菌生理盐水洗涤后使用。有些还可以直接加入培养液。生长基质的使用见表 6-13。

表 6-13　动物细胞培养中使用的生长基质

生长基质	贮存液浓度	使用浓度	使用方法
多聚赖氨酸	0.5mg/L	0.05mg/L	表面包被
纤维连接蛋白	10mg/mL	1mg/mL	加入培养液
层黏蛋白	5mg/mL	5～10μg/mL	表面包被
韧黏素	75μg/mL	5～15μg/mL	包被或加入培养液
胶原蛋白	1～3mg/mL	0.1mg/mL	表面包被

6.4.2 动物细胞实验室培养的容器

（1）非自控培养容器

在 20 世纪 50～60 年代，实验室主要使用培养板（petri dishes）、培养瓶（flask）、血袋（blood bag）等一次器皿，进行静止培养（static culture）。在 20 世纪 70 年代，开始使用转瓶

（roller bottle）或转管（roller tube）、摇瓶（shake flasks）等一次性容器，进行动态培养（dynamic culture），但这些培养容器没有自控单元。双室透析膜生物反应器（two-compartment dialysis membrane bioreactor）是静态培养到动态培养的过渡容器，如 CeLLine 和 MiniPerm。CeLLine 由培养基层（是细胞层的 50 倍）、上层代谢物透析膜（分子量 10000）、细胞层和下层气体透析膜组成。上层膜的作用是细胞层与新鲜培养基之间的交换培养代谢产物，保证目标蛋白质在细胞培养层。通过下层膜获得氧气，平衡了细胞层的氧气和二氧化碳。通过上层的营养交换和下层的气体交换，实现细胞层的高密度培养。虽然具有动态培养的一些特点，但需要放在恒温箱内进行。

在 20 世纪 80～90 年代，出现了中空纤维生物反应器（hollow fiber bioreactor）（如 Cellmax），是第一个具有自控功能的一次性反应器，用于单克隆抗体的毫克级制备。

（2）一次性反应器

一次性反应器（single-use bioreactor）或可弃反应器（disposable bioreactor）由搅拌、空气装置、传感元件组成，可用于实验室和中试规模的产品和工艺研发。搅拌方式有旋转搅拌、一维或二维的轨道摇动、振荡摆动和气轮混合搅拌等。反应器的形状是多样的，包括刚性圆柱形、3D 袋、圆柱袋、立体袋、U 形袋，反应器的体积从几升到几千升不等。一次性的传感器能对 pH 和溶解氧等进行检测，用于过程控制。

一次性反应器由聚合材料如聚碳酸酯、聚四氟乙烯或乙烯-乙酸共聚物组成，符合药典规定的特性。与重复使用的玻璃或不锈钢反应器相比，一次性反应器能节省灭菌和清洁的时间，极大减少了污染的风险，从而节省时间和成本；生产不同产品具有很大的灵活性和可靠性。其缺点是可过滤和渗透性物质能分泌到袋外，更大体积规模化使用也受到限制。

实验室规模生物反应器（lab-scale bioreactor）是 1～20L，可代表大规模生物反应器。采用小体积的反应器（10～100mL），增加工艺研究的平行次数；对大规模反应器进行放小（scale down）研究，在相同条件下进行平行和快速工艺过程开发。工业规模反应器见第 22 章。

6.4.3 动物细胞的实验室培养技术

（1）原代培养

对原代细胞的培养过程就是原代培养，需要自己制备。培养原代细胞的基本过程如下：处死动物后，在无菌条件下，取出组织并破碎，加入 Hanks 缓冲液，洗涤，低速离心，弃上清液。用酶于 37℃消化，轻摇，把组织分散成单细胞。用缓冲液洗涤，加入培养液，制成一定浓度的细胞悬浮液，细胞计数，检查消化是否充分和完全。然后接种到培养基上，进行培养。所用消化酶一般为胰蛋白酶或胶原酶，前者用于消化细胞间质较少的软组织，如胚胎、羊膜、上皮、肝、肾及传代细胞等，时间 30～60min；后者适宜于纤维组织、上皮组织、癌组织等。常用 BSS 和含血清的培养基配成 0.1～0.3mg/mL 的消化酶工作浓度，消化时间根据具体情况而定，数小时至过夜。用于消化组织的酶还有链霉蛋白酶、黏蛋白酶、蜗牛酶等，可根据动物组织的具体情况使用。

用组织获得的真正能满足生产的细胞只是一小部分，因此用原代细胞生产药物需要大量的动物。

（2）传代培养

传代培养是指对长满器皿表面的细胞进行分离，接种到新的培养基上，进行新一轮培养。刚刚全部汇合的细胞是传代的理想时期，过早产量低，过晚细胞健康状态不佳，因此掌握最佳时期很重要。传代培养的基本过程与原代细胞的分离和培养相同，用 30～50 倍体积的 0.25% 胰蛋白酶和 EDTA 对长好的细胞进行消化，计数后，稀释一定浓度，接种到培养基上，在适宜的条件下进行培养。掌握好适宜的消化时间和方法，不要过度，以获得细胞浓度均匀、生长速度一致的传代细胞。

6.4.4 动物细胞系的建库与保存

为了保证细胞系的质量，避免传代引起的变异，一旦获得了稳定的、具有一定特征的细胞系，无论传代细胞系还是重组工程细胞系，就要按细胞基质规程的要求建立细胞库，进行长期保存。建库过程要严格、规范，避免交叉污染，并进行验证，确保细胞库质量。

（1）细胞系的建库

细胞库实施种子批系统管理，建立原始细胞库、主细胞库和工作细胞库。

① **原始细胞库** 是由一个原始细胞群体，增殖形成细胞系或经过克隆培养而形成的细胞群体，按一定量均匀分装于安瓿瓶。细胞系的研究发现者拥有原始细胞库。

② **主细胞库** 是由原始细胞种子传代、增殖而来，所有细胞均匀混合成一批，定量分装安瓿瓶。由此传代扩增，得到均一细胞，建立主细胞库。

③ **工作细胞库** 是由主细胞库细胞传代扩增而来。将一定代次的细胞全部合并成一批均质细胞群体，分装安瓿瓶。对于工作细胞库的传代次数，需确保细胞复苏后传代增殖的细胞数量能满足生产一批或一个亚批产品。此时传代的次数必须在该细胞用于生产限制最高代次之内。

主细胞库和工作细胞库必须具有一定数量，细胞库的代次及其之间的代次要有明确限定，确保代次稳定。工作库只能一个代次，工作库的一支或多支应用同一批疫苗生产。原始细胞库、主细胞库、工作细胞库都必须按该细胞的检定要求，逐项进行全面检定，合格后才能使用。

（2）细胞系的保存

动物细胞系常用低温冷冻方法进行保存。保存细胞的标准是，细胞活性大于 95%，10^6个细胞/mL。

保存步骤：预冷保护液（含 10%血清、7.5%～10%二甲基亚砜的培养基），预冷细胞。将细胞稀释成 $2×10^6$～$5×10^6$ 个/mL，按 1mL/安瓿瓶分装，火焰下封口。放入慢冻机内，以 1℃/min 速度缓慢冷冻，至-25℃。冷冻细胞放入干冰或-80℃低温冰柜 16～80h 后，再转移到液氮中，温度为-150～-190℃，细胞活性几乎处于停止状态，进行长期保存。在液氮中冷冻时，用聚苯乙醛制成的塞子控制冷却，小心操作，避免人员被冻伤。保存期间，要控制环境条件，并定期监测变化。细胞系保存过程中的质量控制见第 3 章。

如果要复苏细胞，将冷冻细胞取出，立即在 37℃水浴中快速融化，用于后续操作。在保护剂存在下，慢冻快融是保存复苏细胞的要领。

6.4.5 动物细胞的大规模培养技术

根据动物细胞的生长特点，只能采用单层贴壁培养、悬浮培养、微囊化培养、微载体培养等几种主要方法进行大规模培养（表 6-14）。

表 6-14 工业化生产蛋白质药物的细胞培养方法

细胞系	工业化生产方法	上市药物产品举例
CHO	悬浮培养，无血清培养基	组织纤维酶源激活剂、巨噬细胞集落刺激因子、人源化的抗体 IgG1 结合 CD52、嵌合人鼠抗体肿瘤相关糖蛋白 TAG72、凝血因子Ⅸ
CHO	悬浮培养，血清培养基	干扰素
CHO	贴壁培养，无血清培养基	Von Willebrand 因子
BHK	悬浮培养，血清培养基	FMDV 疫苗，狂犬病疫苗，胎盘分泌的碱性磷酸酯酶
BHK	悬浮培养，无血清培养基	抗凝血酶Ⅲ
BHK	贴壁培养，血清培养基	红细胞生成素，转铁蛋白
BHK	贴壁培养，无蛋白质	白介素 2

（1）单层贴壁培养

单层贴壁培养（monolayer anchorage-dependent culture）是指把细胞贴附于生长基质表面上，生长形成单层细胞的培养方法，适合于贴壁依赖性细胞培养。生长的基本过程是，细胞经过吸附、接触而贴附于生长基质表面，然后进行生长、分裂繁殖，很快进入对数期，最后长满整个表面，形成致密的单层细胞。

细胞黏附在固体表面主要力是静电引力和范德华力，因为动物细胞在生理状态下带负电，贴壁培养的固体表面要求具有正电荷和高度表面活性。适宜的电荷密度是黏附和贴壁的关键，电荷密度低，不能有效黏附，电荷密度高则会对细胞产生毒性。

单层贴壁培养必须根据细胞数目和培养液的体积，增加生长基质表面积。转瓶结构简单，投资少，经济实用，可做成支架，大量培养，容易更换培养液，收获细胞或培养液方便，重复性好，现在仍用于疫苗等生产。

（2）悬浮培养

悬浮培养（suspension culture）是指细胞在反应器内游离悬浮生长的培养过程，主要对于非贴壁依赖性细胞，如杂交瘤细胞等。动物细胞悬浮培养是在微生物发酵的基础上发展而来的，经常借鉴发酵理论和经验，但有自身的特点，动物细胞没有细胞壁，不能耐受剧烈的搅拌和通气剪切，对环境适应性差。在培养过程中与微生物发酵培养不同，在悬浮培养中要注意发挥动物细胞的特性。常用的反应器有通气式搅拌和气升式生物反应器。优点是操作简单，培养条件相对均一，传质和传氧较好，容易放大培养。但细胞体积小，密度低。

（3）微囊化培养

微囊法（microencapsulation method）是用亲水半透膜把细胞包埋在微囊中的一种固定化方法。使用较多的是多聚赖氨酸/海藻酸固定细胞。杂交瘤细胞与海藻酸钠溶液混合，经微囊发生器，微球滴入氯化钙溶液中，形成凝胶，然后用聚氨基酸包被处理，使微球表面成膜，再用柠檬酸去钙离子，球内海藻酸钠成液态，细胞在微囊内悬浮。微囊形成一种微环境，降低了剪切力，细胞生长良好，实现高密度培养。

微囊化固定培养工艺在单克隆抗体的生产中获得成功，使抗体截留在膜内，血清中的蛋白质被排除在膜外，产物浓度和纯度较高。培养结束后，收获微囊，破微囊后，纯化抗体，纯化工艺简单，应用前景广阔。

（4）微载体培养

微载体（microcarrier）是三维培养系统，有很大的比表面积，它的发展是贴壁依赖性细胞培养的突破。微载体培养（microcarrier culture）就是细胞贴附于微载体表面上增殖，再悬浮于培养液中，兼具有贴壁和悬浮培养的双重优点。悬浮微球使细胞生长的环境均一，抗剪切力强，能很好检测和控制。培养基利用率高，重复性好，减轻了劳动强度，容易放大，于20世纪80年代正式用于工业化生产干扰素、疫苗和尿激酶原等。

微载体的直径为 $60 \sim 250 \mu m$，但对于动物细胞培养经常控制在 $100 \sim 200 \mu m$ 之内。理想的微载体应该具备以下性能：质地柔软，微球间的摩擦轻；耐 $120^{\circ}C$ 高温，可高压灭菌；透明性，可直接在显微镜下观察细胞生长情况；细胞相容性，利于细胞贴附和生长；无毒性和惰性，对细胞本身无毒害作用，也不产生有害物质，不吸附培养基的成分；密度较低，为 $1.02 \sim 1.05g/mL$，低速（$40 \sim 50r/min$）即悬浮，静止即沉降，便于换液和收获；大小均匀，可回收重复使用。商品化的微球基质是玻璃、葡聚糖（dextran）、纤维素、塑料和明胶等，带电基团为 DEAE 等（表6-15）。

表 6-15　几种微载体的性能

载体类型	基质	大小/μm	表面积/cm²	相对密度
玻璃	玻璃或表面包被塑料	100～210	300～350	1.02～1.04
葡聚糖	葡聚糖或 DEAE-葡聚糖	120～240	5000～7000	约 1.04
纤维素	DEAE-纤维素	（40～50）×（80～400）	1000	1.03
塑料	聚苯乙烯	100～300	225	1.04
	聚丙烯酰胺	120～200	5000	
	环氧树脂		350	1.04
明胶	明胶	120～250	3000～5000	1.04
胶原	胶原或胶原包被	100～210		1.02～1.04

多孔微载体（porous carrier）的直径 0.2～5mm，孔径 20～300μm，占总体积的 85%。多孔微载体孔较大，细胞可贴附于孔内生长，可实现细胞的固定化，达到高密度培养。多孔微载体的比表面积很大，如 Cytopore 的比表面积达 $2.8m^2/g$。广泛使用的多孔微载体有 Cellsnow、Cytocell（纤维素基质）、Verax、CultiSphere（胶原）、Cytoline 1 和 2（聚苯乙烯）、ImmobaSil（硅橡胶）及 Siran（玻璃）等。

微载体的选择依赖于搅拌系统和工艺过程，可用于转瓶、搅拌反应器和气升式反应器等。为了提高贴壁能力，对微载体表面进行包被。在悬浮培养早期，还可向培养液补充丙酮酸、腺嘌呤、次黄嘌呤、胸腺嘧啶等。

在微流体灌流培养系统中，当细胞密度（一般 $10^8/mL$）很高时，很难在体积上放大。多孔微载体固定化技术克服了这一局限，即使细胞密度很高，也可与具有良好体积放大潜力的微载体结合，进行长期连续培养。在干扰素和病毒疫苗的生产中，微载体培养已经放大到4000L。通过用旋转滤膜（spin-filter）连续灌流培养物，微载体密度可达 15g/L，细胞密度大于 $10^7/mL$，从而实现密度放大。

6.4.6　动物细胞培养的灌流操作方式

对于动物细胞的培养，其操作方式与微生物发酵基本相同，包括分批、流加、半连续、连续、灌流操作方式（表 6-16）。因为细胞密度和产物浓度都很低，所以很少使用恒化培养动物细胞进行生物制品的生产。这里主要介绍灌流操作方式，其他操作方式见第 2 章。

表 6-16　大规模动物细胞悬浮培养制药的操作方式

细胞系	反应器规模与操作方式	产品
BHK-21	3000L，分批操作	口蹄疫苗
BHK-21	500L，灌流操作，细胞循环	Ⅷ因子
CHO	2500L，流加操作	Ⅷ因子
CHO	10000L，分批操作	tPA
NS0 骨髓瘤	2500L，流加操作	单克隆抗体
杂交瘤	1300L，半连续式操作	单克隆抗体
骨髓瘤	2000L，气升式反应器	单克隆抗体
杂交瘤或骨髓瘤	500L，灌流操作	单克隆抗体

（1）灌流操作方式

灌流操作（perfusion operation）是一种细胞被截留在反应器内的连续操作方式。细胞接种后进行培养，在培养后期不断补加新培养基，同时以同样流量排出部分条件培养基，借助出口的过滤介质分离或重力沉降作用，把细胞滞留在反应器中。根据对细胞的截留程度，灌流体系分为两类：一类是 100%截留细胞，如固定化细胞，可通过中空纤维、平板膜、凝胶颗粒和微囊等实现；另一类是部分截留细胞，如使用微载体系统、贴壁系统、分离悬浮系统等实现，其中分离悬浮系统包括使用膜过滤、旋转过滤、离心、重力沉降等分离技术。

常用的过滤系统有两种，一种是安装在反应器内部或外环的旋转过滤器（rotating filter cage），另一种是切线过滤（tangential flow filtration）设备。

（2）灌流操作方式的优势

灌流操作是最受推崇的用动物细胞生产药物的方式，已应用于基因工程细胞的大规模生产，英国 Celltech 公司采用该方式培养杂交瘤细胞，生产单克隆抗体。它的优越性如下。

① 大大提高了细胞生长密度，可达 $(2\sim5)\times10^7/mL$，细胞密度比分批操作高 4~8 倍，产物浓度可达 1000mg/L，生产率高。流化床包埋培养人鼠杂交瘤细胞，局部细胞浓度达 $10^8/mL$，整个反应器有效浓度达 $4\times10^8/mL$，单位体积产量提高 200~300 倍。

② 通过调节灌流速度，把培养过程控制在稳定、低废物水平，并补充营养物质，细胞生长良好，大大延长了培养周期。

③ 产物为分泌到胞外的蛋白质，在反应器内滞留时间短，可及时收获产物，避免了产物的聚合、降解等产量和活性形式的变化，有利于下游纯化。

④ 灌流操作是中空纤维生物反应器、固定床或流化床反应器、膜生物反应器等的唯一可操作方式。但要求复杂仪器设备控制灌流操作过程，由于过滤器容易堵塞，从而限制培养次数。

6.5 动物细胞培养的过程分析与参数控制

动物细胞培养是在生物反应器中进行的，通过检测细胞生长与活性、微生物污染、培养基成分与代谢、搅拌剪切、溶解氧、温度、pH、目标产物等，分析培养过程的变化，采用 PID 模式对参数进行控制。生物反应器结构与控制系统见第 22 章。有些参数的检测原理与微生物发酵相似，这里主要对不同之处进行阐述。

6.5.1 细胞系的检测与质量控制

参照 WHO、ICH 和《中华人民共和国药典》中生产用细胞基质的规程及其质量要求，对细胞系的安全性和有效性进行检测和验证。这里仅介绍细胞鉴别、细胞密度与活性检测、细胞凋亡检测与控制等。

（1）细胞鉴别

在显微镜观察形态和生长的基础上，使用 1~2 种其他方法，如生化检测（同工酶）、免疫学检测（特异性抗血清）、细胞遗传学检测（如染色体核型、标记染色体检测）、遗传标志检测（如 DNA 指纹图谱、STR 图谱、基因组二核苷重复序列 ）等。把细胞表型特征与遗传学特征相结合，以确认使用的细胞是正确的，无其他细胞的交叉污染。要求生长和形态正常，生化、免疫、细胞学和遗传学等指标符合细胞系的质量标准。

（2）细胞密度与活性检测

细胞密度及其活性不仅是培养过程的直接参数，而且是其他参数（如生长速率、消耗率和产率）的计算基础。因此，一个复杂的培养过程控制体系很大程度上取决于可靠的细胞计数。目前主要是通过取样，离线分析，计算反应器中的细胞密度。一般用血球计数板（hemocytometer）在显微镜下对细胞进行计数，或进行分光光度计比色分析。缺点是频繁取样，工作量大。在显微镜下观察细胞形态的变化，可反映出细胞的定性活性。细胞活性良好时，轮廓不清，透明度大。活性低的细胞，轮廓可见，细胞质中出现空泡、脂质体和其他颗粒，细胞形态不规则，失去原有的特性。

细胞代谢是放热过程，近红外线传感器是一种较好的方法，可把细胞计数和活性的控制结合在一起。如果有准确的热损失及其随时间的变化，测定反应器内总释放热，根据热信号计算出活性细胞浓度。

OD 传感器使用光的穿透或折射原理，测定生物量浓度。不同细胞系、培养基和工艺条件对单位 OD 的干重影响很大，需要校对。这种方法的缺点是不能很好区分活细胞和死细胞，而且气泡干扰测定。

在测定细胞生物量的同时，要区分活细胞和死细胞，才能准确计算出相应的活细胞浓度。组织化学染色法是常用的检测细胞活性的方法，可对悬浮细胞进行台盼蓝排除（trypan blue exclusion）染色。台盼蓝进入死细胞，而被染成蓝色，而活细胞排除染色而不着色。柠檬酸和结晶紫可使细胞裂解，释放出被染成紫色的细胞核，可用于微载体培养中细胞的检测，但大孔微载体中细胞很难检测。

（3）细胞凋亡检测与控制

离体培养的细胞死亡有两种形式，即凋亡和坏死，其形态学和生化变化完全不同。在动物细胞培养中，细胞凋亡是很普遍的现象，在各种环境下都能发生。由于凋亡细胞能排斥活体染料，因此，不能用台盼蓝染色排除法准确估计细胞活性。细胞凋亡的形态学在光学显微镜下很容易区分，细胞核片段化并出现凋亡小体，排斥活体染料（台盼蓝）。也可用荧光染料（Hoechst、Hoechst/PI、吖啶橙/溴化乙锭）对细胞染色，在荧光显微镜下观察，或通过细胞流式分析检测培养过程中的细胞凋亡。也可通过琼脂糖凝胶电泳检测细胞核总 DNA，检查培养中细胞凋亡的模式。

反应器中培养的杂交瘤细胞、骨髓瘤和 CHO 细胞等工程细胞主要以凋亡方式（80%）发生死亡。控制细胞凋亡发生，提高细胞抗凋亡能力，维持细胞高活性和高密度，延长培养周期，从而提高药物的生产能力。可在培养基中添加氨基酸或其他关键成分，防止营养不足引起的细胞凋亡。细胞凋亡是活性氧介导的信号转导过程，可使用还原剂，如乙酰半胱氨酸、吡咯烷二硫氨基甲酸酯或凋亡相关酶抑制剂等，减轻凋亡发生。

（4）工作库细胞管理

取出冻存的工作细胞库，混合后培养，传递一定代次后供生产生物制品使用。从工作细胞库种子增殖出来的细胞，不再回冻保存。工作细胞库的传代次不得超过用于生产的最高限制代次。

6.5.2 微生物污染的分析与控制

动物细胞培养中的污染包括内源性污染和外源性污染，内源性污染包括细胞自身携带的病毒和支原体，外源性污染主要是来自培养基包括血清和培养液、环境洁净度不够、操作不规范等都导致细胞培养污染。

（1）污染的检测

取细胞培养上清液，采用药典规定的生物制品无菌试验方法，进行检测。在 30～35℃下，用肉汤培养基检查是否被好氧细菌污染，用硫乙醇酸盐半固体培养基检查是否被厌氧细菌污染。对于平板培养的细胞，在倒置显微镜下检查是否有细菌污染。在 20～25℃下，采用改良马丁培养基，检查是否被真菌污染。

支原体（mycoplasmas）小（0.1～0.3μm），无细胞壁，基因组约 1Mb 以下。支原体能通过滤膜，对抗生素不敏感。污染后，使细胞产生不同程度病变，导致培养失败。支原体分解主要营养物质，干扰某些病毒生长，促进二倍体细胞老化。用污染细胞制备血清抗原和免疫血清时将产生混乱。如果含有支原体抗原，将不能使用。

支原体污染的检测可采用培养法、指示细胞法（DNA 染色法）、DNA 杂交法和共培养法等，至少同时使用两种方法才能确定是否污染。可根据支原体序列的特异性，设计引物，进行 PCR 检测。还可设计 DNA 探针，进行分子杂交检测。

我国药典中推荐同时采用培养法、指示细胞法（DNA 染色法）进行检查。

培养法是将待检查的材料接到支原体生长培养基上，观察生长情况，从而判定是否污染。取细胞培养液，接种支原体肉汤培养基[500mL 猪胃消化液、500mL 牛肉浸液、5.0g 酵母粉、5.0g 葡萄糖（或 1.0g 葡萄糖和 2.0g 精氨酸）、2.5g 氯化钠和 0.02g 酚红]，在 37℃培养 21d，观察是否变色。肺炎支原体利用葡萄糖使培养基变黄色，而口腔支原体利用精氨酸使培养基变红色。如果培养后液体澄清，表明无污染；如果浑浊，表明被支原体污染。

指示细胞法是用特异性荧光染料染色指示细胞，从而判断是否污染。取细胞培养液，接种 Vero 细胞，在 37℃、5%CO_2的培养箱内培养。用二苯甲酰胺（或其他荧光染料）染色，在荧光显微镜下观察。阴性对照的细胞核呈黄绿色，如果被支原体污染，则可见大小不等、不规则的荧光着色颗粒。

采用细胞病变或动物接种、PCR 和 RT-PCR、透射电镜、逆转录酶活性等方法，检测是否被病毒污染。

（2）污染的控制

① 使用抗生素　在实验室阶段和开发研究的早期，为了防止微生物污染，可在培养基中添加抗生素。使用浓度差别很大，一般范围为 50～100μg/mL（表 6-17）。在传代及种子培养阶段不应使用抗生素，否则会掩盖早期污染。用于生物制品生产的培养物中不准加青霉素或 β-内酰胺抗生素，严格控制少量使用其他抗生素，但最好不使用任何抗生素。

表 6-17　动物细胞培养常用抗生素

抗生素	作用对象	工作浓度/(μg/mL)	稳定性/d
两性霉素 B	真菌	1～2.5	3
制霉菌素	真菌	50	3
氨苄青霉素	G^+、G^-细菌	100	3
红霉素	G^+细菌，支原体	100	3
四环素	G^+、G^-细菌，支原体	10	4
庆大霉素	G^+、G^-细菌，支原体	50	5
利福平	G^+、G^-细菌	50	3
G418	G^+、G^-细菌	250	5
链霉素	G^+、G^-细菌	100	3
氯霉素	G^-细菌	5	5
青霉素 G	G^+细菌	100	3

② 细胞培养质量管理　细胞培养操作必须按照 GMP 对人员、环境的要求，严格管理培养的原材料，防止污染。各种细胞培养原材料质量要符合《生物制品生产用原材料及辅料的质量控制规程》，无细菌、无真菌、无支原体和感染性病毒等任何外源因子污染。

6.5.3　培养液分析与流加控制

（1）基质消耗的检测

营养消耗和代谢废物积累的监测是检测的主要内容。营养物质的消耗可以用葡萄糖的减少作为指示，而代谢产物的积累可以用乳酸和铵的增加作为指示，采用离线化学方法或在线传感技术，动态检测这两类物质的变化，就能反映动物细胞的生长和代谢过程，从而判别细胞生长的状态。

近红外光谱分析是一种非入侵性的分析方法，同时测定几种物质，能原位灭菌，可作为原位分析手段。但光谱范围（500～2500nm）宽，基线分辨率差和重叠，有些波谱解释困难。可建立多元回归分析，作为工艺的整体指纹图谱，用于过程控制。

在补料分批培养中，葡萄糖的起始浓度一般为5～25mmol/L，谷氨酰胺的起始浓度为2～6mmol/L。在杂交瘤细胞培养的终点，乳酸的最终浓度将是葡萄糖起始浓度的1.7倍，铵离子浓度为2～4mmol/L。铵离子和乳酸是细胞代谢的副产物，抑制动物细胞的生长。丙氨酸是很多细胞的代谢副产物，但一般认为对细胞没有毒害。铵盐很容易积累，达到1～5mmol/L就降低细胞生长速率。铵离子干扰了电位梯度、胞内pH改变和凋亡，增加了维持细胞的能量负荷。铵离子还对蛋白质产物的糖基化产生严重的影响。乳酸的影响主要是分泌进入培养液，改变了培养的pH环境。在自动控制的生物反应器内，控制乳酸的浓度低于其毒性水平（约60mmol/L）。

（2）葡萄糖和谷氨酰胺双控制策略

过量的葡萄糖主要用于生成乳酸，即使在完全有氧条件下也如此。同样，流加过量的谷氨酰胺会导致铵离子、丙氨酸或天冬氨酸的积累。限制葡萄糖的流加量，将减少乳酸的总量，增加葡萄糖的产量系数。限制谷氨酰胺的流加量，同样可减少铵盐和氨基酸的生成。因此，乳酸和铵离子、细胞内酶（如乳酸脱氢酶、谷氨酸草酰乙酸转氨酶）、丙氨酸或天冬氨酸的比生成速率，都可作为培养过程的参数和控制节点的阈值。连续细胞系生长快，对葡萄糖和氨基酸的消耗强。进行葡萄糖和谷氨酰胺的双控制，乳酸和铵离子将同时减少，使细胞代谢变得更有效。

（3）建立过程模型控制

可把细胞活力（ATP、DNA和蛋白质的含量）与生物量或细胞计数、底物和产物代谢变化相结合，多元参数分析，评价代谢过程，建立调控模型。通过计算机程序，使培养过程实现自动化控制。

对于生长速率恒定的连续培养，细胞内ATP含量与生长速率相关。在线分析ATP的总量，由在线传感器和计算模型得到实际的细胞数目。通过营养流加控制或温度调节可维持连续培养的恒定生长速率。

细胞培养过程中，严格执行流加的标准操作规程，以保证其各营养成分在适宜的浓度范围。

6.5.4　剪切分析与搅拌控制

（1）剪切分析

搅拌混合为生物反应器提供了均相环境，提高了氧及其他营养物质的传递速率。但搅拌产生剪切力会对哺乳动物细胞造成损伤。搅拌引起的细胞损伤可用悬浮培养中的胞外蛋白浓度来表征，它决定了细胞的裂解程度。最常用乳酸脱氢酶（lacate dehydrogenase，LDH），在细胞指数生长阶段，胞内LDH维持一个常数。培养液中LDH也相对稳定，每天的降解率低于5%。LDH检测简单，其原理是，LDH催化乳酸生成丙酮酸，与硝基苯肼反应生成苯腙，在碱性溶液中呈棕红色，比色测定。因此，测定LDH释放，可评价不同搅拌对细胞的损伤程度。

搅拌速度与细胞损伤之间的关系是与反应器结构有关的，不同生物反应器产生不同的细胞应力。细胞承受的机械应力取决于搅拌桨及其直径和转速、罐体及其直径以及液相的比例，搅拌转速对细胞损伤的结果可用于剪切保护剂的选择、特定搅拌桨的设计等。在实验规模的动物细胞培养中，常用船叶轮桨（marine impeller）或斜叶桨（pitched blade impeller），垂直循环流温和，能强化界面氧的传递和混合，同时剪切力最小。对于小体积的搅拌反应器，把桨设计在非扰动混合偏心位置，有利于供氧。在反应器顶部，增加涡轮式搅拌桨（turbine impeller），混合气体。由于剪切力高，在培养液体中不使用。

（2）搅拌控制

为了减少搅拌和鼓泡对细胞的损伤，向培养液中加入剪切保护剂。常用的剪切保护剂有聚醚类、纤维素衍生物、细胞提取物和蛋白质等。但从工业生产的角度，大多数情况下，0.1%的 F-68 和 F-88 以及各种 PEG 和 PVA 就提供足够保护作用。有时可用较高浓度的聚丙二醇与环氧乙烷的加聚物，低浓度的血清（2%～5%）也具有保护作用。牛血清白蛋白作为添加剂广泛应用于无血清培养基，许多研究者把它作为剪切保护剂。

剪切保护剂的机理可能有两种：一种是物理效应，保护剂影响了传递剪切力的强度和频率，并没有改变细胞对抗剪切力的能力；另一种是生物学效应，保护剂改变了细胞的生理生化和代谢过程，使其抵抗剪切力。

对于微载体培养，剪切作用太大，对细胞造成伤害，细胞会从微载体表面脱离。可用显微镜检查，机械搅拌对微载体的损伤程度，从而确定适宜的搅拌强度。

对于多孔微载体培养，使用较大的搅拌转速，以提高微孔内外营养和代谢产物的传递。而对于无孔微载体，搅拌强度要远低于悬浮培养，保证微载体悬浮。

6.5.5 溶解氧和二氧化碳的分析与控制

（1）溶解氧和二氧化碳的分析

动物细胞生长必须有氧气，虽然无氧条件下，能获得能量供应，但大多数细胞缺氧时不能生存。离体培养的气体含有 5%CO_2 和 95%空气，其中氧含量为 21%。有时充以 N_2 稀释 O_2 浓度。O_2 浓度在 80%以上为高氧环境，对细胞毒性较大，往往抑制生长和增殖，导致出现染色体异常等现象。

培养基中的溶解氧浓度直接影响细胞的代谢。低氧水平妨碍细胞代谢，而过高氧浓度下，细胞会产生氧自由基，对细胞造成伤害。不同动物细胞类型对溶解氧要求不同，杂交瘤细胞在 20%～80%饱和溶解氧的范围内，对生长速率影响很小，而且在 20%～50%时，细胞比死亡速率最低。CHO 细胞生产干扰素时，20%～80%的饱和溶解氧范围内，生产性能无变化，但 5%以下或 100%时，细胞生长和产物合成都降低。一般而言，动物细胞对氧的消耗速率为 0.05～0.5μmol/(10^6细胞·h)。大部分细胞在较大的范围（15%～80%DO）内生长良好。耗氧速率受细胞类型、细胞密度、增殖率、葡萄糖浓度以及谷氨酸浓度的影响。耗氧速率在一定的溶解氧浓度范围内可近似为一常数，但氧分压低于 5～10mmHg（1mmHg = 133.322Pa，下同）时，耗氧速率会降低。CHO 细胞的耗氧速率为 0.15μmol/(10^6 细胞·h)，BHK-21 细胞为 0.2μmol/(10^6细胞·h)，鼠杂交瘤为 0.03～0.48μmol/(10^6细胞·h)。

（2）溶解氧和二氧化碳的控制

在动物细胞培养中，需要同时测定 O_2 和 CO_2 浓度。常用溶解氧电极在线测定反应器内培养液中的溶解氧，用二氧化碳电极测定 CO_2 浓度。使用在线质谱，可同时测定尾气中的 O_2 浓度和 CO_2 浓度。采购和维护质谱都很昂贵，可用低廉的顺磁式气体分析仪或近红外分析仪测定 CO_2 浓度，但准确性不高。也可测定 CO_2 分压，对反应器内 CO_2 浓度进行监控。

在细胞的生长过程中，要严格控制培养液中的溶解氧。根据生物反应器内的氧平衡原理，供氧方式必须保证氧浓度高于临界氧浓度，提高氧传质系数、传质面积、传质动力都能改善供氧。转瓶培养时，保持瓶内不超过 1/3 体积的培养液，就能通过液面交换气体。大规模生物反应器必须直接鼓泡通气或使用膜通气。不同细胞类型的最适溶解氧水平不同，向培养液中加入不同比例的 O_2、空气或 N_2 或 CO_2 来控制溶解氧，也常常与 pH 控制结合在一起，根据需要使用。

对于低密度、小体积培养，使用质量控制器，控制 O_2、N_2、CO_2 供给的速率，改变反应器顶部的 O_2 和 N_2 气的百分数控制溶解氧。

对于高密度或高径比的反应器，表面通气不够充分，需要鼓泡通气，产生正常气泡（直径 1～6mm）或微气泡（直径<1mm）。微气泡具有较长的停留时间和路径，传递更多的氧到培养基。但是随着细胞密度的增加，可能导致 CO_2 积累到毒性水平。小气泡不能快速将 CO_2 转移出培养体系，因此必须连续鼓较大气泡，以增加 CO_2 的去除。如果微鼓泡，要通纯氧才能达到预期目的。

对于鼓泡反应器，氧传递速率很高，为了减轻细胞伤害和产生泡沫，使用剪切保护剂和硅消泡剂。对于微载体鼓泡培养，低气流速率、小气泡、低搅拌强度并使用消泡剂和剪切保护剂。对于膜通气，无气泡供氧，氧传递更为有效，剪切力小，泡沫形成量小。但设计复杂，需要面积较大的膜，并进行清洗和灭菌。

将溶解氧电极与通气偶联，进行反应器系统 PID 自动控制。不同反应器，要监测氧分压的绝对值，进行 DO 设定范围调整。

二氧化碳的产生与细胞呼吸强度有关，通过气体分布器赶走或加入二氧化碳，控制其浓度范围。

反应器出口的气体应该先通过浓缩器，再移走，以免造成反应器内培养液的额外蒸发。

6.5.6　温度的分析与控制

（1）温度影响的分析

不同种类的动物细胞对温度的要求不同，变温动物对温度要求没有恒温动物严格。哺乳动物细胞最佳培养温度为 37℃，鸡细胞为 39～40℃。在培养过程中，根据细胞种类选择适宜的培养温度。

哺乳动物细胞的耐受温度范围较窄，在 35～37℃内能正常进行代谢和生长，超出范围会引起细胞伤害甚至死亡。在 39～40℃培养基 1h，细胞受伤，但能恢复。在 41～42℃，受伤严重，部分可恢复。43℃以上，大多数死亡。细胞对低温的耐受性比高温要强，低温抑制生长，但无伤害作用。

（2）温度的控制

动物细胞对温度变化很敏感，对温度控制要求十分严格。采用高灵敏的温度探针（灵敏度为±0.25℃）来在线检测，进行反馈控制。通过温控仪，自动将温度控制在误差为 0.5℃的范围内。可采用水浴、热水套层、热环管或反应器外部的热模块或电热毯，精确自动控制，使反应器的温度恒定。流加操作时，使用预加热培养基，减少温度的波动。

6.5.7　pH 的分析与控制

（1）pH 影响的分析

pH 对动物细胞的生存具有重要影响，绝大多数低于 6.8 或超过 7.6 会对细胞产生严重伤害，甚至使细胞死亡。pH 低于 6.8 会发生酸中毒，高于 7.6 发生碱中毒。细胞代谢产生 CO_2，使培养液变酸，pH 发生波动。合成培养基往往本身偏酸性，为了稳定 pH，可选用缓冲体系配制培养基。在开放的培养体系中，CO_2 逸出，使培养基变为碱性。

（2）pH 的控制

动物细胞培养基呈偏碱性，在实验室培养基中加入微量酚红指示剂，根据指示剂颜色（酸性呈黄色，中性呈桃红色，碱性呈紫红色）变化，可以直观地显示培养基 pH 的变化。在开始培养时，培养液 pH 为 7.4。在培养过程中，由于随着细胞浓度的增加，产生了较多的 CO_2 和乳酸，pH 会下降，但必须控制不能低于 pH7.0。精确控制 pH 非常重要，一般为 7.0～7.4，其波动范围为 0.05～0.9。虽然很多杂交瘤细胞生长最佳 pH 为 7.0 左右，但下降到 6.8 时，会抑制生长。在开放的培养体系中，通入 5%CO_2，可维持在 pH7.2～7.4 范围内。

直接加强酸或强碱不适合动物细胞培养。常用碳酸氢盐缓冲剂，通入 CO_2 来调节 pH。碳酸盐缓冲体系的作用机理是，H_2CO_3 解离，提供 H^+，与 OH^- 结合，中和碱。$NaHCO_3$ 提供 HCO_3^-，接受 H^+，中和酸。培养基中 pH 取决于 CO_2 和碳酸氢盐的浓度比，通入 CO_2 可降低 pH，加入碳酸氢盐可提高 pH。但碳酸氢盐缓冲液的缓冲能力弱，往往达不到预期效果。一种策略是，把气体中的二氧化碳和流加 0.1～0.5mol/L 碳酸氢钠或氢氧化钠联动，控制 pH。另一种策略是，通过溶解氧间接控制 pH，增加溶解氧使培养液中 CO_2 被置换出来，pH 升高。

在实际的工艺中，要研究并合理配置氧气、二氧化碳、碳酸氢钠和糖的流加，将供氧（包括搅拌）、pH、细胞代谢综合起来，从而达到多参数同时控制的目的。

控制基础培养基和补料培养液的 pH，通过反应器将 pH 与碱液和 CO_2 级联，进行自动控制。

6.5.8 目标产物的分析与控制

对细胞分泌的目标蛋白质产物进行跟踪检测，根据目标产物的结构和药用活性，采取生物化学方法定量和免疫方法测定活性，判断细胞是否在有效地合成并积累目标蛋白质及其产量。

目标蛋白质的产量用单位体积内的生成质量表示，比生产速率可用单位细胞量的产量表征，生产率常用单位时间（d）内一定细胞数目（10^6）的产物量表示。

动物细胞培养的产物并非 100%具有生物活性，它有赖于糖基化的完整性和蛋白酶的降解程度。分析鉴定这些不均一产物的结构、来源及其对最终目标蛋白质产品的质量影响，从培养基、培养方式、pH、溶解氧等多角度实验优化研究，建立合适的控制措施。

根据培养工艺研究，确定培养时间，进行收获培养液，结束细胞培养，进入分离纯化下游工艺。

思考题

6-1 离体动物细胞对葡萄糖和谷氨酰胺的代谢特征是什么？如何指导进行代谢控制？

6-2 重组蛋白质药物在动物细胞中是如何合成、修饰和分泌的？

6-3 制药用动物细胞基质的要求是什么？如何评价和研发？

6-4 制药用动物细胞有哪些种类？各有什么特点？如何选择使用？

6-5 从已批准的上市重组蛋白质药物出发，比较分析工程大肠杆菌、酿酒酵母、动物细胞系制药的优缺点。如何选择应用？

6-6 比较分析工程动物细胞和工程菌构建的异同。

6-7 动物细胞培养基组成成分及其作用是什么？与工程大肠杆菌培养基相比，有何特殊性？

6-8 动物制品生产的培养基原材料质量要求是什么？如何研究开发生产用动物细胞培养基？

6-9 动物细胞实验室培养技术的原理是什么？如何操作细胞培养？

6-10 动物细胞大规模培养有几种方法？有何特点？如何选择与反应器类型相适应的方法？

6-11 动物细胞培养过程分析和参数控制的内容是什么？如何优化和研发培养工艺？

6-12 分析比较动物细胞培养工艺与微生物发酵工艺及其控制的异同。

6-13 比较分析动物细胞培养车间和工程菌发酵生产重组蛋白质药物车间的洁净度要求。

参考文献

［1］ Bandaranayake A D, Almo S C. Recent advances in mammalian protein production. FEBS Letters, 2014, 588(2): 253-260.

［2］ Bebbington C R, et al. High level expression of a recombinant antibody from myeloma cells using a glutamine synthetase gene as an amplifiable selectable marker. Bio/Technology, 1992, 10: 169-175.

［3］ Rita Costa A, Elisa Rodrigues M, Henriques M, et al. Guidelines to cell engineering for monoclonal antibody production. Euroupean Journal of Pharmaceutics and Biopharmaceurics, 2010, 74: 127-138.

［4］ Omasa T, Onitsuka M, Kim W D. Cell engineering and cultivation of chinese hamster ovary (CHO) cells. Current Pharmarceutical Biotechnology, 2010, 11(3): 233-240.

［5］ Shukla A A, Thommes J. Recent advances in large-scale production of monoclonal antibodies and related proteins. Trends in Biotechnology, 2010, 28(5): 253-261.

［6］ Xu X, Nagarajan H, Lewis N E, et al. The genomic sequence of the Chinese hamster ovary (CHO)-K1 cell line. Nature Biotechnology, 2011, 29: 735-741.

［7］ Yu D Y, Noh S M, Lee G M. Limitations to the development of recombinant human embryonic kidney 293E cells using glutamine synthetase-mediated gene amplification: Methionine sulfoximine resistance. Journal of Biotechnology, 2016, 231: 136-140.

［8］ 国家药典委员会. 中华人民共和国药典(三部): 生物制品生产检定用动物细胞基质制备及质量控制. 北京: 中国医药科技出版社, 2020.

［9］ WHO/TRS8781998. Requirements f or use of animal cells in vitro substrates for the production of biologicals.

［10］ ICH/Q5d. Dereviaton and characterization of cell substrates used for production of biotechnogical/biological products.

［11］ Tan E, Chin C S H, Lim Z F S, et al. HEK293 cell line as a platform to produce recombinant proteins and viral vectors. Front Bioeng Biotechnol, 2021, 9: 796991.

第7章
氨基酸发酵生产工艺

学习目标

▶ 了解氨基酸的结构和生物合成，理解氨基酸生产工艺路线选择的依据。

▶ 掌握谷氨酸和赖氨酸发酵工艺原理，能应用基因工程和合成生物学知识进行菌种选育；能应用生化代谢调控知识控制发酵过程。

在生物体内已发现的氨基酸有几百种，药用氨基酸及其衍生物品种达100多种。在氨基酸的全球市场中，谷氨酸钠占有重要地位，其次为赖氨酸。我国从1922年开始用酸法水解面筋生产味精（谷氨酸钠），1949年全国年产量不到500t。1964年分离选育出北京棒状杆菌和钝齿棒杆菌后，采用发酵法生产谷氨酸，随后生产其他氨基酸成功。菌种改良和新工艺开发，促进了氨基酸产业发展，目前至少有16种氨基酸已投产，2022年氨基酸产能达到500万吨。本章分析氨基酸生产工艺路线，并讨论谷氨酸和赖氨酸生产工艺。

7.1 概　述

氨基酸在药品、食品、饲料、化工等行业中有重要应用。本节介绍天然氨基酸的结构、分类、理化性质以及工艺路线。

7.1.1 氨基酸的种类与命名

（1）氨基酸的结构特点

氨基酸（amino acid）是在羧酸中 α-碳上的一个原子被氨基取代而成的一类化合物，属于氨基取代羧酸，其结构通式为：

$$\begin{array}{c} COOH \\ | \\ H_2N-C-H \\ | \\ R \end{array}$$

L-氨基酸

R 为其他基团，也称侧链基团，不同氨基酸在于 R 不同。除 R=H 的甘氨酸外，所有的氨基酸含有手性碳原子，因此具有旋光活性和 D、L-两种异构体。构成蛋白质的氨基酸大多数为 L-型右旋体，也是人体能吸收利用的活性形式。参与蛋白质组成的常见的基本氨基酸只有 20种。为了简明起见，氨基酸常用其英文三字母或单字母简写（表 7-1）。

（2）氨基酸的分类

根据 R 基的化学结构或极性大小对氨基酸进行分类。根据 R 基团的化学结构可分为4类，包括 15 种脂肪族氨基酸（R 基团为脂肪族取代基）、2 种芳香族氨基酸（R 基团为芳香基取代基）和 3 种杂环氨基酸（R 基团为含氮的咪唑环和吲哚环）。根据 R 基团的极性，可把氨基酸分为极性和非极性氨基酸两类。根据酸碱性把氨基酸分为 2 种酸性氨基酸、3 种碱性氨基酸和 15 种中性氨基酸。根据人体生理生化过程能否合成氨基酸，可分为必需氨基酸和非必需氨基酸，必需氨基酸由饮食或药物形式供给。工业化生产的主要氨基酸的分类、命名和结构见表 7-1。

表 7-1　氨基酸的分类、命名和结构

普通名称	化学名称	缩写	极性	必需性	R 基团
脂肪族氨基酸					
甘氨酸	α-氨基乙酸	Gly, G	是	非	—H
丙氨酸	α-氨基丙酸	Ala, A	是	非	—CH$_3$
缬氨酸	α-氨基异戊酸	Val, V	非	是	—CH(CH$_3$)$_2$
亮氨酸	α-氨基异己酸	Leu, L	非	是	—CH$_2$CH(CH$_3$)$_2$
异亮氨酸	α-氨基-β-甲基戊酸	Ile, I	非	是	—CH(CH$_3$)CH$_2$CH$_3$
丝氨酸	α-氨基-β-羟基丙酸	Ser, S	是	非	—CH$_2$OH
苏氨酸	α-氨基-β-羟基丁酸	Thr, T	是	是	—CH(OH)CH$_3$
半胱氨酸	α-氨基-β-巯基丙酸	Cys, C	是	非	—CH$_2$SH
甲硫氨酸	α-氨基-γ-甲硫基丁酸	Met, M	非	是	—(CH$_2$)$_2$SCH$_3$
天冬氨酸	α-氨基丁二酸	Asp, D	是	非	—CH$_2$COOH
谷氨酸	α-氨基戊二酸	Glu, E	是	非	—(CH$_2$)$_2$COOH
赖氨酸	α, ε-二氨基己酸	Lys, K	是	是	—(CH$_2$)$_4$NH$_2$
精氨酸	α-氨基-δ-胍基戊酸	Arg, R	是	非	—(CH$_2$)$_3$NHCH(NH)NH$_2$
天冬酰胺	α-氨基丁酰胺酸	Asn, N	是	非	—CH$_2$CONH$_2$
谷氨酰胺	α-氨基戊酰胺酸	Gln, Q	是	非	—(CH$_2$)$_2$CONH$_2$
芳香族氨基酸					
苯丙氨酸	α-氨基-β-苯基丙酸	Phe, F	非	是	（苯环结构）
酪氨酸	α-氨基-β-对羟苯基丙酸	Tyr, Y	是	非	（对羟基苯环结构）—OH
杂环族氨基酸					
色氨酸	α-氨基-β-吲哚基丙酸	Trp, W	非	是	（吲哚环结构）
组氨酸	α-氨基-β-咪唑基丙酸	His, H	是	非	（咪唑环结构 N=、NH）
脯氨酸	α-羧基四氢吡咯	Pro, P	非	非	（四氢吡咯环结构 N—H、—COOH）

7.1.2 氨基酸的物理化学性质

氨基酸是无色晶体，熔点很高，200～300℃。一般溶于水、稀酸、稀碱，不溶于乙醚、氯仿等有机溶剂，常用乙醇沉淀氨基酸。除 Gly 外，有旋光性，测定比旋光度可鉴定氨基酸的纯度。

芳香族氨基酸在紫外区有吸收高峰，如 Phe 259nm、Tyr 278nm、Trp 279nm。α-氨基、α-羧基及侧链基团发生相应的化学反应，可用于鉴别、合成、定性和定量分析中。

氨基酸是弱的两性电解质，羧基能解离释放 H$^+$，和氨基结合，因此同一分子带有正、负两种电荷的偶极离子或兼性离子，这是氨基酸在水和结晶状态的主要形式。基团的解离和带电荷取决于所处的环境，在酸性环境，带正电荷；碱性环境，带负电荷；所带正、负电荷相等，净电荷为零时的 pH 为等电点 pI。由于静电作用，等电点时，溶解度最小，容易沉淀，可用于氨基酸的制备。L-氨基酸的主要物理化学性质见表 7-2。

表 7-2　L-氨基酸的理化性质

氨基酸	分子量	pK_1 (—COOH)	pK_2 (—NH$_2$)	pK_3 (—R)	pI	溶解度[①] /%	物理形状
甘氨酸	75.07	2.53	9.78		5.97	24.99	单斜晶
丙氨酸	89.10	2.35	9.87		6.00	16.51	菱形晶
缬氨酸	117.15	2.29	9.74		5.96	8.85	片晶或柱晶
亮氨酸	131.18	2.33	9.74		5.98	2.19	片晶
异亮氨酸	131.18	2.32	9.76		6.02	4.12	片晶
丝氨酸	105.09	2.19	9.21		5.68	5.02	片晶或柱晶
苏氨酸	119.12	2.09	9.10		6.16	1.59	斜方晶
半胱氨酸	121.16	1.92	10.70	8.37	5.07	—	晶粉
甲硫氨酸	149.21	2.13	9.28		5.74	3.38	六角形片晶
天冬氨酸	133.11	1.99	9.90	3.90	2.77	0.05	菱形片晶
谷氨酸	147.13	2.10	9.47	4.07	3.22	0.84	四角形晶
赖氨酸	146.19	2.16	9.06	10.54	9.74	73.9	单斜晶
精氨酸	174.20	1.82	8.99	12.48	10.76	85.56	柱晶或片晶
谷氨酰胺	146.15	2.17	9.13		5.65	0.72	斜方晶
天冬酰胺	132.12	2.14	8.72		5.41	2.85	针状晶
苯丙氨酸	165.19	2.20	9.31		5.48	2.96	片晶
酪氨酸	181.19	2.20	9.21	10.46	5.66	0.045	丝粉针晶
色氨酸	204.23	2.46	9.41		5.89	1.13	六角形片晶
组氨酸	155.16	1.80	9.33	6.04	7.59	4.29	片晶
脯氨酸	115.13	1.95	10.64		6.30	62.30	柱晶或针状晶

　① 是指 25℃水中的溶解度。

7.1.3　氨基酸的生产工艺路线

　　氨基酸的制造始于 1820 年，用蛋白质酸水解工艺生产氨基酸。1950 年化学合成氨基酸，1956 年分离到谷氨酸棒状杆菌，日本采用微生物发酵法工业化生产谷氨酸成功。1957 年生产味精（谷氨酸钠）商业化，从此推动了氨基酸生产的大发展。1973 年用固定化酶成功进行了天冬氨酸的生产，开创了应用酶法生产氨基酸的先例。目前已能生产 20 余种氨基酸，其中发酵法生产 15 种。除了普通的 18 种氨基酸外，还有高丝氨酸、胱氨酸、羟脯氨酸、鸟氨酸等被生产。目前绝大多数应用发酵法或酶法生产，极少数为天然提取或化学合成法生产（表 7-3）。发酵法生产的氨基酸占总量的 60%左右，化学合成法生产的氨基酸占总量的 20%，酶法生产的氨基酸占总量的 10%。

表 7-3　氨基酸生产方法与工艺

氨基酸种类	生产方法
L-谷氨酸，L-苏氨酸，L-异亮氨酸，L-丙氨酸，L-丝氨酸，L-谷氨酰胺，L-脯氨酸，L-瓜氨酸，L-鸟氨酸，L-天冬酰胺，L-苯丙氨酸	发酵
L-赖氨酸	发酵，酶法
L-缬氨酸，L-色氨酸	发酵，化学合成
L-亮氨酸，L-精氨酸，L-组氨酸	提取，发酵
L-半胱氨酸，L-酪氨酸，L-羟脯氨酸	提取
L-天冬氨酸	酶法
L-甲硫氨酸	酶法，化学合成
DL-甲硫氨酸，甘氨酸	化学合成

（1）微生物发酵工艺

借助微生物具有自身合成氨基酸的能力，可通过发酵培养生产氨基酸。氨基酸生产菌主要是细菌，如谷氨酸棒杆菌、黄色短杆菌、乳糖发酵短杆菌、短芽孢杆菌、黏质赛氏杆菌等，用于产生 L-谷氨酸及其他 10 余种氨基酸。目前氨基酸生产使用的菌种有两类，一类是传统方法选育的菌种，另一类是基因工程和合成生物学改造的菌种，大多是营养缺陷兼结构类似物抗性突变株。诱变育种在氨基酸生产菌种的建立中具有重要地位，只有打破原有的代谢平衡，解除转录因子的阻遏和产物的反馈抑制，才能使代谢流向氨基酸的合成，获得高产菌种。

（2）酶法转化工艺

对于发酵法或化学合成法难以生产的氨基酸，可以采用酶法生产。利用酶的立体专一性反应，催化底物生产有活性的氨基酸，特别适合于 D-氨基酸和 DL-氨基酸的手性拆分。具有工艺简便，转化率高，副产物少，容易精制等特点。如延胡索酸和铵盐在天冬氨酸酶催化下生产 L-天冬氨酸。可通过生物转化途径生产。如用邻氨基苯甲酸生物转化生产 L-色氨酸，甘氨酸生物转化生产 L-丝氨酸。

（3）化学合成工艺

通过有机化学合成途径生产氨基酸，其优点是不受氨基酸品种的限制，理论上可生产天然氨基酸和非天然氨基酸。但是一般化学合成法生产的氨基酸是 DL-型外消旋体，必须拆分才能得到单一对映体。不对称合成工艺可制备得到 L-氨基酸。

（4）蛋白质水解工艺

以毛发、血粉等原料蛋白质，通过酸、碱或酶水解形成多种氨基酸的混合物，再经过分离纯化制备各种氨基酸。$6\sim10mol/L$ HCl 或 $8mol/L$ H_2SO_4 在 $110\sim120℃$ 下水解 $12\sim24h$，分离提取相应的氨基酸。组氨酸、精氨酸、亮氨酸、丝氨酸、酪氨酸等在我国是通过提取工艺生产的，存在废酸污染环境严重的问题。碱水解易产生消旋作用，工业上很少采用。酶水解往往不彻底，也少用于氨基酸的生产。

7.2　谷氨酸的发酵生产工艺

谷氨酸钠是食用味精，是最大规模的发酵氨基酸，无论发酵吨位还是产量，在整个氨基酸行业具有领头地位。对谷氨酸菌种遗传改造后，可用于生产其他脂肪族氨基酸。本节介绍谷氨酸的发酵工艺。

7.2.1　谷氨酸生产菌的特性

谷氨酸生产菌主要是棒状杆菌属（*Corynebacterium*）的细菌。革兰阳性细菌，细胞呈球形、棒形至短杆形，无芽孢，无鞭毛，不能运动。生长需氧，不同阶段形态发生明显变化。已有三株谷氨酸棒杆菌（*C. glutamicum*）的基因组被测定，大小为 $3.10\sim3.36Mb$，3000 个左右的基因，G+C 含量为 $53.8\%\sim54.2\%$。生物素缺陷型，增加了细胞膜的透性，有利于产物的胞外分泌。脲酶活性强，三羧酸循环、戊糖磷酸途径突变，解除了产物的反馈抑制，耐高浓度谷氨酸。谷氨酸菌种的产酸率为 $10\%\sim15\%$，转化率为 $50\%\sim70\%$，提取收率为 $88\%\sim90\%$。

7.2.2　谷氨酸生物合成途径和代谢改造

（1）谷氨酸生物合成途径

如图 7-1 所示，葡萄糖经糖酵解（EMP 途径）和己糖磷酸支路（HMP 途径）生成丙酮酸，再被氧化成乙酰辅酶 A（乙酰 CoA），然后进入三羧酸循环，生成 α-酮戊二酸。谷氨酸棒杆菌中存在 3 种途径合成谷氨酸，受到铵离子浓度的调控。①高浓度 NH_4^+ 存在条件下，α-酮戊二酸由谷氨酸脱氢酶（由 gdh 基因编码）催化还原氨基化反应生成谷氨酸，因谷氨酸脱氢酶的活力很强，是合成谷氨酸的主要途径。②低浓度 NH_4^+ 存在条件下，α-酮戊二酸和谷氨酰胺由谷氨酸合酶（由 glt 基因编码）催化形成谷氨酸。③通过转氨酶（由 at 基因编码）催化，将其他氨基酸 α-氨基转移给 α-酮戊二酸，形成谷氨酸和 α-酮酸。其中前两条途径都是需要有辅因子（NADPH）参与，α-酮戊二酸脱氢酶在谷氨酸合成途径中限速。

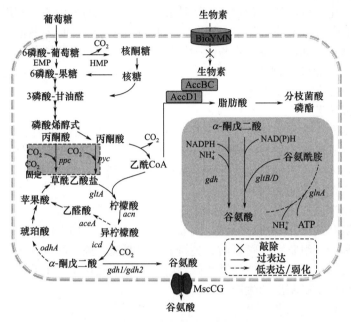

图 7-1　谷氨酸合成代谢途径

（2）谷氨酸生物合成的调控

在微生物的代谢过程中，谷氨酸优先于天冬氨酸的合成。谷氨酸合成过量后，谷氨酸会对谷氨酸脱氢酶活力产生抑制作用，也会阻遏柠檬合成酶的合成，从而会使代谢向天冬氨酸合成方向转移；当天冬氨酸合成过量时，就会反馈抑制磷酸烯醇式丙酮酸羧化酶的活力，导致草酰乙酸合成的停止。所以在正常情况下，谷氨酸并不积累。另外，谷氨酸脱氢酶、柠檬酸合成酶、异柠檬酸脱氢酶、α-酮戊二酸脱氢酶和磷酸烯醇式丙酮酸羧化酶都会起到反馈调节作用，谷氨酸对谷氨酸脱氢酶存在着反馈抑制和反馈阻遏作用；柠檬酸合成酶是三羧酸循环过程中的关键酶，它不仅受能荷调节，还受谷氨酸的反馈阻遏和乌头酸的反馈抑制；异柠檬酸脱氢酶催化异柠檬酸脱氢脱羧生成 α-酮戊二酸的反应和谷氨酸脱氢酶催化的 α-酮戊二酸还原氨基化生成谷氨酸的反应是一对氧化还原共轭反应，细胞内 α-酮戊二酸的量与异柠檬酸的量需维持平衡。当 α-酮戊二酸过量时，对异柠檬酸脱氢酶发生反馈抑制作用，停止合成。α-酮戊二酸脱氢酶在谷氨酸产生菌中先天性地丧失或微弱。磷酸烯醇式丙酮酸羧化酶受天冬氨酸的反馈抑制，受谷氨酸和天冬氨酸的反馈阻遏。

（3）代谢途径改造

谷氨酸棒杆菌基因组解析完成和多组学技术的发展，为基因修饰和代谢工程的细胞反应提供更多的信息，可挖掘谷氨基酸生物合成过程中调节因子，建立整体调控网络，为提高谷氨酸产量提供更多的策略。运用基因工程策略过表达代谢途径中限速步骤的基因，如强化从磷酸烯醇式丙酮酸向丙酮酸和草酰乙酸转化的基因（ppc 和 pyc）的表达、柠檬酸向异柠檬酸和 α-酮戊二酸转化的基因（acn 和 icd）的表达，增加谷氨基酸合成途径的碳流量；进一步通过强化从 α-酮戊二酸向谷氨酸的基因 gdh1/gdh2 和谷氨酰胺向谷氨酸转化的基因 gltB/D。

通过敲除或抑制合成 α-酮戊二酸脱氢酶和异柠檬酸裂解酶的基因 odhA 和 aceA，从而阻断或减弱向琥珀酸和乙醛酸的代谢流，增强谷氨酸合成的前体的供给；通过弱化或敲除谷氨酰胺合成酶基因（glnA）表达，抑制谷氨酸向谷氨酰胺转化。改造代谢途径中的关键基因以消除产物反馈抑制，通过改变起始密码子的强度实现途径流量有效调节。运用合成生物技术重构谷氨酸棒杆菌的基因组及其胞内代谢的改造。

细胞内谷氨酸的大量积累会产生反馈抑制作用，需要控制细胞壁的形成、提高细胞壁细胞膜透性和强化通道蛋白。构建生物素缺陷型菌株、油酸缺陷型菌株和甘油缺陷型菌株，分别限制发酵培养基中生物素、油酸和甘油的浓度。利用生物素过量的糖蜜原料进行谷氨酸发酵时，可采用基因工程策略弱化/敲除生物素运输通道（BioYMN）基因(bioY)的表达，或通过添加表面活性剂或饱和脂肪酸等改变细胞透性。采用代谢工程策略调控细胞壁肽聚糖生物合成途径中关键基因 murA 和 murB，可减少肽聚糖的合成，改变细胞壁结构，增加细胞通透性，促进谷氨酸分泌；采用基因编辑技术强化分泌通道蛋白 MscCG 的表达，促进谷氨酸向胞外释放，减少细胞内的代谢负担，增强谷氨酸的胞外积累。

7.2.3 生物素对谷氨酸合成调节机制

目前谷氨酸生产国外主要采用甘蔗糖蜜或淀粉水解糖为原料强制发酵，国内大部分谷氨酸生产菌为生物素缺陷型，以淀粉水解糖或甜菜糖蜜为原料生物素亚适量发酵。

生物素作为细胞重要的生长因子，对谷氨酸生物合成途径有重要的影响。生物素作为催化脂肪酸生物合成最初反应的关键酶乙酰 CoA 羧化酶的辅酶，参与了脂肪酸的生物合成，影响磷脂的合成。直接影响着生产菌生长、细胞膜渗透性、细胞壁形成和产酸率。

以葡萄糖为原料发酵生产谷氨酸时，当生物素过量时，谷氨酸菌的酵解途径中的丙酮酸向乳酸转化，异柠檬酸向琥珀酸转化，菌体快速生长，细胞壁增厚，细胞膜完整性增加，从而细胞膜通透性降低；在生物素亚适量条件下，菌体代谢失调，异柠檬酸裂解酶几乎没有活性。原因在于丙酮酸氧化能力下降，醋酸生成速度减慢，醋酸所诱导形成的异柠檬酸裂解酶很少。再者由于该酶受琥珀酸阻遏，在生物素亚适量条件下，因氧化能力降低而积累的琥珀酸就会反馈抑制该酶活性，并阻遏该酶的生成，乙醛酸循环基本上是封闭的，代谢流向沿异柠檬酸→α-酮戊二酸→谷氨酸的方向高效率地移动。当生物素亚适量时，菌体代谢失调，细胞膜通透性增加促进胞内的谷氨酸外排，减少其对谷氨酸脱氢酶进行反馈控制，谷氨酸被优先合成，促进谷氨酸生产。因此，采用生物素用量的控制谷氨酸合成时，根据生产菌的特性，既要考虑培养基中原料玉米浆、糖蜜、纯生物素的生物素总量，又要考虑到生产工艺中发酵时接种量和发酵规模造成的生物素和维生素的变化，适时根据糖酸水平、溶解氧变化等及时调整生物素水平，控制生物素用量，实现谷氨酸的高效生产。

7.2.4 谷氨酸的发酵工艺过程

（1）种子制备

斜面菌种：采用葡萄糖、牛肉膏、蛋白胨、NaCl 等制备培养基，pH7.0～7.2。根据菌种特性，在 30～34℃下培养 18～24h。

一级种子：用葡萄糖、尿素、硫酸镁、玉米浆、磷酸氢二钾、少量硫酸亚铁和硫酸锰组成培养基。在恒温通气培养 12h，OD_{600} 达 0.5 以上，残糖 0.5% 以下，无污染，菌种健壮，活力强。

二级种子：用水解糖、玉米浆、磷酸氢二钾、硫酸镁、尿素等组成培养基，pH6.5～7.0。接种量0.8%～1.0%，培养时间7～8h，通气比为1：（0.3～0.5）。OD净增加0.5，残糖1.0%以下，无污染，细胞健壮。

（2）发酵培养

谷氨酸发酵是典型的代谢控制发酵，即人为打破正常代谢的反馈机制，从而积累大量的谷氨基酸产物。接种量为0.5%～1.0%，发酵罐装料比0.7，通气比为1：（0.11～0.13）（VVM），培养前期33～35℃，中后期提高温度为36～38℃。

供氧充足时，谷氨酸的产率最高。谷氨酸菌种对氧有高依赖性，氧分压应该在0.01×10^5Pa以上，才能获得高产。低氧分压下，生成有机酸如乳酸，生产受阻。类似的氨基酸有谷氨酰胺、脯氨酸和精氨酸等发酵。

谷氨酸发酵中，生物素控制在亚适量，才能积累大量的谷氨酸。氮源要充足，根据pH变化，流加尿素。一般在12h后，菌体密度不增加，pH有所下降，此时及时流加尿素，补充氮源，同时调节pH，维持在pH7～7.2左右，是谷氨酸生物合成途径中的关键酶活性最大，有利于产物积累。pH6以下，则形成谷氨酰胺和N-乙酰谷氨酰胺。发酵结束时，呈近中性pH，浅黄色，谷氨酸以铵盐形式存在于发酵液中。湿菌体占发酵液5%～8%，其他各种氨基酸含量低于1%，铵离子0.6%～0.8%，残糖1%以下。

7.2.5 谷氨酸的分离纯化工艺过程

谷氨酸的分离纯化可采用等电点沉淀法直接从发酵液中提取，而不必先分离菌体、浓缩等过程。在pH3.22，谷氨酸以过饱和状态结晶析出。

发酵液用盐酸调节pH至4.0～4.5，以出现晶核为准，育晶2h。缓慢加酸调节至pH3.0～3.2，搅拌20h。降温至5℃，使结晶沉淀，即等电点晶。静置6h，吸去上层菌体，下层沉淀得粗谷氨酸（俗称麸酸）。等电沉淀的温度控制适宜，一次沉淀收率达80%以上。粗谷氨酸溶于适量水，上柱，用活性炭脱色，加热水洗涤，收集谷氨酸。也可采用离子交换树脂进行脱色。

谷氨酸溶液中加Na_2CO_3进行中和，形成谷氨酸单钠。进行减压蒸发，除去水分，谷氨酸钠以过饱和状态结晶出来，得粗品。除去铁、脱色和精制结晶后，得到纯品。

7.3 赖氨酸的发酵生产工艺

赖氨酸（lysine），化学名称为2,6-二氨基己酸，是一种人体必需的碱性氨基酸，具有促进人体发育、增强免疫功能，并具有提高中枢神经组织功能的作用。由于粮食中的赖氨酸含量低，易被加工破坏，赖氨酸被营养学家称为第一限制性氨基酸。赖氨酸缺乏症表现为虚弱、恶心、头晕、没有食欲、发育迟缓贫血等。赖氨酸是仅次于谷氨酸的大品种氨基酸，主要用于医药、家畜饲料及强化食品中。本节介绍L-赖氨酸发酵工艺。

7.3.1 赖氨酸生产菌种的特性

目前工业上，赖氨酸生产主要采用谷氨酸棒杆菌和大肠杆菌，L-赖氨酸产酸水平为240～270g/L，发酵周期36～40h，糖酸转化率72%左右，提取收率达90.0%～92.0%。

7.3.2 赖氨酸生物合成途径与代谢改造

赖氨酸生物合成主要是通过天冬氨酸途径，经过二氨基庚二酸（DAP）合成赖氨酸。此方式存在四种变体：乙酰化酶途径、转氨酶途径、琥珀酰化酶途径和脱氢酶途径。从 L-天冬氨酸生物合成四氢吡啶二羧酸开始，进而转化为内消旋-DAP，最后在二氨基庚二酸脱羧酶作用下形成 L-赖氨酸，需要 9 个基因编码的酶参与（图 7-2）。四氢吡啶二羧酸转化为内消旋-DAP 是区分四种 DAP 变体的关键。

目前工业上生产 L-赖氨酸的菌株主要是谷氨酸棒杆菌和大肠杆菌，其菌株改造的策略主要是提升前体物质的供给能力、减少副产物的形成、优化能量利用和辅因子调节等（图 7-2），可以提高 L-赖氨酸合成的前体物质草酰乙酸的水平，强化丙酮酸羧化酶（*pyc* 基因编码）和磷酸烯醇式丙酮酸羧化酶（*ppc* 基因编码）都可以促进草酰乙酸的形成。通过过表达或突变基因 *lysE*（编码 L-赖氨酸向胞外运输的蛋白）可以提高对 L-赖氨酸向细胞外运输的能力。同样是二氨基庚二酸合成赖氨酸途径，不同的细菌，赖氨酸生物合成的调节机制有所不同。

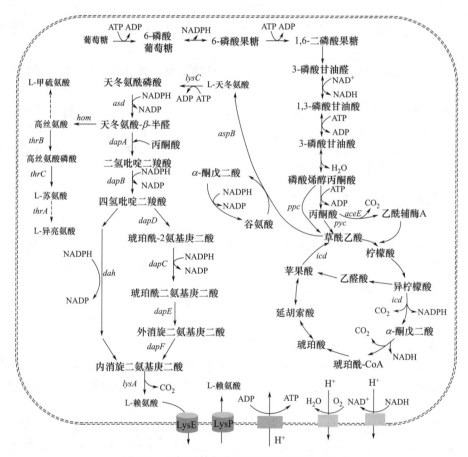

图 7-2　谷氨酸棒杆菌中赖氨酸生物合成途径

7.3.3　赖氨酸的发酵工艺过程

（1）种子的制备

制备斜面种子培养基，组成为牛肉膏（1%）、蛋白胨（1%）、NaCl（0.5%）和葡萄糖（0.5%），pH7.0～7.2。在 30～32℃下培养 18～24h。

以葡萄糖、玉米浆、豆饼水解液为主，添加硫酸铵、磷酸氢二钾、尿素和硫酸镁等，制备一级种子培养基。在 30～32℃下振荡培养 15～16h。

二级种子培养基可以使用淀粉水解糖代替一级种子培养基中的葡萄糖。在 30～32℃下，搅拌，通气比为 1:0.2，培养 8～11h。一般接种量为 5%～10%，对于大规模发酵，可采用三级种子罐培养，以满足菌种数量的需求。

（2）发酵培养

赖氨酸发酵培养基由碳源、氮源、生长因子、无机盐和微量元素组成。由于赖氨酸生产菌种为谷氨酸生产菌的各种生化突变标记，所以均不能利用淀粉，只能利用葡萄糖、果糖、麦芽糖和蔗糖。因此，淀粉需要水解，赖氨酸发酵需要丰富的生物素和有机氮，应该用双酶法制备淀粉水解糖。糖蜜杂质多，需要预处理后，才能使用。氮源可以使用玉米浆、豆饼水解液和硫酸铵、尿素等，无机盐包括磷酸盐、钾、镁、铁、锰等。根据不同菌种的营养缺陷型特性，添加生物素、硫胺素、丙氨酸等生长因子。

赖氨酸发酵没有像谷氨酸发酵那样，菌体生长和产物生成是明显的两个阶段。但在工艺控制上，可按两个阶段进行。前期是菌体生长繁殖，产物形成很少，后期为合成赖氨酸。发酵前期（0～24h），菌种对温度敏感，控制在 32℃。中后期，为了促进产物合成，升高温度，控制在 34℃。

发酵过程中 pH 应该在 6.5～7.5 之间，通过连续流加氨水或尿素控制 pH 平稳，不要大的波动。

赖氨酸发酵需要充足的供氧，氧不足，呼吸受阻，赖氨酸产量下降，但不及谷氨酸发酵那样敏感。在赖氨酸产酸阶段，耗氧速率为 70～120mmol/(L·h)。

其他成分如硫胺素、生物素、乙酸、铜离子等对赖氨酸的发酵也有好处，可以选择使用。加入天然豆油、玉米油或泡敌等进行消泡，控制泡沫的产生。

7.3.4 赖氨酸的分离纯化工艺过程

发酵液中赖氨酸含量为 0.3%～0.6%，含有少量其他氨基酸。菌体干重含量为 1.5%～2.0%，残糖 2.0% 以下。存在无机离子和色素等杂质，其中菌体和钙离子对后续工艺影响最大。国外采用高速离心机分离除去菌体，国内一般采用絮凝沉淀法。钙离子用草酸或硫酸，生成钙盐。调节 pH，加入丙烯酰胺等絮凝剂，使菌体沉淀。再加入助滤剂，过滤除去菌体。

赖氨酸的分离纯化采用离子交换树脂吸附工艺。赖氨酸是碱性氨基酸，在酸性溶液中以阳离子形式存在，能强烈地被阳离子树脂吸附。常用铵型强酸性阳离子交换树脂，能选择性吸附碱性氨基酸，同时氨水洗脱后，树脂不必再生。

洗脱收集赖氨酸液后，除去氨蒸气，对赖氨酸进行浓缩。为了减少氨基酸的破坏，在 70℃真空度 0.08 MPa 下加热，进行真空蒸发。用浓盐酸调节 pH4.9，继续浓缩，得到赖氨酸盐酸盐。

盐酸盐在结晶罐中搅拌 16～20h，控制结晶过程的温度，以 5℃ 为宜，得到赖氨酸盐酸盐的粗结晶。用活性炭吸附除去色素后，蒸发浓缩和结晶。在 60～80℃ 下干燥，含水量 0.1% 以下。粉碎 60～80 目，包装成品。

思考题

7-1 氨基酸的生产路线有几种？分析比较其工艺特点。

7-2 分析谷氨酸和赖氨酸生产菌的特性。

7-3 从糖代谢和氮代谢的调控，分析进行氨基酸生产菌种遗传改造的方向。

7-4 比较谷氨酸和赖氨酸发酵过程及其工艺控制的异同。为什么？

参考文献

［1］ 张克旭. 氨基酸发酵工艺学. 北京: 中国轻工业出版社, 1998.

［2］ 褚志义. 生物合成药物学. 北京: 化学工业出版社, 2000.

［3］ Ikeda M. Amino acid production processes. Advanced Biochemical Engineering and Biotechnology, 2003, 79: 1-35.

［4］ Eggeling L, Bott M. A giant market and a powerful metabolism: L-lysine provided by *Corynebacterium glutamicum*. Appl Microbiol Biotechnol, 2015, 99(8): 3387-3394.

［5］ Hirasawa T, Shimizu H. Recent advances in amino acid production by microbial cells. Curr Opin Biotechnol, 2016, 42: 133-146.

［6］ Li X, Bao T, Osire T, et al. MarR-type transcription factor RosR regulates glutamate metabolism network and promotes accumulation of L-glutamate in *Corynebacterium glutamicum* G01. Bioresour Technol, 2021, 342:125945.

［7］ Krumbach K, Sonntag C K, Eggeling L, et al. CRISPR/Cas12a mediated genome editing to introduce amino acid substitutions into the mechanosensitive channel MscCG of *Corynebacterium glutamicum*. ACS Synthetic Biology, 2019, 8(12): 2726-2734.

［8］ Liu J, Xu J Z, Rao Z M, et al. Industrial production of L-lysine in *Corynebacterium glutamicum*: Progress and prospects. Microbiol Res, 2022, 262:127101.

［9］ Velasco A M, Leguina J I, Lazcano A. Molecular evolution of the lysine biosynthetic pathways. J Mol Evolution, 2002, 55(4): 445-449.

第8章
抗生素发酵生产工艺

学习目标

▶ 了解抗生素结构及应用，能够合理选择抗生素生产工艺路线。

▶ 理解青霉素、头孢菌素、红霉素的生物合成途径，能够应用发酵工程原理进行关键工艺参数的控制。

▶ 理解副产物和杂质生成的机理，能通过菌株改造或工艺控制，提高产品质量。

抗生素（antibiotic）是由微生物、植物和动物产生（或化学合成获得）的，能在低微浓度下选择性抑制或杀灭其他生物的有机物质。自从 1928 年发现青霉素以来，抗生素药物在抗感染、抗移植、抗肿瘤等方面得到广泛应用。本章介绍抗生素药物的结构与生产工艺路线，重点分析和讨论青霉素、头孢菌素 C、红霉素原料药的发酵生产工艺。

8.1 概 述

天然抗生素主要由微生物产生，以放线菌属为最多，其次是真菌和少数细菌。植物和动物也能产生抗生素，但种类很少，应用更少。天然抗生素的结构具有多样性，也决定了其活性的多样性。本节介绍抗生素药物的分类和结构特点，以及工艺路线的选择。

8.1.1 抗生素的命名

抗生素的命名要按照化学药物命名通则和国际非专有名规则进行，对于发现的天然新结构抗生素，可根据以下一般原则进行命名：①根据来源生物的属名定名抗生素，如来源于青霉菌产生的抗生素为青霉素；②根据化学结构和性质定名抗生素，如具有四环素结构的一类化学物质为四环素类抗生素；③一些习惯性俗名、按发现的地名等命名抗生素，如井冈霉素、金霉素和土霉素等。

8.1.2 抗生素的分类

抗生素种类繁多，结构和性质复杂，用途多样。因此，正如抗生素定义一样，很难系统分类。往往依据产生生物来源、化学结构、作用机理、作用对象与抗菌谱、应用领域、制备途径等对抗生素进行分类（表 8-1），但各种分类方法有其优缺点和适用范围。

根据抗生素的作用对象和抗菌谱进行分类有助于临床使用，而根据作用机制分类便于理论研究。根据生物来源分类有助于新型抗生素的研究与开发，特别是新药生产菌的筛选。一般细菌产生的抗生素多为碱性化合物，真菌产生的抗生素多为酸性化合物。根据生物合成途径分类有助于研究代谢途径、生产与生长的关系、发酵过程的调控等。

表 8-1　抗生素简明分类

分类依据	类别	抗生素举例
生物来源	放线菌：链霉菌，诺卡菌，小单孢菌	链霉素，四环素，红霉素
	真菌：青霉菌，头孢菌，曲霉菌	青霉素，头孢菌素，橘霉素
	细菌：多黏杆菌，枯草杆菌，短芽孢杆菌	多黏菌素，杆菌肽，短杆菌肽
	动植物：蒜，鱼	蒜素，鱼素
作用机理	抑制细胞壁合成	青霉素，头孢菌素
	影响细胞膜的功能	多烯类抗生素
	抑制蛋白质的合成	四环素，链霉素
	抑制核酸合成	博来霉素，丝裂霉素，柔红霉素
	抑制细胞能量生产	抗霉素，短杆菌肽，寡霉素
作用对象	广谱抗菌	氨苄青霉素
	抗革兰阳性菌	青霉素，红霉素，新生霉素
	抗革兰阴性菌	多黏菌素，链霉素
	抗真菌	放线菌酮，制霉菌素，灰黄霉素
	抗癌	放线菌素 D，博来霉素，阿霉素
	抗原虫	莫能菌素，四环素，抗滴虫霉素
生物合成途径	氨基酸或肽类衍生物	青霉素，环丝氨酸，杆菌肽，嘌呤霉素
	糖苷类衍生物	链霉素，卡那霉素，碳霉素
	乙酸或丙酸衍生物	四环素、灰黄霉素，红霉素，制霉菌素
应用领域	人用抗生素	头孢菌素，羧苄青霉素，阿霉素
	农用抗生素	井冈霉素，春雷霉素，链霉素，多抗霉素
	食品保藏、物品防腐和霉变	金霉素，放线菌酮，土霉素
生产工艺	微生物发酵（生物合成）	青霉素，链霉素，四环素，红霉素
	化学全合成	氯霉素，磷霉素
	半合成	氨苄青霉素，头孢菌素，利福平

8.1.3　抗生素的化学结构

　　根据化学结构，可把抗生素分为 9 类（表 8-2）。抗生素的化学结构决定了其理化性质、作用机制及其疗效，能明显地区分不同的抗生素，对合成途径、结构与活性关系研究非常有价值。

表 8-2　抗生素的化学结构分类

种类	结构特点	举例	产生菌举例
β-内酰胺类	四元 β-内酰胺环	青霉素，头孢菌素，亚胺培南	青霉菌，顶头孢霉菌
氨基糖苷类	环己醇配基，以糖苷键与氨基糖或中性糖结合	链霉素，卡那霉素，庆大霉素	链霉菌，小单胞菌
大环内酯类	聚酮结构，大环内酯为配糖体，以苷键与 1～3 个糖分子连接	红霉素，吉他霉素，麦迪霉素，泰乐菌素，乙酰螺旋霉素，埃博霉素	红色糖多孢菌，链霉菌，黏细菌
四环素类	四并苯为母核	金霉素，土霉素，四环素	链霉菌
多肽类	多种氨基酸经肽键缩合形成环状、线状等多肽结构	多黏菌素，杆菌肽，放线菌素，万古霉素，棘白菌素	芽孢杆菌，东方拟无枝酸菌，球形阜孢菌
多烯类	大环内酯结构中含共轭双键	制霉菌素，两性霉素 B	链霉菌
蒽环类	蒽环结构	柔红霉素，阿霉素，正定霉素	链霉菌
核苷类	核苷结构	阿糖腺苷，嘌呤霉素，多氧菌素	链霉菌
萜类	三环二萜结构	截短侧耳菌素	侧耳菌
其他	不属于前几类结构	灰黄霉素，林可霉素，磷霉素	链霉菌

8.1.4 抗生素的生产工艺路线

抗生素药物在制药工业中占有举足轻重的地位，有 3 条工业化生产工艺路线。第一条工艺路线是微生物发酵生产工艺，即生物合成途径。目前，大多数抗生素品种采用发酵生产工艺，单个发酵罐容积越来越大，100m³ 的发酵罐被普遍采用，甚至达到 200m³ 发酵罐。发酵生产的特点是成本较低，周期较长。第 2 条工艺路线是全化学合成生产工艺，适合于结构相对简单的抗生素，如氯霉素和磷霉素。第 3 条工艺路线是半合成生产工艺，利用化学方法修饰改良天然抗生素，扩大抗菌谱、提高疗效和降低毒副作用等，获得新抗生素。如半合成青霉素、半合成头孢菌素、半合成红霉素等。

微生物发酵生产抗生素原料药包括上游的发酵和下游提取精制两部分，对于制剂产品，还需要经过相应的制剂工艺。其中原料药精制车间的洁净度级别要求与制剂产品类型相一致。

8.2　青霉素的发酵生产工艺

青霉素是 β-内酰胺类抗生素，临床应用 40 多年，治疗敏感金黄色葡萄球菌、链球菌、肺炎双球菌、淋球菌、脑膜炎双球菌、螺旋体等引起的感染。青霉素的抗菌机理是抑制细胞壁的合成，因此对生长中的病菌有效，对静止病菌无效。青霉素还是半合成青霉素类和头孢菌素类抗生素的原料。本节分析青霉素的生物合成途径、发酵工艺和提炼工艺。

8.2.1　天然青霉素及其工业盐

青霉素类抗生素是 6-氨基青霉烷酸（6-aminopenicillanic acid，6-APA）的衍生物。侧链基团不同，形成不同的青霉素。发酵液中有 8 种天然青霉素（表 8-3），其中主要是青霉素 G。如果不特别强调，青霉素一般指青霉素 G。

表 8-3　天然青霉素命名及其活性

通用名称	化学名称	侧链取代基 R	生物活性/(U/mg)[①]
青霉素 G	苄基青霉素		1667
青霉素 X	对羟基苄基青霉素		970
青霉素 F	2-戊烯基青霉素		1625
青霉素 K	庚青霉素		2300
青霉素 V	苯氧甲基青霉素		1595
双氢霉素 F	戊青霉素		1610
青霉素 O	丙烯巯甲基青霉素		无应用
青霉素 N	异青霉素		无应用

① 0.6μg 纯青霉素 G 钠抑制金黄色葡萄球菌定义为 1 个国际单位（1U）。

青霉素是有机酸，易溶于醇、酸、醚、酯类。青霉素在水中溶解度很小，而且很快失去活性。青霉素 G 的 pK 值为 2.76，能与无机或有机碱成盐。青霉素盐极易溶于水，几乎不溶于乙醚、氯仿、醋酸戊酯等，易溶于低级醇，略溶于乙醇、丁醇、醋酸乙酯等，而水的存在会加速溶解。工业上应用青霉素 G 盐的有青霉素 G 钠、青霉素 G 钾、普鲁卡因青霉素 G、二苄基乙二胺二青霉素 G，理化性质见表 8-4。

表 8-4　青霉素 G 盐类的理化性质

名称	分子式	分子量	熔点或分解温度/℃	比旋光度/(°)	生物活性/(U/mg)	水中溶解度
青霉素 G 钠	$C_{16}H_{17}O_4N_2SNa$	356.4	215	+298	1667	易溶
青霉素 G 钾	$C_{16}H_{17}O_4N_2SK$	372.5	214～217	+285	1593	易溶
普鲁卡因青霉素 G	$C_{16}H_{17}O_4N_2S\cdot$ $C_{13}H_{20}N_2O_2\cdot H_2O$	588.7	129～130	+176	1010	0.5%
二苄基乙二胺二青霉素 G	$2C_{16}H_{17}O_4N_2S\cdot$ $C_{16}H_{20}N_2\cdot4H_2O$	981.2	110～117	+130	1310	0.014%

青霉素盐的稳定性与含水量和纯度相关，干燥纯品很稳定，对热也稳定，可进行干热灭菌。但在水中很不稳定，受温度和 pH 影响很大，低温下稳定，而高温下易失活。一般在 pH5～7 时较稳定，pH6～6.5 最稳定。青霉素遇酸、碱和金属离子都不稳定，发生开环、重排和降解等反应，内酰胺环破坏后，青霉素失去活性。

8.2.2　青霉素生物合成途径

青霉素 G 的生物合成途径主要由以下三步组成：第一步是 L-α-氨基己二酸、L-半胱氨酸和 L-缬氨酸缩合生成三肽——δ-(L-α-氨基己二酰)-L-半胱氨酰-D-缬氨酸（ACV），这一反应由 *pcbAB* 基因编码的单一多功能酶 ACV 合成酶（ACV synthetase，ACVS）催化，它包括两个肽键的形成和缬氨酸的差向异构；第二步是由 *pcbC* 基因编码的异青霉素 N 合成酶（isopenicillin N synthetase，IPNS）催化 ACV 氧化闭环，生成异青霉素 N（isopenicillin N，IPN），反应中 ACV 脱去 4 个氢，消耗 1mol 分子氧；最后，由 *pcbDE* 基因编码的异青霉素 N 酰基转移酶（isopenicillin N acyltransferase，IAT）催化，把侧链前体转移到异青霉素 N 上，生成青霉素 G（图 8-1）。最后一步反应可能有两种不同机理：一步反应机理，苯乙酸与异青霉素 N 的 α-氨基己二酸侧链交换而不释放 6-APA；两步反应机理，先裂解释放 α-氨基己二酸，而 6-APA 被结合到酶上，然后异青霉素 N 转化为青霉素。

青霉素生物合成酶定位于胞内的不同亚细胞，ACV 合成酶位于空胞，与膜或小的细胞器结合，空胞为前体氨基酸库；异青霉素 N 合成酶位于细胞质中，

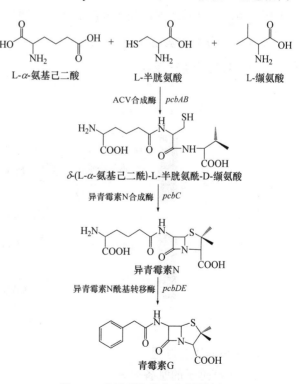

图 8-1　青霉素生物合成代谢途径

异青霉素 N 酰基转移酶定位于微体（microbody）。

8.2.3 青霉素生产菌种的特性

（1）生物学特性

青霉素生产菌种按孢子形态分为绿色孢子和黄色孢子两种产黄青霉（*Penicillium chrosogenum*）菌株；深层培养中菌丝形态为球状和丝状两种，目前生产上采用的是绿色丝状菌株。

青霉菌菌落为平坦或皱褶，圆形，边沿整齐或锯齿或扇形。气生菌丝形成大小梗，上生分生孢子，排列呈链状，似毛笔，称为青霉穗。孢子圆形或圆柱形。

（2）发酵条件下的生长过程

青霉菌在深层培养条件下，经历 7 个不同的时期，每个时期有其菌体形态特征。在规定时间取样，通过显微镜检查（生产上习惯称为镜检）这些形态变化，用于过程控制。

第 1 期：分生孢子萌发，形成芽管，原生质未分化，具有小泡。

第 2 期：菌丝繁殖，原生质体具有嗜碱性，类脂肪小颗粒。

第 3 期：形成脂肪包涵体，积累贮藏物，没有空泡，嗜碱性很强。

第 4 期：脂肪包涵体形成小滴并减少，中小空泡，原生质体嗜碱性减弱，开始产生抗生素。

第 5 期：形成大空泡，有中性染色大颗粒，菌丝呈桶状，脂肪包涵体消失，青霉素产量最高。

第 6 期：出现个别自溶细胞，细胞内无颗粒，仍然桶状。释放游离氨，pH 上升。

第 7 期：菌丝完全自溶，仅有空细胞壁。

1～4 期为菌丝生长期，3 期的菌体适宜为种子。4～5 期为生产期，生产能力最强，通过工程措施，可延长此期，获得高产。在第 6 期到来之前结束发酵。

8.2.4 青霉素的发酵工艺过程

（1）青霉素生产流程

青霉素工业大规模发酵生产采用二级种子培养，属于三级发酵。生产一般流程包括孢子制备、种子制备、发酵培养、提取和精制。基本生产流程见图 8-2。

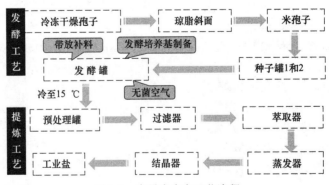

图 8-2　青霉素生产工艺流程

（2）发酵工艺过程

① 生产孢子的制备　将砂土保藏的孢子用甘油、葡萄糖、蛋白胨组成的培养基进行斜面培养，经传代活化。最适生长温度在 25～26℃，培养 6～8d，形成单菌落。再传斜面，培

养 7d，生长形成绿色斜面孢子。

孢子制成悬液，接入到优质小米或大米固体培养基上。在 25℃，相对湿度 50%下，生长 7d，制备米孢子。

每批孢子必须进行严格摇瓶试验，测定效价及杂菌情况。

② 种子罐培养工艺　种子培养要求产生大量健壮的菌丝体，因此，培养基应加入比较丰富的易利用的碳源和有机氮源。

一级种子发酵为发芽罐，小罐。按接种量将米孢子接入小罐后，孢子萌发，形成菌丝。培养基成分包括葡萄糖、玉米浆、碳酸钙、玉米油、消沫剂等，pH 自然。通入无菌空气，通气比为 1∶3（体积比），充分搅拌 300~350r/min。在温度（27±1）℃，培养 40~50h。菌体正常，菌丝浓度达 40%以上。

二级种子发酵为繁殖罐，大量繁殖菌体。培养基成分包括玉米浆、葡萄糖等，pH 自然。通气比为 1∶（1~1.5），搅拌 250~280r/min，在（25±1）℃下，培养 0~14h。菌丝浓度 40%以上，残糖 1.0%左右，无杂菌，为合格种子。

③ 发酵罐培养工艺　三级发酵罐为生产罐。培养基成分包括花生饼粉（高温）、麸质粉、玉米浆、葡萄糖、尿素、硫酸铵、硫酸钠、硫代硫酸钠、磷酸二氢钠及消沫剂、$CaCO_3$ 等。接种量为 20%。青霉素的发酵对溶氧要求极高，通气量偏大，通气比控制 0.8~1.2；150~200r/min；要求高功率搅拌，100m^3 的发酵罐搅拌功率在 200~300kW，罐压控制 0.04~0.05MPa，于 25~26℃下培养，发酵周期在 200h 左右。前 60h，pH6.0~6.3，以后 pH6.4~6.6；前 60h 为 26℃，以后 24℃。

（3）发酵过程控制

反复分批式发酵，100m^3 发酵罐，装料 80m^3，带放 6~10 次，间隔 24h。带放量 10%，发酵时间 204h。发酵过程需连续流加葡萄糖、硫酸铵以及前体物质苯乙酸盐，补糖率是最关键的控制指标，不同时期分段控制。

在青霉素的生产中，让培养基中的主要营养物只够维持青霉菌在前 40h 生长，而在 40h 后，靠低速连续流加葡萄糖和氮源等，使菌半饥饿，延长青霉素的合成期，大大提高了产量。

① 培养基　前期基质浓度高，对生物合成酶产生阻遏（或抑制）或对菌丝生长产生抑制，后期基质浓度低，限制了菌丝生长和产物合成。青霉素发酵中采用补料分批操作，对葡萄糖、铵、苯乙酸进行缓慢流加，维持一定的最适浓度。葡萄糖的流加，波动范围较窄，浓度过低使抗生素合成速率减慢或停止，过高则导致呼吸活性下降，甚至引起自溶，葡萄糖浓度调节是根据 pH、溶解氧或 CO_2 释放率予以调节。

碳源的选择：生产菌能利用多种碳源，如乳糖、蔗糖、葡萄糖、阿拉伯糖、甘露糖、淀粉和天然油脂。糖与 6-APA 结合形成糖基-6-APA，影响青霉素的产量。葡萄糖、乳糖结合能力强，而且随时间延长而增加。发酵初期，利用快效的葡萄糖进行菌丝生长。当葡萄糖耗竭后，利用缓效的乳糖，使 pH 稳定，分泌青霉素。目前普遍采用淀粉的酶水解产物，葡萄糖化液流加，而不是流加葡萄糖，以降低成本。

氮源的选择：玉米浆是玉米淀粉生产时的副产品，是最好的氮源，含有多种氨基酸及其前体苯乙酸和衍生物。但玉米浆质量不稳定，可用花生饼粉或棉籽饼粉取代。

无机盐：包括含硫、含磷、含镁、含钾的无机盐等。铁盐有毒，控制在 30μg/mL 以下。

流加控制：根据残糖、pH、尾气中 CO_2 和 O_2 含量，残糖在 0.3%~0.6%，pH 开始升高时加糖。流加硫酸铵、氨水、尿素进行补氮，控制氨基氮 0.01%~0.05%。

添加前体：不加侧链前体时，青霉菌产生多种青霉素混合物。因此在合成阶段，添加苯乙酸及其衍生物前体，苯乙酰胺、苯乙胺、苯乙酰甘氨酸等均可为青霉素侧链的前体，直接掺入青霉素分子中,具有刺激青霉素合成的作用。但浓度大于0.19%时对细胞和合成有毒性,还能被细胞氧化。需要低浓度流加前体,一次加入量低于0.1%,保持供应速率略大于生物合成的需要。

② **温度**　青霉菌生长适宜温度30℃,合成的适宜温度是25℃。虽然在20℃下青霉素破坏少,但周期很长。生产中采用变温控制,不同阶段不同温度。有的发酵过程在菌丝生长阶段采用较高的温度,前期控制25～26℃,以缩短生长时间。在生产阶段适当降低温度,后期降温控制24℃,以利于青霉素合成。温度过高则会降低发酵产率,增加葡萄糖的消耗,降低了转化率。

③ **pH**　青霉素合成的适宜pH6.4～6.6,避免超过7.0,青霉素在碱性条件下不稳定,易水解。缓冲能力弱的培养基,pH降低,意味着加糖率过高造成酸性中间产物积累。pH上升,流加糖或天然油脂。pH较低时,加入$CaCO_3$、通氨水调节或提高通气量。

④ **溶解氧**　溶解氧浓度低于30%饱和氧浓度,青霉素的产率急剧下降,低于10%饱和氧浓度时,则造成不可逆的损害。所以不能低于30%饱和溶解氧浓度。通气比一般为1:(0.8～1.2)VVM。溶解氧浓度过高,菌丝生长不良,呼吸强度下降,影响生产能力的发挥。适宜的搅拌速度,保证气液混合,提高溶解氧,根据各阶段的生长和耗氧量不同,调整搅拌转速。

⑤ **菌体浓度**　对于固定通气和搅拌的发酵罐内进行的特定好氧发酵过程,有一个使溶解氧速率和氧消耗速率达到平衡的临界菌体浓度,超过此浓度,供氧不足,溶解氧水平下降,发酵产率下降。在发酵稳定期,湿菌浓度可达15%～20%,菌体干重约3%～5%。另外,因流加的物料较多,在发酵中后期一般每天带放一次,每次带放量占总发酵液的10%左右。

丝状菌丝体都能充分和发酵液中的基质及氧接触,比生产率高,发酵黏度低,气液两相中氧的传递率提高,允许更多菌丝生长。

⑥ **消沫**　发酵过程泡沫较多,需要加入消沫剂,天然油脂如玉米油,化学消沫剂如泡敌。少量多次,不宜在前期多加入,影响呼吸代谢。

青霉素的发酵过程控制十分精细,一般2h取样一次,测定发酵液的pH、菌体浓度、残糖、残氮、苯乙酸浓度、青霉素效价等指标,同时取样做无菌检查,发现染菌立即结束发酵。染菌后pH波动大,青霉素在几个小时内就会被全部破坏。

8.2.5　青霉素的分离纯化工艺过程

青霉素不稳定,发酵液预处理、提取和精制过程要条件温和、快速,防止降解。

(1)预处理与过滤

发酵液结束后,青霉素存在于发酵液中,而且浓度较低,含量仅百分之几。发酵液中含有大量杂质,如菌体细胞、核酸、杂蛋白质、细胞壁多糖、残留的培养基、色素、金属离子、其他代谢产物等,它们影响后续工艺的有效提取,因此必须对其进行预处理。目的在于浓缩青霉素,去除大部分杂质,改变发酵液的流变学特征,便于后续的分离纯化过程。

青霉素发酵液放罐后,冷却降温,对发酵液及滤液冷至10℃以下操作,过滤收率一般为90%左右。青霉菌丝体长10μm,采用鼓式真空过滤机过滤,除去菌丝体及大部分蛋白质。滤渣形成紧密饼状,容易从滤布上刮下。滤液pH6.2～7.2,蛋白质含量0.5%～2.0%,需要进一步除去蛋白质。

用10%硫酸调节pH4.5～5.0,加入0.07%溴代十五烷基吡啶(PPB)(为絮凝剂)、0.7%硅藻土(为助滤剂),再通过板框式过滤机。滤液澄清透明,可以进行萃取。

（2）萃取

青霉素的提取采用溶剂萃取法，其原理是青霉素游离酸易溶于有机溶剂，而青霉素盐易溶于水。利用这一性质，在酸性条件下青霉素转入有机溶剂中，调节 pH，再转入中性水相，反复几次萃取，即可提纯浓缩。选择对青霉素分配系数高的有机溶剂很重要，工业上通常用乙酸丁酯和乙酸戊酯，萃取 2～3 次。

从发酵液萃取到乙酸丁酯时，滤液用 10%硫酸调 pH1.8～2.0，加入 1/3 滤液体积的乙酸丁酯，加入 0.05%～0.1%乳化剂 PPB，去除蛋白质。

从乙酸丁酯反萃到水相时，为了避免 pH 波动，常用碳酸氢钠缓冲液萃取，pH7.0～8.0，有机相与水相的比例为（3～4）∶1。

几次萃取后，浓缩 10 倍，浓度几乎达到结晶要求，萃取总收率在 85%左右。为减少青霉素降解，整个萃取过程应在低温（10 ℃以下）下进行，萃取罐用冷冻盐水冷却。

（3）脱色

萃取液中添加活性炭，除去色素、热源，过滤，除去活性炭。

（4）结晶

萃取液一般通过结晶提纯青霉素，在 2 次萃取液中青霉素纯度为 70%左右，结晶后纯度达 98%。青霉素钾盐在乙酸丁酯中溶解度很小，在 2 次乙酸丁酯萃取液中加入乙酸钾-乙醇溶液，青霉素钾盐就直接结晶析出。如果加入乙酸钠-乙醇溶液，得到青霉素钠盐。

然后采用共沸蒸馏结晶，进一步提高纯度。将钾盐溶于 0.5mol/L 氢氧化钾溶液，调 pH 至中性，加 2.5 倍体积无水丁醇。在 16～26 ℃，0.67～1.3kPa 下蒸馏。水和丁醇形成共沸物而蒸出，青霉素钾盐结晶析出。结晶经过洗涤、干燥后，得到青霉素钾盐产品。

8.2.6 青霉素工业生产过程系统解析

2008 年，荷兰科学家完成产黄青霉菌基因组测序，为产黄青霉菌的改造提供了大量的生物信息，使我们可以从系统生物学水平（包括全基因组、转录组、蛋白质组和代谢组）更深入研究青霉素 G 的生产。在二维凝胶电泳胶的图谱上，鉴定出异青霉素合成酶、酰基-CoA∶6-APA 酰基转移酶，由于蛋白翻译后的修饰，形成了不同分子量和等电点的蛋白斑点，但为相同酶。

运用 MALDI-TOF-MS 方法分别对在中试和工业过程中产黄青霉菌获得差异表达蛋白并进行质谱鉴定。根据蛋白功能及其蛋白质所参与生物过程分析表明，差异表达蛋白中有 29 个蛋白（对应 39 个蛋白质点）参与糖酵解、糖异生、磷酸异糖途径和三羧酸循环过程。

运用代谢物组和蛋白组方法从系统的角度分析青霉菌细胞组分与环境的响应，通过对青霉素工业生产过程中产黄青霉菌细胞内的蛋白质和小分子代谢物进行定性、定量分析，揭示青霉菌胞内代谢在中试与工业规模生产中的差异主要在发酵前期，发现青霉菌工业发酵过程中所有蛋白质水平动态变化的规律，并快速地、准确地寻找出青霉素发酵过程的关键蛋白质和代谢物，并找出可行的应对方法，可优化青霉素的发酵过程。根据代谢组学分析结果，对工业发酵过程培养基中的玉米浆及豆油浓度进行优化，并根据菌株代谢特征分析结果所得出的菌株在发酵过程中的代谢活性变化特点，确定补料时间。优化后，工业发酵时间较常规培养缩短了 72h，效价增长 28.6%。丹麦科学家 Nielsen 在青霉菌细胞的代谢方面进行了大量的研究工作，提出了产黄青霉菌在糖酵解和磷酸戊糖途径中的代谢流通量与代谢网络分析，发现 NADPH 依赖型谷氨酸脱氢酶可直接或间接地参与调节工程产黄青霉菌生产 β-内酰胺抗生素。

8.3 头孢菌素 C 的发酵生产工艺

头孢菌素 C（cephalosporin C，CPC）是化学结构不同于青霉素的第二类内酰胺类抗生素，是制备头孢菌素类药物中间体 7-ACA 的重要原料。通过提高头孢菌素 C 的发酵水平，可以降低 7-ACA 的生产成本，进而降低头孢菌素类抗生素的生产成本。本节将介绍头孢菌素 C 的生物合成、发酵工艺与过程控制、分离工艺与控制。

8.3.1 头孢菌素 C 的理化性质

头孢菌素 C 的分子式是 $C_{16}H_{21}O_8N_3S$，分子量 415.44。头孢菌素 C 分子中存在 2 个羧基和 1 个氨基，解离常数分别是 $pK_1=2.6$（侧链羧基）、$pK_2=3.1$（核羧基）、$pK_3=9.8$（侧链氨基）。在甲基吡啶-醋酸盐缓冲液（pH7）和吡啶-醋酸盐缓冲液（pH4.5）中，电泳趋向正极，表明头孢菌素 C 在中性和偏酸性的环境中呈现酸性，能与碱金属结合生成盐类。

头孢菌素 C 钠盐含 2 个结晶水，分子式是 $C_{16}H_{21}O_8N_3SNa \cdot 2H_2O$，分子量 473.5，为白色或淡黄色结晶，易溶于水，难溶于有机溶剂。对稀酸及重金属离子均稳定，在 pH2.5～8.0 时较稳定，pH > 11 时迅速失活（在强碱性条件下易脱乙酰基）。头孢菌素 C 对茚三酮、双缩脲反应呈阳性，对亚硝基铁氰化钠反应呈阴性，紫外最大吸收波长为 260nm。脱乙酰头孢菌素 C 的理化性质与头孢菌素 C 极为相似，$pK_1 = 2.5$、$pK_2 = 3.0$、$pK_3 = 9.7$，紫外最大吸收波长为 261nm。

头孢菌素 C 抗菌活性比较低，疗效差，但其优点是对酸及各种细菌产生的 β-内酰胺酶较青霉素稳定，通过对头孢菌素 C 的侧链改造，可衍生出系列头孢菌素。

8.3.2 头孢菌素 C 生产菌种的特性

头孢菌素 C 的生产菌是顶头孢菌（*Cephalosporium acremonium*）及其变种，经诱变后得到高产菌种。顶头孢菌产头孢菌素 C 的同时，还产生副产物青霉素 N、去乙酰头孢菌素、去乙酰氧头孢菌素等类似物，造成分离提纯的困难及发酵成本的增加。因此需要选育头孢菌素 C 产量高而副产物低的菌株。

8.3.3 头孢菌素 C 的生物合成途径

经过几十年的研究，头孢菌素 C 的生物合成途径已基本阐明（图 8-3）。基因 *pcbAB*、*pcbC*、*cefD*1 和 *cefD*2 位于顶头孢霉Ⅶ号染色体上，分别编码 ACV 合成酶、异青霉素 N 合成酶、青霉素 N 异构化酶，将前体 L-α-氨基己二酸、L-半胱氨酸和 L-缬氨酸生成青霉素 N。基因 *cefEF* 和 *cefG* 位于Ⅰ号染色体上，编码扩环酶-羟化酶和去乙酰头孢菌素 C 乙酰转移酶，将青霉素 N 催化为头孢菌素 C。

去乙酰头孢菌素的酰基转移酶可被辅酶 A、乙酰氧头孢菌素 C、青霉素 N 所抑制，故在生产头孢菌素 C 期间有去乙酰头孢菌素 C 积累。头孢菌素 C 可被胞外的乙酰基水解酶转化为去乙酰头孢菌素，由非酶促反应也可转化为去乙酰头孢菌素及其他分解产物。

8.3.4 头孢菌素 C 的发酵工艺过程

（1）头孢菌素 C 工艺流程

配制发酵培养基，灭菌后，接入头孢菌素 C 生产菌种，进行通气搅拌发酵。结束后，进行分离和纯化阶段。先用大孔网状吸附剂从发酵液中初步分离出头孢菌素 C，然后经离子交换法纯化，最后采用络盐沉淀法进行结晶，主要工艺流程见图 8-4。

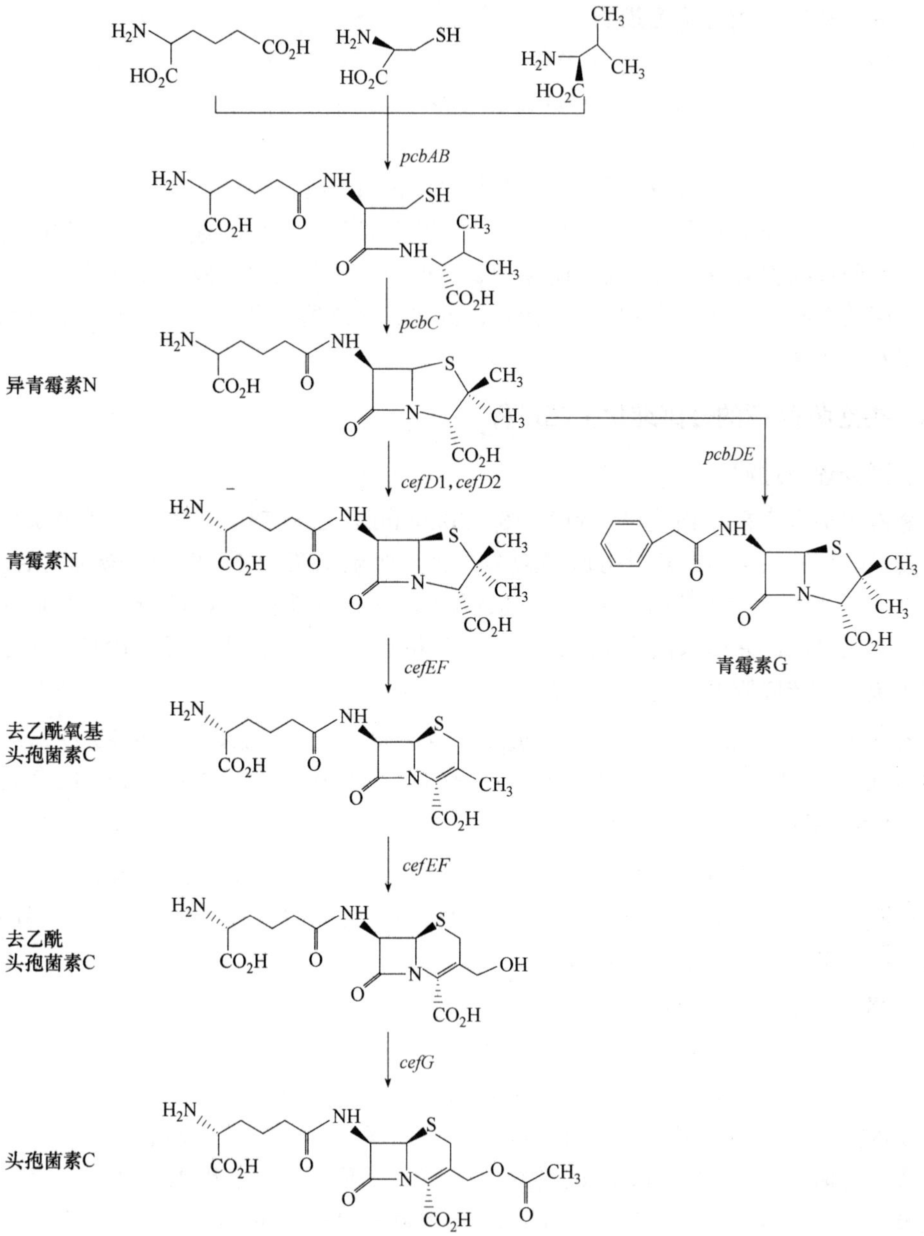

异青霉素N

青霉素N

去乙酰氧基头孢菌素C

去乙酰头孢菌素C

头孢菌素C

青霉素G

pcbAB　*pcbC*　*cefD1, cefD2*　*cefEF*　*cefG*　*pcbDE*

图 8-3　头孢菌素 C 生物合成途径

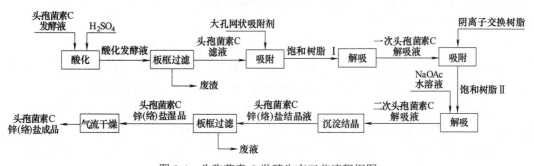

图 8-4　头孢菌素 C 发酵生产工艺流程框图

（2）头孢菌素C发酵工艺控制

① 培养基　发酵培养基成分除了碳源和氮源外，还需要硫源，头孢菌素 C 产量与硫源供应情况有密切关系。头孢菌素 C 产量与蛋氨酸和硫酸盐的量成正比，含有巯基的有机硫化物，均有刺激产量的作用。

② 工艺控制　头孢菌素 C 的发酵工艺与青霉素的类似。在发酵罐中，28℃下通气搅拌，发酵周期 5～6d。满足菌体生长和代谢的要求，增加溶解氧的传递速率。顶头孢菌在深层培养条件下有四种细胞类型：菌丝型、萌芽型、节孢子型和分生孢子型。头孢菌素 C 的大量产生时期与菌丝型向节孢子型转化时期一致，因此可控制细胞类型，增加节孢子型数量，提高头孢菌素 C 的产量。

8.3.5　头孢菌素C的分离纯化工艺过程

（1）预处理与过滤

发酵液中头孢菌素 C 游离酸含量为 18～20mg/mL，还有 5%～15%的去乙酰头孢菌素 C 及微量去乙酰氧基头孢菌素 C。因此，先使发酵液冷却至 15℃以下，再用硫酸酸化至 pH2.5～3.0，放置一定时间，使去乙酰头孢菌素 C 内酯化而易于与头孢菌素 C 分离。然后板框或真空鼓式过滤机过滤，并用水预洗滤渣。收集、合并滤液和洗液，于低温（10℃）保存。

（2）大孔网状吸附剂的吸附与解吸

滤液在进入吸附柱之前一定要澄明，以免污染树脂。国外常用 Amberlite XAD-2、Amberlite XAD-4 及 Diaion HP-20 等。国产大孔网状吸附剂有 SKC-02、SIP-1300、SIP-312 等，其性能与 Amberlite XAD-4 相似。头孢菌素 C 的最适吸附 pH 应为 2.5～3.0，Amberlite XAD-4 的吸附容量为 15～20g/L 树脂。吸附完毕，需要 2～4 倍吸附体积去离子水洗涤，除去 SO_4^{2-} 等阴离子，以免干扰后工序离子交换树脂的纯化。然后用 15%～25%乙醇、丙酮或异丙醇水溶液来解吸。收集解吸液，收率约为 90%。

（3）离子交换树脂的纯化

头孢菌素 C 分子中氨基碱性较弱，不能用阳离子交换树脂处理。用强碱性树脂，吸附力强但解吸困难，故采用弱碱性阴离子交换树脂，常用 Amberlite IRA-68、Amberlite IR-4B 及国产医工-82、330 等。先酸化至 pH2.8～3.0 以破坏青霉素 N，以 Amberlite IRA-400（醋酸型）除去氯离子等阴离子，再用 Amberlite IR-4B（醋酸型）吸附。然后用 1mol/L 醋酸去色素。醋酸吡啶解吸，解吸液经纯化得粗品。再用 150～200 目 Amberlite IR-4B（醋酸型）柱层析而得到头孢菌素钠盐结晶。若 7000U/mL 以上的发酵液用 Amberlite IRA-68（醋酸型）及 Zerocarb225（H 型）相串联作前处理，以 Amberlite IRA-68（醋酸型）作吸附用，自发酵至解吸液吸收率可达 83%～88%。

（4）沉淀结晶

头孢菌素 C 可与二价重金属离子 Cu^{2+}、Zn^{2+}、Ni^{2+}、Co^{2+}、Fe^{2+}、Pb^{2+} 等形成 1：1（摩尔比）的难溶性络盐微晶沉淀。将离子交换解吸液（头孢菌素 C 浓度为 30～50mg/mL），放入结晶罐中冷却至 5℃，加入醋酸锌搅拌使之溶解，然后再加入结晶液体积 30%的乙醇或丙酮，即逐渐析出头孢菌素 C 锌盐微晶沉淀。结晶收率为 85%～90%。此法简单，收率较高，但由于重金属盐的选择性较差，而且需在一定浓度下才能析出络盐结晶，因此只能用于经过纯化后的头孢菌素 C 水溶液。

8.4 红霉素的发酵生产工艺

红霉素（erythromycin）是广谱大环内酯（macrolide）抗生素，临床应用于呼吸道、皮肤和软组织、泌尿系统和胃肠道感染等。作用靶点是核糖体 50S 亚基和 23 rRNA，抑制蛋白质的合成。20 世纪 80 年代研发半合成红霉素衍生物，如罗红霉素、克拉霉素、阿奇霉素等，克服了红霉素的胃酸稳定性差、口服不完全和生物利用度低等缺点。本节介绍红霉素理化性质和生物合成，分析发酵工艺和分离纯化工艺。

8.4.1 红霉素的结构和理化性质

红霉素是由 14 元红霉内酯 B 与 1 个脱氧氨基己糖和 1 个碳霉糖组成（表 8-5）。红霉素发酵液中有多种组分，以红霉素 A 为主，还有红霉素 B、红霉素 C、红霉素 D、红霉内酯 B、脱水红霉素 A 等多种异构体和降解物。其中红霉素 A 为有效组分，抗菌活性最高，是上市药物。红霉素 B 和红霉素 C 的毒性比红霉素 A 大数倍，可视为杂质。

表 8-5 天然红霉素种类及其结构

名称	R^1	R^2	分子式	分子量	相对生物学效价/%
红霉素 A	CH$_3$	OH	C$_{37}$H$_{67}$O$_{13}$N	733.91	100
红霉素 B	CH$_3$	H	C$_{37}$H$_{67}$O$_{12}$N	717.91	75～85
红霉素 C	H	OH	C$_{36}$H$_{65}$O$_{13}$N	719.88	25～50
红霉素 D	H	H	C$_{36}$H$_{65}$O$_{12}$N	703.45	25～25

红霉素味苦，呈碱性，能与草酸、乳酸和盐酸等形成相应的盐。红霉素的脱氧氨基己糖部分的醇羟基能与有机酸形成酯类衍生物，如苯甲酸酯、丙酸酯和软脂酸酯等。临床上应用的盐类有红霉素丙酯酸十二烷基硫酸盐（依托红霉素）、乳糖酸红霉素盐和硬脂酸红霉素盐。

红霉素易溶于醇类、丙酮、氯仿、乙酸乙酯、乙酸戊酯等有机溶剂，在水中溶解度随温度升高而下降，55℃下溶解度最低。红霉素在干燥状态和在 pH6～8 水中是稳定的。但红霉素对酸不稳定，糖苷键易水解，酸水解后生成脱水红霉素，进一步水解大红霉糖胺和碳霉糖。

8.4.2 红霉素生产菌种的特性

红霉素的生产菌种是红色糖多孢菌（*Saccharopolyspora erythrea*）（早期称为 *Streptomyces erythrea*）。在固体培养基上，菌落呈草帽形，淡黄色变为褐红色，培养基中无色素。气生菌丝白色，孢子丝螺旋状，3～5 圈。孢子白色至深米色，球形，孢子背面红色或红棕色色素。光线抑制孢子形成，要避光培养。灰色焦状菌落的生产能力很差，应注意培养基的组成。

8.4.3 红霉素的生物合成途径

红霉素是红色糖多孢菌（*Saccharopolyspora erythraea*）产生的，其生物合成基因簇（*ery*）

全长 56 kb，由 3 个聚酮合酶（polyketide synthetase，PKS）基因（*eryA*Ⅰ~*eryA*Ⅲ）、13 个糖合成基因、3 个修饰基因和 1 个抗性基因组成 [图 8-5（a）]。红霉素的生物合成过程包括大环内酯聚酮骨架合成、氧化和糖基化修饰 [图 8-5（b）]。

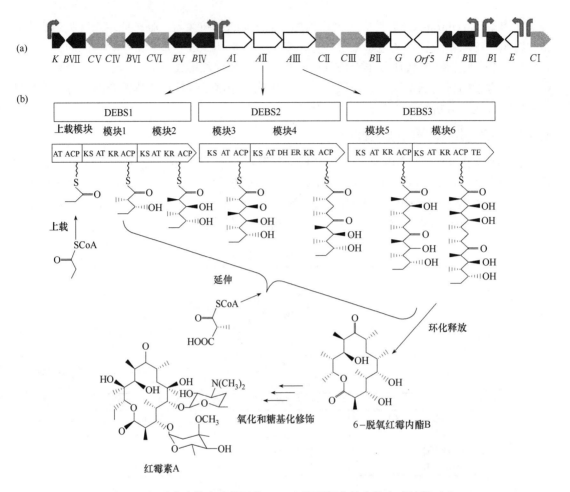

图 8-5　红霉素生物合成基因簇（a）和聚酮部分的生物合成过程（b）

AT—酰基转移酶（acyltransferase）；KS—酮酰基合成酶（*β*-ketoacyl synthase）；ACP—酰基载体蛋白（acyl carrier protein）；
KR—酮酰基 ACP 还原酶（*β*-ketoacyl ACP reductase）；ER—烯醇还原酶（enoyl reductase）；
DH—脱水酶（*β*-hydroxyl-thioester dehydratase）；TE—硫酯酶（thioesterase）

（1）6-脱氧红霉素内酯骨架的生物合成

包括聚酮链的合成起始、延伸、释放。在起始阶段，*eryA*Ⅰ基因编码的聚酮合成酶 DEBS1 的上载模块的 AT，将丙酰-CoA 转移到 ACP 上，形成丙酰-ACP，启动聚酮链延长。对于模块 1，AT 将甲基丙二酰-CoA 转移到 ACP 上，形成甲基丙二酰-ACP；KS 中的半胱氨酸位点接收上载域中的丙酰-ACP，KS 催化甲基丙二酰基和丙酰基之间的脱羧缩合反应，使甲基丙二酰基脱羧释放 1 分子二氧化碳，同时与丙酰基缩合形成甲基 *β*-酮戊酰-ACP 中间体；KR 用 NADPH 把 *β*-酮基还原成羟基，完成第一轮 2 碳单位的链延伸 [图 8-5（b）]。模块 2、模块 5 和模块 6 的催化反应过程与模块 1 类似，都延伸 2 碳单位，同时 *β*-酮基被还原。在模块 3 中，KR 失活，没有还原反应，只有延伸反应。模块 4 中，KR 还原 *β*-酮基为羟基，DH 催化羟基脱水形成烯键，而 ER 将烯键还原为饱和键。完成聚酮链的延伸后，TE 催化使链状聚酮环化，并且从聚酮合成酶 DEBS3 上释放下来，形成 6-脱氧红霉内酯。

（2）内酯环的修饰

6-脱氧红霉内酯被 P450 氧化酶 EryF 催化，使 C6 羟化生成红霉内酯。EryB 催化碳霉糖的合成，并与内酯 C3 位氧连接，生成 3-碳霉糖基红霉内酯 B。EryC 催化脱氧氨基己糖合成，并 C5 位与氧连接，生成红霉素 D。红霉素 D 被 EryK 催化 C12 羟化生成红霉素 C，红霉素 D 被 EryG 催化甲基化生成红霉素 B。红霉素 D 先后被氧化和甲基化，则生成红霉素 A。由于涉及多个基因和生化反应，红霉素中的碳霉糖和脱氧氨基己糖的详细合成机理仍然不清楚。

（3）抗性与调控

抗性基因 *ermE* 赋予红色糖多孢菌对红霉素的自身抗性。在生物合成基因簇中未鉴定出分泌和转运基因，因此红霉素是如何分泌到胞外，进入发酵液，机理仍然不清楚。

8.4.4 红霉素的发酵工艺过程

（1）种子制备

我国在 20 世纪 60 年代开始红霉素的工业化生产。红霉素采用 3 级发酵工艺进行生产，经历斜面种子、摇瓶种子、发酵罐种子和发酵培养等阶段。

斜面孢子培养基组成为淀粉 1%、硫酸铵 0.3%、氯化钠 0.3%、玉米浆 1.0%、碳酸钙 0.25%，pH7.0～7.2。在 37℃、相对湿度 50%左右，避光培养 7～10d。玉米浆会影响孢子的质量和外观，应该严格使用。每批斜面孢子的数量不低于 1 亿个，孢子色泽鲜艳、无黑点、外观符合要求，斜面孢子可于冰箱中保存 1～2 月。

斜面孢子制成悬液，接种到一级种子罐中。培养基组成包括淀粉、糊精、葡萄糖、黄豆饼粉、蛋白胨、硫酸铵、氯化钠、碳酸钙、硫酸镁、磷酸二氢钾等，pH7.0。在 35℃下，通气比为 1：1.5，培养 60～70h。然后接种到二级种子罐中，在 33℃下，通气比为 1：1.5，培养 40h。种子罐在后期采用补料花生饼粉、蛋白胨、酵母粉和氨水等，增加基质，满足对营养成分消耗的需求。检查菌丝、发酵单位、无菌要求等，合格种子进行发酵。

（2）发酵培养

发酵培养基的组成包括淀粉、葡萄糖、黄豆饼粉、蛋白胨、硫酸铵、氯化钠、碳酸钙、硫酸镁、磷酸二氢钾等。最适碳源是蔗糖，其次是葡萄糖、淀粉，生产中用葡萄糖（80%）和淀粉（20%）混合碳源。黄豆饼粉是主要氮源，其次是蛋白胨、硫酸铵等。

加入丙酸、丙酸钠能显著提高红霉素产量。在 pH6.5 以上，菌丝体变浓时，开始流加，每隔 24h 补加 1 次，总量约 0.7%～0.8%。

最初发酵 12h，通气控制 0.4VVM。12h 后，增加通气量，控制在 0.8～1.0VVM。在产物合成阶段，溶解氧浓度应在 20%以上。

红霉素生产菌对温度较敏感，高温生长加快，但易衰老自溶，并增加红霉素 C 的含量。33℃培养 40h 黏度达到高峰。31℃培养，48h 黏度达到高峰，但衰老较慢。因此，发酵过程温度控制在 31℃，维持较长发酵时间。

红霉素合成最适 pH6.7～6.9，pH 低于 6.5 合成减少，pH 高于 7.2 菌丝易自溶。pH 保持6.6～7.2，菌丝生长良好，发酵产量稳定。在发酵后期，可滴加氨水，调节 pH，增加氮源，提高产量和质量。

红霉素的发酵周期约 150～160h，必须进行中间补料。还原糖控制在 1.2%～1.6%，每隔6h 加入葡萄糖，放罐前 12～18h 停止补料流加碳源。

根据黏度大小，适时补料有机氮源。黏度对红霉素成品质量影响很大，黏度越高，红霉素 C 含量越高。黏度低时增加补料氮源量，黏度高减少补氮源量，适当补水。发酵后 40h，每隔 24h 补花生饼粉，硫酸铵、酵母粉 0.1%～0.05%，放罐前 24h 停止补氮源。

8.4.5　红霉素的分离纯化工艺过程

红霉素的分离纯化主要采用萃取和大孔树脂吸附工艺。

（1）溶剂萃取纯化工艺

红霉素是一种弱碱，溶于有机溶剂，在酸或中性 pH 下与酸形成盐，根据溶解度进行溶剂萃取分离制备。采用 0.05%甲醛处理，3%硫酸锌沉淀蛋白质，使菌丝成团，加速过滤。用 20% NaOH 调节 pH7.6～8.2，防止红霉素在酸性条件下的破坏，板框式压滤。也可用碱式氯化铝取代硫酸锌，避免锌离子毒性对滤渣处理的难度。

加入去乳化剂十二烷基苯磺酸钠，减轻溶剂萃取时的乳化现象和红霉素的损失。酸化和碱化的 pH 对萃取收率的影响很大。碱化时高 pH 有利于萃取，但太高引起破坏，乳化严重。碱化时 pH 控制在 10±0.5，酸化时 pH 控制在 4.9±0.3。

滤液用乙酸乙酯（pH10）萃取，红霉素进入乙酸乙酯相（一级萃取）。对萃取液用乙酸-磷酸氢二钠为缓冲液调节 pH4.0，得到缓冲液萃取相（二级萃取）。当红霉素转入缓冲液后，用 pH10 左右的乙酸丁酯进行萃取（三级萃取），提高温度，降低红霉素在水中的溶解度，提高收率。

最后在-5℃、10%丙酮水溶液中静置 24～36h 结晶，离心，蒸馏水洗涤结晶，除去红霉素 C，得到湿晶体。在 70～80℃、96kPa 下干燥 20h，得到红霉素产品。

对于萃取液，还可采用乳酸盐沉淀法进一步提高效价。向萃取液中加入乳酸（pH6.0），搅拌混匀，形成红霉素乳酸盐湿晶体。用适量乙酸乙酯洗涤，55℃干燥得到干晶体。加入 10%丙酮水溶液（pH6.0），溶解晶体，得到红霉素溶液。加入氨水进行碱转化（pH10），55℃下水解。将湿晶体水洗至 pH7～8，55℃下干燥，得到红霉素成品。

（2）大孔树脂吸附纯化工艺

红霉素在中性和酸性条件下呈阳离子状态，可用大孔离子交换树脂吸附分离制备。常用大孔树脂 CAD-40 或 SIP-1300 等为吸附剂，通过动态吸附，对滤洗液中的红霉素有效吸附。滤洗液通过双串联柱吸附，达到饱和吸附。用 40℃水快速洗涤树脂，再用等体积 pH10 氨水通过树脂。用 2%氨水混合的乙酸丁酯（1∶0.5）解吸树脂，红霉素集中在最初的 1～2h 内。随后的分离采用乙酸乙酯萃取的溶剂工艺。乙酸丁酯解吸液在 pH4.7～5.2 的乙酸缓冲液中萃取，用乙酸丁酯在 38～40℃下萃取，在丙酮水溶液中结晶，干燥得到红霉素成品。

思考题

8-1　目前抗生素生产工艺有几种？与结构是什么关系？从技术创新角度，分析未来抗生素生产工艺的发展方向。

8-2　如何根据青霉素生产菌特性进行发酵过程控制？为什么？

8-3　青霉素发酵生产的工艺过程是什么？发酵原理及其关键控制参数是什么？

8-4　比较青霉素和头孢菌素 C 生物合成途径，分析头孢菌素 C 发酵杂质或副产物生成的机理，提出解决的技术和工艺途径。

8-5　红霉素聚酮部分的生物合成特点是什么？与脂肪酸生物合成有何不同？

8-6　青霉素、红霉素生物合成的生源是什么？与初级代谢的联系是什么？

8-7　红霉素发酵工艺的特点是什么？关键控制参数是什么？

参考文献

［1］ Cao Y X, Qiao B, Lu H, et al. Comparison of the secondary metabolites in *Penicillium chrysogenum* between pilot and industrial penicillin G fermentations. Appl Microbiol Biotechnol, 2011, 89(4): 1193-1202.

［2］ Ding M Z, Lu H, Cheng J S, et al. Comparative metabolomic study of *Penicillium chrysogenum* during pilot and industrial penicillin fermentations. Appl Biochem Biotechnol, 2012, 168(5): 1223-1238.

［3］ Cheng J S, Zhao Y, Qiao B, et al. Comprehensive profiling of proteome changes provide insights of industrial *Penicillium chrysogenum* during pilot and industrial penicillin G fermentation. Appl Biochem Biotechnol, 2016, 179(5): 788-804.

［4］ Ozcengiz G, Demain A L. Recent advances in the biosynthesis of penicillins, cephalosporins and clavams and its regulation. Biotechnology Advances, 2013, 31(2): 287-311.

第9章
维生素发酵生产工艺

学习目标

> 了解维生素的种类、应用及生产技术现状。
> 掌握维生素 C 的莱氏法合成工艺路线及两步发酵法生产工艺原理。
> 理解维生素 C 两步发酵过程中混菌相互作用关系，能控制从 D-山梨醇到维生素 C 前体（2-酮-L-古龙酸）的两步发酵。
> 理解维生素 C 的一步发酵技术原理，能采用合成生物学技术设计构建菌种。

维生素是一类生物生长和代谢所必需的微量有机化合物，对生物体的酶活性和代谢活性起重要的调节作用，各种维生素的缺乏会导致相应缺乏症发生。本章介绍维生素的种类、功能、生产工艺、研究现状等，并重点介绍维生素 C 的两步混菌发酵工艺。

9.1 概 述

维生素现已成为国际医药与保健品市场的主要大宗产品之一。我国是维生素生产和出口大国，是全球极少数能够生产全部维生素品种的国家之一。本节简要介绍维生素的生理功能及生产技术现状。

9.1.1 维生素的种类

维生素（vitamin）是一类生物生长和代谢所必需的微量有机化合物，既不是细胞的组成物质，也不是能量物质，起代谢调节作用。

根据溶解性，把维生素分为水溶性和脂溶性两类。水溶性维生素包括 B 族维生素和维生素 C，其衍生物多为辅酶和辅基。脂溶性维生素包括维生素 A、D、E、K 等，在食物中与脂肪共存。

维生素无统一命名，按英文命名，如维生素 A、B、C、D、E、K、H 等；按化学本质命名，如硫胺素、核黄素、生物素等；按生理功能命名，如抗坏血酸、生育酚等。

9.1.2 维生素的生理功能

维生素在体内的作用主要是调节酶活性和代谢活性，以辅酶或辅基形式参与酶反应。人体不能合成维生素，但缺乏它会导致疾病发生，出现相应的缺乏症。各种维生素在体内的生理功能及其缺乏症见表 9-1。

表 9-1 维生素的种类及其作用

维生素	其他名称	生理功能	缺乏症
维生素 C	抗坏血酸	抗氧化, 促进胶原蛋白合成和黏多糖合成	坏血病、感冒等
维生素 B_1	硫胺素	参与糖代谢、神经和消化系统功能	脚气病、食欲不振等
维生素 B_2	核黄素, 维生素 G	参与氧化还原反应	口角炎、角膜炎、视觉模糊等
维生素 B_3	维生素 PP	组成辅酶 I 和辅酶 II。氧化还原过程氢的受体和供体	糙皮病、高脂血症、末梢痉挛
维生素 B_5	泛酸, 抗癞皮病维生素	组成辅酶 A	舌炎、口角炎、皮炎等
维生素 B_6	吡哆辛	参与氨基酸代谢	呕吐、巨细胞贫血等
维生素 B_9	叶酸, 蝶酰谷氨酸	1C 基团的转移	恶性贫血
维生素 B_{12}	氰钴胺素	氢的转移	恶性贫血、神经疾病等
维生素 H	生物素	参与 CO_2 的固定	毛发脱落、鳞屑状皮炎等
维生素 A		维持正常视觉和上皮组织健康	夜盲症、皮肤干燥脱角质化、黏膜异常、干眼病
维生素 D		调节钙磷代谢、骨骼钙化、牙齿形成	佝偻病、软骨病等
维生素 E	生育酚	抗氧化	不育症、心脏病、营养不良等
维生素 K	凝血维生素	促进肝脏合成凝血酶原, 促进血液凝固	出血症、胆绞痛
硫辛酸		辅酶, 传递氢及乙酰基	肝性昏迷等

9.1.3 维生素的生产工艺路线

各种维生素在化学结构上无相似之处, 有多羟基不饱和内酯衍生物(维生素 C 等)、芳香族(维生素 K 等)、杂环族(维生素 E 等)、脂肪族、脂环族和甾体类。维生素的生产方式有 3 种: 微生物发酵、化学合成和天然提取。维生素的结构特点、主要产品及其生产方式见表 9-2。

表 9-2 主要的维生素药物及其生产方式

名称	结构特点	主要品种	生产方式
维生素 C	烯醇式己糖酸内酯	抗坏血酸, 抗坏血酸钠, 抗坏血酸钙	细菌发酵, 化学合成
维生素 B_1	氨基嘧啶环和噻唑环构成	硫胺素盐酸盐, 硫胺素单硝酸盐	化学合成
维生素 B_2	核糖醇和 6,7-二甲基异咯嗪的缩合物	核黄素, 磷酸核黄素钠	细菌发酵, 化学合成
维生素 B_3	吡啶的衍生物	烟酸、烟酰胺	化学合成
维生素 B_5	丙氨酸与二羟基二甲基丁酸缩合	泛酸, 右旋泛酸钙	化学合成
维生素 B_6	吡啶的衍生物	吡哆醇盐酸盐, 吡哆醛-5-单磷酸酯	化学合成
维生素 B_9	蝶啶、对氨基苯甲酸和谷氨酸组成	叶酸	化学合成
维生素 B_{12}	咕啉环, 含钴的螯合物	氰钴胺, 羟钴胺, 钴胺素	细菌发酵
维生素 H	噻吩环和咪唑环结合, 戊酸侧链	d-生物素	发酵
维生素 A	由紫罗兰酮、异戊烯和伯醇基组成	维生素 A 醋酸酯, 维生素 A 棕榈酸酯	化学合成
维生素 A 原	聚异戊二烯	β-胡萝卜素	发酵
维生素 D	固醇类化合物	维生素 D_2, 生物素 D	化学合成
维生素 E	苯并二氢吡喃的衍生物	D-α-生育酚, DL-α-生育酚, D-α-生育酚醋酸酯	化学合成, 提取
维生素 K	二甲基萘醌衍生物	维生素 K_1, 维生素 K_3	化学合成
硫辛酸	含硫八碳酸		化学合成

用于发酵生产维生素的微生物种类很少, 阿舒假囊酵母(*Eremotherecium ashbyii*)和枯草芽孢杆菌(*Bacillus subtilis*)用于生产核黄素(维生素 B_2), 谢氏丙酸杆菌(*Propionibacterium shermanii*)、费氏丙酸杆菌(*P. freudenreichii*)、脱氮假单胞杆菌(*Pseudomonas denitrificans*)用于生产维生素 B_{12}。混菌培养发酵已取代化学合成工艺, 用于维生素 C 的生产。工程菌合

成 β-胡萝卜素的能力很强，有望得到应用。今后，采用合成生物学技术，大力研发工程微生物菌种，是维生素产业发展的方向。

9.1.4 维生素的生产现状

我国维生素工业起源于 20 世纪 50 年代末，1957 年经自行设计在东北制药总厂建造了一套年产 30t 采用莱氏法工艺的维生素 C 生产装置，1958 年投入生产。进入 70 年代，我国 B 族维生素已能自行生产，维生素 C 两步法生产工艺的研究成功在国际上引起震动。80 年代，我国已基本形成除维生素 H 以外的各种维生素生产体系。90 年代以来，我国各种维生素及中间体的生产技术相继有了突破性的进展，有效地促进了维生素的发展。在 2001 年维生素 H 投产成功后，中国已是全球极少数能够生产全部维生素品种的国家之一，并且不少维生素品种产量已位居世界前列。同时中国也是全球最大的维生素出口国之一，超过 70% 的产品用于出口，相当一些产品的生产工艺及产品质量在国际上处于领先地位，主要出口产品有维生素 C、维生素 E、维生素 B_3、维生素 B_5、维生素 B_1 及维生素 D_3。

维生素现已成为国际医药与保健品市场的主要大宗产品之一。在维生素家族中，维生素 B 族、维生素 E、维生素 C 和维生素 A 市场份额最大，维生素 B 族占比 33%，维生素 E 占比 30%，维生素 C 占比 21%，维生素 A 占比 13%，且有着巨大的市场空间。历经多次洗牌，维生素市场格局日趋合理，中国维生素生产企业也在风雨中逐渐走向成熟。

我国是全球维生素的主要生产国，国内维生素产量呈逐年上升趋势。根据中国化学制药工业协会和饲料工业协会统计，2021 年国内维生素产量增长至 40.4 万吨，占全球产量的 81.8%，市场规模约 37.5 亿美元。我国维生素原料生产地主要集中在河北、山东、浙江、辽宁等地。

9.2 维生素 C 的生产工艺路线

我国尹光琳等发明了维生素 C 微生物两步发酵法，进而替代了莱氏法等化学合成方法。我国是维生素 C 生产大国，2020 年以前，我国维生素 C 年产量约为 15 万吨，随着新冠疫情的发展，维生素 C 的需求量迅速增加，我国维生素 C 的年产量超过 20 万吨，出口量超过 70%。维生素 C 的生产厂家目前主要集中于我国，包括石药集团、鲁维制药集团等。本节分别介绍维生素 C 的化学合成工艺和微生物发酵工艺。

9.2.1 维生素 C 的理化性质

维生素 C，又称 L-抗坏血酸（L-ascorbic acid），化学名称为 3-氧代-L-古龙糖酸呋喃内酯（3-oxo-L-gulofuranolactone）（图 9-1），是目前世界上产销量最大、应用范围最广的维生素产品。

维生素 C 分子中有 2 个手性碳原子，存在 4 种旋光异构体（图 9-2），但只有 L-(+)型活性最高，其他 3 种临床效果很低或无活性。

维生素 C 是白色结晶或结晶性粉末，无臭，味酸。熔点 190～192℃，熔融时同时分解。易溶于水和甲醇，呈酸性反应，有旋光性。略溶于乙醇和丙酮，不溶于乙醚、氯仿、石油醚等有机溶剂。溶液通常由无色到浅黄色→黄色→棕色，在干燥结晶状态较稳定。因此，应在避光、避热、干燥、无金属离子或充惰性气体的容器中保存。

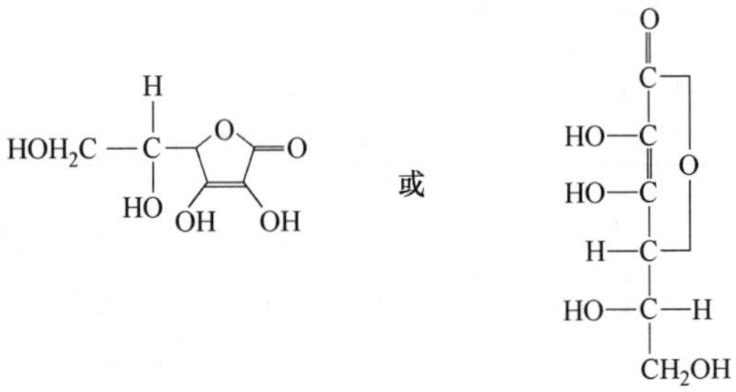

图 9-1　维生素 C 的化学结构

维生素 C 是世界卫生组织及联合国工业发展组织共同确定的人类 26 种基本药物之一，参与人体内多种重要生物化学反应。能够保持人体细胞及血管基质的完整性，具有心血管疾病和癌症的预防和治疗作用，也已应用于抗感染、过敏性反应等临床辅助治疗。

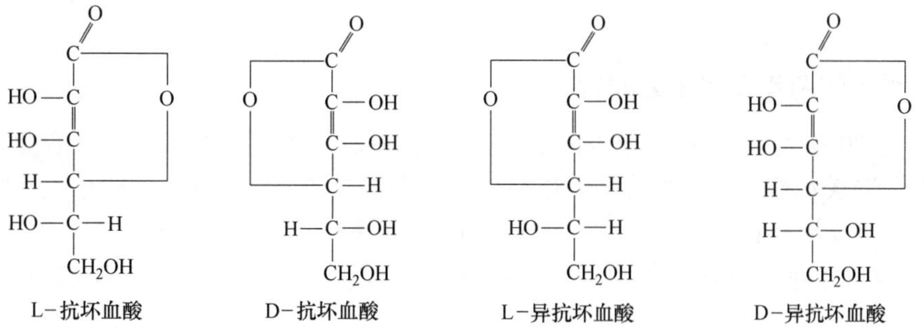

图 9-2　维生素 C 及其手性异构体

9.2.2　维生素 C 的化学合成工艺路线

维生素 C 生产的化学工艺路线报道了多种，但莱氏法化学合成工艺应用于工业化生产。1933 年，莱氏（Reichstein）利用 D-葡萄糖为原料，建立了化学合成维生素 C 的工艺路线（图 9-3），独占 60 多年的生产历史。

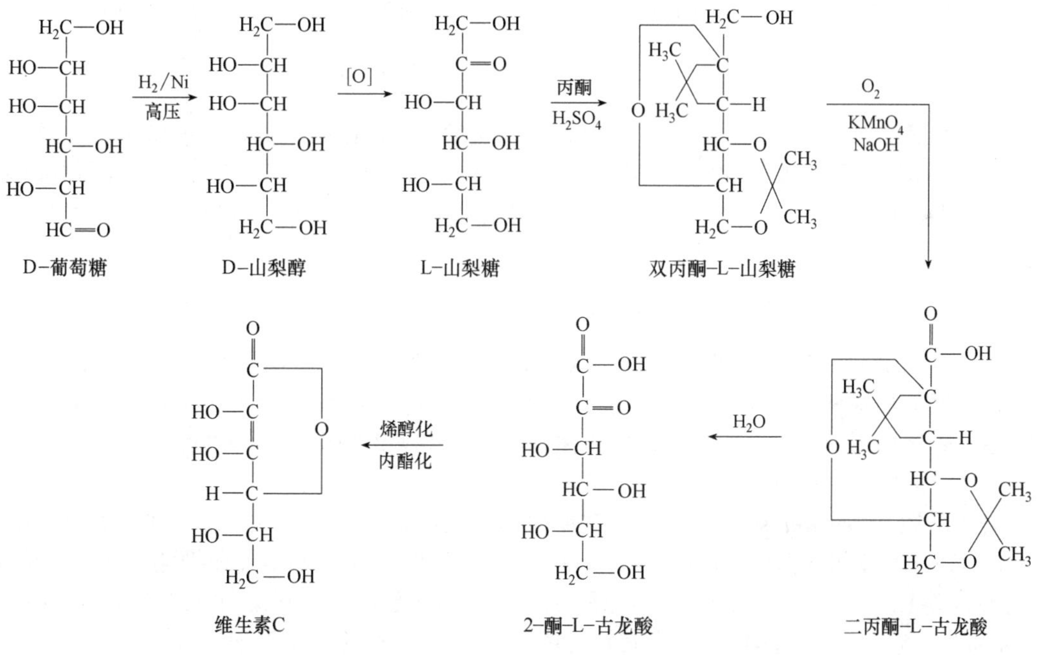

图 9-3　莱氏法合成维生素 C 的工艺路线

D-葡萄糖经过化学催化加氢反应生成 D-山梨醇，然后生物氧化转变为 L-山梨糖，在酸性溶液中丙酮化，对 α,β-二仲醇进行保护。用高锰酸钾在碱性溶液中氧化为二丙酮-2-酮-L-古龙酸，除去丙酮后，内酯化和烯醇化，得到 L-抗坏血酸。整个合成过程必须保持第 4 位碳原子的构型不变。

莱氏法合成工艺中，只有 1 步涉及生物合成，用醋酸杆菌（*Acetobacter*）进行发酵，使 D-山梨醇的羟基氧化成酮基，生成 L-山梨糖。发酵温度 26～30℃，pH4.4～6.8，D-山梨醇浓度 19.8%，0.5%酵母膏为营养源，通气比为 1：1.8，培养 30～40h，L-山梨糖的收率达 97%以上。

莱氏法生产维生素 C，生产过程高度机械化、自动化、计算机控制，工艺总收率约为 60%，目前已经淘汰。

9.2.3　微生物两步发酵工艺路线

20 世纪 70 年代后期，两步法发酵工艺开始正式投产，并逐渐被国内生产企业普遍采用，成为国内维生素 C 生产的主要方法，也是目前的国际生产方法。两步法发酵生产维生素 C 可以分为发酵、提取和转化三大步骤。即先从 D-山梨醇发酵，再提取维生素 C 前体 2-酮-L-古龙酸（2-keto-L-gulonic acid，2-KGA），最后用化学法转化为维生素 C，工艺路线见图 9-4。

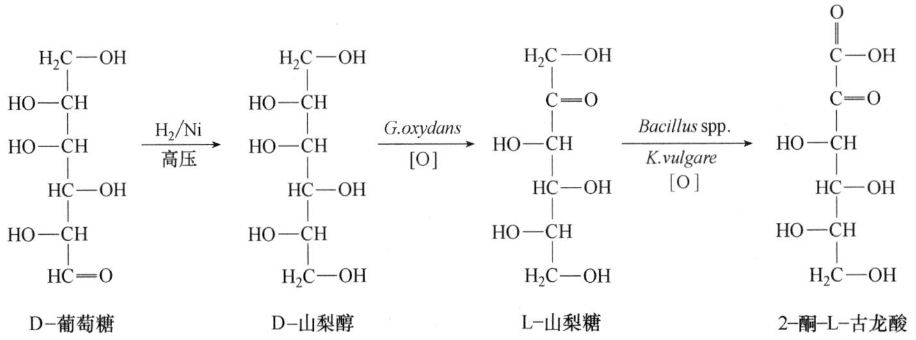

图 9-4　生物合成维生素 C 前体 2-酮-L-古龙酸

两步发酵法与莱氏法相比，以生物氧化代替化学氧化，L-山梨糖直接由微生物发酵，产生 2-酮-L-古龙酸。两步发酵法的工艺特点是不使用丙酮、硫酸等大量化工原料和其防爆设备，节约了成本，有利于安全生产，三废和污染较小，提高了生产能力。由 D-山梨醇到维生素 C 的总收率目前基本达到 65%以上。

9.2.4　微生物单菌一步发酵工艺路线

对现有的混菌发酵体系进行改造，改造氧化葡萄糖酸杆菌，将产酮古龙酸杆菌中合成 2-酮-L-古龙酸所需的相关基因及其辅因子吡咯喹啉醌（pyroloquinoline quinone，PQQ）合成基因导入氧化葡萄糖酸杆菌中，取代伴生菌的功能，实现 2-酮-L-古龙酸的一步合成，可构建单菌一步发酵体系（图 9-5）。

欧文菌属（*Erwinia* sp.）能够以 D-葡萄糖为底物，将其转化为 2,5-二酮-D-葡萄糖酸（2,5-DKG），而棒状杆菌属（*Corynebacterium* sp.）可将 2,5-二酮-D-葡萄糖酸转化为 2-酮-L-古龙酸。将棒状杆菌中的编码 2,5-二酮-D-葡萄糖酸还原酶的基因导入欧文菌（*Erwinia herbicola*），就可获得以 D-葡萄糖为底物合成 2-酮-L-古龙酸的一步发酵工程菌株。从 D-葡萄糖到 2-酮-L-古龙酸代谢途径如图 9-6 所示。

随着基因组测序和合成生物学的快速发展，在其他细菌、酵母、微藻等生物中发现了维生素 C 的新途径，使得理性设计并改造、构建微生物，一步合成维生素 C 或其前体成为可能。利用合成生物学技术改造乳酸克鲁维酵母（*Kluyveromyces lactis*），经 12 步反应，能够以 D-半乳糖为底物直接合成维生素 C；利用合成生物学技术改造酿酒酵母（*S. cerevisiae*），经 10 步反应，能够以 D-葡萄糖为底物直接合成维生素 C（图 9-7）。

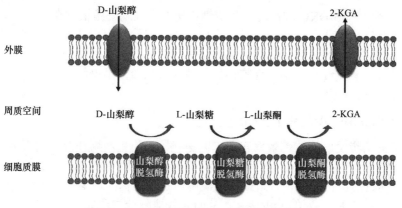

图 9-5　D-山梨醇到 2-酮-L-古龙酸的代谢途径

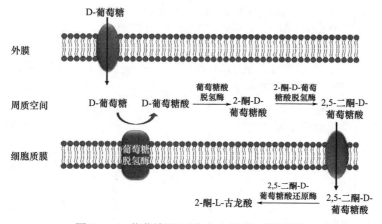

图 9-6　D-葡萄糖到 2-酮-L-古龙酸的代谢途径

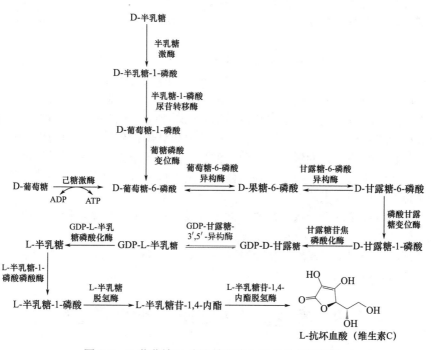

图 9-7　D-葡萄糖/D-半乳糖到维生素 C 的代谢途径

由于中间产物 2, 5-DKG 的高度不稳定性，使得工程欧文菌很难在维生素 C 的工业生产中应用。虽然酵母和微藻中存在维生素 C 合成途径，但酶反应步骤多、产物收率低。维生素 C 在环境中极易被氧化而破坏，在工程菌的发酵过程中很难积累。因此不仅需要解决工程菌的构建，还要解决维生素 C 的活性保持，从菌种和工艺两个维度综合设计和开发，才有可能实现维生素 C 的一步发酵生产。

9.2.5 微生物混菌一步发酵工艺路线

尽管现有的两步发酵的转化效率较高，但是其较长的生产周期及二次灭菌的过程大大限制了该工艺的进一步发展。在现有两步法发酵的基础上，利用合成生物学等技术构建混菌一步发酵体系，通过对菌株的优化改造以提高混菌体系中菌株的适配性，以期实现从 D-山梨醇到 2-酮-L-古龙酸（2-KGA）的一步转化，从而有效地降低生产成本。

基于对维生素 C 两步发酵系统解耦获得的信息，依据共生原理，研究者设计构建氧化葡萄糖酸杆菌（*Glu- conobacter oxydans*，俗称一步菌）-产酮古龙酸杆菌（*Ketogulonicigenium vulgare*）两菌一步发酵体系（图 9-8），氧化葡萄糖酸杆菌将 D-山梨醇转化为 L-山梨糖，产酮古龙酸杆菌将 L-山梨糖转化为 2-酮-L-古龙酸。为解除两菌的竞争抑制，进一步对菌株理性设计与改造，对氧化葡萄糖酸杆菌的 D-山梨醇旁路代谢及转运相关的基因进行敲除，构建 D-山梨醇代谢缺失模块菌株，切断了 L-山梨糖的旁路代谢途径，为产酮古龙酸杆菌提供更多的代谢底物，从根本上提高一步发酵的转化效率，使原来两菌间的偏利共生和竞争关系转变为互利共生关系，强化两菌的物质与信息交流，实现对多细胞体系菌群关系的人工适配。利用改造的氧化葡萄糖酸杆菌与产酮古龙酸杆菌配合混菌发酵，2-酮-L-古龙酸的产率相比于原始两菌一步发酵体系提高了 29.6%。

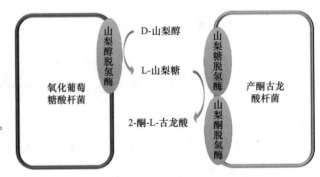

图 9-8　维生素 C 两菌一步发酵体系

研究者还设计构建了"氧化葡萄糖酸杆菌-产酮古龙酸杆菌-内生芽孢杆菌"三菌一步发酵体系，将 D-山梨醇直接转化为 2-酮-L-古龙酸，同时利用蛋白组学和代谢组学方法对菌株间的相互作用关系进行解析。结果表明，内生芽孢杆菌和氧化葡萄糖酸杆菌通过提供额外的营养物质促进了产酮古龙酸杆菌的生长，并通过提供更多的底物促进了 2-酮-L-古龙酸的生产；产酮古龙酸杆菌对养分的竞争可抑制内生芽孢杆菌和氧化葡萄糖酸杆菌的生长，从而促进了 2-酮-L-古龙酸的高效生产。为解除氧化葡萄糖酸杆菌与产酮古龙酸杆菌对底物山梨糖的竞争，强化混菌间的相互作用关系，在氧化葡萄糖酸杆菌中构建群体感应程序性致死基因模块并优化，提高了体系的产酸效果。

混菌一步发酵体系总产能大大提高，同时因设备利用率的提高、能耗的降低及工艺的简化而有效地降低了生产成本。混菌一步发酵工艺仍处在实验室水平，尚未实现工业化生产。相信在不久的将来，一步法发酵必将会对维生素 C 的工业生产带来重大的影响，甚至有望取代传统的两步法发酵成为新的生产工艺。

9.3　维生素 C 的两步发酵生产工艺

维生素 C 生产的过程是化学合成和微生物发酵的整合过程，包括化学合成 D-山梨醇，微生物合成前体 2-酮-L-古龙酸，再化学合成终产品维生素 C。维生素 C 两步微生物发酵工艺是指核心的关键步骤是微生物发酵，包括菌株的特性、发酵工艺、前体 2-酮-L-古龙酸的制备等。

9.3.1 维生素 C 生产菌种的研究

维生素 C 两步微生物发酵由氧化葡萄糖酸杆菌（G. oxydans）作为第一步反应的菌株，将 D-山梨醇氧化为 L-山梨糖。第二步发酵由产酮古龙酸杆菌（K. vulgare）及伴生菌混合培养，将 L-山梨糖转化为维生素 C 的前体 2-酮-L-古龙酸（2-KGA）。

（1）氧化葡萄糖酸杆菌的生物学特性与生产能力

氧化葡萄糖酸杆菌属于变形菌门醋酸杆菌科（Acetobacterceae）葡糖杆菌属（Gluconobacter），是一种专性好氧、化学异养型革兰阴性菌。细胞形态多以短杆状存在，单个或成对出现。其最适生长温度为 25～30℃，最适 pH 为 5.5～6.0，在弱碱性培养基中稍生长。2005年，研究者测定了氧化葡萄糖酸杆菌的全基因组序列，大小为 2.7Mb，G+C 含量 60.8%，另含有五个大小分别为 163.1kb、26.6kb、14.6kb、13.2kb 和 2.7kb 的质粒。预测编码蛋白 2664个。该菌因其含有多种膜结合的脱氢酶而能够不完全氧化广泛的糖醇类化合物生成醛、酮和酸。其中特异性的山梨醇脱氢酶能够实现 D-山梨醇转化为 L-山梨糖，转化率达 99%。

（2）产酮古龙酸杆菌的生物学特性与生产能力

产酮古龙酸杆菌（简称产酸菌）为革兰阴性、兼性厌氧、化学异养型杆菌，属于 α 变形菌门的红细菌属，细胞呈长或短杆状，在 2010 年之前,由于产酸菌与氧化葡萄糖酸杆菌（G. oxydans）形态较为相似，人们误将其归类为 G. oxydans。2011 年，通过 16SRNA 鉴定，将产酸菌种确定为产酮古龙酸杆菌（K. vulgare）。2011 年，采用高通量测序技术获得产酮古龙酸杆菌全基因组序列，由一条环状染色体及两个环形质粒构成，染色体大小为 2.77Mb，质粒大小分别为 0.27Mb 和 0.24Mb，总长约为 3.3Mb，G+C 含量在 60% 以上。

产酸菌催化山梨糖的转化，此过程包含两步氧化反应，L-山梨糖先后在山梨糖脱氢酶（SDH）和山梨酮脱氢酶（SNDH）的作用下，以 PQQ 为辅因子，经 L-山梨酮转化为 2-酮-L-古龙酸。在产酸菌中模块化构建 2-酮-L-古龙酸及其辅因子 PQQ 合成途径，并对两组模块进行了适配性研究，得到高产菌株。利用该菌株与伴生菌配合发酵，2-酮-L-古龙酸产量提高 20%。此外，在产酸菌中导入叶酸合成相关基因簇，以弥补其叶酸代谢途径的缺陷，此举有效地提高了产酸菌单菌的生长及生产水平。

通过基因组分析，K. vulgare 的共生特性有赖于分解、吸收并利用伴生菌提供的蛋白类、肽类和氨基酸类物质的强大系统，响应环境变化的转录调控蛋白及趋化调控系统。其高效的山梨糖转化能力与基因组中 5 拷贝的山梨糖脱氢酶基因和 2 拷贝的山梨酮脱氢酶基因相关。

（3）伴生菌的生物学特性

伴生菌目前以芽孢杆菌为主，不同种类的芽孢杆菌，其伴生效果不同。巨大芽孢杆菌（Bacillus megaterium）的伴生效果要明显好于蜡状芽孢杆菌（Bacillus cereus），促进产酮古龙酸杆菌 2-酮-L-古龙酸的能力强。苏云金芽孢杆菌 （Bacillus thuringiensis）、内生芽孢杆菌（Bacillus endophyticus）也可作为伴生菌，内生芽孢杆菌作为伴生菌的发酵体系可达到 90%以上的转化效率。

天津大学采用全基因组测序技术获得了苏云金芽孢杆菌基因组的完成图，该菌株的基因组由一条环状染色体及六个环形质粒构成，其中染色体大小为 5.6Mb，总长度为 6.1Mb，G+C含量为 35.3%。

内生芽孢杆菌基因组由一条环形染色体和 8 个质粒组成，其中，染色体大小为 4.87Mb，

G+C 含量为 36.4%。在全基因组序列水平上，内生芽孢杆菌与巨大芽孢杆菌相似度高达 70% 以上，明显高于蜡状芽孢杆菌和苏云金芽孢杆菌。

（4）产酸菌和伴生菌的互作关系

关于两菌的互作关系，早期的研究主要集中于两方面。一是筛选高产菌株及伴生菌，研究了伴生菌产孢裂解与促进产酸菌生长和产酸的关系。伴生菌的特有产孢机制，在复杂的混菌体系中可以很好地扮演协调者和供给者的角色。但由于研究手段的限制，只发现伴生菌的胞内及胞外均存在某些特定分子量的物质能够促进产酸菌的生长，但还未鉴定出来。二是优化营养和培养条件，提高混菌体系的生产能力。碳源、氮源、溶解氧浓度、温度、pH 等都会影响到产酸菌与伴生菌之间的相互作用，从而影响混菌体系的生产能力。

为了消除人为割裂两菌体系的单菌独立研究弊端，天津大学元英进教授课题组利用组学的研究手段，从混菌体系的整体层面研究了产酸菌和伴生菌的相互作用关系。研究发现产酸菌并不是单方面接受伴生菌的帮助，二者之间更是存在着互生及拮抗等复杂的相互作用关系。在发酵前期，产酸菌和伴生菌在代谢水平上紧密互动交流，而随着发酵的进行，产酸菌不断产生有害物质，特别是 2-酮-L-古龙酸的不断积累对蜡状芽孢杆菌的胁迫作用导致其产孢裂解，从而大量释放胞内物质供产酸菌使用。实验室进化实验表明，进化后伴生菌对营养物质的利用能力、为产酸菌提供氨基酸和嘌呤等的能力均有所增强；而产酸菌降解蛋白的能力和转运氨基酸的能力增强；与此同时，进化后的伴生菌和产酸菌在代谢水平上的互动交流能力和抵抗环境胁迫的能力亦有所提高，进一步表明两菌关系在进化后由不同阶段的互利和偏利关系转化为趋于完全互利共生关系。

利用产酸菌及伴生菌巨大芽孢杆菌的全基因组数据构建基因组水平代谢网络，发现产酸菌在碳水化合物、脂代谢和辅因子/维生素代谢途径中所包含代谢反应的比例低于伴生菌，这是其生长缓慢的主要原因；伴生菌可能通过弥补其在半乳糖代谢、丁酸代谢、脂肪酸分解、谷氨酸合成、甲硫氨酸循环、缬氨酸/亮氨酸/异亮氨酸降解、尿素循环、色氨酸代谢、辅因子/维生素合成等途径中的代谢缺陷形成代谢互补关系，构成稳定的共生体系。

9.3.2　维生素 C 生产工艺流程

两步法发酵生产维生素 C 包括发酵工艺、提取工艺、化学转化工艺和精制工艺四个主要过程，工艺流程如图 9-9 所示。

9.3.3　D-山梨醇的化学合成工艺

山梨醇和葡萄糖都是六碳糖类化合物，而且二者的差别在于 C1 基团。因此将 D-葡萄糖 C1 上的醛基还原成醇基，即得 D-山梨醇。工业生产中，采用催化氢化 D-葡萄糖，控制压力，在氢作还原剂、镍作催化剂的条件下，将醛基还原成醇羟基，从而制备 D-山梨醇。

将 50% 葡萄糖溶液在 75℃下加入活性炭，除去杂质。用石灰乳液调节 pH8.4，压入氢化反应器，加入镍催化剂，通入氢气，在 $3.43×10^3$ kPa、140℃下反应，不吸收氢气时为反应终点。反应结束后，静置沉降除去催化剂，反应液经过离子交换树脂、活性炭处理后，减压浓缩，得到含量为 60%～70% 的 D-山梨醇，为无色透明或微黄色透明黏稠液体，收率在 97% 左右。

甘露糖和甘露醇是该反应杂质和副产物，要严格控制 pH8.0～8.5，防止葡萄糖的 C2 位差向异构化产物甘露糖的生成，和进一步被还原形成甘露醇。

9.3.4　第一步发酵工艺

从 D-山梨醇到 L-山梨糖只是把 C2 位的羟基氧化为羰基，保持其他基团不发生变化，这个反应的特异性可通过山梨醇脱氢酶（SLDH）催化得以实现。该酶在细胞膜上，由 PQQ 提供电子（图9-10）。工业上多以氧化葡萄糖酸杆菌（*G. oxydans*）作为第一步反应的菌株，进行生物转化发酵。

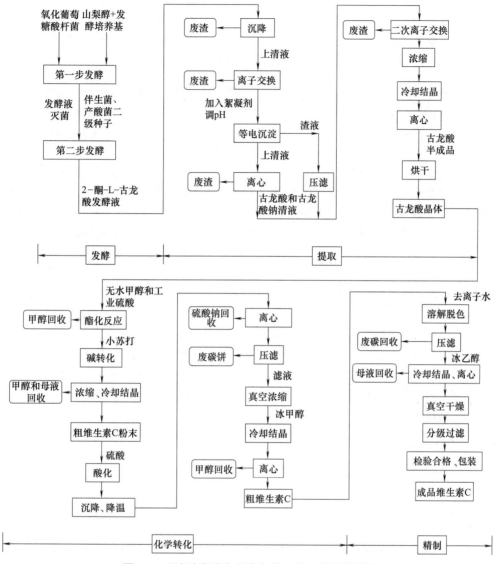

图9-9 两步法发酵生产维生素C的工艺流程框图

氧化葡萄糖酸杆菌保存于斜面培养基中，每个月传代一次，置于4℃冰箱内。以后菌种从斜面培养基移入三角瓶培养基中，于30℃振荡培养48h。要求菌形正常，无杂菌，方可进入生产。

氧化葡萄糖酸杆菌经种子扩大培养，接入发酵罐，种子和发酵培养基主要包括D-山梨醇、玉米浆、酵母膏、碳酸钙等成分，pH5.0～5.2。D-山梨醇浓度控制在24%～27%，培养温度29～30℃，通气比为1：（1～0.7）VVM。测定发酵液中的L-山梨糖，当浓度不再增加时，结束发酵，约12h。D-山梨醇转化为L-山梨糖的生物转化率达98%以上。发酵液经低温60℃灭菌20min，冷却至30℃，作为第二步发酵的原料。

9.3.5 第二步发酵工艺

第二步发酵菌由两种菌组成，一种是产酸菌，将山梨糖转化为2-酮-L-古龙酸；另一种是伴生菌，许多微生物如蜡状芽孢杆菌（*B. cereus*）、巨大芽孢杆菌（*B. megaterium*）、苏云金芽孢杆菌（*B. thuringiensis*）等均能对产酮古龙酸杆菌起到良好的伴生作用。调控产酸菌和伴生菌的比例和状态是高效生产的关键。

从 L-山梨糖到 2-酮-L-古龙酸需要将 C1 位醇基氧化为羧基，保持其他基团不发生变化。此过程包含两步氧化反应，在细胞膜上，L-山梨糖先后在山梨糖脱氢酶和山梨酮脱氢酶的作用下，以 PQQ 为辅因子，经 L-山梨酮转化为 2-酮-L-古龙酸（图 9-11）。

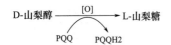

图 9-10　D-山梨醇到 L-山梨糖的生物转化

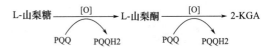

图 9-11　L-山梨糖到 2-酮-L-古龙酸的生物转化

生产维生素 C 的发酵罐均在 100m³ 以上，瘦长型的气升式反应器，无机械搅拌。种子和发酵培养基的成分类似，主要有 L-山梨糖、玉米浆、尿素、碳酸钙、磷酸二氢钾等，pH 为 7.0。混菌经二级种子扩大培养，以 10%（体积分数）接种比例接入含有第一步发酵液的发酵罐中，29～30℃下通入大量无菌空气，培养 72h 左右结束发酵，残糖 0.5%以下。

发酵前期是菌体生长期，应该供氧充足，处于高溶解氧状态，促进生长，缩短周期。发酵中期是主要产酸期，产酸率和耗糖率为常数，溶解氧浓度应该控制在适宜的范围内，一般 20%即可。发酵后期菌体活力下降，生产能力减慢，根据产酸浓度和残糖及时结束发酵。

在整个发酵期间，保持一定数量的产酮古龙酸杆菌是发酵的关键。可根据芽孢的形成时间来控制发酵。当伴生的芽孢杆菌开始形成芽孢时，产酸菌株开始产生 2-酮-L-古龙酸，直到完全形成芽孢后和出现游离芽孢时，产酸量达高峰。滴加碱液调 pH，使 pH 保持 7.0 左右。当温度略高（31～33℃）、pH 在 7.2 左右、残糖量 0.8mg/mL 以下，即为发酵终点。此时游离芽孢及残存芽孢杆菌细胞已逐步自溶成碎片，用显微镜观察已无法区分两种细胞的差别，整个产酸反应到此也就结束了。

9.3.6　分离纯化工艺

经两步发酵后，发酵液中仅含 8%左右的 2-酮-L-古龙酸，且残留菌丝体、蛋白质和悬浮的固体颗粒等杂质，常采用加热沉淀、化学凝聚、超滤分离提纯。传统工艺是加热沉淀，发酵液经静沉降后，用盐酸调节 pH 至蛋白质等电点，并加热使蛋白质凝固，然后用高速离心机分离出菌丝、蛋白质和微粒。

酸化上清液通过 732 氢型离子交换树脂柱，控制流出液的 pH。当流出液达到一定 pH 时，则更换树脂进行交换。收集流出液和洗脱液，在加热罐内调节 pH 至等电点，加热 70℃，加入活性炭，升温 90～95℃维持 10～15min，快速冷却，过滤。

滤液再次通过阳离子交换柱，控制流出液 pH1.5～1.7,酸化为 2-酮-L-古龙酸的水溶液。在 45℃下减压浓缩，冷却结晶，离心分离，冰乙醇洗涤，得到 2-酮-L-古龙酸，提取率 80%以上。

9.3.7　化学转化工艺

2-酮-L-古龙酸的 C4 位内酯化、C2 位烯醇化后才能得到维生素 C，在酸或碱催化剂作用下实现。目前，工业生产中常采用碱转化法催化 2-酮-L-古龙酸生成维生素 C。

（1）酸转化工艺

工艺过程配料比为 2-酮-L-古龙酸∶38%盐酸∶丙酮=1∶0.4∶0.3。先将丙酮及一半 2-酮-L-古龙酸加入转化罐搅拌，再加入盐酸和余下的 2-酮-L-古龙酸。打开蒸汽阀，缓慢升温至 30～38℃，关汽阀。自然升温至 52～54℃，保温约 5h，反应到达高潮，结晶析出。罐内温度稍有上升，最高可达 59℃，严格控制温度不能超过 60℃。高潮期后，维持温度在 50～52℃，至总保温时间为 20h。降温 1h，加入适量乙醇，冷却至 –2℃，放料。甩滤 0.5h 后用冰乙醇洗涤，甩干，再洗涤，甩干 3h 左右，干燥后得粗维生素 C。

酸转化工艺的设备简单，流程短，但维生素 C 破坏较严重，质量较差。设备腐蚀严重，三废问题没有很好解决，逐渐被淘汰。

（2）碱转化工艺

2-酮-L-古龙酸在甲醇中用浓硫酸催化酯化生成 2-酮-L-古龙酸甲酯，加 NaHCO₃ 转化生成维生素 C 钠盐，经氢型离子交换树脂酸化，在 50～55℃下减压烘干，得到粗品维生素 C。

碱转化工艺流程较长，投资较大，但设备腐蚀少，中间体易分离，产品质量较好。但由于使用碳酸氢钠后，带入了大量钠离子；转化后母液中产生大量的硫酸钠，严重影响母液套用及成品质量。

9.3.8　维生素 C 的精制工艺

粗品维生素 C 溶解后，加入活性炭，搅拌脱色。在保温压滤至结晶罐内，冷却至 45～50℃，加入晶种，缓慢冷却至 –2℃，过滤，冰乙醇洗涤，低温干燥，得到精品维生素 C，收率 90%。

根据药典的方法进行测定和检查，维生素 C 的质量应该达到药典规定的标准，其中含量不得低于 99.0%。维生素 C 没有游离羧基，呈内酯环状，是一种强还原剂，易受光、热、氧化等破坏，形成具有双酮基结构的氧化型维生素 C，在碱性条件下或有铜等金属离子存在时分解很快。内酯环水解后，进一步发生脱羧反应而成糠醛，聚合后变色，这是贮存中变色的主要原因。维生素 C 类药物需避光密封保存，否则容易氧化褐变。

思考题

9-1 比较分析维生素 C 的化学合成工艺与两步发酵工艺的原理及其本质区别。各有什么优势？

9-2 维生素 C 生产工艺中，哪步形成了手性中心？其原理是什么？

9-3 微生物发酵生产维生素 C 工艺中，低收率的限制性步骤是什么？如何解决？

9-4 在两步发酵中，混菌之间的相互关系是什么？优化发酵工艺的策略有哪些？

9-5 一步发酵生产维生素 C 的工艺原理是什么？工业化的瓶颈是什么？如何解决？

参考文献

［1］ 尹光琳, 陶增鑫, 于龙华. L-山梨糖发酵生产维生素 C 前体 2-酮基-L-古龙酸的研究：Ⅰ. 菌种的分离筛选和鉴定. 微生物学报, 1980, 20(3): 246-251.

［2］ 梁晓亮. 维生素全书. 天津：天津科学技术出版社, 2015.

［3］ Pappenberger G, Hohmann H. Industrial production of L-ascorbic acid (vitamin C) and D-isoascorbic acid. Adv Biochem Eng Biotechnol, 2014, 143: 143-188.

［4］ Song H, Ding M Z, Jia X Q, et al. Synthetic microbial consortia: from systematic analysis to construction and applications. Chemical Society Reviews, 2014, 43(20): 6954-6981.

［5］ Gao L, Hu Y, Liu J, et al. Stepwise metabolic engineering of *Gluconobacter oxydans*, WSH-003 for the direct production of 2-keto-L-gulonic acid from D-sorbitol. Metabolic Engineering, 2014, 24: 30.

［6］ Wang E X, Ding M Z, Ma Q, et al. Reorganization of a synthetic microbial consortium for one-step vitamin C fermentation. Microbial Cell Factories, 2016, 15(1): 21.

［7］ Du J, Bai W, Song H, et al. Combinational expression of sorbose/sorbosone dehydrogenases and cofactor pyrroloquinoline quinone increases 2-keto-L-gulonic acid production in *Ketogulonigenium vulgare-Bacillus cereus* consortium. Metabolic Engineering, 2013, 19(9): 50.

第10章
重组人干扰素生产工艺

学习目标

▶ 了解干扰素的种类、研发历史，掌握主要工艺路线选择的依据。

▶ 能应用基因工程原理和技术，克隆人干扰素基因，构建表达载体和工程菌。

▶ 能应用工程菌发酵原理，研发重组人干扰素的生产工艺。

▶ 理解生物分离纯化单元，进行重组人干扰素的制备。

干扰素（interferon，IFN）是机体免疫细胞产生的一组结构类似、功能接近的细胞因子，具有干扰病毒繁殖、抑制肿瘤细胞生长和免疫调节等功能。干扰素 α 是非糖基化蛋白质，干扰素 β 和 γ 的非糖基化产物仍然有生物活性，由此优先选择细菌作为宿主，进行研发重组人干扰素的生产工艺。目前，全球约有十几个国家批准重组人干扰素（recombinant human interferon，rhuIFN）上市，全球年销售额达几十亿美元。本章介绍重组人干扰素工艺研发、工程菌的构建、发酵工艺和分离纯化工艺。

10.1　概　述

自 1957 年发现、证实其生理功能以来，人们一直在研究开发人干扰素的生产工艺。最初人们试图开发干扰素的诱生剂，启动机体的干扰素合成，但由于不稳定、效果不理想而没有成为临床用药。在基因工程诞生之后，彻底解决了大规模生产的技术问题，才使重组人干扰素最终用于临床。

10.1.1　干扰素的种类

（1）天然干扰素的发现

1957 年，英国国立医学研究所的科学家 Isaacs 和 Lindenmann 在研究病毒的干扰现象时，把灭活的甲型流感病毒作用于鸡胚绒毛尿囊细胞，发现这些细胞产生了一种可溶性物质。进一步研究表明这种物质能够抑制流感病毒的繁殖，并且能干扰其他病毒在细胞内的繁殖，于是他们将这种物质称为干扰素。1973 年 Younger 和 Salvia 发现淋巴细胞上清液中存在一种干扰素，但抗原性不同于以往发现的干扰素，后被命名为干扰素 γ。随着生物学及其相关学科的发展，人们对于干扰素的认识不断加深，发现干扰素除具有广谱抗病毒活性外，还发现其有抑制细胞分裂，特别是抑制肿瘤细胞生长和免疫调节等功能，预示着干扰素作为一种生物活性蛋白有着良好的临床应用价值。

（2）天然干扰素的种类

干扰素有种属特异性，根据物种来源，干扰素可分为人干扰素、牛干扰素和鸡干扰素等。对于人干扰素，根据干扰素受体，可将干扰素分为Ⅰ型和Ⅱ型。Ⅰ型干扰素的表达细胞来源类似，由白细胞、巨噬细胞、成纤维细胞等在病毒等诱导下产生，包括干扰素 α、干扰素 β、干扰素 ω、干扰素 τ 和干扰素 ε。Ⅰ型干扰素与受体 IFNAR1 和 IFNAR2 结合，通过信号转导发挥抗病毒感染的功能。Ⅱ型干扰素 γ 由免疫细胞如 B 细胞、T 细胞和 NK 细胞产生，受有丝分裂原和抗原诱导，以糖基化的同型二聚体与靶点受体 IFNGR1 和 IFNGR2 结合，通过信号转导途径，主要起免疫调节作用。目前研究较多的是干扰素 α、β 和 γ（表 10-1）。每一类干扰素根据蛋白质肽链的氨基酸数量或氨基酸序列的不同分成不同的亚型，如干扰素 α 已知有至少 24 种亚型，其中包括干扰素 α2a、干扰素 α1b、干扰素 α2b、干扰素 α2c 等。

表 10-1　天然人干扰素

种类	亚型	细胞源	稳定性	产生条件	应用
干扰素 α	24 种	白细胞类淋巴细胞	pH2 稳定，56℃稳定	病毒等诱导	抗病毒、抗肿瘤
干扰素 β	2 种	成纤维细胞	pH2 稳定，56℃不稳定	病毒等诱导	多发性硬化症
干扰素 γ	1 种	T 淋巴细胞	pH2 不稳定，56℃不稳定	有丝分裂原和抗原诱导	风湿、肿瘤

（3）天然干扰素基因

人类基因组测序表明，干扰素基因没有内含子，Ⅰ型干扰素基因成簇位于人染色体 9p21，是一个基因座。干扰素 α 有 13 个功能基因和 5 个假基因，干扰素 β、干扰素 ε、干扰素 κ、干扰素 ω 和干扰素 τ 各只有 1 种亚型，但干扰素 ω 存在 8 个假基因。干扰素 γ 基因位于 12q14，只有 1 个功能基因。

比对人干扰素的同源性，Ⅰ型干扰素之间相同性为 28%～63%（IFNα 与 IFNω、IFNτ 之间为 54%～62%，IFNω 与 IFNτ 之间为 63%）。但Ⅰ型、Ⅱ型干扰素之间的同源性很低，只有 3%～13%。同源性的差异是它们功能差异的基础，为新型干扰素基因工程改造提供了天然的结构多样性文库。

（4）天然干扰素理化性质

天然人 IFNα 由 165～166 个氨基酸组成，无糖基。天然人 IFNβ 由 166 个氨基酸组成，含有糖基，分子量为 23000，在成熟蛋白的第 80 位有一个 N-连接糖基化位点，具有很强的疏水性。天然人 IFNβ 分子中含有 3 个 Cys，分别位于氨基酸序列的 17、31 和 141 位，第 31 和 141 位 Cys 之间形成的二硫键对于 IFNβ 的生物学活性非常重要。第 17 位的半胱氨酸对于干扰素的分子空间结构无明显作用，用其他氨基酸如 Ser 取代后，不但对其活性无影响，反而增加了稳定性和活性。

人干扰素 γ（IFNγ）由 143 个氨基酸组成，分子内无 Cys，故无二硫键，其性质与人 IFNα 和人 IFNβ 有很大差异，不耐酸、不耐热。分子中含有很多碱性氨基酸，等电点超过 pH8.6。

沉淀病毒的离心力不能沉淀干扰素。干扰素对乙醚、氯仿敏感，容易吸附到玻璃、淀粉、醋酸纤维素膜、琼脂和塑料上。

（5）重组人干扰素的种类

20 世纪 70 年代，人们研究了用病毒诱导离体人白细胞和人源转化细胞系合成干扰素，然后分离制备，研制了人白干扰素。但由于该制品是多种天然干扰素亚型的混合物，疗效受到影响，同时白细胞来源受限，工艺复杂，存在潜在的血源性病毒污染的可能性，临床应用受限。进入 20 世纪 80 年代，克隆了人干扰素基因，实现了重组人干扰素 α、重组人干扰素 β、重组人干扰素 γ 的大规模生产制备。进入 20 世纪 90 年代，以提高重组人干扰素的生物利用度和药代动力学为主要开发方向，进行了聚乙二醇（PEG）修饰，研制了长效干扰素，减少了给药次数，提高了疗效（表 10-2）。开发了多种制剂类型：注射用重组人干扰素、重组人干扰素注射液、重组人干扰素滴眼液、重组人干扰素栓、重组人干扰素乳膏、重组人干扰素凝胶、重组人干扰素喷雾剂、重组人干扰素软膏等。

表 10-2　已上市的主要人干扰素药物

干扰素亚型（商品名）	主要临床适应证	批准时间	生产方法
IFN αn3（Alferon）	生殖器尖锐湿疣	1989	病毒诱导白细胞
IFN αn1（Wellferon）	乙肝、丙肝，毛细胞，生殖器疣，青少年喉乳头状瘤等	1999	病毒诱导 Namalva 细胞系
rhuIFN α2a（Roferon-A）	乙肝、丙肝、毛细胞白血病、Kaposi's 肉瘤和生殖器疣等	1986	基因工程大肠杆菌
rhuIFN α2b（Intron A）	乙肝、丙肝、非甲非乙型肝炎、毛细胞白血病、Kaposi's 肉瘤	1986	基因工程大肠杆菌
rhuIFN α2b（Rebetron）	乙肝、丙肝、非甲非乙型肝炎、白血病、Kaposi's 肉瘤	1986	基因工程大肠杆菌
rhIFN α2b（安福隆）	乙肝、丙肝、非甲非乙型肝炎、白血病、Kaposi's 肉瘤	1996	基因工程假单胞杆菌
rhuIFN alfacon-1（Infergen）	丙肝	1997	基因工程大肠杆菌
rhIFNα1b	乙肝、丙肝	1990	基因工程大肠杆菌
PEG 化 rhuIFN α2b（PEG-Intron）	乙肝、丙肝、非甲非乙型肝炎、白血病、Kaposi's 肉瘤	2001	基因工程大肠杆菌
PEG 化 rhuIFN α2a（Pegasys）	乙肝、丙肝、非甲非乙型肝炎、白血病、Kaposi's 肉瘤	2002	基因工程大肠杆菌
rhuIFN β1b（Betaseron）	多发性硬皮病	1993	基因工程大肠杆菌
rhuIFN β1a（Avonex）	多发性硬化	1996	基因工程哺乳动物细胞
rhuIFN β1a（Rebif）	多发性硬化	2002	基因工程哺乳动物细胞
rhuIFN γ1b（Actimmune）	慢性肉芽肿病；重度恶性骨骼石化症	1990	基因工程大肠杆菌

目前我国市场销售的干扰素 α 主要有干扰素 α1b、干扰素 α2a 和干扰素 α2b 三种亚型，其中干扰素 α2b 生物活性高，其与相应受体的结合率强，抗体发生率低，临床应用最为广泛。

中国预防医学科学院病毒所、长春生物制品研究所、中国药品生物制品检定所合作研发了第一个基因工程产品，即基因工程干扰素 α1b 滴眼液，于 1990 年进入市场。随后又共同研发了基因工程干扰素 α1b 注射液和基因工程干扰素 α2a 注射液，于 1992 年进入市场。基因工程干扰素 γ 注射液和基因工程干扰素 α2b 注射液也分别于 1995 和 1996 年进入市场，国外生产的基因工程干扰素主要品种我国都有生产。

10.1.2　干扰素的生产工艺路线

（1）人白细胞诱生的人白干扰素

干扰素在研究过程中几经波折。20 世纪 60 年代主要是内源性干扰素，寻找高效诱生剂。20 世纪 70 年代体外诱生干扰素，成功诱导人白细胞、人成纤维细胞和类淋巴细胞等生成干扰素。当时临床研究使用的干扰素都是由仙台病毒（Sendai）诱导人白细胞产生的，称为人白干扰素。人白干扰素的生产需要大量的新鲜人血（提取 1g 干扰素 α 约需要 3×10^5L 人血白细胞），来源非常困难，纯化工艺复杂，收率低，价格昂贵，因而干扰素的产量有限，并且血源性干扰素容易被全血中的病毒污染，从而威胁使用者的健康。

（2）Namalwa 细胞诱生的干扰素 α

1975 年，Bechenhan Wellcome 研究所设计了大规模干扰素的制备路线，并实现商业化生产。利用 Namalwa 转化细胞株代替人白细胞，经病毒刺激后产生多种亚型混合的干扰素 α。这种混合干扰素于 20 世纪 80 年代初批准用于临床，由于其生物活性较低，于 20 世纪 90 年代末退出临床应用。

（3）基因工程大肠杆菌发酵生产重组人干扰素

1979 年，Taniguchi 克隆了人干扰素基因，1980 年 Nagata 等制备了重组人干扰素 α2。以大肠杆菌为宿主，表达产物为非活性包涵体形式，使干扰素在来源上脱离了人血，并且纯度和活性比人白干扰素有所提高，成本明显降低，这就是第一代基因工程干扰素。但在生物合成、纯化及制剂阶段均使用了一些动物或人血液提取成分，仍然没有摆脱潜在的血源性污染的危险。

（4）基因工程假单胞杆菌发酵生产重组人干扰素

1986 年，Debaov 等采用腐生型假单胞杆菌（*Pseudomonas putida* VG-84）为宿主，直接表达出具有天然分子结构和生物活性的可溶性干扰素 α2b，纯化过程中淘汰了抗体亲和色谱，制剂中采用非人血清白蛋白新型保护剂，使得整个制造过程中不使用任何血液提取成分，干扰素生物学活性和纯度更高。

（5）动物无限细胞系培养生产重组人干扰素

1996 年，使用哺乳动物无限细胞系为宿主细胞，开发了 rhuIFN β 的生产工艺。其特点是糖基化蛋白质，分泌表达，活性高，但产量较低。

（6）半合成工艺生产长效重组人干扰素

PEG 化重组人干扰素是半合成工艺生产的。采用生物制药技术生产重组人干扰素，然后与 PEG 进行化学交联反应，修饰制备 PEG 化干扰素。

10.2　基因工程假单胞杆菌的构建

与构建工程大肠杆菌所使用的技术相同，涉及干扰素基因的克隆、表达载体的构建和假单胞菌的转化与重组菌的筛选鉴定等过程。应该严格按照重组蛋白质药物的技术指导原则进行研发。

10.2.1　基因工程假单胞杆菌菌种的建立

（1）人干扰素基因的克隆

采用 RT-PCR 方法克隆人干扰素 α2b 基因。从感染新城疫病毒（new castle disease virus）的人血白细胞中分离干扰素 α2b 基因的 mRNA，由逆转录酶将 mRNA 反转录形成 cDNA 第一链。再由 DNA 聚合酶 I 的 Klenow 片段催化聚合形成 cDNA 第二条链。以 dCTP 为底物，由末端转移酶催化，给 cDNA 加 Poly（dC）尾，连接到质粒 pBR332 上。转化到大肠杆菌感受态细胞中，并用氨苄青霉素和四环素筛选抗性克隆，测序确认，获得编码人干扰素 α2b 的基因序列。人干扰素 α2b 的基因全长 501bp，编码 165 个氨基酸（图 10-1），二级结构见图 10-2。

由于干扰素基因成簇分布在人染色体 9p21 上，无内含子，因此，设计上下游引物，可采用 PCR 方法克隆制备。

为了更好地在假单胞菌中表达，还可以对人干扰素基因的原始序列进行密码子优化设计，全合成人工基因序列，进行表达载体构建。

```
ATG TGT GAT CTG CCT CAG ACC CAC AGC CTG GGT AGC AGG AGG ACC TTG ATG CTC CTG GCA    60
Met Cys Asp Leu Pro Gln Thr His Ser Leu Gly Ser Arg Arg Thr Leu Met Leu Leu Ala    20

CAG ATG AGG AGA ATC TCT CTT TTC TCC TGC TTG AAG GAC AGA CAT GAC TTT GGA TTT CCC    120
Gln Met Arg Arg Ile Ser Leu Phe Ser Cys Leu Lys Asp Arg His Asp Phe Gly Phe Pro    40

CAG GAG GAG TTT GCC AAC CAG TTC CAA AAG GCT GAA ACC ATC CCT GTC CTC CAT GAG ATG    180
Gln Glu Glu Phe Gly Asn Gln Phe Gln Lys Ala Glu Thr Ile Pro Val Leu His Glu Met    60

ATC CAG CAG ATC TTC AAT CTC TTC AGC ACA AAG GAC TCA TCT GCT GCT TGG GAT GAG ACC    240
Ile Gln Gln Ile Phe Asn Leu Phe Ser Thr Lys Asp Ser Ser Ala Ala Trp Asp Glu Thr    80

CTC CTA GAC AAA TTC TAC ACT GAA CTC TAC CAG CAG CTG AAT GAC CTC GAA GCC TGT GTG    300
Leu Leu Asp Lys Phe Tyr Thr Glu Leu Tyr Gln Gln Leu Asn Asp Leu Glu Ala Cys Val    100

ATA CAG GGG GTG GGG GTG ACA GAG ACT CCC CTG ATG AAG GAG GAC TCC ATT CTG GCT GTC    360
Ile Gln Gly Val Gly Val Thr Glu Thr Pro Leu Met Lys Glu Asp Ser Ile Leu Ala Val    120

AGG AAA TAC TTC CAA AGA ATC ACT CTC TAT CTG AAA GAG AAG AAA TAC AGC CCT TGT GCC    420
Arg Lys Tyr Phe Gln Arg Ile Thr Leu Tyr Leu Lys Glu Lys Lys Tyr Ser Pro Cys Ala    140

TGG GAG GTT GTC AGA GCA GAA ATC ATG AGA TCT TTT TCT TTG TCA ACA AAC TTG CAA GAA    480
Trp Glu Val Val Arg Ala Glu Ile Met Arg Ser Phe Ser Leu Ser Thr Asn Leu Gln Glu    160

AGT TTA AGA AGT AAG GAA TGA                                                        501
Ser Leu Arg Ser Lys Glu    *                                                       165
```

图 10-1　干扰素 α2b 基因及其编码蛋白质的一级序列

（2）人干扰素表达载体的构建

把干扰素基因与质粒 pAYC37 连接，转化大肠杆菌，筛选出序列正确地表达质粒 pVG3。

（3）假单胞杆菌的转化与重组菌的筛选鉴定

将表达质粒 pVG3 导入假单胞杆菌（*Pseudomonas putida* VG-84）中，筛选得到干扰素工程菌，并具有氨苄青霉素、四环素和链霉素的抗性。

10.2.2　基因工程菌的特性

重组人干扰素 α2b 工程菌由 VNIIGENETIKA 研究所构建，生产用重组菌株经国家药品监督管理局批准。基因工程菌株 *Pseudomonas putida* VG-84［pVG3］应该具备假单胞杆菌宿主细胞的特征和生产人干扰素的能力。

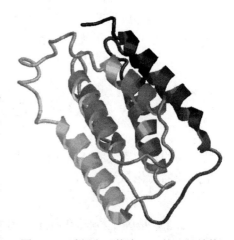

图 10-2　重组人干扰素 α2b 的二级结构

（1）宿主假单胞杆菌的特性

① **细胞形态**　革兰阴性，可运动，有荚膜，无芽孢，杆状，长度 3～5μm。

② **菌落特征**　在 LB 琼脂培养基上，30℃培养 24h，其菌落为直径 2.5～3.0mm，灰绿色半透明状，具有黏稠性。

（2）生化特性

不能将明胶、淀粉、聚-β-羟丁酸液化为可溶性单糖，不能利用反硝化作用进行厌氧呼吸，能够合成荧光色素。菌株为丝氨酸营养缺陷型，可以利用缬氨酸、精氨酸和苏氨酸作为碳源。

（3）遗传特性

DNA 中 G+C 含量为 63%。细胞中携带 pVG3 质粒，具有硫酸链霉素、盐酸四环素和氨苄青霉素的抗性。

（4）生产能力

生产人干扰素 α2b 的放射性免疫学效价不能低于 $2.0×10^9IU/L$。

10.3 重组人干扰素 α2b 的发酵工艺

发酵工艺包括菌种库的建立和管理、种子制备、发酵和菌体收集保存等过程。发酵车间的洁净度为 D 级，应该符合 GMP 规范要求，对接种环节进行无菌操作，要采取相应局部保护措施。

10.3.1 菌种库的建立及保存

从原始菌种库出发，传代、扩增后，冻干保存，作为主菌种库（master cell bank，MCB），主菌种库不得进行选育工作。

从主菌种库传代、扩增后，甘油管保存，作为工作菌种库（working cell bank，WCB）。工作种子库也可由上一代工作种子库传出，但每次只限传三代。每批主菌种库均进行划线 LB 琼脂平板、涂片革兰氏染色、对抗性、电镜检查、生化反应、干扰素的表达量和型别、质粒检查的检定，合格后方可投产。

原始菌种库、主菌种库和工作菌种库于 −70℃ 以下温度保存。

10.3.2 工作菌种库的建立及保存

① 培养基制备　生产过程中使用的培养基均按一定工艺要求配制。

② 接种、转移及培养　取 12 支工作菌种库或主菌种库菌种接入摇瓶，摇床培养。吸光值（OD 值）达 5.5±1.0，将摇瓶种子液转移至种子罐中，通入无菌空气，培养至吸光度值符合放罐要求（OD 为 8.0±2.0）。种子罐培养结束后，无菌操作转移到离心管中，离心 15min，加新鲜菌种培养基，将菌体制成菌悬液，并加入甘油使其浓度达到 18%，分装于 Ependorf 管中，每支 1.0mL±0.2mL。

③ 保存　分装完毕，于 −20℃ 放置 16～20h，在 −70℃ 下可保存 3 年。

10.3.3 重组人干扰素 α2b 的发酵工艺过程

① 菌种制备　取 −70℃ 下保存的甘油管菌种（工作种子批），于室温下融化。然后，接入摇瓶，培养温度 30℃，pH7.0，250r/min 活化培养（18±2）h 后，进行吸光度值测定和发酵液杂菌检查。

② 种子罐培养　将已活化的菌种接入装有 30L 培养基的种子罐中，接种量 10%，培养温度 30℃，pH7.0，级联调节通气量和搅拌转速，控制溶解氧为 30%，培养 3～4h，当 OD 达 4.0 以上时，转入发酵罐中，进行二级放大培养，同时取样发酵液进行显微镜检查和 LB 培养基划线检查，控制杂菌。

③ 发酵罐培养　将种子液通入 300L 培养基的发酵罐中，接种量 10%，培养温度 30℃，pH7.0。级联调节通气量和搅拌转速，控制溶解氧为 30%，培养 4h。然后控制培养温度 20℃，pH6.0，溶解氧 60%，继续培养 5～6.5h。同时进行发酵液杂菌检查，当 OD 值达 9.0±1.0 后，用 5℃ 冷却水快速降温至 15℃ 以下，以减缓细胞衰老。或者将发酵液转入收集罐中，加入冰块使温度迅速降至 10℃ 以下。

④ 菌体收集　将已降温至 20℃ 以下的发酵液转入连续流离心机中，16000r/min 离心收集。进行干扰素含量、菌体蛋白含量、菌体干燥失重、质粒结构一致性、质粒稳定性等项目

的检测。菌体于−20℃冰柜中保存时，不得超过 12 个月。每保存 3 个月，检查一次活性。整个发酵工艺过程如图 10-3 所示。

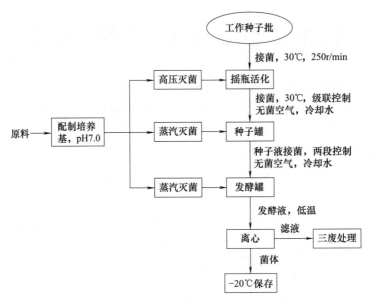

图 10-3　重组人干扰素 α2b 发酵工艺流程框图

10.3.4　重组人干扰素 α2b 的发酵工艺控制

① **菌体生长与人干扰素合成的关系**　在假单胞杆菌的发酵生产中，菌体在培养 1.5h 生长速度最快，到 3.5h 开始下降。而人干扰素的迅速合成出现在 3.5h 之后，在 4h 达到最大，然后由于降解而迅速下降。可见在发酵生产工艺中，假单胞杆菌的生长和干扰素的生产基本处于半偶联状态。

② **培养基组成的控制**　种子培养基的营养成分宜丰富些，尤其是氮源的含量应较高（即 C/N 低）。相反，对于发酵培养基，氮源含量应比种子培养基稍低（即 C/N 高）。假单胞杆菌在以水解酪蛋白、酵母粉等营养丰富的半合成培养基中发酵时，由于培养基提供生长所必需的碳、氮和磷源，因此生长比在基本培养基上要快。基因工程假单胞杆菌在半合成培养基上显示较高的质粒稳定性。假单胞杆菌发酵需要维持在合适的 pH 范围，而生长过程的代谢产物会引起培养基 pH 的改变。因此，考虑到培养基的 pH 调节能力，可用 K_2HPO_4/KH_2PO_4 缓冲液。

③ **溶解氧控制**　15%的溶解氧就可满足基因工程假单胞杆菌的生长需求，但 70%以上的溶解氧水平才能保证菌体中人干扰素 α2b 的大量合成，其产量是 15%溶解氧的 6 倍，而菌体生长速率未发生明显变化，质粒稳定性也有很大的提高。因此，可采用两段培养的策略，分别在生长阶段和生产阶段采用各自最佳溶解氧浓度，以期提高人干扰素的发酵水平。

④ **温度控制**　假单胞杆菌的生长最适温度与产物形成的最适温度是不同的。稳定而适中的温度既能保证菌体细胞膜的完整和细胞中酶的催化活性，又有利于提高人干扰素的产量。基因工程假单胞杆菌发酵温度控制在 20℃，可以有效地防止干扰素 α2b 的降解，而其最佳生长温度则为 30℃。质粒的稳定性随温度的升高而迅速下降，因此在培养后期降温可以减少目标产物的降解。

⑤ **pH 控制**　发酵过程中，细菌生长的适宜 pH 为 7.0，而人干扰素 α 的最佳表达 pH 为 6.0。采用两段培养法，在生长和生产阶段分别控制各自最佳的 pH，对提高人干扰素的发酵水平非常有利。而人干扰素 α 的等电点在 pH6.0 附近，在低酸性条件下稳定，能耐受 pH2.5 的酸性环境。因此在发酵后期降低 pH，从而造成大量蛋白酶失活，减少人干扰素 α 的水解，提高干扰素的积累量。

⑥ **泡沫控制**　可采用机械搅拌和加入少量表面活性剂来消除泡沫。

10.4　重组人干扰素 α2b 的分离纯化工艺

重组人干扰素的分离与纯化分为两个阶段：初级分离阶段和纯化精制阶段。初级分离阶段在工程假单胞杆菌发酵之后，其任务是分离细胞和培养液、破碎细胞和释放人干扰素（人干扰素存在于细胞内），浓缩产物和除去大部分杂质。人干扰素的纯化精制阶段是在初级分离基础之上，用各种高选择性手段（主要是各种色谱技术）将人干扰素和各种杂质尽可能分开，使干扰素的纯度达到要求，最后制成成品。

10.4.1　重组人干扰素 α2b 的分离纯化工艺设计

整个分离纯化过程的主要问题是保持重组人干扰素的活性。充分考虑重组蛋白质的特性和影响活性的因素，从蛋白质失活的机理出发，对工艺精细考虑设计。

① **维持一级结构**　引发化学键破坏和氨基酸残基变化的主要因素是肽键的酸水解，二硫键被还原，巯基与金属离子作用形成硫醇盐，半胱氨酸、色氨酸、甲硫氨酸的氧化，天冬酰胺和谷氨酰胺的脱酰胺作用，氨基酸的消旋作用和脯氨酸的异构化。

② **维持高级结构**　非共价键破坏引发高级结构变化的因素是聚集（有时伴随分子和分子间二硫键的形成），不正确的折叠形式或形成错配的二硫键，吸附于容器表面。

③ **分离纯化设计要点**　操作条件要相对温和，适宜的 pH，较低的温度（2～10℃）。使用缓冲溶液，加入稳定剂。加入还原剂，防止空气氧化和二硫键错配。使用特异性蛋白酶抑制剂和金属螯合剂，抑制蛋白酶的活性，减少酶的降解。洁净度和温度要符合 GMP 规定，防止微生物的污染，避免宿主蛋白质和核酸等工艺杂质和有害物质的引入。选用专一性和选择性的分离纯化技术，有效组合各单元操作，缩短分离时间。

10.4.2　重组人干扰素 α2b 的分离工艺过程

① **菌体裂解**　用纯化水配制裂解缓冲液，置于冷室内，降温至 2～10℃。将-20℃冷冻的菌体破碎成 2cm 以下的碎块，加入到裂解缓冲液（pH7.5）中，2～10℃下搅拌 2h，利用冰冻复融分散，将细胞完全破裂，释放干扰素蛋白。裂解缓冲液中要加入保护剂。必须使用巯基试剂，如硫二乙醇（2,2′-thiodiethanol，$C_4H_{10}O_2S$），保护干扰素中的巯基被氧化形成二硫键。加入 EDTA（乙二胺四乙酸，$C_{10}H_{16}N_2O_8$）螯合金属离子，从而抑制酶的活性。加入蛋白酶抑制剂苯甲基磺酰氟（PMSF），以免干扰素被丝氨酸蛋白酶和巯基蛋白酶水解。

② **沉淀**　向裂解液中加入聚乙烯亚胺和醋酸钙，提高细胞碎片、核酸和蛋白等絮凝和凝聚效果。2～10℃下气动搅拌 45min，对菌体碎片进行絮凝。然后，向裂解液中再加入醋酸钙溶液，2～10℃下气动搅拌 15min，对菌体碎片、DNA 等进行沉淀。

③ **离心**　在 2～10℃下，将悬浮液在连续流离心机上 16000r/min 离心，收集含有目标蛋白质的上清液，细胞壁等杂质沉淀在 121℃、30min 蒸汽灭菌后焚烧处理。

④ **盐析** 将收集的上清液用 4mol/L 硫酸铵进行盐析，2～10℃下搅匀静置过夜。

⑤ **离心与储存** 将盐析液在连续流离心机上于 16000r/min 离心，沉淀即为粗干扰素，放入聚乙烯瓶中，于 4℃冰箱保存（不得超过 3 个月）。

10.4.3 重组人干扰素 α2b 的纯化工艺过程

干扰素纯化的总目标是增加制品纯度或比活性，即增加单位质量蛋白质中重组人干扰素 α2b 的含量或生物活性（以活性单位/mg 蛋白质表示）。设法除去变性的和杂蛋白质，并且希望产量和纯度达到最高值。在实际纯化中，要考虑到另一个问题即纯化的收率问题，这关系到经济效益以及纯化工艺的实用性。

① **配制纯化缓冲液** 用超纯水配制纯化缓冲液，配制完毕后经过 0.45μm 滤器和分子量 10000 超滤系统过滤，在百级层流下进行收集。超滤后，将缓冲液送到冷室，冷却至 2～10℃。使用前应重新检查缓冲液的 pH 和电导率，准确无误后方可使用。

② **溶解粗干扰素** 在 2～10℃下将粗干扰素倒入匀浆器中，加 pH7.5 磷酸缓冲液，匀浆，使之完全溶解。

③ **沉淀除杂质** 除去杂质。待粗干扰素完全溶解后，用磷酸调溶液 pH 至 5.0，进行蛋白质等电点沉淀。

④ **离心** 将悬浮液在连续流离心机上于 16000r/min 离心，收集上清液。

⑤ **疏水色谱** 除去非疏水性杂蛋白。用 NaOH 调节上清液 pH7.0，并用 5mol/L NaCl 调节溶液电导率 180mS/cm，上样，进行疏水色谱，利用干扰素的疏水性进行吸附。在 2～10℃下，用 0.025mol/L 磷酸缓冲液（pH7.0）+ 1.6mol/L NaCl 进行冲洗，除去非疏水性蛋白，然后用 10mmol/L 磷酸缓冲液（pH8.0）进行洗脱，收集洗脱液。

⑥ **沉淀** 用磷酸调洗脱液 pH4.5，调洗脱液的电导率为 40mS/cm，搅拌均匀后 2～10℃下静置过夜（12h），进行等电点沉淀。

⑦ **过滤** 除去大蛋白。将沉淀悬浮液用分子量 1000000 的超滤膜进行过滤，在 2～10℃下进行收集滤液。

⑧ **透析** 除去小蛋白。调节溶液 pH8.0，电导率 5.0mS/cm，在分子量 10000 的超滤膜上，在 2～10℃下，用 5mmol/L 缓冲液透析。

⑨ **阴离子交换色谱** 除去不与阴离子交换剂结合的杂蛋白。先用 10mmol/L 磷酸缓冲液（pH8.0）平衡树脂。上样后，用相同缓冲液冲洗，采用盐浓度线性梯度 5～50mS/cm 进行洗脱，配合 SDS-PAGE 收集干扰素峰，在 2～10℃下进行。

⑩ **浓缩和透析** 合并阴离子交换色谱洗脱的有效部分，调节溶液 pH5.0，电导率 5.0mS/cm，分子量 10000 超滤膜，在 2～10℃下，用 50mmol/L 醋酸缓冲液（pH5.0）进行透析。

⑪ **阳离子交换色谱** 除去不与阳离子交换剂结合的杂蛋白。先用 100mmol/L 醋酸缓冲液（pH5.0）平衡树脂。上样后，用相同缓冲液冲洗。在 2～10℃下，采用盐浓度线性梯度 5～50mS/cm 进行洗脱，配合 SDS-PAGE 收集干扰素峰。

⑫ **浓缩** 合并阳离子交换色谱洗脱的有效部分，在 2～10℃下，用分子量 10000 超滤膜进行浓缩。离子交换色谱的控制点主要是缓冲液和上样液的 pH 及电导率。如果 pH 和电导率不准确，能与离子交换剂结合的组分及各组分的结合能力会发生变化，给干扰素的纯化造成困难。

⑬ **凝胶过滤色谱** 除去小分子量的杂蛋白。先用含有 150mmol/L NaCl 的 10mmol/L 磷酸缓冲液（pH7.0）清洗系统和树脂，上样后，在 2～10℃下，用相同缓冲液进行洗脱。合并干扰素部分，最终蛋白质浓度应为 0.1～0.2mg/mL。

⑭ **无菌过滤分装**　由于蛋白质产品不能高温灭菌，也不能接触消毒剂，所以重组人干扰素产品采用非终端灭菌工艺生产。原液采用 0.22μm 滤膜过滤干扰素溶液，分装后，于−20℃以下的冰箱中保存。整个分离纯化工艺过程如图 10-4 所示。

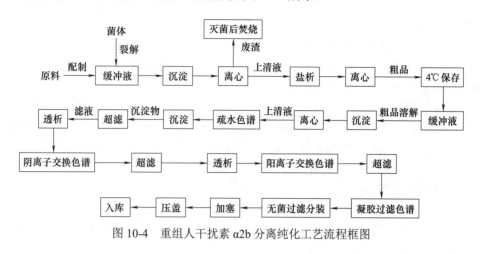

图 10-4　重组人干扰素 α2b 分离纯化工艺流程框图

⑮ **质量控制**　干扰素鉴别试验，干扰素效价测定，蛋白质含量测定，电泳纯度测定，HPLC 纯度测定，分子量，宿主残余蛋白检查，宿主残余 DNA 检查，紫外光谱扫描图谱，肽图谱，*N*-末端氨基酸序列分析，热原测定，细菌内毒素含量，残余抗生素检查等。

以上 3 节是针对天津华立达生物工程有限公司采用的基因工程假单胞杆菌发酵体系，介绍了基因工程菌质粒构建、发酵参数（溶解氧、温度和 pH 等）以及发酵模式和分离纯化，为干扰素和其他基因工程蛋白药物的开发及工业化研究提供借鉴和参考。

10.5　重组人干扰素 α2b 的工程大肠杆菌发酵生产工艺

采用基因重组技术构建人干扰素 α2b 高表达的工程大肠杆菌，制备菌种库，按照批准的工艺进行生产。

10.5.1　工程大肠杆菌的构建

采用基因重组技术分离干扰素 α2b 基因，克隆到温敏质粒载体中，构建出表达载体。为了提高表达量，基于大肠杆菌密码子使用偏好性，对重组人干扰素基因进行密码子优化设计，全合成基因序列，构建表达载体。将重组干扰素 α2b 表达载体转化到大肠杆菌中，获得高表达工程菌株。按照生物制品规程，制备原始菌种库、主菌种库、工作菌种库，检验合格后，方可用于生产。

10.5.2　工程大肠杆菌的发酵工艺过程

① **种子制备**　取工作种子批甘油菌种，按 1%接种量接到种子培养基中，以 120r/min，30℃振荡培养 15～15.5h，当 OD_{600} 达到 3.5～4 时，即得到一级种子。再按 2%接种量，将一级种子液扩大培养，30℃，200r/min 振荡培养 1.5～2.0h，当 OD_{600} 达到 0.4～0.6 时，即获得二级种子。

② **发酵培养**　将二级种子按 10%接种量接到已灭菌的发酵培养基中。在菌体生长阶段，控制 30℃，pH7.0，溶解氧 50%，搅拌 280r/min，培养 4～5h。当 OD_{600} 达到 1.2～1.5 时，升温至 42℃进行诱导表达。42℃培养 3～4h，当 OD_{600} 达到 6～7 时，即可收获菌体，菌体于−20℃保存。

10.5.3　工程大肠杆菌的分离工艺过程

（1）表达产物的存在形式及其组成

在大肠杆菌中高水平表达干扰素 α2b，以不溶性包涵体形式在细菌的细胞质中。包涵体基本由蛋白质组成，其中 50% 以上为干扰素，它们具有正确的氨基酸序列，但空间构象是错误的，因而没有生物活性。除此之外，包涵体中还含有宿主细胞本身高表达的蛋白产物（如 RNA 聚合酶、核糖核蛋白体和外膜蛋白等）以及质粒的编码蛋白，以及一些 DNA、RNA 和脂多糖等非蛋白分子。

（2）细菌的破碎

将离心收集含有干扰素 α2b 的菌体，以 1∶5（g/mL）比例用高 pH 的 TE 缓冲液重新悬浮和洗涤，冰浴下用超声粉碎机破碎，离心收集沉淀。再以 1∶3（g/mL）比例重新悬浮，混匀，冰浴下反复超声破碎，直至菌体完全破碎，离心收集沉淀。

（3）包涵体的裂解

将沉淀以 1∶40（g/mL）比例悬于 4mol/L 的脲中，室温磁力搅拌 2h，离心收集沉淀，沉淀即为干扰素 α2b 包涵体。将包涵体按照 1∶5（g/mL）比例，用含有 DTT 的 7mol/L 盐酸胍悬浮，溶解，离心，收集上清液。

（4）分段稀释法复性

将收集的上清液用考马斯亮蓝法测定蛋白质含量，用 2.5mol/L 盐酸胍稀释至蛋白质质量浓度小于 4mg/mL，再用低浓度硼酸 10 倍稀释，4℃过夜，离心收集上清液。盐酸胍浓度低于 0.5mol/L 或高于 3mol/L 均会导致大量不可逆沉淀产生。先稀释至 2.5mol/L 盐酸胍浓度，并保温一段时间，此时难溶性的折叠中间产物逐步趋于溶解，在此基础上进一步地稀释，则可获得高产率的天然蛋白。

在分段稀释法中，重折叠蛋白质的产率还与蛋白质浓度密切相关，所采用的稀释倍数也受到缓冲液 pH、离子组成以及温度的显著影响。与天然折叠蛋白的等电点沉淀性质相似，在重折叠过程中应当避免折叠缓冲液的 pH 接近干扰素蛋白质的等电点 pI，除此之外，还应注意选择缓冲液的离子种类及使用浓度。阴离子对蛋白质疏水作用强度产生性质不同的影响，兼有稳定蛋白质折叠结构以及诱导折叠蛋白集聚的双重功能。

（5）酸化

将已复性的干扰素 α2b 上清液用盐酸迅速调 pH 至 2～3，一次调成，离心收集上清液，上清液即是有活性的粗干扰素 α2b。由于干扰素 α2b 在 pH2～3 时比较稳定，溶解性好，而一些其他杂质在酸性条件下沉淀聚集，酸化可进一步纯化干扰素-α2b 蛋白。

10.5.4　工程大肠杆菌的纯化工艺过程

（1）DEAE Sepharose 色谱

DEAE 柱用 25mmol/L Tris-HCl、pH7.5 缓冲液平衡，将粗干扰素 α2b 样品加入该柱后用含 150mmol/L NaCl 的平衡液洗脱，收集活性洗脱峰。

首先采用 DEAE Sepharose.F.F 离子交换柱是因为：①该离子交换树脂具有极高的化学稳定性，不易破碎，在许多生产应用中都可以使用数百至数千次，数年无需装柱；②流速快，反压低，易于放大装柱，降低成本；③动力载量可达 50～100mg/mL 蛋白介质，可达到浓缩样品的目的；④适合早期下游纯化；⑤能去除一些大分子。

（2）Sephacryl S-100 分子筛色谱

已装填合格的 S-100 柱，用 pH7.5、50mmol/L 磷酸盐缓冲液平衡，将经 DEAE 色谱后的样品加入该柱中，用平衡缓冲液洗脱，由于分子筛上样量比较少，可以每隔1h重复3次上样，分3次收集洗脱蛋白质峰，对分离效果无影响。

利用S-100凝胶可以去除多聚体和内毒素，内毒素分子质量受所在环境的亲水性、离子强度、样品浓度等影响。在接近生理环境的缓冲液中，内毒素多为高度聚合物（＞10^6），脂膜或脂囊；当缓冲液中的二价离子如钙、镁等被去除时，脂膜破裂，形成分子量为$3\times10^5\sim1\times10^6$的胶囊。接近干扰素分子量的内毒素极少，用凝胶过滤色谱，根据分子量的大小进行分离，内毒素和聚合物优先于干扰素被洗脱下来，简单直接去热原，达到纯化目的。

（3）CM Sepharose 色谱

CM柱用10mmol/L、pH4.0的乙酸盐缓冲液平衡，将S-100柱纯化后的蛋白样品用HCl调pH至4.0，加入该柱中，用含500mmol/L NaCl的平衡缓冲液进行洗脱，收集洗脱蛋白峰。

由于内毒素的脂肪A和多糖核心区包含许多磷酸基，带负电荷，使用CM Sephrose F.F阳离子交换介质，大部分内毒素将直接穿透，即＞90%内毒素出现在穿透峰里，另外干扰素α2b蛋白在酸性条件下比较稳定，用该介质作最后一步纯化，可防止干扰素蛋白降解，而且CM Sephrose F.F树脂可以用0.5～1mol/L NaOH进行在位清洗和消毒，适合工业化应用。得到原液后，过滤除菌半成品，分装冻干，成品。

10.5.5　重组人干扰素 α2b 的质量控制

① **干扰素 α2b 原液质量控制**　用细胞病变抑制法测定效价，比活性为1.4×10^8IU/mg蛋白。Lowry法测定蛋白质含量≥0.5mg/mL，RP-HPLC测定纯度，应该≥95%。还原SDS-PAGE电泳测定分子量为19000，误差±10%。核酸杂交测定外源性DNA残留量，应该≤10ng/人用剂量。ELISA法测定宿主菌蛋白残留量，应该≤总蛋白质的0.02%。鲎试剂法测定细菌内毒素含量，应该≤10EU/300万IU。等电聚焦电泳测定等电点，pI为5.7～6.7，要求批间一致。胰蛋白酶裂解后，与对照品比较肽图谱，图形应该一致。氨基酸序列分析仪测定N-末端氨基酸序列。

② **干扰素 α2b 半成品质量控制**　每批次进行，鲎试剂法测定细菌内毒素含量≤10EU/300万IU，直接接种法进行无菌试验，要求合格。

③ **干扰素 α2b 成品质量控制**　免疫印迹法进行鉴别试验，结果为阳性。肉眼观察，外观为黄色薄壳状或白色疏松体。pH6.5～7.6，卡氏法测定水分≤3（或4）。效价应为标示量的80%～150%，细菌内毒素含量≤10EU/300万IU，小鼠体重增加试验无异常毒性，无菌试验合格。

10.6　重组人干扰素 β 和重组人干扰素 γ 的生产工艺

虽然酵母系统能表达干扰素 β，但因高甘露醇糖基化，在人体内容易产生免疫原性，而不能用于生产。人干扰素 β 可以用大肠杆菌和哺乳动物细胞系进行表达和生产，纯度和比活性均达到临床要求。天然人干扰素 γ 是一种糖蛋白，但无糖基化的人干扰素 γ 仍具有生物活性，可用大肠杆菌表达生产。

10.6.1　重组人干扰素 β 的生产工艺

基因工程大肠杆菌进行表达重组人干扰素 β，其产量大幅提高。但哺乳动物细胞表达生产干扰素 β 最为理想，可采用微载体技术，进行大规模培养。

（1）基因工程大肠杆菌发酵生产重组人干扰素 β

基因工程大肠杆菌系统生产重组人干扰素 β 的工艺流程见图10-5。

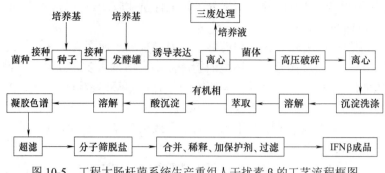

图 10-5　工程大肠杆菌系统生产重组人干扰素 β 的工艺流程框图

由工程大肠杆菌表达获得的 rhIFNβ，不含寡糖基，复性困难，使药物蛋白质的生物活性和人体内的半衰期大大降低。因此，大肠杆菌系统表达不太理想。

（2）工程 CHO 细胞培养生产重组人干扰素 β

利用二氢叶酸还原酶缺陷型的中国仓鼠卵巢（CHO，dhfr⁻）细胞表达重组人干扰素 β 糖蛋白，可克服大肠杆菌和酵母表达的缺点。

采用 PCR 技术，扩增人干扰素 β 基因，克隆到真核表达质粒上。采用阳离子脂质体，将表达质粒转染到 CHO 细胞中。在 $5\%CO_2$、37℃条件下培养 6h 后，弃转染液，加入生长培养基 [含 10%胎牛血清（FBS）、100μmol/L 次黄嘌呤（hypoxanthine，H）、16μmol/L 胸腺嘧啶核苷（thymidine，T）、100U/mL 氨苄青霉素和 50μg/mL 链霉素的 IMDM 培养基]。在 $5\%\ CO_2$、37℃条件下培养 24h 后，以 1∶12 的比例进行细胞传代。再换用含 5% FBS 的 IMDM 培养基，通过 MTX 的加压，进行选择培养，至对照孔细胞全部死亡后，挑出转染孔中的单细胞克隆到另一个 24 孔培养板中，依次培养在含 100nmol/L、500nmol/L、1000nmol/L MTX 的选择培养基中，每个浓度筛选 3 周。以病毒诱导的细胞病变抑制法（CPEI）进行抗病毒活性定量测定，获得稳定、高效表达 rhIFNβ 的工程 CHO 细胞株，并扩大培养，建立细胞库。

采用微载体技术培养工程 CHO 细胞系，收获培养液，用 0.22μm 滤膜过滤。经 30%和 50%饱和度的硫酸铵沉淀，用 Blue Sepharose 6 Fast Flow 色谱和 CM Sepharose 柱色谱分离、纯化。将重组人干扰素 β 原液进一步制成相应剂型。

10.6.2　重组人干扰素 γ 的生产工艺

大肠杆菌系统生产重组人干扰素 γ，包括工程菌发酵培养、分离纯化、成品三个阶段，基本工艺流程见图 10-6。

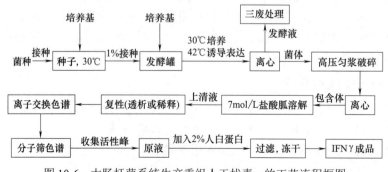

图 10-6　大肠杆菌系统生产重组人干扰素 γ 的工艺流程框图

检定合格的重组人干扰素 γ 原液，用含 2%人白蛋白的磷酸盐缓冲液（PBS）稀释至终效价为 10^6 IU/mL，0.22μm 滤膜过滤除菌，保存于 2～8℃。取样进行无菌试验和热原试验，合格后冷冻干燥，即得重组人干扰素 γ 成品。

思考题

10-1 重组人干扰素生产工艺路线有哪几条？有何特点？

10-2 根据技术指导原则，提出研发重组人干扰素生物类似药的生产新工艺。

10-3 重组人干扰素 α2b 发酵工段的关键控制点及其原理是什么？探讨提高产量的可能途径。

10-4 利用大肠杆菌与假单胞菌生产重组人干扰素 α2b 有什么区别？有什么优缺点？

10-5 重组人干扰素 β、重组人干扰素 γ 的生产工艺流程、质量控制要点有哪些？

10-6 根据 GMP 的要求，重组人干扰素发酵车间、分离纯化车间的洁净度是哪个级别？哪些岗位是 A 级？如何进行无菌操作？

10-7 根据 GMP 的要求，重组人干扰素发酵培养基用何种级别的水？分离纯化用何种级别的水？为什么？

参考文献

[1] 张磊, 邓杰, 田莉, 等. 医药生物技术, 2005, 12(5): 383-387.

[2] 张磊, 田莉. 天津药学, 2000, 12(4): 11-12.

[3] 赵广荣. 重组人干扰素研究进展. 中国生物制品学杂志, 2012, 23(12): 1384-1388.

[4] Chapman A P. PEGylated antibodies and antibody fragments for improved therapy: a review. Advanced Drug Delivery Review, 2002, 54: 531-545.

第11章
重组人红细胞生成素生产工艺

学习目标

> ▶ 了解红细胞生成素的研发历史和主要技术来源，理解如何创新蛋白质药物。
> ▶ 能应用基因工程和合成生物学原理和技术，克隆或设计合成人红细胞生成素基因，构建表达载体和工程细胞系。
> ▶ 能应用动物细胞培养原理，进行工程 CHO 细胞培养制造重组人红细胞生成素。
> ▶ 理解生物分离纯化单元，进行重组人红细胞生成素的制备。

重组蛋白质药物的生产取决于表达的工程细胞，要根据蛋白质药物的结构特点和活性，合理选择适宜的宿主细胞，并研发其生产工艺。红细胞生成素（erythropoietin，EPO）是一种高度糖基化的蛋白质，重组人红细胞生成素用于治疗多种贫血，曾经年销售额在百亿美元以上，创造了生物制品的重磅炸弹药物。本章以人红细胞生成素为例，介绍重组蛋白质药物研发、工程细胞构建、培养工艺和分离纯化工艺。

11.1 概　述

红细胞生成素，又名促红细胞生成素（简称促红素）或红细胞生成刺激因子，经历了生理功能的发现、分离纯化制备、结构鉴定等基础医学和生化研究。但由于天然红细胞生成素的产生条件特殊，没有足够的原料大量制备。在遇到基因工程之后，对多种宿主细胞系统进行表达研究，最终确定哺乳动物细胞是适宜的表达系统，由此开启了重组人红细胞生成素的生产制造和临床应用。

11.1.1　天然红细胞生成素

（1）红细胞生成素的发现

早在 1890 年人们观察到在高海拔低氧压下，红细胞增多的现象，暗示低氧与红细胞之间的存在关系。1906 年 Carnot 等用贫血动物血清注射兔，红细胞增多了 20%～40%，由此提出了存在一种可以调节血液红细胞生成的体液因子。1948 年 Bonsdorff 和 Jalavisto 正式提出红细胞生成素。1953 年 Etslev 等发现了直接证据，红细胞生成素促进了网织细胞生成，增强造血机能。

（2）天然红细胞生成素的种类

天然红细胞生成素是以人或动物的尿、血等为原料，经生化技术分离纯化制备。根据种属不同，可分为人红细胞生成素、小鼠红细胞生成素、猴红细胞生成素等。红细胞生成素没有种属特异性，1971 年首次从贫血的羊血浆中分离纯化出羊 EPO，1977 年从再障性贫血病人的尿液中分离得到人 EPO 纯品。目前已知人红细胞生成素有两种存在形式，即人 EPO-α 及人 EPO-β，二者氨基酸组成及顺序相同，都含有 165 个氨基酸残基。分子量、等电点及生物活性也都类似，差别在于二者的糖型组成不同，EPO-α 含有较多的 *N*-乙酰氨基葡萄糖和 *N*-乙酰神经氨酸，总的含糖量也较 EPO-β 高。

（3）人红细胞生成素的调节机理

红细胞生成素是一种调节红细胞生成的细胞因子，在胎儿体内由肾脏及肝脏产生，而在成人体内主要由肾脏产生，占 90%。正常人体内血液中 EPO 的含量为 10～18mU/mL。肾功能受到损害，如慢性肾衰竭的病人，EPO 的产生受阻，可导致贫血。当体内缺氧、贫血时，诱导产生 EPO，含量可提高到 1000 倍以上。钴、锰、锂、雄性激素也能诱导产生 EPO。

在 EPO 生成细胞内，*epo* 基因的启动子受动脉氧分压的调控，转录翻译加工形成成熟的 EPO。EPO 与靶细胞如骨髓细胞、脾细胞、胎儿肝细胞的特定位点结合，从而促进红细胞前体细胞的增殖、分化并成熟为红细胞，增加骨髓向循环血中释放红细胞（图 11-1）。

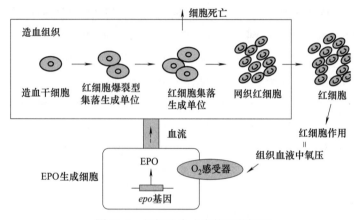

图 11-1　红细胞生成素的调节机理

（4）人红细胞生成素的氨基酸序列及其编码基因

人红细胞生成素基因存在于 $7q^{11}$～q^{22} 区，含有 5 个外显子和 4 个内含子，全长约 2.1kb。外显子 1 编码 5'非翻译区和信号肽的前 4 个氨基酸，外显子 2、3、4 分别编码 49、29、60 个氨基酸残基，外显子 5 编码 51 个氨基酸残基和 3'非翻译区。EPO 的 mRNA 长 1.6kb，编码 193 个氨基酸的前体蛋白质，带有 27 个氨基酸的信号肽，翻译后除去第 166 位精氨酸。成熟的红细胞生成素是由 165 个氨基酸残基组成的糖蛋白，3 个 *N*-糖基化位点为 Asn_{24}、Asn_{38} 和 Asn_{83}，1 个 *O*-糖基化位点为 Ser_{126}，有 2 对半胱氨酸组成的二硫键（Cys_7-Cys_{161} 和 Cys_{29}-Cys_{33}）。编码人红细胞生成素的基因及其氨基酸序列见图 11-2。

人红细胞生成素的二级结构是由 4 个 *α*-螺旋和 5 个茎环组成，C-端是受体结合部位。三级结构呈球形，包括 2 个长环和短环，其构成受体结合域。

11.1.2　重组人红细胞生成素

（1）重组人红细胞生成素的研发

红细胞生成素主要作用于红细胞集落生成单位，促进其产生红细胞，维持外周血的正常红细胞水平。由此，红细胞生成素研发的临床适应证是贫血。重组人红细胞生成素（recombinant human erythropoietin，rhEPO）是采用基因工程生产的人红细胞生成素。将红细胞生成素的基因连接到表达载体上，转化哺乳动物细胞，从细胞培养上清液中纯化得到红细胞生成素。重组人红细胞生成素与天然人红细胞生成素具有相同的体内、体外活性，比活性基本相当。同天然人红细胞生成素一样，重组人红细胞生成素依据糖基结构的差异也可分为 α、β 两种，即 rhEPO-α 和 rhEPO-β。

ATG GGG GTG CAC GAA TGT CCT GCC TGG CTG TGG CTT CTC CTG TCC CTG CTG TCG CTC CCT　60
Met Gly Val His Glu Cys Pro Ala Trp Leu Trp Leu Leu Leu Ser Leu Leu Ser Leu Pro　—8

CTG GGC CTC CCA GTC CTG GGC GCC CCA CCA CGC CTC ATC TGT GAC AGC CGA GTC CTG GAG　120
Leu Gly Leu Pro Val Leu Gly [Ala] Pro Pro Arg Leu Ile Cys Asp Ser Arg Val Leu Glu　13

AGG TAC CTC TTG GAG GCC AAG GAG GCC GAG AAT ATC ACG ACG GGC TGT GCT GAA CAT TGC　180
Arg Tyr Leu Leu Glu Ala Lys Glu Ala Glu [Asn] Ile Thr Thr Gly Cys Ala Glu His Cys　33

AGC TTG AAT GAG AAT ATC ACT GTC CCA GAC ACC AAA GTT AAC TTC TAT GCC TGG AAG CGC　240
Ser Leu Asn Glu [Asn] Ile Thr Val Pro Asp Thr Lys Val Asn Phe Tyr Ala Trp Lys Arg　53

ATG GAG GTC GGC GAG CAG GCC GTA GAA GTC TGG CAG GGT CTC GCT CTG CTT AGC GAA GCT　300
Met Glu Val Gly Glu Gln Ala Val Glu Val Trp Gln Gly Leu Ala Leu Leu Ser Glu Ala　73

GTC CTG CGC GGC CAA GCT TTA TTA GTG AAC TCT TCC CAG CCA TGG GAG CCC CTG CAG CTG　360
Val Leu Arg Gly Gln Ala Leu Leu Val [Asn] Ser Ser Gln Pro Trp Glu Pro Leu Gln Leu　93

CAT GTG GAT AAA GCC GTC AGT GGC CTT CGC AGC CTC ACC ACT CTG CTT CGG GCT CTG GGA　420
His Val Asp Lys Ala Val Ser Gly Leu Arg Ser Leu Thr Thr Leu Leu Arg Ala Leu Gly　113

GCC CAG AAG GAA GCC ATC TCC CCT CCA GAT GCG GCC TCA GCT GCT CCA CTC CGA ACA ATC　480
Ala GLu Lys Glu Ala Ile Ser Pro Pro Asp Ala Ala [Ser] Ala Ala Pro Leu Arg Thr Ile　133

ACT GCT GAC ACT TTC CGC AAA CTC TTC CGA GTC TAC TCC AAT TTC CTC CGG GGA AAG CTG　540
Thr Ala Asp Thr Phr Arg Lys Leu Phe Arg Val Tyr Ser Asn Phe Leu Arg Gly Lys Leu　153

AAG CTG TAC ACA GGG GAG GCC TGC AGG ACA GGG GAC AGA ATA　582
Lys Leu Tyr Thr Gly Glu Ala Cys Arg Thr Gly Asp Arg　*　166

图 11-2　人 EPO 的核苷酸序列及其编码的氨基酸序列

成熟人 EPO：方框所示为第一个氨基酸，阴影所示为糖基化位点，第 166 位 Arg 翻译后被切除

　　首次建立生产 rhEPO 技术的是 Amgen 公司和 Genetics Inst。*epo* 基因的克隆策略是反向遗传学，20 世纪 70 年代，用高纯度的尿源人 EPO 测定了氨基酸序列，由此设计寡核苷酸探针，把人 *epo* 基因克隆到细菌中，进一步克隆到 CHO 细胞中。Amgen 于 1983 年提交了第一份关于人 *epo* 基因序列与重组人 EPO 物质组成的专利申请，美国专利授权 Amgen 生产 rhEPO。

　　第一代 rhEPO 有 Epogen 和 NeoRecorm 等，第二代 rhEPO 包括 Aranesp（Darbepoetin-a）和 Mircera，它们的特性见表 11-1。

　　Affymax 公司研发了 PEG 化的合成二聚多肽培尼沙肽（Peginesatide），与目前上市的 rhEPO 无任何序列相关性，它结合 EPO 受体，刺激红细胞生成。

　　Aranesp 是美国 Amgen 公司研制的长效 EPO，与天然红细胞生成素相比，Aranesp 的一级结构中多了 5 个氨基酸残基和 *N*-端 2 个糖基化位点，共含 5 个 *N*-糖基化位点，唾液酸残基高 2 倍，半衰期长（36h，Epogen 为 4～8h），具有较高的代谢稳定性，可减少给药次数。Aranesp 常用剂量为 0.5～2.25μg/kg，皮下注射，每周 1 次或隔周 1 次，12 周为 1 疗程。其副作用与 Epogen 相同。

表 11-1　上市的红细胞生成素类药物

类型	宿主细胞	通用名	商品名	结构特点	上市年份	公司
EPO-α	CHO	Erythropoietin-α	Epogen	天然结构	1989	Amgen
	CHO	Erythropoietin-α	Procrit	天然结构	1990	Ortho
	CHO	Darbepoetin-α	Aranesp	改构修饰，170aa，5 个 N-糖基化位点，唾液酸残基高 2 倍，长效	2001	Amgen
EPO-β	BHK	Erythropoietin-β	NeoRecorm	天然结构		Roche
	BHK	Ethoxy polyethylene glycol-epoetin -β	Mircera	甲氧基 PEG 化，长效	2007	Roche
多肽		Peginesatide	Omontys	PEG 化的二聚多肽	2012	Affymax

Mircera 是 Roche 公司研制的长效甲氧基 PEG 化的 EPO-β，每 2～4 周给药 1 次。

化学交联的 EPO 二聚体、三聚体等多聚体，表明能延长半衰期，生物活性比单体增加 26 倍。用 17～19 个氨基酸残基的连接肽连接的 EPO 二聚体，活性比单体也能提高数倍。另外，还有将 EPO 与其他细胞因子融合的研究。用噬菌体表面展示库技术，筛选到 20 个氨基酸的 EPO 模拟肽，但生物活性较低。其他研发中的 EPO 产品有：AMG114（高度糖基化 EPO 的类似物，Amgen）、EPO-Fc（EPO 与抗体融合蛋白，Syntonix）、NE-180（糖基化 PEG 化 EPO，Neose）。还有两种 EPO 的替代品 FG-2216、FG-4592（化学合成药物，FibroGen）也分别进入了 I 期和 II 期临床试验。

（2）重组人红细胞生成素的临床应用

自从 1989 年 FDA 批准重组人红细胞生成素（Amgen 公司的 Epogen）用于临床连续治疗需要透析的慢性肾衰竭病人以来，很多国家也已经批准重组人红细胞生成素上市和生产。有两种剂型，一种是注射用重组人红细胞生成素，另一种是重组人红细胞生成素注射液。在临床上，rhEPO 主要用于慢性肾衰竭（肾透析）、癌症和肿瘤化疗、移植、感染等引起的多种贫血症及其他适应证。

11.1.3　人红细胞生成素的理化性质

（1）红细胞生成素的糖基化

人红细胞生成素的分子量为 34000～36000（SDS-PAGE）、30400（超滤）或 60000（凝胶电泳）。用沉淀平衡法测定红细胞生成素的分子量为 34000，肽链部分的理论分子量为 18398，据此推测其糖链占分子量的 39%。圆二色谱表明人红细胞生成素的肽链骨架 50% 为 α-螺旋，其余为无规则卷曲结构，其中两个反平行的 α-螺旋组成类似于生长激素的结构。EPO 结合受体的区域在 C-末端，由 2 个长环和短环形成。

红细胞生成素分子中糖键结构也已明确。126 位 O-糖链的主要组成为 N-NeuNAC α-2→3Gal β1→3（NeuNAC α-6）Gal NAcOH-丝氨酸。各种 N-连接寡糖链结构占总含糖量的百分率分别为：双末梢糖链 1.4%，三末梢糖链 10%，带有 1 个 N-乙酰氨基半乳糖重复单位的三末梢糖链 3.5%，四末梢糖链 31.8%，带有 1、2、3 个 N-乙酰氨基半乳糖重复单位的四末梢糖链分别为 32.1%、16.5% 和 4.7%。所有这些寡糖链都被以 α2→3 连接方式唾液酸化了，其中四末梢糖链被 2 个或 3 个唾液酸酸化。未经 O-糖基化的重组人红细胞生成素的体内外活性及体内清除速率与完全糖基化的红细胞生成素无差别，N-糖基化不完全的重组人红细胞生成素体外活性正常，而体内活性则降低到体外活性的 1/500，其体内被清除的速率也明显加快，体内半衰期缩短。因此，糖基化对红细胞生长素的生物学活性至关重要，不能用原核细胞表达，只能用哺乳动物细胞表达生产重组人红细胞生成素。

CHO 表达的 rhEPO 糖蛋白有天然人红细胞生成素的一级结构，165 个氨基酸，平均糖组成与天然人红细胞生成素有区别。纯化的人尿源 EPO 和重组 CHO 生产的 EPO 进行糖分析，试验表明，糖的摩尔比是：天然 EPO 己糖 1.73，N-乙酰氨基葡萄糖 1，N-乙酰神经氨酸 0.93，岩藻糖 0，N-乙酰氨基半乳糖 0。rhEPO 为，己糖 15.09，N-乙酰氨基葡萄糖 1，N-乙酰神经氨酸 0.998，岩藻糖 0，N-乙酰氨基半乳糖 0。

（2）红细胞生成素的性质

不同糖基化的红细胞生成素对热和 pH 变化稳定，等电点为 4.2～4.6，未经糖基化肽链的等电点 pI 为 9.2，在 pH3.3～10.0 内稳定。在 4℃ 可保存 2 年以上，在 56℃ 生物学活性的半衰期为 136h。红细胞生成素耐有机溶剂，如丙酮、乙腈、乙醇、盐酸胍、脲等。但对蛋白质水解酶敏感，特别对唾液酸酶更敏感。

11.1.4 重组人红细胞生成素的生产工艺路线

① **天然细胞生成素的提取工艺** 最初人源红细胞生成素由再生障碍性贫血患者的尿液中纯化而得，但这种方式获得的红细胞生成素产量极其有限，无法满足临床及科研的需求。

② **大肠杆菌系统表达** 重组红细胞生成素在工程大肠杆菌中得到表达，但所得 rhEPO 仅具有体外抗原结合活性。

③ **昆虫细胞表达** 家蚕中表达的重组人红细胞生成素存在糖基化简单、药物在体内稳定性较低、活性较差等问题。利用杆状病毒系统在昆虫 SF9 细胞中表达 rhEPO，产率有所改善，但 rhEPO 的糖基化程度较天然红细胞生成素低。

④ **COS-1 瞬时表达** 从基因文库中克隆并测序了编码红细胞生成素的 DNA 片段，用核酸探针从 λ-噬菌体 cDNA 文库中筛选得到了编码红细胞生成素的 cDNA 片段。构建了 SV40 病毒启动子驱动的表达载体，在猴肾纤维母细胞 COS-1 中进行瞬时表达，测得了红细胞生成素的生物活性，但载体被丢失。

⑤ **BALL-1 细胞表达** 构建干扰素-α 基因启动子驱动 rhEPO 表达载体，经仙台病毒转染后，能产生较高量的 rhEPO。

⑥ **工程细胞表达** 将编码人红细胞生成素的基因导入 CHO、BHK 细胞中，获得了稳定表达，重组人红细胞生成素与天然红细胞生成素相似。

⑦ **半合成重组人红细胞生成素** 从动物细胞培养制备重组人红细胞生成素，再用甲氧基 PEG 交联修饰，制备长效重组人红细胞生成素。

⑧ **化学全合成培尼沙肽** 化学合成多肽，再与 PEG 交联反应，合成制备培尼沙肽。

11.2　重组人红细胞生成素表达细胞系的构建

重组细胞系的构建包括人红细胞生成素基因的克隆、表达载体构建、转染 CHO 细胞和筛选，获得遗传稳定的细胞系，并建库保存。本节重点介绍表达载体构建和工程细胞系的建立，所有方法的技术原理见第 3 章。

11.2.1 重组人红细胞生成素表达载体的构建

根据基因组信息，目前有三种方式可获得编码人红细胞生成素基因。第一种是筛选人胎肝基因组文库，得到人红细胞生成素基因（有内含子），与表达载体相连接，导入哺乳动物细胞，提取 mRNA，再逆转录成 cDNA 文库，得到编码人红细胞生成素基因。第二种是提取人胎肝 mRNA，逆转录合成 cDNA 文库，进行文库筛选，得到人红细胞生成素编码基因。第三种是基于氨基酸序列，设计合成或组装人细胞生成素编码基因。经过测序，确认人红细胞生成素基因序列正确。

建立连接体系，用 T4 DNA 连接酶将人红细胞生成素基因与 *dhfr* 基因的线性载体连接，形成重组分子。连接产物直接转化大肠杆菌 DH5α 感受态细胞，涂平板，筛选转化细胞。挑取单菌落接种于 LB 培养基中，37℃培养过夜。小量制备质粒 DNA，经酶切鉴定重组质粒含红细胞生成素基因，且插入方向正确。用 Sanger 双脱氧终止法测序，确证 *epo* 基因序列及其推导的氨基酸序列是正确的。

11.2.2　重组人红细胞生成素表达细胞系的建立

以二氢叶酸还原酶缺陷型的中国仓鼠卵巢细胞（CHO dhfr⁻）为宿主细胞。取冻存 CHO 细胞，快速融化后，接种培养。待细胞长满平板至 50%～60% 时，消化并收集细胞，用无血清细胞培养基洗细胞，离心收集。加入由无血清培养基、表达质粒、脂质体组成的转染混合液，37℃培养 4h。吸出培养基，加入含 10% 胎牛血清的 F12 培养基，37℃培养过夜。用 10% 胎牛血清的 DMEM（含有 HAT）进行培养，3d 后，换为无 HAT 的培养基（含有 MTX），7～14d 形成集落。用胰酶消化，以 1：5 稀释细胞，在培养基中加入 MTX 至终浓度为 1nmol/L，继续培养 10～14d 至抗性克隆出现。对抗性克隆进行传代培养，以 1：5 稀释，然后按 1nmol/L→5nmol/L→25nmol/L→100nmol/L→200nmol/L→1000nmol/L 使 MTX 浓度渐次升高，筛选抗性克隆。将抗性克隆培养于 100mm 培养皿中，按 1：500 稀释，继续培养 3～5d，直至细胞克隆直径达到 2～4mm。连续传代，利用酶联免疫分析法确认所得到的工程细胞能够表达人红细胞生成素。按照生物制品规程，对工程细胞系进行建库保存。

11.3　工程 CHO 细胞培养过程与工艺控制

在获得了能够高效表达 rhEPO 的工程细胞系以后，需要解决的问题就是通过培养而大量生产 EPO。转瓶培养细胞的工艺简单，规模易于扩大，污染易于控制，是传统的 rhEPO 生产工艺。生物反应器的辅助配件完善，具有无菌操作安全、气体交换可靠、能保持温度和 pH 稳定等特点，产物的收集和新培养液的补充持续进行，非常适于基因工程细胞系的高密度、高表达连续培养。下面介绍生物反应器培养工程 CHO 细胞，生产 rhEPO 的工艺。

11.3.1　种子细胞的制备

从主工作细胞库的 CHO 细胞的生长和控制开始，主工作库是遗传稳定的均质纯系，无污染。

① 复苏　取出冻存的工程细胞系，置 37℃水浴中。化冻后，无菌离心，弃去冻存液。

② 培养　加入适量 DMEM 培养基（含 10% 小牛血清），在 37℃、CO_2 培养箱中培养，连续传三代。

③ 消化细胞　用酶消化贴壁细胞，制成细胞浓度约为 2.5×10^6 个/mL，用于接种。

11.3.2　连续培养工艺过程

① 反应器灭菌　加入纤维素载体片及 pH7.0 的 PBS 缓冲液，5L 细胞反应器高压灭菌 1.5h。

② 接种　将反应器接入主机，连接气体，校正电极，排出 PBS 缓冲液。加入无血清培养基，再接入种子细胞。

③ 贴壁培养　控制条件 pH7.0，搅拌转速 <50r/min，37℃，DO 为 50%～80%，使细胞贴壁。

④ **扩增培养** 在细胞完成贴壁生长后，提高转速为 80~100r/min，控制 pH7.0，37℃，DO 为 50%~80%，继续培养 10d。

⑤ **灌流培养** 更换合成培养基，由软件控制温度、溶解氧、pH 等培养条件，进行连续培养。

⑥ **收获培养物** 培养过程中，连续收获培养液，在 4~8℃保存。

11.3.3　培养工艺控制要点

无血清的合成培养基用于生产，可降低纯化过程中杂蛋白质的含量，减少纯化的负载，并延长色谱柱的使用寿命，有效提高产品的纯度。

在刚接种后细胞数量少，搅拌速度要缓慢，使细胞贴壁生长。随着细胞数量的增加，逐渐提高搅拌速度，以便使细胞周围的微环境中代谢产物和营养物质都在较短的时间内达到平衡。

动物细胞培养对温度波动的敏感性很大。因此，对温度控制应严格，恒定温度 37℃。

pH 也是细胞培养的关键性参数，它能影响细胞的存活力、生长及代谢。通过通入 CO_2 和碳酸氢盐溶液维持其恒定，控制细胞生长与表达的 pH 为 7.0~7.2。

氧直接和间接地影响细胞的生长与代谢。溶解氧应控制在 30%~80%的范围内。可根据需要向培养液中通入氧气、空气或氮气按比例的混合气体，以控制溶解氧。

葡萄糖是细胞生长与表达过程中必不可少的碳源，其消耗程度直接反映出细胞代谢旺盛程度。细胞生长、表达旺盛时，消耗量大，而缺乏时细胞生长速度与产物表达量均降低，故应及时充分地予以流加补充。此外，还应监测氨、乳酸盐类等代谢废物在培养基中的含量，维持在较低的浓度，减少对细胞损害。

11.4　重组人红细胞生成素的分离纯化工艺过程与质量控制

利用转瓶或生物反应器培养进行生产红细胞生成素。美国 Amgen 公司是世界上最早获得人红细胞生成素生产和上市的企业，采用的生产工艺就是转瓶贴壁细胞培养。

11.4.1　重组人红细胞生成素的分离工艺

① CM-Sepharose 亲和色谱柱预先用 NaCl-HAc-异丙醇活化，并用 20mmol/L Tris-HCl 缓冲液平衡。

② 收获培养物，滤膜过滤，上 CM-Sepharose 亲和色谱柱，用缓冲液平衡。

③ 用 0~2mol/L NaCl、20mmol/L Tris 洗脱液梯度洗脱。

④ 收集活性洗脱峰，在 10mmol/L Tris 透析液中透析过夜。在透析过程中，透析液的体积为蛋白液的 15 倍体积，换液 4 次。用 0.22μm 滤膜过滤。

11.4.2　重组人红细胞生成素的纯化工艺

① 活性组分上预先平衡的 DEAE 离子交换柱。

② 用 0~1mol/L NaCl-Tris 洗脱液梯度洗脱，收集活性洗脱峰。

③ 上 10%乙腈平衡的 RP-HPLC 柱（C_4 填料），用 10%~70%的乙腈溶液梯度洗脱，收集活性洗脱峰。

④ 上凝胶柱（预先用 20mmol/L 柠檬酸盐缓冲液平衡），用 20mmol/L 柠檬酸盐缓冲液平衡并洗脱，收集活性洗脱峰，为红细胞生成素。

11.4.3 重组人红细胞生成素的活性检测

得到红细胞生成素纯品后，测定纯度、蛋白含量、分子量等物理化学性质和体内生物学活性。通过 SDS-PAGE、Western 杂交分析、等电聚焦电泳、*N*-端序列分析进行鉴定。纯度用 SDS-PAGE、HPLC、DNA 分析和免疫分析，检测和鉴定杂蛋白质。还要进行支原体试验，无菌试验，总蛋白质测定，内毒素测定。赋形剂要求均一，质量保证。最终分装的制剂产品检验包括外观、活性、总蛋白质、无菌、安全性和热原等。

红细胞生成素的体外活性即免疫学活性，用酶联免疫分析试剂盒检测。将待测品稀释后，进行酶联免疫分析，依照其 OD 值，以内标法计算样品相对于标准品的活性。

红细胞生成素的体内生物活性测定，采用网织红细胞计数法。选用 6～8 周龄的同性别 BALB/c 小鼠分为三个计量组，每组两只。分别于腹部皮下注射红细胞生成素标准品和稀释样品以 2IU/只、4IU/只、8IU/只，连续注射 3d 后，眼眶取血，染色，涂片计数 1000 个红细胞中的网织红细胞数，同时也计算原血中的红细胞数，两值相乘为原血中网织红细胞绝对数。以注射剂量为横坐标，网织红细胞绝对值为纵坐标，求得待测样品的体内生物学活性，并计算样品稀释前的浓度。

11.4.4 重组人红细胞生成素的制剂

Epogen 和 Procrit 是氯化钠/柠檬酸钠等渗缓冲液，无色。无防腐剂或用苯甲醇作防腐剂，有单剂量剂型和多剂量剂型，静脉注射或皮下肌内给药。

无防腐剂的剂型有多种规格，1mL 溶液中，含 2000 或 3000 或 4000 或 10000 单位 rhEPO，2.5mg 人白蛋白为稳定剂，5.8mg 柠檬酸钠，5.8mg 氯化钠，0.06mg 柠檬酸（pH6.1±0.3）。

多剂量剂型，1mL 溶液中，含有 20000 单位 rhEPO，2.5mg 人白蛋白，1.3mg 柠檬酸钠，8.2mg 氯化钠，0.11mg 柠檬酸，1%苯甲醇为防腐剂（pH6.1±0.3）。

贮藏于 2～8℃，使用期限为 2 年。

思考题

11-1 红细胞生成素是如何被开发成药物的？关键生物技术是什么？

11-2 分析比较不同红细胞生成素产品的结构特点。各自的工艺技术有何不同？

11-3 根据文中构建过程，画出重组人红细胞生成素表达载体的结构。

11-4 为什么转染后，重组人红细胞生成素基因的拷贝数在染色体上被扩增？

11-5 工程 CHO 细胞培养生产 rhEPO 的基本工艺过程及其关键控制点是什么，为什么？

参考文献

[1] Bonomini M, Del Vecchio L, Sirolli V, et al. New treatment approaches for the anemia of CKD. Am J Kidney Dis, 2016, 67(1): 133-142.

[2] Cohan R A, Madadkar-Sobhani A, Khanahmad H, et al. Design, modeling, expression, and chemoselective PEGylation of a new nanosize cysteine analog of erythropoietin. Int J Nanomedicine, 2011, 6: 1217-1227.

[3] Gutti U, Pasupuleti S R, Sahu I, et al. Erythropoietin and thrombopoietin mimetics: Natural alternatives to erythrocyte and platelet disorders. Crit Rev Oncol Hematol, 2016, 108: 175-186.

[4] Jelkmann W. Erythropoiesis stimulating agents and techniques: a challenge for doping analysts. Curr Med Chem, 2009, 16(10): 1236-1247.

第12章

抗体和基因药物生产工艺

学习目标

▶ 掌握抗体药物结构及其相应生物制药技术的关系，能够合理选择抗体药物的工艺路线，并应用杂交瘤技术、抗体库技术，开发新结构的抗体药物。

▶ 理解基因药物的概念，掌握基因药物的制药原理，能够合理选择基因药物的工艺路线，并应用病毒载体，设计和构建基因药物，研发其制药工艺。

▶ 理解细胞药物的概念，掌握细胞药物的制药原理，能够合理选择细胞药物的工艺路线，设计和构建细胞药物，研发其制药工艺。

抗体和基因药物是治疗性生物制品的领头产品，在生物制药中占有重要地位。抗体和基因药物的开发技术日新月异，生产工艺和过程控制的监管较严格。本章阐述抗体药物、基因药物的结构、研发技术及其生产工艺。

12.1　抗体药物生产工艺

抗体药物是以疾病的抗原为靶点而设计和开发的治疗性生物药物，主要应用于肿瘤、风湿性关节炎、银屑病、哮喘、免疫排斥、骨质疏松等疾病的治疗中。本节介绍抗体药物结构、研发技术，并以鼠源单抗和人源单抗为例，介绍抗体药物的生产工艺。

12.1.1　抗体药物结构与种类

抗体(antibody)是免疫细胞产生的、具有抗原特异性结合活性的免疫球蛋白（immunoglobulin，Ig），它与免疫球蛋白的区别在于，抗体都是免疫球蛋白，但免疫球蛋白不一定都具有抗体活性功能。所以抗体是一个生物学和功能性概念，而免疫球蛋白是一个结构性概念。

（1）抗体药物的结构

抗体是由 2 条相同的重链（heavy chain，H 链）和 2 条相同的轻链（light chain，L 链）组成的四聚体（图 12-1）。

每条链分为两个区：可变区（V）和恒定区（C）。V 区从多肽的 N 端起，包括轻链的 1/2 和重链的 1/4，其氨基酸的序列变化较大，随抗体的特异性不同而不同。其中高可变区或互补决定区是抗原特异结合部位。C 区从多肽的 C 端起，包括轻链的 1/2 和重链的 3/4，同类抗体这部分氨基酸序列变化不大。抗体是对称结构，轻链之间和重链之间以二硫键连接，形成"Y"字形结构。

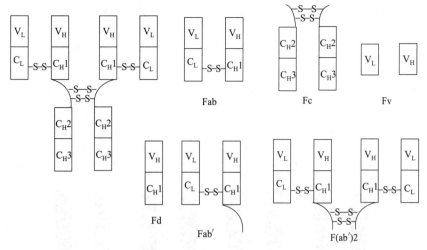

图 12-1　抗体及其片段的示意图

根据 V 区抗原性的不同，重链分为 γ、α、μ、δ、ε 五种，对应的抗体是 IgG、IgA、IgM、IgD、IgE，它们的理化和免疫特性互不相同。轻链有两类：κ 和 λ。抗体药物主要是指 IgG，重链约由 450 个氨基酸残基组成，分子量 50000～75000，重链糖基化。轻链由 214 个氨基酸残基组成，分子量 25000，轻链无糖基化。

（2）抗体药物的种类

根据抗体结构，抗体药物分为全长抗体、片段抗体和小分子抗体（minimal antibody），如抗原结合片段（fragment antigen-binding，Fab）、单链抗体（single-chain variable fragment，scFv）、单域抗体（single-domain antibody，sdAb）、双特异性抗体等。

根据抗体药物的研发技术，抗体可分为多克隆抗体（polyclonal antibody）、鼠源单克隆抗体（monoclonal antibody）、基因工程单克隆抗体等。

多克隆抗体是第一代抗体，用抗原免疫动物，抽取免疫血清，分离提取制备的多种抗体的混合物。由于抗体不均一导致非特异性交叉反应，临床应用受到限制。目前，主要应用于免疫学研究和检测试剂类抗体的生产。

鼠源单克隆抗体（简称单抗）是第二代抗体，由识别一种抗原决定簇的一种细胞克隆所产生的均一抗体。1975 年 Kohler 和 Milstein 把来自脾脏能产生抗体的 B 淋巴细胞和骨髓瘤细胞融合，得到能产生单一抗体的鼠杂交瘤（hybridoma）细胞。与多克隆抗体相比，单抗具有特异性高、亲和力强、效价高、血清交叉反应少的优点，其缺点是有鼠源性，对人体有较强的免疫原性。曾应用于临床的抗肿瘤、抗器官移植排斥反应等，不是目前的主流研发和生产的抗体产品。

基因工程单克隆抗体是第三代抗体，根据抗体基因的不同来源，基因工程抗体可分为人鼠嵌合抗体（chimeric antibody）、人源化抗体（humanized antibody）、全人源抗体（full human antibody）等（图 12-2）。人鼠嵌合抗体基因通常由鼠源可变区基因和人源恒定区基因组装而成，该型抗体将鼠源互补决定区替换为嵌合抗体中人源部分序列。人源化抗体的绝大部分序列来源于人，抗体残基修饰替换提高亲和力和特异性。全人源抗体的基因全部来自人，采用抗体库技术，在短时间、大范围、多轮次筛选，模拟抗体亲和力成熟。

从鼠源抗体到全人源化抗体，免疫原性减弱甚至消除，临床疗效和安全性大幅度提高，但研发技术难度也高。

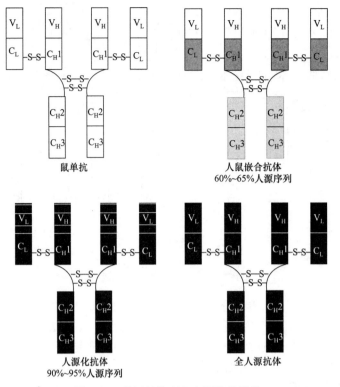

图 12-2　鼠源单抗到全人源单抗结构

12.1.2　鼠源单抗的研发与生产工艺

杂交瘤细胞合成并能分泌单抗，是研发鼠源单抗的主要技术，也可用于嵌合单抗、人源化单抗的研发。以鼠源单抗为例，首先研发建立合成单抗药物的杂交瘤细胞系，其次进行生产（图 12-3）。

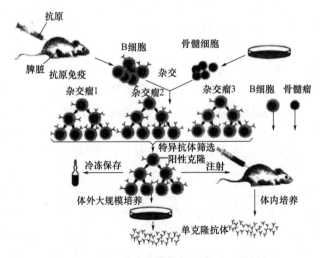

图 12-3　鼠源单克隆抗体的研发及工艺过程

（1）杂交瘤细胞系的建立

建立杂交瘤细胞系包括亲本细胞的制备、细胞融合、培养筛选与鉴定、克隆化、保存等过程。

① **亲本细胞的制备** 首先是 B 细胞制备。按照免疫程序，用特异抗原对纯系健康 8 周龄的 BALB/c 小白鼠进行免疫，分离 B 淋巴细胞。细胞计数，置于冰箱备用。一般每只小鼠收集到 10^8 个细胞，大鼠 $2×10^8$ 个细胞。

骨髓瘤细胞丧失了嘌呤或嘧啶核苷酸合成的补救途径，是核酸代谢旁路酶缺陷型，如次黄嘌呤-鸟嘌呤磷酸核糖转移酶激酶缺陷型（hypoxanthine guanine phosphoribosyltransferase，HGPRT⁻）或胸腺嘧啶核苷激酶缺陷型（thymidine kinase，KT⁻）。

② **原生质体融合** 取生长旺盛、形态良好、处于对数生长期的小鼠骨髓瘤细胞悬液与新鲜制备的 B 淋巴细胞悬液，在离心管中以 1∶（2～10）的比例混合，置于 37℃水浴中。在 1min 内逐滴加入 1 mL 50% PEG（pH 7.2～7.4），摇动 1～2min。在 30s 内沿管壁加入 10mL DMEM 或 RPMI-1640 培养液，使 PEG 稀释，终止其诱导融合作用。离心 1min，弃上清。分配到加有饲养细胞的 96 孔细胞培养板中，在 HAT 培养基中进行选择培养。

③ **杂交瘤细胞筛选与克隆化** 在两类细胞的融合混合物中存在五种细胞：未融合的单核亲本细胞、同型融合多核细胞、异型融合的双核杂交瘤细胞和异型融合的多核杂交瘤细胞。筛选的目标是获得异型融合的双核杂交瘤细胞。未融合的淋巴细胞在培养过程 6～10 天会自行死亡，异型融合的多核细胞由于其核分裂不正常，在培养过程中也会死亡。但未融合的骨髓瘤细胞因其生长快而不利于杂交瘤细胞生长和分离。因此要对亲本细胞、培养基等进行选择和处理，设计合理特异性的选择系统，采用遗传互补的负筛选策略，获得目标杂交瘤细胞系。

在培养基中加入次黄嘌呤（hypoxanthine，H）、氨基蝶呤（aminopterin，A）及胸腺嘧啶核苷（thymidine，T），进行缺陷筛选。未融合的骨髓瘤细胞是核酸代谢旁路酶缺陷型 HGPRT⁻或 TK⁻，氨基蝶呤抑制了从二氢叶酸到四氢叶酸的合成，从而阻断主路 DNA 的合成，未融合的骨髓瘤细胞死亡。杂交瘤细胞，能利用次黄嘌呤和胸腺嘧啶核苷，通过旁路补救途径合成 DNA，得以正常生长，被筛选、克隆化。

将细胞悬浮在 HAT 培养液（20%胎牛血清，DMEM 或 RPMI-1640，100μmol/L 次黄嘌呤，0.4mol/L 氨基蝶呤，100μmol/L 胸腺嘧啶核苷）中，细胞浓度为 $2×10^6$ 个/mL。如果必要，在小孔中预先加入饲养细胞，在 5% CO_2 培养箱中 37℃培养。隔日换液一次，两周后改用 HT 培养液，以消耗氨基蝶呤，换液 3～5 次。集落直径 1～2 mm 后，改用 D-15 培养液。

用快速方便、敏感性高、特异性强的方法，反复多轮评估杂交瘤细胞分泌单抗的能力。针对靶点抗原，筛选能产生特异性抗体的杂交瘤细胞。

④ **建立杂交瘤细胞系** 对遗传稳定、分泌量大、能特异性结合抗原的目标杂交瘤细胞系，扩大培养，建立原始细胞库，进行冷冻保存。

（2）鼠源单抗的生产工艺

鼠源单抗生产方式有两种，包括杂交瘤小鼠生产工艺和杂交瘤细胞培养工艺。

① **杂交瘤小鼠生产工艺** 给 BALB/c 小鼠或与 BALB/c 小鼠杂交的 F1 小鼠注射 0.5 mL 异十八烷或液体石蜡使之致敏，8～10 天后，向腹腔接种 10^6～10^7 杂交瘤细胞。2～4 天后腹部胀大，1～2 周时开始抽取腹水，隔日采集 3～5mL 腹水，直至动物死亡。也可在最大腹水时处死动物，一次性抽取腹水。该工艺生产规模小，常用于诊断试剂和生物学研究中所需抗体的制备。

还可用血清来生产单克隆抗体，将杂交瘤细胞皮下植入动物体内，一段时间后，出现肿瘤，采集血清制备单克隆抗体。

② **杂交瘤细胞培养工艺** 取杂交瘤细胞系，进行悬浮培养和微囊化培养，小规模生产采用转瓶，大规模采用生物反应器。在反应器内微囊化培养杂交瘤细胞，抗体被截留在微囊内，有利于分离纯化。

（3）单抗的分离纯化工艺

收集到腹水或培养液上清，离心去除细胞等杂质，对上清进一步分离和纯化。通过离子交换、凝胶过滤、亲和色谱等方法获得纯化的单抗，用于制备相应的剂型。

12.1.3　抗体库技术

人源化抗体药物的生产包括抗体药物的研发、表达细胞系的构建、工程细胞培养等阶段。人源化抗体药物研发主要有抗体人源化小鼠、抗体库技术。抗体人源化小鼠是通过对小鼠胚胎干细胞基因组进行编辑，同源重组整合表达人抗体基因，敲除小鼠抗体基因，然后移植胚胎干细胞，培育转基因小鼠，用于抗体药物的研发。本小节介绍中噬菌体抗体库技术。

（1）**噬菌体抗体库技术原理**

将抗体可变区基因与 M13 噬菌体外壳蛋白基因 gⅢ（编码蛋白为 P3）或 gⅧ（编码蛋白为 P8）融合表达，使抗体分子呈现于噬菌体表面（即噬菌体展示），感染大肠杆菌，形成噬菌体抗体库。针对靶点抗原，通过吸附-洗脱-扩增的富集过程，有效筛选出特异抗体的可变区基因。

噬菌体抗体库技术比杂交瘤技术优越，避免了杂交瘤技术不稳定性的反复亚克隆程序，抗体库容量达 10^6 个以上克隆，把基因型和表型相统一，获得抗体基因，用于构建人源抗体生产细胞系。

（2）**抗体库构建过程**

① **扩增抗体全套基因**　提取靶点抗原免疫后的 B 细胞 mRNA，RT-PCR。根据抗体基因序列数据库等，设计简并引物，扩增轻链基因库和重链基因库。引物两侧设计酶切位点，便于克隆到展示载体中。

② **抗体表面展示表达载体的构建**　噬菌体抗体表达载体有噬菌体载体和噬菌粒载体。噬菌体载体只能在 gⅢ 5′端前导序列下游融合抗体基因，gⅧ末端不能用于融合，因为多于十肽时影响 P8 蛋白的功能。噬菌粒载体可在 gⅧ 3′末端或 gⅢ 5′末端融合抗体，常用的如 pBluescript 和 pUC118/119 等。外源蛋白与 P8 融合，表达的抗体为多价抗体，在噬菌体表面有 24 个分子。外源蛋白与 P3 融合，表达的抗体为单价抗体，在噬菌体表面只有 1 个抗体分子，有利于高亲和力的受体或配体筛选。噬菌粒载体需要辅助噬菌体帮助包装，进行超级感染。表达 Fab 常用 pComb3 载体，表达 scFv 常用 pHEN1 载体。辅助噬菌体 M13K07 或 Vcs-M13 协助噬菌体的包装和释放。

③ **转染与保存**　抗体基因库连接到载体中，转染大肠杆菌，形成噬菌抗体库，并对噬菌斑保存。

（3）**抗体库的筛选**

抗体库的筛选途径有多种，如亲和层析、功能性筛选和选择性筛选。抗体库的亲和层析筛选过程如下。

① **抗原的固相化与封闭**　把纯化的可溶性抗原包被在固相载体上，如包被在聚苯乙烯表面和琼脂糖微珠。吸去包被液，去离子水洗涤，并用 3%BSA 在 37℃封闭 1h 以上。

② **亲和吸附层析筛选**　将抗体库与固相化的靶点抗原分子一起温育，使表达抗体的噬菌体颗粒与固相抗原结合，进行亲和层析。

③ **洗脱**　用酸或碱溶液先洗脱游离的噬菌体颗粒，再将结合的噬菌体颗粒洗脱下来，回收高亲和的噬菌体颗粒。

用回收的噬菌体颗粒感染大肠杆菌，进行扩增，得到二级抗体库，进行新一轮的亲和力筛选。每轮可富集 100～1000 倍。

（4）抗体基因的获得

对筛选到的噬菌体，提取表达载体，基因测序，获得高亲和力的抗体基因，用于构建生产抗体的细胞系。

12.1.4　人源单抗药物的生产工艺

在获得抗体基因后，构建抗体表达载体和工程细胞系，进行工程细胞培养，生产抗体药物。

（1）抗体表达载体的构建

根据人 IgG1 的 Fc 段基因序列设计引物，以人 cDNA 为模板，PCR 扩增抗体重链恒定区基因片段、轻链恒定区基因片段。回收目的片段并连接到 T 载体，转化大肠杆菌。经过菌落 PCR，挑选阳性克隆，进行核酸序列测定，确认抗体恒定区基因片段正确。PCR 分别制备抗体的重链可变区基因片段、轻链可变区基因片段。采用重叠延伸 PCR 等技术，将重链可变区与恒定区片段融合在一起，上下游分别设计启动子和终止子，构建重链基因表达盒，确保翻译产物为重链蛋白。同样，将轻链可变区与恒定区片段融合在一起，设计构建轻链基因表达盒。一般采用穿梭载体进行抗体基因表达盒的构建，经测序无误后，保存备用。

人源单抗的哺乳动物细胞表达载体见图 12-4。

（2）抗体工程细胞系构建

采用 CHO 细胞为底盘，通过脂质体传染方式将抗体表达载体导入 CHO 细胞中，进行培养和筛选。采用生物化学和分子生物技术方法，鉴定抗体的结构，检测抗体的活性，获得抗体基因稳定整合染色体、分泌能力强的抗体工程细胞系，建立三级种子细胞库，用于生产。

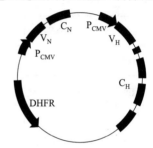

图 12-4　人源单抗的哺乳动物细胞表达载体

（3）工程细胞培养

经检定合格的工作种子批工程细胞，生物学特性和抗体产能符合规定。复苏后，传代、扩大培养，将种子细胞接到生物反应器内，进行连续培养。恒温 37℃、恒 pH 中性，流加葡萄糖和谷氨酰胺等提供碳源和氮源，通气、搅拌级联控制溶解氧 30%～60%。微囊化固定抗体工程细胞、灌流培养等是常用的策略，连续收获抗体培养液、连续补料流加。在工程细胞活性下降之前，及时结束培养、放罐，进入下游分离纯化工段。

12.2　基因药物生产工艺

基因药物是以致病的基因为靶点而设计和开发的治疗性生物药物，应用于治疗遗传性疾病和肿瘤等非遗传性疾病。本节介绍基因药物的分类、递送载体，并以腺相关病毒载体基因药物为例，介绍生产工艺。

12.2.1　基因药物与种类

（1）基因药物的概念

基因药物是由目标基因和递送系统组成，通过将目标基因导入靶细胞或组织，替代、阻断、修正错误基因，以达到治疗疾病的目的。

（2）基因药物的分类

根据药物活性成分的化学组成，基因药物可分为 DNA 药物和 RNA 药物。根据递送载体，基因药物可分为病毒载体类基因药物、细菌载体类药物和核酸类药物。DNA 药物大多是病毒载体递送，而 RNA 药物（如反义 RNA、小 RNA、寡核苷酸药物）通过脂质体等非病毒类载体递送。根据临床给药方式，基因治疗可分为体内治疗和离体治疗两大类。体内基因治疗指把基因递送到患者体内，进行疾病的治疗。离体基因治疗指将基因导入病变细胞，纠错后成为正常细胞，培养扩增后回输到病人体内，进行疾病的治疗，也就是细胞药物。在法规上，细胞药物属于免疫细胞治疗产品，简称细胞制品。

（3）上市的基因药物

据不完全统计，截至 2022 年，全球批准上市近 50 个基因治疗药物，部分药物见表 12-1。

表 12-1　全球获批上市基因治疗药物

通用名	商品名	生产厂家	适应证	相关病毒载体	获批年份与国家或地区
基因药物					
重组人 p53 腺病毒注射液	今又生（Gendicine）	深圳市赛百诺基因技术有限公司	头颈部鳞状细胞癌	腺相关病毒	2003 中国
重组人 5 型腺病毒注射液	安柯瑞（Oncorine）	上海三维生物技术有限公司	头颈部肿瘤、肝癌、胰腺癌、宫颈癌	溶瘤病毒	2005 中国
Talimogene Laherparepvec	Imlygic	安进（Amgen）	不能通过手术完全切除的晚期黑色素瘤	单纯疱疹病毒	2015 美国
Voretigene Neparvovec	Luxturna	星火治疗（Spark Therapeutics）	RPE65 基因突变相关的视网膜萎缩	腺相关病毒	2017 美国、欧盟
索伐瑞韦（Onasemnogene Abeparvovec）	Zolgensma	诺华制药（Novartis）	脊髓性肌肉萎缩症	腺相关病毒	2019 美国、欧盟
细胞药物					
基因修饰的自体 CD34$^+$ 干细胞（含有编码人 ADA cDNA 序列）	Strimvelis	葛兰素史克（GSK）	腺苷脱氨酶缺乏症	逆转录病毒	2016 欧盟
β-珠蛋白（βA-T87Q）基因修饰的自体 CD34$^+$ 造血干细胞和祖细胞（Betibeglogene Autotemcel）	Zynteglo	蓝鸟生物（Bluebird Bio）	β-地中海贫血病	慢病毒	2019 欧盟
基因修饰的自体 CD34$^+$ 造血干细胞	Libmedly	葛兰素史克（GSK）	异染性脑白质营养不良	逆转录病毒	2020 欧盟
Brexucabtagene Autoleucel	Tecartus	凯特法玛（Kite Pharma）	成人复发或难治性大 B 细胞淋巴瘤	CAR-T，逆转录病毒	2020 美国
替沙仑赛（Tisagenlecleucel）	Kymriah	诺华制药（Novartis）	治疗前体 B 细胞急性淋巴细胞白血病	CAR-T，慢病毒	2017 美国、欧盟
阿基仑赛（Axicabtagene Ciloleucel）	奕凯达（Yescarta）	凯特法玛（Kite Pharma）	成人复发或难治性大 B 细胞淋巴瘤	CAR-T，逆转录病毒	2017 美国、欧盟
艾基维仑赛（Idecabtagene vicleucel）	Abecma	新基医药（Celgene）	成人复发或难治性多发性骨髓瘤	CAR-T，慢病毒	2021 美国、欧盟
利基迈仑赛（Lisocabtagene Maraleucel）	Breyanz	朱诺医疗（Juno Therapeutics）	成人复发或难治性大 B 细胞淋巴瘤	CAR-T，慢病毒	2021 美国
瑞基奥仑赛（Relmacabtagene Autoleucel）	倍诺达（Carteyva）	药明巨诺	复发或难治性大 B 细胞淋巴瘤	CAR-T 慢病毒载体	2021 中国
西达基奥仑赛（Ciltacabtagene Autoleucel）	Carvykti	传奇生物	治疗复发或难治性多发性骨髓瘤	CAR-T 慢病毒载体	2022 美国、欧盟
纳基奥仑赛（Inaticabtagene Autoleucel）	源瑞达	合源生物科技（天津）有限公司	复发或难治性 B 细胞急性淋巴细胞白血病	CAR-T 慢病毒载体	2023 中国
伊基奥仑赛	福可苏	驯鹿生物与信达生物	治疗复发或难治性多发性骨髓瘤	CAR-T 慢病毒载体	2023 中国

12.2.2 基因药物递送病毒载体

基因以外的递送载体来源于腺病毒、腺相关病毒、慢病毒、逆转录病毒等，都是对原始病毒基因组经过改造而来的。

（1）腺病毒载体

腺病毒（adenovirus）是无包膜线性双链 DNA 病毒，70～90nm 的球形颗粒，基因组 30～50kb。人腺病毒有 52 种，命名为 ad1～ad52，常用 ad2 和 ad5。ad2 腺病毒基因组 36kb，两端是 100bp 的反向末端重复区（ITR），6 个独立的早期转录区域（E1A、E1B、E2A、E2B、E3、E4）和 1 个晚期转录区域 L1（图 12-5）。EⅠ参与细胞转染，EⅡ参与病毒复制，EⅢ编码糖蛋白，EⅣ编码结构蛋白。

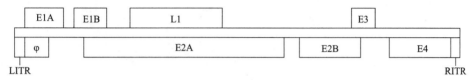

图 12-5　腺病毒的基因组结构

目前腺病毒载体系统有 Adeasy 系统和 AdMax 系统两种，由腺病毒基因改造而来，都是双质粒系统。

Adeasy 系统由 pAdEasy-1 和转移载体组成（图 12-6），都含有 pUC 复制子（*ori*）。pAdEasy-1 是敲除了 E1 和 E3 的腺病毒 5 基因组，含有氨苄青霉素抗性基因，可承载目标基因长度 7.5kb。目标基因构建在转移载体上，含有卡那霉素抗性基因。pAdEasy-1 和转移载体在原核细胞中同源重组获得腺病毒载体。PacⅠ酶切线性化后，传染 HEK293 细胞，进行病毒包装。

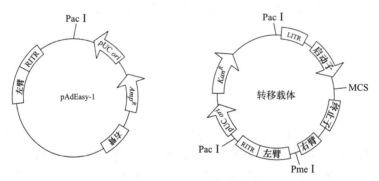

图 12-6　Adeasy 系统载体

AdMax 系统由腺病毒基因组骨架质粒 pBHG 和穿梭质粒 pHBAd 组成（图 12-7）。质粒 pBHG 与 pAdEasy-1 类似，敲除了腺病毒基因组中的 E1 基因，使病毒不能复制。敲除 E3 基因，可扩大承载容量。pBHG 还表达 *cre* 基因，含有 *loxP* 序列。穿梭质粒 pHBAd，用于构建目标基因表达盒。双质粒传染 HEK293 细胞后，Cre/*loxP* 介导的同源重组，将目标基因整合在腺病毒基因组的 E1 位置上，获得腺病毒载体，同时进行腺病毒包装。相比 Adeasy 系统，简化了操作，提高了病毒滴度。

腺病毒载体的优势是感染范围广，几乎感染所有的分裂和不分裂细胞系、原代细胞，感染效率高；细胞内表达，不整合染色体，不干扰正常基因；异源基因容载能力大，可达 8kb；可广泛表达人源及非人源蛋白。常用腺病毒载体是人 2 型和 5 型腺病毒载体，主要应用于基因药物和疫苗的研发。2003 年中国批准全球第一个上市基因药物有重组人 p53 腺病毒注射液（今又生，Gendicine），复制缺陷型人 5 型腺病毒携带正常人肿瘤抑制基因 p53，用于治疗头颈部鳞状细胞癌。2005 年上市的安柯瑞（Oncorine），删除了 E1B-55Kd 和 E3 区部分基因片段的溶瘤性腺病毒载体，目标基因为 p53，治疗头颈癌。5 型腺病毒载体重组新型新冠疫苗（克威莎），携带新冠病毒 S 蛋白基因。

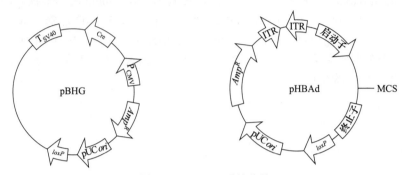

图 12-7　AdMax 系统载体

腺病毒载体系由腺病毒载体、腺病毒基因组质粒和包装细胞组成。通过穿梭质粒和包装质粒共转染进包装细胞，产生携带目标基因的腺病毒。腺病毒载体系统敲除早期基因 E1，将目标基因重组到 E1 基因的位置上，使其只有在提供 E1 基因产物的 HEK293 包装细胞中才能进行繁殖。常用腺病毒载体和 HEK293 细胞来生产重组蛋白。

（2）腺相关病毒载体

腺相关病毒（Adeno-associated virus，AAV）是单链 DNA 缺陷型病毒，基因组 4.7kb，由反向末端重复序列（ITR，145bp）、两个开放阅读框 Rep 和 Cap 组成（图 12-8），Rep 基因可编码腺相关病毒复制、包装、整合所需蛋白，Cap 基因编码衣壳蛋白。

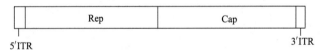

图 12-8　腺相关病毒基因组结构

腺相关病毒载体系统是三质粒系统（图 12-9），包括表达质粒、腺病毒辅助质粒、包装辅助质粒，都含有大肠杆菌复制子、筛选标记。表达质粒含有 LITR-表达盒-RITR，用于构建目标基因表达盒。腺病毒辅助质粒由腺病毒改造而来，含有 E2A、E4 和 VA 基因，负责基因复制、mRNA 加工和蛋白翻译。包装辅助质粒含有 Rep 和 Cap。三质粒瞬时共转染 HEK293 细胞（组成型表达腺病毒 E1a 和 E1b 基因），对病毒进行包装。

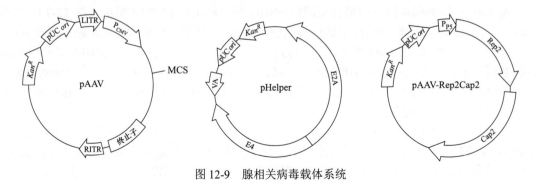

图 12-9　腺相关病毒载体系统

该系统的优点是只需要构建含目标基因的表达载体和普通的转染过程，快速、简便、病毒空壳率相对低。表达载体是敲除 96% 的野生型基因组，安全性好，迄今从未发现野生型腺相关病毒致病。腺相关病毒基因组不插入宿主基因组，没有致癌性风险。宿主细胞范围广和在体内表达时间长。腺相关病毒载体的缺点是包装容量过小，应用场景有限，通常需要其他病毒（如腺病毒、单纯疱疹病毒等）辅助才感染细胞和复制病毒。腺相关病毒载体广泛应用在动物水平的基因表达和基因治疗中，已有 7 个药物上市，分别为 Glybera、Luxturna、Zolgensma、Upstaza、Roctavian 和 Hemgenix、Adstiladrin。全球 AAV 基因治疗药物中近百个处于不同临床期，200 多个处于临床前。

2012 年腺相关病毒载体的基因治疗药物 Glybera 在欧洲有条件上市，用于治疗脂蛋白酯酶缺乏症，到 2017 年因无人使用而退市。2017 年美国批准 Luxturna，目标基因是野生型 RPE65，治疗双等位基因 RPE65 突变引起的先天性黑蒙症。Zolgensma（onasemnogene abeparvovec），治疗脊髓性肌肉萎缩、生存运动神经元 1(SMN1) 基因双等位基因突变的患者。Upstaza（eladocagene exuparvovec，PTC-AADC）是芳香族 L-氨基酸脱羧酶缺乏症的 AAV 基因治疗药物。Roctavian（valoctocogene roxaparvovec）用于治疗没有凝血因子Ⅷ抑制剂史且没有可检测到的 AAV5 型抗体的严重血友病 A 型患者。Hemgenix（etranacogene dezaparvovec）搭载有凝血因子Ⅸ（FIX）基因变体（FIX-Padua），通过静脉给药后在肝脏中表达 FIX 凝血因子，用于治疗 B 型血友病。Adstiladrin 是基于非复制型腺病毒载体携带靶膀胱细胞内表达干扰素 a-2b 蛋白，用于治疗卡介苗无响应的高风险非肌层浸润性膀胱癌。

（3）慢病毒载体

慢病毒（Lentivirus）载体来源于人类免疫缺陷病毒（HIV）基因组。HIV-1 基因组由 2 条正义链的 RNA 组成，长约 9.7 kb，包括 9 个基因和两端长末端重复序列（long terminal repeat，LTR）（634 bp）（图 12-10），被逆转录成 DNA 后整合到宿主基因组中，能长期、稳定表达。Gag 基因编码核心蛋白如核衣壳蛋白、内膜蛋白和外膜蛋白，Pol 基因编码逆转录酶和整合酶，Env 基因编码包膜糖蛋白。Rev 和 Tat 参与转录和蛋白表达的调控，Vif、Vpr、Vpu、Nef 辅助病毒在宿主细胞中的复制。

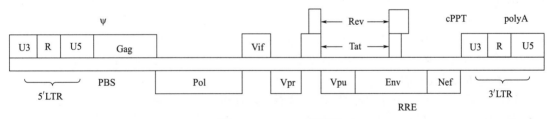

图 12-10 HIV-1 基因组

LTR 不编码蛋白质，但含调控元件 U3、R、U5。5′LTR 的 U3 具有增强子和启动子的作用，对逆转录和整合进入宿主细胞的基因组是必需的。包装信号（Ψ）是介导病毒基因组包装入病毒衣壳的关键。

慢病毒载体经历第 1 代、第 2 代的发展，目前使用第 3 代载体，是四质粒系统（图 12-11）。包装质粒 pLP1 含有 Gag、Pol、RRE。包膜质粒 pLP/VSVG 含有水疱性口炎病毒（vesicular stomatitis virus）包膜糖蛋白 G 基因（VSV-G）替代 HIV 的 Env 基因，扩大宿主范围。调控质粒 pLP2 含有 Rev。转移质粒 pHBLV 是由 HIV 基因组删减而来，含有 5′LTR，目标基因表达盒，删除了 U3，破坏了 LTR 的启动子/增强子活性。转移质粒插入到基因组后会自我失活，提高了安全性。

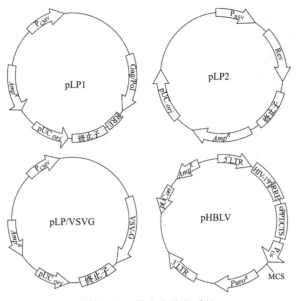

图 12-11 慢病毒载体系统

只要将目标基因表达盒构建在转移质粒上，就可用于后续病毒包装和应用，缩短设计构建的时间。慢病毒载体的优点是能有效地感染包括神经元细胞在内的多种类型细胞，对分裂细胞和非分裂细胞均能感染；免疫原性低，几乎不引起细胞免疫和体液免疫反应，不影响病毒的二次注射。

以慢病毒载体为介导，开发了多种嵌合抗原受体T（Chimeric Antigen Receptor T，CAR-T）细胞药物，为一次性疗法，取代终身药物。2017 年美国上市的第一个基因药物替沙仑赛（tisagenlecleucel）靶向 CD19，含有 4-1BB 的共刺激因子，用于治疗前体 B 细胞急性淋巴细胞白血病。利基迈仑赛（lisocabtagene maraleucel）是 CAR-T 细胞药物，靶向 CD19，用于治疗大 B 细胞淋巴瘤。艾基维仑赛（idecabtagene vicleucel）是靶向 BCMA 的 CAR-T 细胞药物，用于治疗复发或难治性多发性骨髓瘤。Libmeldy 是自体 CD34$^+$细胞药物，用于治疗异染性脑白质营养不良。自体修饰的干细胞药物 Zynteglo（含有正常 β-珠蛋白基因，βA-T87Q 珠蛋白基因），用于治疗 β-地中海贫血。自体干细胞药物 Skysona（elivaldogene autotemcel，Lenti-D）（含有正常 ABCD1 基因），用于治疗 ABCD1 基因突变、早期脑肾上腺脑白质营养不良。

（4）逆转录病毒载体

逆转录病毒（retrovirus）是单链 RNA 病毒，只有感染分裂细胞的能力，能稳定整合到宿主细胞基因组中。逆转录病毒基因组两端为长末端重复序列（LTR），有三个基因 Gag、Pol、Env，分别编码核心蛋白、逆转录酶和膜糖蛋白。

逆转录病毒载体种类较多，用潮霉素、新霉素、嘌呤霉素、杀稻瘟素等抗生素筛选标记。逆转录病毒载体 pMXs（图 12-12）是基于莫洛尼鼠白血病病毒（MMLV）基因组改造而来，在非成熟细胞中沉默，如胚胎瘤细胞、胚胎干细胞和造血干细胞不表达，因此应用受到限制。可选用骨髓瘤病毒（MPSV）和 PCC4 细胞来源的骨髓瘤病毒（PCMV）载体，能在非成熟细胞内稳定表达。类似于腺相关病毒，逆转录病毒包装采用三质粒或四质粒系统进行包装。

逆转录病毒载体可以容纳目标 DNA 的长度在 10kb 左右，转

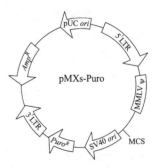

图 12-12 逆转录病毒载体

染率高，广泛用于遗传疾病的基因治疗中。缺点是倾向于插入基因第一个内含子和转录起始位点，它相对慢病毒更容易引起插入性随机突变。

逆转录病毒载体上市的药物有 Zalmoxis、Strimvelis、Yescarta。Zalmoxis 是 T 细胞药物，使用逆转录病毒载体对同种异体来源的 T 细胞表达 1NGFR 和 HSV-TK Mut2 自杀基因。更昔洛韦（ganciclovir）药物杀死引起不良免疫反应的 T 细胞，用于造血干细胞移植后免疫系统的辅助治疗。Strimvelis 是造血干细胞药物，用逆转录病毒将功能性腺苷脱氨酶基因导入造血干细胞，回输到体内，用于治疗腺苷脱氨酶基因突变引起的免疫缺陷疾病。阿基仑塞 Yescarta 是 CAR-T 细胞药物，靶向 CD19，采用 CD28 的共刺激因子，用于治疗复发或难治性大 B 细胞淋巴瘤。

（5）单纯疱疹病毒载体

单纯疱疹病毒（herpes simplex virus, HSV）基因组是双链 DNA，由长片段和短片段组成，每片段均含有单一序列和反向重复序列，编码约 100～200 个基因。疱疹病毒载体的优势是多基因和高载量，广宿主细胞，无毒潜伏感染；不会引起整合突变，具有良好的安全性。缺点是 HSV 载体的构建难度大、时间长。HSV 载体是有前途的溶瘤治疗，2015 年批准上市 T-VEC 治疗黑色素瘤，2021 年批准 Delytact 治疗神经胶质瘤。

慢病毒、腺病毒、腺相关病毒、逆转录病毒和单纯疱疹病毒载体的性能比较见表 12-2。

表 12-2　几种主要病毒载体的性能比较

项目	慢病毒	腺病毒	腺相关病毒	逆转录病毒	单纯疱疹病毒
病毒颗粒/nm	90～100	60～90	20～30	90～100	180
病毒外壳	包膜蛋白	无	无	包膜蛋白	包膜蛋白
基因组类型	RNA	dsDNA	ssDNA	RNA	DNA
基因组大小/kb	9.7	30～50	4.7	8.5	152
载体容量/kb	<7	2～7	<4.7	<7	>30
染色体整合	随机整合，稳定遗传	定向低频整合19号染色体长臂	不整合	随机整合，稳定遗传	整合
感染细胞类型	分裂和非分裂细胞	分裂和非分裂细胞	非分裂细胞为主	分裂细胞	分裂和非分裂细胞
免疫阳性	低	高	很低	中	中
表达丰度	高	高	低	高	中
表达持续时间	稳定	3 周	稳定 6 个月以上	稳定，但有沉默风险	稳定
表达起始时间/h	48～72	24～48	72～96	48～72	48～72

12.2.3　腺相关病毒载体基因药物的生产工艺

基因药物的生产工艺包括基因药物表达载体构建、传染和工程细胞构建、细胞培养和病毒包装、分离纯化，形成制品。

（1）基因药物的腺相关病毒表达载体构建

基于基因药物的核酸序列，设计上下游引物（内含酶切位点），通过 PCR 扩增基因药物编码区 DNA 片段。使用相同的限制性内切酶切割基因药物 DNA 片段和 pAAV，纯化回收。通过连接酶将基因药物 DNA 片段连接到 pAAV 上，构建基因药物的腺相关病毒表达载体。

（2）病毒包装

将基因药物表达病毒载体、腺病毒辅助质粒、包装辅助质粒，使用磷酸钙或聚乙烯亚胺等方法，共转染 HEK293 细胞，对病毒载体进行包装。

（3）转染 HEK293 细胞培养

采用转瓶、搅拌式生物反应器等，使用无血清、完全合成培养基。控制温度、pH 值、溶解氧等动物细胞培养的工艺参数，进行悬浮、扩增培养，形成病毒颗粒。

（4）基因药物制备

收获工程细胞，裂解破碎细胞，释放病毒颗粒。核酸处理，除去粗品中的核酸。膜过滤法去除蛋白类杂质，浓缩，病毒衣壳的亲和层析，捕获病毒粒子。进一步精制纯化，除去工艺相关杂质和产品相关杂质。除菌，超滤浓缩，获得原液，进入制剂工段。

12.3　细胞药物生产工艺

细胞药物是一类使用活性细胞作为治疗手段的药物。这些细胞可以是自身来源的，也可以是来自于捐赠者或经过基因编辑和修饰的细胞。细胞药物通常通过注射或移植到患者体内，诱导、增强或抑制机体的免疫功能来治疗肿瘤和慢性疾病。本节阐述细胞药物的治疗原理和种类、生产的基本过程，并以 CAR-T 细胞药物为例，介绍生产工艺。

12.3.1　细胞药物治疗原理

细胞药物利用细胞的生物学特性和功能，如识别靶标、杀伤或修复、免疫调节、分泌生物活性物质等来进行治疗，以实现针对特定疾病或损伤的精确治疗效果，修复、替代或增强人体组织和免疫系统的功能。它可以通过不同的机制治疗疾病。

（1）细胞替代

细胞药物治疗通过将健康的细胞注射或移植到患者体内，实现对受损、缺失或功能异常的细胞进行替代。这些健康细胞可以是患者自身的细胞，也可以来自供体。

（2）细胞修复和再生

通过注射或移植具有修复和再生能力的细胞，促进组织和器官的修复和再生。这些细胞可能具有增殖、分化、分泌生长因子等功能，能够刺激受损组织的修复过程。

（3）免疫调节

细胞药物可以调节患者的免疫系统，增强或抑制免疫反应。例如，树突状细胞疫苗可以激活免疫细胞，增强免疫应答，用于癌症治疗；而免疫抑制细胞可以用于自身免疫性疾病的治疗，抑制异常的免疫反应。

12.3.2　细胞药物类型

基于细胞类型，细胞药物可分为替代细胞药物、干细胞药物、免疫细胞药物和基因改造细胞药物，生殖细胞不能用于研发药物。

（1）替代细胞药物

使用健康的细胞来替代受损或缺失的细胞，以恢复组织或器官的功能。例如胰岛素产生细胞可以用于治疗糖尿病。

（2）干细胞药物

将干细胞分化为需要的细胞类型，然后植入体内以促进组织修复。干细胞移植用于治疗一些血液系统疾病，如白血病、淋巴瘤和再生障碍性贫血等。

干细胞有多个来源，包括骨髓、外周血和脐带血。骨髓是最常用的干细胞来源，通常通过穿刺取出。外周血干细胞则可以通过给予患者的供者生长因子促进干细胞从骨髓进入血液循环，然后通过血液采集而得到。脐带血则是存储在新生儿脐带和胎盘中的干细胞，可在需要时进行提取和使用。

基因药物、细胞制品特别适合于个性化治疗，全球已经有近 50 个药物上市，成为药品研发新热点。

（3）免疫细胞药物

利用患者或捐赠者的免疫细胞，如 T 细胞或自然杀伤细胞（natural killer cells，NK 细胞），增强免疫系统对肿瘤或感染的攻击能力。NK 细胞属于一类特殊的淋巴细胞，具有与肿瘤相关细胞、病毒感染细胞以及异常细胞相互作用的能力。使用细胞因子（如白细胞介素-2、白细胞介素-15 等）或抗体，激活 NK 细胞，自主识别并杀伤这些异常细胞，而无需事先学习或适应特定的抗原。

（4）基因改造细胞药物

通过基因工程或合成生物学技术对细胞进行改造，使其具有产生特定药物或蛋白质的能力。改造后的细胞被植入患者体内，进行治疗。例如，经过改造的 CAR-T 细胞可以识别和攻击癌细胞，用于抗癌治疗。

12.3.3 细胞药物的生产工艺

细胞药物的生产工艺是一个复杂而严谨的过程，包括培养基筛选、细胞种源选择与构建、扩增与培养工艺、分离纯化与制剂工艺、质量控制与分析。

（1）细胞培养基筛选

不同细胞的营养要求不同，用于治疗的细胞与工业化生产重组蛋白质药物的细胞完全不同。因此，要选择适合的培养基和添加剂成分，确保提供细胞生长所需的营养物质、生长因子和适当的环境。

（2）细胞种源选择与构建

根据细胞药物的治疗目标，选择合适的细胞种源，可以是原代细胞、细胞系、设计构建的工程细胞系。对细胞进行鉴定和检验，包括细胞表型、遗传特征、细胞活力、纯度等的检测，以确保细胞的质量和一致性，并建细胞库。

（3）扩增与培养工艺

取种子批细胞，在洁净厂房的培养容器或反应器内，进行扩增和放大培养。控制温度、pH 值、CO_2 浓度、搅拌等工艺参数，以防止细菌、真菌、病毒或其他污染物，以获得足够数量和质量的细胞。

（4）细胞分离纯化与制剂工艺

从培养液中收获细胞，并通过离心、过滤或分离介质等单元操作技术进行逐级纯化，去除杂质和未存活的细胞。某些细胞药物需要在特定条件下进行激活或处理，以增强其治疗效果。例如，免疫细胞疗法中的 T 细胞需要通过特定的刺激物（如抗原或细胞因子）来激活，以增强其免疫反应。对分离纯化的细胞药物原液，进行制剂化，液氮保存。

（5）质量控制与分析

按照细胞药物的质量标准，进行质量控制与检验分析，包括细胞鉴定与活力、无菌检测、内毒素测试、杂质、残留等，确保细胞药物的安全性和有效性。并按照相关规定的程序和标准配送给医疗机构和患者。

12.3.4 CAR-T 细胞药物生产工艺

嵌合抗原受体（chimeric antigen receptor，CAR）T 细胞是近年来推出的靶向治疗肿瘤的细胞药物。CAR-T 细胞药物的研发与生产工艺包括 CAR 基因表达载体构建与扩繁、CAR-T 细胞构建与培养等过程。

（1）CAR-T 细胞

CAR 的主体结构是由胞外单链可变片段（scFv）、铰链区、跨膜区和胞内信号激活结构域组成，其中 scFv 是由抗体重链和轻链的可变区连接形成的融合蛋白，应答特异性胞外的抗原。当前 CAR 经历了五代改进，第一代 CAR-T 胞内包含 CD3ζ 信号域，但缺乏共刺激域，因此 CAR-T 细胞在体内无法充分激活和增殖，且寿命短。第二代 CAR-T 细胞新增加一个共刺激域（CD28、OX40、4-1BB 等），显著提高 CAR-T 细胞的增殖能力、靶向细胞毒性和持续性。第三代 CAR-T 细胞包含两种或两种以上共刺激域，但其疗效相比于第二代并无显著提升。第四代 CAR-T 细胞表达 IL-12、IL-15、IL-7 等细胞因子、趋化因子及其受体等，在一定程度上能够提升 CAR-T 靶向细胞毒作用，同时提高 CAR-T 细胞在实体瘤组织中的渗透力和持续性。第五代 CAR-T 细胞主要是通过基因编辑技术对 CAR-T 细胞进行基因组水平的改造，如通过敲除 T 细胞中的 HLA 和 TCR 基因，避免移植物抗宿主病和宿主抗移植物反应，以达到制备通用型 CAR-T 细胞的目的。

（2）CAR 表达载体设计与构建

CAR 基因表达载体为慢病毒载体、逆转录病毒载体。针对靶点抗原，通过抗体库技术等，获得靶向特定肿瘤抗原的单抗轻链和重链可变区基因，由 5～15 个氨基酸的柔性连接肽融合表达 scFv。在 scFv 的 N 端设计一个信号肽，引导 CAR 基因在翻译成蛋白后转运到细胞膜上，负责识别胞外抗原。选择 CD8α、CD28 或 IgG4 的铰链区，CD8α、CD28 的穿膜区，4-1BB、CD28 的共刺激域，CD3ζ 的胞内域。这些功能域按照从 N 端至 C 端的顺序串联起来，组成一个 CAR 基因的开放阅读框，表达产物为融合蛋白。通过 PCR、酶切、连接等方法，将 CAR 基因连接到病毒表达载体的多克隆位点上，转化大肠杆菌，筛选、鉴定阳性菌株。培养工程菌，提取 CAR 基因表达载体，并进行质检。

（3）CAR 表达载体的包装

获得慢病毒表达载体后，与病毒包装质粒共转化 HEK293T 细胞，进行病毒包装。培养48h 后，收集细胞培养上清液，分离、纯化、浓缩病毒颗粒，检测滴度。质检合格，用于制备 CAR-T 细胞。

（4）CAR-T 细胞制备

包括 T 细胞制备、病毒感染、CAR-T 细胞扩增。

① **T 细胞制备**　采集患者的血液，经检测合格者，分离制备 T 细胞，并在 37℃、5% CO_2 培养箱培养过夜。

② **病毒感染 T 细胞**　携带 CAR 基因的慢病毒传染 T 细胞，37℃、5% CO_2 培养箱继续培养 48h 后，收集感染的细胞，去掉含病毒的培养基，用新鲜培养基重悬 CAR-T 细胞。

③ **CAR-T 细胞培养**　在 37℃、5% CO_2 培养箱培养 CAR-T 细胞，每 2～3 天细胞计数，并补加新鲜培养基。

④ **CAR-T 细胞收获与冻存**　CAR-T 细胞扩增到一定数量后，收获细胞。用细胞冷冻保护液重悬细胞并混匀，在降温仪中冷冻，在液氮中保存。

（5）临床使用

质量检测合格的 CAR-T 细胞，经冷链运输（干冰或液氮）到医院，在病床边 37℃水浴中解冻，静脉注射患者使用。

思考题

12-1　从抗体的结构出发，分析抗体药物的研发技术路线。

12-2　鼠源和人源抗体药物研发技术和生产工艺有什么不同？

12-3 不同病毒载体有什么特点？如何选择应用基因药物和细胞药物？

12-4 基因药物表达载体、细胞药物表达载体与抗体药物表达载体的构建有什么不同？

12-5 如何研发基因药物的核酸序列？

12-6 基因药物和细胞药物的生产工艺有什么不同？

12-7 基因药物和细胞药物的本质区别是什么？

参考文献

［1］ 马杉姗, 马素永, 赵广荣. 中国抗体药物产业现状与发展前景. 中国生物工程杂志, 2015, 35(12): 109-114.

［2］ 王沁芸, 潘晔, 陈克平, 等. 基因工程抗体及其在识别小分子中的应用. 生物学杂志, 2021, 38(02): 95-99.

［3］ 廖启彬, 肖雯, 王敏, 等. 嵌合抗原受体修饰 T 细胞疗法：过去、现在和未来. 生命的化学, 2022, 42(05): 837-848.

［4］ Carson K L. Flexibility-the guiding principle for antibody manufacturing. Nat Biotechnol, 2005, 23: 1054-1058.

［5］ Hoogenboom H R. Selecting and screening recombinant antibody libraries. Nat Biotechnol, 2005. 23: 1105-1116.

［6］ Anguela X M, High K A. Entering the modern era of gene therapy. Annu Rev Med, 2019, 70: 273-288.

［7］ Li X, Le Y, Zhang Z, et al. Viral vector-based gene therapy. Int J Mol Sci, 2023, 24(9): 7736.

［8］ Piscopo N J, Mueller K P, Das A, et al. Bioengineering solutions for manufacturing challenges in CAR T cells. Biotechnol J, 2018, 13(2): 1700095.

［9］ Rahman M M, Islam M R, Islam M T, et al. Stem cell transplantation therapy and neurological disorders: current status and future perspectives. Biology, 2022, 11(1): 147.

第13章

疫苗生产工艺

学习目标

▷ 了解疫苗的分类、管理及其应用，理解疫苗质量鉴定方法。

▷ 掌握细菌性和病毒性疫苗生产原理和工艺过程，能够研发灭活和减活疫苗，能够解决生产工艺问题。

▷ 应用基因工程和合成生物学技术，能够研发重组疫苗、载体疫苗和 mRNA 疫苗，能够解决生产工艺问题。

疫苗的发明和使用在保障人类健康水平中起到重要作用。疫苗通过免疫接种目标人群，使机体产生针对病原体的特异性免疫力，以提高机体的免疫水平，有效预防疾病的发生与流行。从牛痘疫苗的发明至今，疫苗发展经历了 200 多年，不论是在疫苗菌毒种筛选和疫苗制备上，还是在接种途径和方式等的选择上都开展了很多开创性的工作。本章将从疫苗的发展开始，分别介绍细菌性疫苗、病毒性疫苗、重组疫苗与 mRNA 疫苗的制备工艺，并举例说明不同疫苗研制的特点与质量控制。

13.1 概　述

从牛痘疫苗的发明到 mRNA 疫苗的使用，疫苗在人类疾病的预防中发挥了巨大作用。在这段漫长的发展历史当中，经历了传统疫苗、重组蛋白质疫苗以及核酸疫苗，疫苗在人类疾病的预防中发挥了巨大作用。本章分析疫苗发展史、研发和生产工艺，介绍疫苗概念和发展、分类与管理及疫苗生产的基本过程。

13.1.1　疫苗的概念及发展

（1）疫苗的概念

法国科学家巴斯德（Louis Pasteur）为纪念先驱者医生爱德华·詹纳（Edward Jenner），将其发明的预防天花的牛痘苗命名为疫苗（vaccine）。随着生物技术的发展，疫苗的概念被不断拓展。世界卫生组织（WHO）将疫苗定义为含有免疫原性物质，能够诱导机体产生特异性、主动性和保护性宿主免疫，能够预防感染性疾病的一类异源性药物产品，包括预防和治疗性疫苗。为了加强疫苗管理，保证疫苗质量和供应，规范预防接种，促进疫苗行业发展，保障公众健康，维护公共卫生安全，我国制定了《中华人民共和国疫苗管理法》，其中，疫苗是指为预防、控制疾病的发生、流行，用于人体免疫接种的预防性生物制品，包括免疫规划疫苗和非免疫规划疫苗。

（2）疫苗的发展

疫苗接种始于我国，在 11 世纪的北宋时期，人们将天花痊愈者皮肤痘痂研磨成粉，吹入健康儿童鼻腔以预防天花。该技术传到欧洲后，英国医生爱德华·詹纳于 18 世纪末对其进行了改进，用毒性明显减小的牛痘代替人痘，疫苗的研发以此为开端。

疫苗从诞生至今，其技术发展经历了 3 次革命。第一次始于 19 世纪末，巴斯德成功研制霍乱疫苗、羊炭疽疫苗和狂犬疫苗，并利用生物传代和物理化学方法处理病原体，得到减毒和灭活疫苗。第二次发生在 20 世纪 80 年代，其标志是以基因工程酵母制造乙肝疫苗。这一阶段，从整体病原体疫苗转变到重组分子疫苗生产技术。第三次是 20 世纪 90 年代以后，研制核酸疫苗，该技术最早由美国的沃夫（Wolff）等发明。

13.1.2 疫苗的分类

截至 2020 年底，全球上市 82 种疫苗，用于预防和治疗 46 种疾病。

（1）根据研制技术的疫苗分类

① 传统疫苗（第一代疫苗） 传统疫苗是指用人工变异（或从自然界筛选）获得的减毒或无毒的病原微生物制成的制剂或用理化方法将病原微生物杀死或脱毒制备的生物制剂。主要有三大类：一是经灭活处理的病原体，即灭活疫苗；二是经减毒处理的病毒或细菌（不再能使人体致病），即减毒活疫苗；三是利用微生物的亚单位（亚结构）或代谢产物制成的疫苗，即亚单位疫苗。

② 基因工程疫苗（第二代疫苗） 基因工程疫苗是利用基因工程技术或蛋白质化学技术合成的重组疫苗，主要包括基因工程亚单位疫苗、合成肽疫苗、病毒或细菌活载体疫苗等。

③ 核酸疫苗（第三代疫苗） 核酸疫苗的本质是含有编码某种抗原蛋白基因的真核表达载体，直接导入动物细胞后，表达抗原蛋白，诱导宿主产生对该抗原蛋白的免疫应答，以达到预防和治疗疾病的目的。又可分为 DNA 疫苗、病毒载体疫苗和 RNA 疫苗。

（2）根据疫苗的使用分类

我国疫苗管理法将疫苗分为免疫规划疫苗和非免疫规划疫苗两类。

免疫规划疫苗是指居民应当按照政府的规定接种的疫苗，包括国家免疫规划确定的疫苗，省、自治区、直辖市人民政府在执行国家免疫规划时增加的疫苗，以及县级以上人民政府或者其卫生健康主管部门组织的应急接种或者群体性预防接种所使用的疫苗，如乙肝疫苗、卡介苗、脊髓灰质炎疫苗、百白破疫苗、麻腮风疫苗、乙脑疫苗、流脑疫苗、甲肝疫苗等。

非免疫规划疫苗是指由居民自愿接种的其他疫苗，如水痘疫苗、肺炎疫苗、流感疫苗、霍乱疫苗、HIB 疫苗等。

此外，根据疫苗的性质或作用对象，传统疫苗可分为细菌性疫苗、病毒性疫苗及类毒素（表 13-1）。

表 13-1 疫苗的分类

分类方法		举例
按研制技术分类		
传统疫苗	减毒活疫苗	甲肝疫苗、脊髓灰质炎疫苗（口服）、伤寒疫苗（口服）、卡介苗、麻疹疫苗等
	灭活疫苗	甲肝疫苗、脊髓灰质炎疫苗（注射）、霍乱疫苗、全细胞百日咳疫苗、乙脑疫苗等
	亚单位疫苗	白喉疫苗、脑膜炎球菌多糖疫苗、无细胞百日咳疫苗、伤寒 Vi 多糖疫苗
基因工程疫苗		重组乙肝疫苗、HPV 疫苗、霍乱疫苗、戊肝疫苗等
核酸疫苗		新冠疫苗、寨卡病毒疫苗、埃博拉病毒疫苗、HIV 疫苗、结核疫苗、RSV 疫苗、流感疫苗等

分类方法	举例
按疫苗性质分类	
细菌性疫苗	流脑疫苗、b 型流感嗜血杆菌疫苗、卡介苗、伤寒疫苗、炭疽疫苗等
病毒性疫苗	流感疫苗、HPV 疫苗、乙肝疫苗、麻疹疫苗、狂犬疫苗、脊髓灰质炎疫苗等
类毒素	破伤风疫苗、白喉疫苗

13.1.3　疫苗的基本生产工艺

疫苗的研制首先是对菌毒株进行优化和筛选，建立合格完善的毒种库；然后在完全控制的适宜条件下，进行菌体或细胞的大量培养，合成抗原物质；收集菌体或细胞，通过破碎、离心、过滤、色谱等纯化技术制备抗原；最后加适当的佐剂或生理缓冲体系制成剂型。制备的疫苗需进行生化和免疫及安全性检定或动物实验，以确定其安全性和免疫原性。疫苗制备的生产人员、厂房、实验动物及其他条件要严格遵循 GMP 的要求和管理。

13.1.4　疫苗的配伍与剂型

决定疫苗剂型的主要因素是抗原组成和使用途径。目前临床使用的疫苗剂型有以下几类。

① **液体疫苗**　液体疫苗的成分除全颗粒细菌、病毒（活的或死的）或纯化抗原外，还包括缓冲液、杀菌剂、防腐剂等。杀菌剂、防腐剂用于死疫苗，活疫苗往往含有保护剂，一些死疫苗也含有佐剂。

② **冷冻干燥疫苗**　使用此种剂型的有活疫苗、化学成分明确的疫苗。冷冻并快速抽真空升华干燥后，细菌和病毒的新陈代谢降到最低点，有利于长期存活。不同微生物适应冷冻干燥的情况不同。一般说 G^+ 菌及其孢子冻干后的存活率比 G^- 菌高。对数生长期的细菌冻干的存活率不如静止期的细菌。在冻干和真空情况下，避免了高分子蛋白或多糖等抗原的降解、氧化等，有利于保存抗原性。

③ **口服丸剂疫苗**　近年来对黏膜免疫，包括口服和气雾免疫的研究进展很快。有些疫苗使用黏膜免疫的效果比注射途径好。但疫苗的这种使用途径，若使用液体制剂，需比注射途径大得多的剂量，此外需先服用小苏打中和胃酸。目前正式上市产品中制成口服制剂的人用疫苗只有脊髓灰质炎糖丸疫苗和轮状病毒疫苗。口服疫苗的最理想剂型为与适宜佐剂结合制成的"肠溶衣"丸剂或片剂。

13.2　细菌性疫苗生产工艺

细菌感染性疾病是一类严重危害人类健康的疾病，疫苗能提高易感人群对病原菌的抵抗力，降低病原菌感染的发生率，有利于感染性疾病的控制，所以，开发相关细菌性疫苗一直是该领域的研究热点。本节介绍类毒素、细菌灭活疫苗、细菌减活疫苗的生产工艺。

13.2.1　细菌性疫苗生产的基本流程

细菌性疫苗生产的基本流程可以分为 7 个主要环节，包括菌株的选择、培养基的制备与选择、菌株的培养、灭活、浓缩与纯化、配苗、分装与保存。

（1）菌株的选择

用于制备疫苗的菌株，一般需具备以下几个条件，才能获得安全有效的疫苗。①菌株具有特定的抗原性，能使机体诱发特定的免疫力，足以阻止有关的病原体的入侵或防止机体发生相应的疾病。②在传代的过程中，菌株无污染、能长期保持生物学特性。③菌株在人工繁殖的过程中应无恢复原致病力的现象，不产生神经毒素或其他毒素。④活疫苗的菌株，需要降低其毒力，无临床致病性。⑤疫苗菌株由药品监管部门签发后，才能用于生产。

（2）培养基的制备与选择

基础培养基含有多数细菌生长繁殖所需的基本营养成分，也可作为一般培养基用。病原细菌培养中常用营养肉汤、营养琼脂、蛋白胨等。

了解某种细菌的特殊营养要求，可配制出适合这种细菌而不适合其他细菌生长的增菌培养基，包括通用增菌培养基和专用增菌培养基。

专用增菌培养基，除固有的营养成分外，再添加特殊抑制剂，有利于目的菌的生长繁殖，如碱性蛋白胨用于霍乱弧菌的增菌培养。

鉴别培养基中，加特定的作用底物和指示剂，一般不加抑菌剂，观察细菌在其中生长后对底物的作用如何，从而鉴别细菌。如常用的糖发酵管、三糖铁培养基、伊红-亚甲蓝琼脂等。

厌氧培养基专供厌氧菌的分离、培养和鉴别使用。营养成分丰富，含有特殊生长因子，氧化还原电势低，通常加入亚甲蓝作为氧化还原指示剂。培养基一般 pH 为 7.2～7.6，少数的细菌按生长要求需调整 pH。许多细菌在代谢过程中分解糖类产酸，故常在培养基中加入缓冲剂，以保持稳定的 pH。

（3）菌株的培养

细菌性疫苗生产主要有固体培养和液体培养两种方式。

① **固体培养** 霍乱、伤寒、百日咳、痢疾、布氏杆菌、鼠疫等菌苗用固体琼脂培养生产。由开启的第一代培养物（一般为试管斜面）在大试管培养物中扩大培养再转种于大克氏瓶（每瓶装 100～120mL 琼脂培养基）。琼脂固体培养基生产疫苗的优点是：刮取的是细菌菌体，带有极微量的培养基成分，可以配制成各种浓度。缺点是产量受限制，需人工操作较多。

② **液体培养** 液体悬浮培养的基本工艺过程与常规的发酵过程相同，经历试管菌种、三角瓶液体培养、种子罐培养，到发酵罐培养。在菌株最适宜的温度、pH、溶解氧等条件下生长、增殖。

（4）灭活

灭活是指破坏微生物的生物学活性，破坏微生物的繁殖能力及致病性，但尽可能地不影响或少影响其免疫原性。灭活的方法包括物理灭活和化学灭活。物理法如加热、射线照射等，化学法是目前常用的灭活方法，常用的灭活剂包括甲醛、苯酚、结晶紫、烷化剂等。甲醛是最古典也是目前应用最广的灭活剂，商品为 36%～40%的甲醛水溶液，称为福尔马林。

灭活剂的灭活效果与灭活剂本身的性质特点、灭活剂的浓度、微生物的种类、灭活的温度和时间、酸碱度等因素有关。无论何种灭活剂，用于何种微生物，灭活剂的浓度和处理时间均需由实验的结果来确定，通常以用量小、处理时间短而有效为原则。甲醛用量一般在 0.05%～1%之间，灭活时间 2 天到半个月不等，灭活后进行无菌检查。

（5）浓缩与纯化

培养所得的菌液中含有大量培养基成分，有必要对菌体进行浓缩，使菌体与培养液中的杂质分开，菌体用生理盐水稀释后，得到纯化的菌液，一定程度上可降低疫苗的副反应。常用的方法有离心沉淀法、氢氧化铝吸附沉淀法和羧甲基纤维沉淀法。

（6）配苗

灭活后的菌液，一般要用含防腐剂的生理盐水稀释至所需的浓度，再加入佐剂，增强其免疫原性。

佐剂是指单独使用时一般没有免疫原性，与抗原物质合并使用时，能增强抗原物质的免疫原性，增强机体的免疫应答，或者改变机体免疫应答类型的物质。灭活苗、类毒素、微生物亚单位苗、基因工程苗及合成苗等，免疫原性较差，必须在其中加入佐剂。

常用的灭活苗均含有油佐剂或氢氧化铝胶佐剂，其中氢氧化铝胶是一种无毒、具有良好吸附性能的佐剂，是人用生物制品中常用的佐剂。但铝胶佐剂也有使注射部位产生肉芽肿的可能，无菌性脓肿具有影响人和动物的神经系统等副作用，且还有冷冻易变性、主要诱导体液免疫等缺点。开发新型佐剂也是目前疫苗生产方面研究的热点。

根据佐剂的类型，可在灭活的同时或之后加入适当比例的佐剂，充分混匀。如一些氢氧化铝菌苗可在加入甲醛灭活的同时，加入氢氧化铝胶配苗；油佐剂苗常用的配苗程序是于灭菌的油乳剂中，边搅拌边加入适当比例的灭活菌液。

（7）分装与保存

充分混匀的菌液应及时在无菌条件下分装于合适的容器，加塞封口后、贴标签或印字，然后在 2～10℃保存。但疫苗的稳定性较差，一般在 2～8℃下只能保存 12 个月，当温度升高后，效力很快降低。在 37℃下，许多疫苗只能稳定几天或几小时，故非常不利于在室温下运输。为使疫苗的稳定性提高，可用冻干的方法使之干燥。这样，疫苗的有效期往往可延长 1 倍或 1 倍以上。

冻干的要点是 0℃冷冻，即将疫苗冷冻至共熔点以下；真空升华，即在真空状态下将水分直接由固态升华为气态；升温缓，即升温的过程尽量缓，不使苗在任何时间下有融解情况发生。冻干好的疫苗应在真空或充氮后密封保存，使其残余水分保持 3%以下。

13.2.2 破伤风类毒素生产工艺

破伤风类毒素（tetanus toxoid，TT）是由破伤风梭菌（*Clostridium tetani*）产生并分泌至菌体外的一种蛋白质毒素。

（1）破伤风菌种

破伤风梭菌具有产毒效价高、免疫力强，经过药品监管部门批准的菌株。生产用菌种，可不定期地进行筛选，以便得到产毒力较好的菌株。

（2）产毒用培养基制备

选择营养成分丰富的培养基，以刺激毒素形成和增长。因此破伤风产毒培养基以蛋白水解液为基础，再添加适当氨基酸及维生素等以获取高价毒素。所使用的蛋白来源品种很多，如牛肉、牛心、鱼粉、酪蛋白及黄豆蛋白等。马肉是已知的引起过敏反应的致敏原，故不能用于制造产毒培养基。用酶（胃或胰酶等）、酸或酶酸联合水解等蛋白质，水解程度不仅影响产毒高低，也影响所制类毒素质量。水解程度不足，则所含大分子物质过多，使精制类毒素纯度下降，引起过敏反应。但过度水解则使类毒素产量下降甚至不产类毒素。在较温和的条件下进行水解，以维持一定水解程度。多采用酪蛋白酸水解液，用 2%盐酸在 0.1 MPa 压力下水解。为去除水解不完全的大分子物质，将水解后的基础液调 pH 至 4.6，使其沉淀析出，再用活性炭脱色，过滤后保存备用。产毒培养基中加甘油及炭末，其作用在于增加厌氧环境并保护及稳定毒素，同时炭末可吸附培养过程中所产生的有害物质，从而提高毒素效价。

（3）厌氧发酵与产毒

破伤风梭菌是专性厌氧菌，故培养中必须保证厌氧条件，才能获得良好的生长繁殖。小量液体培养可采取增加培养基深度，加组织小块、半胱氨酸、抗坏血酸及葡萄糖等措施，在液面上覆盖液体石蜡，或制成半固体培养基亦很有效。接种前应将培养基加热煮沸，以去除溶解在培养基中的氧气，然后急速冷却。

除注意厌氧条件外，还必须及时排除繁殖过程中产生的有害气体，如 CO_2、H_2S 等。

在使用大罐培养时，利用氢或氮气置换出 CO_2 及 H_2S。使用压缩空气应保持平压，以尽量减小培养基的溶氧量。搅拌可使培养基的溶解氧增加，从而破坏了厌氧环境，对菌体繁殖产毒不利。

培养温度对产毒有重要影响，应严加控制。一般采用 34℃为培养产毒温度，偏离适宜温度即降低或升高，产毒水平皆下降。在培养过程中培养基 pH 的变化不大，如原培养基 pH7.2～7.3，培养后 pH6.9～7.0。由于培养基与菌种的差别，培养时间由 3～8d 不等，一般为 6d 左右。毒素是在菌体繁殖高峰期后，通过菌体自溶释放到培养基中的，因此，收获毒素要选择适当时机。

（4）脱毒

通常加入 0.3%～0.4%的 40%甲醛，进行脱毒。加入时应快摇慢加，以避免因局部浓度过高而增加抗原损失。然后放于 37℃温室中脱毒 30 d。脱毒时间的长短与甲醛加量、加温的高低、pH 值、培养基总氮量及成分有关。在一定限度内增加甲醛量、提高温度或 pH 值，可加速脱毒过程，不过随着三者的增高，抗原损失亦会增加。

毒素脱毒的快慢与培养基的氮量亦有很大关系。在同样条件下，总氮为 5～6mg/mL 时，脱毒要超过 40d，如总氮降至 3～4mg/mL，则在 30d 左右便可脱毒。在生产中对所使用的培养基总氮含量控制在 4mg/mL 以下为宜，否则不仅脱毒困难，对制品最后纯度也有很不利影响。

（5）类毒素的浓缩与精制

可采用先毒素精制后脱毒，也可采用先脱毒成类毒素后精制。脱毒后，精制的主要过程如下。

① **超滤浓缩**　使用截留分子量为 50000 的中空纤维超滤器，每批约 300L 类毒素经循环超滤后，浓缩至 4L。

② **硫酸铵沉淀**　采用两段法，第 1 次加固体硫酸铵至 16%，放置过夜。以帆布滤槽过滤，滤清后将沉淀废弃。第 2 次于滤液中加固体硫酸铵至 30%，搅拌溶解后放置过夜，再以帆布过滤，收集沉淀以蒸馏水溶解。

③ **超滤透析**　将上项溶液加蒸馏水稀释至原类毒素量的 1/2，然后循环超滤以去除溶液中的硫酸铵，以硫酸铵含量降至 0.1%以下为合格。

（6）除菌过滤

将精制类毒素稀释到适当浓度，加 1%硫柳汞溶液，使最后浓度为 1/10000。用 8.5%的 NaCl 溶液补加至最后浓度为 0.85%。以 5%NaOH 溶液调 pH 至 6.8～7.2。用孔径为 0.22μm 的微孔膜除菌过滤。

（7）吸附精制类毒素的制备

用三氯化铝加氢氧化钠法，配制吸附剂氢氧化铝。在无菌条件下，将精制类毒素按 7Lf/mL 加入吸附剂中，同时加 1/15mol/L 磷酸盐缓冲液（pH6.6），使最终浓度为 1/300mol/L，最后加 1%硫柳汞溶液，使最终浓度为 1/10000。搅拌均匀后便可分装。

13.2.3　百日咳疫苗生产工艺

百日咳是由百日咳鲍特菌感染引起的一种急性细菌性呼吸系统传染病，导致婴幼儿、青少年以及成人发病，有时会在婴幼儿中发生致命性感染。随着百日咳疫苗免疫接种覆盖率的不断提高，大大降低了该疾病的发病率和死亡率。

主要有两类百日咳疫苗：基于灭活百日咳鲍特菌制成的全细胞（whole cell pertussis vaccine，wPV）疫苗和基于高度纯化的选择性细菌组分制成的无细胞（acellular pertussis vaccine，aPV）疫苗。

（1）全细胞百日咳疫苗生产工艺

① **生产用菌种** 必须通过中国药品生物制品检定所的确认或由国家权威部门下发。国内使用的主要是 CS 株。

② **液体发酵工艺制备原液** 包括发酵和灭活两个阶段。a. 使用半综合液体培养基，将固体传代菌种或液体菌种，接种至 100～2000L 的 316L 型钢材的发酵罐中，37℃通气搅拌培养。离心收集菌体（WHO 推荐），去除游离的毒性物质和培养基成分，同时也失去了上清液中的 FHA、PT 等保护性抗原，因此疫苗的不良反应较小，但免疫效果不好。我国采用酸沉淀法，即在培养物中加入适量 HCl，调 pH 至 3.8～4.0，使菌体和可溶性抗原 PT、FHA 等沉淀，隔日虹吸去掉上清液，将沉淀物悬液再以缓冲液调 pH 至 7.2。某些毒性物质含量比离心收集菌体较高，导致一些不良反应，但疫苗效力较好。b.菌体溶解在磷酸缓冲液中，加入 0.1% 甲醛，于 37℃存放 2～3d 杀菌，或加入 0.04%甲醛处理 1～2d 后，再以 56℃加热 30min。原液经纯菌试验和无菌试验合格后，保存于 4～8℃冷库，原液需放置 3～4 个月，待解毒完全，各项检定指标合格后才可用于配制 DTwP 联合疫苗。

③ **DTwP 联合疫苗配制** 通常将 wPV 与白喉类毒素（diphtheria toxoid，DT）、破伤风类毒素（tetanus toxoid，TT）混合，附于佐剂铝盐上，加入适量的硫柳汞防腐。制成三联疫苗（DTwP），用于儿童预防百日咳、白喉和破伤风三种疾病。佐剂主要包括磷酸铝、硫酸钾铝和三氯化铝等，以提高疫苗的免疫原性，降低不良反应。以三氯化铝加氢氧化钠制备氢氧化铝吸附剂，用量 1～1.5mg/mL。百白破三联制剂，其中百日咳菌浓度≤90 亿/mL，白喉类毒素为 20Lf/mL，破伤风类毒素为 5～20Lf/mL。

wPV 疫苗也与其他疫苗，如 b 型流感嗜血杆菌疫苗、乙型肝炎疫苗或灭活脊灰疫苗，配制成联合疫苗，常规接种于婴幼儿。

（2）无细胞百日咳疫苗生产工艺

① **aPV 的抗原组成** 以 aPV 中 PT 和 FHA 各占比例为依据，国际上将 aPV 分为两种类型：B 型和 T 型。B 型 aPV 的抗原成分仅含 PT 和 FHA，二者几乎各占 50%。T 型 aPV 抗原成分以 FHA、PT 为主，而且 FHA 所占的比例多于 PT，多数还含有凝集原，甚至含有 PRN。我国的 aPV 属于 T 型疫苗。

② **生产菌种** 采用含有 1、2、3 血清型的 I 相 CS 菌株，可产生较丰富的 FHA、PT 或其他保护性抗原。

③ **发酵培养基** 种子制备使用包姜氏培养基，发酵使用活性炭培养基。百日咳菌不利用糖，氨基酸代谢是其主要的碳源、氮源及能量来源，目前使用较普遍的是 Stainer 和 Scholte 发明的化学成分明确的 SS 培养基、改进的 SS 培养基、含环状糊精（能提高产量）的液体培养基，而不用含有较大分子的半综合培养基。

④ **发酵工艺** 将菌种启开在包姜氏或半综合炭琼脂培养基上，于 35～36℃通过 2～3 次在固体培养基或 SS 综合液体培养基上传代，再扩大到 500～10000L 发酵罐培养，接种量大约为 10%，接种后的细菌起始浓度 OD_{650} 为 0.1。罐的体积和形状、培养基装量、搅拌方式和速度、通气方式及通气质量（空气或纯氧）均会影响百日咳菌的生长情况和 PT、FHA 等产量。通氧量过大，过多的泡沫引起细菌结絮、漂浮，影响 PT 的产量。通常采用 30%的纯氧进行发酵，培养 18～24h 以后，每毫升培养物中 PT 的产量能高达 4～6μg。百日咳杆菌的生长和繁殖需双价铁离子，但 SS 培养基中的铁离子会抑制 PT 的产生，故在最后一代培养基中要去掉铁离子，只残留由种子培养物带入的铁离子，大约是正常铁离子含量的 10%，有利于保证 PT 的产量。

⑤ **抗原纯化** 将培养物上清液或全培养物，以 33%饱和硫酸铵和 50%饱和硫酸铵，分

两段盐析（或两段 33%硫酸铵盐析）。将盐析沉淀物用 0.5～1.0mol/L NaCl 缓冲液（pH8.0）抽提百日咳菌主要保护性抗原 FHA 和 PT，再经 5%～30%蔗糖密度梯度离心，收集含有 FHA 和 PT 的部分（可能含有很少量凝集原和 PRN）。采用凝胶吸附（硫酸盐纤维素）、亲和柱层析（结合珠蛋白、琼脂糖 4B）等方法，分别提取出高纯度的 FHA、PT、PRN 和 FIM1、FIM2 多种抗原，制备单组分疫苗或定量混合成多组分疫苗。

⑥ **解毒制备 aPV 原液**　采用甲醛或戊二醛，进行解毒处理，将 PT 抗原变为类毒素。解毒剂甲醛多采用少量分次加入或一次加入，同时加入赖氨酸、明胶和吐温 80 等成分，延长解毒时间，以达到使 PT 充分解毒。甲醛解毒制品有毒性逆转现象，现已引起重视。戊二醛解毒速度快，解毒过程不易控制，但解毒后制品质量稳定，未见毒性逆转现象出现。选用过氧化氢（H_2O_2）为解毒剂，在适宜条件下仅用 2h 即可，完全失掉其原有的毒素活性。甲醛解毒能破坏 PT 的部分抗原结构，从而影响对机体产生良好的免疫作用，这样为使疫苗效力全面提高，则必须再加入百日咳菌的其他抗原成分，才能使疫苗达到最好的保护效果。抗原解毒后需将解毒剂以透析或离心方式去除，并将抗原经超声波处理后制成均匀悬液。疫苗原液中应含有<0.01%硫柳汞防腐剂。

⑦ **DTaP 联合疫苗配制**　aPV 原液与白喉、破伤风类毒素混合，用氢氧化铝吸附制成吸附无细胞百日咳、白喉、破伤风联合疫苗。每毫升 DTaP 疫苗含百日咳抗原 10～18μg 蛋白氮，白喉类毒素 20～33Lf，破伤风类毒素 5～7Lf，200～400μg 铝离子。

无细胞百日咳疫苗安全性高，副作用较轻，逐渐代替了全细胞百日咳疫苗，百日咳报告发病率较以往更低。但近 20 年来，出现了"百日咳再现"现象。其主要因素是 DTaP 不能提供长期保护效果，导致青少年和成年人发病率上升，不能有效阻止百日咳在人群中的传播，因此，需进一步改善或开发下一代疫苗。对 aPVs 的改进方向，基因脱毒疫苗已取得了明显的临床效果，其他改进策略包括在现有 aPVs 中使用新型佐剂、增加抗原，或采用纳米颗粒包装等也均具有良好的发展前景。

13.2.4　卡介苗的生产工艺

卡介苗（Bacille Calmette-Guerin，BCG）是用发明疫苗的两个法国细菌学家卡尔美（A. L. Calmette）和卡林（C. Guerin）而命名的，有两种产品。一种是皮内注射用卡介苗（冻干粉针剂），主要对象是新生儿及婴幼儿，被称为出生后第一针。接种预防结核杆菌（*Mycobacteria tuberculosis*）引起的人畜共患的慢性传染结核病（tuberculosis），主要是肺结核和结核性脑膜炎、哮喘性支气管炎及预防小儿感冒。另一种是治疗用卡介苗（注射用无菌粉末），用于治疗膀胱原位癌和预防复发，预防 Ta 或 T1 期的膀胱乳头状癌术后的复发，还可用于其他肿瘤术前或化疗后作为辅助治疗。

卡介苗是减活疫苗，其车间属于低生物安全风险车间，满足 B 级洁净度的基础上，在接种、菌体收获、原液制备、分装等杆菌暴露性单元操作，其局部应该为 A 级。从事卡介苗生产人员必须身体健康，每年须作胸部透视 1～2 次，无结核病。卡介苗生产厂房必须与其它制品生产厂房严格分开，生产中涉及活生物的生产设备应当专用。

卡介苗大多采用表面培养，少数采用发酵罐培养。

（1）表面培养工艺

采用改良的苏通马铃薯培养基，培养温度 37～39℃，传代 2～3 次，收集制成 100mg/mL 悬液。取 4～5mL 悬液种入苏通马铃薯培养基中，培养 14～21d 后，卡介菌从瓶底生长延伸至瓶壁，逐渐覆盖液体表面，形成纱膜，取纱膜传代。收集 9～10d 的纱膜第 2 代或第 3 代，用于制备卡介苗。

（2）发酵罐培养工艺

① 培养基成分　　每升无热原蒸馏水中含天冬酰胺 0.5g、柠檬酸镁 1.5g、磷酸氢钾 5.0g、硫酸钾 0.5g、吐温 800.5mL、葡萄糖 10g。

② 种子培养　　将保存于苏通培养基上的原代种子接发酵培养基中，传代 2 次，于 37℃ 培养 7d。

③ 发酵培养　　将种子接种到 8L 发酵罐（6L 培养基）中，通气搅拌，于 37℃培养 7～9d。

（3）冻干疫苗制备

离心收集菌体，洗涤，再离心集菌，压干、称量、钢珠研磨，加保护剂谷氨酸钠制成原液。取原液稀释成所要浓度卡介苗，制成半成品。分装后，立即冻干、充氮或真空封口，制成冻干制剂。

13.3　病毒性疫苗生产工艺

病毒性疫苗作为最早应用的疫苗类型，对于保护机体健康发挥着重要的作用。本节介绍灭活疫苗、减活疫苗、重组疫苗、mRNA 疫苗的研发和生产工艺。

13.3.1　病毒灭活疫苗生产工艺

病毒灭活疫苗生产的一般工艺过程包括病毒的扩增、灭活、纯化、原液、半成品、成品及包装（图 13-1）。

图 13-1　病毒疫苗的生产工艺

（1）病毒的接种、培养和收获

需要优化的生产工艺主要技术参数包括病毒的接种量、感染时间、病毒的繁殖动态，细胞基质的培养条件、生产过程中污染的控制，不同收获次数的比较等。根据优化结果确定收获终点，限定收获次数范围。需对收获液进行全面检测，包括病毒滴度、抗原含量、蛋白含量、无菌试验和支原体检测等。如果生产用细胞基质可能引入新的外源因子污染（如非 SPF 级鸡胚），应增加相应外源因子的检测。

（2）病毒灭活

病毒能否被彻底灭活是灭活疫苗生产工艺研究的重点，因此需对灭活条件进行充分的研究和验证。

① 灭活剂的选择　　常用的灭活剂有甲醛和 β-丙内酯等。不同灭活剂的灭活原理不同，在研制新的病毒灭活疫苗时，应考虑所采用的灭活方法的合理性。

② 灭活工艺　　选择适合的灭活剂后，应对灭活条件进行优化，如病毒滴度或蛋白浓度/抗原含量、灭活剂的浓度、pH 值、作用时间以及作用温度、离子强度等，应对可能影响灭活效果的参数分别进行研究，根据病毒灭活的动力学变化，综合各研究的病毒灭活速率和灭活曲线，确定最佳的灭活工艺参数。

③ **病毒灭活方法验证** 应同时考虑灭活效果和灭活方法及参数对产品质量的影响两方面的验证。需提供病毒灭活验证的详细资料。可采用敏感细胞盲传 3 代，对每代细胞进行检测，而且取样量和接种量应具有广泛的代表性。应采用最敏感的检测方法来验证无活病毒。这些方法应该有足够的灵敏度和可重复性，每一个取样点应取双份样品，并设对照以保证结果的准确性；也可直接采用动物法，观察接种动物的存活情况。同时，还要验证灭活条件对疫苗抗原含量、效价等的影响。

（3）纯化工艺

病毒通常在细胞中培养，收获的培养液除含有病毒外，还含有细胞蛋白（杂蛋白）、培养中引入的杂质等。如果疫苗中含杂质量过多，则会引起过敏反应或其他不良反应。因此，疫苗必须进行纯化，去除杂质。

目前，灭活疫苗通常采用的纯化工艺包括超滤、柱层析和密度梯度离心等。超滤可去除部分分子量较小的杂蛋白和工艺相关杂质，如灭活剂等，并使收获液体积大大减小，利于后续工艺操作。应通过对杂蛋白及 DNA 去除率、抗原回收率等的研究选择不同截留分子量的超滤膜、确定浓缩倍数。柱层析和密度梯度离心为去除宿主细胞蛋白、DNA 等杂质的有效步骤，应优化层析条件，如层析柱类型、上样量、洗脱液条件等工艺参数。梯度离心是根据病毒颗粒的沉降系数来分离病毒，通过对不同梯度液中的病毒滴度的检测来确定收集病毒的条件。

纯化工艺确定后，还要对其进行验证。通过对各纯化步骤对细胞基质相关杂质、工艺相关杂质（如有机溶剂、核酸内切酶、灭活剂、裂解剂、残留牛血清等）的去除效果以及对有效成分的分离纯化效果的验证，来评估纯化工艺的合理性。同时，还要关注纯化过程中污染的控制，进行中间产物（如超滤液、层析洗脱液等）细菌内毒素含量及微生物限度的检测，并根据多批次的生产检定结果建立限度标准。

（4）裂解工艺

某些疫苗（如流感病毒裂解疫苗）需进行裂解工艺处理。研发中需要进行裂解剂的选择、裂解工艺的优化研究，并进行工艺验证。裂解剂的选择一般应遵循以下原则：①已应用于生物制品或药品生产的试剂；②毒性不宜过高；③应具有较高的溶解病毒膜抗原的能力和较高的收率。选择了裂解剂后，应对裂解工艺参数进行优化，如裂解剂的浓度、底物（如流感病毒）的浓度、作用时间等。确定参数时，除考虑裂解效果外，还应考虑裂解剂可能对疫苗免疫原性的影响。Triton X-100 的浓度若高于 1.0%，裂解时间超过 90min 后，在病毒裂解的同时，部分血凝素发生了断裂，从而影响了疫苗的免疫原性。同一裂解剂对不同型别的流感病毒毒株的裂解效果不同，因季节性流感每年都要更换毒株，应重新进行裂解工艺参数的优化。裂解完成后，要进行二次纯化，以去除杂蛋白和裂解剂等杂质。

13.3.2 新冠病毒灭活疫苗生产工艺

新型冠状病毒疫苗 [SARS-Cov-2 vaccine（Vero cell），inactivated] 用于预防 19-新冠病毒疾病（coronavirus disease 2019，COVID-19），中国国家药品监督管理局附条件批准了三款新冠灭活疫苗(Vero 细胞)。基础免疫程序为肌内注射，2 剂次，每剂间隔 21～28 天，每 1 次人用剂量为 0.5 mL。在建立人群免疫屏障、降低重症和死亡率，有效遏制了新冠疫情的扩散和蔓延，为全球抗疫做出了重要贡献。

（1）新冠毒株

新冠疫苗的毒种来源于分离株，在恒河猴、食蟹猴等动物模型身上开展疫苗的免疫原性、安全性和有效性试验，随后被临床试验证明是有效的。经过严格筛选和纯化，按标准建立三级毒种库。

（2）病毒扩增工艺

① **工作毒种批制备**　主种子批病毒，接种转瓶中贴壁的非洲绿猴肾细胞（Vero 细胞），在 5%CO_2、37℃下培养 2～3d。传代至工作种子批，收获病毒液，进行病毒滴度检测，合格后-70℃冰箱备用。

② **Vero 细胞高密度培养与病毒扩增**　可采用篮式反应器（含有片状载体），培养 Vero 细胞。细胞贴附在载体上增殖形成单层，比搅拌生物反应器的细胞密度更高。片状载体可吸附宿主蛋白和脱落的细胞，还有利于提高收获液的质量。控制温度 37℃，pH 为 7.0～7.4，溶解氧 40%～60%。根据 pH 和 OD 变化，自动分配空气、氧气、二氧化碳、氮气的比例。检测葡萄糖的消耗，调整流加速度。细胞生长进入平台期后，接种工作种子批病毒。继续培养，低速流加糖，检测病毒滴度。48～96h 后，收获病毒液。

（3）新冠病毒灭活工艺

离心去除细胞碎片和杂质，柱层析、密度梯度离心等去除宿主细胞蛋白和 DNA、培养工艺引入的杂质，纯化新冠病毒颗粒。再超滤浓缩 10～15 倍，提高病毒颗粒含量。过滤除菌后，加入 β-丙内酯，低温 4℃下处理，进行化学灭活。37℃下水解，以去除残留的 β-丙内酯。经无菌试验和灭活试验、病毒活性和抗原含量合格后的病毒液为原液。

（4）新冠疫苗制剂工艺

向病毒原液加入氢氧化铝佐剂，进行吸附。按制剂配方比例，将病毒吸附物、氯化钠、磷酸氢二钠、磷酸二氢钠混合均匀，检验合格为半成品。分装制成产品，进行轧盖、喷码、贴签、包装，入库。

13.3.3　流感灭活疫苗生产工艺

流感疫苗应用于预防流行性病毒引起的感冒。成人中广泛使用纯化三价（H3N2 和 H1N1 亚型及乙型毒株）裂解苗或全病毒灭活疫苗，儿童中使用最多的为亚单位（HA 和 NA）疫苗。

（1）流感灭活疫苗的毒株

生产流感灭活疫苗（influenza inactivated vaccine）的毒株，从流感患者中分离、鉴定流感病毒。经过筛选，研发成疫苗的毒株。疫苗株随流感病毒流行株的变异须及时更换，否则免疫效果就无保证，甚至无效，每年 5 月由 WHO 公布当年的流感病毒流行株。

（2）流感病毒扩增

采用鸡胚培养，扩增流感病毒。鸡胚接种流感疫苗毒种，33～37℃培养，48～72h。

（3）裂解苗制备

收获培养液，弃沉渣。离心收集病毒颗粒，加甲醛灭活。去除裂解剂，制成原液。鉴定合格者，稀释成半成品，分装成品，保存。

（4）亚单位疫苗制备

灭活后的病毒，采用超滤和密度区带离心进行浓缩和纯化。透析脱糖，超滤除菌。回收 HA 和 NA 蛋白，制成原液、半成品、成品疫苗。

13.3.4　水痘减活疫苗生产工艺

水痘减活疫苗（live attenuated varicella vaccine）是预防水痘带状疱疹病毒感染，其临床表现为皮疹。

（1）水痘疫苗的毒种

减毒的水痘病毒用于生产减活疫苗，世界卫生组织认为 Oka 减毒株适于生产水痘活疫苗，猴体试验无神经毒力。

（2）细胞培养与病毒扩增

使用二倍体细胞，如2BS、MRC-5细胞，并且建立工作细胞库。基质细胞接种在克氏瓶等较小容器中，在37℃、5%CO_2培养箱，培养约1~2周。细胞刚刚汇合时，去培养液，加入0.5%胰蛋白酶37℃消化。离心收集细胞，洗涤三次，去除残留胰蛋白酶。传代接种到15 L转瓶或生物反应器中，控制37℃，培养约1~2周。细胞刚刚布满一层时，接种水痘疫苗生产用毒种。

毒种接种细胞后，使用无血清培养基，在37℃下培养，扩增病毒。在生产的任何阶段都不得使用青霉素或其他β-内酰胺类抗生素。

（3）制剂成型

当50%以上感染的细胞发生病变后，超声波或高速气流处理，获得无细胞病毒收获物。加稳定剂并保存在-60℃。使用膜过滤或离心，将细胞碎片与病毒分开。加入糖和缓冲盐等病毒保护剂，制成澄清原液，显微镜观察不可见细胞及细胞颗粒。分装后，制成冻干水痘疫苗产品。

13.4　重组蛋白质疫苗生产工艺

重组蛋白质疫苗是基因工程技术研发和生产的疫苗，属于亚单位疫苗。抗原纯度高，疫苗安全性较好，具有良好的免疫原性。本节介绍重组乙肝疫苗、重组新冠S蛋白疫苗生产工艺。

13.4.1　重组乙肝疫苗生产工艺

重组乙肝疫苗（recombinant hepatitis B vaccine）用于预防和阻断乙型肝炎病毒的感染和传播。乙肝疫苗的活性成分是乙肝病毒的S基因，表达产物是乙肝表面抗原（简称HBsAg）。重组乙肝疫苗生产的宿主有酿酒酵母、毕赤酵母、汉逊酵母、甲基营养酵母、CHO细胞。用CHO细胞表达S基因、前S基因，则产生抗原HBsAg和前S蛋白，使HBsAg免疫无应答者产生应答。我国已经用重组乙肝疫苗取代了血源性乙肝疫苗。

（1）酵母系统生产乙肝疫苗

① **工程菌构建**　采用酶切或PCR或基因设计合成等策略，获得乙肝病毒S基因，用强组成型启动子（如甘油醛磷酸脱氢酶启动子）、醇脱氢酶基因终止子，构建成S基因表达盒。再克隆到2μm穿梭质粒上，构建出表达载体。转化酵母细胞，筛选得到表达S蛋白的工程酵母，使用氨基酸营养缺陷型，作为表达载体的遗传选择标记。

② **发酵罐培养**　将冻存的工程酵母菌经三角瓶、小种子罐、大种子罐培养，放大到该年度生产用种子，并经各项检定符合生产要求。将生产用种子接种在发酵罐中，培养基成分含有葡萄糖、乙醇、甘油、无机盐、消泡剂等，用NH_4OH调节pH。pH值维持在5.0，溶解氧40%~60%，25℃培养2 d，菌浓度达到OD_{600}为60~82，结束发酵，离心收集工程酵母菌。

③ **抗原的制备**　工程酵母菌合成的乙肝抗原不能分泌到细胞外，必须破碎后制备。经高压匀浆机破碎酵母细胞，去除细胞碎片和小分子后，用硅胶吸附收集粗抗原。用疏水层析柱进行精制纯化，抗原纯度可达≥99.9%。

④ **制剂成型**　纯化的HBsAg，进行硫氰酸盐灭活处理，氢氧化铝吸附，加入硫柳汞，制成原液。分装，每剂含抗原5μg/0.5mL用于儿童，10μg/0.5mL用于成人或低免疫应答人群。

（2）CHO细胞生产重组乙肝疫苗

① **工程CHO细胞系的建立**　使用SV40早期启动子和终止子，驱动乙肝病毒S基因表达，构建CHO细胞的S基因表达载体。将表达载体转染CHO细胞，筛选得到遗传稳定、高表达的重组细胞，建立工程CHO细胞系。

② **CHO工程细胞培养**　在反应器中培养工程CHO细胞，控制温度、pH、溶解氧、营养等，随着细胞增殖，不断合成抗原。工程CHO细胞合成的HBsAg分泌到培养液中，培养过程中可多次收液。

③ **抗原的分离与纯化**　离心收集培养液，半饱和硫酸铵沉淀，获得粗品。用溴化钾超速离心，超过滤后经疏水柱层析或凝胶过柱，以获得纯化抗原。

④ **制剂成型**　经除菌过滤后加入氢氧化铝佐剂，制成原液。分装，每剂含量为20μg/mL。

13.4.2　重组新冠疫苗生产工艺

重组新冠蛋白疫苗的活性成分是新冠病毒的刺突蛋白（S蛋白）或S蛋白受体结合域（receptor binding domain，RBD），由S基因或RBD编码，采用工程化CHO细胞培养进行生产。还有阿尔法（alpha）、贝塔（beta）、德尔塔（delta）和奥密克戎（omicron）四种新冠病毒变异株的S蛋白，组成四价重组疫苗。药监部门附条件批准了多个新冠蛋白疫苗产品。

（1）表达S蛋白工程CHO细胞系的建立

设计新冠病毒S基因的DNA序列并化学合成，选择适宜的启动子和终止子、增强子等DNA序列，构建S基因的表达载体。采用脂质体转染、电转化等方式转染CHO细胞，筛选获得抗原表达能力强、遗传稳定的工程CHO细胞系，建立细胞库。

（2）工程CHO细胞培养工艺

取合格的主种子批，经过活化、传代，37℃下培养后，制备工作种子。取工作种子批接种到生物反应器，进行通气搅拌悬浮培养。控制温度37℃，pH为7.0～7.4，溶解氧40%～60%。根据pH和生物量的变化，通气和搅拌级联自动控制空气、氧气、氮气、二氧化碳等气体的比例。可采用微载体培养、灌流培养等高密度培养技术，延长培养周期，提高S抗原的产能。

（3）原液生产工艺

经过离心、过滤等单元操作，去除细胞碎片和杂质，收集培养液上清。采用电沉淀、超速离心、过滤、疏水柱层析或凝胶层析等技术，纯化S抗原。除菌过滤，合并为原液，在2～8℃低温下保存。

（4）制剂工艺

原液检定合格后，按抗原蛋白与铝佐剂的比例，加入氢氧化铝，在低温下吸附。按制剂配方的比例，加入辅料，与铝吸附产物进行混配，为半成品。半成品检定合格后，进行分批、分装。

13.5　mRNA疫苗生产工艺

13.5.1　mRNA疫苗的概念和分类

mRNA疫苗是将编码疾病特异性抗原的mRNA引入体内，利用宿主细胞的蛋白质合成机制产生靶标蛋白（即抗原），从而触发免疫应答，抵抗相应的病毒。根据原理，mRNA疫苗分为两种：非复制型 mRNA 疫苗和自增型 mRNA 疫苗。

非复制型 mRNA 疫苗的组分是完整 mRNA，上游和下游分别包含 5′帽子结构和 3′poly(A) 尾，只编码目标抗原。优点是结构简单、RNA 序列短、不编码其他蛋白，缺点是在体内半衰期短、抗原表达量低，需要较高的量才能诱发有效的免疫应答。

自增型 mRNA 疫苗是通过改造 mRNA 病毒基因组，其中编码 RNA 复制机制的基因是完整的，用编码抗原蛋白的 mRNA 代替了原病毒的结构蛋白编码基因，以在体内实现自我扩增，很少的量就可以诱发有效的免疫应答。

相对于传统疫苗，mRNA 疫苗生产周期短，效率高。只需要获得编码目的蛋白的核酸序列就可以制备骨架，在突发传染病的疫苗制备中具有明显优势。

mRNA 的生产成本较低。主要原料是核酸聚合酶、核苷酸、加帽酶、帽子类似物等，通过体外转录反应在短时间内即可产生大量 mRNA。相对于传统技术路线的疫苗，mRNA 的生产过程中无须进行细胞培养、病毒培养等操作，减少了生产成本，也节约了时间。

mRNA 疫苗的安全性比较高，不会出现在减毒疫苗中可能出现的毒力突变的风险。mRNA 疫苗诱导是 Th1 偏向的反应，减少了由 Th2 免疫反应引起副反应的可能性。mRNA 疫苗只在细胞质中表达，并不进入细胞核内，没有整合宿主基因组的风险，在安全性上更胜一筹。

mRNA 应用方向也十分广泛，除了针对传染病的预防性疫苗，mRNA 还用于肿瘤的治疗性疫苗。此外，mRNA 还可以与基因编辑系统 CRISPR-Cas9、TALENs、ZFNs 等联合使用进行基因编辑而进行基因治疗。

相比传统的蛋白质、多糖等疫苗，mRNA 疫苗的缺点是对温度更敏感，需要在-60℃至-90℃甚至更低温条件下保存、运输，给 mRNA 疫苗的接种使用增加了困难和不便。

13.5.2　新冠病毒 mRNA 疫苗的生产工艺

在新冠疫情大流行的背景下，药监部门批准了新冠 mRNA 疫苗。mRNA 疫苗的组分是 S 蛋白基因的 mRNA 序列，研发和生产过程包括 mRNA 序列设计、质粒构建、mRNA 制备、递送和剂型化等。

（1）新冠病毒 S 基因的 mRNA 序列设计

编码抗原的 mRNA 是药物的活性，由于新冠病毒基因组和毒性的变异主要发生在 S 蛋白上，因此要合理审慎选择 S 蛋白和 RBD 的 mRNA 序列。在生物大数据库中，找到新冠病毒基因组序列，以此为基础，进行设计。为了增加 mRNA 在细胞内的稳定性和翻译的持久性，对 5-端和 3-端进行保护处理。增加 5-端帽区、5-非翻译序列、3-端的聚腺苷酸、3-非翻译序列等，优化密码子和编码序列，降低 mRNA 的自由能。为了降低 mRNA 的免疫原性，对碱基进行化学修饰，把尿苷替换成假尿苷，或使用非天然碱基替代天然碱基。

（2）化学合成 S 基因 DNA 序列

常用组装策略或合成全长 S 基因，获得编码 S 基因的 DNA 序列，确认氨基酸序列正确、无误。

（3）工程大肠杆菌构建

选择高拷贝的大肠杆菌克隆载体，通过酶切、连接或组装等方法，将 S 蛋白的 DNA 序列克隆到载体上，筛选鉴定，获得工程菌，建立菌种库。

（4）含有 S 基因的质粒扩增

采用 LB 培养基，接种工程大肠杆菌，37℃下搅拌、通气发酵。繁殖大肠杆菌，扩增质粒。发酵结束后，质粒在细胞内，离心收获菌体。质量检定合格，在-20℃下保存。

（5）含有S基因的质粒纯化

配制菌体裂解缓冲液，加入工程大肠杆菌，低温下冻融破碎细胞。离心、柱层析等方法，纯化质粒。过滤除菌，质粒的质量检定合格。

（6）S基因DNA的纯化

配制酶切缓冲液，加入质粒，进行酶切，将S基因DNA序列从质粒切下来。分离纯化，获得S基因单链DNA，质量检定合格。

（7）S基因mRNA原料制备

配制离体转录反应体系，加入S基因DNA链、RNA聚合酶、4种核糖核苷酸，将S基因DNA转录成mRNA。离心、过滤等去除DNA以及其他杂质，高效液相色谱分离，获得S基因mRNA原料，质量检定合格。

（8）S基因mRNA脂质体制剂

按照制剂组成，称量、配制脂质体、mRNA酸性溶液，搅拌混合。脂质体包裹mRNA形成50～100 nm颗粒，过滤等除去多余脂质体、未包裹的mRNA等杂质，制成mRNA疫苗溶液，分装到小瓶，包装，入库。

13.6　疫苗的质量管理

疫苗的质量直接关系到使用者的健康，为保证疫苗的质量安全，WHO要求各国生产的制品必须由专门检定机构负责成品的质量检定，并规定检定部门要有熟练的高级技术人员、精良的设备条件，以保证检定工作的质量。未经指定检定部门发给检定合格证的制品不准出厂使用。疫苗必须具有安全性、有效性和可接受性。

13.6.1　理化性质鉴定

① **物理性状的检查**　包括外观、真空度、装量、溶解速度检查等。通过特定的人工光源进行目测，对外观类型不同的制品，有不同的要求标准。真空封口的冻干制品，应通过高频火花真空测定器测定真空度，瓶内应出现蓝紫色辉光；各种装量规格的制品，应通过容量法测试，其实际装量不得少于标示量（粘瓶量除外）；另外，取一定量冻干制品，按规程要求，加适量溶剂，其溶解速度应在规定时限以下。

② **蛋白质含量测定**　有些制品如血液制剂、抗毒素和纯化菌苗，需要测定其蛋白质含量，检查其有效成分或蛋白杂质是否符合规程要求。蛋白质含量测定的方法很多，目前常用的有凯氏定氮法、双缩脲法、酚试剂法和紫外吸收法。

③ **纯度检查及鉴别试验**　血液制品、抗毒素和类毒素等制品，需要进行纯度检查或做鉴别试验，为此，常用区带电泳、免疫电泳、凝胶层析、超速离心等技术进行分析。

④ **分子量或分子大小测定**　提纯的蛋白质制品如白蛋白或抗毒素，在必要时需测定其单体或裂解片段的分子量及分子的大小。常用的方法有凝胶层析法、SDS-PAGE法和超速离心分析法。

⑤ **防腐剂含量测定**　疫苗在制造过程中，为了脱毒、灭活或防止杂菌污染，常加入苯酚、甲醛、三氯甲烷等试剂作为防腐剂或灭活剂，对于各种防腐剂的含量都要求控制在一定的限度以下。

13.6.2　安全试验

预防或治疗用疫苗，在生产过程中须进行安全性方面的系统检查，排除可能存在的不安全因素，以保证制品用于人体时不致引起严重反应或意外问题。

① **菌毒种或主要原材料的检查** 用于菌疫苗生产的菌毒种,除按有关规定严格管理外,投产前必须按《生物制品规程》要求,进行毒力、特异性、培养特性等安全性试验,检查其生物学特性是否有异常改变。用于生产血液制剂的血液,采血前必须对献血员进行严格的体检和血样化验,采血后还要进行必要的复查,不得将含有病源物质(如乙型肝炎病毒)的血液投入生产。

② **半成品(包括原液)的检查** 在生产过程中,对半成品的安全检查十分重要。主要是检查对活菌或毒素的处理,如杀菌、灭活、脱毒是否完善,活菌或死菌半成品是否有杂菌或有害物质的污染,所加灭活剂、防腐剂是否过量等。

③ **成品检查** 制品在分装或冻干后,必须进行出厂前的最后安全检查。按各项制品的不同要求,进行无菌试验、纯菌试验、毒性试验、过敏性试验及安全试验(指某制品的单项试验)等。

13.6.3 效力试验

疫苗的效力一方面指制品中有效成分的含量水平,另一方面指制品在机体中建立自动免疫或被动免疫后所引起的抗感染作用的能力。对于诊断用品,其效力则表现在诊断试验的特异性和敏感性。一般效力试验包括以下内容:免疫力试验、活菌数和活病毒滴度测定、类毒素和抗毒素的单位数测、血清学试验、人体及临床效果观察。

① **免疫力试验** 将制品对动物进行自动(或被动)免疫后,用活菌、活毒或毒素攻击,从而判定制品的保护力水平。常用方法有定量免疫定量攻击法、变量免疫定量攻击法、定量免疫变量攻击法。

② **活菌数和活病毒滴度测定** 一般以疫苗中抗原菌的存活数(率)或病毒滴度表示其效力。常用稀释涂板计算存活率,或用组织培养法或鸡胚感染法测定。

③ **类毒素和抗毒素的单位测定** 脱毒到期的类毒素或精制类毒素,测定絮状单位(limit of flocculation,Lf),用于评价脱毒是否完全和原液质量控制。内毒素和抗毒素疫苗的效价为国际单位(IU),采用免疫方法测定。

④ **血清学试验** 主要用来测定抗体水平或抗原活性。基于抗原和抗体的相互作用,常用血清学方法检查抗体或抗原活性,并多在体外进行试验,包括沉淀试验、凝集试验、间接血凝试验、间接血凝抑制试验、反向血凝试验、补体结合实验以及中和实验。

⑤ **人体及临床效果观察** 有些用于人体的制品,特别是新制品,仅有实验室检定结果是不够的,必须进行人体效果观察,以考核和证实制品的实际质量。包括人体皮肤反应观察、血清学效果观察、流行病学效果观察。

思考题

13-1 疫苗是如何分类和监管、使用的?

13-2 举例说明细菌性疫苗的生产工艺和质量控制。

13-3 病毒疫苗和 mRNA 疫苗的生产工艺原理有什么不同?

13-4 针对同一种传染性疾病,能同时开发灭活疫苗、减活疫苗、亚单位疫苗、重组蛋白质疫苗、mRNA 疫苗吗?

13-5 如何研发和生产重组病毒载体类疫苗?

13-6 疫苗研发的技术难题是什么?你对未来新型疫苗有什么思考?

13-7 如何保证疫苗的质量?

参考文献

［1］ 许丽丽, 陈艳, 陈征宇, 等. 疫苗的发展与创新: 从天花疫苗到新型冠状病毒疫苗. 医药导报, 2021, 40(07）:876-881.

［2］ 傅国平, 张雪梅. 细菌疫苗的发展历史及研究现状. 重庆医学, 2013, 42(26）:3174-3177.

［3］ 元英进. 制药工艺学. 北京: 化学工业出版社, 2007.

［4］ 白玉, 李敏, 高恩明. 病毒灭活疫苗生产工艺要点. 中国生物制品学杂志, 2011, 24(09):1116-1117.

［5］ 黄可, 李山红. mRNA 药物研究进展及市场应用分析. 中国生物工程杂志, 2023, 43(06):113-124.

［6］ 石云, 王宁, 邹全明. 新型冠状病毒疫苗研发进展与挑战. 中华预防医学杂志, 2020, 54(6):614-619.

［7］ Chaudhary N, Weissman D, Whitehead K A. mRNA vaccines for infectious diseases: principles, delivery and clinical translation. Nat Rev Drug Discov, 2021, 20(11):817-838.

［8］ 王素芳, 朱秋华, 何琳, 等. 生物药物的制备与质量控制. 杭州: 浙江大学出版社, 2013.

［9］ 曾青兰, 张虎成. 生物制药工艺. 3 版. 武汉: 华中科技大学出版社, 2021.

［10］ 国家药典委员会. 中华人民共和国药典(2020 年版): 三部, 四部. 北京: 中国医药科技出版社, 2020.

第2篇

化学制药工艺

第14章
化学制药工艺路线设计

学习目标

▶ 掌握逆合成分析法的设计思路，能应用于化学药物的工艺路线设计。
▶ 掌握模拟类推法的设计思路，能应用于化学药物的工艺路线设计。
▶ 掌握分子对称法的设计思路，能应用于对称结构药物的工艺路线设计。
▶ 理解化学制药工艺路线装配方式。

由起始原料出发，经过一系列的合成反应和后处理到最终产品，就构成了化学制药工艺路线。相同的化学药物，选择不同的起始原料，就有不同的合成工艺路线，如半合成和全合成路线。化学制药工艺路线是化学药物生产技术的基础和依据，其技术先进性和经济合理性，是衡量生产技术水平高低的尺度，也决定着企业在市场上的竞争能力。对于结构复杂的化学药物，需要设计合成步骤少、总收率高的工艺路线。在化学制药工艺路线的设计过程中，要从剖析药物的化学结构入手，选择合适的设计方法。要综合考虑各反应在工艺路线中的顺序和装配方式，进行合理设计。本章介绍逆合成分析法、模拟类推法和分子对称法，并结合实例，讨论化学制药工艺路线的设计和装配。

14.1 逆合成分析法

14.1.1 设计思路

从靶分子的化学结构出发，用逆向切断、连接、重排和官能团的变换、添加、去除等方法，将其变换成若干中间产物，并重复上述分析，直到中间产物变换成所有价廉易得的起始原料为止，该方法称为逆合成分析，又称追溯求源法或倒推法。

逆合成分析法设计工艺路线的思路是构建基本骨架、官能团的运用、最终工艺路线的确定。逆向切断、逆向连接、逆向重排均为靶分子变换中改变其基本骨架的重要方法，在逆合成分析法中应用广泛（见表14-1）。

逆向切断是用切断化学键的方法把靶分子骨架剖析成不同性质的合成子。合成子是组成分子或中间体骨架的各个单元结构的活性形式。根据反应机理的不同，合成子可以是离子形式（如表14-1中异裂方式的逆向基团切断），也可以是自由基形式（如表14-1中均裂方式的逆向基团切断）或周环反应所需的中性分子。前两者的合成子是不稳定的，其实际存在的形式为合成等价物。合成等价物是具有合成子功能的化学试剂，可以是亲电物种、亲核物种，也可以是其他反应活性试剂。对周环反应而言，旧键的断裂和新键的生成是同时进行的，反应过程中无中间体生成，所以周环反应的合成子为中性分子，合成子与合成等价物在形式上是完全相同的，如表 14-1 中的逆向 Diels-Alder 反应。

逆向连接是将靶分子中两个适当碳原子用新的化学键连接起来，如表 14-1 中的逆向烯烃臭氧化反应。而把靶分子骨架拆开和重新组装，则称为逆向重排，如表 14-1 中的逆向 Beckmann 重排反应。

表 14-1 逆向切断、逆向连接、逆向重排的示例

项目	靶分子	合成子	合成等价物
逆向切断（异裂）	逆向格氏转换		CH_3CHO + C_2H_5MgBr
逆向切断（均裂）	逆向偶姻缩合反应		CO_2Et CO_2Et
逆向电环切断	逆向 Diels-Alder 反应		CO_2Me CO_2Me
逆向连接	逆向臭氧反应		
逆向重排	逆向 Beckmann 重排		

逆向官能团的变换、添加和去除，均是在不改变靶分子基本骨架的前提下变换官能团的性质或所处位置的方法，其主要目的：①将靶分子变换为在合成上比母体化合物更容易制备的前体化合物，该前体化合物构成了新的靶分子，可称为"变换靶分子"。②为了作逆向切断、连接、重排等变换，必须将靶分子上原来不适合的官能团变换成所需要的形式，或暂时添加某些必要的官能团。③添加某些活化基、保护基、阻断基或诱导基，以提高化学、区域和立体选择性。

逆合成分析法是进行化学药物工艺路线设计最为常用的一种方法，但要确定实施一个真正有实际意义的药物合成路线设计，还需包括以下两方面内容：①对上述分析推断而得出的若干可能的合成路线，从原料到药物分子的方向，全面审查每步反应的可行性和选择性等，在综合比较的基础上选定少数被认为是最好的合成方法及路线；②在具体实验过程中验证并不断完善所设计的各步反应条件、操作、选择性与收率等，最后确立一条较为理想的、切合实际需要的合成路线。

例如局部麻醉药普鲁卡因的合成（图 14-1），由对硝基苯甲酸为起始原料来制备普鲁卡因时，有两种单元反应的排列方式。一是采用先还原后酯化的（A）路线，另一个是先酯化后还原的（B）路线。（A）路线中的还原反应，如果采用铁粉还原，则芳香酸能与铁离子形成不溶性的沉淀，混于铁泥中，难以分离，所以硝基的还原不能采用较便宜的铁还原法，而要用其他价格较高的还原方法进行，这样则不利于降低产品成本。其次，以对氨基苯甲酸为中间产物，在进行下一步的酯化反应时收率也不高，从而会浪费较为贵重的二乙氨基乙醇。若按（B）路线的单元反应排列方式进行时，由于对硝基苯甲酸的酸性较强，有利于加快酯化反应速度，而且两步反应的总收率也较（A）路线高 25.9%。因此，采用（B）路线的单元反应排列方法为好。

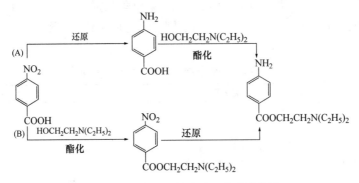

图 14-1　普鲁卡因的合成工艺路线设计

在逆合成分析法进行工艺路线的设计时，基本骨架的构建和官能团的运用是两个不同的方面，二者相对独立，但又相互联系，因为基本骨架只有通过官能团的运用才能装配起来。若是手性药物，还必须考虑手性中心的构建方法和在整个工艺路线中的位置等问题。

14.1.2　基本骨架的构建

（1）对靶分子的结构进行宏观判断

找出基本结构特征，确定采用全合成还是半合成的策略。

（2）对靶分子的结构进行初步的剖析

分清基本骨架和官能团，在通盘考虑各官能团的引入或转化的可能性之后，确定靶分子的基本骨架，这是合成路线设计的重要基础。

（3）对靶分子基本骨架的切断

在确定靶分子的基本骨架之后，寻找其最后一个结合点作为第一次切断的部位，将基本骨架转化为两个大的合成子，并进一步确定其合成等价物。

在进行化学键的切断时，由于碳-杂键（例如 C—N、C—O、C—S 等）比 C—C 键容易拆开，也易于合成，所以通常将其作为首选的切断部位。对于具有较复杂的基本骨架结构和多官能团的药物，可从易拆键入手，寻找结合点，分别合成基本骨架，并逐步引入各个官能团。

例如，抗病毒药物阿比多尔（图 14-2），结构中既有 C—N 键，也有 C—O、C—S 键，分别切断此三键，可得到各自相应的合成子及合成等价物。至于拆键的先后顺序，需根据实际情况，综合考虑原辅材料、设备条件、可能的副反应等因素，在实验的基础上反复比较来确定。

逆合成分析法不仅适用于具有碳-杂键化合物的合成设计，也适用于分子中具有碳-碳键化合物的设计。例如环己烯的合成（图 14-3），从脱水反应的逆合成考虑，可以由环己醇制备；若从双烯反应的逆合成考虑，可以由丁二烯与乙烯通过 Diels-Alder 反应制备。

对于结构较为复杂物质的合成设计，则需要有更加条理化的逆合成分析。

首先，对碳-碳键化合物进行合成设计时，在考虑分子骨架如何形成的同时，还应注意把功能基的引入视为形成分子骨架的手段之一加以利用。以布洛芬中间体异丁基苯的合成为例。

异丁基苯是具有四个碳原子侧链的芳烃化合物，其合成若以含苯环的化合物为起始原料，可以有 a，b，c 三种链接侧链的组合方式（图 14-4）。根据形成碳-碳键的各种化学反应和它们所应具有的功能基情况，这三种组合方式的碳-碳键形成反应主要有下列几种：

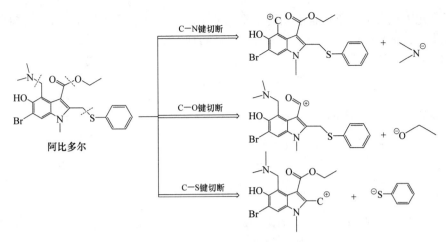

图 14-2 阿比多尔基本骨架的切断设计

无论 a、b、c 线哪种组合方式，其产物均具有异丁基苯的基本骨架，并且是具有一定结构特征和化学活性的化合物。它们都是合成异丁基苯的中间体，经过一定的化学处理，都能容易地转变为异丁基苯。

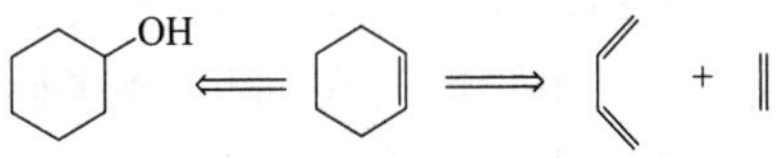

图 14-3 环己烯的逆合成分析

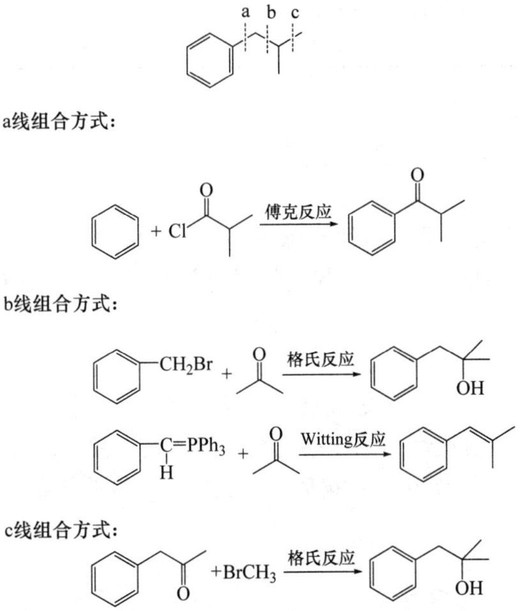

a 线组合方式：

傅克反应

b 线组合方式：

CH₂Br + 格氏反应

C=PPh₃ + Witting反应
H

c 线组合方式：

+BrCH₃ 格氏反应

图 14-4 异丁基苯侧链与芳环链接的三种组合方式

总之，在考虑碳-碳键分子骨架的构建时，可利用在饱和烃分子中引入功能基和双键，作为目标分子的前驱物质，以便更容易地进行后续侧链的合成设计。

其次，要选择好碳-碳键的切断位置。在对靶分子的化学结构进行剖析的基础上需要对分子中各种化学键进行仔细研究，考虑其实际的形成反应，最易形成的键即为考虑切断和逆合成分析可能获得良好结果的键。下面给出一些具有代表性官能团的化合物，其碳-碳键切断的位置及相应的化学反应（图 14-5）。

即使靶分子中不包含上面所示的结构，也可通过逆向官能团的互换、添加或去除的方式将靶分子转化为包含上面所示官能团的变换靶分子，并继而采用以上方法来进行键的切断。例如：对不含特征官能团的靶分子芳基烷烃进行合成路线设计时，可先通过逆向官能团的添加（图 14-6），将其转变为高氧化态的醇或酮，便可应用上面的方法选择切断位置，利用（a）（b）（c）等化学反应，生成分子骨架，然后将其还原即可容易地合成靶分子。

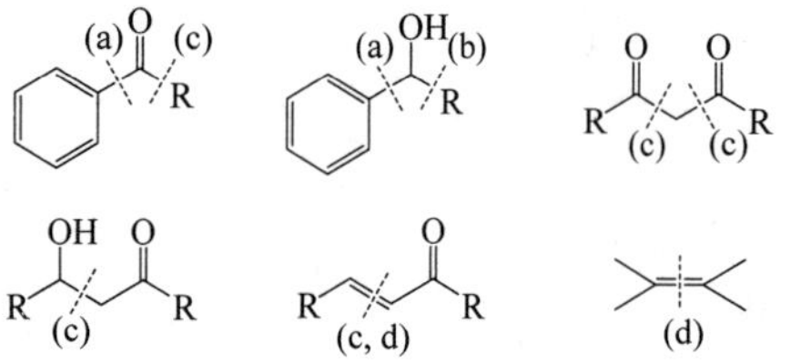

图 14-5　碳-碳键切断的位置及相应的化学反应　　图 14-6　芳基烷烃的逆向官能团添加

（a）傅克反应；（b）格氏反应；（c）羟醛、酯缩合；（d）Witting 反应

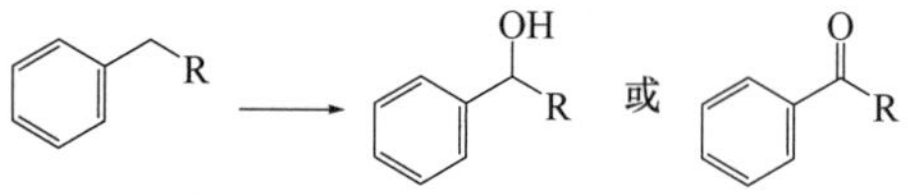

最后，在选好位置将键切断后，需充分考虑参加反应的碳原子部位的活化问题。以增强碳原子的电正性为例，可在相关碳原子上引入表 14-2 中所列的活性基团，这些吸电子基团能增加相邻碳原子的电正性，在反应完成后又很容易脱除。

表 14-2　常用吸电子基团

—CN	—COOR	—CONH$_2$	—COCH$_3$	—CHO	—NO$_2$	—COOH
—N$^+$R$_3$	=N$^+$R$_2$	—P$^+$R$_3$	—SO$_2$R	—SO$_3$H	—SO$_3$R	—SR

（4）合成等价物的再设计

对合成等价物进行新的剖析，继续切断，如此反复逆合成分析直到价廉易得的起始原料为止。

如图 14-7 所示，吲哚布芬是非甾体类镇痛药，其结构中既保留了布洛芬的主要特征官能团，也包含了苯并吡咯烷酮的结构。对其结构进行初步的剖析，在进行逆向切断之前，首先考虑进行逆向官能团的添加，将苯并吡咯烷酮转换为更容易制备的前体化合物——邻苯二甲酰亚胺，然后切断 C—N 键，得到合成等价物：邻苯二甲酸酐和 2-对氨基苯基丁酸。对合成等价物 2-对氨基苯基丁酸进行再设计，考虑先通过逆向官能团的变换，将羧基转变为氰基后再进行 C—C 键的切断，由此得到溴代烃和氰化钠的合成等价物。溴代烃再经过官能团的变换，将溴取代基转变为醇羟基，并进一步变换为酮基，得到价廉易得的起始原料——对氨基苯丙酮。

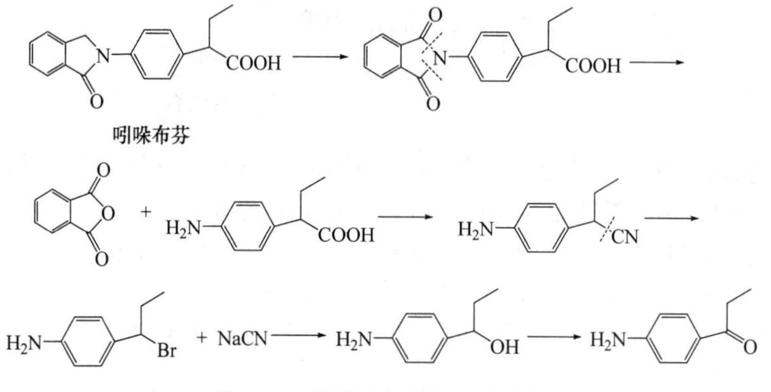

图 14-7　吲哚布芬的逆合成分析

对氨基苯丙酮结构中的芳伯氨基化学性质活泼，为了避免在后续的溴代反应中发生副反应，需先将其进行保护，可选择乙酰基作为保护基。保护基的脱除可与氰基水解同步进行。这样，以对乙酰氨基苯丙酮为起始原料，设计出如下吲哚布芬的合成工艺路线（图 14-8）。

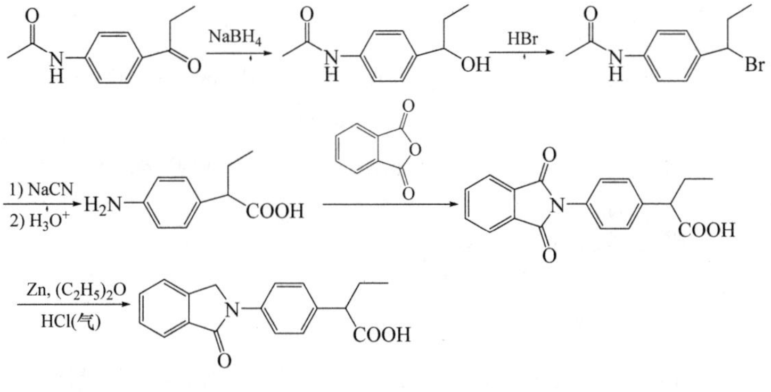

图 14-8　吲哚布芬的合成工艺路线设计

14.1.3　官能团的运用

官能团的运用包括：官能团的定位、活化、保护与去保护、转化等。官能团的灵活运用对于工艺路线的设计至关重要。

（1）官能团的定位

可利用芳香环上官能团的定位规律，把所需官能团引入到指定位置上。对于多酚羟基化合物的烃化，如果只需将化合物中某些羟基进行选择性烃化，则要考虑羟基所处的位置、芳环上其他取代基对羟基的影响（包括电子效应和立体效应）等多种影响因素采用不同的反应条件进行，也可将不需要烃化的羟基预先保护，待反应结束后再将保护基除去，达到选择性烃化的目的，此时官能团的保护与官能团的定位同时得到运用。

例如，没食子酸甲酯含有 3 个羟基，由于酯基的吸电子效应，使对位羟基的酸性较强，活性较大。因此，在较温和的反应条件下，首先是对位羟基被选择性烃化（图 14-9）。

图 14-9　没食子酸甲酯对位羟基的选择性烃化反应设计

如果需要使其中的两个或一个间位羟基烃化而对位羟基不参与反应，则需先用卤苄将对位羟基保护（或用二苯甲酮保护邻二羟基），然后再进行甲基化，最后经催化氢解或水解消除保护基得到所需产物，如图 14-10 所示。

（2）官能团的活化

在进行化学合成工艺路线的设计时，可从反应机理入手，增强反应物分子中亲核基团或亲电基团的活性，以提高反应速率或收率。

解痉药新握克丁的中间体 6-甲基-2-庚酮，采用逆合成分析法对其进行工艺路线的设计（图 14-11），在做碳-碳键的切断时，通常选择羰基邻位的 C3—C4 键。由此得到合成等价物：氯代异戊烷和丙酮。

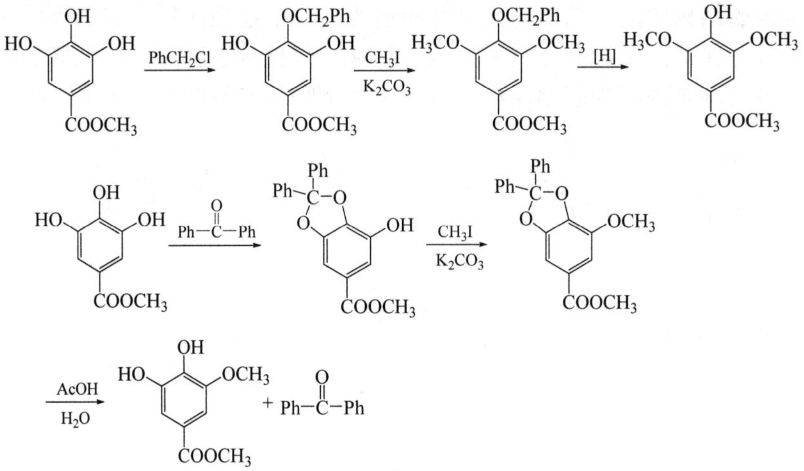

图 14-10　没食子酸甲酯间位羟基的选择性烃化工艺路线设计

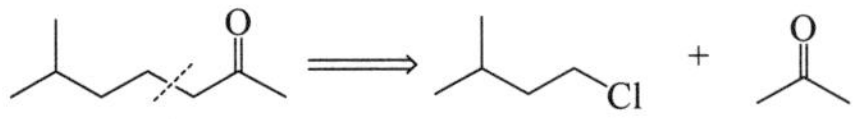

图 14-11　新握克丁的逆合成分析

氯代异戊烷与丙酮反应时，需强碱催化，首先从丙酮分子中夺去质子氢以生成丙酮碳负离子，然后与氯代异戊烷发生亲核取代反应。为增强亲核基团的活性，可考虑在丙酮结构中引入强的吸电子基团，如—COOC$_2$H$_5$，从而得到丁酮酸乙酯。吸电子基团的引入，利于中间体碳负离子的生成，因此，丁酮酸乙酯更容易与氯代异戊烷进行亲核取代反应。反应完成后，引入的酯基可通过水解和脱羧反应去除，如图 14-12 所示。

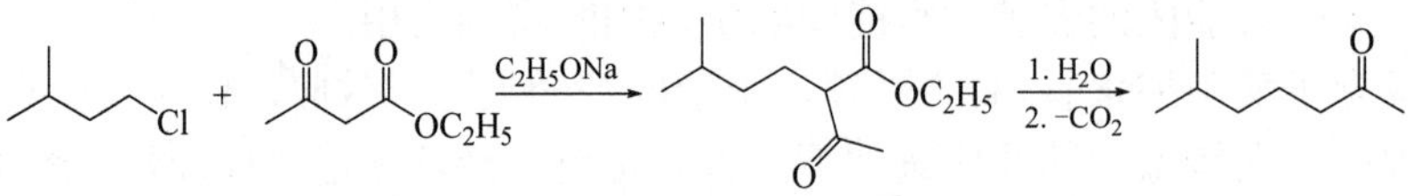

图 14-12　新握克丁的合成工艺路线设计

胺与卤代烃可发生亲核取代反应。理论上讲，胺的碱性强，对反应有利。对于碱性弱的胺，可先将氨基转化为碱性更强的氮负离子，然后再进行反应。如：抗组胺药苯茚胺（图 14-13），就是由 2-苄氨基吡啶在甲苯溶剂中与 NaNH$_2$ 先形成钠盐，然后再与二甲氨基氯乙烷发生亲核取代反应得到的。

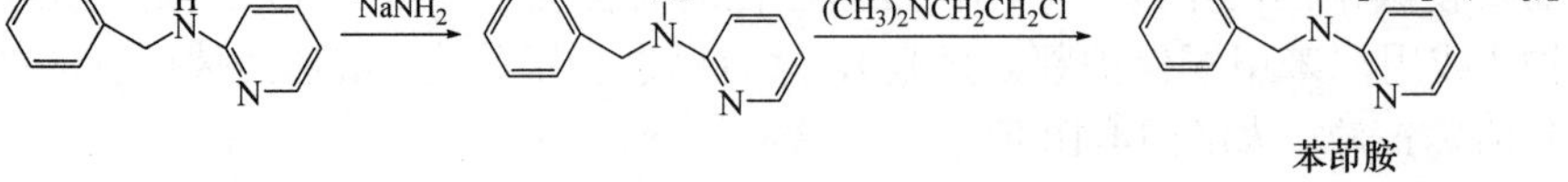

图 14-13　苯茚胺的合成工艺路线设计

（3）官能团的保护

药物分子中若有两个或两个以上的官能团存在，在设计其工艺路线时，需考虑这些官能团之间的电子效应和立体效应等相互影响的问题。若官能团为分次引入，需考虑引入顺序。在引入后一官能团时，需考虑对先引入的官能团是否保护的问题。

在构成基本骨架或引入新的官能团时，分子中原有的官能团会变化或破坏，需采取措施对官能团进行保护，以保证所期望的反应顺利进行。选择保护基的依据：既能起保护作用，又容易脱除。通常可经水解、氢解或其他反应脱除保护基。常用的保护基如下：

① **—NH$_2$ 的保护**　成酰胺或氨基甲酸酯。

② **—OH 的保护**　成醚或酯。

③ **—CO— 的保护**　成缩醛（酮）。

氨基的保护可采用形成酰胺衍生物、氨基甲酸酯类衍生物的方法。甲酰化、乙酰化、卤代乙酰化、苯甲酰化、邻苯二甲酰化，都是常用的成酰胺衍生物的方法。氨基甲酸酯类衍生物比酰胺衍生物的应用更为普遍，因为烷氧羰基易于引入和脱除，常用的烷氧羰基化方法主要有：苄氧羰基（Cbz）化、叔丁氧羰基（Boc）化。

抗菌药物氯霉素中间体的合成（图 14-14），为了避免氨基与甲醛发生亲核反应，先将氨基乙酰化为酰胺保护起来，待后续反应完成后在酸性条件下水解脱去乙酰基。

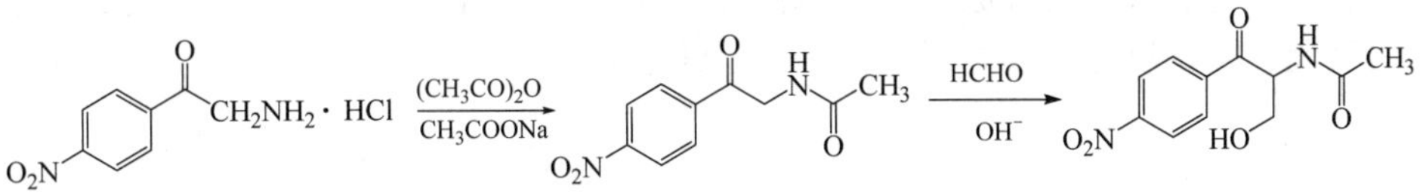

图 14-14　氨基的乙酰化保护工艺路线设计

氨基的烷氧羰基化常用于肽类药物的合成中。如图 14-15，亮氨酸结构中氨基的保护，可用 Boc 酸酐进行保护，脱保护基可以在盐酸或三氟醋酸中进行，室温下即可完成。

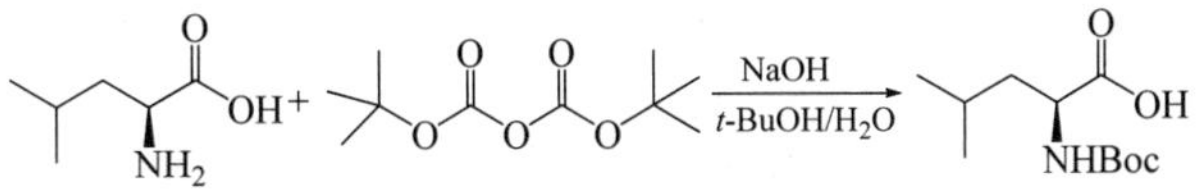

图 14-15　亮氨酸氨基的烷氧羰基化保护反应设计

降血糖药曲格列汀的制备中（图 14-16），3-氨基哌啶需要与中间体反应生成曲格列汀。3-氨基哌啶结构中分别含有一个伯胺和一个仲胺，虽然仲胺的反应活性高于伯胺，但仍然存在区域选择性的问题。有研究将 3-氨基哌啶的伯胺用 Boc 保护起来，生成连有 Boc 的曲格列汀后再水解脱掉保护基。

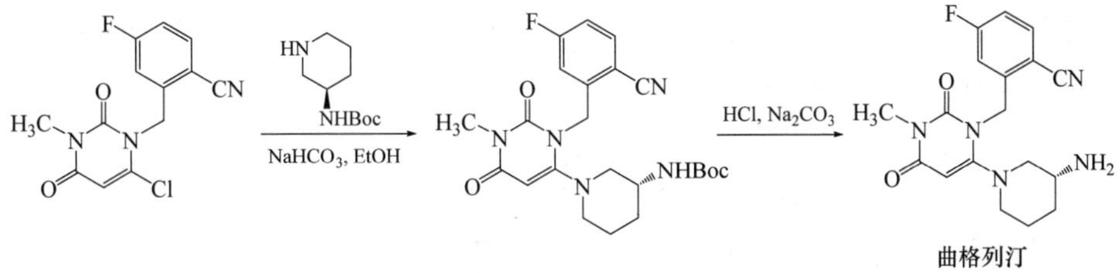

图 14-16　3-氨基哌啶的烷氧羰基化保护与脱除反应设计

羟基能与烃化剂及酰化剂反应，成醚或酯来保护羟基。常用的成醚保护基有：甲醚、叔丁醚、烯丙醚、苄醚、四氢吡喃醚等。常用的成酯保护基有：甲酸酯、乙酸酯、苯甲酸酯等。

成苄醚是羟基保护的常用方法之一，因为保护基试剂溴苄和氯苄价廉易得，脱除条件专一，因而在药物合成中应用广泛。一般烷基上的羟基在用苄醚保护时需用强碱性条件，但酚

第14章　化学制药工艺路线设计　▶ **263** ◀

羟基的苄醚保护一般只要用碳酸钾在乙腈中回流即可。反应完成后，苄基的脱去常用氢解的方法，10%Pd-C，Raney-Ni 都是常用的催化剂。氢源除了氢气外，还可用甲酸、甲酸铵等。

例如，选择性 β 受体兴奋剂班布特罗中间体的合成，即应用了苄醚保护羟基（图 14-17）。氯苄与酚羟基反应成苄醚，待后续的格氏反应完成后，再氢解脱去保护基。

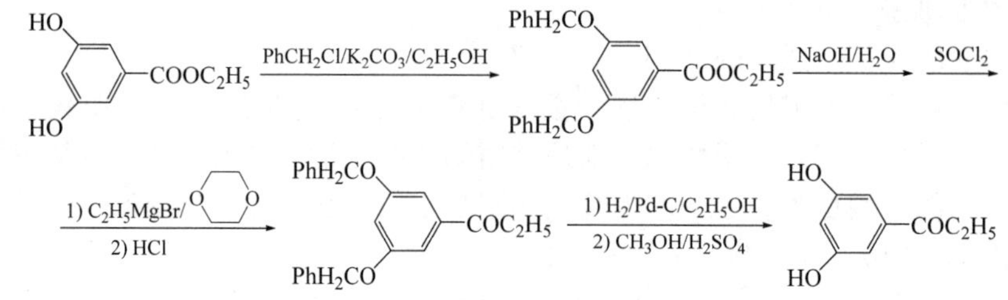

图 14-17　酚羟基的保护与脱除反应设计

抗肿瘤药物吉非替尼的合成路线中,对酚羟基的保护则采用了成乙酸酯的方式（图 14-18），在后续的氯代、胺代反应完成之后，再脱去乙酰基保护基。

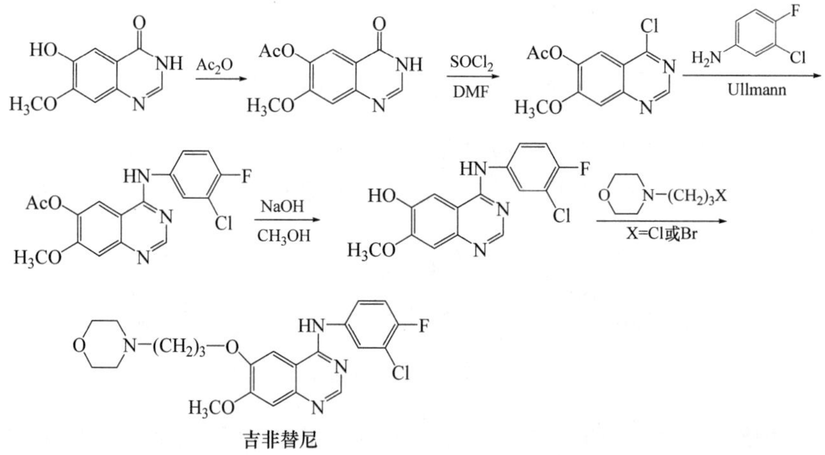

图 14-18　吉非替尼的合成工艺路线设计

羧基的保护基相对种类较少，最常用的是与乙二醇或丙二醇反应生成环状的缩醛（酮）。如图 14-19 所示，用于治疗帕金森病的药物沙芬酰胺的制备，首先对起始反应物对羟基苯甲醛的醛基进行保护，用到的保护试剂为乙二醇。待后续与间氟苄基溴的 Williamson 反应完成后，再在酸性条件下水解脱去保护基。

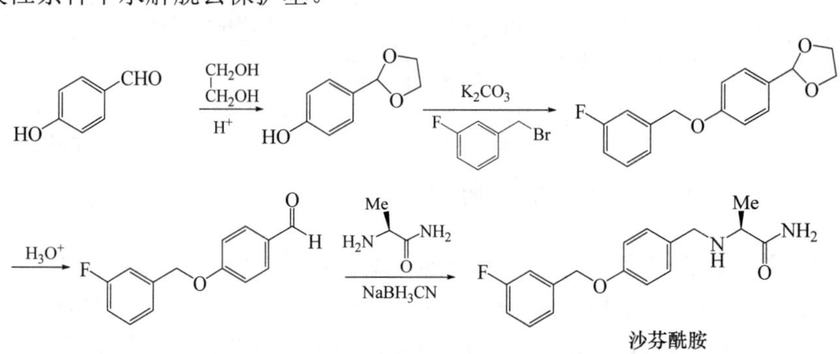

图 14-19　沙芬酰胺的合成工艺路线设计

（4）官能团的转化

有许多的官能团,不能直接引入。另外,虽然有些官能团能直接引入,但因收率过低或异构体分离困难等,需要由其他官能团(过渡基团)转化而得。常见官能团的转化包括氨基的转化、羧基的转化、卤素的转化、氯甲基的转化。

① 氨基的转化　通过重氮盐可使芳胺的氨基($-NH_2$)转化为其他官能团,例如:$-H$、$-NR_2$、$-X$、$-NHNH_2$、$-OR$、$-N=N-$、$-CN$、$-NO_2$、$-OH$、$-NHNH-$、$-SCN$、$-SO_2H$ 等。

例如药物合成中间体——对氰基甲苯的制备,利用重氮化反应引入所需的氰基官能团(图 14-20)。

② 羧基的转化　利用羧基($-COOH$)的转化,可合成许多羧酸衍生物和高级醇、醛等。可转化成的羧酸衍生物包括:酯、酰氯、酰胺、酸酐等,并可进一步转化为醇基、醛基、氨基等基团。

③ 卤素的转化　引入卤素的作用一方面可使分子带有极性或增加原有极性,提高其反应活性;另一方面也可将其转变为其他官能团(图 14-21)。

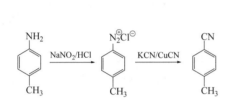

图 14-20　氨基转化为氰基的合成工艺路线设计

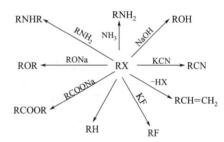

图 14-21　卤素的转化反应设计

④ 氯甲基的转化　氯甲基化反应(图 14-22)是在无水氯化锌的作用下,芳香族化合物与甲醛、氯化氢反应,在芳环上引入$-CH_2Cl$。通过该反应,不仅增加了一个碳原子,氯原子还可继续转变为其他基团。

以异丁苯为原料制备布洛芬,有多条可行的路线,其中之一如图 14-23 所示。异丁苯首先发生氯甲基化反应,在苯环对位引入氯甲基,接着发生氰化反应,氯甲基转变为氰甲基,氰基水解得到羧基,最后在碳酸钾的催化作用下,与碳酸二甲酯发生甲基化反应,在羧基的α-位引入甲基,得到布洛芬。该路线中,既有氯甲基的转化,也有卤素的转化。

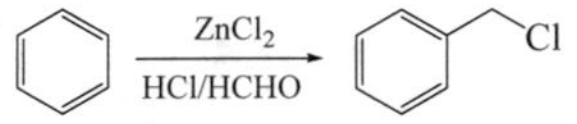

图 14-22　氯甲基化反应设计

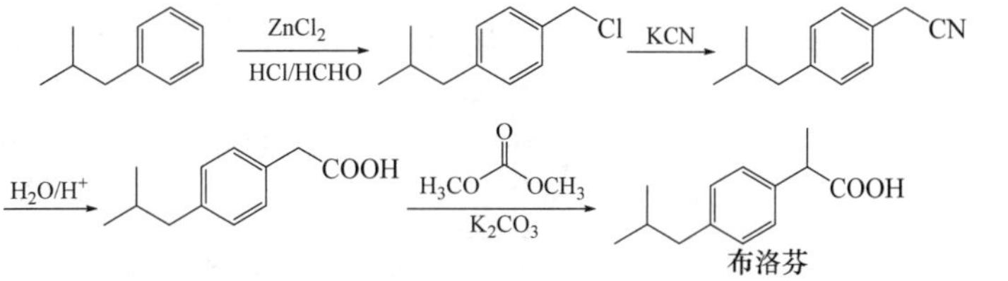

图 14-23　布洛芬的合成工艺路线设计

14.1.4　设计实例

曲格列汀(14-1)是日本武田公司研发的 DPP-4 抑制剂,用于 2 型糖尿病的治疗。以曲格列汀为例,采用逆合成分析法对其进行工艺路线的设计。

（1）曲格列汀的逆合成分析

首先对其结构进行宏观判断，因结构不是特别复杂，故确定采用全合成的策略。通过对结构进行剖析，确定靶分子的基本骨架为3-甲基-6-氯尿嘧啶，其他的基团可视作官能团引入。接下来是对基本骨架的切断，寻找易拆键部位。曲格列汀分子中有两个 C—N 杂键为易拆键部位，所以可从两虚线处逆合成分析其合成的前一步中间体。

如图 14-24，通过切断（**14-1**）中的两个 C—N 键，可得到以下三个合成等价物：3-甲基-6-氯尿嘧啶（**14-2**）、2-氰基-5-氟溴苄（**14-3**）和(*R*)-3-氨基哌啶二盐酸盐（**14-4**）。（**14-2**）既含有离去基团（—Cl），又可作为亲核试剂，因此，宜将其先与活性最强的（**14-3**）反应，得到中间体（**14-5**）后，再与（**14-4**）通过亲核取代反应得到曲格列汀。

对（**14-2**）通过基团的转换，得到（**14-6**），对其中的两个酰胺键进行切断，可进一步逆合成分析到起始反应物丙二酸（**14-7**）和 N-甲基脲（**14-8**）。对（**14-3**）逆合成分析，得（**14-9**），并进一步逆合成分析到起始反应物 2-溴-5-氟甲苯（**14-10**）。（**14-4**）可由（**14-11**）与盐酸反应得到，通过基团的添加得到（**14-12**），切断其中的酰胺键，最后得到起始反应物 D-鸟氨酸盐酸盐（**14-13**）。

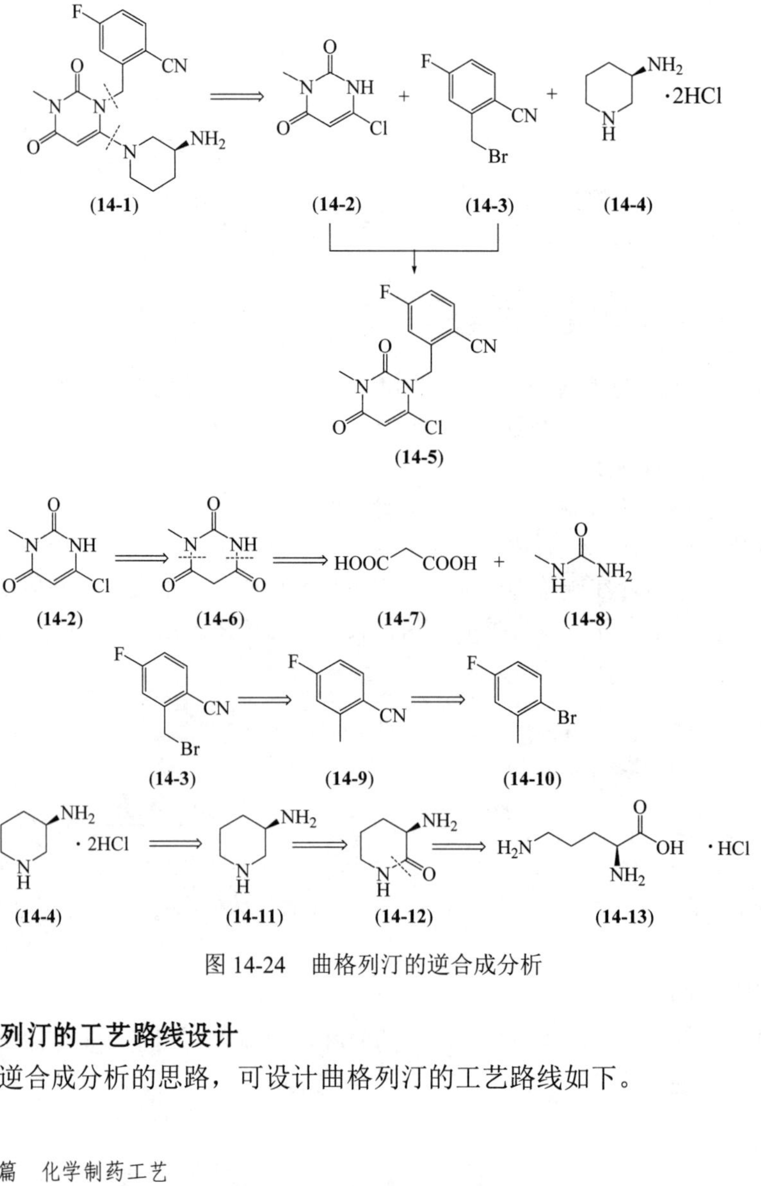

图 14-24　曲格列汀的逆合成分析

（2）曲格列汀的工艺路线设计

根据以上逆合成分析的思路，可设计曲格列汀的工艺路线如下。

以丙二酸（**14-7**）与 *N*-甲基脲（**14-8**）为原料合成 3-甲基-6-氯尿嘧啶(14-2)的工艺路线（图 14-25）：以醋酸酐为脱水剂，丙二酸中的羧基与 *N*-甲基脲中的氨基经脱水缩合得到 3-甲基尿嘧啶（**14-6**）。以三氯氧磷作为氯代试剂，中间体（**14-6**）发生氯代反应得到 3-甲基-6-氯尿嘧啶（**14-2**）。

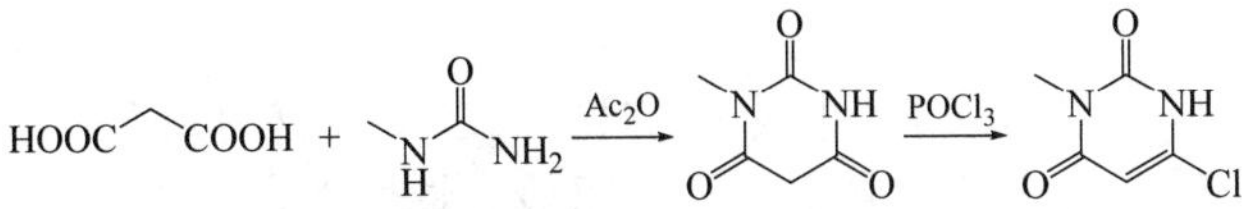

(14-7) **(14-8)** **(14-6)** **(14-2)**

图 14-25 3-甲基-6-氯尿嘧啶（**14-2**）的合成工艺路线设计

以 2-溴-5-氟甲苯（**14-10**）为原料合成 2-氰基-5-氟溴苄（**14-3**）的工艺路线（图 14-26）：2-溴-5-氟甲苯在醋酸钯的催化作用下，与无毒的亚铁氰化钾发生取代反应，氰基取代溴，得到 2-甲基-4-氟苯甲腈（**14-9**）。中间体（**14-9**）以 *N*-溴代丁二酰亚胺（NBS）为溴代试剂、偶氮二异丁腈（AIBN）为引发剂进行溴代反应，得到 2-氰基-5-氟溴苄（**14-3**）。

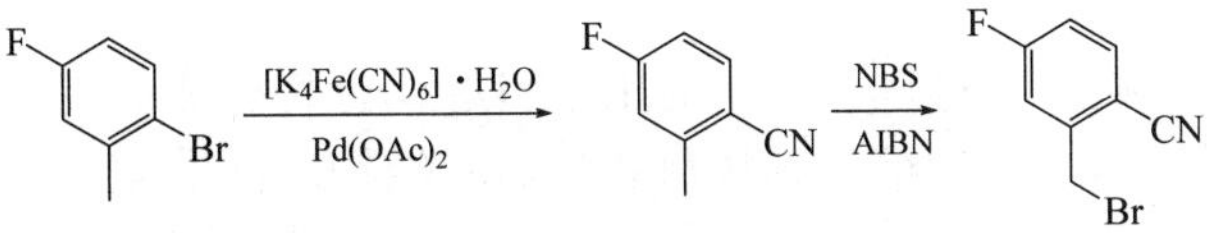

(14-10) **(14-9)** **(14-3)**

图 14-26 2-氰基-5-氟溴苄（**14-3**）的合成工艺路线设计

以 D-鸟氨酸盐酸盐（**14-13**）为原料合成(*R*)-3-氨基哌啶二盐酸盐（**14-4**）的工艺路线（图 14-27）：以 D-鸟氨酸盐酸盐为原料，控温 65～70℃，醋酸酐做脱水剂，反应得到中间体（**14-12**）。在氮气保护下，用氢化铝锂将（**14-12**）结构中的羰基还原，得到中间体（**14-11**），（**14-11**）在酸性条件下成盐析出，得到中间体（14-4）。

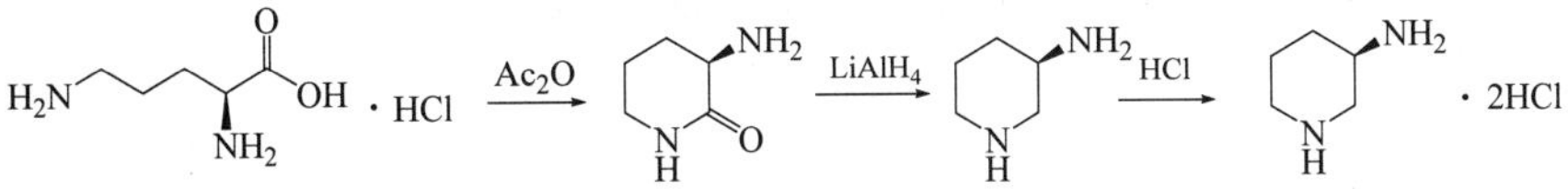

(14-13) **(14-12)** **(14-11)** **(14-4)**

图 14-27 (*R*)-3-氨基哌啶二盐酸盐（**14-4**）的合成工艺路线设计

以（**14-2**）、（**14-3**）、（**14-4**）为中间体合成曲格列汀（**14-1**）的工艺路线（图 14-28）：（**14-2**）和（**14-3**）先在 DMSO 中经烷基化反应得到（**14-5**），然后再与（**14-4**）经亲核取代反应得到曲格列汀。

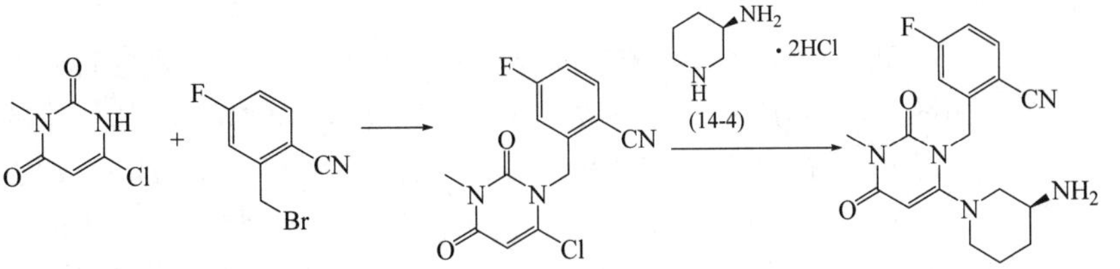

(14-2) **(14-3)** **(14-5)** **(14-1)**

图 14-28 曲格列汀（**14-1**）的合成工艺路线设计

14.2 模拟类推法

14.2.1 设计思路

模拟类推法是指基于药物分子结构之间的相似性，使用模拟和类推两种思路进行制药工艺路线设计的方法。对于化学结构复杂、合成路线设计困难的药物，采用模拟类推法进行工艺路线的设计。该方法的特点是简捷和高效，是一种被广泛使用的设计方法。它可以与其他几种方法相互补充、联合使用，提高化学制药工艺路线的设计实效。

模拟类推法的设计思路如下：

（1）模拟阶段

首先要准确、细致地剖析药物分子(目标化合物)的结构，发现其关键性的结构特征。收集同类结构的分子及其合成路线的信息，进行比对分析和归纳总结，形成对同类化合物合成工艺路线的一般性知识和特殊性差异的广泛认识和深刻理解。

（2）类推阶段

从多条类似物合成路线中挑选出有望适用于目标化合物合成的工艺路线，并进一步分析目标物与其各种类似物的结构特征，确认前者与后者结构之间的差别。最后以精选的类似物合成路线为参考，结合药物分子自身的实际情况，设计合成路线。

药物分子(目标化合物)与其类似物在化学结构方面存在共性是使用模拟类推法进行工艺路线设计的基础。对于作用靶点完全相同、化学结构高度类似的共性显著的系列药物，采用模拟类推法进行工艺路线设计的成功概率比较高。

14.2.2 设计实例

鹤草酚（**14-14**）是驱绦虫药物（图 14-29），可从仙鹤草中提取分离得到。其结构特点为：A 环为甲基间苯三酚类化合物，B 环为二甲基间苯三酚类化合物。鹤草酚的结构与同类型的双环酰基间苯三酚类天然产物（**14-15**）的显著差别是 A 环上间苯三酚的一个酚羟基为甲氧基、B 环上有角甲基、B 环羰基侧链上 α-位有甲基。因此，鹤草酚的合成可模拟同类型天然产物的合成方法进行设计。

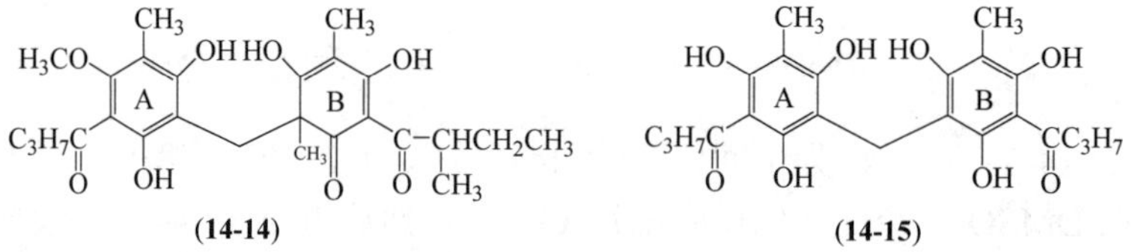

(14-14)　　　　　　　　　　　　**(14-15)**

图 14-29　鹤草酚（**14-14**）及天然类似物

对称或非对称的亚甲基双环酰基间苯三酚化合物一般是由A环物和B环物与甲醛通过缩合反应连接起来。如图 14-30 所示，丁酰基甲基间苯三酚（**14-16**）与计算量的甲醛溶液在 KOH 稀溶液中进行缩合反应得到对称的亚甲基双（丁酰基甲基间苯三酚）（**14-15**）。

模拟以上路线，利用丁酰基甲基间苯三酚（**14-16**）与丁酰基二甲基间苯三酚（**14-17**），于甲醛/氢氧化钾溶液中反应，希望能制备得到亚甲基双环酰基间苯三酚类化合物。但发现二者却没有明显反应。研究发现，通过改变反应条件，将碱性条件改为酸性条件，即可发生缩合反应（图 14-31）。

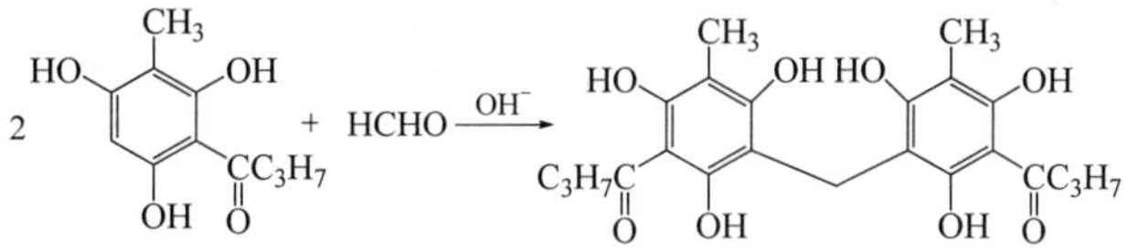

(14-16) (14-15)

图 14-30　对称的亚甲基双（丁酰基甲基间苯三酚）（**14-15**）的合成反应

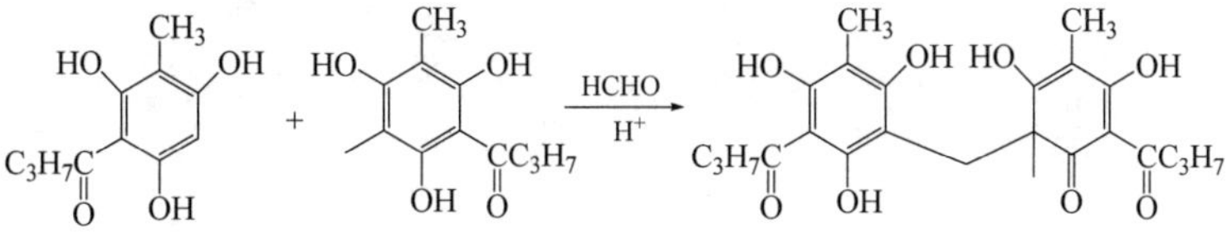

(14-16) (14-17) (14-18)

图 14-31　亚甲基双环酰基间苯三酚类化合物的合成反应

由此，将伪锦马酚（**14-19**）和 2,4-二甲基-6-(α-甲基丁酰基）间苯三酚（**14-20**），用相同条件缩合，顺利得到了鹤草酚（**14-14**）（如图 14-32）。

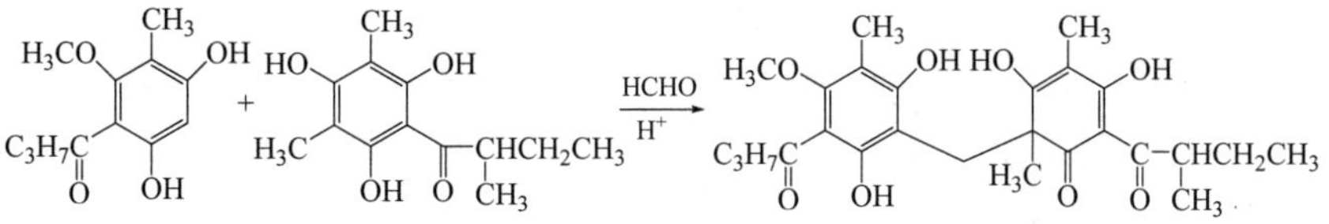

(14-19) (14-20) (14-14)

图 14-32　鹤草酚（**14-14**）的合成工艺路线设计

14.3　分子对称法

14.3.1　设计思路

分子对称法是将两个相同的分子片段或分子中相同部分同时构建起来的设计方法，其适用范围既包括有明显分子对称性的化合物，也包括有潜在分子对称性的化合物。分子对称法是沿对称中心、对称轴或对称面切断的。

分子对称法的设计思路如下：

① 对具有明显对称性的化合物，找出对称键，进行拆解和合成设计。

② 对具有潜在对称性的化合物，找出潜在的对称键，进行拆解和合成设计。

14.3.2　设计实例

β-胡萝卜素（**14-21**）是具有明显对称性的化合物，在人体内可转变为两分子的维生素 A。β-胡萝卜素的合成可采用分子对称法完成（图 14-33），用两分子的维生素 A 醛（**14-22**）与氯化钛-氢化铝锂在三正丁基胺存在下进行缩合得到。

如图 14-34 所示，肌肉松弛药肌安松（**14-23**）具有明显的结构对称性，从虚线处切断可看成是两个对称分子。对其进行工艺路线设计，可先构建对称的基本骨架，然后再引入结构中的季铵盐基团。首先，两分子的 α-溴代苯丙烷（**14-24**）在金属铁的存在下进行缩合得到对称的 3,4-二苯己烷（**14-25**），对称的基本骨架形成后，再经硝化、还原和成盐反应，引入所需基团，制备得到肌安松。

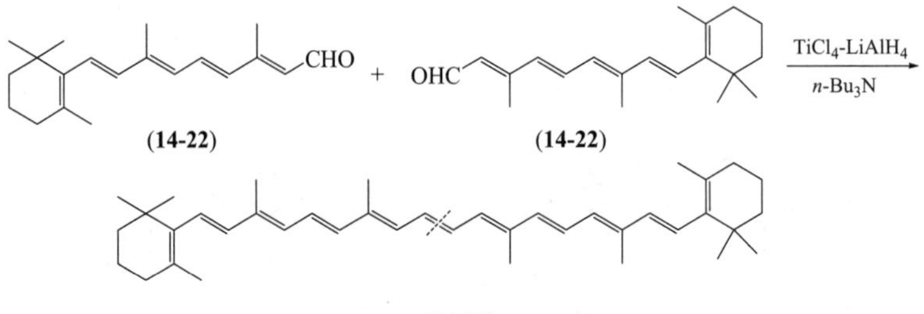

图 14-33　β-胡萝卜素的合成工艺路线设计

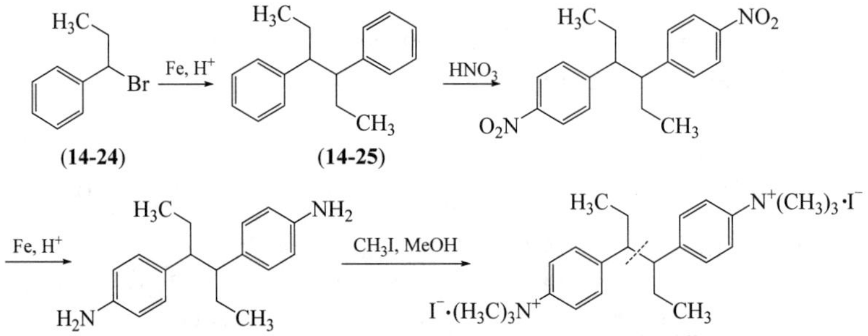

图 14-34　肌肉松弛药肌安松的合成工艺路线设计

地衣酸分子（**14-26**）具有潜在的分子对称性（图 14-35）。对其首先进行基团的转换，得到化合物（**14-27**）。切断（**14-27**）五元环中的醚键，可逆合成分析得到具有明显分子对称性的中间体（**14-28**）。（**14-28**）可由两分子的 3-甲基-2,4,6-三羟基苯乙酮（**14-29**）在氰化铁钾的作用下，经自由基的反应历程缩合得到。化合物（**14-27**）在浓硫酸的作用下脱水，最终得到地衣酸。起始反应物（**14-29**）可由（**14-30**）经酰化反应制得。

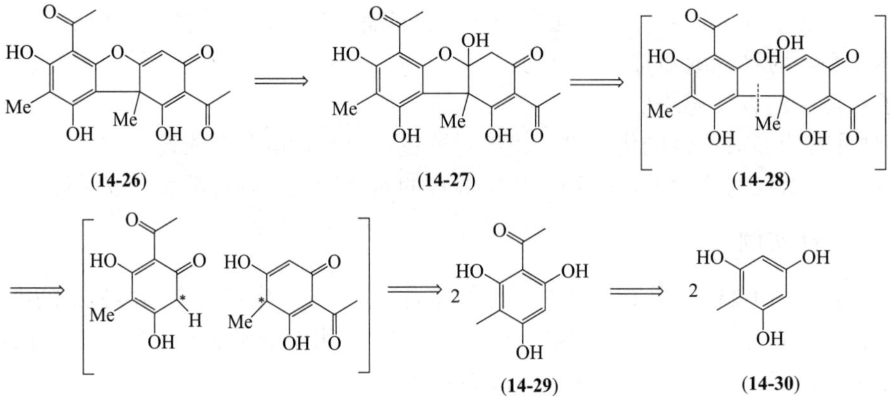

图 14-35　地衣酸的合成工艺路线设计

14.4 化学制药工艺路线的装配

把各化学单元反应装配成制药工艺路线，有直线式和汇聚式两种方式。这两种不同的工艺路线装配方式，其合成过程有很大的不同，包括反应步骤顺序、中间质控、总收率等。因此，需要把设计方法和单元反应的装配结合起来，才能完成制药工艺路线的设计。

14.4.1 直线式工艺路线

直线式（linear synthesis 或 sequential approach）工艺路线（图 14-36）中，一个由 A、B、C、D、E、F 共 6 个单元组成的产物，从 A 单元开始，加上 B，再依次加上 C、D、E、F，合成产物为 ABCDEF。由于化学反应的各步收率很少能达到理论收率 100%，总收率又是各步收率的连乘积。如果每步收率为 90%，则 5 步直线式工艺路线的总收率为 $0.90^5 \times 100\% = 59.05\%$。

$$A \xrightarrow[90\%]{B} AB \xrightarrow[90\%]{C} ABC \xrightarrow[90\%]{D} ABCD \xrightarrow[90\%]{E} ABCDE \xrightarrow[90\%]{F} ABCDEF$$

图 14-36　直线式工艺路线

对于反应步骤多的直线方式，要求大量的起始原料 A。在直线方式装配中，随着每一个单元的加入，趋近末端的产物愈来愈重要。

14.4.2 汇聚式工艺路线

汇聚式（convergent synthesis 或 parallel approach）工艺路线有两种：完全汇聚式和部分汇聚式（图 14-37）。

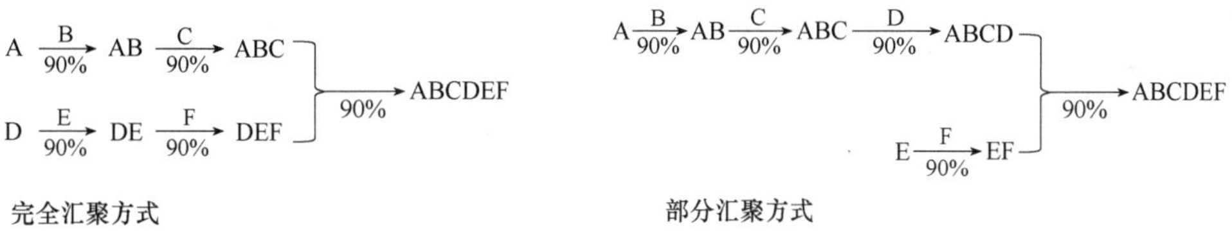

$$A \xrightarrow[90\%]{B} AB \xrightarrow[90\%]{C} ABC$$
$$D \xrightarrow[90\%]{E} DE \xrightarrow[90\%]{F} DEF$$
$$\Big\} \xrightarrow{90\%} ABCDEF$$

完全汇聚方式

$$A \xrightarrow[90\%]{B} AB \xrightarrow[90\%]{C} ABC \xrightarrow[90\%]{D} ABCD$$
$$E \xrightarrow[90\%]{F} EF$$
$$\Big\} \xrightarrow{90\%} ABCDEF$$

部分汇聚方式

图 14-37　汇聚式工艺路线

对于完全汇聚方式，先以直线方式分别合成 ABC、DEF 等各个单元，然后汇聚组装成终产物 ABCDEF。这一策略要求 ABC、DEF 分别高收率，才有望获得整个路线的良好收率。

如果每步汇聚反应收率都为 90%，完全汇聚式路线的总收率为 $0.90^3 \times 100\% = 72.9\%$，部分汇聚式路线的总收率为 $0.90^4 \times 100\% = 65.61\%$。

汇聚方式组装的优点是：即使偶然损失一个批号的中间体，也不至于对整个路线造成灾难性损失。在反应步骤数量相同的情况下，将一个分子的两个大块分别组装；然后，尽可能在最后阶段将它们结合在一起，这种汇聚式的合成路线比直线式的合成路线有利得多。同时把收率高的步骤放在最后，经济效益也最好。

思考题

14-1　化学制药工艺路线设计的常用方法有几种？各有何特点？

14-2 如何使用逆合成分析法进行化学制药工艺路线的设计？举例分析。

14-3 模拟类推法的适用条件是什么？举例分析。

14-4 如何使用分子对称法进行化学制药工艺路线的设计？举例分析。

14-5 本章介绍的几种设计方法，能用于天然药物的生物合成路线设计吗？举例分析。

14-6 汇聚式和直线式工艺路线各有何特点？如何应用？

参考文献

［1］ 郭春. 药物合成反应. 北京: 人民卫生出版社, 2016.

［2］ 刘守信. 药物合成反应基础. 北京: 化学工业出版社, 2012.

［3］ 闻韧. 药物合成反应. 北京: 化学工业出版社, 2005.

［4］ 姚庆祥. 药物合成设计(一). 沈阳药学院学报, 1981, (14): 89-97.

［5］ 姚庆祥. 药物合成设计(二). 沈阳药学院学报, 1982, (15): 117-128.

［6］ 姚庆祥. 药物合成设计(三). 沈阳药学院学报, 1982, (16): 123-131.

［7］ 姚庆祥. 药物合成设计(五). 沈阳药学院学报, 1983, (18): 63-84.

［8］ 姜卓文. 布洛芬合成工艺改进研究. 济南: 山东大学, 2014. 13.

［9］ 陈元鹏. 曲格列汀琥珀酸盐中间体的合成研究. 上海: 上海应用技术大学, 2016.

［10］ 徐声辉. 琥珀酸曲格列汀合成工艺及有关物质研究. 上海: 上海医药工业研究院, 2017.

第15章

化学制药工艺研究

学习目标

▶ 掌握反应物浓度与配料比确定的原则，能够应用于化学制药工艺研究中。

▶ 掌握反应溶剂和重结晶溶剂、温度和压力对化学反应的影响，能够应用于化学合成工艺参数的实验研究中。

▶ 掌握化学催化剂的性质，能够合理选择催化剂，进行化学合成工艺研究。

▶ 理解化学反应的稳健性，能够进行稳健性实验研究。

在完成化学制药工艺路线的设计之后，就要进行工艺研究。由于制药工艺路线是由多个化学单元反应组成的，因此，需要对单元反应的工艺条件进行研究。研究反应物分子到产物分子的反应过程，在了解或阐明反应过程的内因（如反应物和反应试剂的性质）的基础上，探索并掌握影响反应的外因（即反应条件）。只有对反应过程的内因和外因以及它们之间的相互关系深入了解后，才能正确地将两者统一起来，进一步获得最佳工艺条件。化学制药工艺研究涉及化学反应的条件及其影响因素、后处理与产品质量控制。本章讨论化学原料药合成工艺研究中配料比、溶剂、温度和压力、催化剂等主要内容。

15.1 反应物浓度与配料比

15.1.1 配料比的影响因素

配料比是参与反应的各物料之间物质的量比例，工业上称为投料比。物料是以分子为单位进行反应的，因此在实验研究过程中，通常物料量以摩尔为单位进行计量，即物料的摩尔比。

必须指出，有机反应很少是按理论值定量完成的。这是由于有些反应是可逆的、动态平衡的，有些反应同时有平行或串联的副反应存在。因此，化学反应的类型是影响配料比的主要因素。除此之外，反应物的稳定性、反应物料与产物及副产物的关系、物料成本、三废处理等，均对配料比有一定的影响。合适的配料比，在一定条件下也就是最恰当的反应物的组成。从以下几个方面来考虑反应物浓度与配料比确定的原则。

15.1.2 配料比的确定原则

（1）新反应

对于新反应，拟定反应物浓度和配料比的经验性规则为:使用 2%～10%的反应物浓度和1.0∶1.1的摩尔比,作为试探性反应条件，进行研究。

（2）可逆反应

凡属可逆反应，可采取增加反应物之一的浓度（即增加其配料比），或从反应系统中不断除去生成物之一的办法，以提高反应速率和增加产物的收率。

氢氧化钠与乙醇的反应为可逆反应，且乙醇钠水解的趋势远远大于乙醇和氢氧化钠反应生成乙醇钠的趋势。但如果我们能够设法从反应体系中不断除去生成物水，则可使平衡向右移动。生产上就是利用苯与水生成共沸混合物不断将水带出来制备乙醇钠的。

$$C_2H_5OH+NaOH \Longrightarrow C_2H_5ONa+H_2O$$

（3）某一反应物决定产物的生成量

当反应生成物的生成量取决于反应液中某一反应物的浓度时，则应增加其配料比。最适合的配料比应在收率较高，同时又是单耗较低的某一范围内。

在磺胺类抗菌药物的合成中，乙酰苯胺的氯磺化反应产物对乙酰氨基苯磺酰氯（ASC）是一个重要的中间体，它的收率取决于反应液中氯磺酸与硫酸的浓度比。氯磺酸的用量越多，即与硫酸的浓度比越大，对于 ASC 的生成越有利。如乙酰苯胺与氯磺酸投料的分子比为 1.0∶4.8 时，ASC 的收率为 84%；当分子比增加到 1.0∶7.0 时，ASC 的收率可达 87%。但考虑到氯磺酸的有效利用率和经济核算，工业生产上采用了较为经济合理的配料比，即 1.0∶（4.5～5.0）。

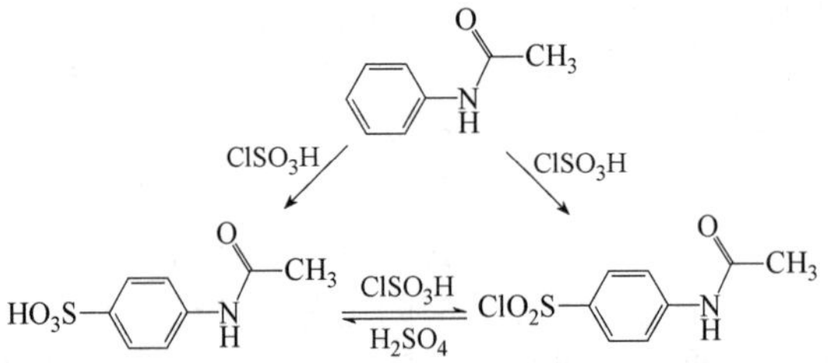

对乙酰氨基苯磺酰氯(ASC)

（4）反应物不稳定

倘若反应中有一反应物不稳定，则可增加其用量，以保证足够量反应物参与主反应。

催眠药苯巴比妥生产中最后一步缩合反应，系由苯基乙基丙二酸二乙酯与脲缩合，反应在碱性条件下进行。由于脲在碱性条件下加热易于分解，所以需使用过量脲。

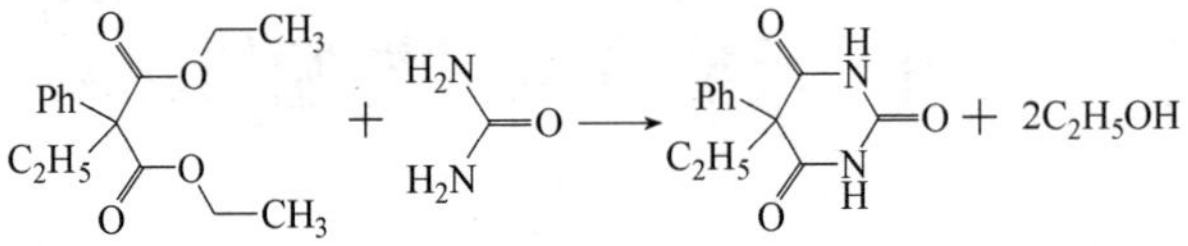

（5）发生副反应

当参与主、副反应的反应物不尽相同时，应利用这一差异，增加某一反应物的用量，以增强主反应的竞争能力。

抗精神分裂药氟哌啶醇的中间体 4-对氯苯基-1,2,5,6-四氢吡啶，可由对氯-α-甲基苯乙烯与甲醛、氯化铵作用生成噁嗪中间体，再经酸性重排制得。这里副反应之一是对氯-α-甲基苯乙烯单独与甲醛反应，生成 1,3-二氧六环化合物。

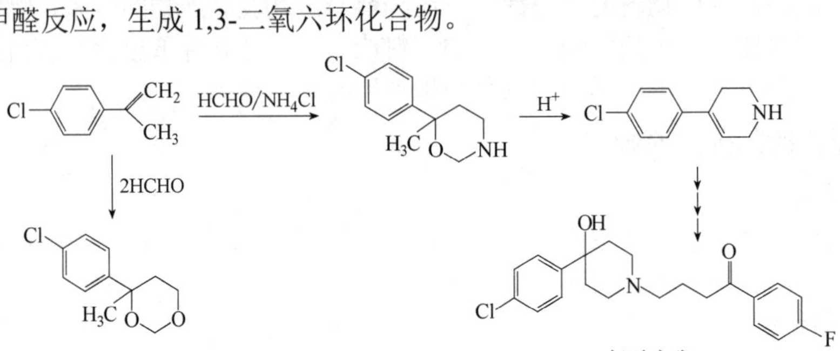

氟哌啶醇

这个副反应可看作是正反应的一个平行反应。为了抑制此副反应，可适当增加氯化铵用量。目前生产上氯化铵的用量是理论量的 2 倍。

为防止连续反应和副反应的发生，有些反应的配料比应小于理论配比，使反应进行到一定程度后，停止反应。

卤代烃与氨的烃化反应，由于氨的 3 个氢原子都可以被烃基取代，所以反应产物多为伯胺、仲胺和叔胺的混合物。若氨过量，烃化产物中伯胺比例增高。若氨的用量不足，则仲胺和叔胺的比例增高。因此，若想制备伯胺，卤代烃的配料比应小于理论配比。

$$CH_3CH_2Br + NH_3 \longrightarrow CH_3CH_2NH_3^\oplus Br^\ominus \xrightarrow{NaOH} CH_3CH_2NH_2$$

$$CH_3CH_2NH_3^\oplus Br^\ominus + NH_3 \rightleftharpoons CH_3CH_2NH_2 + NH_4Br$$
$$\rightleftharpoons (CH_3CH_2)_2NH + NH_4Br$$
$$\rightleftharpoons (CH_3CH_2)_3N + NH_4Br$$
$$\longrightarrow (CH_3CH_2)_4N^\oplus Br^\ominus$$

15.2　反应溶剂和重结晶溶剂

对于液相中进行的药物合成反应，溶剂是一种反应介质，可以帮助反应传热，并使反应物分子能够均匀分布，增加分子间碰撞的机会，从而加速反应进程。采用重结晶法精制反应产物，也需要溶剂。无论是反应溶剂，还是重结晶溶剂，都要求溶剂具有不活泼性，即在化学反应或在重结晶条件下，溶剂应是稳定而惰性的。尽管溶剂分子可能是过渡状态的一个重要组成部分，并在化学反应过程中发挥一定的作用，但是总的来说，尽量不要让溶剂干扰反应。

15.2.1　常用溶剂的分类

将溶剂分类的方法有多种，如根据化学结构、物理常数、酸碱性或者特异性的溶质-溶剂间的相互作用等进行分类。按溶剂发挥氢键给体作用的能力，可将溶剂分为质子性溶剂（protic solvent）和非质子性溶剂（aprotic solvent）两大类。

质子性溶剂含有易取代氢原子，可与含负离子的反应物发生氢键结合，产生溶剂化作用，也可与正离子的孤对电子进行配位结合，或与中性分子中的氧原子或氮原子形成氢键，或由于偶极矩的相互作用而产生溶剂化作用，介电常数（ε）>15。质子性溶剂有水、醇类、乙酸、硫酸、多聚磷酸、氢氟酸-三氟化锑（HF-SbF$_3$）、氟磺酸-三氟化锑（FSO$_3$H-SbF$_3$）、三氟乙酸，以及氨或胺类化合物。

非质子性溶剂不含易取代的氢原子，主要是靠偶极矩或范德华力的相互作用而产生溶剂化作用。偶极矩（μ）和介电常数（ε）小的溶剂，其溶剂化作用也很小，一般将介电常数（ε）在 15 以上的溶剂称为极性溶剂，介电常数（ε）在 15 以下的溶剂称为非极性溶剂。

非质子极性溶剂有醚类（乙醚、四氢呋喃、二氧六环等）、卤代烃类（氯甲烷、二氯甲烷、氯仿）、酮类（丙酮、甲乙酮等）、含氮化合物（如硝基甲烷、硝基苯、吡啶、乙腈、喹啉）、亚砜类（如二甲基亚砜）、酰胺类（甲酰胺、N,N-二甲基甲酰胺、N-甲基吡咯酮、N,N-二甲基乙酰胺、六甲基磷酸三酰胺等）。

非质子非极性溶剂又称为惰性溶剂，如芳烃类（氯苯、二甲苯、苯等）和脂肪烃类（正己烷、庚烷、环己烷和各种沸程的石油醚）。

15.2.2 反应溶剂

为什么有机化学反应必须在溶液状态下进行呢？一个重要原因是在溶液中分子间的作用力比在气相条件下更强些，更容易变化，并可以多种方式影响反应物的性质。溶剂不仅为化学反应提供了反应进行的场所，而且在某种意义上，直接影响化学反应的反应速率、反应方向、产物构型、化学平衡等。在选用溶剂时还要考虑如何将产物从反应液中分离。为了使反应能成功地按预定方向进行，必须选择适当的溶剂。除了依靠直观经验外，还要探索一般规律，为合理地选择反应溶剂提供客观标准。

溶剂影响化学反应的机理非常复杂，目前尚不能从理论上十分准确地找出某一反应的最适合的溶剂，而需要根据试验结果来确定溶剂。

（1）溶剂对反应速率的影响

有机化学反应按其反应机理来说，大体可分成两大类：一类是自由基反应，另一类是离子型反应。在自由基反应中，溶剂对反应无显著影响；然而在离子型反应中，溶剂对反应影响很大。

离子或极性分子在极性溶剂中，溶质和溶剂之间能发生溶剂化作用。在溶剂化过程中，放出热量而降低溶质的位能。化学反应速率决定于反应物和过渡态之间的能量差即活化能 E。一般来说，如果反应物比过渡态更容易发生溶剂化，则反应物位能降低 ΔH，相当于活化能增高 ΔH，会降低反应速率 [图 15-1（a）]。当过渡态更容易发生溶剂化时，随着过渡态位能的下降，反应活化能降低 ΔH，故反应加速，溶剂的极性越大，对反应越有利 [图 15-1（b）]。

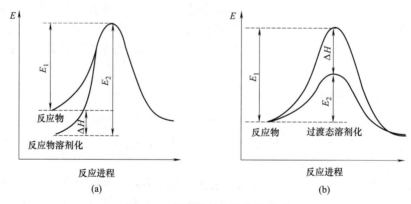

图 15-1　溶剂化与活化能的关系

（2）溶剂对反应方向的影响

溶剂不同，反应产物可能不同。苯酚在非极性溶剂（如二氧六环）中进行溴代时，主要生成 4-溴苯酚；若是在碱性水溶液中溴代时，则不论加入溴素量多少，都主要得到 2,4,6-三溴苯酚，这是由于碱性环境下生成的苯氧阴离子使环上电子云密度增大而易于溴化的缘故。

（3）溶剂对产物收率的影响

曲格列汀（14-1）生产工艺的最后一步，是由中间体（14-5）与（14-4）在 $NaHCO_3$ 存在下发生取代反应制得曲格列汀。选用不同的溶剂对产物收率影响明显，由表 15-1 可以看出，用醇类做反应溶剂效果较好，当用其他溶剂做反应溶剂时，会出现原料反应不完全的情况，而且产物中杂质含量较多，收率较低。四种醇类溶剂中，甲醇做溶剂产物杂质含量明显高，乙醇次之，正丁醇第三，异丙醇最低。分析其原因，与反应溶剂可能参与了反应有关。在 $NaHCO_3$ 的作用下，醇类溶剂会产生不同的氧负离子，不同的氧负离子与中间体（14-5）发生亲核取代反应，最终得到不同的杂质。而异丙醇和正丁醇由于位阻的影响，产生相应副反应的杂质很少。

表 15-1　曲格列汀合成条件的优化-溶剂的影响

编号	溶剂	原料剩余/%	杂质含量/%	收率/%
1	甲醇	0	35	52
2	乙醇	0	10	81
3	异丙醇	0	5	86
4	正丁醇	<3	7	82
5	乙酸乙酯	8	26	51
6	乙腈	9	32	48
7	DMF	0	41	47

（4）溶剂对化学平衡的影响

溶剂对酸碱平衡和互变异构平衡等均有影响。不同极性的溶剂，直接影响 1,3-二羰基化合物酮型-烯醇型互变异构体系中两种异构体的含量，进而影响以 1,3-二羰基化合物为反应物的反应收率。1,3-二羰基化合物，包括 β-二醛、β-酮醛、β-二酮和 β-酮酸酯等，在溶液中可能以三种互变异构体形式同时存在：二酮式、顺式-烯醇式和反式-烯醇式。在溶液中，开链的 1,3-二羰基化合物实际上完全烯醇化为顺式-烯醇式，因为这种形式可以通过分子内氢键而稳定化。环状的 1,3-二羰基化合物能够以反式-烯醇式存在。原则上，当 1,3-二羰基化合物溶于非极性溶剂时，顺式-烯醇式的比例较高；增加溶剂极性，平衡移向二酮式。因为在两种互变异构体中烯醇式是极性比较小的一种形式，烯醇式异构体的分子内氢键有助于降低羰基偶极之间的斥力。

二酮式 　　　　　　　　　　　　顺式-烯醇式

　　　　　　　　　　　　　　　　反式-烯醇式

15.2.3　重结晶溶剂

　　应用重结晶法精制最终产物原料药时，一方面要除去由原辅材料和副反应带来的杂质；另一方面要注意重结晶过程对精制品结晶大小、晶型和溶剂化等的影响。

　　原料药的晶型与疗效和生物利用度有关。棕榈氯霉素有 A、B、C 三种晶形及无定形，它们的作用却不同。口服给药时 B 晶形及无定形易被胰脂酶水解，释放出氯霉素而发挥其抗菌作用，因此 B 晶形及无定形为有效晶形。A 晶形和 C 晶形不能为胰脂酶所水解，为无效晶形。世界各国都规定棕榈氯霉素中的无效晶形不得超过 10%。

（1）重结晶对产品的影响

　　药物微晶化可增加药物的表面积，加快药物的溶解速度。对于水溶性差的药物，微晶化很有价值。了解其结晶大小与水溶性的关系后，实现微晶化，可显著降低剂量。此外，还需注意重结晶产物的溶剂化问题，如果溶剂为水，重结晶产物可能含有不同量的结晶水，这种含结晶水的产物称为水合物。如氨苄西林和阿莫西林既有三水合物，又有无水物，三水合物的稳定性好。

（2）理想的重结晶溶剂

　　理想的重结晶溶剂应对杂质有良好的溶解性，对于待提纯的药物应具有所期望的溶解性，即室温下微溶，而在该溶剂的沸点时溶解度较大，其溶解度随温度变化曲线斜率大，如图 15-2 所示 A 线。斜率小的 B 线和 C 线，相对而言不是理想的重结晶溶剂。

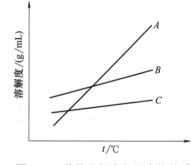

图 15-2　药物溶解度与温度的关系

（3）相似相溶性

　　选择重结晶溶剂的经验规则是相似相溶。若溶质极性很大，就需用极性很大的溶剂才能使它溶解；若溶质是非极性的，则需用非极性溶剂。对于含有易形成氢键的官能团（如—OH、—NH$_2$、—COOH、—CONH—等）的化合物来说，它们在水、甲醇类溶剂中的溶解度大于在苯或乙烷等烃类溶剂中的溶解度。但是，如果官能团不是分子的主要部分时，溶解度可能有很大变化。如十二醇几乎不溶于水，它所具有的十二个碳长链，使其性质更像烃类化合物。在生产实践中，经常应用两种或两种溶剂形成的混合溶剂做重结晶溶剂。曲格列汀通常以其成盐形式琥珀酸曲格列汀上市。工业制备得到成盐粗品后，需进行重结晶纯化。对重结晶溶剂进行优化筛选（表 15-2），综合考虑重结晶收率和产品纯度，最终选取了混合溶剂异丙醇/水（9∶1），提高投料量（编号6），所得产物 HPLC 纯度 99.93%。

表 15-2　琥珀酸曲格列汀重结晶条件的优化

编号	投料量/g	溶剂	重结晶收率/%	重结晶前纯度/%	重结晶后纯度/%
1	5	甲醇	67.2	—	—
2	5	丙酮/水（9∶1）	51.5	—	—
3	5	乙醇/水（19∶1）	82.5	98.16	99.72
4	5	异丙醇/水（9∶1）	80.2	98.16	99.90
5	11	异丙醇/水（9∶1）	80.5	98.85	100.00
6	106	异丙醇/水（9∶1）	87.5	98.79	99.93

15.2.4　溶剂使用的法规

溶剂的选择和使用要符合药品研发和生产的技术指导原则。如人用药品技术要求国际协调理事会（ICH）指导原则和我国药监部门发布的相关技术指导原则。

由于不可接受的毒性和对环境的有害作用，尽量避免使用第一类溶剂，如苯、四氯化碳、1,2-二氯乙烷等。由于其固有的毒性，必须在药品生产中限制使用第二类溶剂，如乙腈、氯仿、二氯甲烷、环己烷、N,N-二甲基甲酰胺等。如果在工艺中使用这第一和第二类溶剂，应在质量研究中注意检测其残留量，待工艺稳定后再根据实测情况决定是否将该项检查定入质量标准。根据 GMP 管理及生产的需要，合理使用第三类溶剂，如乙酸、丙酮、乙酸乙酯、二甲基亚砜和四氢呋喃等。根据所用溶剂的毒性及对环境的影响程度，采取必要的防范措施，并进行溶剂的回收与再利用。

15.3　反应温度和压力

反应温度和压力是影响化学反应的关键因素，如何来寻找恰当的反应温度和压力，并进行控制是制药工艺研究的重要内容。

15.3.1　反应温度

（1）反应温度的选择

常用类推法选择反应温度，即根据文献报道的类似反应的温度初步确定反应温度，然后根据反应物的性质作适当的改变，如与文献中的反应实例相比，立体位阻是否大了，或其亲电性是否小了等，综合各种影响因素，进行设计和试验。如果是全新反应，不妨从室温开始，用薄层色谱法追踪发生的变化，若无反应发生，可逐步升温或延长时间；若反应过快或激烈，可以降温或控温使之缓和进行。当然，理想的反应温度是室温，但室温反应毕竟是极少数，而冷却和加热才是常见的反应条件。

（2）温度对反应速率的影响

温度与活化能、反应速率及反应平衡之间的关系，可用 Arrhenius 经验式表达

$$k = A\,e^{-E/(RT)}$$

式中，k 为反应速率常数；A 为表观频率因子；$e^{-E/(RT)}$ 为指数因子；E 为活化能；R 为气体常数；T 为温度。指数因子 $e^{-E/(RT)}$ 一般是控制反应速率的主要因素。

指数因子的核心是活化能 E，而温度 T 的变化，也能使指数因子变化而导致 k 的变化。活化能是反应物发生化学反应难易程度的表征，无法改变。在生产过程中常通过改变温度来控制反应速率，E 值的大小反映了反应温度对速率常数 k 的影响程度。E 值大时，升高温度，k 值增加显著。若 E 值较小时，温度升高，k 值增大但不显著。

温度升高，一般可以使反应速率加快。据大量实验数据归纳总结得到 Van't Hoff 经验规则，即反应温度每升高 10℃，反应速率大约增加 1~2 倍。如以 k_t 表示 t℃时的速率常数，k_{t+10} 表示（$t+10$）℃时的速率常数，则 $k_{t+10}/k_t=\gamma$，γ 为反应速率的温度系数，其值约为 2~4。温度对反应速率的影响是复杂的，归纳起来有四种类型，详见图 15-3。

第 I 种类型，反应速率随温度的升高而逐渐加快，它们之间呈指数关系，这类化学反应最为常见，可以应用 Arrhenius 公式求出反应速率的温度系数与活化能之间的关系。

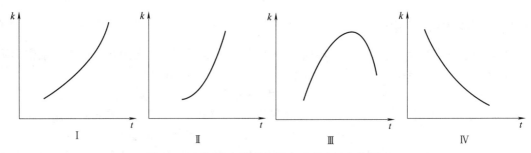

图 15-3　不同反应类型中温度对反应速率的影响

Ⅰ——般反应；Ⅱ—爆炸反应；Ⅲ—催化加氢或酶反应；Ⅳ—反常反应

第Ⅱ类常见于有爆炸极限的化学反应，这类反应开始时温度对速率的影响很小，当达到一定温度时，反应即以爆炸速率进行。

第Ⅲ类包括酶催化反应及催化加氢反应，在温度不高的条件下，反应速率随温度升高而加速，但到达某一温度后，再升高温度，反应速率反而下降。这是由于高温对催化剂的性能有着不利的影响。

第Ⅳ类是反常的，温度升高，反应速率反而下降，如硝酸生产中一氧化氮氧化生成二氧化氮的反应。显然 Arrhenius 公式不适用于后三种情况。

（3）温度对产物收率的影响

曲格列汀生产工艺的最后一步，反应温度对产物收率的影响显著。由表 15-3 可以看出，当反应温度低于 50℃时，即使反应时间延长到 48h，原料也反应不完，表明反应活性不够；当反应温度在 50～70℃之间时，原料可以反应完全，而且随着温度的升高反应时间缩短，产物收率增加；当反应温度高于 75℃时，虽然原料可以反应完全，而且反应时间也缩短，但体系出现杂质，产物收率降低。综合考虑，反应温度以 60～70℃为宜，收率为 86.0%。

表 15-3　曲格列汀合成条件的优化-温度的影响

编号	反应温度/℃	反应时间/h	原料剩余/%	收率/%
1	20～30	48	100	0
2	30～40	48	70	21
3	40～50	24	5	62
4	50～60	11～12	0	82
5	60～70	6～7	0	86
6	>75	4～5	0	79

（4）温度对化学平衡的影响

温度与化学平衡的关系式为：

$$\lg K = -\Delta H/(2.303RT) + C$$

式中，K 为平衡常数；R 为气体常数；T 为热力学温度；ΔH 为热效应；C 为常数。

从上式可以看出，若 ΔH 为负值时，为放热反应，温度升高，K 值减小。对于这类反应，一般是降低反应温度有利于反应的进行。反之，若 ΔH 为正值时，即吸热反应，温度升高，K 值增大，也就是升高温度对反应有利。即使是放热反应，也需要一定的活化能，即需要先加热到一定温度后才开始反应。因此，应该结合该化学反应的热效应（反应热、稀释热和溶解热等）和反应速率常数等数据，找出最适宜的反应温度。

（5）反应温度的控制

在生产过程中，温度不仅影响反应速率，而且影响产量，在一些情况下温度对这二者的影响是相反的。对于复杂反应，可以从温度变化对反应速率及产量（转化率）的影响来讨论最佳温度。如一定转化率下，将反应总速率对温度变化作图，曲线上出现极值，曲线的最高速率点所对应的温度即为该条件下的最佳温度。对生产过程中的异常现象及生产数据进行统计分析，有时能有重大发现，得到极佳的反应温度。例如，在法莫替丁的合成中，滴加碱的最佳温度经正交实验确定为15℃，收率最高。但生产记录的分析发现，有几次因为冷冻盐水温度过低，个别操作工在操作时没有将反应温度控制在15℃，而是将其降到12℃，但收率超出平常的收率很多。反复分析后通过小试验证，修改了温度的控制点。

从工业生产规模考虑，在0℃或0℃以下反应，需要冷冻设备。常用的冷却介质有冰/水（0℃）、冰/盐（-10～-5℃）、干冰/丙酮（-60～-50℃）和液氮（-196～-190℃）。加热温度可通过选用具有适当沸点的溶剂予以固定，也可用蒸汽浴（130℃以下）、电加热油浴（130℃以上）将反应温度恒定在某一温度范围。

15.3.2 反应压力

虽然多数化学反应是在常压下进行的，但有些反应要在加压下才能进行或有较高产率。压力对于液相或液-固相反应一般影响不大，而对气相、气-固相或气-液相反应的平衡、反应速率以及产率影响比较显著。

压力对理论产率的影响，依赖于反应物与产物体积或分子数的变化。如果一个反应的结果是使分子数增加，即体积增加，那么，加压对产物的生成不利。反之，如果一个反应的结果是使体积缩小，则加压对产物的生成有利。

如一氧化碳和氢气合成甲醇的反应

$$CO + 2H_2 \longrightarrow CH_3OH$$

$\Delta V = 1 - (2 + 1) = -2$，反应体积减小或分子数减少。在常压350℃时，甲醇的理论产率仅为10^{-5}，说明常压下这个反应无实际意义。但若将压力增加到30MPa，则甲醇产率能达40%，从而使原来可能性不大的反应转变为可能性较大的反应。

15.4 催化剂

在化学合成药物中，大约80%～85%的化学反应需要用催化剂，如氢化、脱氢、氧化、还原、脱水、脱卤、缩合、环合等反应几乎都使用催化剂。酸碱催化、金属催化、酶催化（微生物催化）、相转移催化等技术都已广泛应用于制药过程。根据催化剂的化学本质，可分为化学催化剂和生物酶催化剂两类，本节主要讨论化学催化剂，生物酶催化见第16章，生物细胞催化见生物制药工艺篇。

15.4.1 催化剂的作用

（1）催化作用的基本特征

某一种物质在化学反应系统中能改变化学反应速率，而其本身在反应前后化学性质并无变化，这种物质称为催化剂（catalyst）。有催化剂参与的反应称为催化反应。当催化剂的作用是加快反应速率时，称为正催化作用；减慢反应速率时称为负催化作用。负催化作用的应用比较少，如有一些易分解或易氧化的中间体或药物，在后处理或贮藏过程中，为防止变质失效，可加入负催化剂，以增加药物的稳定性。

在某些反应中，反应产物本身即具有加速反应的作用，称为自动催化作用。如自由基反应或反应中产生过氧化物中间体的反应都属于这一类。

对于催化作用的机理，可以归纳为以下两点。

1）催化剂能使反应活化能降低，反应速率加快

大多数非催化反应的活化能平均值为 167～188kJ/mol，而催化反应的活化能平均值为 65～125kJ/mol。氢化反应就是这样，使用催化剂时，活化能大大降低。又如烯烃双键的氢化加成，在没有催化剂时很难进行；在催化剂作用下，反应速率加快，室温反应即可进行。

应当指出，催化剂只能加速热力学上允许的化学反应，提高达到平衡状态的速率，但不能改变化学平衡。催化剂加快反应速率是通过改变反应历程得以实现的，催化剂使反应沿着一条新途径进行，该途径由几个基元反应组成，每个基元反应的活化能都很小。通常加入催化剂使反应活化能降低 40kJ/mol，可使反应速率增加万倍以上。

众所周知，反应的速率常数与平衡常数的关系为 $K=k_正/k_逆$；因此，催化剂对正反应的速率常数 $k_正$ 与逆反应的速率常数 $k_逆$ 产生同样的影响；所以正反应的优良催化剂，也应是逆反应的催化剂。例如金属催化剂钯（Pd）、铂（Pt）、镍（Ni）等既可以用于催化加氢反应，也可以用于催化脱氢反应。

2）催化剂具有特殊的选择性

催化剂的特殊选择性主要表现在两个方面，一是不同类型的化学反应各有其适宜的催化剂。例如加氢反应的催化剂有铂、钯、镍等；氧化反应的催化剂有五氧化二钒（V_2O_5）、二氧化锰（MnO_2）、三氧化钼（MoO_3）等。二是对于同样的反应物系统，应用不同的催化剂，可以获得不同的产物。例如用乙醇为原料，使用不同的催化剂，在不同温度条件下，可以得到 25 种不同的产物，其中重要反应如下：

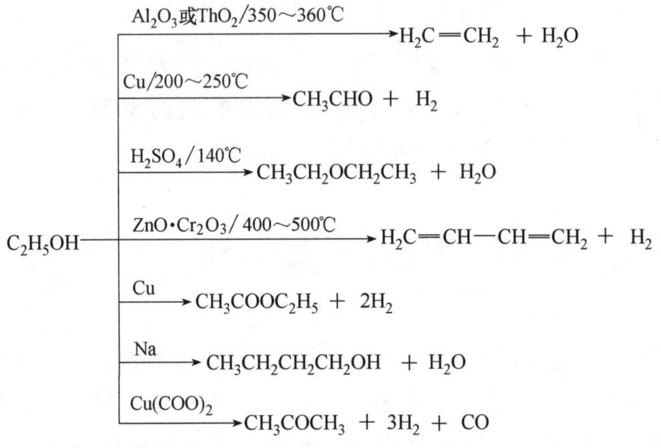

这里必须指出，这些反应都是热力学上可行的，各个催化剂在其特定条件下只是加速了某一反应，使之成为主要的反应途径。

（2）催化活性的影响因素

工业上对催化剂的要求主要有催化剂的活性、选择性和稳定性。催化剂的活性就是催化剂的催化能力，是评价催化剂好坏的重要指标。在工业上，催化剂的活性常用单位时间内单位质量（或单位表面积）的催化剂在指定条件下所得的产品量来表示。

影响催化剂活性的因素较多，主要有如下几点。

① **温度** 温度对催化剂的活性影响较大。温度太低时，催化剂的活性小，反应速率很慢；随着温度升高，反应速率逐渐增大；但达到最大速率后，又开始降低。绝大多数催化剂

都有活性温度范围，温度过高，易使催化剂烧结而破坏活性，最适宜的温度要通过实验确定。

② **助催化剂（或促进剂）**　在制备催化剂时，往往加入某种少量物质（一般少于催化剂量的 10%），这种物质对反应的影响很小，但能显著地提高催化剂的活性、稳定性或选择性，称作助催化剂。例如，在合成氨的铁催化剂中，加入 45% Al_2O_3、1%～2% K_2O 和 1% CuO 等作为助催化剂，虽然 Al_2O_3 等本身对合成氨无催化作用，但是可显著提高铁催化剂的活性。又如在铂催化下，苯甲醛氢化生成苯甲醇的反应，加入微量氯化铁可加速反应。

③ **载体（担体）**　在大多数情况下，常常把催化剂负载于某种惰性物质上，这种惰性物质称为载体。常用的载体有石棉、活性炭、硅藻土、氧化铝、硅胶等。例如用空气氧化对硝基乙苯制备对硝基苯乙酮，所用催化剂为硬脂酸钴，载体为碳酸钙。

使用载体可以使催化剂分散，增大有效面积，既可提高催化剂的活性，又可节约其用量，还可增加催化剂的机械强度，防止其活性组分在高温下发生熔结现象，延长其使用寿命。

④ **催化毒物**　对于催化剂的活性有抑制作用的物质叫催化毒物或催化抑制剂。有些催化剂对于毒物非常敏感，微量的催化毒物即可使催化剂的活性减小，甚至消失。

毒化现象，有的是由于反应物中含有的杂物如硫、磷、砷、硫化氢、砷化氢、磷化氢以及一些含氧化合物如一氧化碳、二氧化碳、水等造成的；有的是由于反应中的生成物或分解物所造成的。毒化现象有时表现为催化剂部分活性的消失，呈现出选择性催化作用。如噻吩对镍催化剂的影响，可使其对芳环的催化氢化能力消失，但保留其对侧链及烯烃的氢化作用。这种选择性毒化作用，生产上也可以加以利用。

被硫毒化后活性降低的钯，可用来还原酰氯基，使之停留在醛基阶段，即 Rosenmund 还原反应。

15.4.2　酸碱催化剂

（1）布朗斯台德共轭酸碱理论和路易斯酸碱理论

有机合成反应大多数在某种溶剂中进行，溶剂系统的酸碱性对反应的影响很大。对于有机溶剂的酸碱度，常用布朗斯台德（Brønsted）共轭酸碱理论和路易斯（Lewis）酸碱理论等广义的酸碱理论解释与说明。根据布朗斯台德共轭酸碱理论，凡是能给出质子的分子或离子都属于酸；凡是能接受质子的分子或离子都属于碱。

根据路易斯（Lewis）酸碱理论，Lewis 酸指含有空轨道能接受外来电子对的分子或离子。质子酸的质子具有 s 空轨道，可以接受电子，是 Lewis 酸中的一种，如 HBr、对甲苯磺酸等；一个中性分子，虽无酸性官能团，但如其结构中有一个原子尚有未完全满足的价电子层，且能与另一个具有一对未共享电子的原子发生结合，形成配位键化合物的，也属于 Lewis 酸，如 AlX_3、BX_3、FeX_3、SnX_4、ZnX_2；还包括金属正离子如 K^+、Na^+、Ca^{2+}、Mg^{2+}、Al^{3+}、Fe^{3+} 等。凡是能提供电子的物质都是 Lewis 碱，如 OH^-、RO^-、$RCOO^-$、X^- 等负离子是 Lewis 碱；一个中性分子，若具有多余的电子对，且能与缺少一对电子的原子或分子以配位键相结合的，也是 Lewis 碱，如 H_2O、ROR' 和 RNH_2 等。

（2）酸碱催化机理

通常情况下，催化反应将一个有机反应分成几步低活化能的步骤进行。因此，催化剂必须容易与一个反应物作用，形成中间络合物。这个中间络合物又必须是活泼的，容易与另一反应物发生作用，重新释放出催化剂。对于许多极性分子间的反应，催化剂是容易给出质子或接受质子的物质。

酸催化反应机理：如用质子酸做催化剂，则反应物中必须有一个容易接受质子的原子或基团，二者先结合成为一个中间络合物，再进一步生成碳正离子或其他元素的正离子或活化分子，最后得到产品。大多数含氧化合物如醇、醚、酮、酯、糖以及一些含氮化合物参与的反应，常常可以被酸所催化。

例如酯化反应的历程，羧酸先与催化剂（H^+）加成，生成羟基正离子，然后与醇作用，最后从生成的络合物中释放出一分子水和质子，同时形成酯。

若没有质子催化，羰基碳原子的亲电能力弱，醇分子中的未共用电子对亲核能力也弱，二者无法形成加成物，酯化反应难以进行。

又如，在芳烃的烷基化反应中，氯代烷在 $AlCl_3$ 的作用下，形成碳正离子，向芳环亲电进攻，形成带正电荷的离子络合物，正电荷在苯环的三个碳原子之间得到分散（共振结构），最后失去质子，得到烃基苯。

$$H^+Al^-Cl_3X \longrightarrow AlCl_3 + HX$$

碱催化反应机理：用碱作催化剂，碱是质子的接受者，反应物应具有将质子转移给碱的性质，以利于形成活性中间体，推动反应的进行。含有 —C=O、—COOR、—CN 和 —NO₂ 等官能团的化合物，可给出 α-碳原子上的氢原子，即 α-氢原子。所以这些化合物，常常用碱来催化生成碳负离子，利于反应的进行。

例如，含有 α-氢原子的醛或酮类在碱的催化作用下，生成 β-羟基醛或 β-羟基酮。乙醛在稀碱溶液中，醛分子中的一个 α-氢原子与氢氧根结合生成水，形成烯醇负离子，然后与另一醛分子发生亲核加成反应生成 β-羟基醛。

根据各类反应的特点，可以选择不同的酸碱催化剂。常用的酸性催化剂有无机酸，如盐酸、氢溴酸、氢碘酸、硫酸、磷酸等；强酸弱碱盐类，如氯化铵、吡啶盐酸盐等；有机酸，如对甲苯磺酸、草酸、磺基水杨酸等。常用酸的强度顺序如下：

$$HI > HBr > HCl > ArSO_3H > RCOOH > H_2CO_3 > H_2S > ArSH > ArOH > RSH > ROH$$

氢卤酸中，盐酸的酸性最弱，所以醚键的断裂常需用氢溴酸或氢碘酸催化；硫酸也是常用的酸性催化剂，但浓硫酸常伴有脱水和氧化的副作用，故选用时应注意。对甲苯磺酸因性能较温和，副反应较少，常为工业生产所采用。

卤化物作为 Lewis 酸类催化剂，应用较多的有：氯化铝、氯化锌、氯化铁、四氯化锡、三氟化硼、四氯化钛等，这类催化剂常用于无水条件下的催化过程。

碱性催化剂的种类很多，常用的有：金属氢氧化物、金属氧化物、强碱弱酸盐类、有机碱、醇钠、氨基钠和金属有机化合物。常用的金属氢氧化物有氢氧化钠、氢氧化钾、氢氧化钙。强碱弱酸盐有碳酸钠、碳酸钾、碳酸氢钠及醋酸钠等。常用的有机碱有吡啶、甲基吡啶、三甲基吡啶、三乙胺和 N,N-二甲基苯胺等。常用的醇钠有甲醇钠、乙醇钠、叔丁醇钠等，其中叔丁醇钠（钾）的催化能力最强。氨基钠的碱性比醇钠强，催化能力也强于醇钠。常用的有机金属化合物有三苯甲基钠、2,4,6-三甲基苯钠、苯基钠、苯基锂、丁基锂，它们的碱性更强，而且与含活泼氢的化合物作用时，反应往往是不可逆的。一些碱的强度顺序如下：

$$RO^- > RNH_2 > NH_3 > ArNH_2$$

为了便于将产品从反应物系统中分离出来，可采用强酸性阳离子交换树脂或强碱性阴离子交换树脂来代替酸性或碱性催化剂，反应完成以后，很容易将离子交换树脂分离除去，得到产物。整个过程操作方便，并且易于实现连续化和自动化生产。

15.4.3 相转移催化

在药物合成反应中，经常遇到两相反应，这类反应的速率慢、反应不完全、效率差。若采用相转移催化剂，反应则可顺利进行，并且能提高反应的选择性和收率。20 世纪 70 年代发展起来的相转移催化反应是有机合成中引人瞩目的新技术之一。相转移催化反应具有方法简单、后处理方便、所用试剂价格低廉等优点，在药物合成中的应用十分广泛。

（1）相转移催化剂

相转移催化剂（phase transfer catalyst）是使一种反应物由一相转移到另一相中参加反应的物质。它促使一个可溶于有机溶剂的底物和一个不溶于此溶剂的离子型试剂两者之间发生反应。这类反应统称为相转移催化反应（phase transfer catalyzed reaction）。

常用的相转移催化剂可分为鎓盐类、冠醚及非环多醚类三大类（表 15-4）。广泛采用的催化剂仅为数种胺、膦和醚类化合物，其中应用最早并且最常用的为鎓盐类。与冠醚类催化剂相比，鎓盐类催化剂适用于液-液和液-固体系。鎓盐能适用于所有正离子，而冠醚类则具有明显的选择性。鎓盐价廉，没冠醚昂贵，更重要的一点是鎓盐无毒，而冠醚有毒性。鎓盐在所有有机溶剂中可以各种比例溶解，故人们通常喜欢选用鎓盐作为相转移催化剂。

表 15-4　三类相转移催化剂性质比较

类型	催化活性	反应体系	稳定性	制备难易	无机离子	毒性	回收	价格
鎓盐类	中等，与结构有关	液-液，液-固	在 120℃以下较稳定，碱性条件下不稳定	容易	不重要	小	不困难，基于反应条件	中等
冠醚类	中等，与结构有关	液-固	基本稳定，强酸条件下不稳定	容易	重要	大	蒸馏	较贵
非环多醚类	中等，与结构及反应条件有关	液-液，液-固	基本稳定，强酸条件下不稳定	容易	不重要	小	蒸馏	较低

1）鎓盐类

鎓盐类相转移催化剂由中心原子、中心原子上的取代基和负离子三部分构成，中心原子一般为 P、N、As、S 等原子，催化活性顺序为：

$$RP^+ \gg RN^+ > RAs^+ > RS^+$$

负离子的影响可用催化剂在有机相中的萃取能力表示，Makosza 发现在苯、氯苯、邻二氯苯与水的混合体系中，相同季铵盐正离子时，不同负离子对萃取常数的影响顺序如下：

$$I^- > Br^- > CN^- > Cl^- > OH^- > F^- > SO_4^{2-}$$

最常用的𬭸盐类催化剂有以下几种。

三乙基苄基氯化铵（TEBAC），又称为 Mokosza 催化剂。TEBAC 在苯-水两相体系中没有催化作用，这可能是由于此催化剂在苯中溶解度小的缘故。TEBAC 的主要特点是容易制备。

三辛基甲基氯化铵（trioctylmethyl ammonium chloride，TOMAC 或 TCMAC），又称为 Starks 催化剂（aliguat336）。根据 Herriott-Picker 研究结果表明，TOMAC 比 TEBAC 或 Brändström 催化剂更有效。

四丁基硫酸氢铵，即 Brändström 催化剂，它的硫酸氢根离子亲水性强，容易转移到水相，因而不参与任何反应。当硫酸氢根负离子被其他负离子所置换，则形成其他负离子的铵盐，因此在离子对提取烷基化作用中多选用此催化剂。

𬭸盐类相转移催化剂的作用机理：在相转移催化条件下的取代反应的历程是 1971 年由 Starks 提出来的。Starks 的相转移催化理论主要是由水相中的离子交换过程和水相到有机相的萃取过程组成。

$$R\!-\!X + MY \xrightarrow{QX} R\!-\!Y + MX \quad QX：搬运工$$

$$
\begin{array}{llll}
Q^+Y^- + R\!-\!X & \rightleftharpoons & R\!-\!Y + Q^+X^- & \text{有机相} \\
\cdots\cdots\cdots & \cdots\cdots\cdots & \cdots\cdots\cdots & \\
Q^+Y^- + M^+X^- & \rightleftharpoons & M^+Y^- + Q^+X^- & \text{水相}
\end{array}
$$

其中，QX 是相转移催化剂；R—X 是有机相反应物；MY 是水相反应物。QX 中的 X^- 可与水相中的 Y^- 交换，生成 Q^+Y^-，因 Q^+ 具有亲脂性，可将 Y^- 由水相带入有机相，在有机相中极迅速地与反应物 R—X 反应，生成产物 RY 和另一离子对 Q^+X^-。新形成的 Q^+X^- 很快运动到界面，回到水相，在水相中解离出 Q^+，与负离子 Y^- 结合成离子对后再转到有机相。整个过程中，Q^+X^- 起着搬运工的作用。

2）冠醚类

冠醚类也称非离子型相转移催化剂，化学结构特点是分子中具有 $(Y\!-\!CH_2\!-\!CH_2\!-\!)_n$ 重复单位，式中的 Y 为氧、氮或其他杂原子。由于它们的形状似皇冠，故称冠醚。常用的冠醚有18-冠-6、二苯基-18-冠-6、二环己基-18-冠-6 等。

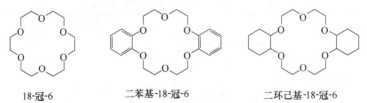

18-冠-6　　　　二苯基-18-冠-6　　　　二环己基-18-冠-6

其中以 18-冠-6 应用最广，二苯基-18-冠-6 在有机溶剂中溶解度小，因而在应用上受到限制。由于冠醚价格昂贵并且有毒，除在实验室应用外，迄今还没有应用到工业生产中。

冠醚为中性配位体，反应速率较高，能使很多固体试剂转入有机相，而实现固-液相转移催化反应。结构不同的冠醚，能选择性络合碱金属正离子、碱土金属正离子以及铵离子等。冠醚类相转移催化剂的作用机理属于络合-萃取反应机理。冠醚中的氧原子有未共用电子对，可与进入环内大小适合的金属离子通过静电吸引形成络合物，使得原来与金属正离子结合的负离子形成非溶剂化的负离子，即"裸负离子"。冠醚同金属离子形成的"伪"正离子，因有疏水性的亚甲基在环外侧，所以能溶于非极性有机介质，并可将负离子以离子对的形式带入有机相。裸负离子在有机相中具有较高的化学活性，促进反应的进行。

例如有机物被高锰酸钾氧化的反应，反应物溶于有机溶剂，高锰酸钾固体在有机溶剂中被冠醚逐渐络合并溶于有机溶剂中，然后在有机相中进行反应。

3）非环多醚类

近年来，人们还研究了非环聚氧乙烯衍生物类相转移催化剂，又称为非环多醚或开链聚醚类相转移催化剂。这是一类非离子型表面活性剂。非环多醚为中性配体，具有价格低、稳定性好、合成方便等优点。主要类型如下。

聚乙二醇：$HO(CH_2CH_2O)_nH$；

聚乙二醇脂肪醚：$C_{12}H_{25}O(CH_2CH_2O)_nH$；

聚乙二醇烷基苯醚：$C_3H_7\!-\!C_6H_4\!-\!O(CH_2CH_2O)_nH$。

非环多醚类可以折叠成螺旋形结构，与冠醚的固定结构不同，可折叠为不同大小，可以与不同直径的金属离子络合。催化效果与聚合度有关，聚合度增加催化效果提高，但总的来说催化效果比冠醚差。聚醚类相转移催化剂的催化机理与冠醚相似：络合-萃取反应机理。

聚乙二醇分子结构呈链状，可自由旋转和弯曲，一般分子量为 $400\sim600$ 时催化效果较好。在无水碳酸钾及甲苯存在下，用聚乙二醇 PEG-600 作为相转移催化剂，可在固-液两相体系中进行 Darzens 缩水甘油酸酯的缩合反应。

其他相转移催化剂还有叔胺类催化剂、多环穴醚催化剂、负离子催化剂等。近些年，相转移催化剂的化合物类型不断增多，将一般的相转移催化剂连接到固体载体上，如聚苯乙烯、硅胶、纤维素等，因固体的高分子载体不溶于溶剂或水中，这样使反应成为三相，即所谓"三相催化"（three phase catalysis）。三相催化作用是近年发展起来的一种新的合成技术，为有效地实现水溶性反应液、固相催化剂和不溶于水的有机相三相间的反应，提供了一个有效的手段。它的优点在于：固相催化剂可在反应结束后过滤除去，操作简单，可定量地回收利用，产物不会被催化剂污染，分离纯化简便。

（2）相转移催化反应的影响因素

影响相转移催化反应的主要因素有：催化剂、搅拌速度和溶剂等。

1）催化剂

相转移催化剂具有一定的选择性，针对不同的体系，应选择不同的催化剂。鎓盐类，特别是季铵盐类，应用较多；冠醚和非环多醚等化合物制备较麻烦，且只在少数情况下才显示出优于季铵盐。例如，中枢降压药盐酸可乐定的合成中间体乙酰可乐定的制备，可由 2,6-二氯苯胺、1-乙酰-2-咪唑烷酮和 $POCl_3$ 于 47～50℃搅拌反应 68h 制得，收率 92.5%；若以三乙基苄基氯化铵（TEBAC）为相转移催化剂，反应 8h 即可，收率 65%。而以四丁基溴化铵（TBAB）、聚乙二醇（PEG-600）为催化剂，收率仅为 19%～21%。

相转移催化剂的用量对反应结果影响较大，对不同反应体系其影响不同。催化剂的最佳用量为 0.5%～10%；当反应强烈放热或催化剂较昂贵时，催化剂的用量较少，为 1%～3%；在某些情况下则要求等摩尔量的催化剂，如：①在反应中释放出碘离子，并与镓盐在有机相中紧密结合；②烷基化试剂非常不活泼；③烷基化试剂容易引起副反应，如由于水和碱金属氢氧化物的存在而引起的水解反应；④希望多官能团的反应物发生选择性的反应。

相转移催化剂的稳定性也是应注意的问题。常用的催化剂在室温下可稳定数天，但在高温条件下，可能发生分解反应，如苄基三甲基氯化铵可生成二苄基醚和二甲基苄基胺。在反应条件下，苄基取代的季铵盐可能发生脱烃基反应。

2）搅拌速度

在述及反应速率时，还必须指出搅拌速度的影响。相转移催化反应整个反应体系是非均相的，存在传质过程，搅拌速度是影响传质的重要因素。搅拌速度一般可按下列条件选择：对于在水/有机介质中的中性相转移催化，搅拌速度应大于 200r/min，而对固-液反应以及有氢氧化钠存在的反应，则应大于 750～800r/min，对某些固-液反应需选择高剪切式搅拌。

3）溶剂

在固-液相转移催化过程中，应用冠醚进行相转移催化时，一般均使用助溶剂。原则上说，任何一种溶剂都可用于这种场合，只要它本身不参与反应即可。在固-液相转移催化过程中，最常用的溶剂是苯（和其他的烃类）、二氯甲烷、氯仿（和其他的卤代烃）以及乙腈。乙腈可以成功地用于固-液相系统，但不能用于液-液系统，这是因为它与水互溶。尽管氯仿和二氯甲烷有时参加反应，氯仿易发生脱质子化作用，从而产生三氯甲基负离子或产生卡宾，而二氯甲烷则可能发生亲核置换反应，但它们仍是常用且有效的溶剂。

在液-液相转移催化系统中，即反应底物为液体时，可用该液体作为有机相。原则上许多有机溶剂都可应用，但溶剂不与水互溶这一点特别重要，以确保离子对不发生水合作用，即溶剂化。烃类和氯代烃类已成为常用的溶剂，而乙腈则完全不适合。要知道在某一情况下，究竟哪一种溶剂最好，首先要考虑所进行的反应类型，这样可以获得一个总的概念。若用非极性溶剂，如正庚烷或苯，除非离子对有非常强的亲油性，否则离子对由水相进入有机相的量很少。例如，TEBAC 在苯-水体系中催化效果极差，即使在二氯乙烷-水体系也如此。所以使用这些溶剂时，应采用四丁基铵盐（TBAB）或更大的离子，如四正戊基铵、四正己基铵等。一般说来，二氯甲烷、1,2-二氯乙烷和三氯甲烷等非质子极性溶剂是最适合的溶剂，有利于离子对进入有机相，提高反应速率；另外，这些溶剂价格较低，容易除尽，易于回收。

15.5　化学反应的稳健性

化学反应的稳健性是指化学反应发生及其程度对反应条件的敏感性和严苛性，可以通过绘制反应条件与收率的关系图进行评估。

15.5.1　稳健性评估

（1）平顶型反应

平顶型反应是在一定的反应参数范围内波动或偏差，对化学合成的收率变化不大的反应[图 15-4（a）]。平顶型反应对工艺操作条件要求不甚严格，化学反应的稳健性高。在工业生产香兰醛的反应中，通过 Duff 反应，在酚类化合物的苯环上引入醛基，条件易于控制，为平顶型反应。

（2）尖顶型反应

尖顶型反应是指反应条件稍有波动或变化就会使收率下降，副反应增多的反应[图 15-4（b）]。尖顶型反应对工艺操作条件要求苛刻，稳健性低。应用三氯乙醛在苯酚上引入醛基为尖顶型反应，反应时间需 20h 以上，副反应多、收率低（30%～35%）、产品易聚合，生成大量树脂状物质，增加后处理的难度。

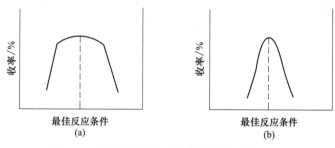

图 15-4　平顶型反应（a）和尖顶型反应（b）

尖顶型反应往往与安全生产技术、三废防治、设备条件等密切相关。Gattermann-Koch 反应，向芳环上引入醛基（或称芳环甲酰化）属尖顶型反应，且应用剧毒原料，但原料低廉，收率尚好，可通过精密自动控制，而应用于工业生产。氯霉素的生产工艺中，对硝基乙苯催化氧化制备对硝基苯乙酮的反应也属于尖顶型反应，但已成功地用于工业生产。

在进行化学工艺研究时，有时还需要设计极端性或破坏性实验，以阐明化学反应类型到底属于平顶型还是属于尖顶型，为工艺设备设计积累必要的实验数据。特别是在初步确定合成路线和制定实验室工艺研究方案时，还必须做必要的实际考察，涉及易燃易爆等化学反应安全性的研究，更要进行稳健性实验。

15.5.2　化学反应终点监控

化学反应完成后必须及时停止反应，并将产物立即从反应系统中分离出来。否则反应继续进行，可能使反应产物分解破坏，副产物增多或发生其他复杂变化，使收率降低，产品质量下降。若反应未达到终点，过早地停止反应，也会导致类似的不良效果。同时还必须注意，反应时间与生产周期、劳动生产率有关。因此，对于每一个反应都必须掌握好它的进程，控制好反应终点，保证产品质量。

反应终点的控制，主要是控制主反应的完成。测定反应系统中是否尚有未反应的原料（或试剂）存在；或其残存量是否达到规定的限度。在工艺研究中常用薄层色谱、气相色谱和高效液相色谱等方法来监测反应，也可用简易快速的化学或物理方法，如测定显色、沉淀、酸碱度、相对密度、折射率等手段进行反应终点监测。

思考题

15-1　化学合成药物工艺研究的主要内容是什么？

15-2 如何确定反应物的浓度与配料比？

15-3 重结晶溶剂与反应溶剂有哪些异同点？

15-4 Lewis 酸、碱的定义及催化机理是什么？

15-5 温度对化学反应的主要影响有哪些？

15-6 溶剂主要影响化学反应的哪几个方面？

15-7 什么是催化剂？催化作用的特点是什么？

15-8 影响催化剂活性的主要因素有哪些？

15-9 相转移催化剂主要包括哪几种类型？每种类型的作用机理是什么？

参考文献

[1] 赵临襄. 化学制药工艺学. 北京: 中国医药科技出版社, 2003.

[2] 朱葆全. 新编药物合成反应路线设计与制备工艺新技术务实全书. 天津: 天津电子出版社, 2005.

[3] 陈元鹏. 曲格列汀琥珀酸盐中间体的合成研究. 上海: 上海应用技术大学, 2016.

[4] 徐声辉. 琥珀酸曲格列汀合成工艺及有关物质研究. 上海: 上海医药工业研究院, 2017.

第16章
手性制药工艺

学习目标

- 掌握手性概念，能够识别和判断手性药物的立体构型。
- 掌握手性合成的基本原理，能够选择使用手性源合成和不对称合成方法进行工艺路线设计和研究。
- 掌握左氧氟沙星的合成工艺原理，能够分析和解决生产中的工艺问题。

手性制药是合成单一对映体药物的技术，是化学制药的重要方向。目前临床常用的1850种化学药物，其中手性药物为1045种，占比56.5%。据统计，在2022年全球最畅销的60种化学药物中，手性药物41种，非手性药物19种。本章主要内容是手性药物及其化学合成原理与方法，着重介绍了单一对映体手性药物的合成工艺，并举实例说明各种制药技术的特点及其应用范围。

16.1 概　述

16.1.1　手性药物

（1）手性和手性药物

手性（chirality）是指一个化合物的立体结构与其镜中的影像不能重合的性质，就像左手和右手不能重合一样，用于描述化合物分子结构的不对称性。具有手性的分子就是手性分子，反之，是非手性分子。手性药物（chiral drug）是指具有手性结构、用于治疗疾病的药物。

（2）手性构型的命名

手性构型可用透视式和费歇尔投影式表示化学分子的立体结构关系（图16-1）。透视式用实楔和虚楔，实楔代表指向纸前，虚楔代表指向纸后。费歇尔投影式的规则是：①把手性C原子置于纸面，用横竖两线交点代表C原子；②投影时竖线上的取代基在纸面的下方，横线的取代基在纸面的上方；③习惯上把含C原子的基团放在竖线方向，并把“最大”的取代基（编号最小的基团）放在上端。

手性化合物命名，目前有D/L及*R*/*S*两种方法。以甘油醛为标准，人为规定手性C上的羟基在左边时，为L构型（**16-1**）；手性C上的羟基在右边时，为D构型（**16-2**），如图16-2所示。

R/*S*命名规则根据手性原子直接相连的四个基团所占据空间位置的序列确定物质的构型。

当一个原子上连接的四个原子或基团（包括孤对电子）不同时，这个原子就是中心手性原子。假设中心手性原子 C 上连接有四个不同基团 x、y、z、w，其中 x＞y＞z＞w，如果从 C 到 w 的方向看，x→y→z 是顺时针方向，则这个碳的构型被定义为 R；否则，就定义为 S。甘油醛（**16-1**、**16-2**）及乳酸（**16-3**、**16-4**）的命名如图 16-3 所示。

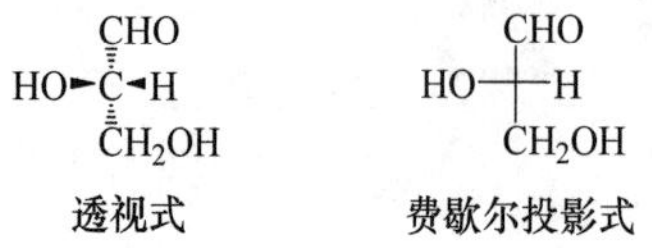

图 16-1　甘油醛的透视式（左）和费歇尔投影式（右）

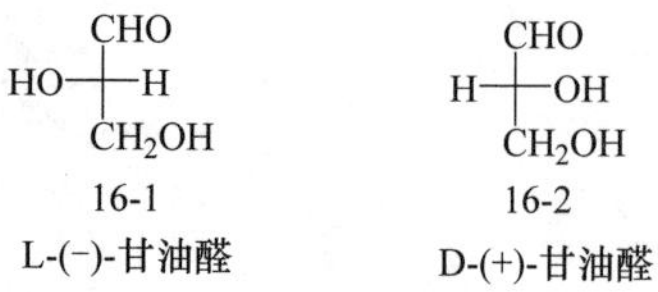

图 16-2　L-甘油醛和 D-甘油醛

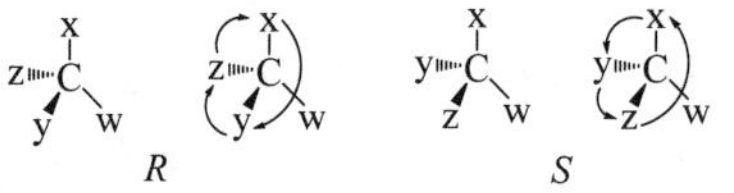

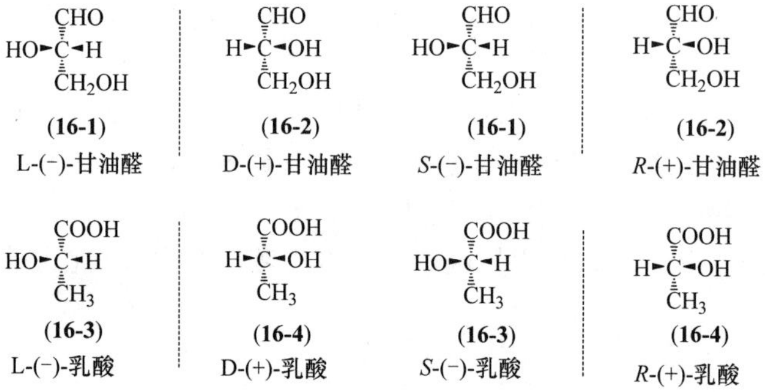

图 16-3　甘油醛、乳酸的 D/L 和 R/S 命名

除了手性碳外，氮、硫、磷原子也可以是手性中心，赋予化合物手性（图 16-4）。如抗溃疡药物埃索美拉唑（esomeprazole，**16-5**）、胆碱酯酶抑制剂丙溴磷（profenofos，**16-6**）。

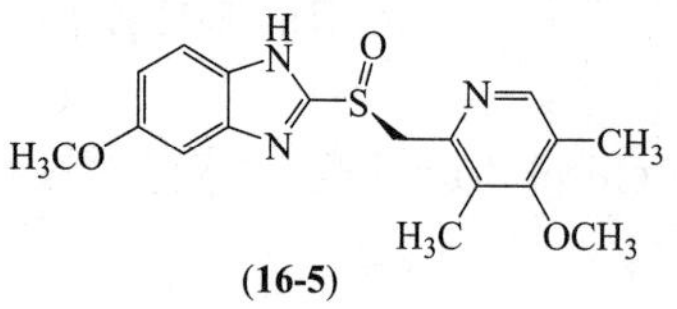

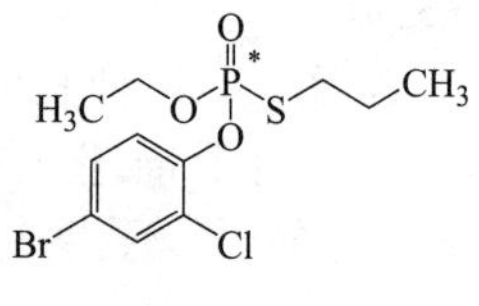

图 16-4　含硫和含磷的手性药物

尽管目前普遍采用 R/S 命名法，但一些常见的手性化合物，特别是天然产物，如氨基酸和糖类，由于习惯原因仍经常使用 D/L 命名的名称。当有化合物具有一个以上手性中心时，D/L 命名法不能够明确每个手性原子的构型，就要使用 R/S 命名法。但需要注意：①D/L 命名法与 R/S 命名法是两种不同的构型表示方法，二者之间并无直接的逻辑对应关系，即 D 和 R 以及 L 和 S 有时一致，有时又不一致；②化合物的构型与旋光方向无对应关系。

16.1.2　立体异构体

几个化合物由相同数目和相同类型的原子组成，具有相同的连接方式，但构型不同，这类化合物互为立体异构体。顺反异构体、对映异构体(enantiomers)、非对映异构体均属于立体异构体。其中对映异构体及非对映异构体又称为光学异构体。

（1）对映异构体

互为镜像关系的分子称为一对对映异构体，相互成为对映的手性基团称为对映异构的基团。如 D-甘油醛和 L-甘油醛为一对对映异构体，手性基团为羟基。互为对映异构体的分子，一个使平面偏振光向右旋（dextro-rotation），称为右旋体，以符号（+）表示，如，D-(+)-甘油醛（**16-2**）；另一个使平面偏振光向左旋（levo-rotation），称为左旋体，符号为（-），如，L-(-)-甘油醛（**16-1**）。类似地，S-(+)-布洛芬（ibuprofen，**16-7**）和 R-(-)-布洛芬（**16-8**）（图16-5）。由于向右及向左旋转的角度基本相同，因此对映异构又称旋光异构（optical isomerism）。对映异构体除了使偏振光向相反方向转动外，还具有相同的物理性质。

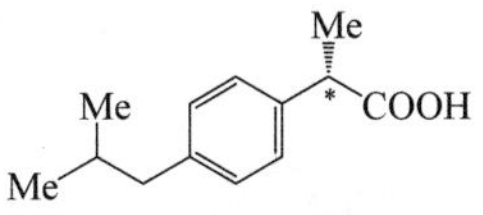

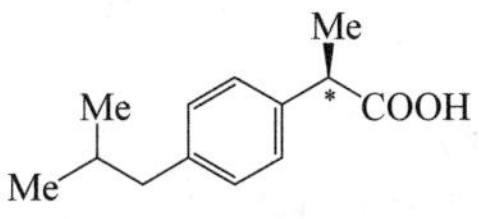

图 16-5　布洛芬的对映异构体

两个对映异构体以 1：1 的比例组成的混合物，旋光性相互抵消，因此这种混合物没有旋光性，称为外消旋体(racemic form)。如中枢镇痛药曲马多（tramadol，**16-9**），临床上使用的是外消旋体。(1R,2R)-(+)-曲马多具有选择性 μ-阿片受体激动作用，抑制5-羟色胺的再摄取，增加脑中 5-羟色胺的量，而(1S,2S)-(-)-曲马多主要抑制去甲肾上腺素的再摄取，对右旋曲马多引起的阿片样副作用有拮抗作用，两者的协同止痛效果好于单一异构体。多巴酚丁胺（dobutamine，**16-10**）的左旋体具有 α 受体激动作用，对 β 受体的作用弱，而右旋体为 β 受体激动剂，其对 α 受体的作用弱，故以外消旋体给药，能增加心肌收缩力，但不增加心率和血压。外消旋体与单一异构体可能有不同的物理性质，如乳酸的两个对映体熔点分别为 53℃，而其外消旋体的熔点却是 17℃。

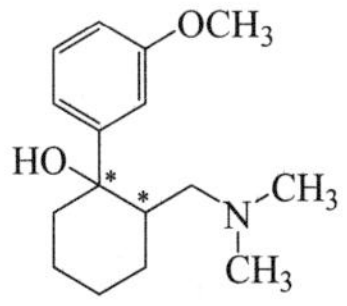

（2）非对映异构体

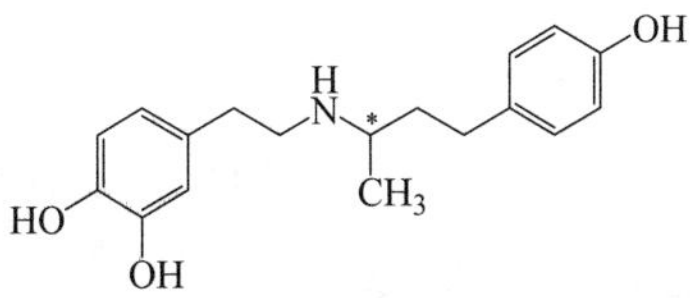

具有两个或多个非对称中心，并且分子互相不为镜像的立体异构体称为非对映异构体。如果一个化合物具有 n 个手性中心，则这个化合物最多可有 $2n-1$ 个光学异构体，其中一个是这个化合物的对映异构体，其余均为这个化合物的非对映异构体。例如抗生素氯霉素（chloramphenicol，**16-11**）有两个手性中心，共有四种异构体（图16-6）。**16-11** 的构型为 1R，2R，其对映异构体为 1S，2S（**16-12**）；另外两个异构体 **16-13** 和 **16-14** 互为对映异构体，其构型分别为 1S，2R（**16-13**）和 1R，2S（**16-14**），而 **16-13** 和 **16-14** 都是 **16-11** 的非对映异构体。四种异构体中，只有 **16-11** 具有活性，其他三种无效。未拆分的氯霉素（**16-11**）与其对映体（**16-12**）的消旋体称为合霉素（syntomycin），曾作为药物使用，其抗菌活性为氯霉素（**16-11**）的一半，现已不用。

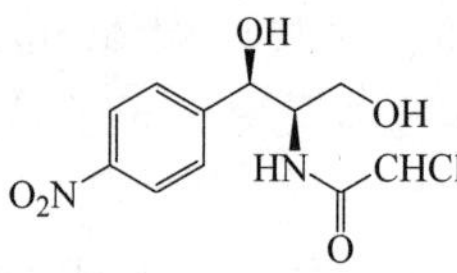

(16-11)

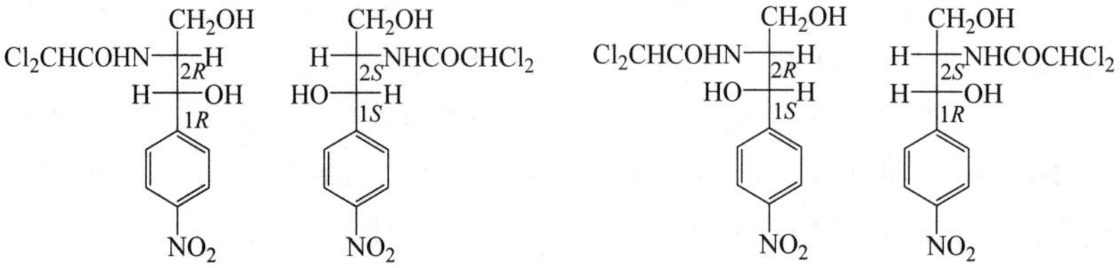

(16-11)　**(16-12)**　**(16-13)**　**(16-14)**

图 16-6　氯霉素的四种异构体

（3）内消旋化合物

分子内具有两个或多个手性中心而同时又有对称面时，实物与镜像重合，这样的化合物称为内消旋化合物。例如酒石酸（**16-15**），分子结构中含有两个相同的手性碳原子，有左旋酒石酸（L-酒石酸，**16-15**）、右旋酒石酸（D-酒石酸，**16-16**）和内消旋体（**16-17**）三种立体异构体。左旋酒石酸（**16-15**）与右旋酒石酸（**16-16**）互为镜像但二者不能重合，是对映异构体。而 **16-17** 和 **16-17′**虽然也互为镜像，但二者可以重合，此分子内含有两个手性中心，各自具有的旋光性在分子内相互抵消，因此对外不显示旋光性，称为内消旋化合物。这样的分子从对称因素上来看，分子中存在着对称面。可见，分子有手性中心并不意味着分子一定有旋光性。左旋酒石酸（**16-15**）不仅可以用作酸化剂、矫味剂、抗氧增效剂，还可以作为络合剂用于原料药、酒石酸衍生物、手性药物的合成。右旋酒石酸（**16-16**）在制药行业主要被用作手性合成的手性源及拆分剂。

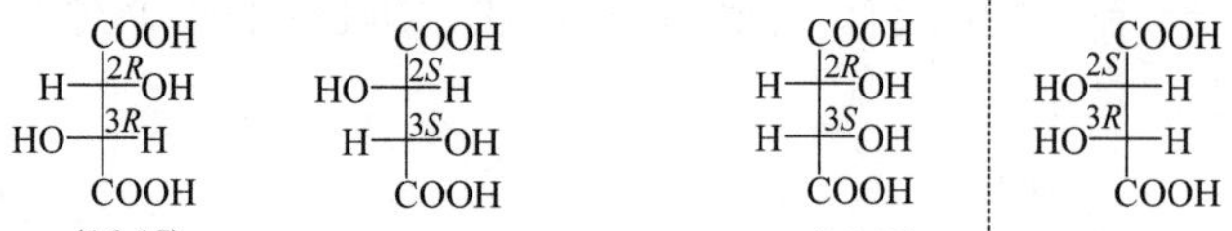

(16-15)　**(16-16)**　**(16-17)**　**(16-17′)**

图 16-7　酒石酸的异构体

16.1.3　手性药物纯度的表征

手性药物的制备不仅是要得到具有光学活性的产物，更重要的是要得到光学纯度高的产物。

（1）旋光性

偏振光照射单一对映异构体，使偏光平面向逆时针方向（左旋）和顺时针方向（右旋）旋转一定的角度，其旋转的角度即为旋光度，其旋转的方向分别用（−）和（+）表示。

（2）手性纯度

对于已知旋光度或标准旋光度$[\alpha]_{max}$的纯对映体，可用光学纯度来表征其手性纯度。在一定实验条件下测定旋光值$[\alpha]_{obs}$后，计算光学纯度如下:

$$光学纯度(\%)=\frac{[\alpha]_{obs}}{[\alpha]_{max}}\times 100\% \tag{16-1}$$

光学纯度是手性药物的研发及生产过程控制的重要质量指标。

（3）对映体过量

对于新的手性化合物的研发，如果缺乏标准旋光度数值，则无法计算出光学纯度。在手性药物领域，目前更多地采用"对映体过量（enantiomeric excesses, e.e.%）"或"非对映体过量（diastereoisomer excess, d.e.%）"来描述手性化合物的纯度。

对映体过量是指在两个对映体的混合物中，其中一个对映体相对于另一个而过量的百分数，表征对映体的纯度。非对映体过量是指在两个非对映体的混合物中，其中一个非对映体过量的百分数，表征非对映体的光学纯度。对映体过量和非对映体过量按下两式进行计算：

$$对映体过量\ e.e.(\%) = \frac{[对映体1]-[对映体2]}{[对映体1]+[对映体2]} \times 100\% \tag{16-2}$$

$$非对映体过量\ d.e.(\%) = \frac{[非对映体1]-[非对映体2]}{[非对映体1]+[非对映体2]} \times 100\% \tag{16-3}$$

16.2 手性合成技术

按照使用原料性质的不同，手性药物的化学控制方法可分为普通化学合成混旋体、手性源合成（chirality pool synthesis）和不对称合成（asymmetric synthesis）三类。普通化学合成得到外消旋体，需要拆分制备手性药物。拆分法操作简便、实用，是目前生成手性药物的常用方法，但最大缺点是产物的理论收率最高仅为50%，收率较低。本节主要介绍手性源合成和不对称合成。

16.2.1 手性源合成

（1）手性源合成的概念

手性源合成（chirality pool synthesis）是指以价廉易得的具有手性的天然产物或合成的手性化合物为原料，通过化学合成转化为手性产物。原料的手性结构在产物中既可能保持，也可能发生翻转或手性转移。常见的手性天然产物有氨基酸、有机酸、糖类、抗生素、激素、维生素、萜类、生物碱等。

（2）手性合成子

在手性源合成中，如果手性起始物料的大部分结构在产物中出现，那么手性起始原料是手性合成子（chiral synthon）。

磷酸奥司他韦（oseltamivir phosphate, 16-18）是一种神经氨酸酶抑制剂，用于抗流感病毒治疗。在半合成磷酸奥司他韦工艺中，天然产物莽草酸（shikimic acid, 16-19）是手性合成子，其结构在产物磷酸奥司他韦16-18中几乎全部保留，其中1个手性中心构型保持，2个手性中心构型发生翻转（图16-8）。

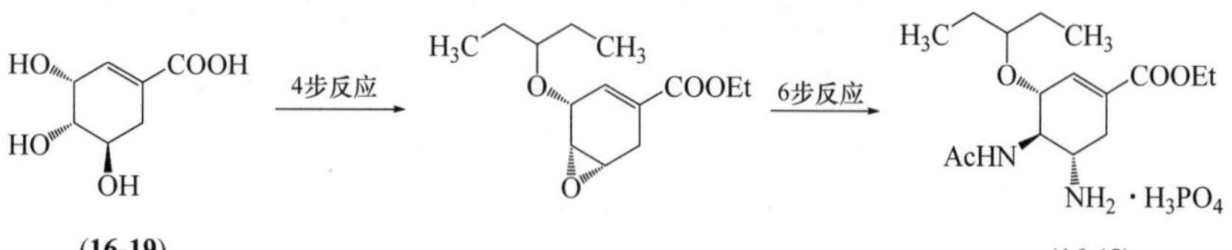

图16-8 磷酸奥司他韦的合成路线

左乙拉西坦（levetiracetam，**16-20**）是一种新型的抗癫痫药物。在工业化生产中，该药物主要以廉价的(S)-2-氨基丁酰胺盐酸盐（S-2-aminobutanamide hydrochloride，**16-21**）为手性源，与4-氯代丁酰氯（**16-22**）通过一锅法制备得到**16-20**，总收率可达56%（图16-9）。

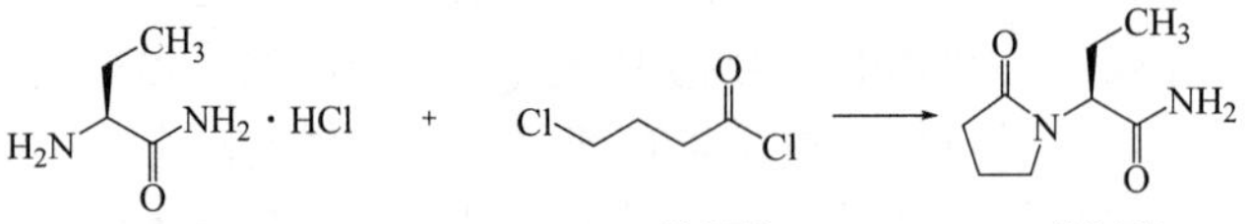

图16-9　左乙拉西坦的合成路线

16.2.2　不对称合成

不对称合成（asymmetric synthesis），也称立体选择性合成、对映选择性合成，是在反应剂的作用下，将底物分子中的前手性（prochiral）单元转化为手性单元。这里，反应剂可以是化学试剂、催化剂、溶剂或物理因素等。不对称合成是制备手性药物的重要方法，优点是直接合成光学纯药物，无需进行拆分。

如图16-10所示，目前实用的不对称合成方法可分为以下3种类型：

① **手性底物（chiralsubstrates）控制方法**　底物（M）中的非手性单元在邻近的手性结构片段（X*）的影响下，与非手性试剂（N）反应，得到含有新手性单元的产物（X*-P*）。

② **手性辅剂（chiralauxiliaries）控制方法**　无手性的底物（M）通过连接手性辅剂（A*）对与非手性试剂（N）的反应进行导向，反应后脱除辅剂（A*），得到手性产物（P*）。

③ **手性催化剂（chiralcatalysts）控制方法**　无手性的底物（M）与非手性试剂（N）在低于化学计量的手性催化剂（C*）的催化下获得手性产物（P*）。

①底物控制方法：　X*-M $\xrightarrow{\text{N}}$ X*-P*

②辅剂控制方法：　M $\xrightarrow{\text{A*}}$ A*-M $\xrightarrow{\text{N}}$ A*-P* $\xrightarrow{\text{-A*}}$ P*

③催化控制方法：　M $\xrightarrow[\text{C*}]{\text{N}}$ P*

图16-10　不对称合成的类型

（1）手性底物控制的不对称合成

手性底物控制的不对称合成是指通过反应物中原有手性中心的诱导，在产物中形成新的手性中心。该类型合成的优点是无需额外加入手性辅助试剂诱导产物中新手性中心的形成，但缺点是有时手性底物控制生成新手性中心的效果不理想。

(3R,4R)-3-[(R)-1-叔丁基二甲基硅氧乙基]-4-乙酰氧基-2-氮杂环丁酮（4-AA，**16-23**）是合成青霉烯和碳青霉烯类抗生素的关键中间体，目前主要采用底物控制的不对称合成方法对其进行合成。以L-苏氨酸（**16-24**）为原料，经重氮化、溴化得溴代产物（**16-25**）。该溴化物（**16-25**）在氢氧化钾作用下，发生分子内亲核取代得环氧化物（**16-26**），所得环氧化物（**16-26**）与取代的苯胺（**16-27**）生成酰胺（**16-28**）。**16-28**在碳酸钾作用下闭环得到具有3个手性中心的内酰胺（**16-29**），再经一系列转化得到4-AA（**16-23**）（图16-11）。其中，内酰胺（**16-29**）的立体构型正是基于其相应前体（**16-28**）中所具有的手性中心的诱导。

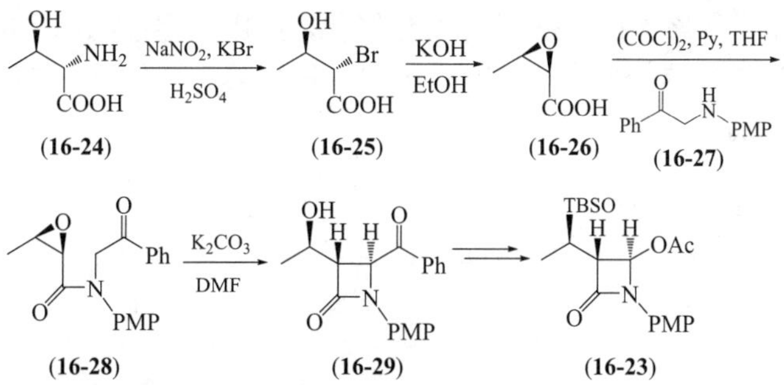

图 16-11　手性底物控制的不对称合成

（2）手性辅助试剂控制的不对称合成

此法是先将手性辅助试剂或基团连接在非手性底物上，生成手性化合物，利用手性诱导进行后续的不对称合成反应。当反应结束后，再把手性辅助试剂或基团脱去，从而得到光学活性的手性药物。与手性底物控制的不对称合成相比，手性辅助试剂控制的不对称合成的优点是应用范围广，缺点是操作步骤多、比较烦琐，至少需要与反应底物等当量的手性辅助试剂或基团，成本较高。

在非甾体抗炎药布洛芬（**16-30**）的手性合成中，用 *S*-2,10-茨烷磺内酰胺（**16-31**）为手性辅助试剂，通过对其衍生物（**16-32**）的立体选择性甲基化得到 **16-33**，经水解除去手性辅助试剂得到布洛芬（图 16-12），e.e.值达 95%，手性辅助试剂 **16-31** 可回收利用。

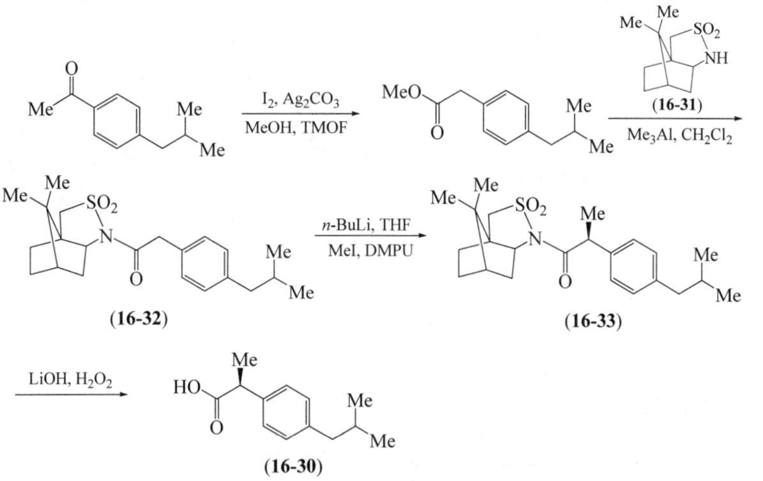

图 16-12　手性辅助剂控制的不对称合成布洛芬

（3）手性催化剂控制的不对称合成

手性催化剂控制的不对称合成又称为不对称催化合成，是将前手性底物选择性地转化成特定构型的产物。手性催化剂通常是过渡金属配合物，在反应中起手性模板的作用。反应物和试剂均为非手性化合物时，少量手性催化剂活化底物，形成活性很高的中间体，手性催化剂的手性单元控制该中间体后续反应的立体选择性，从而得到手性产物。此外，手性催化剂可以在反应中循环使用。不对称催化合成的优点是高立体选择性、产率和产品纯度较高，主要应用于氢化、氧化、环丙烷化、烷基化、加成等反应，合成手性药物。

20 世纪 70 年代，美国孟山都公司将不对称催化氢化反应用于抗帕金森药物 L-多巴（**16-34**）的合成（图 16-13），这是工业上第一次使用不对称催化反应生产手性药物。在 **16-34** 的合成过程中，最关键一步是烯胺（**16-35**）的不对称氢化，应用均相催化剂手性二膦铑，通过不对称氢化反应，产物的立体选择性高达 95%（e.e.），也是第一个利用手性配体过渡金属配合物进行催化不对称合成的工业技术。

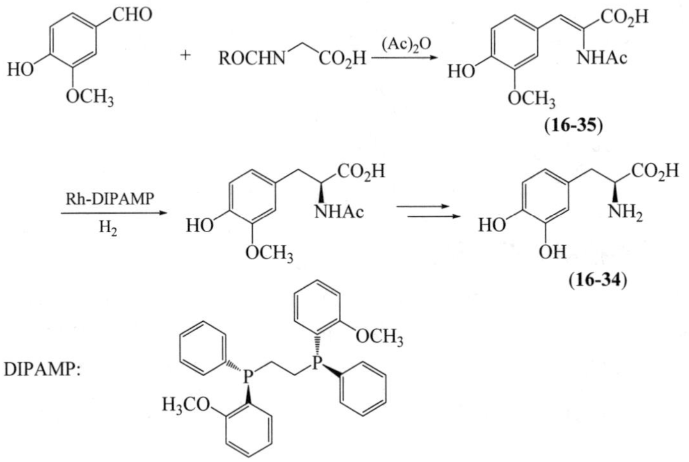

图 16-13　手性催化不对称合成左旋多巴

在埃索美拉唑（**16-5**）的手性合成路线中（图 16-14），以 $Ti(O^iPr)_4$:(S,S)-酒石酸二乙酯(S,S-DET):水复合物作为手性配体（**16-36**），催化硫醚的不对称氧化，光学纯度可达 94%以上。经成盐和重结晶可得光学纯的 **16-5** 钠盐，该生产工艺可达吨级生产规模。

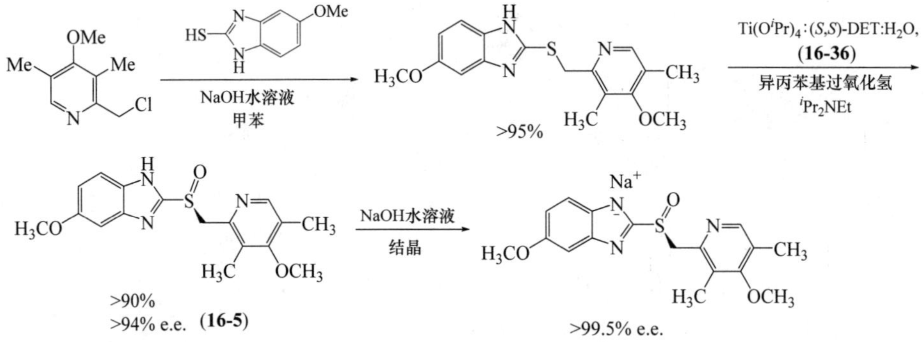

图 16-14　手性催化不对称合成埃索美拉唑

在合成 β-兴奋剂甲氧丁巴胺（denopamine，**16-37**）的(R)-构型异构体时（图 16-15），以手性噁唑硼烷（Corey-Bakshi-Shibata，CBS，**16-38**）为催化剂，在常温常压下即可以通过不对称催化氢化反应，立体选择性地还原酮基为羟基，e.e.值高达 96%，进而用于合成(R)-甲氧丁巴胺。

虽然不对称催化反应在药物合成领域是研究热点，但其工业化实例不是很多，主要由于以下限制因素。①催化剂的选择性，包括化学选择性和立体选择性。虽然手性催化剂具有手性放大效应，但所得产物的光学纯度通常难以一次性满足药物的质量要求，仍需进一步纯化。②手性催化剂所用金属及配体的价格相对较高；在很多情况下，催化剂所用的金属为贵重金属，如金、银、铑、钯、钌等，且其手性配体有时需要复杂的合成，这在一定程度上限制了其在工业化生产中的应用。③手性催化剂体系对空气和湿度的敏感程度。④手性催化剂在产物中的分离与回收，尤其是对于一些毒性较大的金属手性催化剂，在产物后处理过程中应严格控制其残留。

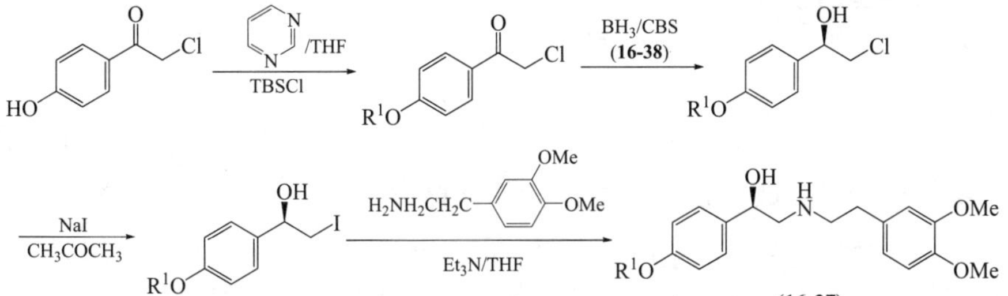

(16-37)

图 16-15 手性催化不对称还原合成(*R*)-甲氧丁巴胺（TBSCl：叔丁基二甲基氯硅烷，R^1：TBS）

16.3 左氧氟沙星的生产工艺

本节以左氧氟沙星为例，介绍不对称合成的工艺原理及其制备过程。

16.3.1 理化性质与临床应用

（1）左氧氟沙星理化性质

左氧氟沙星(levofloxacin，**16-39**，图 16-16)，分子式 $C_{18}H_{20}FN_3O_4$，CAS 号为 100986-85-4。本品的 2020 年版《中国药典》标准为(*S*)-(−)-3-甲基-9-氟-2,3-二氢-10-(4-甲基-1-哌嗪基)-7-氧代-7*H*-吡啶并[1,2,3-*de*]-1,4-苯并噁嗪-6-羧酸半水合物（**16-40**），按无水物计算，含左氧氟沙星不得少于 98.5%，$[\alpha]_{20D} = -92° \sim -99°$（甲醇），本品对光和热不稳定，要求低温、干燥、避光保存，保质期 1 年。

左氧氟沙星为类白色至淡黄色结晶性粉末；无臭，味苦。不溶于乙醚和乙酸乙酯，微溶于水、丙酮、乙醇、甲醇，易溶于乙酸，在 0.1mol/L 盐酸溶液中略溶。在 226nm 与 294nm 的波长处有最大吸收（0.1mol/L 盐酸溶液，5μg/mL）。杂质 A 为(±)-3-甲基-9,10-二氟-2,3-二氢-7-氧代-7*H*-吡啶并[1,2,3-*de*]-1,4 苯并噁嗪-6-羧酸（**16-41**），峰面积百分比不得超过 0.3%；杂质 E 为(±)-9-氟-3-甲基-7-氧代-10-(1-哌嗪基)-2,3-二氢-7*H*-吡啶并[1,2,3-*de*]-1,4 苯并噁嗪-6-羧酸（**16-42**），峰面积百分比不得超过 0.2%。按外标法，其他杂质峰面积百分比不得超过 0.5% 及单杂的峰面积百分比不得超过 0.2%。

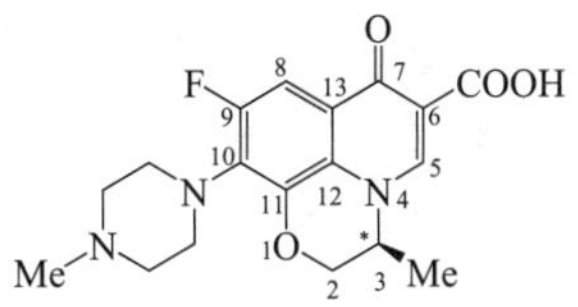

(16-39)

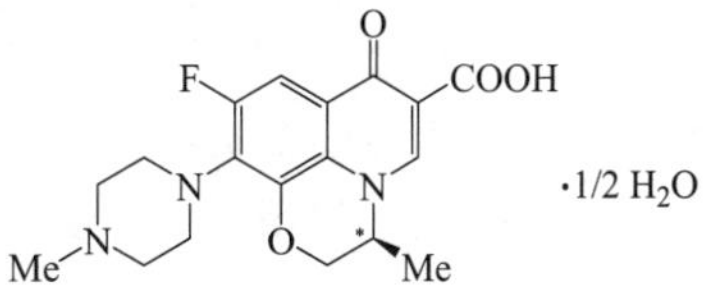

(16-40)

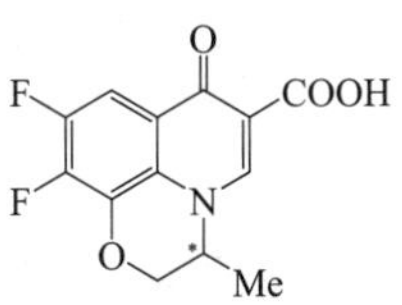

(16-41)

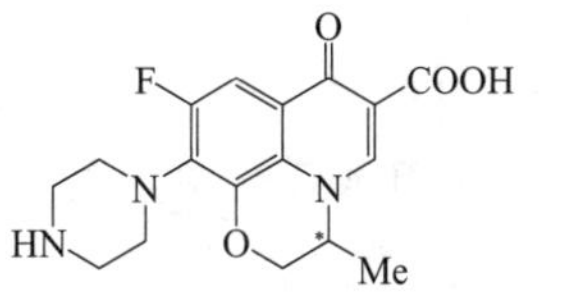

(16-42)

图 16-16 左氧氟沙星及其有关杂质的结构

（2）左氧氟沙星的临床应用

氧氟沙星根据其结构可分为左氧氟沙星和右氧氟沙星，左氧氟沙星的杀菌强度为氧氟沙星的 2 倍，具有不良反应低、安全性高以及良好的药代动力学性质。左氧氟沙星适用于治疗敏感细菌所引起的中重度感染，包括：呼吸系统、泌尿系统、皮肤软组织、肠道等感染。

16.3.2 左氧氟沙星合成工艺路线的设计与选择

从左氧氟沙星的结构出发，采用逆合成分析，对其进行化学合成工艺路线的设计，按照手性中心的引入顺序，有三条合成途径。通过对各路线进行分析和比较，筛选得到了一条适合工业化生产的最佳路线。

（1）左氧氟沙星的结构拆分与逆合成分析

左氧氟沙星的分子基本骨架为氧代喹啉羧酸结构，环上所连接的多个取代基则是官能团。通过对其结构进行逆合成分析，左氧氟沙星的第一个切断位点为母核 10 位与 N-甲基哌嗪之间的 C—N 键，因此左氧氟沙星可由左氧氟羧酸（**16-43**）与 N-甲基哌嗪通过亲核取代反应合成；**16-43** 分子结构中 6 位的羧基可通过环合酯（**16-44**）在酸性条件下水解制备；**16-44** 的合成是左氧氟沙星工艺路线的核心问题，其合成工艺及成本决定了左氧氟沙星的总成本。通过对环合酯（**16-44**）的结构进行分析，其分子结构中具有吡酮酸结构（方框部分），同时又具有苯并噁嗪结构（椭圆部分），根据吡酮酸结构和苯并噁嗪结构的形成顺序不同，环合酯的合成主要有两种构建方法：方法一是先合成苯并噁嗪结构，再合成吡酮酸结构；方法二是同时合成苯并噁嗪结构和吡酮酸结构（图 16-17）。

方法一是将环合酯（**16-44**）首先在切断位点 b 处断裂，即切断母核 7 位与 13 位的 C—C 键，可由 **16-45** 通过闭环构建得到；将中间体 **16-45** 在 d 位点断裂，可由 **16-46** 通过 Mitsunobu 反应制备；**16-46** 分子结构中 c 位点 N 原子上取代基的引入可通过 **16-47** 与乙氧亚甲基丙二酸二乙酯（EMME）缩合得到；**16-47** 分子结构中的氨基及羟基可由 **16-48** 通过加氢还原制备。将 **16-48** 在 e 位点断裂，可由 2,3-二氟-6-硝基苯酚（**16-49**）分子结构中的羟基与 R-构型的对甲磺酸缩水甘油酯（**16-50**）通过亲核反应制备，而化合物 **16-49** 可由 2,3,4-三氟硝基苯（**16-51**）经水解制备。因此，该方法以 2,3,4-三氟硝基苯（**16-51**）和 R-构型的对甲磺酸缩水甘油酯（**16-50**）为起始物料通过一系列反应制备左氧氟沙星，即合成路线一（图 16-17）。

方法二是将环合酯（**16-44**）首先在切断位点 f、g 处断裂，即切断 **16-44** 的 C—O 键和 C—N 键，可由 **16-52** 通过环合构建得到；将中间体 **16-52** 在 c 位点断裂，可由 **16-53** 与(S)-(+)-2-氨基丙醇（**16-54**）发生置换反应制备；中间体 **16-53** 分子结构中 C＝C 双键的引入可通过 **16-55** 与原甲酸三乙酯经缩合反应制备；**16-55** 分子结构的酮酯片段可通过 **16-56** 经水解获得；**16-56** 分子结构中的 1,3-二羰基结构片段可由 2,3,4,5-四氟苯甲酰氯（**16-57**）与乙氧基镁丙二酸二乙酯经缩合反应合成，**16-57** 可由 2,3,4,5-四氟苯甲酸（**16-58**）经氯化亚砜氯代制成。因此，该方法以 2,3,4,5-四氟苯甲酸（**16-58**）为起始物料通过一系列反应制备得到左氧氟沙星，即合成路线二（图 16-17）。

此外，在方法二中，**16-52** 的制备还可通过 **16-59** 与(S)-(+)-2-氨基丙醇（**16-54**）经置换、环合合成。**16-59** 结构中的 3-二甲氨基丙烯酸乙酯片段的引入可通过 **16-57** 与 3-二甲氨基丙烯酸乙酯（**16-60**）缩合并脱掉 1 分子氯化氢（HCl）制备，即合成路线三（图 16-17）。

（2）合成路线一：对甲苯磺酸缩水甘油酯路线

基于逆合成路线分析，路线一先合成苯并噁嗪结构，再合成吡酮酸结构（图 16-18）。该路线以 2,3,4-三氟硝基苯（**16-51**）为起始原料，先水解得到 2,3-二氟-6-硝基苯酚（**16-49**），再与 R 构型的对甲苯磺酸缩水甘油酯（**16-50**）在相转移催化剂存在下通过亲核取代反应生成

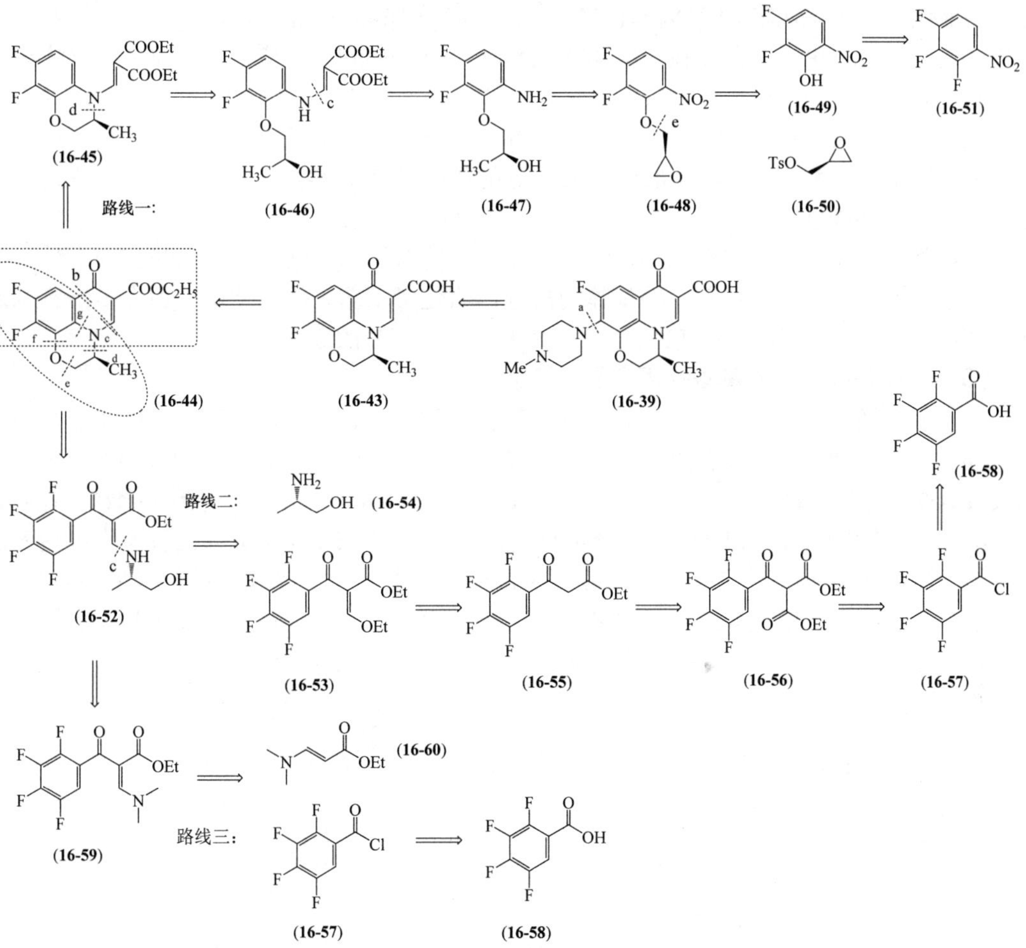

图 16-17　左氧氟沙星的逆合成分析

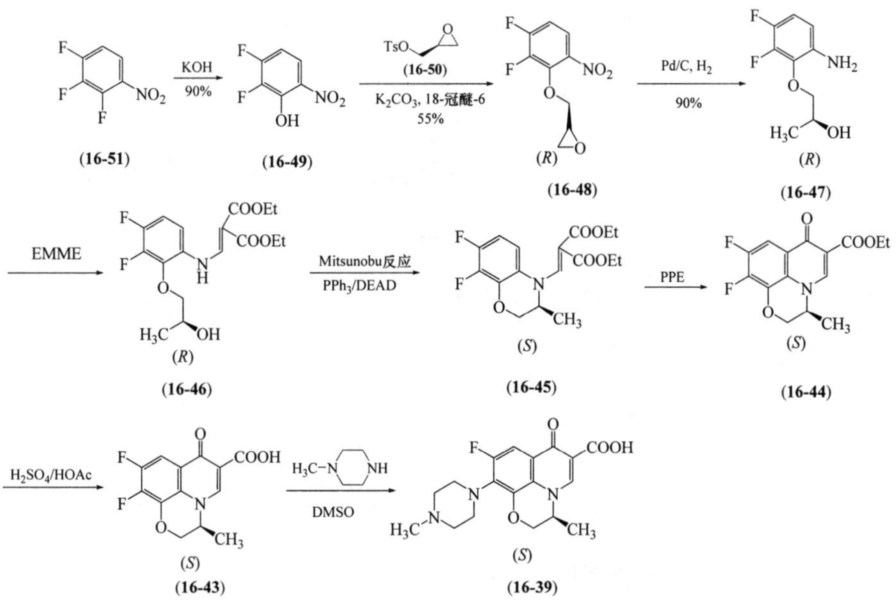

图 16-18　左氧氟沙星的合成工艺路线一

光学活性化合物(R)-2-(2,3-环氧丙基)-3,4-二氟硝基苯（**16-48**），经加氢还原并与乙氧亚甲基丙二酸二乙酯（EMME）缩合得到（**16-46**），**16-46** 经 Mitsunobu 反应，在形成苯并噁嗪环结构的过程中并发生构型翻转生成 *S* 构型的化合物(*S*)-二乙基(-7,8-二氟-3-甲基-3,4-二氢-[1,4]苯并噁嗪)亚甲基丙二酸酯（**16-45**），在聚磷酸乙酯（PPE）的作用下闭环构建出吡酮酸结构从而得到单一构型环合酯（**16-44**），最后经水解得左氧氟羧酸（**16-43**），与 *N*-甲基哌嗪缩合得到左氧氟沙星（**16-39**）。

工艺路线一利用不对称合成法，以引入 *R* 构型的对甲苯磺酸缩水甘油酯作为手性源在分子结构中引入手性中心，避免了消旋体的拆分，简化了工艺。但工艺中用到许多昂贵试剂如 18-冠醚-6、钯碳、三苯基膦（PPh$_3$）等，大大提高了产品的成本。

（3）合成路线二：乙氧基镁丙二酸二乙酯路线

基于逆合成分析方法，该路线利用不对称合成方法同时合成苯并噁嗪结构和吡酮酸结构（图 16-19）。该路线以 2,3,4,5-四氟苯甲酸（**16-58**）为起始原料，经氯化亚砜（SOCl$_2$）氯代制成 **16-57**，再与乙氧基镁丙二酸二乙酯［EtOMgCH(COOEt)$_2$］缩合得到化合物（**16-56**），然后经 0.1%对甲苯磺酸（TsOH）部分水解制得 **16-55**。**16-55** 在醋酐存在下与原甲酸三乙酯通过缩合反应生成 **16-53**，然后与 **16-54** 发生置换反应生成具有 *S* 构型的化合物 **16-52**，在碱性碳酸钾（K$_2$CO$_3$）及 *N,N*-二甲基甲酰胺（DMF）存在下，同时环合形成苯并噁嗪结构和吡酮酸结构从而得到环合酯 **16-44**，最后经水解、缩合得到左氧氟沙星。

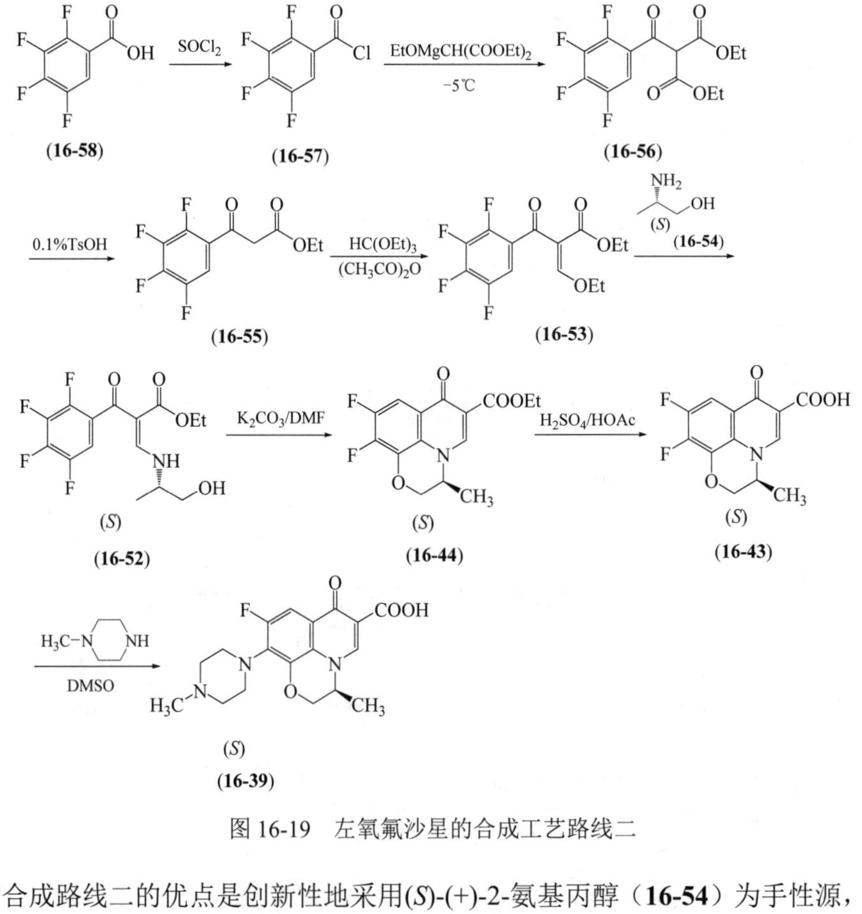

图 16-19　左氧氟沙星的合成工艺路线二

工艺合成路线二的优点是创新性地采用(*S*)-(+)-2-氨基丙醇（**16-54**）为手性源，使得苯并噁嗪结构和吡酮酸结构可以同时合成，立体控制性好；工艺中的乙氧基镁丙二酸二乙酯由乙醇镁与丙二酸二乙酯原位生成，原料乙醇镁价廉易得，操作安全可控；在 **16-44** 的环合过程中使用价廉、安全的弱碱碳酸钾（K_2CO_3），基本消除了生产安全隐患；此外，该路线合成步骤较短，也是国内最初采用的生产工艺。但是由中间体 **16-55** 制备 **16-53** 的反应收率较低，仅为 55%，而且 **16-53** 的合成过程中，使用的化学试剂原甲酸三乙酯易燃、易爆，不适合工业化生产。

（4）合成路线三：3-二甲基丙烯酸乙酯路线

该路线以 2,3,4,5-四氟苯甲酸（**16-58**）为起始原料，经氯化亚砜（$SOCl_2$）氯代制成 2,3,4,5-四氟苯甲酰氯（**16-57**），再在甲苯溶剂中与 3-二甲氨基丙烯酸乙酯（**16-60**）缩合并脱掉 1 分子氯化氢（HCl）制得 2-(2,3,4,5-四氟苯甲酰基)-3-(二甲氨基)丙烯酸乙酯（**16-59**），再经置换、环合形成苯并噁嗪结构和吡酮酸结构从而得到环合酯（**16-44**）。**16-44** 经水解得到 **16-43**，最后与 N-甲基哌嗪通过缩合反应得到目标化合物左氧氟沙星 **16-39**。以 2,3,4,5-四氟苯甲酸（**16-58**）计，总收率为 60.4%（图 16-20）。

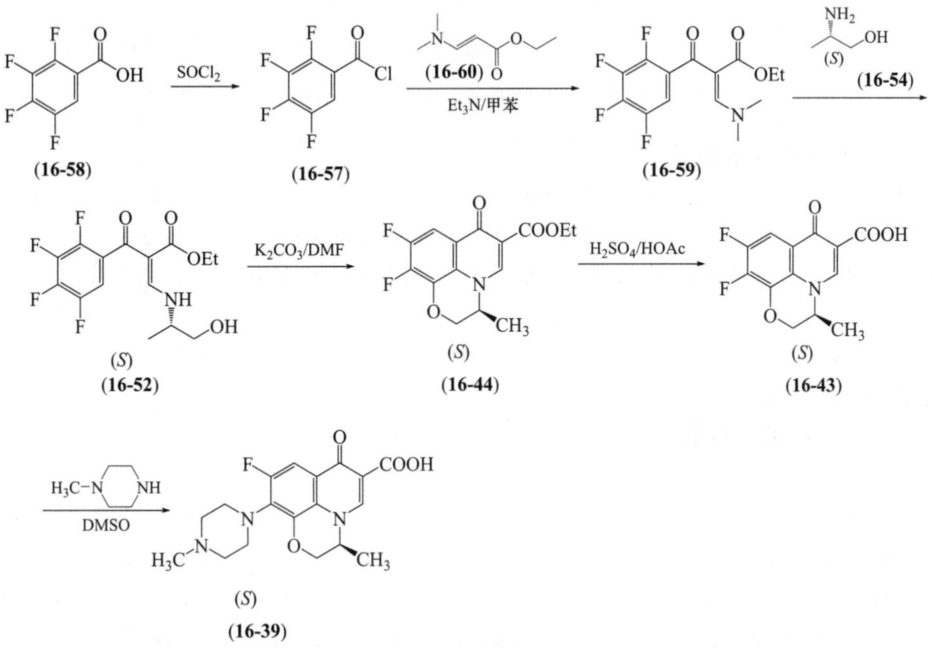

图 16-20　左氧氟沙星的合成工艺路线三

工艺路线三的优点是路线较短，基于不对称合成方法直接构建手性中心，反应中原料的利用率和原子经济性高，而且 **16-57** 经缩合、置换及环合制备 **16-44** 的三步反应采用"一步法"工艺完成，反应条件温和，大大简化了工艺，反应更容易控制。该路线操作简单、收率更高、"三废"更少，适合于工业化生产，是目前国内企业主要采用的生产路线。

16.3.3　左氧氟沙星的生产工艺原理与过程

（1）2,3,4,5-四氟苯甲酰氯的合成工艺

1）工艺原理

2,3,4,5-四氟苯甲酸与氯化亚砜的反应过程，先脱掉 1 分子氯化氢形成活性中间体，然后断裂 C—O 键，释放出二氧化硫生成酰氯（图 16-21）。

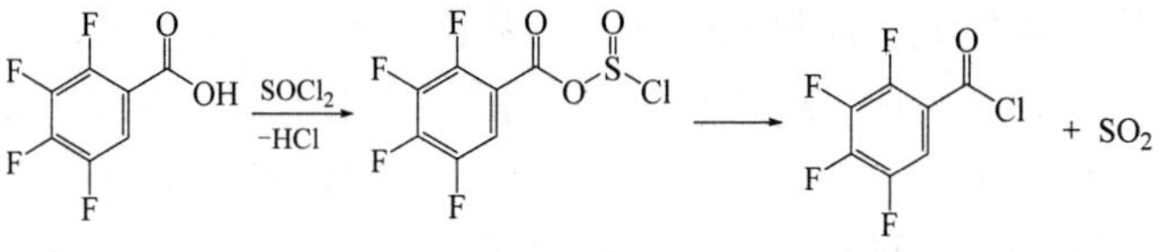

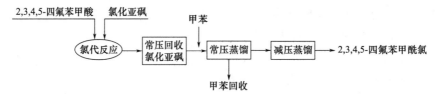

图 16-21 2,3,4,5-四氟苯甲酰氯的工艺原理

2）工艺过程

以 2,3,4,5-四氟苯甲酸（**16-58**）为起始原料，通过和氯化亚砜发生氯代反应，经常压回收氯化亚砜后，再加入甲苯常压蒸馏，最后经减压蒸馏，收集 bp：98～99℃/0.1MPa 的馏分得到无色液体 2,3,4,5-四氟苯甲酰氯（**16-57**），收率为 95%，纯度为 99.0%，工艺流程如图 16-22 所示。

2,3,4,5-四氟苯甲酸 ── 氯化亚砜 ── 甲苯

氯代反应 → 常压回收氯化亚砜 → 常压蒸馏 → 减压蒸馏 → 2,3,4,5-四氟苯甲酰氯

甲苯回收

图 16-22 2,3,4,5-四氟苯甲酰氯（**16-57**）的合成工艺流程框图

3）反应条件及影响因素

2,3,4,5-四氟苯甲酸（**16-58**）与氯化亚砜的反应过程，在生成酰氯的同时，释放出二氧化硫，因此需要尾气吸收装置。氯化亚砜及反应生成的酰氯（**16-57**）均极易吸湿分解，生成的酰氯遇水又水解为 2,3,4,5-四氟苯甲酸，故严格控制无水条件是保证产品质量的关键因素。氯化亚砜与原料（**16-58**）的投料摩尔比以 1.5：1 最佳，比例太小反应不完全。反应结束后，务必将氯化亚砜除尽。反应溶剂为甲苯溶液，因此甲苯的含水量应小于 0.1%，从而避免氯化亚砜及反应生成的酰氯的水解。

（2）一步法制备环合酯

1）工艺原理

2,3,4,5-四氟苯甲酰氯（**16-57**）先在甲苯溶剂中与 3-二甲氨基丙烯酸乙酯（**16-60**）缩合并脱掉 1 分子氯化氢（HCl）制得 2-(2,3,4,5-四氟苯甲酰基)-3-(二甲氨基)丙烯酸乙酯（**16-59**），不经后处理在催化量醋酸存在下直接与(S)-(+)-2-氨基丙醇（**16-54**）发生置换得到（**16-52**），然后不经后处理直接环合制得环合酯（**16-44**），三步总收率 77%（图 16-23）。

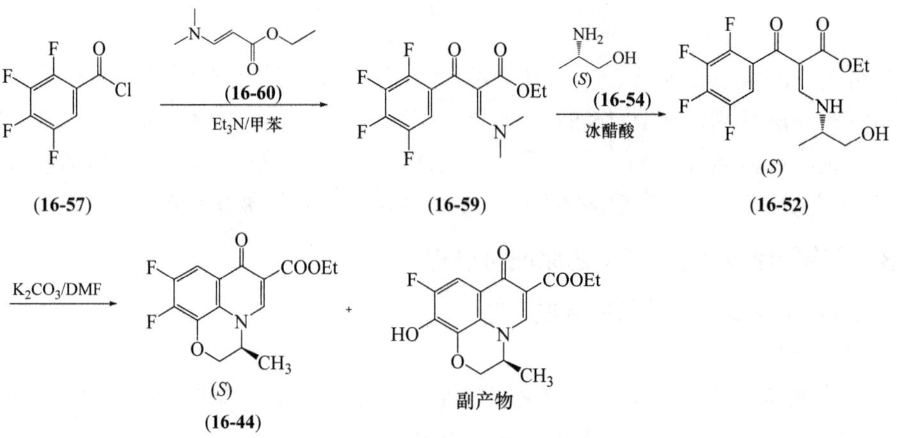

图 16-23 环合酯的合成工艺原理

2）反应机制

3-二甲氨基丙烯酸乙酯（**16-60**）首先发生烯醇互变，羰基 α 位亚甲基碳负离子与 2,3,4,5-四氟苯甲酰氯（**16-57**）的羰基发生亲核加成反应，同时脱去 1 分子氯化氢(HCl) 生成 2-(2,3,4,5-四氟苯甲酰基)-3-(二甲氨基)丙烯酸乙酯（**16-59**）（图 16-24）。

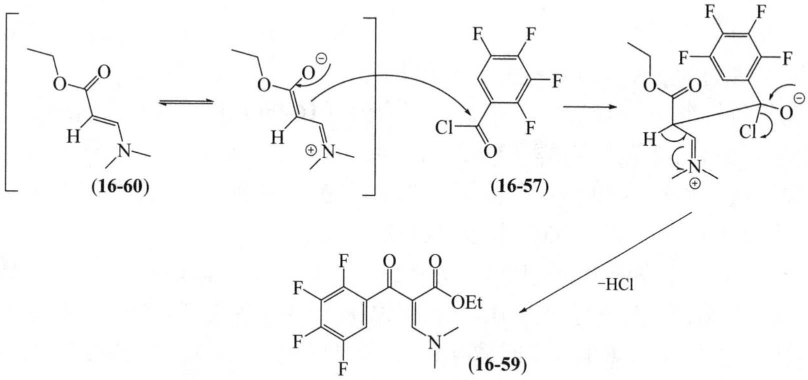

图 16-24 中间体 **16-59** 的合成反应机制

在酸性条件下，2-(2,3,4,5-四氟苯甲酰基)-3-(二甲氨基)丙烯酸乙酯（**16-59**）分子结构中的二甲氨基发生质子化，然后与(S)-(+)-2-氨基丙醇（**16-54**）发生迈克尔加成反应，生成的亚甲基碳负离子进一步发生分子内的亲核取代反应，脱去 1 分子二甲胺，得到中间体 **16-52**（图 16-25）。

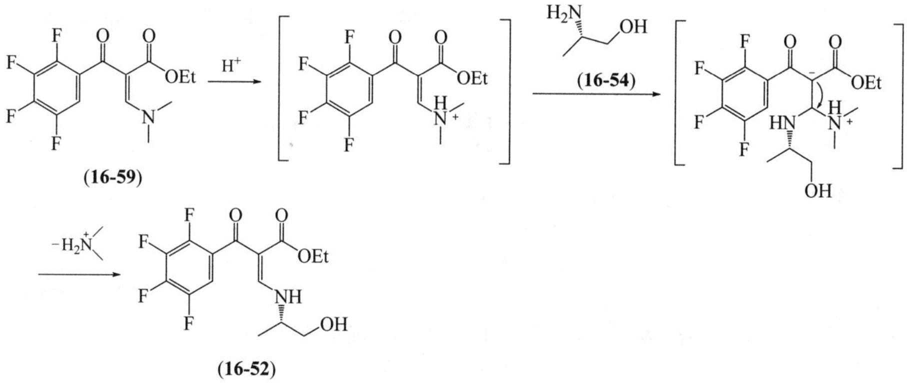

图 16-25 中间体 **16-52** 的合成反应机制

在碱性条件下，中间体 **16-52** 分子结构中的氨基和羟基分别与 2,3,4,5-四氟苯基苯环上 2 位、3 位上的 F 原子发生亲核取代反应，脱去两分子氟化氢（HF）生成环合酯（**16-44**）（图 16-26）。

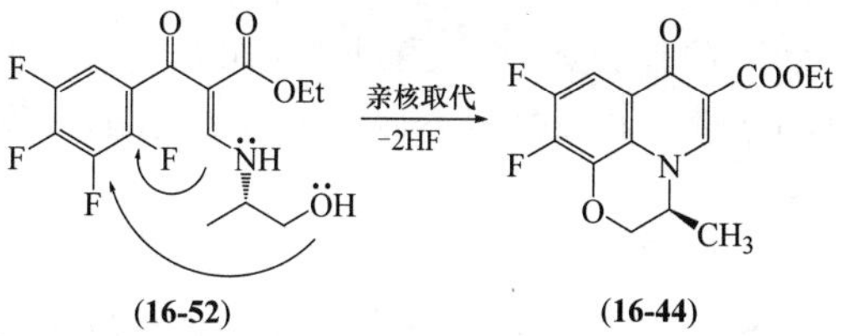

图 16-26 环合酯（**16-44**）的合成反应机制

3）工艺过程

质量投料比 **16-57**：**16-60**：三乙胺：甲苯：**16-54**：冰醋酸：K_2CO_3：DMF：甲醇＝310：230：177：1800：105：4.5：250：2100：360。

缩合反应。将1400kg甲苯、3-二甲氨基丙烯酸乙酯（**16-60**）、三乙胺依次真空抽至5000L反应釜中，搅拌升温；然后将400kg甲苯和四氟苯甲酰氯（**16-57**）依次真空抽至1000L高位槽中待用。待反应釜中温度稳定在50～60℃时滴加高位槽中四氟苯甲酰氯（**16-57**）与甲苯的混合液，滴加时间为1h，然后保温反应1.5h得到缩合液（**16-59**）。

置换反应。同一个5000L反应釜中，将缩合液（**16-59**）和4.5kg冰醋酸混合后加热升温至85～95℃滴加(S)-(+)-2-氨基丙醇（**16-54**），滴加时间为30min，保温反应2h。然后将置换反应液用水洗两次，每次600kg（下层为水层），有机层减压60～88℃回收甲苯后得到置换产物 **16-52**。向釜中抽入300kg DMF稀释 **16-52**，待用。

环合反应。将K_2CO_3和1800kg DMF投至5000L反应釜中，搅拌升温至回流（约150℃），滴加 **16-52** 的DMF溶液，滴加时间为1h，然后保温反应3h。保温毕，80～95℃减压回收DMF，当回收的DMF达到使用总量的4/5时停止回收，趁热加水1500kg，搅拌冷至30℃左右放料，甩干，滤饼用甲醇分两次淋洗后甩干，再于80℃真空干燥6h得到淡黄色环合酯干品350kg，总收率77%，工艺流程图如图16-27所示。

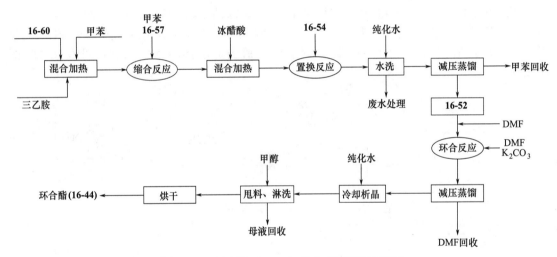

图16-27　环合酯（**16-44**）的合成工艺流程框图

4）反应条件及影响因素

四氟苯甲酰氯（**16-57**）易吸湿分解，故在缩合阶段严格控制无水条件是反应成功的关键。具体控制指标为 **16-60** 含水量小于0.05%，三乙胺含水量小于0.1%，甲苯含水量小于0.05%。置换反应中所用(S)-(+)-2-氨基丙醇（**16-54**）中右旋体含量小于0.5%，右旋体超标会导致最终产品左氧氟沙星中右旋氧氟沙星含量超标。环合过程中水分会导致环合时间延长，同时会产生杂质 **16-61**（图16-28），因此需控制DMF含水量小于0.1%。杂质（**16-61**）产生的机制是 **16-44** 10位上的氟原子具有较强的活性，其在高温下遇到氢氧根（OH^-）发生取代变成酚羟基。

（3）左氧氟羧酸的制备

1）工艺原理

环合酯（**16-44**）6位的酯基在酸性条件下水解成左氧氟羧酸（**16-43**），硫酸起催化剂作用（图16-29）。

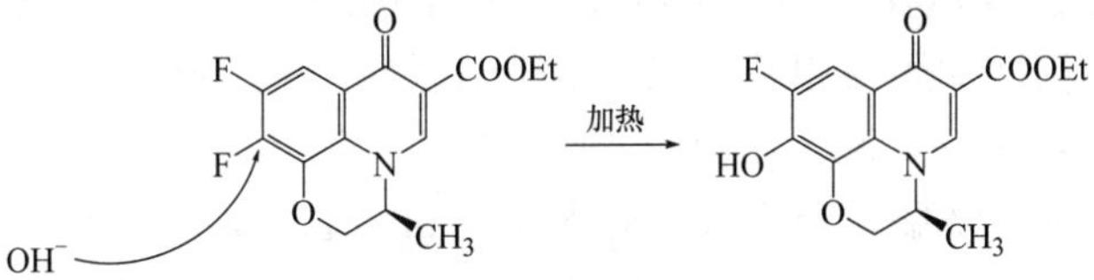

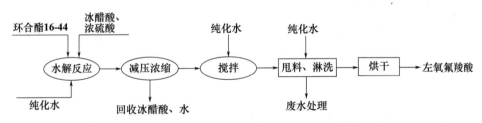

(16-44) (16-61)

图 16-28 杂质 **16-61** 的生成

(*S*) (*S*)

(16-44) **(16-43)**

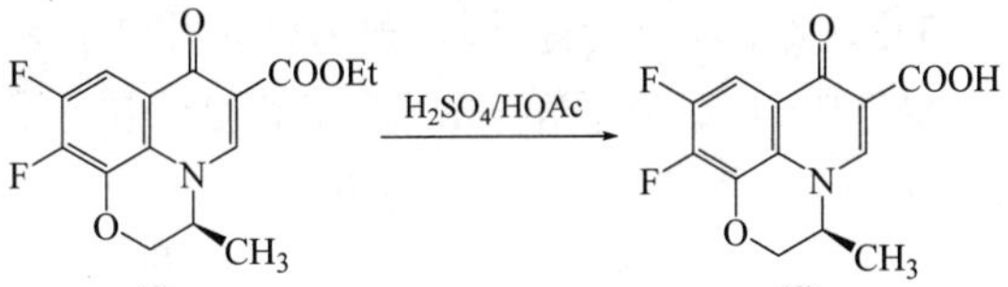

图 16-29 左氧氟羧酸的合成原理

2）工艺过程

环合酯（**16-44**）6 位的酯在酸性条件下水解成羧基。投料质量比：环合酯：冰醋酸：浓硫酸：纯化水 = 1：2.8：0.28：0.56。具体工艺过程为：将左氧氟环合酯（**16-44**）湿品投入水解反应釜中，然后加入冰醋酸、纯化水、浓硫酸，搅拌加热至 90～95℃回流 3.5h。然后降温至 40～45℃减压回收冰醋酸和水至干，再次加入纯化水搅拌冷却至 20℃，甩料、用纯化水淋洗至洗出液 pH 中性，出料得左氧氟羧酸湿品。将左氧氟羧酸湿品放入热风循环烘箱中 110～120℃常压干燥 24h，取样检测水分，合格后，出料，得干品 **16-44**，收率 94%，具体工艺流程如图 16-30 所示。

图 16-30 左氧氟羧酸（**16-43**）的合成工艺流程框图

3）反应条件及影响因素

环合酯（**16-44**）适宜在酸性条件下水解制备左氧氟羧酸（**16-43**），由于酸性水解为可逆过程，因此需要加入过量的水促进平衡正向移动，提高收率。以醋酸作为反应溶剂，可以促进水解在均相条件下进行，提高反应速度，但反应完毕必须进行回收套用，从而降低成本，减少三废的排放。

（4）左氧氟沙星的合成工艺

1）工艺原理

左氧氟羧酸（**16-43**）10 位上的氟原子具有较强的活性，在一定温度下易与 *N*-甲基哌嗪发生亲核取代反应，脱去 1 分子氟化氢（HF）制得目标产物左氧氟沙星（**16-39**）（图 16-31）。

2）工艺过程

反应投料比（质量比）（左氧氟羧酸：*N*-甲基哌嗪：三乙胺：氨水：767#活性炭：95%乙

醇：二甲基亚砜：氯仿 = 1.00：2.00：0.60：0.30：0.02/0.02：2.00/3.00/1.00：0.80：7.00）。
向反应釜中，按配比依次加入二甲基亚砜、N-甲基哌嗪、三乙胺、左氧氟羧酸，搅拌升温至
85℃，反应 6h。反应结束后，减压回收三乙胺、N-甲基哌嗪及二甲基亚砜。回收结束后，剩
余物料中加入氯仿，搅拌溶解，25℃滴加氨水，调 pH 值为 6.7～7.0，搅拌至澄清，复测 pH
不变后，加活性炭脱色 20～30min，压滤除去活性炭，滤液至萃取反应釜中静置分层，有机
层（下层)放入蒸馏釜中，先常压后减压回收氯仿，浓缩完全后，加入 95%乙醇，搅拌升温至
60℃使物料溶解，加入活性炭，保温脱色 20～30min，趁热压滤至洁净区，滤液冷却到 40℃
以下，再用冰盐浴降温至 5℃，结晶，甩料，用乙醇淋洗，甩干，将所得固体放入真空干燥
箱内（75℃和真空度≤−0.085MPa）真空干燥 6h，得左氧氟沙星干品，摩尔收率为 86.16%，
其工艺流程图如图 16-32 所示。

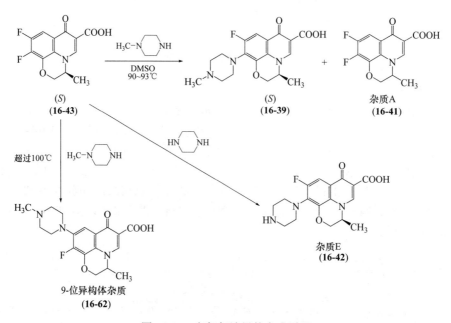

图 16-31　左氧氟沙星的合成原理

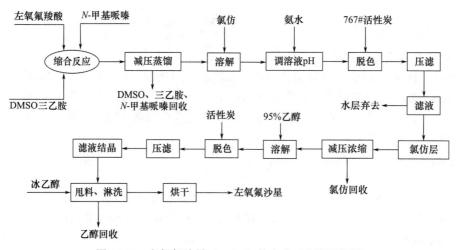

图 16-32　左氧氟沙星（**16-39**）的合成工艺流程框图

3）反应条件及影响因素

9 位上氟原子的活性远低于 10 位氟原子的活性，因此在温和条件下，几乎不存在 9 位取代的异构体（**16-62**），但如果反应温度高于 100℃时也会产生 9 位异构体杂质（**16-62**）。左氧氟羧酸（**16-43**）务必反应完全，终控要求 16-43 的含量小于 1.0%，否则收率偏低，而且影响产品的质量，导致杂质 A（**16-41**）含量超标（0.3%）。原料 *N*-甲基哌嗪中哌嗪的含量不能超过 0.5%，否则产品中杂质 E（**16-42**）含量超标（0.2%）。

16.3.4 三废处理与综合利用

以 2,3,4,5-四氟苯甲酸（**16-58**）为起始原料，利用不对称合成法进行左氧氟沙星的制备，原辅材料较多，工业化生产过程中产生较多的废水、废渣及废气，因此需要对它们进行综合治理和综合利用。酸性、碱性废水较多，可将各步反应中的废水合并，中和至规定的 pH 值，静置、沉淀后排入总废水管道。反应中生成的 SO_2 气体，可用浓碱液吸收处理。有机溶剂如氯仿、甲苯、DMF、DMSO、甲醇、乙醇等均回收并进行处理后返回系统套用。

思考题

16-1 为什么不同的光学异构体表现出不同的治疗作用与副作用？

16-2 不对称合成法与手性拆分法有何优劣之处？

16-3 试分析左氧氟沙星各种反应路线的优缺点。

16-4 试分析左氧氟沙星生产工艺中各步反应机制及注意事项。

16-5 手性化合物纯度表示方式有哪些？

参考文献

［1］ 赵临襄, 赵广荣. 化学制药工艺学. 北京: 中国医药科技出版社, 2014.

［2］ 赵临襄. 化学制药工艺学. 5 版. 北京: 中国医药科技出版社, 2019.

［3］ 孙国香, 汪艺宁. 化学制药工艺学. 北京: 化学工业出版社, 2023.

［4］ 吴范宏. 制药工艺学. 北京: 中国纺织出版社有限公司, 2023.

［5］ 国家自然科学基金委员会, 中国科学院. 手性物质化学. 北京: 科学出版社, 2022.

第17章

连续流制药工艺

学习目标

▷ 掌握连续流制药工艺流程，理解连续流制药工艺的优缺点，能够合理选择并应用于制药工艺。

▷ 掌握氟西汀、布洛芬连续流制药工艺原理，能够解决生产中的工艺问题。

连续流制药工艺是指以连续流技术为核心，采用连续流化学反应器，通过计算机实时检测和精确控制反应过程、分离过程，实现单步转化、多步连续反应、在线检测分析、分离纯化和精制等相应自动化控制。连续流制药技术促进制药工艺的自动化、智能化，从而降低生产成本，提高生产效率，是未来制药工艺的发展方向。本章学习连续流反应技术及其在化学制药中的应用。

17.1　概述

连续流技术一般为在连续流动的体系中进行反应或操作的技术，包括供料、混合、反应、分离纯化、收集和分装，可实现整个工艺过程的连续性。

17.1.1　连续流反应技术

连续流反应技术（continuous flow reaction technology）是指在连续流动的管道中进行化学反应的方法。19世纪末和20世纪初提出连续流反应技术概念，20世纪中期，随着自动化控制系统的引入使得连续流反应更容易操作和监测，第一个连续流反应工艺的工业产品是液氨。

20世纪80年代，微反应器的出现推动了连续流反应技术的进一步发展。微反应器具有较短的混合时间、高传质效率和高表面积等优势，使得连续流反应在微尺度通道中进行。连续流技术与其他新型技术相结合，如微波辐射、光化学、感应加热、电化学、新型溶剂系统，可提高自动化过程效率。连续流技术现已应用于制药、化学合成、化工、食品、环境工程等多个领域。

连续流制药工艺是质量源于设计（QbD）理念的完整体现，环境保护、生产安全、职业健康是实现绿色制造的前提，将过程分析技术（PAT）引入制药工艺，具有连续化、自动化、智能化的连续流技术必然成为未来医药行业的发展方向。

17.1.2　连续流制药工艺的原理

连续流制药工艺的主要过程为，反应物通过泵注入线圈微反应器，然后进入固体试剂柱子，在检测器控制下，产物进入后续柱子，再经过电脑控制的清洗步骤，得到产物。

连续流制药工艺流程由七个模块组成，包括流体与试剂递送、混合、反应器、淬灭、压力调节、收集、处理（图17-1）。原料通过递送系统，混合后，在反应器内发生化学反应，反应液经过淬灭、废物处理后被收集。计算机连接淬灭装置，精确控制反应时间，调节器控制管道内恒定高温高压，使液体连续流动。收集后的反应液，进入分析仪器或分离纯化单元等。以上七个独立模块可以互换或重复排列，从而实现高度复杂的多步顺序反应，应用于按需制药。

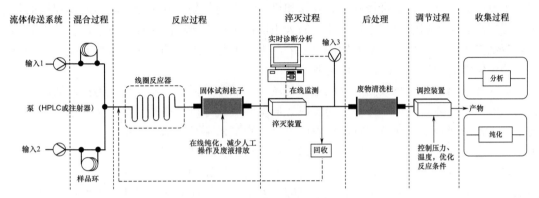

图 17-1　连续流反应工艺流程图

（1）连续进料与控制

连续流制药工艺要求进料系统具备精确、稳定、连续、持久等，以实现精确的物料配比，其主要通过泵系统实现。根据泵的工作原理主要分为位移泵和能量转换泵。

位移泵通过变化容积实现液体或气体的吸入和排出，如齿轮泵、蜗杆泵、柱塞泵等。齿轮泵主要用于低至中等压力的输送，蜗杆泵主要用于输送黏稠液体，柱塞泵用于高压、大流量和流量需要调节的场合。

能量转换泵是通过能量转换实现流体的输送，如离心泵能够适应不同的工作条件和介质要求。

（2）连续混合与控制

传统工艺通常是通过机械搅拌来完成的，连续流工艺管道本身配有内部混合装置，主要包括无源混合器和有源混合器。

无源混合器（被动混合器）不需要外部能量或力，通过设计特殊的结构和流体流动路径来实现流体的混合。常见的无源混合器主要有T形和Y形微混合器、层压微流体混合器、流体聚焦式混合器等。Y形混合器结构简单，构造紧凑，节省空间，适用于流量相似的流体的混合，主要应用于液体混合、溶解、反应等。T形混合器结构简单，易于安装和维护，适用于两种流体的混合，可调节混合比例，主要应用于医药、食品、化工等行业的流体混合、分散、乳化等。层压微流体混合器是将两个（或更多）流体流分开，然后再次聚集为大量小流，通道越多，混合速度就越快。流体聚焦式混合器由三个入口微通道和一个中心出口通道组成，流量差越大，聚焦流越稀薄，混合时间越短。

有源混合器（主动混合器）通过施加外部力或使用特殊的装置来主动促进流体的混合。主动混合器常见的类型包括利用压力场扰动进行混合、电动有源微型混合、超声主动微流控混合。这些混合是通过在微流控芯片内集成微控制程序来实现的。

这些混合器在不同的应用领域中具有各自的特点和优势，可以根据具体的混合要求和工艺条件选择适合的混合器类型。同时，不同的混合器也可以结合使用，以达到更高的混合效果和需要。

（3）连续反应器与控制

连续流工艺中主要以固定床反应器、板式反应器以及管式反应器为主。

固定床反应器可以填充金属催化剂、生物酶、其他填充剂等，通常用于固相原料参与的反应，其应用范围有限。固定床反应器的尺寸通常指床层高度和床层直径。床层高度取决于反应物料的停留时间和反应速率。较高的床层高度可以增加反应物料在反应器中停留的时间，有利于反应的进行。床层直径则受到操作和机械要求的限制。固定床反应器的体积指的是整个反应器系统所占据的空间容积。体积的大小取决于反应物料的量和反应条件。较大的体积可以容纳更多的反应物料，从而增加反应的产能。但是，过大的体积也可能导致反应物料在反应器中停留时间过长，降低反应速率。

板式反应器的传热系数高、反应温度易调控、成本较低、不易结垢、易拆卸清洗，广泛应用于液体、固体、气体原料参与的反应。典型的板尺寸可以在几十厘米至数米之间变化，通常为正方形或矩形。通道的宽度和深度可以在数毫米至几厘米之间变化，具体根据反应要求和设计进行确定。板式反应器的体积通常在几升至数十升之间。

管式反应器由单根（直管或盘管）连续或多根平行排列的管道组成，反应混合物在反应器内停留时间相等，反应物浓度和化学反应速度不随时间而变化，只随管长变化，特别适用于热效应较大的反应，是大型连续制药生产的适宜选择。管的直径范围从几毫米到数十厘米不等，具体取决于反应量和传热需求。管的长度通常在数十厘米到几米之间，也可以由多个管子组成。管式反应器的体积范围可以从几升到数百升，但通常较小于大规模工业反应器。

（4）压力、温度控制

连续流反应中温度和压力的控制是连续流工艺至关重要的一环。压力控制装置包括调节阀和压力传感器。通过调节阀门的开度，控制管道中的压力。常见电动阀和气动阀等，根据需要选择合适的类型。压力传感器是安装在管道中，测量管道内的压力，并将信号传输给控制系统。控制系统根据测得的压力信号并采用 PID 控制器来控制调节阀的开度，以达到所需的压力设定值。

由于连续流反应器具备高传质高传热的特性，连续流工艺的温度控制相对简单。温度控制装置包括加热器和冷却器、传感器和控制器。加热器和冷却器用于对流体进行加热或降温，常用电加热器、燃气加热器、换热器等不同类型的设备来控制流体的温度。温度传感器是安装在流体管道中，实时测量流体的温度，并将信号传输给控制系统。温度控制器是接收温度传感器信号并控制加热器或冷却器操作的装置，根据设定值和实际测量值来调节加热或冷却的强度，以保持流体温度在目标范围内。

以上装置通常与自动化控制系统结合使用，通过传感器测量和反馈信号，控制执行元件的操作，从而实现对连续流工艺中的压力和温度的精确控制，确保工艺条件的稳定性和产品质量的一致性。

（5）连续淬灭与控制

在连续流工艺中，淬灭（quenching）是指将反应混合物快速冷却以停止反应的过程。淬灭通常用于控制反应时间、停止不可逆反应、避免发生副反应、稳定产物，通过冷却剂、快速稀释、高温稀释等方式实现。

通过引入冷却剂，如冷水、冷却液或低温气体，直接与反应物接触，或者通过热交换器将热量从反应物中抽走，使反应物在短时间内迅速冷却，从而实现淬灭效果。通过引入溶剂、惰性气体或其他非反应物质，将反应物快速稀释到一个非常大的体积中，使得反应物的浓度迅速降低，降低反应速率，从而实现淬灭。对于高温反应，采用高温惰性气体（如氮气）作为稀释介质，快速将反应物注入高温稀释器中，使得反应物迅速冷却。

在进行淬灭操作时，需要确保安全性和可行性。迅速冷却可能引起温度梯度或压力变化，需要考虑反应器和管道的耐受性。此外，淬灭后的产物处理也需要合理规划，以确保产品的后续处理和分离。

（6）分离纯化与控制

反应液收集后，采用过滤、固液分离、萃取、蒸馏、吸附、浓缩、结晶等化工单元技术，进行连续分离纯化。在实际应用中，根据反应产物的理化性质、纯度、可行性和经济性等因素，综合运用多种方法进行连续分离纯化。

17.1.3　连续流反应技术的特点

连续流反应技术具有精确控制反应过程、按需生产、利于安全生产、绿色智能制药等特点。这些特点使得连续流反应技术成为许多化学和制药工艺中的重要选择，能够提高反应效率、优化产品质量，并符合可持续发展的要求。

① **精确控制反应过程**　连续流的微通道反应器内，配料比、温度、时间、压力等反应过程都可精确控制，减少了副产物，提高产品收率和选择性。

② **按需生产**　连续流工艺是模块化的分布系统，通过增减通道数和更换模块来调节产能，具有很高的操作弹性，按时按地按需生产。

③ **利于安全生产**　精准控制微反应器内的能量变化，降低了高温、高压等爆炸的潜在危险性，有效保证过程安全。微反应器也有利于生产人员健康，降低了事故的危害性，摆脱高危险的桎梏，实现本质安全。

④ **绿色智能制药**　将微混合、微反应、微换热、微分离、微分析等单元操作工艺与与之相匹配的微传感器、微阀门等器件集成到一块芯片上，达到对连续流工艺的实时监测和动态智能控制，代表着智能制药工艺的方向。

"端-到-端"的连续流技术克服了传统釜式反应的混合及换热效率不高、容易出现局部过热、反应物停留时间过长、副产物较多的缺点。但还存在着以下不足：微通道易堵塞，对反应液流动性要求高；对溶剂、试剂、产物的兼容性要求高，自动化合成的反应种类和反应步数有限，工业技术成熟度较低。多步反应体系中单步合成转化之间的衔接是连续流制药技术的难点，成为了实现自动化药物合成的最大瓶颈。

17.1.4　连续流反应技术的制药应用

根据反应物相态，连续流技术可应用于气-液反应、固-液反应、气-液-固反应、液-液反应、液-液-固反应。微流场反应器可以充分混合气-液两相，延长反应时间，增加产量。通过流动化学的固-液反应，轻松实现有机硼、烯烃和有机锌的偶联反应。在气-液-固的催化加氢反应过程中，底物和氢气吸附在催化剂表面后，氢气分解成氢原子并添加到不饱和碳-碳键中，从而最终从催化表面解吸得到所需的化合物。这一类重要的反应可广泛实现烯烃、炔烃或芳烃的还原，另外还包括腈、酰胺、叠氮化物、硝基和羰基化合物的还原与去保护。在连续流液-液反应中，注射泵输送双液相之后在 T 形混合器进行反应底物混合，在聚四氟乙烯线圈反应器或聚甲基丙烯酸甲酯芯片反应器中进行反应，提升反应产率。

按照有机反应类型，连续流技术可应用于胺化、亲核取代、偶极环加成、硝化、加氢、重氮化、偶氮化以及锂化反应（表 17-1）。

表 17-1 连续流技术在化学制药中的应用

反应类型	目标药物或中间体	效果
胺化	氟西汀	以 3-氯代苯丙酮为原料，3 步，生产速率 4.8mmol/h
亲核取代	盐酸苯海拉明	起始原料二苯氯甲烷与等当量的二甲氨基乙醇，生产速率为 2.42g/h，纯度大于 95%，无溶剂
偶极环加成	1,2,3-三氮唑（卢非酰胺重要结构）	原位产生苄基叠氮化合物与原位产生的丙酰胺间的偶极环加成反应，降低爆炸等危险因素且可控
硝化	西地那非中间体	收率为 73%，生产速率为 5.5g/h
加氢	1,4-苯二氮䓬骨架（地西泮母核）	收率为 94%（釜式反应为 51%）
重氮化	2-乙基苯肼（依托度酸的关键中间体）	2-乙基苯胺为原料，收率达 94%，纯度为 99%
偶氮化	柳氮磺吡啶	没有副产物积累，安全性高，收率 87%
锂化	阿米替林	不同温度区间进行不同反应，低温锂化反应、羧化反应、室温格式试剂加成反应和高温水分子消除反应

连续流合成工艺已经运用在超过 30 种不同类型的药物或药物中间体的合成并已商业化投产，药品监管部门正在研究制定连续流制药工艺的相关技术标准，未来连续流技术将成为主流化学制药工艺。

17.2 氟西汀的连续流生产工艺

17.2.1 理化性质与临床应用

盐酸氟西汀（fluoxetine hydrochloride），分子式是 $C_{17}H_{18}F_3NO \cdot HCl$，分子量为 345.79，化学结构如图 17-2 所示。本品为白色或者类白色结晶性粉末，熔点为 158.4～158.9℃。易溶于甲醇或乙醇，溶于乙腈、丙酮或氯仿，微溶于乙酸乙酯、二氯甲烷或水，几乎不溶于环己烷、己烷或甲苯。

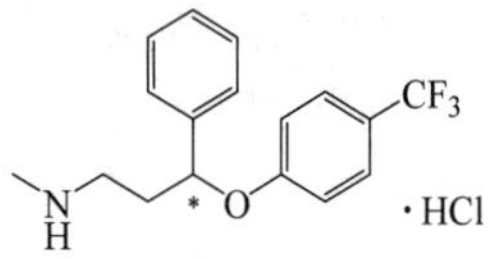

盐酸氟西汀（商品名 Prozac，中文名是百忧解）由美国礼来（Lilly）公司开发，是外消旋的药物。1988 年在美国上市，1995 年进入我国市场。临床上适用于治疗抑郁症、神经性贪食症、强迫症等，尤宜用于老年抑郁症。还用于治疗惊恐状态，对广泛性焦虑障碍也有一定疗效。

图 17-2 盐酸氟西汀的化学结构

17.2.2 合成工艺路线研究

（1）传统反应器合成工艺路线

盐酸氟西汀的合成工艺路线有多条，目前国内外主要生产厂家采用的路线是以 3-氯代苯丙酮为起始原料。

首先将 3-氯代苯丙酮溶解在甲醇中，缓慢加入还原剂硼氢化钠，反应 8h 得到 3-氯-1-苯基-1-丙醇，接着在甲苯与水的混合溶剂中于 100℃与无水碘化钠进行取代反应 4h 生成 3-碘-1-苯基-1-丙醇。3-碘-1-苯基-1-丙醇再与甲胺在四氢呋喃溶剂下于 80℃回流 2h 进行烷基化反应生成 3-甲氨基-1-苯基丙醇。最后以二甲基亚砜为溶剂，加入三氟甲基氯苯与氢氧化钾于 90℃进行醚化反应 4h 得氟西汀，乙酸乙酯萃取后活性炭脱色，通入 HCl 气体，调 pH 至 4 左右，过滤得到盐酸氟西汀，合成路线如图 17-3 所示。

该路线所用的原料 3-氯代苯丙酮供应充足，质量稳定，价格低廉，对反应要求较低，每步收率较高，安全性较好，比较适合工业化连续生产。

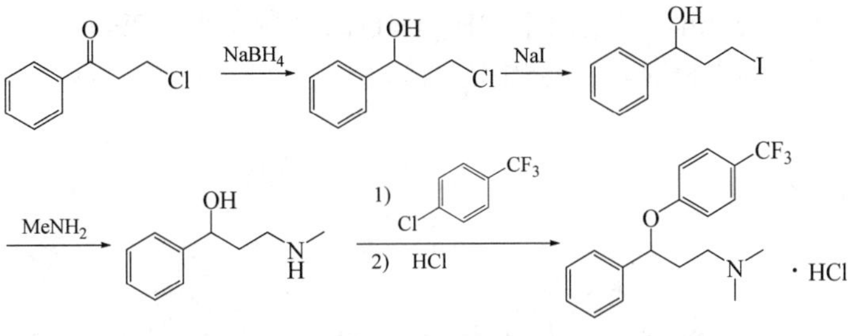

图 17-3　盐酸氟西汀的传统釜式反应器合成工艺路线

（2）连续流制药工艺路线

连续流工艺路线与传统釜式反应器合成工艺路线类似,也是以 3-氯代苯丙酮为起始原料。不同的是, 酮被还原为醇所用的还原剂不同,采用硼烷四氢呋喃络合物作为还原剂。3-氯代苯丙酮与硼烷四氢呋喃络合物在−7℃反应 5min,接着升至室温反应 5min,3-氯代苯丙酮被还原为 3-氯-1-苯基-1-丙醇。3-氯-1-苯基-1-丙醇与 40%甲胺溶液在乙腈中于 140℃反应 10min直接转化成胺醇 3-甲氨基-1-苯基丙醇。3-甲氨基-1-苯基丙醇与对三氟甲基苯酚在三丁基膦（PBu_3）和偶氮二甲酸二异丙酯（DIAD）的作用下发生 Mitsunobu 反应,于 70℃反应 5min得到氟西汀。氟西汀溶液中直接通入 HCl 气体,调 pH 至 4 左右,过滤,滤饼用丙酮洗涤,真空干燥得白色固体盐酸氟西汀,合成路线如图 17-4 所示。

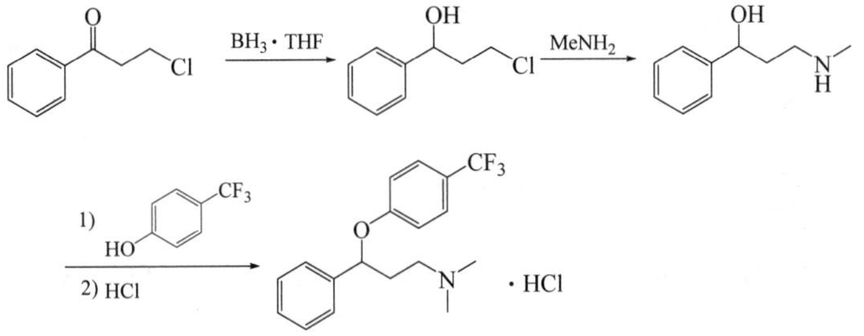

图 17-4　盐酸氟西汀的连续流工艺路线

该工艺中, 将传统工艺所用的还原剂硼氢化钠替换成硼烷四氢呋喃络合物。这是因为硼氢化钠的溶解性较差,而硼烷四氢呋喃经济易得,同时具有较好的溶解性。另外,3-氯-1-苯基-1-丙醇的直接胺化在传统釜式反应器中比较困难,但在连续流微反应器中,基于其高背压高温条件下有机溶剂不易挥发且安全可控的特性,可实现 3-氯-1-苯基-1-丙醇的直接胺化,简化了氟西汀的合成步骤,节约了成本。

17.2.3　连续流生产工艺过程

以 3-氯代苯丙酮为起始原料,氟西汀的连续流合成工艺过程与控制如图 17-5 所示。

① **原料输送**　浓度为 2.0mol/L 的 3-氯代苯丙酮以 780μL/min 的流速与浓度为 0.4 mol/L 的硼烷四氢呋喃络合物（$BH_3 \cdot THF$）以 630μL/min 的流速同时泵入连续流反应器。$BH_3 \cdot THF$ 比较容易失活,因此反应过程中必须过量,实验证明当两者当量比为 1∶3 时可在当前流速下保证最高的收率。

② **第一步化学工艺**　流动反应器（其总反应体积为 19.8mL,微反应器内径为 5mm）,在 −7℃条件下, 反应 10min 即以 77%的收率得到中间体 3-氯-1-苯基-1-丙醇,产量 34mmol/h。主要影响因素为温度,最优化的温度控制策略是连续流反应器前半段保持−7℃的低温 5min,后

半段逐渐升至室温反应 5min。这是由于 BH₃·THF 高温易失活，在−7℃下可以保持其一定的化学活性。后半段已经形成相对较稳定的中间体，将温度升至室温，可以提升总体反应速率。

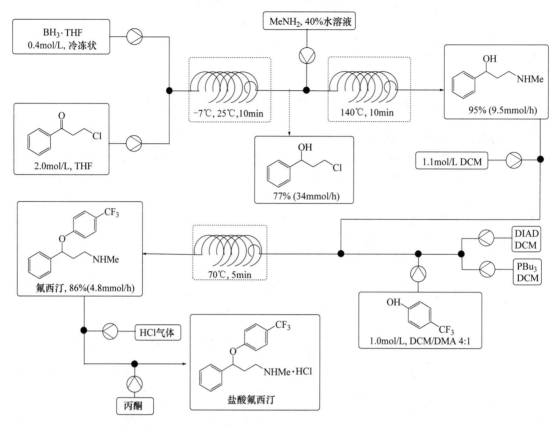

图 17-5　氟西汀的连续流合成工艺过程与控制（DCM：二氯甲烷，DMA：N,N-二甲基乙酰胺）

③ **第二步化学工艺**　0.6mol/L 的中间体 3-氯-1-苯基-1-丙醇以 279μL/min 的流速与 40% 的 MeNH₂ 水溶液以 721μL/min 的流速一同泵入 VapourtecR 系列流动反应器中（其总反应体积为 10mL，微反应器内径为 1mm）。在 140℃ 的条件下，40% 的甲胺水溶液在 10min 内即以 95% 的高收率将 3-氯-1-苯基-1-丙醇直接转化成 3-甲氨基-1-苯基丙醇。10mL 的流动反应器可每小时连续合成 9.5mmol 的 3-甲氨基-1-苯基丙醇。该步骤的主要影响因素仍为流场温度。由于连续流微反应器在高背压与高温条件下有机溶剂不易挥发，可采用乙腈作溶剂，使温度到达 140℃，反应才能进行。乙腈的标准沸点为 80.1℃ 左右，在常压高温条件下会沸腾汽化，同时常压高温也会导致甲胺的挥发，因此该直接胺化工艺难以在传统常压釜式反应器内进行，而高温高压釜式反应器不仅安全隐患多，而且微观分子混合不充分，导致收率不理想。流场速率对该步工艺也有影响，一般而言流场速率越快，混合越均匀，反应效果越好。但在实际反应中，无论是来自于注射泵的限制还是过快流速所导致的反应时间缩短，这些因素都决定了流场速率并不是越快越好。

④ **第三步化学工艺**　3-甲氨基-1-苯基丙醇与对三氟甲基苯酚在三丁基膦（PBu₃）和偶氮二甲酸二异丙酯（DIAD）的作用下，发生光延反应（即 Mitsunobu 反应）生成氟西汀。

该步反应的主要影响因素为加料顺序。首先 1.6mol/LDIAD 的二氯甲烷溶液以 84μL/min 的流速与 3mol/L 三丁基膦的二氯甲烷溶液以 157μL/min 的流速通过 T 形混合器混合，然后 1.0mol/L 的对三氟甲基苯酚（二氯甲烷与 N,N-二甲基乙酰胺的混合溶剂，4：1）以 84μL/min

的流速和 1.1mol/L 的 3-甲氨基-1-苯基丙醇以 76μL/min 的流速先后通过不同的进料口依次加入，在流动反应器（其总反应体积为 2.0mL，微反应器内径为 1mm）进行反应，温度控制在 70℃，5min 内反应即可完成。收集的粗产物先用正己烷除去副产物三丁基氧化膦，得到氟西汀，收率为 86%，整个连续流工艺每小时可合成 4.8mmol 氟西汀。更换加料顺序，会导致产率明显下降。

⑤ **最后一步化学工艺** 在生成的氟西汀溶液中直接通入氯化氢气体，调节 pH 至 4 左右，过滤得到固体，以丙酮洗涤，得到白色固体，为盐酸氟西汀。

17.3 布洛芬的连续流生产工艺

17.3.1 理化性质与临床应用

布洛芬（ibuprofen），化学名为 α-甲基-4-(2-甲基丙基)苯乙酸，化学结构如图 17-6 所示。本品为白色结晶性粉末。不溶于水，易溶于乙醇、氯仿、乙醚、丙酮等溶剂。布洛芬为非甾体类抗炎药物，具有解热、镇痛、抗炎等作用。作为阿司匹林的替代品，其解热、镇痛、抗炎作用是阿司匹林的 16～32 倍，而副作用却比阿司匹林小很多。

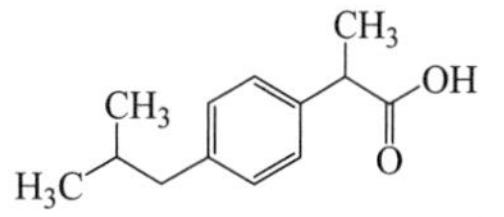

图 17-6 布洛芬的化学结构

17.3.2 合成工艺路线研究

（1）传统反应器合成工艺路线

目前，国内主要厂家普遍采用的一种合成方法是芳基 1,2-转位重排法。以异丁基苯为起始原料，使用石油醚和无水三氯化铝混合后，在 0℃下混匀，加入 2-氯代丙酰氯，混匀后滴加异丁苯，保温 2h，发生傅克酰化反应，以 80% 的收率得到 2-氯-1-(4-异丁基苯基)丙酮；在稀硫酸催化下，与新戊二醇发生催化缩酮化，加热回流保温 12h，以 72% 的收率得到缩酮。随后，加入氯化锌，进行芳基的 1,2-转位催化重排，搅拌升温，温度稳定在 180℃ 左右，有结晶析出后停止搅拌自然降温，以 83% 的收率得到布洛芬氯酯。最后，加入氢氧化钠水解，冷却抽滤得白色钠盐，溶于热水中搅拌，加入盐酸调节 pH 小于 2，停止滴加盐酸继续搅拌 2h，以 95% 的收率得到粗制布洛芬。合成工艺路线见图 17-7。

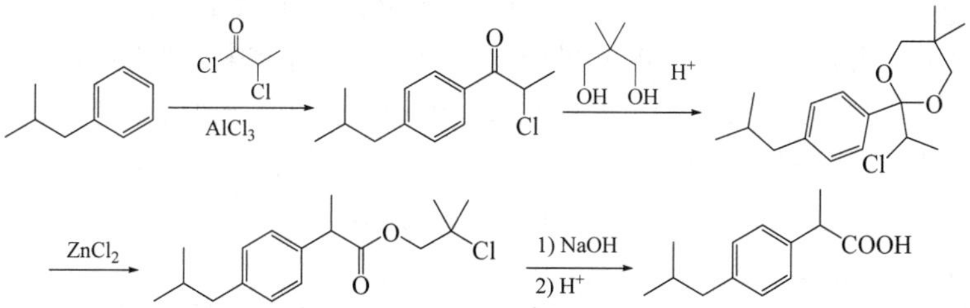

图 17-7 布洛芬的传统釜式反应器合成工艺路线

该工艺路线主要有 4 步反应，每步收率都很高，安全性好。重排催化剂氯化锌价廉易得且无毒。原料 2-氯代丙酰氯供应比较充足，市场价格稳定低廉，为该合成方法的稳定运行提供了充分的生产保障。但该工艺路线也存在以下缺点：一是溶剂石油醚用量大，较难回收，消耗相对较高；二是新戊二醇价格较贵，回收技术要求难度高；三是缩酮产生的废水化学需氧量（COD）高，废水处理费用高。

（2）连续流工艺路线

连续流工艺路线与传统工艺路线类似，也是以异丁基苯为起始原料，首先在无水三氯化铝催化下发生傅克酰化反应，但所用的酰化试剂不同，为丙酰氯，得到对异丁基苯丙酮。再通入原甲酸三甲酯和二甲基甲酰胺（DMF）的混合物，接着与ICl混合后在90℃的连续流反应器内发生1,2-芳基迁移反应，最后用NaOH的甲醇/水（体积比1:3）混合溶液水解甲酯同时加入少量2-巯基乙醇淬灭水相中的ICl，最后收集粗产物，离线进行萃取等后处理，制得布洛芬钠盐，合成工艺路线见图17-8。

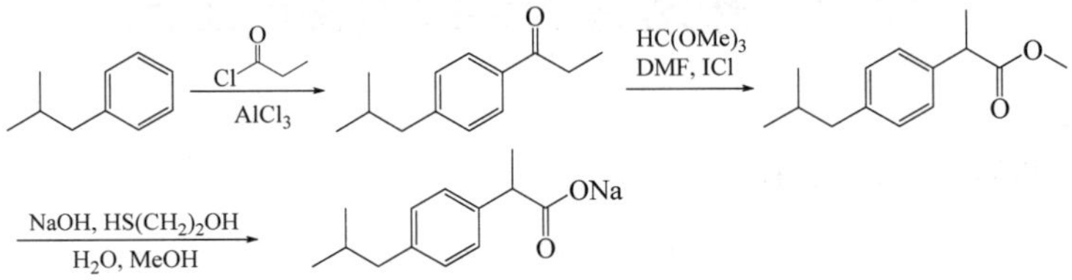

图17-8 布洛芬钠盐的连续流工艺路线

相对于传统的合成工艺，连续流工艺使用便宜易得的原料（如丙酰氯、AlCl₃和ICl等），可有效降低原料成本。此外，傅克酰基化反应强烈放热，在高温条件下，传统釜式反应操作存在较大安全隐患。而在连续流反应器内，在线持液量小，结合其微尺度高效热传递特性，使得温度可以精确控制，极大降低了强放热反应过程不可控的安全风险。不仅如此，该连续流工艺，可实现单次百克级布洛芬的合成。通过反应通道数目以及单元设备的叠加可有效地进行工艺放大实现高通量连续合成。

17.3.3 连续流生产工艺过程

以异丁基苯（**17-1**）为起始原料，布洛芬钠盐（**17-5**）的连续流合成工艺过程与控制如图17-9所示。

① **反应器及原料输送** 用注射泵和高效液相色谱泵的组合，反应器由全氟烷（PFA）管卷［内径：0.03in（1in＝2.54cm，下同）］浸入加热油浴（傅克酰基化反应：250mL；氧化芳基移位：900μL；水解：3.9mL）。使用内径为0.02in（IDEX）的Tefzel T形混合器合并试剂流。

异丁基苯用高效液相色谱泵（114μL/min的流速）输送，丙酰氯（**17-2**）（16.7mL，191mmol）和AlCl₃（24.2g，182mmol）的混合物用泵输送（136μL/min的流速）。

② **第一步化学工艺** 反应被加热到刚好低于HCl从溶液中逸出的温度（87℃）。反应后，用高效液相色谱泵（500μL/min的流速）加入1mol/L的HCl进行淬灭，得不互溶的液-液两相混合物，产物对异丁基苯丙酮（**17-3**）为有机相。淬灭后的溶液流经混合回路（1.5mL），进入液-液分离器。在反应过程中细致调节丙酰氯与AlCl₃的比例，可使它们之间形成某种稳定的络合物，从而不引起反应通道堵塞。

③ **第二步化学工艺** 使用HPLC泵以（144μL/min）的流速加入原甲酸三甲酯（97.8mL，894mmol）和DMF（2.17mL，28.1mmol），中间产物对异丁基苯丙酮（**17-3**）也通过HPLC泵（630μL/min）输送。随后用注射泵以109μL/min的流速加入ICl。加热至90℃，反应时间为1min，完成1,2-芳基迁移。

④ **最后一步工化学工艺** 将由2-巯基乙醇（18.0mL，265mmol）和NaOH（140g，3.5mol）组成的水解混合物（500mL）溶解在体积比为1:3的甲醇/水混合溶液中，使用高效液相色

谱泵以 3μL/min 的流速将其加入到反应混合物中。反应温度为 90℃，反应时间为 1min。NaOH 的甲醇/水混合液用于水解甲酯（**17-4**），甲醇起到相转移底物到水相的功能。加入的少量 2-巯基乙醇用于淬灭水相中的 ICl。最后经萃取、分离、硫酸镁干燥得到布洛芬钠盐（**17-5**）。采用该连续流工艺制备布洛芬钠盐，仅需 3 步转化，每步用时 1min，且每步反应的收率都在 90%以上，布洛芬钠盐的产率约为 135mg/min。

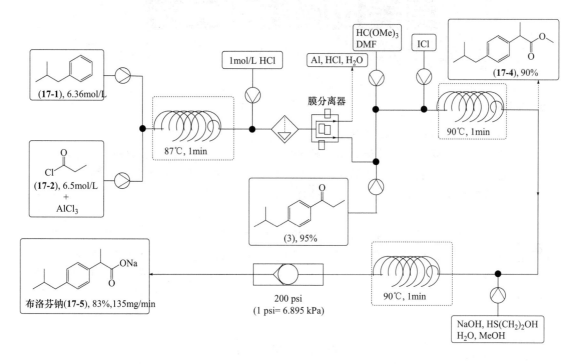

图 17-9　布洛芬钠盐的连续流合成工艺过程与控制

思考题

17-1　连续流制药工艺的优缺点有哪些？如何选择应用？

17-2　氟西汀连续流合成工艺原理和主要控制点是什么？

17-3　布洛芬连续流合成工艺原理和主要控制点是什么？

参考文献

［1］　刘全, 张全, 张钏, 等. 连续流反应技术在药物分子合成中的研究进展. 安徽化工, 2020, 46(5): 11-19.

［2］　程荡, 陈芬儿. 连续流微反应技术在药物合成中的应用研究进展. 化工进展, 2019, 38(1): 556-575.

［3］　Batoul A O, Sanderson A J. Preparation of fluoxetine by multiple flow processing steps. Org Biomol Chem, 2011, 9: 3854-3862.

［4］　曹贺. 盐酸氟西汀及其类似物的合成研究. 天津: 天津大学, 2007.

［5］　Bogdan A R, Poe S L, Kubis D C, et al. The continuous-flow synthesis of ibuprofen. Angew Chem Int Ed, 2009, 48: 8547-8550.

［6］　Snead D R, Jamison T F. A three-minute synthesis and purification of Ibuprofen: pushing the limits of continuous-flow processing. Angew Chem Int Ed, 2015, 54: 983-987.

第18章
奥美拉唑生产工艺

学习目标

▶ 了解奥美拉唑的临床应用及研发历史。

▶ 能够应用逆合成分析，设计奥美拉唑工艺路线，能判断各条工艺路线的优缺点。

▶ 掌握奥美拉唑及主要中间体的生产工艺原理，能够应用于生产工艺的控制。

▶ 理解奥美拉唑生产中的三废来源及处理方法。

奥美拉唑在临床上被广泛用于治疗胃酸相关性的疾病，如胃溃疡、十二指肠溃疡等，是20世纪消化性溃疡治疗史上的新里程碑。从不同起始原料出发，可设计出多条奥美拉唑的化学合成工艺路线。本章以国内广泛采用的合成路线为例，介绍奥美拉唑的生产工艺原理及其过程。

18.1　概　述

奥美拉唑是第一个上市的质子泵抑制剂，能特异性地作用于胃壁细胞膜中的 H^+/K^+-ATP酶（质子泵），从而阻断胃酸分泌的终端步骤，产生强力地抑制胃酸分泌的作用。其作用特异性高，作用强大且时间长，临床上广泛用于治疗胃酸相关性的疾病，如胃溃疡、十二指肠溃疡、反流性食管炎和卓-艾氏综合征等。

18.1.1　奥美拉唑理化性质

奥美拉唑（Omeprazole），化学名称为：5-甲氧基-2-{［（4-甲氧基-3,5-二甲基-2-吡啶基）甲基］亚磺酰基}-1H-苯并咪唑。化学结构式如图18-1所示。结构中亚磺酰基（亚砜基）的S原子所连的两个取代基不同，S原子具有手性，亚砜具有光学活性。最初上市的药物奥美拉唑是外消旋体。

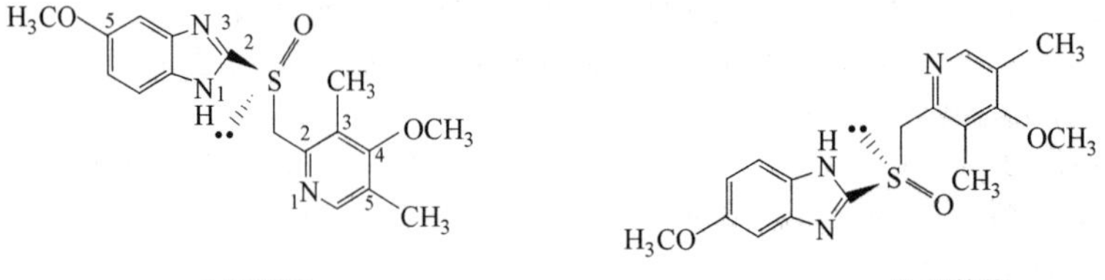

S-异构体　　　　　　　　　　　R-异构体

图 18-1　奥美拉唑（**18-1**）的结构

奥美拉唑为白色或类白色结晶性粉末；无臭；遇光易变色。在二氯甲烷中易溶，在水、甲醇或乙醇中微溶；在 0.1mol/L 氢氧化钠溶液中溶解。几乎不溶于乙腈和乙酸乙酯，熔点为156℃。奥美拉唑呈弱碱性，在 pH = 7～9 的条件下化学稳定性好。

18.1.2　奥美拉唑临床应用

奥美拉唑是一种无活性的前药，是非竞争性酶抑制剂。口服后，由于其为弱碱性化合物，在 pH 值为 7 的环境中不易解离，为非活性状态。通过细胞膜进入胃壁细胞分泌小管的高酸性环境中，在 H^+ 的影响下，依次转化为螺环中间体、次磺酸和次磺酰胺。次磺酰胺是奥美拉唑的活性代谢物，其结构中的硫原子可与 H^+/K^+-ATP 酶 α-亚单位上的半胱氨酸残基（Cys）中的巯基共价结合形成二硫键，不可逆地使 H^+/K^+-ATP 酶失活，导致胃壁细胞中的 H^+ 不能转运到胃腔中，阻断了胃酸分泌的最后步骤，使胃液中的胃酸量大为减少。临床上用于治疗胃酸相关性的疾病，如消化性溃疡、反流性食管炎和卓-艾氏综合征（胃泌素瘤）。

18.1.3　奥美拉唑研发历史

奥美拉唑是瑞典 ASTRA 公司研制开发的第一代苯并咪唑类质子泵拮抗剂，商品名为洛赛克（Losec），于 1988 年首次上市。到目前已有 60 多个国家和地区批准和使用，1998～2000年连续三年位列全球畅销药物的第一名，是 20 世纪消化性溃疡治疗史上的新里程碑。

2000 年 10 月奥美拉唑的专利期满，ASTRA 公司推出了奥美拉唑的 S-对映异构体（图 18-1）埃索美拉唑（esomeprazole）或依索拉唑，商品名为耐信（Nexium），适应证范围和奥美拉唑基本相同。但比奥美拉唑作用更强，在控制胃酸水平、减轻疼痛症状和促进愈合方面更有效。耐信的全球销售额逐年增长，年销售额达 37 亿美元，是近年来最热销的抗溃疡药品。

18.2　奥美拉唑合成工艺路线的设计与选择

从奥美拉唑的结构出发，采用逆合成分析法对其进行化学合成工艺路线的设计，使用不同的切断方式，可得到三条合成路线。对各路线进行分析和比较，筛选得到一条适合工业生产的最佳路线。本节对奥美拉唑的合成工艺路线进行设计和分析。

18.2.1　奥美拉唑的结构拆分

从奥美拉唑的结构出发，首先要确定其基本骨架和官能团以及二者的结合情况，找出易拆键部位。使用逆合成分析法对其结构进行逆向切断，考虑其前体可能是什么以及经什么反应可以构建该连接键。反复逆合成分析直到最简单的化合物，即起始原料为止，便可设计出奥美拉唑的化学合成路线。

如图 18-2 所示，奥美拉唑为苯并咪唑类化合物，结构上可以分为苯并咪唑和取代吡啶两部分。亚磺酰基可由硫醚键氧化而成，在最后一步反应中进行。根据连接苯并咪唑和取代吡啶两部分的甲硫基构建方式的不同，可有四种不同的切断方式，分别以图 18-2 中的 a、b、c、d 来表示。其中 a、b 两种切断方式比较类似，硫醚键的生成可由不同的硫醇和氯代化合物经缩合反应而得，称为缩合反应路线；从 c 处切断，由 4-甲氧基邻苯二胺和连有吡啶取代基的甲硫基甲酸发生环合反应，生成咪唑环，称为环合反应路线；而从 d 处切断的话，则可由苯并咪唑亚磺酰基的碱金属盐与吡啶鎓盐发生反应，将吡啶环与亚

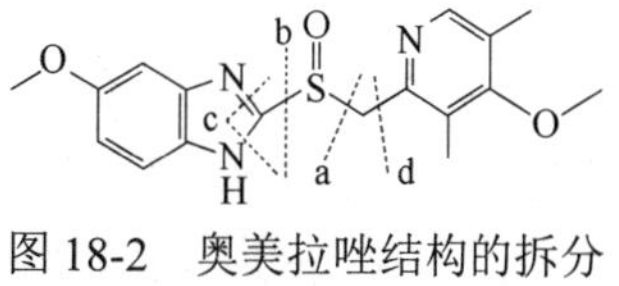

图 18-2　奥美拉唑结构的拆分

磺酰基相连，称为鎓盐反应路线。相应地，可设计出如下三条合成路线。

18.2.2 缩合反应路线

图 18-2 中 a 和 b 两种切断方式均属于缩合反应路线。

从 a 处切断，5-甲氧基-1*H*-苯并咪唑-2-硫醇(**18-2**)与 2-氯甲基-3,5-二甲基-4-甲氧基吡啶盐酸盐(**18-3**)缩合形成硫醚(**18-4**)，再经氧化反应生成亚磺酰基，得到奥美拉唑(**18-1**)。

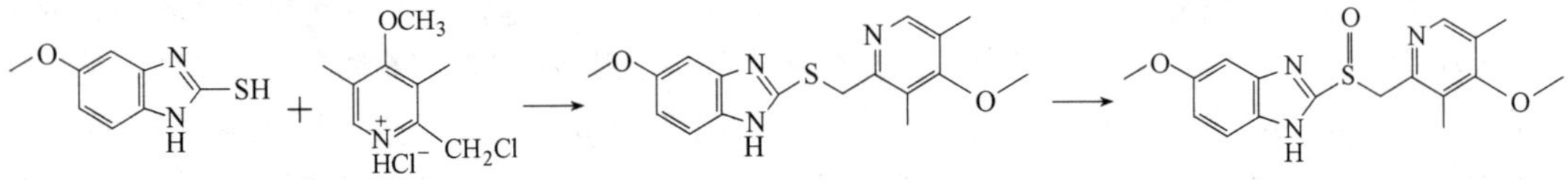

(**18-2**) (**18-3**) (**18-4**) (**18-1**)

这条路线的核心是合成 5-甲氧基-1*H*-苯并咪唑-2-硫醇(**18-2**)与 2-氯甲基-3,5-二甲基-4-甲氧基吡啶盐酸盐(**18-3**)两个关键中间体。

（1）5-甲氧基-1*H*-苯并咪唑-2-硫醇(18-2)的合成

以对氨基苯甲醚(**18-5**)为原料，经氨基保护和硝化反应生成 4-甲氧基-2-硝基乙酰苯胺(**18-6**)，脱保护得到 4-甲氧基-2-硝基苯胺(**18-7**)，再用 $SnCl_2$/HCl、Fe/HCl 法或催化氢化等方法还原硝基，生成 4-甲氧基邻苯二胺(**18-8**)。形成咪唑环有三种方法，分别以中间体(**18-6**)、(**18-7**)、(**18-8**)为原料。

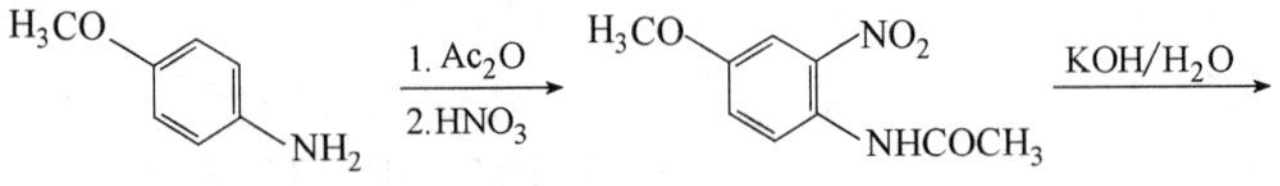

(**18-5**) (**18-6**)

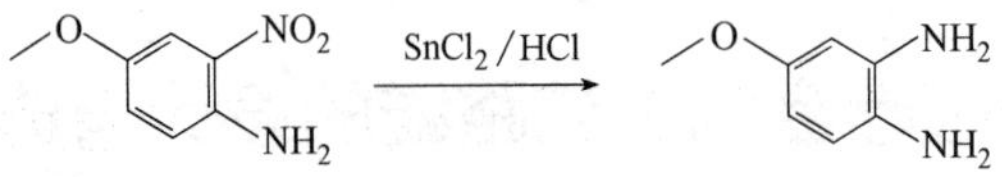

(**18-7**) (**18-8**)

4-甲氧基-2-硝基乙酰苯胺(**18-6**)的硝基还原，制备得到 2-氨基-4-甲氧基乙酰苯胺(**18-9**)，然后与异硫氰酸苯酯或异硫氰酸烯丙酯反应，加热回流环合，生成 5-甲氧基-1*H*-苯并咪唑-2-硫醇(**18-2**)。由 2-氨基-4-甲氧基乙酰苯胺(**18-9**)到中间体(**18-2**)，两步反应的收率可达 65%。但由于异硫氰酸苯酯或异硫氰酸烯丙酯来源困难，大量制备受到限制。

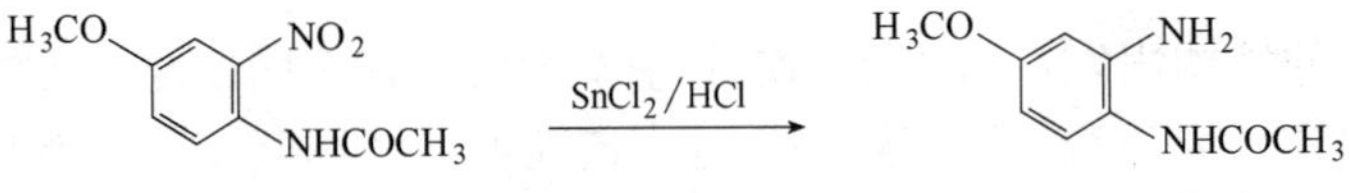

(**18-6**) (**18-9**)

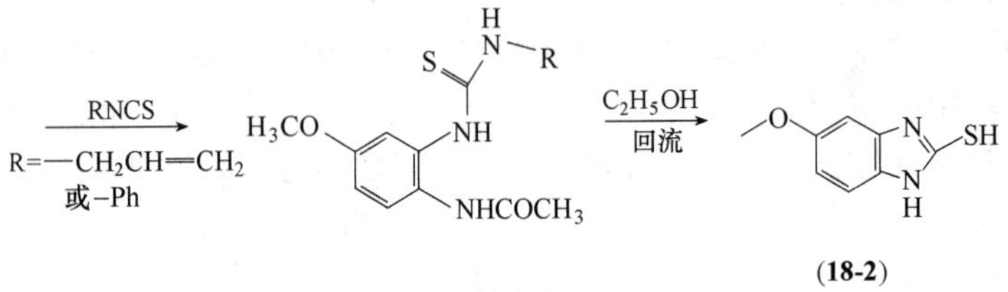

(**18-2**)

4-甲氧基-2-硝基苯胺(**18-7**)与 Zn/HCl/CS_2 作用，在 50～55℃条件下反应 4h，硝基还原和环化“一勺烩”得到 5-甲氧基-1*H*-苯并咪唑-2-硫醇(**18-2**)，收率为 94%。反应条件温和，收率高，有很高的实用价值。

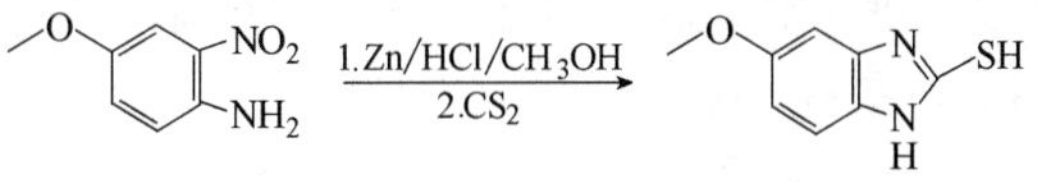

(18-7) → (18-2)

4-甲氧基邻苯二胺(18-8)在 $CS_2/KOH/C_2H_5OH$ 条件下成咪唑环，或者 4-甲氧基邻苯二胺(18-8)不经分离，直接与乙氧基黄原酸钾作用制得 5-甲氧基-1H-苯并咪唑-2-硫醇(18-2)。该工艺反应条件温和，工艺成熟，是国内厂家生产奥美拉唑采用的方法。

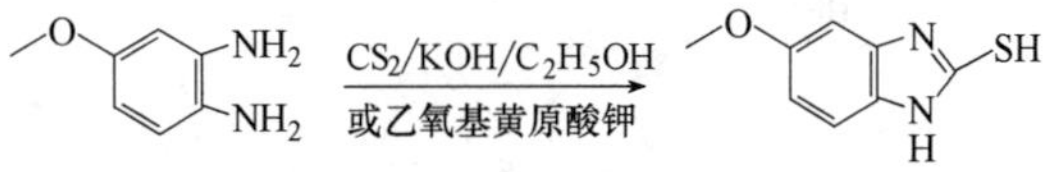

(18-8) → (18-2)

（2）2-氯甲基-3,5-二甲基-4-甲氧基吡啶盐酸盐(18-3)的合成

现有两条路线合成 2-氯甲基-3,5-二甲基-4-甲氧基吡啶盐酸盐(18-3)，分别以 3,5-二甲基吡啶(18-10)和 2,3,5-三甲基吡啶(18-13)为起始原料。

以 3,5-二甲基吡啶(18-10)为起始原料：3,5-二甲基吡啶经氧化、硝化和醚化，生成 3,5-二甲基-4-甲氧基吡啶-N-氧化物(18-11)，在硫酸二甲酯和连二硫酸铵的作用下，发生重排反应，得到 2-羟甲基-3,5-二甲基-4-甲氧基吡啶(18-12)。最后经氯化反应，生成盐酸盐(18-3)。这条路线曾是工业上采用的方法，但由 3,5-二甲基-4-甲氧基吡啶-N-氧化物(18-11)生成(18-12)这步反应收率低，仅为 40%，这是此路线的不足之处。在 2,3,5-三甲基吡啶(18-13)的来源得到解决后，该路线已逐渐被代替。

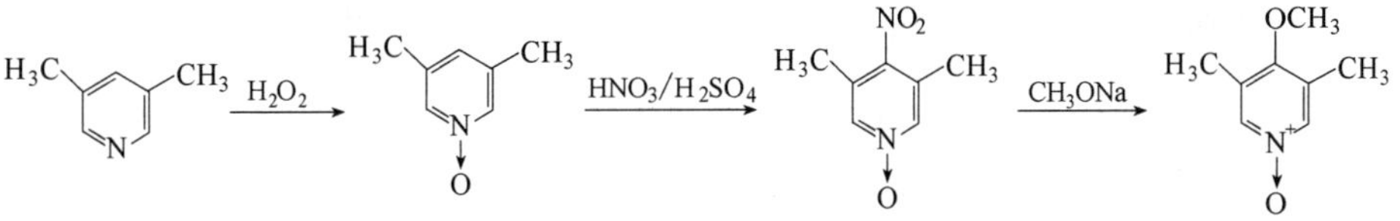

(18-10) → (18-11)

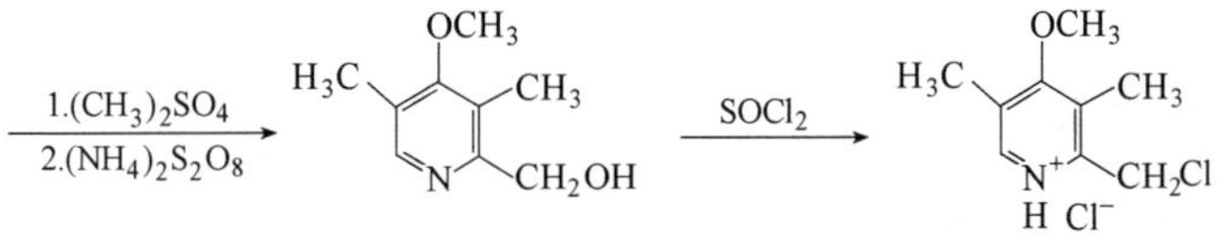

(18-12) → (18-3)

以 2,3,5-三甲基吡啶(18-13)为原料：与前面路线相似，2,3,5-三甲基吡啶(18-13)经氧化、硝化和醚化反应，生成 2,3,5-三甲基-4-甲氧基吡啶-N-氧化物(18-16)，在乙酸酐的作用下，发生重排反应，得到 2-羟甲基-3,5-二甲基-4-甲氧基吡啶(18-12)，最后经氯化反应，生成盐酸盐(18-3)。工业上采用此路线生产奥美拉唑。

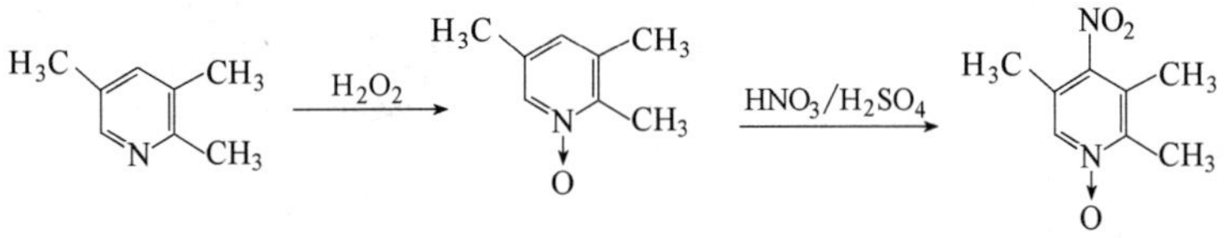

(18-13) → (18-14) → (18-15)

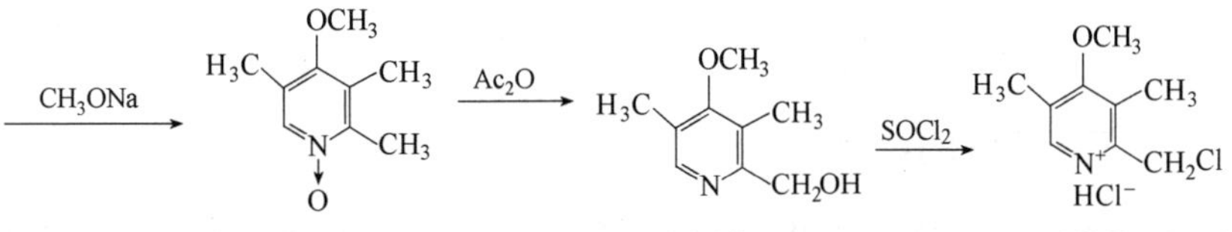

(18-16) → (18-12) → (18-3)

若是在图 18-2 中的 b 处切断，则是以 2-氯-5-甲氧基-1*H*-苯并咪唑(**18-17**)与 3,5-二甲基-4-甲氧基-2-吡啶甲硫醇(**18-18**)为原料，缩合生成奥美拉唑。反应条件与从 a 处切断相似，但是两种原料来源困难，合成难度大，实用价值不大。

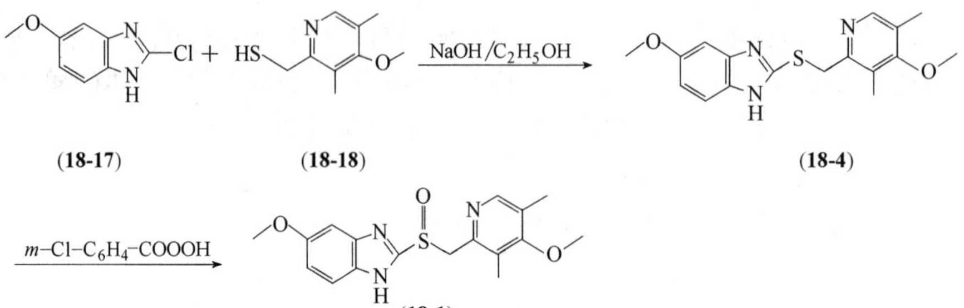

$$m-Cl-C_6H_4-COOOH$$

(**18-1**)

18.2.3 环合反应路线

在酸性条件下，4-甲氧基邻苯二胺(**18-8**)和 2-[(3,5-二甲基-4-甲氧基-2-吡啶基)甲硫基]甲酸(**18-19**)反应，环合生成咪唑环，在高碘酸钠作用下氧化成产物奥美拉唑，两步反应收率为 75%。但 2-[(3,5-二甲基-4-甲氧基-2-吡啶基)甲硫基]甲酸(**18-19**)的合成路线长，制备困难，使整个路线较长，后处理麻烦，总收率低于缩合反应路线。

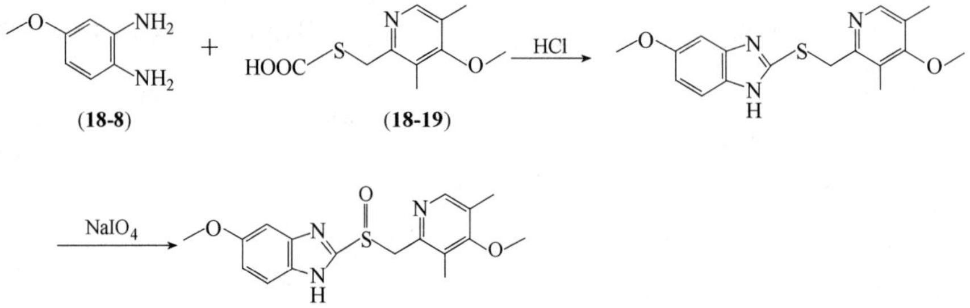

(**18-1**)

18.2.4 锍盐反应路线

5-甲氧基-2-甲基亚磺酰基-1*H*-苯并咪唑在丁基锂的作用下，−15℃反应生成碱金属盐(**18-20**)，再与 1,4-二甲氧基-3,5-二甲基吡啶锍盐(**18-21**)作用，生成奥美拉唑。这条路线的特点是不使用制备困难的 2-卤代吡啶，但是碱金属盐要求在低温下进行制备，丁基锂价格昂贵而且遇水和空气分解，反应条件要求苛刻。

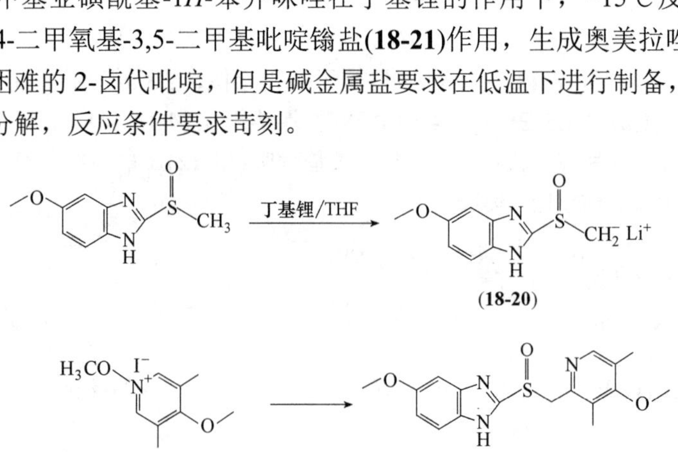

(**18-20**)

(**18-21**)   (**18-1**)

18.2.5 生产工艺路线的选择

通过对以上三条合成路线的分析，可以得出结论：缩合反应路线（a 处切断）为最佳路线，即以对氨基苯甲醚(18-5)和 2,3,5-三甲基吡啶(18-13)为起始原料，以 5-甲氧基-1*H*-苯并咪唑-2-硫醇(18-2)和2-氯甲基-3,5-二甲基-4-甲氧基吡啶盐酸盐(18-3)为关键中间体的合成工艺路线（图 18-3）。

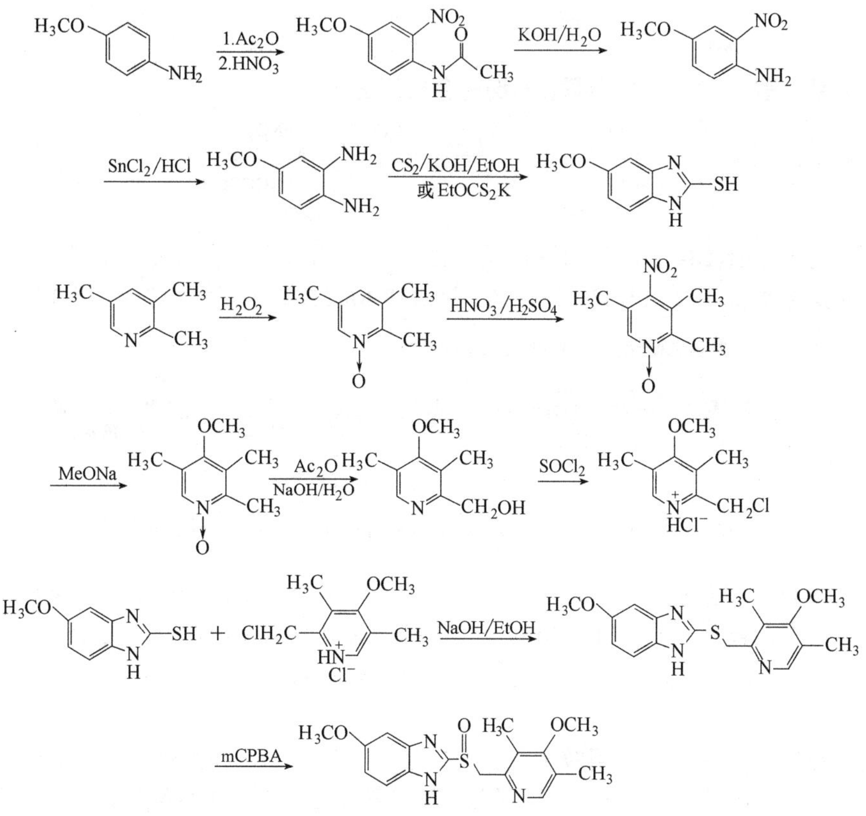

图 18-3　奥美拉唑的生产工艺路线

18.3　奥美拉唑生产工艺原理及其过程

本节以缩合反应路线为例，以对氨基苯甲醚(18-5)和2,3,5-三甲基吡啶(18-13)为起始原料，以 5-甲氧基-1*H*-苯并咪唑-2-硫醇(18-2)和 2-氯甲基-3,5-二甲基-4-甲氧基吡啶盐酸盐(18-3)为关键中间体，介绍奥美拉唑的生产工艺原理及其过程。

18.3.1　5-甲氧基-1*H*-苯并咪唑-2-硫醇的合成工艺原理及过程

（1）合成工艺路线

以对氨基苯甲醚(18-5)为起始原料，经乙酰化保护、硝化、脱保护得到 4-甲氧基-2-硝基苯胺(18-7)，SnCl$_2$/HCl 法还原硝基，生成的 4-甲氧基邻苯二胺(18-8)，在 CS$_2$/KOH/C$_2$H$_5$OH 条件下成咪唑环，或者 4-甲氧基邻苯二胺不经分离，直接与乙氧基黄原酸钾作用，生成 5-甲氧基-1*H*-苯并咪唑-2-硫醇(18-2)。

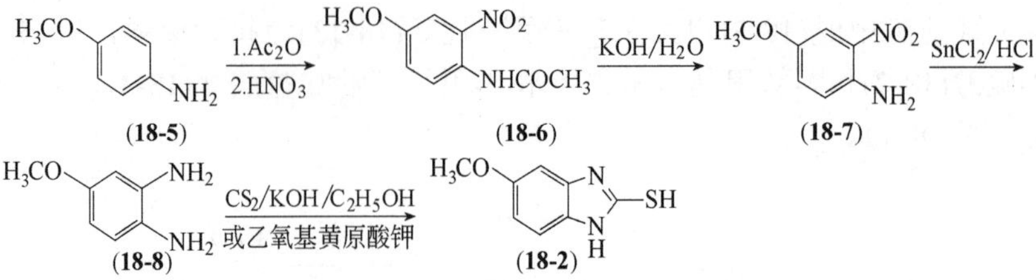

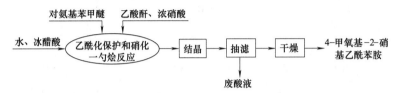

（2）4-甲氧基-2-硝基乙酰苯胺(18-6)的合成工艺

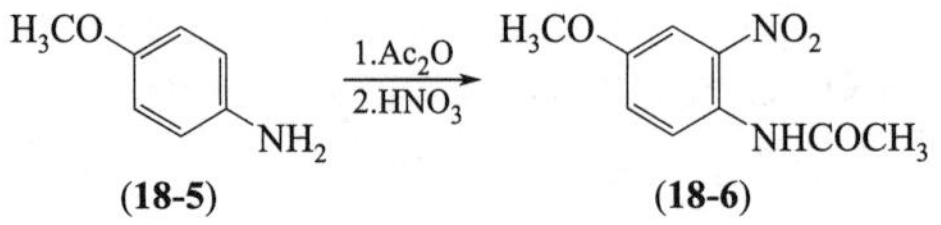

以对氨基苯甲醚(18-5)为起始原料，经乙酰化保护和硝化一勺烩反应，再经结晶、抽滤、干燥等单元操作制备4-甲氧基-2-硝基乙酰苯胺(18-6)的合成工艺流程如图18-4所示。

图18-4　4-甲氧基-2-硝基乙酰苯胺(18-6)的合成工艺流程框图

硝化反应前，对氨基苯甲醚进行乙酰化保护，有两个作用：一是防止氧化反应发生。因为芳伯胺容易发生氧化反应，而所用的硝化剂硝酸又具有氧化作用；二是避免氨基在酸性条件下成铵盐。—NH_3^+具有强吸电子作用，使氨基由邻、对位定位基变成间位定位基，同时减慢硝化反应速率。

乙酰基在氨基的保护中应用较多，其稳定性大于甲酰基，在酸性或碱性条件下水解可脱保护。氨基的乙酰化可采用羧酸法、酰氯法、酸酐法。用乙酸酐进行酰化，反应是不可逆的，乙酸酐的用量一般略高于理论量即可，并以高收率得到乙酰氨基结构。

芳环上的硝基取代反应是药物合成中常见的反应。常用的硝化剂有硝酸、硝酸与浓硫酸的混合液（混酸）、硝酸盐-硫酸以及硝酸-乙酸酐。若以混酸作硝化剂，浓硫酸与硝酸反应生成硝基正离子（NO_2^+），NO_2^+进攻芳环，发生亲电取代反应。

$$HNO_3 + 2H_2SO_4 \Longleftrightarrow NO_2^+ + H_3O^+ + 2HSO_4^-$$

若以硝酸作硝化剂，则活性质点不是NO_2^+，而是亚硝基正离子（NO^+）。硝化机理为：由于硝酸中存在痕量的亚硝酸，亚硝基正离子（NO^+）对芳环进行亲电进攻，生成亚硝基化合物，然后被硝酸氧化成硝基化合物，同时又生成亚硝酸。因此，在这种情况下，亚硝酸起着催化的作用。硝酸作为硝化剂，由于反应中产生水而使硝酸稀释，从而可减弱甚至失去硝酸的硝化作用。所以，硝酸只适用于高活性芳香族化合物的硝化。对于4-甲氧基乙酰苯胺，因芳环的亲核性较大，可采用硝酸作硝化剂。

对于4-甲氧基乙酰苯胺这样一个二元取代苯，NO^+进入苯环的位置，是由—OCH_3和—$NHCOCH_3$两个取代基共同作用决定的。甲氧基和乙酰氨基都是邻、对位定位基，其中乙酰氨基的作用更强，因此，4-甲氧基-2-硝基乙酰苯胺是主要产物。

以乙酸酐作为酰化剂，进行芳胺的乙酰化反应，在很短的时间内即可完成，要严格控制反应温度为0～5℃。若温度过高，可能产生二乙酰化物。

4-甲氧基乙酰苯胺在乙酸和水的混合液中的溶解度低于对氨基苯甲醚，因此会从反应液中析出。可通过加热方式，将析出的乙酰化物溶于反应液，再自然冷却析出细小结晶，有利于硝化反应进行完全。

提高硝化反应温度，利于加快硝化反应速率。4-甲氧基乙酰苯胺的硝化反应在 60~65℃ 进行，反应时间为 10min。乙酰化保护和硝化"一勺烩"，反应收率为 84%。

（3）4-甲氧基-2-硝基苯胺(18-7)的合成工艺

4-甲氧基-2-硝基乙酰苯胺(18-6)在碱性条件下（Claisen 碱液）水解脱去乙酰基，经过结晶、抽滤、干燥等单元操作生成 4-甲氧基-2-硝基苯胺(18-7)的工艺流程如图 18-5 所示。

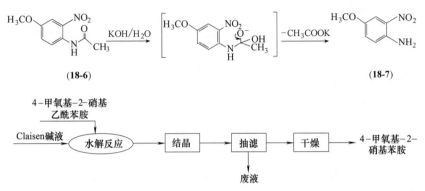

图 18-5　4-甲氧基-2-硝基苯胺(18-7)的合成工艺流程框图

Claisen 碱液的配制比例为：176g KOH 溶于 126mL 水中，再加甲醇至 500mL。反应中加水稀释反应液的目的是使水解反应完全。

（4）4-甲氧基邻苯二胺(18-8)的合成工艺

常用的硝基还原为氨基的还原剂有：金属 Zn、Sn 和 Fe（酸性条件下）、催化氢化、水合肼、硫化钠、$SnCl_2$ 等。铁酸还原法是工业还原硝基常用的方法，但铁被氧化生成四氧化三铁，后处理困难。采用 $SnCl_2$/HCl 法将硝基还原为氨基是适宜的，工艺流程见图 18-6。

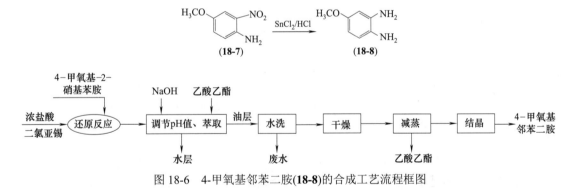

图 18-6　4-甲氧基邻苯二胺(18-8)的合成工艺流程框图

还原反应的温度不应超过 40℃，否则产物易氧化。但是温度也不要低于 20℃，否则盐析出（还原产物先是以盐酸盐的形式溶于水中，需加氢氧化钠进行中和），影响萃取效果。产物 4-甲氧基邻苯二胺的性质不稳定，遇空气氧化成二醌，不易存放，应现制现用。

（5）5-甲氧基-1H-苯并咪唑-2-硫醇(18-2)的合成工艺

二硫化碳与氢氧化钾在 95% 的乙醇中反应生成乙氧基黄原酸钾，再与 4-甲氧基邻苯二胺反应，环合生成 5-甲氧基-1H-苯并咪唑-2-硫醇钾，经乙酸酸化得到 5-甲氧基-1H-苯并咪唑-2-硫醇(18-2)。再经过结晶过滤、干燥等单元操作得到成品，工艺流程见图 18-7。

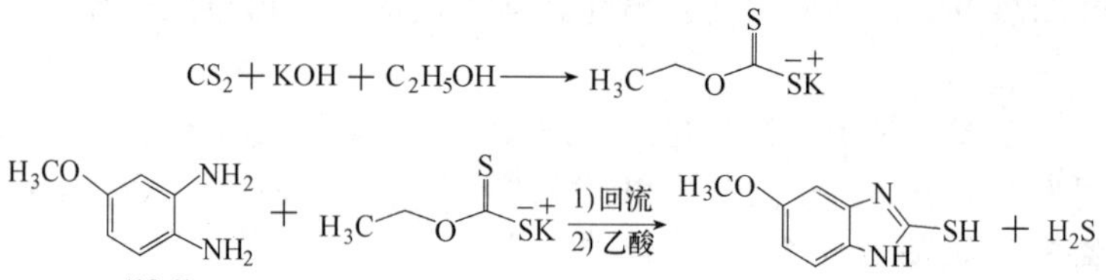

$$CS_2 + KOH + C_2H_5OH \longrightarrow H_3C \diagdown O \diagup \overset{S}{\underset{}{C}} \diagdown \overset{-+}{SK}$$

(18-8) + (与图示) $\overset{1)回流}{\underset{2)乙酸}{\longrightarrow}}$ (18-2) + H₂S

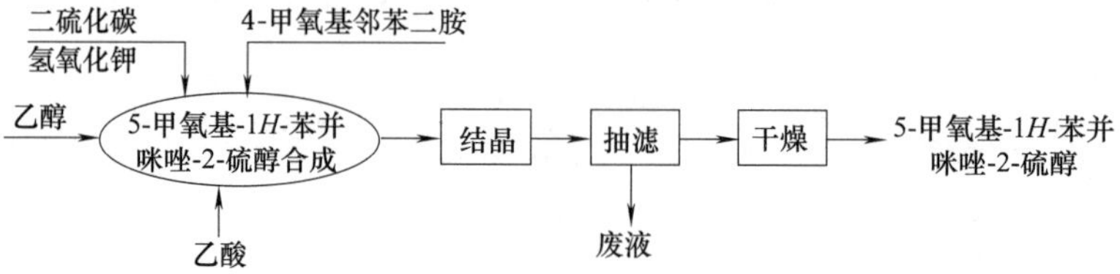

图 18-7　5-甲氧基-1*H*-苯并咪唑-2-硫醇（**18-2**）的合成工艺流程框图

为使反应完全，二硫化碳和氢氧化钾需稍过量，乙醇应过量较多。这里乙醇既参与反应，又作溶剂。

中间产物 5-甲氧基-1*H*-苯并咪唑-2-硫醇钾溶于乙醇和水，滴加乙酸至产物(**18-2**)游离析出。

18.3.2　2-氯甲基-3,5-二甲基-4-甲氧基吡啶盐酸盐的合成工艺原理及过程

（1）合成工艺路线

以 2,3,5-三甲基吡啶(**18-13**)为起始原料，通过氧化、硝化和醚化反应，分别经 2,3,5-三甲基吡啶-*N*-氧化物(**18-14**)和 4-硝基-2,3,5-三甲基吡啶-*N*-氧化物(**18-15**)中间体制备得到 4-甲氧基-2,3,5-三甲基吡啶-*N*-氧化物(**18-16**)。(**18-16**)在乙酸酐作用下发生重排反应，生成 2 位为乙酰氧甲基的化合物，然后水解，得到 3,5-二甲基-2-羟甲基-4-甲氧基吡啶(**18-12**)，最后与二氯亚砜发生氯代反应，生成 2-氯甲基-3,5-二甲基-4-甲氧基吡啶(**18-3**)。

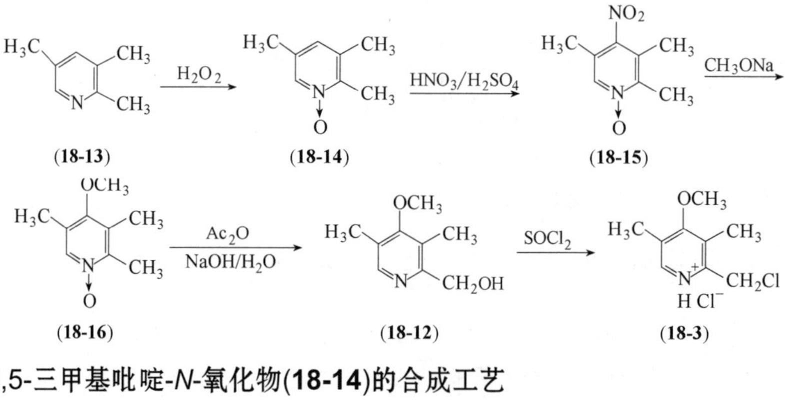

（2）2,3,5-三甲基吡啶-*N*-氧化物(**18-14**)的合成工艺

冰醋酸与过氧化氢混合生成过氧乙酸，质子化的过氧乙酸亲电进攻吡啶上的 N 原子，生成 2,3,5-三甲基吡啶-*N*-氧化物(**18-14**)。

$$CH_3COOH + H_2O_2 \longrightarrow CH_3COOOH + H_2O$$

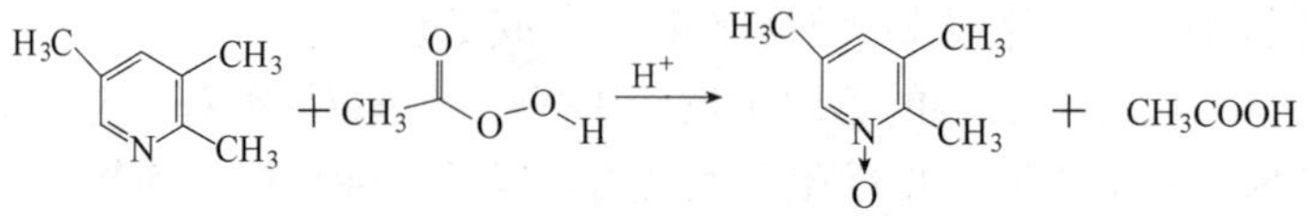

氧化反应的温度为80～90℃，反应时间为24h。在这样的反应条件下，2,3,5-三甲基吡啶仅发生 N-氧化，吡啶环和吡啶环上的甲基性质稳定。后处理时，用40%的氢氧化钠调节 pH 至14，可除去多余的乙酸，从而与氧化产物分离。工艺流程见图18-8。

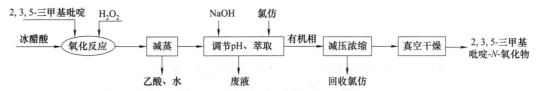

图 18-8　2,3,5-三甲基吡啶-N-氧化物(**18-14**)的合成工艺流程框图

（3）4-硝基-2,3,5-三甲基吡啶-N-氧化物(**18-15**)的合成工艺

吡啶属于缺电子的芳香环，环上电子云密度与硝基苯相当，但吡啶-N-氧化物的情况有所不同。因氧原子与杂环形成供电子的 p-π 共轭，使得吡啶-N-氧化物的亲核能力大于相应的吡啶环，所以较容易进行硝化反应，硝基进入氮原子的对位。对于 2,3,5-三甲基吡啶-N-氧化物来说，在 N-氧化物和三个甲基的共同作用下，吡啶环的亲核活性大大提高。在混酸作用下，硝基进入电子云密度较高的 4 位，而 6 位产物较少。

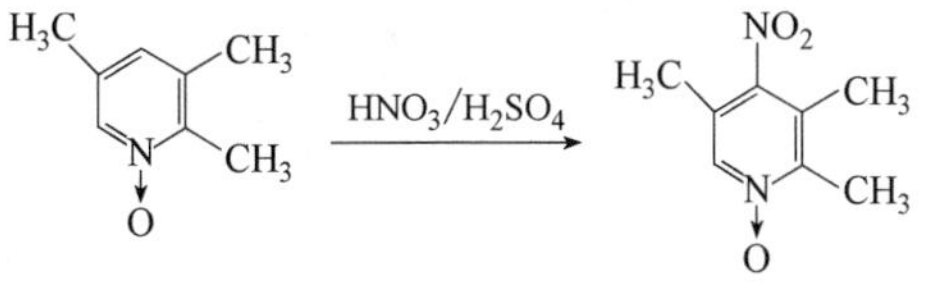

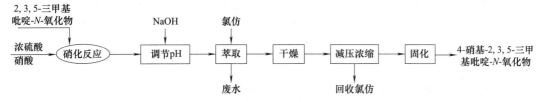

提高反应温度，硝化反应速率加快。但随着反应温度的升高，氧化、断键、多硝化等副反应也可能增加。硝化反应为放热反应，反应活性高的化合物硝化时，短时间内可放出大量的热，所以要注意搅拌及冷却。工艺流程见图18-9。

图 18-9　4-硝基-2,3,5-三甲基吡啶-N-氧化物(**18-15**)的合成工艺流程框图

（4）4-甲氧基-2,3,5-三甲基吡啶-N-氧化物(**18-16**)的合成工艺

强亲核试剂烷氧负离子（CH_3O^-）进攻 4-硝基-2,3,5-三甲基吡啶-N-氧化物(**18-15**)，发生双分子亲核取代反应（S_N2），硝基被烷氧基取代，4 位形成芳烷烃混合醚(**18-16**)的结构。

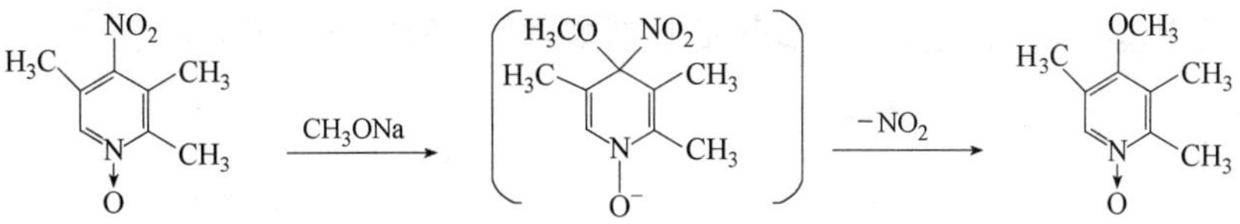

4-硝基-2,3,5-三甲基吡啶-N-氧化物与甲醇钠的摩尔配比为 1:1.5，通过增加甲醇钠的配比，可提高 4-硝基-2,3,5-三甲基吡啶-N-氧化物的转化率。产物易吸潮，应干燥处存放。工艺流程见图18-10。

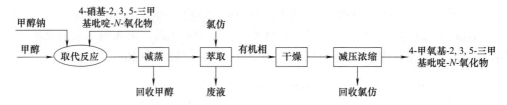

图 18-10　4-甲氧基-2,3,5-三甲基吡啶-*N*-氧化物(**18-16**)的合成工艺流程框图

（5）3,5-二甲基-2-羟甲基-4-甲氧基吡啶(**18-12**)的合成工艺

4-甲氧基-2,3,5-三甲基吡啶-*N*-氧化物(**18-16**)与乙酸酐作用发生重排反应，生成 2 位为乙酰氧甲基的化合物，然后在碱性条件下水解，得到 2 位取代基为羟甲基的化合物(**18-12**)。重排反应无论是自由基历程，还是离子对历程，质子的离去决定反应速率。

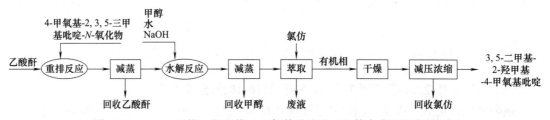

重排反应的温度为 110℃，低于乙酸酐的沸点，目的在于防止乙酸酐分解。水解反应在氢氧化钠溶液中进行，回流 3h，使反应完全。

重排反应为无水操作，微量的水对脱质子反应不利，可阻断重排反应的进行。重排反应中乙酸酐具有反应物和反应溶剂的双重作用，将过量的乙酸酐回收套用，可降低成本。工艺流程见图 18-11。

图 18-11　3,5-二甲基-2-羟甲基-4-甲氧基吡啶(**18-12**)的合成工艺流程框图

（6）2-氯甲基-3,5-二甲基-4-甲氧基吡啶盐酸盐(**18-3**)的合成工艺

二氯亚砜是常用的氯化剂，反应生成的氯化氢和二氧化硫均为气体，易挥发除去，无残留物，后处理方便。

反应机理是：二氯亚砜与醇首先生成氯化亚硫酸酯，氯化亚硫酸酯分解放出二氧化硫，分解方式与溶剂有关。以氯仿为反应溶剂，应按 S_N1 机理进行，氯离子进攻碳正离子，形成 2 位氯甲基。

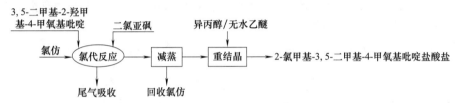

生成氯化亚硫酸酯的反应是放热反应，因此滴加二氯亚砜应控制温度在 0℃以下。滴加完后，氯代反应在室温下进行。二氯亚砜和氯化亚硫酸酯遇水分解，应无水操作。反应生成的副产物氯化氢和二氧化硫应做好尾气处理。工艺流程见图 18-12。

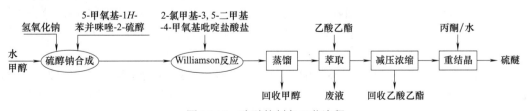

图 18-12　2-氯甲基-3,5-二甲基-4-甲氧基吡啶盐酸盐**(18-3)**制备工艺流程框图

18.3.3　奥美拉唑合成工艺原理及过程

（1）硫醚的合成工艺

5-甲氧基-1*H*-苯并咪唑-2-硫醇**(18-2)**与氢氧化钠反应先制备硫醇钠，硫醇钠与卤化物 2-氯甲基-3,5-二甲基-4-甲氧基吡啶盐酸盐**(18-3)**进行 Williamson 反应，得到硫醚**(18-4)**。

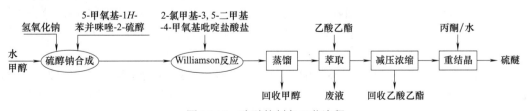

(18-2)　　　　　　　　　　　　　　　　　　　　　　　　　　　　　　　　**(18-4)**

氢氧化钠与两个反应物的摩尔配比为 1.1∶1∶1。碱略过量，可使硫醇完全转化为硫醇钠。用甲醇与水混合作溶剂，对 5-甲氧基-1*H*-苯并咪唑-2-硫醇和 2-氯甲基-3,5-二甲基-4-甲氧基吡啶盐酸盐均有较好的溶解度，有利于反应的进行。粗产品可不经提纯直接参加下一步反应。工艺流程见图 18-13。

图 18-13　硫醚的制备工艺流程

（2）奥美拉唑合成工艺

硫醚在间氯过氧苯甲酸（mCPBA，$m\text{-}ClC_6H_4COOOH$）的作用下，氧化生成亚砜，即为奥美拉唑。可将硫醚氧化成亚砜的氧化剂有：30%的 H_2O_2、$NaIO_4$ 或叔丁基次氯酸酯（$t\text{-}BuOCl$）等。

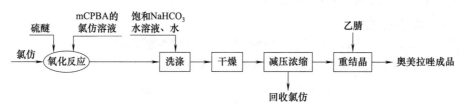

(18-4)　　　　　　　　　　　　　　　　　　**(18-1)**

硫醚与 mCPBA 的摩尔比为 1：1。当 mCPBA 用量不足时，氧化不完全，产物中可能含有硫醚。当 mCPBA 过量，生成过氧化产物砜或吡啶-N-氧化物，这些副产物的结构如下：

硫醚与 mCPBA 在氯仿中均有一定的溶解度，可用氯仿作为反应溶剂。有报道以乙酸乙酯作反应溶剂，同样取得较好的效果。

产物应该避光于干燥阴凉处存放，否则容易氧化分解为杂质，结构如下：

奥美拉唑的制备工艺流程见图 18-14。

图 18-14　奥美拉唑的制备工艺流程框图

18.3.4　三废处理及综合利用

以对氨基苯甲醚和 2,3,5-三甲基吡啶为起始原料制备奥美拉唑，由于合成步骤长，原辅材料多，在生产过程中产生较多的三废，需对它们进行治理和综合利用。

酸性、碱性废水较多，可将各步反应中的废水合并，中和至规定的 pH，静置、沉淀后排入总废水管道。反应中生成的硫化氢气体，可用浓碱液吸收处理。回收溶剂的残渣量较少，集中一定量后焚烧处理。

有机溶剂如氯仿、乙酸乙酯、乙腈、甲醇、乙醇、异丙醇等均可回收并返回系统套用。

氯仿、乙酸乙酯、乙腈的回收：将氯仿、乙酸乙酯或乙腈用水洗涤至中性，分去水层，然后常压蒸馏。回收氯仿时，收集 60～62℃馏分套用；回收乙酸乙酯时，收集 76～78℃馏分套用；回收乙腈时，收集 81～83℃馏分套用。

甲醇、乙醇、异丙醇的回收：将甲醇、乙醇或异丙醇溶液，用分馏塔蒸馏。回收甲醇时，收集 64～65℃馏分套用；回收乙醇时，收集 78～79℃馏分套用；回收异丙醇时，收集 81～83℃馏分套用。

思考题

18-1 采用逆合成分析法，设计合成奥美拉唑的三条路线，写出其断键的原则、可能的断键部位以及第一步关键中间体。

18-2 对吡啶芳环进行 N-氧化的目的是什么？分析常用氧化试剂的选择和使用。

18-3 以 4-甲氧基-2-硝基乙酰苯胺的合成为例，分析氨基乙酰化保护的作用及其反应原理。

18-4 以对氨基苯甲醚为原料，在乙酰化和硝化的一勺烩反应中的关键工艺参数是什么？如何控制？

18-5 以 4-甲氧基邻苯二胺的合成为例，分析硝基还原为氨基的还原剂选择及工艺参数和操作的控制。

18-6 在 4-甲氧基-2,3,5-三甲基吡啶-N-氧化物与乙酸酐的重排反应中，关键工艺参数是什么？如何控制？为什么？

18-7 根据图 18-4～图 18-14 的工艺流程图，写出后处理单元操作的原理和工艺参数。

参考文献

[1] 陈平. 制药工艺学. 武汉: 湖北科学技术出版社, 2008.

[2] 陈仲强, 陈虹. 现代药物的制备与合成: 第一卷. 北京: 化学工业出版社, 2008.

[3] 陈芬儿. 有机药物合成法: 第一卷. 北京: 中国医药科技出版社, 1999.

[4] 赵临襄. 化学制药工艺学. 北京: 中国医药科技出版社, 2003.

[5] 李旭琴. 药物合成路线设计. 北京: 化学工业出版社, 2009.

第19章
紫杉醇生产工艺

学习目标

▶ 了解紫杉醇类药物化学合成工艺路线、生物合成工艺路线的研究现状。

▶ 理解紫杉醇侧链的合成工艺原理，能设计合成工艺路线。

▶ 掌握紫杉醇的化学半合成生产工艺原理，能够解决实际工艺问题。

紫杉醇于 1971 年确定了结构，1992 年被美国 FDA 批准用于治疗晚期卵巢癌，1994 年被批准用于治疗转移性乳腺癌，1997 年 FDA 批准使用紫杉醇治疗艾滋病关联的 Kaposi 恶性肿瘤。1998 年和 1999 年，FDA 又分别批准半合成紫杉醇与顺铂联合使用作为治疗晚期卵巢癌和非小细胞肺癌的一线用药。1995 年批准多烯紫杉醇上市，2004 年 FDA 批准白蛋白修饰的紫杉醇，2010 年批准卡巴他赛上市，降低毒性，提高疗效。紫杉醇及其类似物是近几年国际公认的疗效确切的重要抗肿瘤药物之一。本章介绍紫杉醇的手性半合成生产工艺。

19.1 概　述

1958～1987 年，美国国立癌症研究所（NCI）用多种鼠肿瘤移植模型，对全世界 3.5 万种植物的 11 万个植物提取物进行筛选。于 1964 年实验证明了太平洋红豆杉皮中的提取物具有活性，1969 年确定了紫杉醇为其中活性成分。1971 年美国化学家 Wani 和 Wall 从太平洋红豆杉的树皮中提纯得到紫杉醇。紫杉醇被誉为随机筛选药物的成功范例。

19.1.1　紫杉醇类药物

（1）紫杉醇

紫杉醇（paclitaxel，商品名为 Taxol©）具有复杂的化学结构，属三环二萜类化合物，整个分子由三个主环构成的二萜核和一个苯基异丝氨酸侧链组成（图 19-1）。分子中有 11 个手性中心和多个取代基团。分子式为 $C_{47}H_{51}NO_{14}$，分子量为 853.92。紫杉醇难溶于水，易溶于甲醇、二氯甲烷和乙腈等有机溶剂。

紫杉醇具有独特的抗癌机制，其作用靶点是有丝分裂和细胞周期中至关重要的微管蛋白。紫杉醇与 β-微管蛋白 N-端第 31 位氨基酸和 217～231 位结合，能促进微管蛋白聚合而形成稳定的微管，并抑制微管的解聚，将细胞周期阻断于 G2/M 期，从而抑制了细胞的有丝分裂，最终导致癌细胞的死亡。近几年的研究表明，紫杉醇还具有其他生物学效应，与信号转导蛋白质的磷酸化有关，持续激活 MAPK 等，诱导多种肿瘤细胞的凋亡。

（2）多烯紫杉醇

多烯紫杉醇（docetaxel，译名为多西他赛，商品名为 Taxotere）与紫杉醇结构上的区别在于母环 10 位和侧链 3′位的取代基不同（图 19-1）。

多烯紫杉醇是紫杉醇家族第二代抗癌新药的代表，它与紫杉醇具有相同的作用机制，但抑制微管解聚、促进微管二聚体聚合成微管的能力是紫杉醇的两倍。多烯紫杉醇还能够抑制细胞 DNA、RNA 或蛋白质的合成。多烯紫杉醇的水溶性比紫杉醇高 40 倍，具有较好的生物利用度、更高的细胞内浓度、更长的细胞内潴留时间等。

（3）卡巴他赛

卡巴他赛（cabazitaxel，商品名为 Jevtana）与多西他赛的结构区别是 7 位和 10 位都是甲氧基（图 19-1），从而提高了药物的化学稳定性。卡巴他赛上市用于治疗晚期乳腺癌和非小细胞癌，2020 年全球销量超过 5 亿美元。卡巴他赛对外排泵 P-gp 糖蛋白的结合力弱于紫杉醇和多西他赛，因而它的生物利用度和作用持续时间优于紫杉醇和多西他赛。

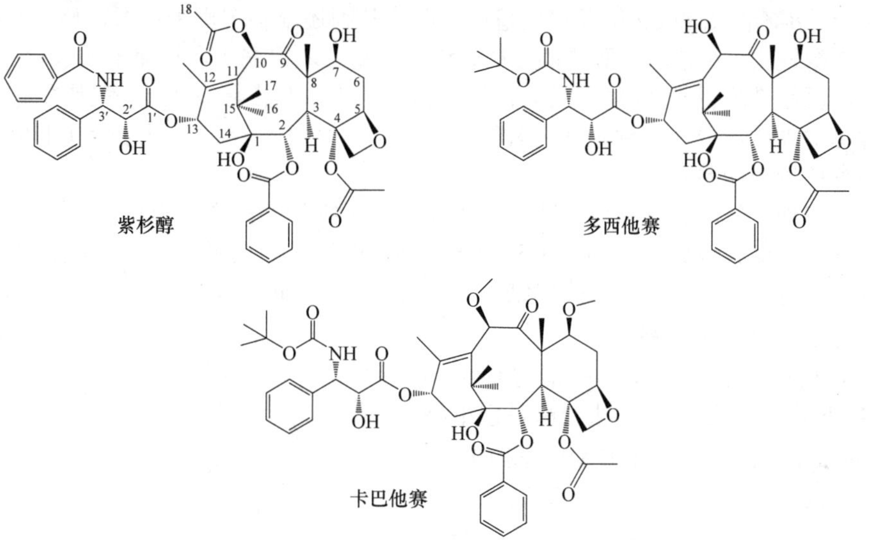

图 19-1 紫杉醇及其类似物的化学结构

19.1.2 紫杉醇的工艺路线研究

（1）天然提取工艺路线

紫杉醇的来源最初以天然提取为主，主要是从红豆杉属（*Taxus*）植物的树皮中分离得到。目前红豆杉濒临灭绝，属于保护物种，天然提取路线已被迫放弃。

（2）化学全合成工艺路线

紫杉醇的分子结构十分复杂，有众多的功能基团和立体化学特征，是对化学全合成的一个挑战。有机合成化学家们从 20 世纪 80 年代开始探索紫杉醇的全合成，至今已有 40 余年，超过 60 个课题组参与其中。在此期间，共开发了 11 条不同的全合成路线，但是都没能够成为大量合成紫杉醇的替代方案。究其原因，主要还是路线长，缺乏经济性。

（3）生物合成工艺路线

紫杉醇是红豆杉的次生代谢产物，主要存在于红豆杉属植物的树皮及针叶中。为解决紫杉醇的大量供应问题，人们研究了两种生物合成紫杉醇的技术路线。

① 红豆杉细胞培养工艺　用红豆杉的细胞或韧皮部的细胞进行细胞培养，然后分离纯

化制备紫杉醇。已有前体饲喂、添加诱导子、两相培养等技术在红豆杉细胞培养中使用。该技术曾获得美国总统绿色化学挑战奖。

② 细胞工厂发酵工艺路线　从 20 世纪 80 年代开始，华盛顿州立大学的 Croteau 教授实验室从红豆杉植物中克隆了紫杉醇生物合成的大部分基因，提出了紫杉醇生物合成的基本途径，包括三个阶段：四环母核的生成，侧链的生成，母核与侧链的酯化反应，最后形成完整的紫杉醇分子。

紫杉醇的四环母核的碳骨架是通过二萜途径合成的。由香叶基香叶基焦磷酸合成酶催化 1 分子二甲基丙烯基焦磷酸和 3 分子异戊烯焦磷酸线性聚合，生成香叶基香叶基焦磷酸。紫杉二烯合成酶催化香叶基香叶基焦磷酸生成具有 A、B、C 三环的紫杉二烯，此时紫杉醇母核的碳骨架结构基本形成。随后，在 C4 和 C5 位形成环氧丙烷 D 环，通过氧化和酰基化修饰，形成巴卡亭Ⅲ。

苯丙氨酸是紫杉醇 C13 酯侧链的前体，由苯丙氨酸氨基变位酶催化，2S-α-苯丙氨酸转变成 3R-β-苯丙氨酸。由 C13-苯基丙酸-侧链-CoA 转移酶催化，β-苯丙氨酸与巴卡亭Ⅲ的 C13 氧原子结合。β-苯丙氨酸 C2′位发生羟基化，但该基因还未鉴定出来；由紫杉烷 C13-侧链-N-苯甲酰转移酶催化，β-苯丙氨酸侧链 C3′位 N 原子发生苯甲酰化，从而生成紫杉醇。

目前，已经推测得到紫杉醇生物合成大约有 19 步，其中已有 13 步基因的编码酶在大肠杆菌和酵母中表达，成功得到确证。紫杉醇特有的环氧丙烷环、C9 羰基及 C1 位和 C2′位的羟化酶还有待挖掘和鉴定。

美国麻省理工学院科学家通过代谢工程和合成生物学的研究，构建了大肠杆菌细胞 2T，通过工艺优化，能合成紫杉二烯及 C5 羟化产物，产量达到克级以上。随着紫杉醇生物合成途径的进一步解析，有望实现微生物细胞 2T 合成巴卡亭Ⅲ和紫杉醇。

（4）化学半合成工艺路线

红豆杉树中含有大量紫杉醇的母环结构巴卡亭Ⅲ（baccatin Ⅲ）和 10-去乙酰基巴卡亭Ⅲ（10-deacetylbaccatin Ⅲ，10-DAB）（图 19-2）。从它们出发，在其 C13 位接上化学合成的侧链，以此制备紫杉醇，这就是紫杉醇的化学半合成生产路线。对紫杉醇的半合成工艺适当调整后也适用于合成多烯紫杉醇、卡巴他赛。

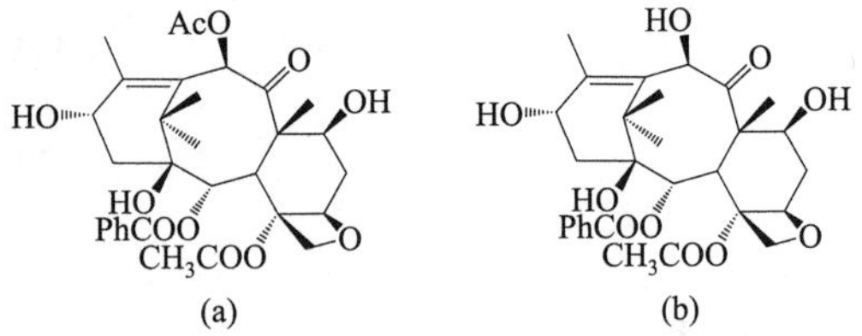

图 19-2　巴卡亭Ⅲ（a）和 10-去乙酰基巴卡亭Ⅲ（b）的化学结构

巴卡亭Ⅲ和 10-DAB 在红豆杉植物中的含量比紫杉醇丰富得多，分离提取也相对容易，而且树叶的反复提取也不会影响植物资源的再生。半合成工艺路线是目前最具实用价值的制备紫杉醇的方法。通过半合成研究，还可以获得有关紫杉醇类似物构效关系的信息，对紫杉醇进行结构改造以寻找活性更大、毒副作用更小、抗癌谱更广或略有不同的紫杉醇类抗癌药物。

19.2　紫杉醇侧链的合成工艺原理

紫杉醇分子由一个二萜母环和一个苯基异丝氨酸侧链组成，因此半合成紫杉醇的原料分为母环和侧链两部分。关于紫杉醇结构-活性关系的研究表明，紫杉醇二萜母环上 C4、C5 位的环氧丙烷环、C2 位的苯甲酰氧基、C4 位的乙酰氧基、C7、C9、C10 位的基团、C11 和 C12 间的双键、C13 侧链基团及其（2′R，3′S）-构型对于维持紫杉醇的活性至关重要。保持紫杉醇骨架的完整，保证上述基团在空间上排列的稳定性，对于紫杉醇的活性也是必不可少的。由于紫杉醇二萜母环上的基团及其立体化学特征完全来自于原料巴卡亭Ⅲ和 10-DAB，紫杉醇半合成工艺的核心是苯基异丝氨酸侧链的制备及其与二萜环的连接。

半合成紫杉醇的侧链大致分为非手性侧链、手性侧链和侧链前体物三大类。

19.2.1　非手性侧链合成工艺

这类侧链与紫杉醇的侧链有一定的差别，主要是没有立体化学特征，常用的是一些肉桂酸类化合物如反式肉桂酸（图 19-3）等。利用非手性侧链合成紫杉醇时，先把侧链连接到二萜母环上，然后进行立体控制的化学反应，产生紫杉醇的手性侧链结构，典型例子是肉桂酸成酯法。

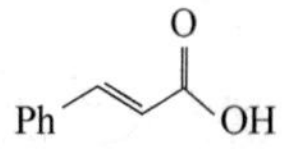

以环己基碳二亚胺（DCC）作缩合剂，4-二甲基氨基吡啶（DMAP）为催化剂，将肉桂酸与保护后的母环 7-(2,2,2-三氯-)巴卡亭Ⅲ乙酯进行反应，然后对侧链上的双键进行羟基化、氨基化、苯甲酰化处理，产生

图 19-3　反式肉桂酸

所需要的立体构型，去除保护基后得到几种非对映体的混合物，通过薄层色谱（TLC）得到各种纯化的异构体。这种半合成方法的主要缺点是产生紫杉醇的活性侧链结构时选择性较差。

19.2.2　手性侧链合成工艺

半合成紫杉醇时使用的手性侧链是(2R,3S)-苯基异丝氨酸衍生物。预先合成这种手性化合物，然后再与二萜母环连接来制备紫杉醇，这是半合成紫杉醇研究中探索最多的一种方法。最早报道的紫杉醇半合成路线采用的就是这种方法。当时以 10-DAB 为原料，先选择性保护 C7 羟基和酯化 C10 羟基，然后在二-2-吡啶碳酸酯（DPC）和 DMAP 存在下，使预先合成的手性侧链与被保护的 10-DAB 连接起来，最后去掉保护基团即得到紫杉醇，总收率约为 53%。

合成手性紫杉醇侧链的方法有许多种，其中最有代表性的方法有双键不对称氧化法和醛醇反应法两种。双键不对称氧化法可以从顺式肉桂醇出发，用 Sharpless 环氧化方法合成出手性的环氧化合物，经叠氮开环等反应最后制得紫杉醇侧链［图 19-4（a）］。或者从反式肉桂酸甲酯出发，在手性催化剂作用下进行双羟基化反应，再将得到的双羟基化合物转化成叠氮化合物，最后也得到紫杉醇侧链［图 19-4（b）］。另外，也可以顺式肉桂酸乙酯为原料，在催化剂 Mn-salen 络合物、次氯酸钠和 4-苯基吡啶 N-氧化物（PPNO）作用下进行不对称环氧化，合成手性紫杉醇侧链［图 19-4（c）］。

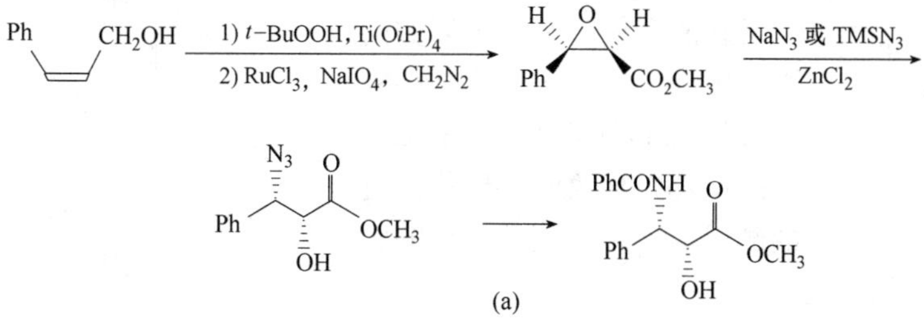

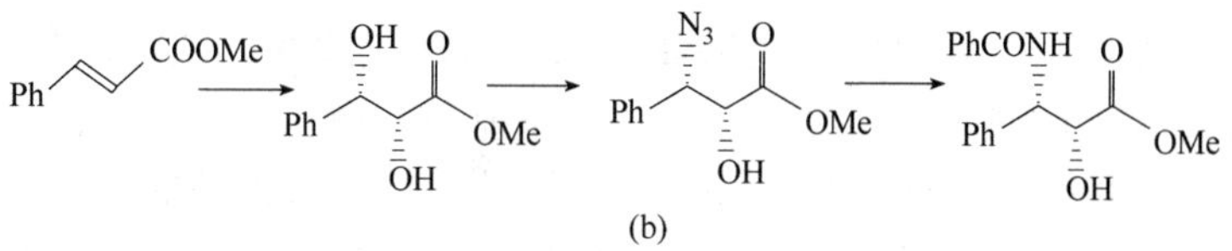

图 19-4

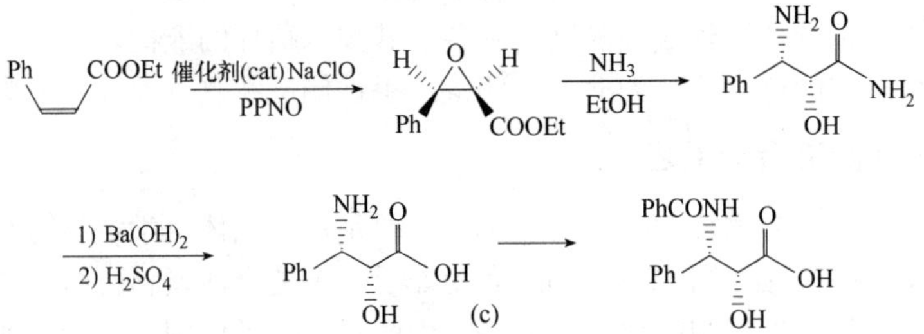

图 19-4　双键不对称氧化法合成手性紫杉醇侧链的路线

醛醇反应法是合成手性紫杉醇侧链的另一种有效的方法。例如，以苯乙酮为原料，在手性催化剂作用下使苯乙酮与烯醇硅醚发生醛醇缩合反应，然后将产物的 C3 反式羟基转变为顺式氨基，经处理就得到紫杉醇侧链（图 19-5）。

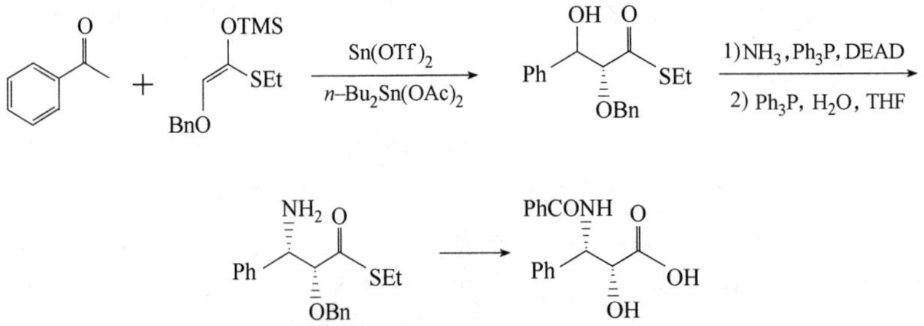

图 19-5　醛醇反应法合成手性紫杉醇侧链的路线

TMS—三甲基硅基；Sn(OTf)$_2$—手性辅助剂；Bn—苄基；DEAD—EtOOC—N=N—COOEt

19.2.3　侧链前体物合成工艺

侧链前体物通常是一些环状结构，在与紫杉醇母环的连接过程中前体物开环，产生所需要的立体构型。环状侧链前体物在紫杉醇的合成中具有明显的优势，常用的环状侧链前体有 β-内酰胺型、噁唑烷羧酸型、噁唑啉羧酸型和噁嗪酮型等。

β-内酰胺型侧链前体物是半合成紫杉醇时常用的一种原料。N-苯甲酰-β-内酰胺的结构如图 19-6 所示，整个环状分子呈平面形，所有的取代基都处于环的同侧，当与保护的巴卡亭Ⅲ衍生物进行反应生成紫杉醇时，环较为"空旷"的一面接近巴卡亭Ⅲ衍生物的 C13 羟基。羟基进攻张力很大的羰基，导致四元环状侧链前体开环，产生紫杉醇的侧链，同时释放四元环的张力，形成稳定的化合物。

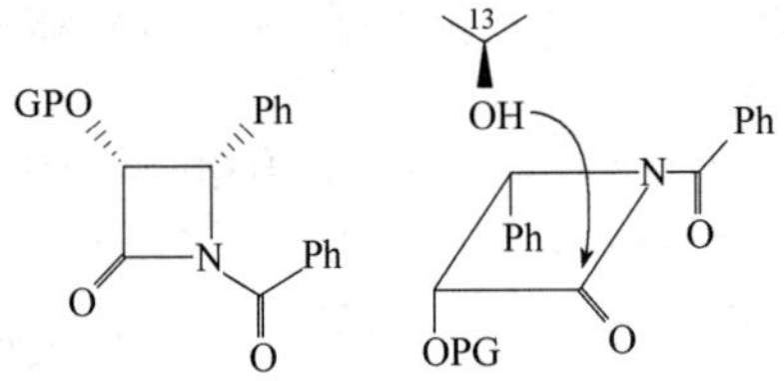

图 19-6　β-内酰胺型侧链前体的
结构及反应特性

β-内酰胺型侧链前体有外消旋型和单一异构体之分。合成外消旋 β-内酰胺有多条路线，总收率可达 75% 以上。一种路线是乙酰氧基乙酰氯与亚胺在三乙胺存在下发生 Staudinger 反应，得到顺式 β-内酰胺，然后经氧化、去除酰基等步骤得到相应的醇，可用多种保护基（PG）保护羟基，生成所需的侧链；另一种路线是，带有保护基的甘醇酸酯与三甲基硅基醛亚胺反应生成带保护基的产物；第三种则是吖叮啶-2,3-二酮的还原，产生单一的顺式 β-内酰胺（图 19-7）。

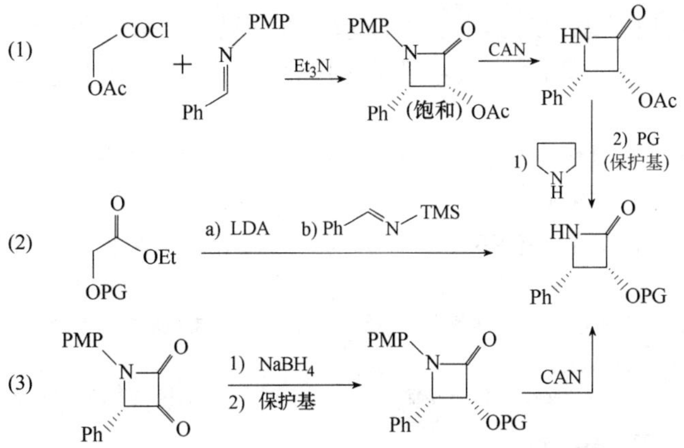

图 19-7　β-内酰胺型紫杉醇侧链前体物的合成路线

PMP—对甲氧基苯基；CAN—硝酸铈铵；LDA—二异丙基亚胺锂

　　噁唑烷羧酸和噁唑啉羧酸是半合成紫杉醇时另一类常用的环状侧链前体物。将苯异丝氨酸侧链的 2'-羟基和保护后的 3'-NH_2 用亚丙基或其他基团连接起来就得到噁唑烷羧酸[图 19-8（a）]，还可以制成噁唑啉羧酸［图 19-8（b）］和噁嗪酮型［图 19-8（c）］环状侧链前体。噁嗪酮与 β-内酰胺类似，也可以在 DMAP（二甲氨基吡啶）催化下与 7-三乙基硅巴卡亭Ⅲ反应或是经过醇盐途径生成 2',7-保护的紫杉醇衍生物，但转化率不如使用 β-内酰胺高，可能是反应过程中噁嗪酮分解造成的。

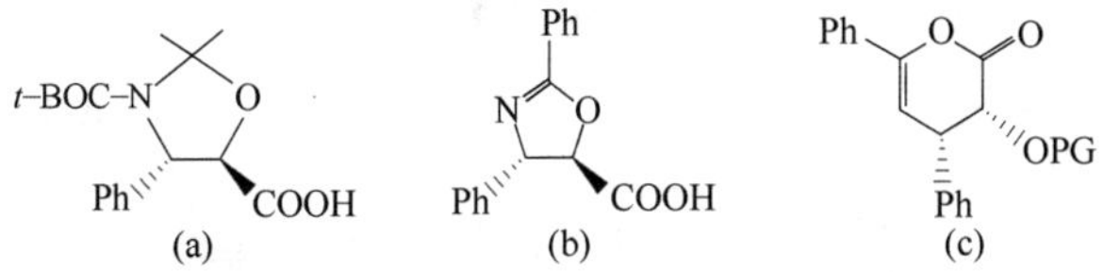

图 19-8　噁唑烷羧酸（a）、噁唑啉羧酸（b）及噁嗪酮（c）的结构

t-BOC—叔丁氧羰基

19.3　紫杉醇半合成工艺过程与质量控制

　　从不同的侧链原料出发，可以有多条半合成紫杉醇的路线。其中，以 β-内酰胺型侧链前体为原料的路线是一条优良的、具有实际生产意义的路线，可以实现规模化生产。整个工艺过程的核心是合成外消旋的 β-内酰胺型侧链前体，使之与适当保护的巴卡亭Ⅲ或 10-DAB 进行酯化反应，水解除去保护基就得到紫杉醇。精确控制半合成中各步反应的反应时间、温度、溶剂、催化剂及投料配比等条件，可以使由巴卡亭Ⅲ出发合成紫杉醇的收率达 85%以上，由 10-DAB 出发可达 70%左右，生产出的紫杉醇纯度大于 99%，满足药用要求。

19.3.1　紫杉醇半合成工艺流程

　　半合成紫杉醇的过程可依反应顺序大致划分为三个阶段：合成紫杉醇的侧链（或前体物）、选择性保护母环巴卡亭Ⅲ或 10-DAB、侧链与母环发生酯化反应并去除保护基，最后可得到紫杉醇（图 19-9）。生产过程从 β-内酰胺型侧链前体的合成开始。首先，制备出的乙酰氧基乙酰氯和亚胺发生［2+2］型环加成反应，合成出基础四元环：1-对甲氧基苯基-3-

乙酰氧基-4-苯基-2-吖叮啶酮；对其中的部分基团进行氧化、水解和上保护基，得到对接四元环 1-苯甲酰基-3-(乙氧乙基)-4-苯基-2-吖叮啶酮或 1-苯甲酰基-3-(三乙基硅基)-4-苯基-2-吖叮啶酮。

制备侧链的同时可对母环原料巴卡亭Ⅲ或 10-DAB 进行选择性保护处理。接下来，在碱正丁基锂的催化下，使侧链前体物（对接四元环）与保护后的母环进行酯化反应，得到带保护基的紫杉醇，最后在适当的条件下除去保护基，经过分离、纯化得到成品紫杉醇。

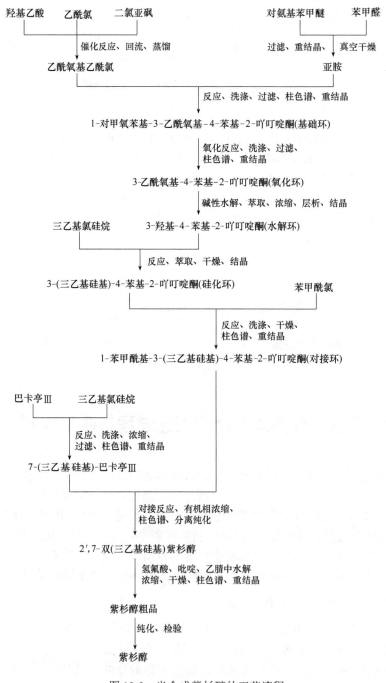

图 19-9 半合成紫杉醇的工艺流程

在图 19-9 给出的工艺流程中，合成出 3-(三乙基硅基)-4 苯基-2-吖叮啶酮（硅化四元环）后，用二碳酸二叔丁酯(t-BuOCO)$_2$O 代替苯甲酰氯进行反应，可得到 N-叔丁氧羰基-3-(三乙基硅基)-4-苯基-2-吖叮啶酮，然后与 7、10-双保护的 10-DAB 进行酯化反应，去除保护基，经相应的分离纯化步骤可制备紫杉醇的类似物多烯紫杉醇。

19.3.2　β-内酰胺型侧链前体的合成工艺过程

以 β-内酰胺作为紫杉醇侧链的前体，主要是由于 β-内酰胺的形成，可以很好地控制反应的立体选择性，不需要使用任何手性试剂就可以产生两个手性中心，这使得该方法成为工业化半合成紫杉醇最具前景的侧链合成方法之一。从合成乙酰氧基乙酰氯开始，本部分工艺共包括以下七步反应。

（1）乙酰氧基乙酰氯的制备

$$HOCH_2COOH \xrightarrow[\text{吡啶(Py)}]{CH_3COCl} CH_3COOCH_2COOH \xrightarrow{SOCl_2} CH_3COOCH_2COCl$$

在 10L 耐酸反应罐中，投料比羟基乙酸：乙酰氯：二氯亚砜为 1:3:3。第一步反应温度控制 60℃，第二步反应温度控制 70℃；总收率达 83%。

（2）N-苯亚甲基-4-甲氧基苯胺（亚胺）的制备

苯甲醛与对甲氧基苯胺在甲醇中混合、搅拌，室温下反应 4h。收率大于 90%。

（3）cis-1-对甲氧基苯基-3-乙酰氧基-4-苯基-2-吖叮啶酮（基础四元环）的制备

在 5L 反应器中，投料比亚胺：乙酰氧基乙酰氯：三乙胺为 1:2:3，低温（＜-20℃）条件下，反应 8～10h。收率达 60%。

乙酰氧基乙酰氯与亚胺可方便地合成出 1-对甲氧基苯基-3-乙酰氧基-4-苯基-2-吖叮啶酮（基础四元环）。该过程属于 [2+2] 型环加成反应。反应中一个含碳-碳双键（或叁键）的化合物，与一个含杂原子的不饱和分子发生环化反应，以很高的产率生成四元杂环。

对于合成 β-内酰胺侧链的过程，环加成产物为单一顺式或反式异构体，产物的立体构型取决于亚胺上取代基的类型，取代基为芳基、芳杂环、共轭烯烃时，环加成产物为顺式。据推测，其反应机理为乙酰氧基乙酰氯在三乙胺作用下脱氯化氢生成烯酮，烯酮与上述亚胺反应，由于共轭体系对亚胺电荷的分散作用，烯酮以异面组分与亚胺进行环加成，过渡态以最小的空间效应相互作用，所得产物为顺式异构体。

（4）cis-3-乙酰氧基-4-苯基-2-吖叮啶酮（氧化四元环）的制备

在 5L 反应器中，投料比基础四元环：硝酸铈铵为 1:3（摩尔比），收率达 90%。

基础四元环进行氧化，是为了除去结构中亚氨基上的原有基团，得到氧化四元环 cis-3-

乙酰氧基-4-苯基-2-吖叮啶酮。可以使用硝酸铈铵来进行上述氧化反应，硝酸铈铵作为有机反应中的氧化剂具有较强的氧化性，在对二甲苯衍生物合成为其对应苯醌化合物的反应中有广泛的应用。四价铈离子作为氧化剂可定量地与原料发生反应。筛选后确定的溶剂体系为乙腈和水（或者四氢呋喃-水），此时氧化反应可保证在均相中进行。基础四元环与硝酸铈铵反应的摩尔比为1:3时氧化反应才能进行完全。尽管硝酸铈铵用量较大给产品的分离带来一定困难，但若投料配比过小，四元环不能充分氧化，将大大影响产品的收率。

（5）cis-3-羟基-4-苯基-2-吖叮啶酮（水解四元环）的制备

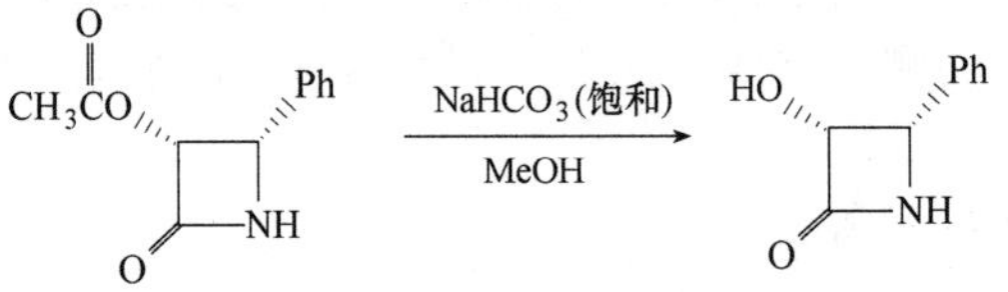

氧化四元环在碱性条件下发生水解反应，是为了除去羟基上的原有基团。溶剂为饱和碳酸氢钠-甲醇溶液，室温下反应，收率达85%。在脱羟基保护基的反应中，由于活泼的 β-内酰胺环的存在，需要选择既能脱保护基而又不造成 β-内酰胺水解的条件。用弱碱性的甲醇-饱和 $NaHCO_3$ 溶液，于室温下进行水解，只要控制合适的反应时间，即可获得满意的收率。若采用较强的碱液如 1mol/L 的氢氧化钠溶液，则由于碱与 β-内酰胺环能发生亲核反应，生成链状化合物，产率将不会很理想。

（6）cis-3-(三乙基硅基)-4-苯基-2-吖叮啶酮（硅化四元环）的制备

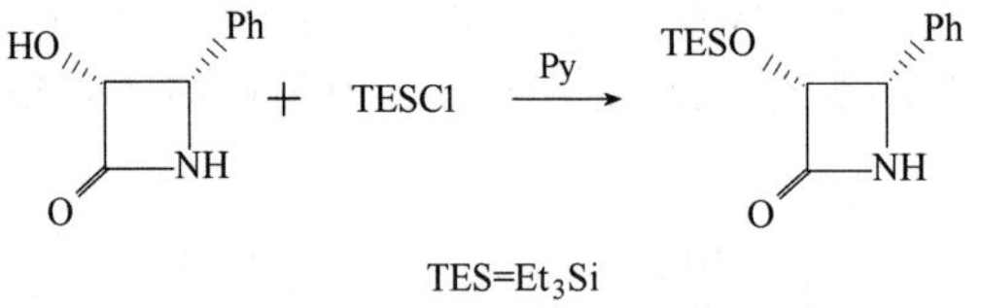

TES=Et₃Si

在 5L 反应器中，投料比水解四元环：三乙基氯硅烷为 180g:250mL。室温下反应 8～12h，收率达85%。

为得到紫杉醇的侧链基团，需对制备出的基础四元环进行 N-苯甲酰化，之前必须对四元环分子中存在的活性更高的游离羟基进行有效的保护。可选择三乙基氯硅烷或乙烯基乙醚作保护剂。用乙烯基乙醚做保护剂时，乙烯基乙醚在对甲苯磺酸作催化剂的条件下，与3-羟基-4-苯基-2-吖叮啶酮发生加成反应来保护游离的羟基。其反应机理可能是：反应中对甲苯磺酸的氢离子首先进攻乙烯基乙醚形成一个碳正离子。根据马尔柯夫尼柯夫规律，氢原子加到含有最多氢原子的C1位上，然后3-羟基-4-苯基-2-吖叮啶酮加成到碳正离子上，氢离子离去即完成反应，羟基被保护成为乙氧乙氧基（EEO），如图 19-10 所示。

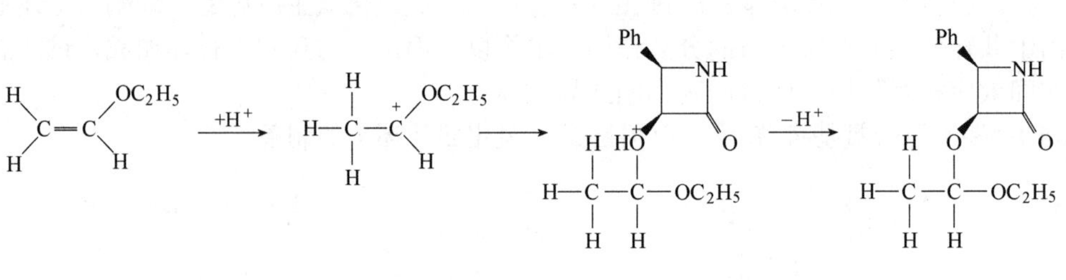

图 19-10　乙烯基乙醚保护羟基反应中的亲电加成机理

作为与烯烃进行亲电加成反应的试剂，反应活性随着其酸度或亲电性的增强而增强。若反应体系中存在其他活性成分（如水），势必造成一种竞争机制，而抑制 3-羟基-4-苯基-2-吖叮叮啶酮与乙烯基乙醚的结合。因此保持反应体系的单一性尤其重要，应防止其他具有较强酸性或亲电性试剂的介入。反应所需的各种试剂都要经过严格的处理，除去其中所含水分和醇类，只有这样才能保证较高的收率。

（7）cis-1-苯甲酰基-3-(三乙基硅基)-4-苯基-2-吖叮啶酮（对接四元环）的制备

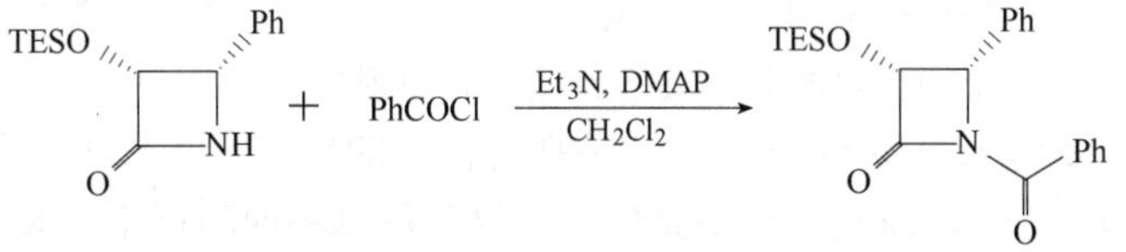

在 5L 反应器中，投料比硅化四元环：苯甲酰氯：三乙胺为 2g：1mL：2mL。室温下反应 8～12h，收率>90%。

二甲基氨基吡啶（DMAP）参与的催化反应在有机合成中十分常见。上述酰化反应的机理可能是 DMAP 首先与苯甲酰氯（PhCOCl）形成活性中间体，然后与 3-三乙基硅基-4-苯基-2-吖叮啶酮中的亚氨基发生缩合反应，生成对接四元环，如图 19-11 所示。

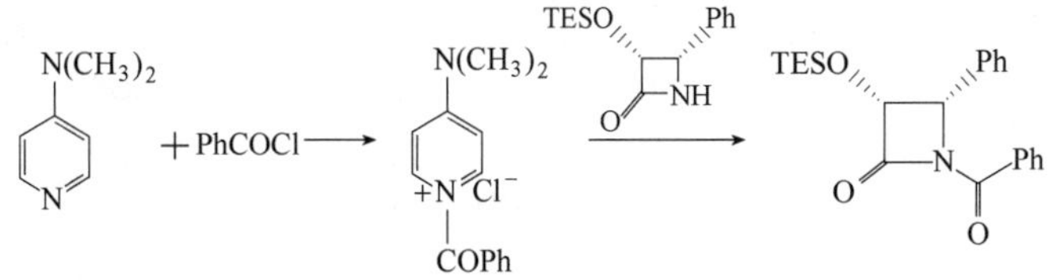

图 19-11　DMAP 催化下的反应机理

为了获得较好的反应收率，必须不断除去反应中生成的 HCl，以防止其与亚氨基生成盐，因此加入了三乙胺来中和生成的 HCl。同时，必须要保证整个反应体系的单一性，不可混入其他的能被 DMAP 催化的活性物质，例如含有羟基的醇、水等化合物。另外，反应时可加入过量的 PhCOCl，以保证 3-(三乙基硅基)-4-苯基-2-吖叮啶酮的完全转化。

19.3.3　母环的保护反应工艺过程

（1）巴卡亭Ⅲ的保护反应

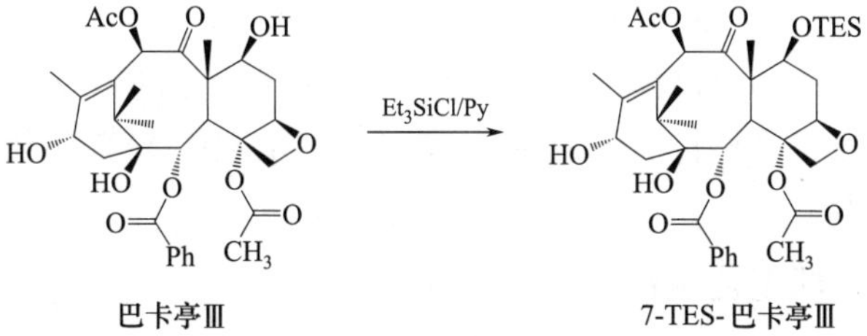

巴卡亭Ⅲ　　　　　　　　　　7-TES-巴卡亭Ⅲ

在 1L 反应器中，投料比巴卡亭Ⅲ：三乙基氯硅烷：吡啶为 1g：12mL：50mL。室温下反应 10～12h，收率达 95%。

在巴卡亭Ⅲ的结构中，有三个游离的羟基，即 1-OH、7-OH、13-OH。而在 10-DAB 的结构中，除了上述三个游离羟基外，还有 10-OH。这些羟基的活性顺序如下：7-OH>10-OH>13-OH>1-OH。要使侧链与 13-OH 反应，需先选择性地保护母环的 7-OH 和 10-OH。

以巴卡亭Ⅲ为原料合成紫杉醇时，可以使用三乙基氯硅烷作为紫杉醇母环的保护剂。由于母环 10 位是乙酰氧基，而 13-OH 的反应活性与 7-OH 相比有一定的差别，因此可以得到单一的反应产物。

三乙基硅基可以在非常温和的条件下引进和除去。该反应通过亲核取代反应形成 Si—O

键得到硅醚，将 7-OH 转化为 7-三乙基硅醚保护起来。反应在吡啶中进行，吡啶既是反应的亲核催化剂，也为反应提供一个碱性环境，作为缚酸剂吸收反应过程中产生的 HCl。吡啶同时还是一个良好的溶剂，使反应能够在均相中进行。但是反应体系中存在吡啶，会给监测反应进程带来一定困难。反应终了时可用盐酸将吡啶除去，但考虑到酸性环境中三乙基硅基不稳定，可能水解下来，因此可考虑利用吡啶氮上具有孤对电子，能作为配体的特点，用 $CuSO_4$ 水溶液洗涤有机相，使 $CuSO_4$ 与吡啶形成络合物而除去吡啶。

反应物的投料配比及反应时间对实验结果都有很大的影响，当巴卡亭Ⅲ与三乙基氯硅烷的摩尔比为 1∶20 时，24h 以内几乎得不到任何产物，可以将原料巴卡亭Ⅲ全部回收。将巴卡亭Ⅲ与三乙基氯硅烷的投料配比提高到 1∶30，反应 24h，可以得到 7-三乙基硅巴卡亭Ⅲ，但仍有大部分巴卡亭Ⅲ未反应。为将巴卡亭Ⅲ完全转化为 7-三乙基硅巴卡亭Ⅲ，需将投料配比提高到 1∶40，反应时间延长至 60h，此时原料巴卡亭Ⅲ完全转化为产物 7-三乙基硅巴卡亭Ⅲ。

（2）10-去乙酰基巴卡亭Ⅲ（10-DAB）的选择性保护和酰化

10-DAB   7-TES-巴卡亭Ⅲ

硅化反应：在 5L 反应器中，投料比 10-DAB∶三乙基氯硅烷为 1∶40（摩尔比）。通入惰性气体保护，室温反应 10～12h，收率达 95%。

酰化反应：在 5L 反应器中，投料比 7-三乙基硅-10-DAB∶乙酰氯 = 1∶1.5（摩尔比）。在 0℃下反应 5h，收率达 90%。

以 10-DAB 为原料制备 7-三乙基硅巴卡亭Ⅲ，10-DAB 与巴卡亭Ⅲ虽然只在 10 位相差一个乙酰基，但由于 7-OH 的活性比 10-OH 的活性高，所以 10-DAB 直接乙酰化得到的主要产物是 7-乙酰氧基-10-DAB，并不能得到巴卡亭Ⅲ，需要先将 7-OH 用硅醚保护起来，再乙酰化 10-OH。因此，在乙酰化之前必须有效地保护 7-OH，采用 40 倍量的三乙基氯硅烷 $ClSi(C_2H_5)_3$ 与 10-DAB 在室温、惰性气体保护条件下反应 10h，可得到 7-三乙基硅-10-DAB。

将所得的 7-三乙基硅-10-DAB 进行乙酰化反应，即可得到 7-三乙基硅巴卡亭Ⅲ。为了防止将 13-OH 乙酰化，必须严格控制反应温度。7-三乙基硅-10-DAB 转化为 7-三乙基硅巴卡亭Ⅲ的收率可以达到 90%。

19.3.4　紫杉醇的合成工艺过程

（1）2'-三乙基硅-7-三乙基硅-紫杉醇的制备

母环与侧链不能直接发生酯化反应（对接反应），将 7-三乙基硅巴卡亭Ⅲ与 β-内酰胺在 DMAP 和吡啶的存在下酯化，效果也不理想。文献有使用二（三甲基硅）氨基钠（NaHMDS）作为碱活化 13-OH，然后使活化后的 7-三乙基硅基巴卡亭Ⅲ与 β-内酰胺发生酯化反应的报道。但是如果条件控制不好，侧链与母环对接的产物不是紫杉醇衍生物，而是 β-内酰胺在 NaHMDS 作用下的分解产物。为使反应顺利进行，可选择正丁基锂作为碱来活化 7-三乙基硅巴卡亭Ⅲ的 13-OH，先形成醇锂，然后再与 β-内酰胺形成 β-氨基酯中间体。醇锂与 β-内酰胺反应立体选择性较高，可以使用外消旋 β-内酰胺进行反应，节省了拆分 β-内酰胺或合成光学活性 β-内酰胺的费用。

在 1L 反应器中，投料比 7-三乙基硅巴卡亭Ⅲ：四元环：正丁基锂为 1：5：2.5。滴加正丁基锂控温-45～-30℃；在 1～1.5h 内自然升温至 0℃，继续反应至完全。收率大于 90%。

该反应对水和氧极其敏感，所以必须严格处理反应试剂和控制反应条件。反应原料和溶剂要经严格的无水处理，整个反应要在惰性气体保护下进行，在真空线上操作，使用注射器转移液体，注射器在使用前也要将各个部件彻底洗净、烘干，注射器装好后，通过吸入和挤出惰性气体将针管冲洗几次。由于溶剂四氢呋喃很容易吸收空气中的水分，所以将四元环溶于四氢呋喃时也必须在惰性气体保护下进行操作，这是反应过程中很关键的一步。

除了严格无水无氧操作以外，正丁基锂的用量也很关键。7-三乙基硅巴卡亭Ⅲ、四元环与正丁基锂的用量以 1：5：2.5 为好，收率可达 90%以上。投料量较小时，溶剂的影响相对较大，稍微处理不够严格就会使产率大大降低，而当加大投料量时，溶剂的影响就相对较小，收率也就有所提高。正丁基锂用量过大，接近 3 倍量时会破坏四元环。同时，反应体系升至 0℃反应时，过量的正丁基锂也会使 7-三乙基硅巴卡亭Ⅲ母环降解，从而使收率大大降低。

酯化反应中温度的控制也很关键，低于-45℃正丁基锂与 7-三乙基硅巴卡亭Ⅲ不能反应，所以反应温度应控制在-45℃以上，但亦不能过高，温度高于-20℃时正丁基锂会使 7-三乙基硅巴卡亭Ⅲ母环降解。所以，滴加正丁基锂及四元环的过程中温度应控制在-45～-30℃。实验过程中可以用液氮-乙腈控温，使反应温度稳定在-40℃上下。乙腈热容比较大，温度波动较小，滴加完正丁基锂以后反应体系可以在 1～1.5h 内自然升温至 0℃继续反应。实际工业生产中可以采取很多方式控制反应的温度，温度稳定会对反应更为有利。

（2）紫杉醇的制备

在温和的条件下，三乙基硅基保护基可通过氢氟酸水解反应除去，得到紫杉醇。在 2L 反应器中，反应溶剂为乙腈和吡啶的混合液。投料比双保护紫杉醇：氢氟酸为 1g：10mL。0℃反应 8h，升至室温再反应 10h，收率达 80%。

由于紫杉醇在许多有机溶剂中不稳定，易降解，因此实施后处理时，要注意萃取后的有机相应迅速处理，蒸除溶剂过程中温度也应严格控制，高温会导致紫杉醇降解，极大地影响产品的收率。

水解得到的紫杉醇粗品可以用柱色谱和重结晶方法进行纯化。柱色谱中常用硅胶做色谱材料，用二氯甲烷、丙酮、乙酸乙酯、石油醚等溶剂组成洗脱液进行梯度洗脱。得到的紫杉醇若含量不满足要求，可进行二次柱色谱，或用重结晶方法来进一步提高产品纯度，直至达到药用标准。

思考题

19-1 紫杉醇、多烯紫杉醇、卡巴他赛的化学结构有何特征？

19-2 查阅文献，写出紫杉醇的全合成路线，并进行分析。

19-3 紫杉醇半合成路线的基本策略是什么？

19-4 在大肠杆菌或酿酒酵母中，创建紫杉醇生物合成途径的限制瓶颈是什么？提出解决方案。提高产量的技术策略是什么？

19-5 紫杉醇有几个手性中心？在半合成过程中是如何实现的？

19-6 紫杉醇生产工艺中苯基异丝氨酸侧链的生产方法有几种？各有何优缺点？

19-7 分析紫杉醇半合成工艺过程与控制要点。

19-8 巴卡亭Ⅲ中加入三乙基氯硅烷的目的是什么？紫杉醇酯化反应中为什么要加入丁基锂？

19-9 从紫杉醇的半合成工艺出发，写出多烯紫杉醇的半合成工艺过程。

参考文献

［1］ 元英进. 抗癌新药紫杉醇与多烯紫杉醇. 北京: 化学工业出版社, 2002.

［2］ Ajikumar P K, Xiao W H, Tyo K E, et al. Isoprenoid pathway optimization for Taxol precursor overproduction in *Escherichia coli*. Science, 2010, 330(6000): 70-74.

［3］ Biggs B W, Lim C G, Sagliani K, et al. Engineering of taxadiene synthase for improved selectivity and yield of a key taxol biosynthetic intermediate. Proc Natl Acad Sci U S A, 2016, 113(12): 3209-3214.

［4］ Edgar S, Li F S, Qiao K, et al. Overcoming heterologous protein interdependency to optimize P450-mediated Taxol precursor synthesis in *Escherichia coli*. ACS Synth Biol, 2017, 6(2): 201-205.

［5］ Edgar S, Zhou K, Qiao K, et al. Mechanistic insights into taxadiene epoxidation by taxadiene-5α-hydroxylase. ACS Chem Biol, 2016, 11(2): 460-469.

第20章
头孢菌类抗生素生产工艺

学习目标

- 了解头孢菌素类抗生素的研发历史，理解合成工艺发展趋势。
- 理解头孢菌素及其中间体的结构特点，能够设计工艺路线。
- 掌握7-氨基头孢烷酸、头孢噻肟钠的合成工艺原理，能够解决实际工艺问题。

抗生素是临床上广泛使用的一类抗菌药，半合成抗生素（semisynthetic antibiotics）是在天然抗生素的基础上发展起来的，主要针对天然抗生素的低稳定性、毒副作用大、抗菌谱窄等问题，通过化学结构改造，提高稳定性、降低毒副作用、扩大抗菌谱、减少耐药性、改善生物利用度，从而提高药物治疗的效果。目前已有30个抗生素品种列入《国家基本医疗保险、工伤保险和生育保险药品目录》(2022版）中，头孢类产品最多，如头孢氨苄（cefalexin)、头孢他啶（ceftazidime)、头孢唑林（cefazolin)、头孢拉定（cefradine)、头孢硫脒（cephathiamidine)、头孢呋辛（cefuroxime)、头孢丙烯（cefprozil)、头孢替安（cefotiam)、头孢克洛（cefaclor)、头孢克肟（cefixime)、头孢地尼（cefdinir)、头孢曲松（ceftriaxone)、头孢噻肟（cefotaxime)、头孢匹罗（cefpirome)、头孢吡肟（cefepime)。本章分析头孢菌素的半合成生产工艺原理、过程控制及三废处理方法。

20.1 概　述

头孢菌素（cephalosporin）是含有 β-内酰胺环并氢化噻嗪环的抗生素，β-内酰胺环是头孢菌素发挥生物活性的必需基团，在和细菌作用时，β-内酰胺环与细菌发生酰化作用，抑制细菌的生长。由于 β-内酰胺环的张力较大，使其化学性质不稳定，易发生开环导致失活，由此开启了对头孢菌素的构效关系研究，以增强其稳定性和广谱抗菌活性。目前，头孢菌素类抗生素已从第一代发展到第五代。

20.1.1 头孢菌素的研究

（1）头孢菌素的构效关系

头孢菌素是顶头孢菌的发酵产物，含有 β-内酰胺环并氢化噻嗪环的抗生素，其母核结构如图20-1所示。

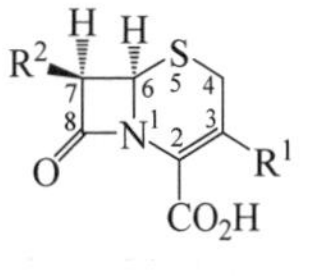

图20-1 头孢菌素类的母核基本结构

与青霉素相比，头孢菌素稳定性好，对人体的毒性低、抗菌活性强、构效关系明确、抗菌谱广、过敏反应发生率低，药物间彼此不引起交叉过敏反应。主要原因是 β-内酰胺环开裂后不能形成稳定的头孢噻嗪环，而是生成以侧链（R）为主的各异的抗原簇；由于没有共同的抗原簇，各个头孢菌素之间，或头孢菌素与青霉素之间只要侧链（R）不同，就不能发生交叉过敏反应。

由于 β-内酰胺环的张力较大，使其化学性质不稳定，易发生开环导致失活。为了提高头孢菌素的稳定性和抗菌活性，药物化学家深入研究头孢菌素母环的构效关系，结果表明，有5个部位可供结构修饰或改造，即2位的羧基、3位侧链、5位硫原子、7位氢原子和7位酰氨基侧链。①对2位的羧基进行酯化等可改善口服吸收，提高药物的生物利用度；②3位引入不同的杂原子取代基，可增强抗菌活性，并改变药物在体内的吸收分布及细胞的渗透等药物代谢动力学性质；③5位硫原子可影响抗菌效力，被氧原子或亚甲基取代后，分别称为氧头孢烯和碳头孢烯，它们的稳定性均比头孢烯强，抗菌活性明显提高，但合成难度较大；④7位酰氨基部分是抗菌谱的决定性基团，对其进行结构修饰，可扩大抗菌谱并可提高抗菌活性，增加对 β-内酰胺酶的稳定性；7位的 α-氢原子被甲氧基取代后成为头孢霉素，由于甲氧基的空间位阻，影响了它与酶分子的接近，从而增加对 β-内酰胺酶的稳定性。由此看出，通过上述部位的结构修饰，可衍生一系列头孢菌素类抗生素。

（2）发展历史

1948年，意大利人 Broyzn 首先发现了头孢菌素对革兰菌有抗性，1956年 Abraham 等从头孢菌培养液中分离出头孢菌素 C（cephalosporin C）和头孢菌素 N，并于1961年运用核磁共振技术确定了头孢菌素 C 的结构。1962年美国礼来公司采用化学裂解头孢菌素 C 合成头孢菌素母核——7-氨基头孢烷酸（7-aminocephalosporanic acid，7-ACA），由此开创了半合成头孢菌素的研究。

1962年研制出第一个临床应用的头孢菌素——头孢噻吩（cephalothin），其对革兰阳性菌（G⁺）有良好作用。1963年 Morin 等报道了青霉素向头孢菌素的转化反应，从而使得由廉价的青霉素制备头孢菌素成为可能。1967年美国化学家 Woodward 等完成了头孢菌素 C 的全合成，为头孢菌素更深入的化学修饰奠定了基础。1969年发明了第二代头孢菌素——头孢孟多（cefamandole），抗革兰阳性菌（G⁺）的活性比第一代头孢菌素明显增强。1981年出现了第三代注射用头孢菌素——头孢噻肟，1987年出现了第三代口服用头孢菌素——头孢克肟（cefixime）；第三代头孢菌素抗菌谱更广，对 β-内酰胺酶高度稳定，但抗革兰阳性菌（G⁺）活性不如第一、二代头孢菌素。1992年上市的第四代头孢菌素——头孢匹罗（cefpirome），对 G⁺菌、G⁻菌、厌氧菌显示广谱抗菌活性，具有第三代头孢菌素的特性，同时增强了对 G⁺的活性，特别对链球菌、肺炎球菌等有很强的活性，对 β-内酰胺酶的亲和力降低，对细胞膜的穿透力更强。随着头孢菌素类抗生素的广泛应用，细菌耐药性问题越来越严重，其中耐甲氧西林的金黄色葡萄球菌是临床常见的致病菌之一，耐药性强，大多数已上市的头孢菌素类抗生素对其无效。第五代广谱头孢菌素头孢洛啉（ceftaroline）（2010年上市）和头孢洛扎（ceftolozane）（2014年上市），对耐甲氧西林的金黄色葡萄球菌、革兰阴性菌、铜绿假单胞菌以及厌氧菌有较好的疗效。

由于头孢菌素具有高效、广谱、低毒、耐酶等优点，其发展相当迅速，目前已上市了近60个品种，其品种数量居各类抗生素的首位。根据其抗菌作用特点及临床应用的不同，其药理学性质比较参见表20-1，部分结构见图20-2。

表 20-1　头孢菌素药理学性质

种类	抗 G⁺ 活性	抗 G⁻ 活性	抗铜绿假单胞菌	酶稳定性	肾毒性	举例
第一代	+++	+	−	差	有	头孢噻吩、头孢氨苄、头孢唑啉、头孢拉定、头孢羟氨苄、头孢硫脒[①]、头孢丙烯
第二代	++	++	−	中	小	头孢呋辛、头孢克洛、头孢替安、头孢美唑

种类	抗 G⁺ 活性	抗 G⁻ 活性	抗铜绿假单胞菌	酶稳定性	肾毒性	举例
第三代	+	+++	-/+++	强	无	头孢噻肟、头孢他啶、头孢唑肟、头孢哌酮、头孢三嗪、头孢地嗪、头孢克肟、头孢地尼、头孢布烯、头孢帕肟酯、头孢他美酯、头孢托仑匹酯
第四代	+++/++	+++/++++	+++	更强	无	头孢匹罗、头孢吡肟、头孢唑兰、头孢瑟利
第五代	++++	++++	++++	更强	无	头孢洛啉、头孢洛扎

① 头孢硫脒由我国（研发单位：上海医药工业研究院、广州白云山制药股份有限公司）自主研发的头孢菌素类药物。"+"表示抗菌活性的强弱。

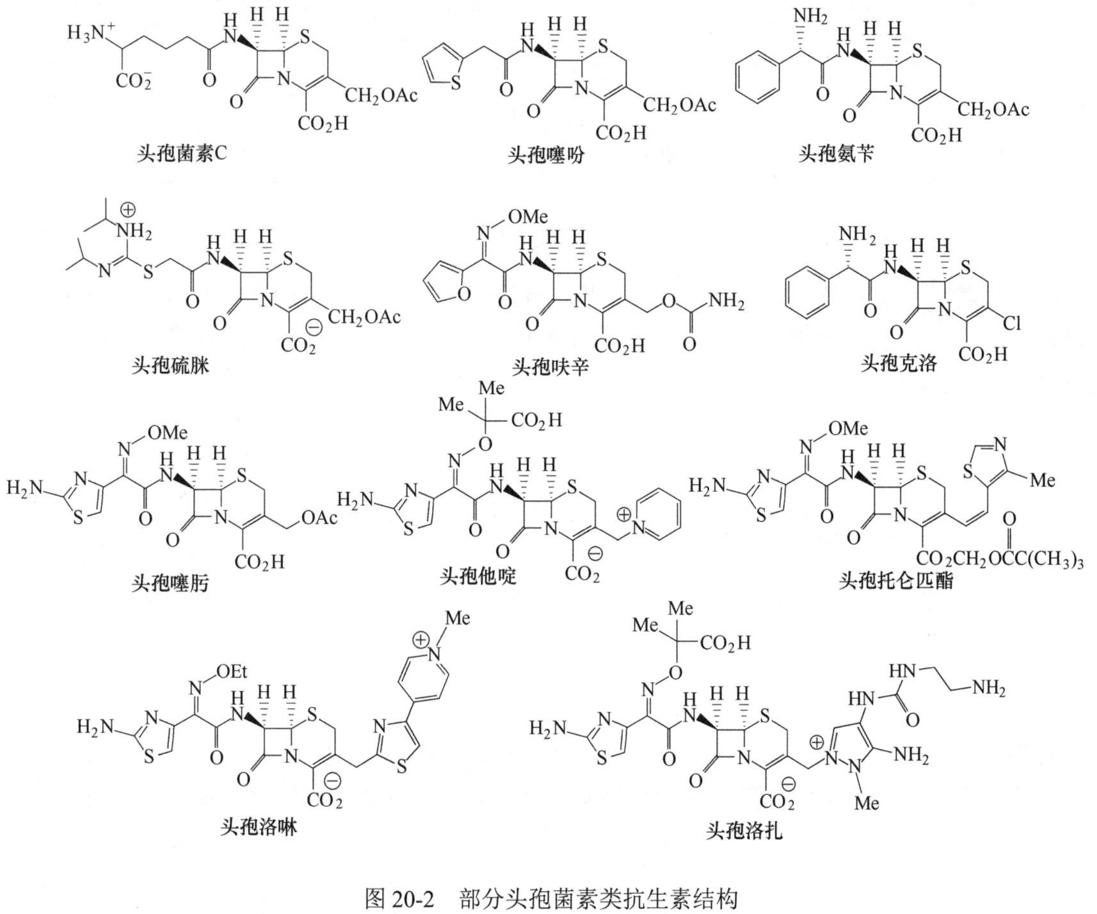

图 20-2　部分头孢菌素类抗生素结构

20.1.2　头孢菌素类生产工艺路线研究

半合成头孢菌素类的生产工艺主要有化学酰化法、微生物酰化法和青霉素扩环法。化学酰化法又有两种策略，可以先修饰 7 位，再改造 3 位；反之亦然。

（1）化学酰化法——7 位酰化

以头孢母核 7-ACA 或 7-氨基脱乙酰基头孢烷酸（7-aminodesacetoxycephalosporanic acid，7-ADCA）及其衍生物为原料，先将羧酸活化后，再与 7-位氨基缩合制备相应的头孢类药物。由于头孢母核的稳定性较差，必须在低温下反应，导致 7-位氨基的反应活性不太高，直接与羧酸反应收率偏低，且头孢母核价格昂贵。为了提高原子利用率，通常需要对羧酸中间体进行活化，主要的活化方式为酰氯法和活性酯法。

在头孢哌酮的工业生产工艺中，将侧链酸 D-(−)-α-(4-乙基-2，3-双氧代哌嗪-1-甲酰氨基）对羟基苯乙酸（D-(−)-α-{[(4-ethyl-2，3-dioxo-1-piperazinyl)carbonyl]amino}-2-(4-hydroxyphenyl)acrtic acid，HO-EPCP）与 POCl₃ 反应，现场制得酰氯中间体，然后与母核 7-氨基-3-{[(1-甲基-1H-四氮唑-5-基]硫]甲基}-8-氧代-5-硫杂-1-氮杂二环［4.2.0］辛-2-烯-2-羧酸，{(6R,7R)-7-amino-3-((1-methyl-1H-tetrazol-5-yl)thio)methyl)-8-oxo-5-thia-1-azabicyclo［4.2.0］oct-2-ene-2-carboxylic acid，7-TMCA}反应，制得头孢哌酮（图 20-3），收率在 90%以上。

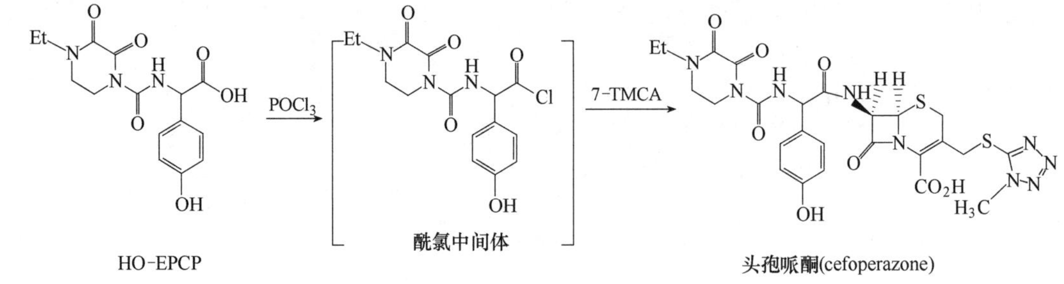

图 20-3　头孢哌酮的合成工艺路线

如果羧酸制备酰氯比较困难，可转化为活性酯进行酰化。在头孢噻肟的生产工艺中，在 PPh₃ 和 Et₃N 存在下，氨噻肟酸与二（2-苯并噻唑）二硫醚反应制备 AE 活性酯，然后与母核 7-ACA 进行反应，制得头孢噻肟（图 20-4），收率在 95%以上。

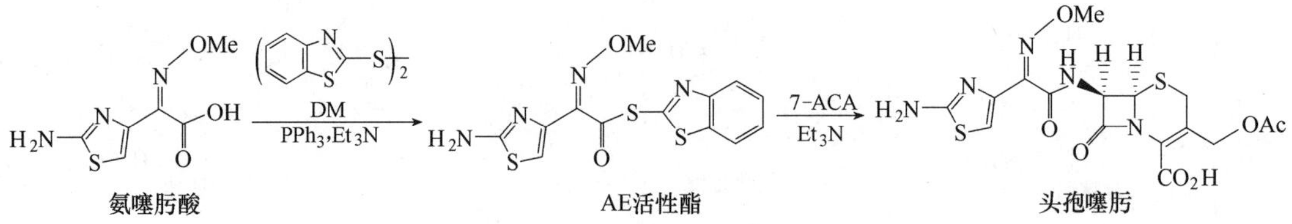

图 20-4　头孢噻肟的合成工艺路线

也可将侧链转化为酸酐再进行酰化反应，在头孢丙烯的生产工艺中，以对羟基苯甘氨酸为原料，由于氨基活性太高，先在有机碱的促进下，与乙酰乙酸甲酯反应制得对羟基苯甘氨酸的邓氏钾盐，然后与叔戊酰氯反应现场制备酸酐，最后与头孢丙烯母核反应，制得头孢丙烯（图 20-5）。

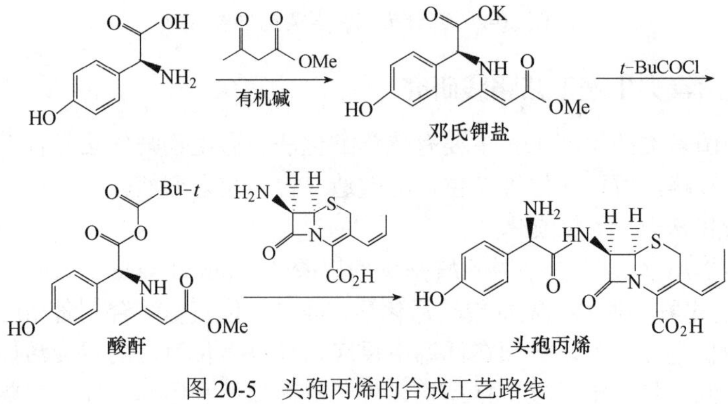

图 20-5　头孢丙烯的合成工艺路线

（2）化学酰化法——3-位取代

以含氮或硫的亲核试剂，如吡啶、吡咯、杂环硫醇等取代 7-ACA 上的乙酰氧基（OAc），制得的头孢菌素 3-位取代衍生物。在头孢曲松的工业生产工艺中，以 7-ACA 为原料，乙腈为溶剂，BF₃ 催化下与三嗪环（thiotriazinone，TTA）发生亲核取代反应，制得中间体 7-氨基头孢三嗪 {7-amino-3-[(2,5-dihydro-hydroxy-2-methyl-5-oxo-1,2,4-triazin-3-yl)thiomethyl]-cephalosporanic acid.7-Aminoceftriaxone sodium，7-ACT}。然后在 Et₃N 促进下，四氢呋喃（tetrahydrofuran，THF）和水的混合溶剂中与 AE 活性酯反应，得到头孢曲松（图 20-6），同时产生副产物 2-巯基苯并噻唑。

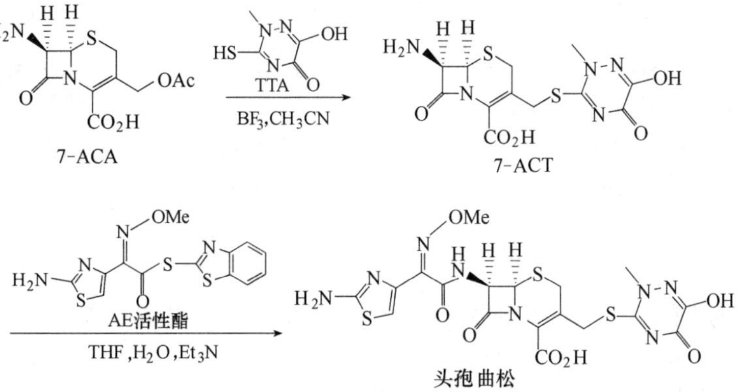

图 20-6　头孢曲松的合成工艺路线

（3）微生物酰化法

虽然化学酰化法制备头孢菌素的工艺路线比较成熟，但其最大的不足是原子经济性较差。用 AE 活性酯制备头孢菌素的工艺中，还产生了对人体和环境有危害的促进剂 2-巯基苯并噻唑，这是美国 FDA 严格限制超标的杂质之一。近年来，酶法制备头孢菌素引起人们的广泛关注。

头孢克洛的早期制备工艺是以头孢噻吩或 7-ACA 为原料，但均因工艺复杂且难度较大，原料成本居高不下。使用固定化青霉素酰化酶合成头孢克洛，具有立体选择性好，无需保护活性位点。原料 7-氨基-3-氯头孢烯酸（7-amino-3-chloro-3-cephem-4-carboxylic acid，7-ACCA）溶于适量水中，用稀氨水调节体系 pH 为 8.0，使其完全溶解后投入酶反应器中，并加入一定量的固定化青霉素酰化酶（penicillin G amidase，PGA）。将溶解侧链 PGM-HCl 缓慢滴加到酶反应体系中，对反应转化率进行过程监控，大约 2h 后，转化率可达 97%（图 20-7）。由此可见，微生物酰化法合成头孢菌素具有反应步骤少、操作简便、无毒害、低成本、高收率等优点。

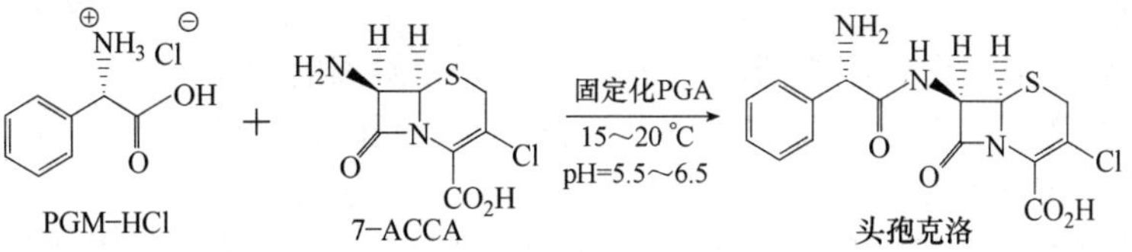

图 20-7　头孢克洛的酶催化合成工艺路线

（4）青霉素扩环法

日本大塚制药公司首创了青霉素扩环法，制备头孢母核中间体——7-苯乙酰氨基-3-氯甲基头孢烷酸对甲氧苄酯（7-phenglacetamido-3-chloromethyl-3-cephem-4-carboxylic acid p-methoxy-benzyl ester，GCLE）。以青霉素 G 的钾盐为原料，经对甲氧基苄基氯酯化后，再用双氧水将其氧化成亚砜青霉素，然后用芳亚磺酸铵盐（$ArSO_2NH_4$）进行扩环。扩环后的中间体在饱和食盐水和硫酸的混合液中电解氯化，最后与氨水闭环，得到 GCLE（图 20-8）。

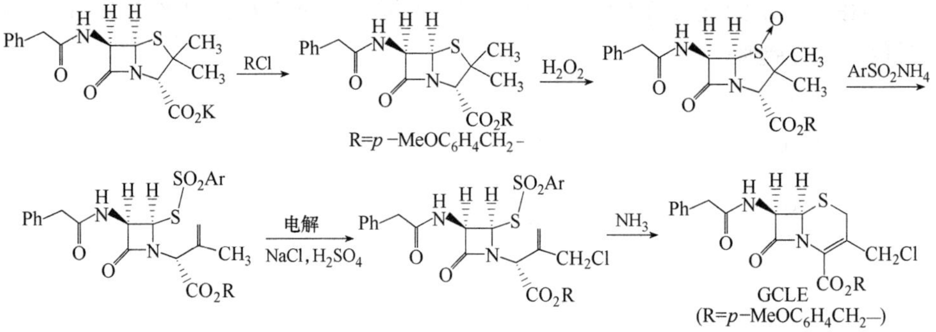

图 20-8　GCLE 的合成工艺路线

以 7-ACA 为中间体制备的头孢菌素品种中，有 60% 以上的品种都可以用 GCLE 来生产。而且以 GCLE 为中间体生产头孢菌素时，产品收率更高、生产工艺更简单、生产条件更温和、产品成本更低，特别是在第三代头孢如头孢地尼、头孢克肟、头孢拉定等的合成上比 7-ACA 有非常大的优势；此外，GCLE 还用于合成一些利用传统三大母核不能合成的新头孢类药物，如头孢丙烯等。

20.2　7-氨基头孢烷酸生产工艺

7-氨基头孢烷酸（7-ACA）是头孢菌素类最常用的母核之一，通过化学裂解法和生物酶法得到 7-ACA。化学裂解法的优点是合成工艺稳定和成熟，通过不断的改进，其收率已经达到 85% 以上。此法缺点是反应温度低（例如超低温），对设备要求高，操作费用大。使用大量的有毒有害的化学物品，给环境和人体健康带来很大的危害。酶法生产的 7-ACA 不含溶剂和重金属、质量高，生产占地面积小，环境污染小，成本也低。从 2007 年开始，国内企业逐步采用两步酶法替代化学裂解法进行 7-ACA 生产。本节从 7-ACA 的理化性质出发，分析化学裂解和生物酶催化的工业化生产路线、工艺控制及三废处理方法。

20.2.1　7-氨基头孢烷酸理化性质

7-氨基头孢烷酸（图 20-9），白色结晶性粉末，溶于酸性水溶液，不溶于有机溶剂。

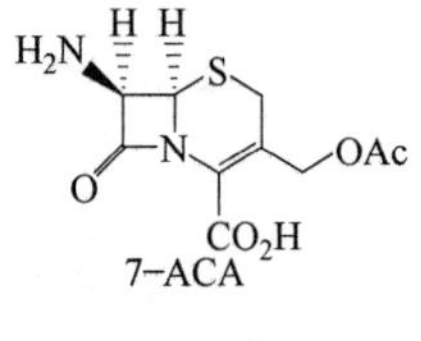

由于 7-ACA 分子中含有比较活泼的 β-内酰胺环和游离的伯氨基，稳定性相对较差。在长途运输以及室温放置时间较长时，内酰胺环环张力较大，可能发生开环，酰胺键断裂，并进一步形成高分子聚合物。进而可能在合成过程中引入终产物，影响产品质量。有研究显示，在同等工艺条件下，用保存时间较长 7-ACA 原料制备头孢噻肟钠，不符合中国药典的标准。

图 20-9　7-氨基头孢烷酸的化学结构

20.2.2 化学裂解工艺过程

（1）工艺路线与原理

以头孢菌素 C 钠（头孢菌素 C 的发酵制备见第 8 章）为原料，制备 7-ACA 的化学反应及其条件如图 20-10 所示。

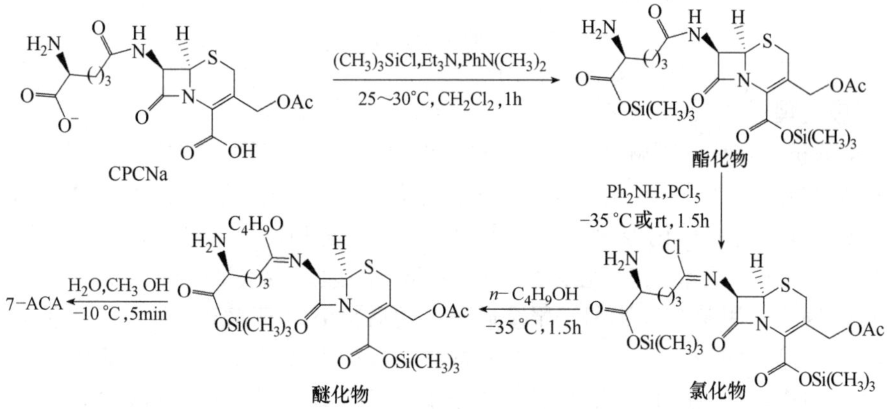

图 20-10　7-ACA 的化学合成工艺路线

在二氯甲烷中，头孢菌素 C 钠盐（CPCNa）与三甲基氯硅烷发生硅酯化反应并脱掉一分子氯化氢制得酯化物。Et_3N 和 *N,N*-二甲基苯胺作为碱和缚酸剂，捕获氯化氢，有利于反应的进行。在二苯胺的作用下，酯化物与 PCl_5 发生氯化反应，将环外酰胺键转变为氯代亚胺，得到氯化物。直接在正丁醇溶液中，发生醚化反应，得到醚化物，最后在甲醇和水的混合液中水解得到 7-ACA。

（2）工艺过程与控制

化学裂解法分为四个工段：酯化、氯化、醚化和水解工段。具体操作工艺为：①酯化，在釜内投入无水头孢菌素 C 钠和 CH_2Cl_2，再加入 Et_3N 及二甲苯胺，且搅拌均匀；其后开始滴加三甲基氯硅烷，控制温度在 35℃ 左右，投料比为 1∶10.52∶0.5∶2.32∶2.9，加完三甲基氯硅烷后，继续在 25～30℃ 搅拌 1～1.5h，得酯化液。②氯化，把酯化液放入氯化釜，冷却至-40℃，缓慢加入二苯胺、PCl_5（1∶1.35∶1.3），控制温度不超过-25℃，加完 PCl_5 后于 30℃ 反应 1.5h 左右，得到氯化液。③醚化，当氯化液及正丁醇温度均低于-55℃ 时，开始滴加正丁醇，加毕，再将反应物冷却至-30℃，并在该温度下搅拌反应 1.5～2h，然后将料液放到水解釜中。④水解，开启搅拌并加入甲醇和水，水解温度控制在-10℃，时间为 5～15min；水解结束后，用浓氨水调节 pH 为 3.5±0.1，搅拌 30min，放置结晶 1h，甩滤，用 5%甲醇水溶液和 2.5%柠檬酸水溶液及丙酮洗涤，真空干燥得到 7-ACA，收率 80%，纯度 97%。

（3）过程分析

① 酯化反应需在无水条件下进行，使用无水 CPCNa 可以显著提高反应收率。

② 氯化反应过程中慢慢滴加二苯胺和五氯化磷，控制温度不超过-25℃，可以减少杂质的产生。

（4）生产工艺流程

以头孢菌素 C 盐为原料，经过酯化、氯化、醚化和水解四步反应制备 7-ACA，工艺流程如图 20-11 所示。

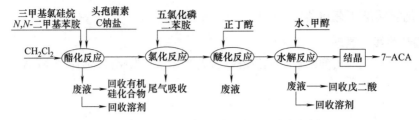

图 20-11　7-ACA 的化学合成工艺流程框图

（5）三废处理

① 三废分析　在化学裂解法合成 7-ACA 的过程中，主要副产物是有机硅化合物、D-α-氨基己二酸正丁酯、HCl 气体，还有少量色素，以及过量的二氯甲烷、甲醇、丁醇、有机胺等。

② 三废处理　有机硅化合物主要含有六甲基二硅醚和三甲基硅醇，对其进行回收再利用，可以大大降低生产成本。有机硅化合物回收的一般步骤：废液经低温蒸馏回收二氯甲烷，再升高温度，回收六甲基二硅醚和三甲基硅醇，随后与 HCl 在 $ZnCl_2$ 催化下再生成三甲基氯硅烷。D-α-氨基己二酸是一类非常有用的氨基酸，可作为合成头孢类抗生素的原料，并广泛用于医药化工方面，可通过 D-α-氨基己二酸正丁酯的水解得到，因此回收 D-α-氨基己二酸不但可以减少污染，还可以带来经济效益。回收的一般步骤：废液在 NaOH 溶液中搅拌水解，然后用稀盐酸调节 pH 至 D-α-氨基己二酸的等电点 3.3，析出晶体，过滤，洗涤烘干得 D-α-氨基己二酸。其他的废气、废水和废液按常规方法处理，达标排放。

20.2.3　一步酶催化合成工艺过程

（1）工艺路线与原理

头孢菌素 C（cephalosporin C，CPC）在头孢菌素 C 酰化酶（cephalosporin C acylase，CPCA）催化下，选择性发生环外酰胺键的断裂，直接脱去 7-位的 D-α-氨基己二酰侧链，从而生成 7-ACA，副产物 D-α-氨基己二酸（图 20-12）。虽然步骤简单，但目前此类酶的活性较低且种类较少，仍处于研发阶段，不具备工业化条件。

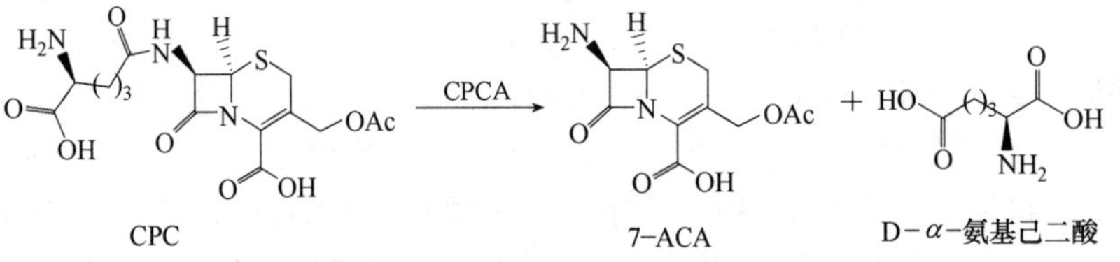

图 20-12　7-ACA 的一步酶催化合成工艺路线

（2）工艺过程与控制

① 制备 1.2L 头孢菌素 C 缓冲液（浓度 50～75mg/mL，pH=8.5），加到反应釜（含有 8000U/L CPCA）中，控制温度 25℃以内。用 0.05mol/L NaOH 溶液将反应体系 pH 调至 8.5，并控制搅拌转速为 1200r/min。取样 HPLC 分析，当溶液中 CPC 反应完全时，停止反应。静置 5 min，固定化酶沉降。

② 过滤反应液，加入活性炭脱色，冷却至 5℃，加入高分子聚合物的结晶助剂，慢搅拌下，用约 60min，采用特殊设备从液面底部滴加 15%盐酸，结晶，调整 pH 至 3.8，搅拌养晶 60min。

③ 过滤收集结晶，45℃下真空干燥，得白色 7-ACA 结晶产品，收率 97%，纯度 98%。

（3）过程分析

① CPC 裂解浓度、pH、裂解温度等对酶活性有很大影响，需要选择合适的裂解条件，提高 7-ACA 的收率。

② 二氯甲烷等烷烃溶剂在酶裂解液纯化过程中对去除大分子蛋白质和氨基酸等杂质效果显著；结晶过程中加入结晶助剂和分散相大大提高结晶颗粒度和结晶产品的质量，提高过滤速度和干燥效率。

③ 7-ACA 的收率可以达到 97%，纯度达到 98%，显著高于两步酶法 7-ACA 的收率 90%。但由于 CPCA 的生产成本较高，此法尚处于实验室研发阶段。

（4）生产工艺流程

以头孢菌素 C 钠为原料，经过一步酶催化合成和过滤、结晶等单元操作，制备 7-ACA 的工艺流程如图 20-13 所示。

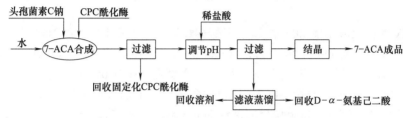

图 20-13　7-ACA 的一步酶催化工艺流程框图

（5）三废处理

① 三废分析　在合成 7-ACA 的过程中，主要的副产物是 D-α-氨基己二酸，溶剂回收时产生少量废气、废水等。

② 三废处理　D-α-氨基己二酸的回收：废液在 NaOH 溶液中搅拌水解，然后用稀盐酸调节 pH 至 D-α-氨基己二酸的等电点 3.3，析出晶体，过滤，洗涤烘干得 D-α-氨基己二酸。其他的废气、废水和废液按常规方法处理，达标排放。

20.2.4　两步酶催化合成工艺过程

头孢菌素 C 在 D-氨基酸氧化酶（D-amino acid oxidase，DAAO）的催化作用下生成一个酮基中间体，并释放出 H_2O_2 和 NH_3；酮基中间体十分不稳定，非常容易被上述反应中产生的 H_2O_2 氧化脱羧生成戊二酰基-7-氨基头孢烷酸（glutaryl-7-amidocephalos-poranic acid，GL-7-ACA）。再在戊二酰基-7-氨基头孢烷酸酰化酶（glutaryl-7-amidocephalos-poranic acid acylase，GL-7-ACA 酰化酶）催化下，将 GL-7-ACA 转化为 7-ACA。

对酶进行固定化具有稳定性高、可重复利用等优点。7-ACA 催化所用的酶都是通过交联、吸附、包埋的方式对酶或细胞进行固定化的。将 DAAO 固定在有机载体上能显著延长使用时间，常用的固定化载体有：CNBr 活化的琼脂糖（agrose）、Sepharose HB 或 Duolite A365 等；有一种新的固定化载体：聚甲基丙烯酸缩水甘油酯树脂，先利用酶蛋白变性的方法去除 DAAO 中的过氧化氢酶，再将 DAAO 经共价交联到该树脂上，酶对热、pH、O_2 的稳定性都大大提高，且在催化 CPC 的过程中，酮酸中间体随反应批次的增加而逐渐减少。此外，还可采用固定化三角酵母细胞的形式进行催化。GL-7-ACA 酰化酶常用的共价固定化载体有：环氧乙烷基丙烯酸珠粒和可控制孔径的玻璃珠粒。此外，还可以先将酶吸附，再同戊二醛交联至阴离子交换树脂上，但此法固定的酶活低于共价固定的平均酶活。国产固定化 GL-7-ACA 酰化酶的表观米氏常数（K_m）和最大反应速率（V_m）分别为 8.69mmol/L 和 76μmol/(g·min)，均高于游离酶。由于 GL-7-ACA 酰化酶在重组大肠杆菌中有相当一部分可能位于细胞间质，因此也可以采取将重组大肠杆菌直接固定的方法。

（1）GL-7-ACA 合成工艺

① 工艺原理与过程控制　D-氨基酸氧化酶催化头孢菌素 C 生成 GL-7-ACA 的反应如图 20-14 所示。

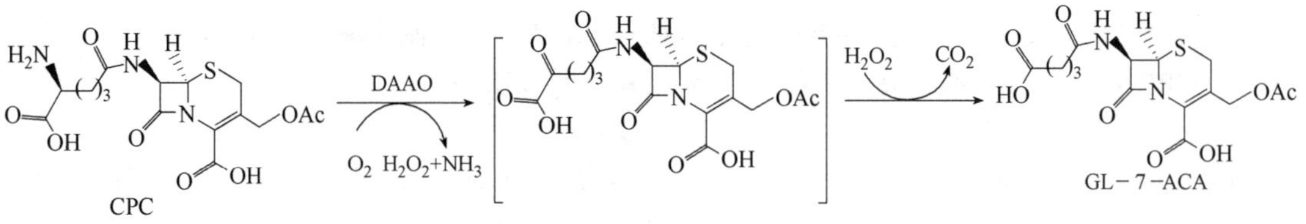

图 20-14　GL-7-ACA 的催化合成反应

反应釜 A 保持反应温度 20℃，加入 3%～4% 头孢菌素 C 钠（CPCNa）盐水溶液，再加入 1000U/L 的固相 DAAO 酶，搅拌速度 1200r/min，同时通入氧气。反应进行中，由于生成的 CO_2 溶于水，pH 下降。用浓度为 3mol/L 的氨水滴定，保持 pH = 7.5。pH 波动变小时，取样作 HPLC 分析。当溶液中残留 CPCNa 的色谱含量小于 1% 时，停止搅拌和通氧，反应停止。静置 5min，固定化酶沉降。将上层反应液经 30μm 筛网过滤转入反应釜 B 中。反应器中固定化 DAAO 可连续进行下一批反应。

② 过程分析

a. 原料纯度　原料 CPCNa 中的杂质色素会在反应过程中吸附在载体表面，遮盖了反应活性中心，造成酶活性损失，因此需要高纯度的 CPC。

b. H_2O_2 浓度　DAAO 转化 CPC 为 GL-7-ACA 反应过程中 H_2O_2 浓度过低，会造成 α-酮己二酸单酰-7-ACA 积累并分解；积累浓度过高，则会氧化 DAAO 中半胱氨酸和丝氨酸等残基，从而造成酶失活，同时也会氧化 CPC 和 GL-7-ACA 等成为亚砜类物质。这个问题可采用在反应过程中加入适量的双氧水的方法，使剩余的 α-酮己二酸单酰-7-ACA 转化为 GL-7-ACA，从而提高裂解的收率，再加入适量的过氧化氢酶除掉多余的 H_2O_2。

c. 搅拌速度　搅拌要均匀，否则过氧化氢局部积累浓度较高，造成底物氧化损失；局部强碱性可造成 β-内酰胺环开裂。

（2）7-ACA 的合成工艺

① 工艺原理与过程控制　GL-7-ACA 在 GL-7-ACA 酰化酶作用下发生环外酰胺键断裂，生成 7-ACA，同时产生副产物戊二酸（图 20-15）。

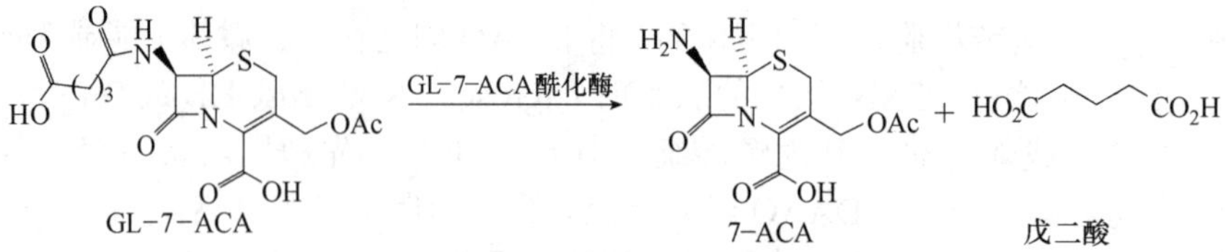

图 20-15　7-ACA 的酶催化合成反应

向反应釜 B（含有 GL-7-ACA）中加入固相 GL-7-ACA 酰化酶（1000U/L），在室温下搅拌，用 3mol/L 氨水调节 pH 为 8。过滤反应液，冷却至 5℃，加入冷丙酮，搅拌，用 10% 盐酸缓慢调节到 pH=4，出现白色结晶，继续搅拌。过滤收集结晶，用 5℃冷水洗涤粗产品，清除结晶中可溶性杂质。再用冷丙酮洗涤，45℃下真空干燥，得白色 7-ACA 结晶产品。

② **过程分析** GL-7-ACA 酰化酶在碱性条件下表现出较高的反应活性，但 CPCNa 在碱性条件下易分解。因此，要求严格控制反应终点的 pH，减少底物在碱性条件下的停留时间。

已有报道固定化 DAAO 和 GL-7-ACA 酰化酶的半衰期分别为 138 和 172 批次，双酶法工艺的 7-ACA 综合收率可以达到90%，最后 7-ACA 结晶产品的纯度大于 98%。

（3）生产工艺流程

两步酶法催化合成 7-ACA 的工艺流程如图 20-16 所示。

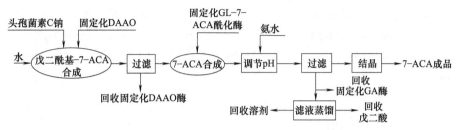

图 20-16 两步酶法催化合成 7-ACA 的工艺流程框图

（4）三废处理

① **三废分析** 两步酶法制备 7-ACA 的过程中，主要的副产物是戊二酸，氯化铵、溶剂回收时产生的少量废气、废水。

② **三废处理** 一般来说，每生产 1t 7-ACA 就会产生 0.48t 的戊二酸，因此，回收 7-ACA 中的戊二酸，不仅可以降低它对环境造成的污染，而且可为企业创造可观的经济效益。戊二酸回收的一般步骤：将 7-ACA 废液用盐酸调 pH 至 2.0～2.5，再浓缩至 7-ACA 废液体积的 20%～40%，用活性炭脱色，然后再浓缩至 7-ACA 废液体积的 12%～15%，降温结晶，过滤；滤液用无机酸调 pH 至 1.0～1.5，然后浓缩至 7-ACA 废液体积的 8%～11%，降温至 0～10℃结晶，过滤；结晶用有机溶剂重结晶，可得到纯度为 99%以上的白色戊二酸，同时回收了大量的氯化铵副产物。其他的废气、废水和废液按常规方法处理，达标排放。

20.3 头孢噻肟钠生产工艺

头孢噻肟为第三代头孢菌素，对大肠埃希菌、奇异变形杆菌、克雷伯菌属和沙门菌属等肠杆菌科细菌等革兰阴性菌有强大活性。本节从头孢噻肟钠的物理化学性质出发，分析 AE 活性酯法制备头孢噻肟的生产工艺路线选择、工艺原理与过程分析及三废处理。

20.3.1 头孢噻肟钠的理化性质与临床应用

头孢噻肟（图 20-2），又名氨噻肟头孢菌素、头孢氨噻肟、头孢泰克松、西孢克拉瑞。头孢噻肟钠（cefotaxime sodium）是临床上广泛应用的第三代头孢类抗生素，白色、类白色或淡黄白色结晶，无臭或微有特殊臭。易溶于水，微溶于乙醇，不溶于氯仿。比旋光度为+56°～+64°，熔点 162～163℃。

头孢噻肟钠由德国 Hoechst 和法国 Roussel 公司在 1977 年联合研制成功，于 1980 年上市，粉针剂的商品名为 Claforan。临床应用于敏感微生物所致的呼吸道、泌尿生殖系统感染，败血症，细菌性心内膜炎、脑膜炎，骨关节、皮肤及软组织感染，胃肠道感染，烧伤及其他创伤；对危及生命的感染患者可与氨基糖苷类抗生素联合使用。

20.3.2 头孢噻肟钠工艺路线的选择

头孢噻肟是制备头孢噻肟钠的主要原料，目前头孢噻肟的合成主要采用活性酯法，如：含磷活性酯、三嗪酮活性酯、噁二唑活性酯以及 AE 活性酯，另外也有酰氯法和 Vilsmeier 法的合成报道。

（1）含磷活性酯法的工艺路线

1）工艺原理

氨噻肟酸与二乙氧基硫代磷酰氯［ClP(S)(OEt)$_2$］反应得到含磷活性酯——二乙氧基硫代磷酰基(Z)-2-(2-氨基噻唑-4-基)-2-(甲氧亚氨基)乙酸酯[(Z)-2-(2-aminothiazol-4-yl)-2-(methoxyimino)acetic(O,O-diethyl phosphorothioic) anhydride，DAMA]，再与 7-ACA 缩合制备头孢噻肟酸（图 20-17）。

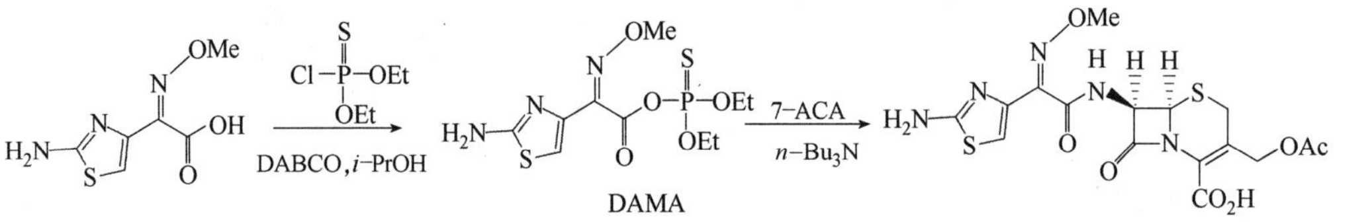

图 20-17 含磷活性酯法合成头孢噻肟的工艺路线

该工艺以二氯甲烷和异丙醇为反应溶剂，操作相对烦琐、收率偏低（86%）且产生大量含硫和磷的废液，易污染环境。

2）DAMA 的合成工艺过程与控制

在异丙醇（10.95kg）中加入二乙氧基硫代磷酰氯（3.17kg，16.8mol）和催化量的三亚乙基二胺（1，4-diazabicyclooctane，DABCO，摩尔分数 5%，80g），控温 25℃ 以内。滴加含有氨噻肟酸（2.82kg，14.0mol）和三丁胺（2.85kg，15.4mol）的异丙醇（10.95kg）溶液，约需 2h 滴加完毕。保温搅拌 1h 后，加入 DAMA（0.1kg）作为晶种，继续保温反应 2h 后，降温至 0～5℃。过滤，用冷的异丙醇（15.1kg）洗涤，氮气保护下干燥，得 DAMA（3.91kg），HPLC 纯度 99.4%。

3）头孢噻肟酸的合成工艺过程与控制

室温下，将 DAMA（425g，1.2mol）、7-ACA（272g，1mol）混溶于二氯甲烷（1.0L）和异丙醇（0.2L）中，加入适量的亚硫酸溶液（52mL，摩尔分数 5%），搅拌 10min。控温 20℃ 以下，缓慢加入三乙胺（248g），继续搅拌 1.5h。用稀盐酸溶液［156g 浓盐酸与 1.15L 异丙醇/水（10∶1.5）混合而成］缓慢调节体系 pH 至 3.0～3.5，同时加入头孢噻肟酸晶种（4.6g，摩尔分数 1.0%），析出大量晶体。过滤，滤饼用异丙醇（5L）洗涤两次，氮气保护下干燥，得到头孢噻肟酸（397g，86%），HPLC 纯度为 99.4%。

（2）三嗪酮活性酯法的工艺路线

在 POCl$_3$ 和 DMF 体系（现场制备 Vilsmeier 盐）中，氨噻肟酸与硫代三嗪酮于−20～−45℃ 下反应得到三嗪酮活性酯，再与 7-ACA 缩合制备头孢噻肟酸（图 20-18），同时产生副产物硫代三嗪酮。

该工艺反应条件苛刻，所得三嗪酮活性酯的收率只有 86%，且带来大量的含磷废水，后处理较麻烦。

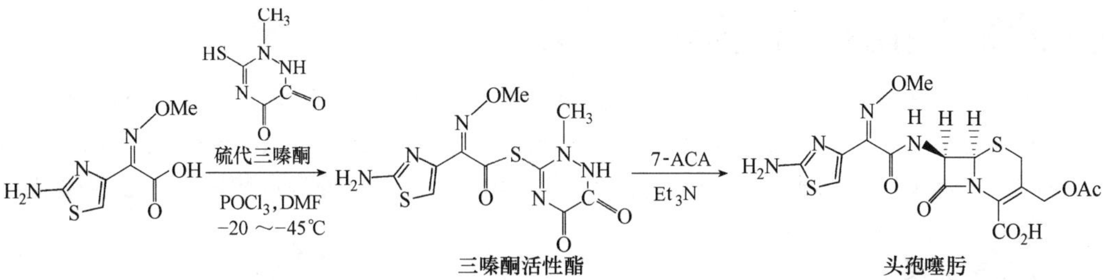

图 20-18　三嗪酮活性酯法合成头孢噻肟的工艺路线

（3）噁二唑活性酯法合成工艺路线

在双(2-氧噁唑啉)膦酰氯的催化下，0～5℃，氨噻肟酸与2-巯基-5-苯基-1,3,4-噁二唑反应得到噁二唑活性酯，收率85%。再在 THF 和 DMA（N,N-二甲基乙酰胺）的混合溶剂中，三乙胺作碱，噁二唑活性酯与 7-ACA 缩合制备头孢噻肟（图20-19），同时产生副产物 2-巯基-5-苯基-1,3,4-噁二唑。

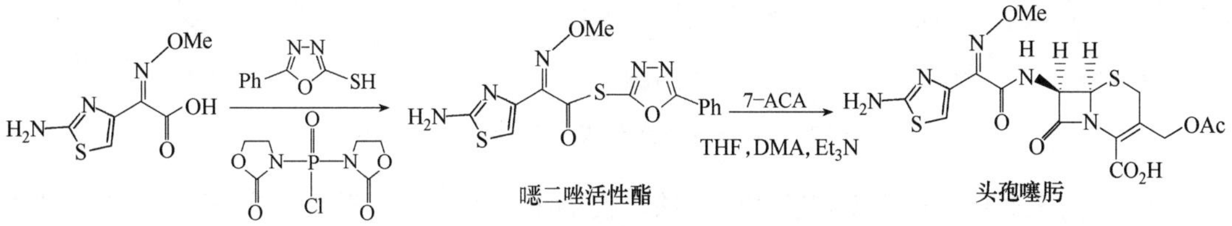

图 20-19　噁二唑活性酯法合成头孢噻肟的工艺路线

该工艺单元操作多，需萃取分层和活性炭脱色，后处理较麻烦，生产周期长。

（4）酰氯法合成头孢噻肟的工艺路线

以氨噻肟酸为原料，首先用醋酐进行氨基保护反应，然后在低温下与二氯亚砜反应现场制备酰氯，再在-50～-20℃下与 7-ACA 反应，最后经氨基去保护反应，得到头孢噻肟（图20-20）。工艺相对比较复杂，工业不用。

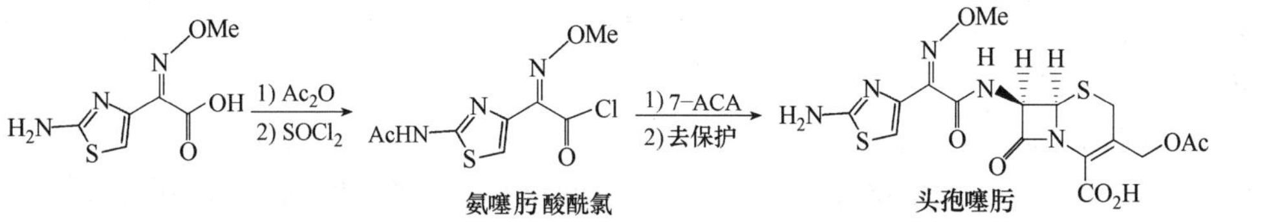

图 20-20　酰氯法合成头孢噻肟的工艺路线

（5）Vilsmeier 法合成头孢噻肟的工艺路线

在-10～0℃下，在二氯甲烷体系中，二氯亚砜和 DMF 现场生成 Vilsmeier 盐，随后与氨噻肟酸反应，生成氨噻肟酸的 VR 盐，该 VR 盐的酸性较强，必须在-50～-20℃下与 7-ACA 反应，才能高收率地制得头孢噻肟（图20-21）。

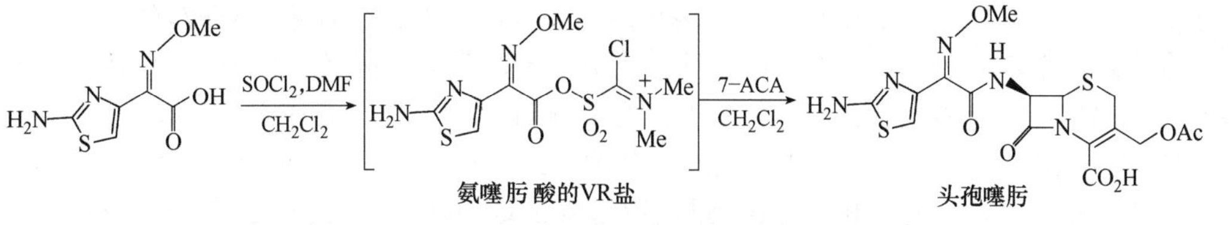

图 20-21　Vilsmeier 法合成头孢噻肟的工艺路线

Vilsmeier 法需在较低温度下进行，工业生产中一般不采用。

20.3.3　AE活性酯法的工艺过程

目前，工业化生产工艺主要采用的 AE 活性酯[2-甲氧亚氨基-2-(2-氨基-4-噻唑基)-(Z)-硫代乙酸苯并噻唑酯，2-(2-amino-4-thiazolyl)-2-methoxyiminoacetic，thiobenzothiazole ester，MEAM]法，一般以二氯甲烷、丙酮、四氢呋喃、甲醇、异丙醇等为反应溶剂，在碱催化下与 7-ACA 反应。

（1）工艺原理

在三苯基膦的催化下，氨噻肟酸与二(2-苯并噻唑)二硫醚反应得 AE 活性酯，同时得到副产物 2-巯基苯并噻唑和三苯基氧膦（triphenylphosphine oxide，TPPO）。所得 MEAM 再与 7-ACA 缩合得到头孢噻肟（图 20-22），再次得到一分子副产物 2-巯基苯并噻唑。

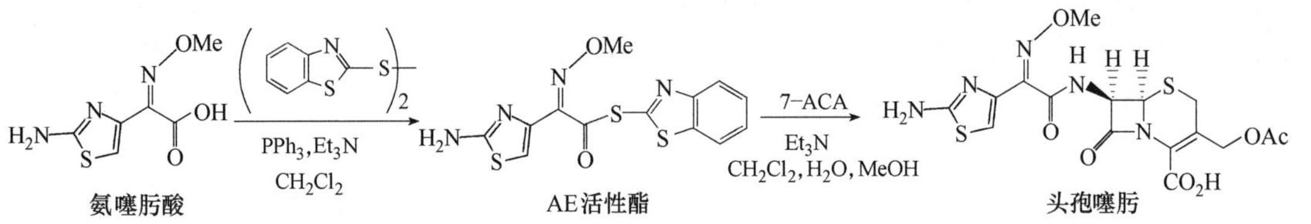

图 20-22　AE 活性酯法合成头孢噻肟的工艺路线

这是目前工业化生产头孢噻肟酸的方法，收率在 95%以上。不少文献报道了 AE 活性酯法的进一步工艺优化，并用于其他头孢菌素类药物的制备中。

（2）工艺过程与控制

控温 5～10℃，在反应釜中依次加入二氯甲烷（120.0kg）、水（15.0kg）、助溶剂甲醇（15.0kg）混合均匀相；加入 7-ACA（25.0kg，92mol）、滴加三乙胺（12.25kg，121mol），搅拌 5min，加入 AE 活性酯（33.75kg，96mol）。控温反应一段时间后，用 6mol/L 盐酸调节反应体系 pH 为 2～3。过滤，滤饼用丙酮洗涤，干燥，得白色粉末头孢噻肟（41.91kg，95.3%），纯度 98.5%（HPLC 归一化法），色级<4 号。滤液进行常压蒸馏回收二氯甲烷与水的共沸液，剩余液冷却至室温、调节 pH 析出固体，过滤、精制得副产物 2-巯基苯并噻唑（14.33kg，93.1%）

（3）过程分析

① **投料比**　7-ACA、AE 活性酯、有机碱三乙胺的物质的量比为 1∶1.05∶1.3。如果三乙胺的投料量偏少，易导致反应不完全，反应时间较长，转化率偏低；三乙胺的投料量偏多，由于体系 pH 偏高，反应速率偏快，易导致产物降解，从而使产品收率和质量均降低。

② **反应介质**　常用的反应介质有二氯甲烷、三氯甲烷和四氢呋喃，反应收率均较高，但三氯甲烷的毒性较大，在地下水中有蓄积作用，对皮肤和黏膜的刺激性较强，损害中枢神经和呼吸系统，对环境保护造成一定压力。四氢呋喃、丙酮等易与水混溶，难以回收利用，在一定程度上造成了资源的浪费，成本偏高。综合考虑，一般采用二氯甲烷作为工业化生产的溶剂。此外，一般还需添加辅助溶剂，可以选用水、乙醇、异丙醇等，从环境友好和生产成本的角度出发，采用二氯甲烷/水［体积比为 1∶（0.1～0.2）］体系效果较好。

③ **反应温度**　反应温度较低时，反应速率较慢，反应时间较长，但产物的色级较好。升高反应温度，将影响反应的色级，产品颜色将偏红色，一般控温在 5～10℃。

④ **结晶 pH**　反应结束后，头孢噻肟以盐的形式存在，通过加入酸调节体系 pH 呈酸性，同时加入少量晶种，诱导其析晶。pH 过高或过低都是不好的，当 pH 在 2.50～3.00 之间时，产品收率和 HPLC 纯度都较高。这是由于该反应体系的 pH 为 2.50 左右时，最接近头孢噻肟的等电点，结晶效果好。

（4）头孢噻肟合成工艺流程

AE 活性酯法合成头孢噻肟后，经过酸化、过滤、蒸馏等后处理单元操作，工艺流程见图 20-23。

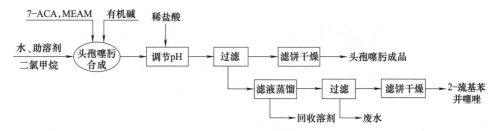

图 20-23　AE 活性酯法合成头孢噻肟工艺流程框图

20.3.4　头孢噻肟钠的合成工艺过程

（1）工艺原理

以头孢噻肟酸为起始原料，异辛酸钠等为成钠剂，少量水作溶剂，生成溶于水的头孢噻肟钠（图 20-24）。滴加有机溶剂异丙醇，因头孢噻肟钠的溶解度较低，在晶种的诱导下逐渐析出晶体，经过滤、洗涤、干燥后得到头孢噻肟钠成品。

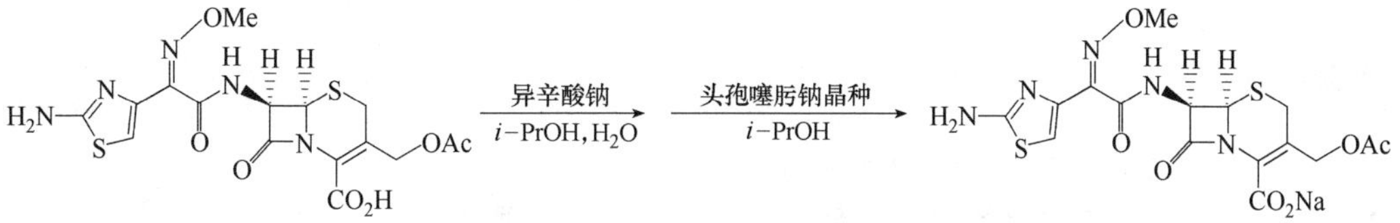

图 20-24　头孢噻肟钠的工艺原理

（2）工艺过程与控制

在 500L 搪玻璃反应釜中，加入 7.5L 亚硫酸和 120L 异丙醇，搅拌均匀。取 19kg 异辛酸钠溶于 45L 水中，加入反应釜中。0℃下，加入 50kg 头孢噻肟，搅拌 1h，基本溶清。加入 1.5kg 活性炭脱色，抽滤除去不溶物。20℃下，向滤液中滴加 75L 异丙醇，至溶液呈微浑浊，加入 0.5kg 头孢噻肟钠晶种，搅拌约 1h。随着较多晶体析出，继续滴加 40L 异丙醇，约 2h。20℃养晶 3h，抽滤。用 40L 异丙醇洗涤滤饼，再用 20L 丙酮洗涤。抽干后，35～45℃真空干燥，得到白色晶体 48.2kg，收率约为 92%。

（3）过程分析

① **反应温度**　在成盐反应时，应保持体系的温度在较低的状态，较佳的反应温度为 20℃，温度偏低，反应速率过慢，反应时间长，且易发生已溶清的头孢噻肟钠提前析晶的现象；温度偏高，产物的色级也逐渐升高。

② **结晶溶剂的选择及用量**　常用的结晶溶剂有乙醇、丙酮、异丙醇。一般选用异丙醇为头孢噻肟酸成钠盐的反应介质。一般来说，随着异丙醇用量的增加，产品收率也明显增加，但生产成本也增加，综合考虑异丙醇的用量是头孢噻肟酸的 10～12 倍为宜。

③ **成钠盐剂的选择**　结晶制得头孢噻肟钠成品，所用成盐剂主要有三水合乙酸钠、碳酸氢钠、甲酸钠、异辛酸钠等。研究发现，使用混合成盐剂乙酸钠与异辛酸钠（摩尔比 1：2）制得头孢噻肟钠含量最高，且收率高。

（4）工艺流程

以头孢噻肟酸为起始原料，生成头孢噻肟钠晶体，经过滤、洗涤、干燥得成品（图 20-25）。

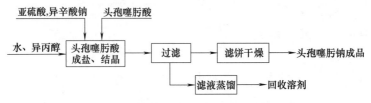

图 20-25　头孢噻肟钠的合成工艺流程框图

（5）三废处理

① **三废分析**　在头孢噻肟的合成过程中，主要副产物是 2-巯基苯并噻唑，还有少量未反应的原料 7-ACA 和 AE 活性酯，溶剂回收时产生少量废气、废水和高沸物。

② **三废处理**　副产物 2-巯基苯并噻唑对人体和环境有一定的危害，已被美国 FDA 认定为严禁超标的杂质，必须从原料药中除去和达标，要求对其回收。把废液先直接蒸馏回收溶剂二氯甲烷，剩下的固体残渣用浓度 0.5mol/L NaOH 溶液在 70℃下浸取 20min，过滤，滤液调节 pH 至 3.0 左右，过滤，所得粗品采用丙酮和水精制，过滤，干燥，得 2-巯基苯并噻唑。

其他的废气、废水和废液按常规方法处理，达标排放。

思考题

20-1　半合成头孢菌素类主要结构改造的位置是什么？

20-2　化学酰化法和酶酰化工艺各有什么优缺点？如何克服？

20-3　工业生产 7-ACA 的工艺有哪些？分析优缺点，提出克服的方案。

20-4　影响两步酶法生产 7-ACA 产率和质量的主要因素有哪些？应如何操作才能提高收率？

20-5　为何要对酰化酶进行固定化？如何进一步提高酰化酶的效率？

20-6　分析头孢噻肟的工艺路线的优缺点？提出解决方案。

20-7　分析 AE 活性酯法合成头孢噻肟的影响因素，如何进一步优化和改进生产工艺？

20-8　分析本章所涉及工艺中，溶剂选择和副产物对工艺研发的影响。

参考文献

[1] 刘福强, 李盛华. 酶法转化头孢菌素 C 成为 7-氨基头孢烷酸的研究进展. 山东食品发酵, 2009, 152(1):17-20.

[2] 谭强, 邓超澄, 韦海宏, 等. 7-氨基头孢烷酸的制备工艺研究进展. 现代化工, 2012, 32(4): 15-19.

[3] 姚舜, 罗晖, 常雁红, 等. 一步酶法生产 7-氨基头孢烷酸的研究进展. 现代化工, 2013, 33(2): 11-16.

[4] 张会欣, 李瑞珍, 孙凤卿. 7-氨基头孢烷酸生产中废水的处理研究. 河北化工, 2008, 31(3): 59-60.

[5] 尤启冬. 药物化学. 7 版. 北京: 人民卫生出版社, 2011.

[6] 赵临襄. 化学制药工艺学. 北京: 中国医药科技出版社, 2015.

[7] 孙津鸽, 等. 头孢噻肟钠制备工艺的改进. 山东化工, 2016, 45: 12-13.

[8] Yoon M Y, Lee H B, Shin H. Development of an isolable active ester, diethyl thiophosphoryl [(Z)-(2-aminothiazol-4-yl)-2-(methoxyimino)acetate (DAMA)] for the synthesis of cefotaxime. Bull Korean Chem Soc, 2011, 32(2): 407-410.

第3篇

共性技术

第21章
质量源于设计与制药工艺优化

学习目标

▶ 了解质量源于设计的背景及其在制药工艺研发中的作用。
▶ 掌握质量源于设计的基本内容，能具体应用到原料药工艺的优化中。
▶ 掌握制药工艺研发的工具，能合理选择并应用于工艺参数的研究中。

近年来国际上大力推行质量源于设计（Quality by Design，QbD）理念来进行药物研发，包括原料药和制剂产品、分析方法等。在制药工艺研究中，QbD 的主旨是对原料药的起始物料选择、工艺路线以及制剂产品的处方和工艺参数的合理设计，以保障其质量，而原料药或制剂产品成品的放行检测仅仅是质量检测的手段。QbD 贯穿于药品的整个生命周期，它的实施，意味着药品的弹性监管，而非以前的刚性监管，将有助于实现企业、监管部门和患者的三方共赢：一方面降低企业成本和减少现场检查过程中的质疑；另一方面，在不影响质量的前提下，减少监管部门对不同工艺审批的压力；同时患者可以获得有效性和安全性保障的药品。本章介绍 QbD 及其在原料药生产工艺开发中的应用。

21.1 概　述

20 世纪 70 年代，日本丰田公司为了提高汽车制造质量提出了质量源于设计的相关概念，并在通信和航空等领域发展，逐渐形成了质量源于设计的方法论。为了应对制药企业对药品严格监管的质疑，2004 年 FDA 发布《21 世纪制药 cGMP-基于风险的方法》，首次提出药品 QbD 概念，并被人用药品技术要求国际协调理事会（ICH）纳入药品质量管理体系中。2006 年美国 FDA 正式推出了 QbD，指导药物研发，于 2013 年后，不再接受无 QbD 要素的注册文件。2010 年中国颁布的 GMP 中，也引入部分 QbD。制药界实施 QbD，是大势所趋。2012 年 5 月 10 日，人用药品技术要求国际协调理事会（ICH）发布的 Q11《原料药开发与制造》（化学实体和生物技术/生物制品实体），开发原料药过程中可以按照传统方法或 QbD 方法或联合两种方法进行。

21.1.1　质量源于设计的概念

质量源于设计是在充分的科学知识和风险评估基础上，始于预设目标，强调对产品与工艺的理解及过程控制的一种系统优化方法。从产品概念到工业化均需精心设计，要对产品属性、生产工艺与产品性能之间的关系理解透彻，是全面主动的药物开发方法。

质量源于设计概念的提出，标志着药品质量管理模式的重大变迁。第一阶段的模式是药品质量源于检验，它以药典标准为基础，用药典规定的方法进行检验，符合药典标准时，即可放行上市销售成为合格药品。该模式具有滞后性和随机性，如果检验不合格，整批次成品药报废；如果抽检合格，也不能完全代表全部批次的质量水平。第二阶段的模式是质量源于生产，即 GMP 和拓展的 cGMP。将监管重心转移到生产阶段，对生产过程同步进行多点控制，包括各种文件和记录系统，对质量有一定的保障。第三阶段就是质量源于设计，属于生产过程参数控制，但是 QbD 的理念在产品开发初期开始贯穿整个产品生命周期，同时对生产关键工艺给予一定的设计空间。在产品设计空间内的偏移，均不会对产品质量产生影响，最大限度地贴近生产的实际情况。因此质量不是从产品中检验出来的，也不完全是通过生产实现的，而是在研发阶段通过大量的实验数据所赋予的，即质量应通过设计来建立。

21.1.2 质量源于设计的基本内容

质量源于设计的基本内容包括以下 6 个方面。

① **目标产品质量概况**（quality target product profile，QTPP）　是对产品质量属性的前瞻性总结。具备这些质量属性，才能确保预期的产品质量，并最终标志药品的有效性和安全性。由于不同制剂产品对原料药质量要求不同，因此对于原料药研发，必须与其制剂产品相适应并作为目标产品，总结出原料药的质量概况。目标产品质量属性是研发的起点，应该包括产品的质量标准，但不仅仅局限于质量标准。

② **关键质量属性**（critical quality attribute，CQA）　是指产品的某些物理和化学性质、微生物学或生物学（生物制品）特性，且必须在一个合适的限度或范围内分布时，才能确保预期产品质量符合要求。在原料药研发中，如果涉及多步化学或生物反应或分离时，每一步产物都应该有其关键质量属性，中间体的质量属性对成品有决定作用。通过进行工艺实验研究和风险评估，可确定关键质量属性。

③ **关键物料属性**（critical material attribute，CMA）　是指对产品质量有明显影响的关键物料的理化性质和生物学特性，这些属性必须限定和控制在一定的范围内，否则将引起产品质量的变化。

④ **关键工艺参数**（critical process parameter，CPP）　是指一旦发生偏移就会对产品质量属性产生很大影响的工艺参数。在生产过程中，必须对关键工艺参数进行合理控制，并且能在可接受的区间内操作。有些参数虽然会对质量产生影响，但不一定是关键工艺参数。这完全取决于工艺的耐受性，即正常操作区间（normal operating range，NOR）和可接受的区间（proven acceptable range，PAR）之间的相对距离（图 21-1）。如果它们之间的距离非常小，就是关键工艺参数，如果大就是非关键工艺参数，如果偏离中心，就是潜在的关键工艺参数。

图 21-1　非关键参数、关键参数和潜在关键参数的关系

⑤ **设计空间**（Design Space）　是指经过验证能保证产品质量的输入变量（如物料属性）和工艺参数的多维组合和相互作用，目的是建立合理的工艺参数和质量、标准参数。设计空间信息的总和就构成了知识空间（图 21-2），其来源包括已有的生物学、化学和工程学

原理等文献知识，也包括积累的生产经验和开发过程中形成的新发现和新知识。

在设计空间内运行的属性或参数，无需向药监部门提出申请，即可自行调整。如果超出设计空间，需要申请变更，药监部门批准后方可执行。合理的设计空间并通过验证可减少或简化药品批准后的程序变更。

如图21-3所示，一个化学合成工艺单元，经过实验得到温度对产品质量的影响。可以把不能接受的温度设为失败的下限和上限，最佳温度为设定点，并在控制范围内进行操作，是理想的状态。如果发生偏差，在工艺经验证可接受的范围，仍然是正常的。如果超出此范围就不接受。通过 QbD 的研发方法开发出来的原料药，在设计空间内的变化不被考虑作为变更。超出设计空间的变动视为一个变更，需要报批。

图21-2　设计空间的构成

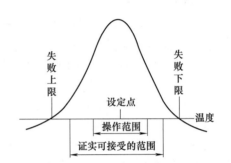

图21-3　关键工艺参数与控制范围

⑥ **全生命周期管理**　生命周期就是从产品研发开始，经过上市，到产品退市和淘汰所经历的所有阶段。生命周期管理就是原料药产品、生产工艺开发和改进贯穿于整个生命周期。对生产工艺的性能和控制策略定期评价，系统管理涉及原料药及其工艺的知识，如工艺开发活动、技术转移活动、工艺验证研究、变更管理活动等。不断加强对制药工艺的理解和认识，采用新技术和知识持续不断改进工艺。

21.1.3　质量源于设计的工作流程

通过科学知识和风险分析，对于目标产品进行理解，以预定制剂产品的质量属性为起点，确定原料药关键的质量属性。基于工艺理解，采用风险评估，提出关键工艺参数或关键物料属性，进行多因素实验研究，开发设计空间。基于过程控制，采用风险质量管理，建立一套稳定工艺的控制策略，确保产品达到预期设计标准。QbD 的工作流程是确定产品质量概况，建立关键质量属性，确定关键工艺参数（包括重要工艺参数）和关键物料属性，开发设计空间，建立控制策略（图21-4）。

原料药的研发包括 5 个要素：①识别原料药 CQA；②选择合适的生产工艺、规模和设计空间；③识别可能影响原料药 CQA 的物料属性和工艺参数；④确定物料属性和工艺参数与原料药 CQA 之间的关系；⑤建立合适控制策略，包括物料、工艺路线、工艺过程和成品质量。

QbD 将风险评估和过程分析技术、实验设计、模型与模拟、知识管理、质量体系等重要工具综合起来，应用于药品研发和生产，建立可以在一定范围内调控变量，排除了不确定性，保证产品质量稳定的生产工艺。而且，还可持续改进，实现产品和工艺的生命周期管理。传统方法和 QbD 方法的比较见表21-1。

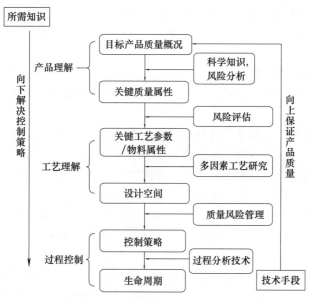

图 21-4　QbD 的工作流程与实施过程

表 21-1　传统方法和 QbD 方法在制药工艺研发中的比较

项目	传统方法	QbD 方法
研发方式	单变量实验，确定与原料药有关的潜在的关键质量属性，建立一个合适的生产工艺	多变量实验 评估细化理解生产工艺 辨识物料属性和工艺参数 确定物料属性和工艺参数与 CQA 的关系
工艺参数	工艺参数是设定点，操作范围是固定的	工艺参数和单元操作，在设计空间内运行
控制策略	可大量重复的工艺验证，符合标准的检测	结合质量风险管理，建立优化控制策略
过程控制	离线分析，慢应答	PAT 工具，实时监测，过程操作可溯源
产品质量控制	中间体和成品的检验	用设计（研发）来保证质量
管理	对问题应答，通过被动整改措施和纠错得以解决，偏重于遵守法规	针对问题有预防性措施，持续性改进，在设计空间内调整无需监管部门批准，全生命周期管理

21.2　制药工艺研发的工具

　　制药工艺研发的主要工具包括风险评估和过程分析技术、实验设计、模型与模拟、知识管理、质量体系等。实验设计（design of experiment）是如何制订实验方案，提高实验效率，减少或排除随机误差或实验误差的影响，并使实验结果能有效地进行统计分析的理论与方法。本节重点介绍风险评估和过程分析技术、正交实验设计、均匀实验设计等。

21.2.1　风险评估

（1）风险评估方法

　　风险（risk）是危害发生的概率和所造成后果的严重程度。世界各国对药品质量推行风险管理，包括风险的评估、控制、决策与执行等。风险评估就是对风险进行识别、分析和评价。通过风险识别确认风险的潜在根源，包括历史数据、理论分析、实验数据和实践经验等。通过风险分析，对这些来源的危害程度和可检测能力进行估量。通过风险评价，借助概率论和数理统计等方法，与给定的风险标准比较，对这些风险进行定量或定性的评价，确定风险的重要程度。风险控制就是通过减轻、避免风险发生，把风险降低到可接受的程度。

（2）风险评估的实施过程

在制药工艺中，采用风险评估工具，结合实验研究，确定关键参数和变量，建立合适的控制策略。

第一种是风险排序，主要危害性分析，基于产品药效、PK/PD、免疫性和安全性进行风险评估，风险分级主要考虑严谨性和不确定性。

第二种是决定树模型，一般用于过程中非生物活性成分对安全性的评价。杂质安全系数（impurity safety factor，ISF）（如 LD_{50}）在产品中的水平。

第三种是失败模型与效应分析，适合于常用过程参数，是基于控制策略的风险评估分析，包括相关因素的严重性（severity）、发生质量问题的可能性（occurrence）及可检测性（detection）。

风险性评估要结合以往的文献、法规要求，平台资料、实验数据以及动物实验和临床数据进行分级。如果没有任何数据支持是高风险的属性，需要进行一些实验研究，以便能评估。第三种方法最常见，结合文献报告和实验数据进行评估，数据越充分，评估越可靠。

以某种化学原料药的酸化结晶工艺为例，说明风险评估过程。产物的酸化结晶工艺过程是，将上一工序来的料液，搅拌降温至 10℃以下。用盐酸调节 pH 为 2.0～3.0，搅拌料液至浑浊。随后进入结晶阶段，（10±2）℃，搅拌（50±10）r/min，时间（6±0.5）h。首先对风险进行评估和排序。从结晶角度分析，温度和 pH 是两个主要影响结晶的工艺参数，其控制点操作不当或造成偏差，将引起产品质量的风险。其他风险源包括盐酸浓度和质量、搅拌转速和时间。其次确定关键控制点及其限制值，如 pH 必须控制在 2～3 之间。再次进行风险控制。建立监控程序和控制措施，使用高精度传感探头，精密控制参数变化。如温度接近 12℃之前，就降温；pH 接近 3 之前，就滴加盐酸。在结晶阶段，增加中控检测次数，取样复核各参数是否在合理范围内。最后建立验证程序，制定良好的标准操作规程，并记录，形成文件，妥善保存。

21.2.2 过程分析技术

与传统的离线分析不同，QbD 要求对工艺过程进行实时监测。为此，近年来国际上发展出现了过程分析技术（process analysis technology，PAT），是实施 QbD 的有效工具。

2004 年，美国 FDA 颁布了 PAT 行业指南，指出 PAT 是以实时监测原材料、中间体和工艺的关键质量和性能属性为手段，建立一种设计和分析控制生产过程的系统。PAT 的理念是通过对工艺过程中影响产品 CQA 的各参数实时测量和分析，理解生产过程中关键参数与产品 CQA 之间的关系，综合判断工艺的终点，达到实时放行，进入下一工序的目的。传统过程控制是以时间为限，如化学反应或发酵达到预定时间后，进入终点，结束发酵，放罐。

PAT 的主要过程包括数据采集和统计分析（表 21-2）。使用过程分析仪器，如光谱仪、色谱仪、质谱仪、核磁共振仪和传感器等，连续实时采集生产状态的多元数据，对生物或化学反应物体系组分（反应物、中间体、产物、副产物、杂质、催化剂等）、反应程度、反应速率、反应终点、临界条件和安全控制、工艺效率和无错率（质量、重复性和收率）等进行统计分析，将过程信息与产品 CQA 联系起来。

表 21-2　可用于化学原料药工艺研发的 PAT

单元操作	应用对象	近红外光谱	拉曼光谱	FTIR	FBRM
反应监测	终点测定	√	√	√	
	动力学和机理	√	√	√	
	选择性控制	√	√	√	
结晶	核化生长		√		√
	过饱和		√	√	
	晶体大小				√
	晶形	√	√		
过滤，干燥，研磨	粒度				√
	粒形	√	√	√	

21.2.3　单因素实验设计

实验设计能科学地告诉我们，如何安排实验、在不同规模和条件下进行，用于研发和改进生产工艺，提高收率和质量等。

全面试验是将每个因素组合起来进行试验，如开发工程菌的培养工艺实验，对于 4 因素（如碳源、氮源、诱导剂、温度）和 3 水平（高、中、低）的工艺，不计重复实验，需要做 $4^3 = 64$ 次实验。当因素和变量非常多时，将难以完成所有实验。在这种情况下，可采用多次单因素实验，即固定一个因素的一个值，依次考察其他各因素的最佳值。对于 4 因素和 3 水平的工艺，不计重复实验，需要做 $4 \times 3 = 12$ 次实验。

单因素实验只适合于因素之间无相互作用的情况，在工艺研究中很少见。一般情况下，单因素实验用于筛选主要因素和范围。如碳源对生物细胞生长的影响，可选择葡萄糖、淀粉水解液、糖蜜等进行实验。从实验结果中，选择出合适的碳源种类。在此基础上，再进行碳源浓度的单因素实验。从而确定出碳源种类及浓度，可用于正交设计，开发细胞培养工艺。

在实验过程中，实验设备和人员是影响实验结果的变量。由于使用不同仪器设备、不同时间、不同人员，可能造成实验结果产生偏差。因此要严格按照实验设计安排实验，严格按照实验规程或操作规程使用仪器设备，进行实验，科学测量数据。使不变的参数操作完全一样，减少和消除时间、人员等引起的变化。同时，无论全面实验，还是多次单因素实验，都必须在实验批次之间和批次内设置合理的重复，一般 3～5 个重复，使用科学统计方法，对数据分析，得出接受的结论。

21.2.4　正交实验设计

事实上，工艺的各因素之间是相互作用的，而且复杂。因此可利用正交表进行科学安排与分析多因素实验。正交实验的过程包括实验方案设计与实施、数据整理与结果分析两个阶段。

（1）正交设计表

正交表记为 $L_n(q^m)$，L 为正交表，n 为需要做的实验次数，q 为因素的水平数，m 为因素数（包括交互作用、误差等）。正交表可分为两类。第一类为标准正交表，如 $L_4(2^3)$、$L_8(2^7)$、$L_9(3^4)$、$L_{27}(3^{13})$。第二类是非标准正交表，如 $L_{12}(2^{11})$、$L_{20}(2^{19})$、$L_{18}(3^7)$、$L_{36}(3^{13})$，混合正交表，如 $L_{16}(4^4 \times 2^3)$，4 个 4 水平的因素和 2 个 3 水平的因素。

正交设计（orthogonal design）具有两个特点。

① 分散均匀　每个因素的水平（实验点）都有重复实验，在实验的范围内（全部组合构成了全面试验方案）是均匀分散的，每个因素的各个水平出现次数相同，每个点具有很强

的代表性。也就是说，用部分实验点代替全面实验，用部分结果了解全面实验的情况。从全面实验点（很多实验方案）中，挑出最具有代表性的点（实验方案）进行实验，结果分析，推断出最优方案。还可获得各因素的重要程度。

② 整齐可比　实验点排列规则整齐，各因素同等重要，每个因素的各水平之间具有可比性，分析各因素对目标函数的影响。

正交设计的缺点是不能对各因素和交互作用一一作出分析，当交互作用复杂时，可能会出现混杂现象。

（2）正交实验方案的设计与实施

正交实验设计有商业化的软件使用，可进行全因素设计或其他设计，取决于具体的实验研究内容和要求。在此只介绍设计和设施基本思路和统计分析方法。

查阅文献，结合已有的经验等，在对工艺全面调研和了解的基础上，提出解决工艺中什么问题。然后分析工艺的影响因素，从众多影响因素中，选出需要进行实验的因素。影响较大的、未知的因素优先考虑。在工艺实验研究中，经常需要以得率或产量经济指标为重要参数（KQA），以起始物料选择、杂质和副产物生成等为关键质量属性（CQA），研究化学反应条件（温度、压力、配料比、溶剂、催化剂等）或生物培养条件（培养基物料选择、pH、溶解氧、温度、流加等）等关键工艺参数（CPP）。选择关键参数的数目（即变量数或因素数）后，确定每个参数的取值范围和具体值（即水平数和水平值）。一般选择 2～4 个水平，水平太多时（8 以上），实验次数剧增。根据参数和水平数及其交互作用数，选择适宜的正交表。在能安排参数和交互作用的前提下，尽可能选择较小的正交表，以减少实验次数。表头设计时，如果不研究交互作用，各参数可随机安排在各列中。如果有交互作用，就严格按安排各参数，防止交互作用的混杂。把正交表中的因素和水平转换成实际的工艺参数和水平值，就形成了正交实验方案。

根据正交设计的实验方案，进行实验。按要求测定和记录，收集原始数据。

（3）正交实验的整理与结果分析

数据整理就是对原始数据的第一次演算，获得指标值，填入正交表。

实验结果分析是以数据为基础，分析各因素及其交互作用的主次顺序，即哪些是主要因素，哪些是次要因素。判断各因素对指标的贡献程度，找出因素和水平的最佳组合。分析因素和水平变化时，指标是如何变化的，即变化趋势和规律。了解各因素之间的交互作用强度，估计实验误差，即实验的可靠性。

有两种结果分析方法，即极差分析和方差分析。

极差分析就是直观分析，可以帮助判断主次因素，确定优水平和优组合。极差值是指某因素在最大水平与最小水平时实验指标的差值，即该因素在取值范围内实验指标的差值。某列的极差值体现了该列因素水平变化/波动时，实验指标的变化幅度。极差越大，表明该因素对实验指标影响越大，该因素越重要。绘制因素与实验指标的趋势图，就能直观分析出实验指标与各因素水平之间的关系，推断出主次因素。某列因素的平均极差值可判断该列因素的优水平和优组合。根据各因素各水平下的实验指标的平均值，确定优水平，进而选出优组合。

为了评估这些实验数据的波动是由实验误差引起的，还是由不同因素水平引起的，即不同实验批次和不同实验条件下的实验结果是否具有统计学意义，必须进行数理统计的方差分析。对实验结果差异的显著性进行估计，从而得出科学结论。在具体的实验过程中，不同批次和同批次内的重复实验，得到的数据是不完全相同的。

方差基本分析过程是，计算因素偏差平方和误差偏差平方和，构成了总偏差平方和。计算因素的自由度和误差自由度，构成总自由度。进而计算因素的方差和误差的方差，计算 F 值

（因素方差除以误差方差），一般假设的置信度可取 5%或 1%，进行假设检验。如果 F 值超出了置信区间，表明该因素对实验指标有显著影响，反之则无影响。因素对实验指标没有影响，意味着其差异是由误差引起的，不是因素引起的。

21.2.5 均匀实验设计

（1）均匀设计表

1978 年，我国科学家在导弹设计中，提出了五因素试验，希望每个因素的水平要多于 10 个，而且试验次数不能超过 50。我国数学家方开泰和王元教授经过几个月的共同研究，应用数理论的方法，不考虑正交设计的整齐可比，只考虑在试验范围内的均匀分散，创造了均匀设计（uniform design）。均匀设计已经实现了计算机软件的辅助设计和实验结果的统计分析。

与正交设计类似，均匀设计表记为 $U_n(q^m)$，即 m 个因素，q 个水平，总实验次数为 n。

均匀设计的特点是，实验次数较少，每个因素的每个水平只做一次实验；任何两个因素的实验点在平面的格子点上，每行每列都有且仅有一个实验点；均匀设计表的任两列组成的试验方案一般不等价，此点要求每个均匀设计表必须有一个附加的使用表。当因素的水平增加时，实验次数按水平数的增加量而增加。

混合水平的均匀设计：在多元素试验中，由于实验精度的限制，需要不同水平的因素进行试验。这就是混合均匀设计。如 $U_8(8^2 \times 4)$，即 1、2 因素的水平为 1，3、4 因素的水平为 2，5、6 因素的水平为 3，7、8 因素的水平为 4。

（2）均匀实验方案的设计与实施

均匀设计实验的步骤与正交设计基本相同，不同之处在于需要联合用规范化的均匀设计表和使用表进行设计。均匀设计表中，行数为水平数（试验次数），列数为安排的最大因素数。根据实验目的，选择适合的因素和相应的水平。选择适宜的均匀设计表，从使用表中选出列号，将因素分别安排到这些列号上，并将这些因素的水平按所有列的指示分别对号，完成实验方案的设计。

根据均匀设计表，安排实验，检测和分析，获得实验数据。

（3）均匀设计的结果分析

均匀设计的实验结果不能采用方差分析，可采用多元回归分析，发现因素与实验指标之间的回归方程。也可采用关联度分析，找到主因素及其最佳值。采用回归分析，求解变量和因素之间的函数关系，揭示变量之间的相互作用。根据函数关系，求出理论最优条件，进行最优条件的验证试验。

采用均匀设计，可揭示变量 Y（目标函数）与各因素之间的定性关系及最优工艺条件，特别是因素和水平较多时，很合适。但在制药工艺研究中，均匀设计并没有得到欧美药监部门的认可。

21.3 原料药生产工艺优化

以 QbD 的产品开发思路，进行原料药生产工艺开发，目的是建立一个能够始终如一地生产预期质量的原料药商业化制造工艺。原料药的质量是建立在对分子作用机制、生物学特性及其安全性的充分理解之上的，这是质量源于设计理念的前提条件。

原料药的研发参照 ICH、CFDA 药审中心发布的有关技术指导原则进行。ICH 对原料药的要求包括：基本信息，制药工艺和开发，生产工艺与控制，起始物料选择、控制策略、工艺验证、生命周期管理等几方面。CFDA 对原料药的要求包括：生产工艺路线、Ⅰ类溶剂使用、起始原料工艺和质量标准、生产工艺过程控制、关键工艺步骤、中间体控制、样品试制和工艺验证等。在做 QbD 前，应该首先搞清楚产品质量，然后再去设计。

21.3.1 制定原料药质量标准

（1）预期质量标准

在确定原料药的预期质量时，将原料药质量与制剂产品联系起来，考虑原料药在制剂中的用途及其对制剂开发的潜在影响。原料药的溶解性可能影响剂型的选择，原料药的粒径大小或晶形可能影响制剂产品的溶出，并结合原料药的物理性质（性状、外观、粒度分布、颗粒形态、晶形种类、晶形稳定性、熔点、溶解度、澄清度、吸湿性、堆密度、流动性）、化学性质（pK_a、稳定性、溶液、固态）、生物学特性（分配系数、细胞渗透率、BCS 分类）和微生物学属性（无菌、非无菌、细菌内毒素）的知识和理解，来定义原料药的质量标准。

对于仿制药品的原料药，其质量标准要与原研药一致，达到国家规定标准，如药典标准，确保制剂产品的一致评价。

（2）关键质量属性

1）产品 CQA 的决策过程

根据现有的科学技术知识和文献资料，列出制剂产品的所有质量属性。根据有效性和安全性，包括临床前和临床数据，判断是否为原料药的 CQA。再分析它们是否受生产工艺的影响。对于不能确定受影响的 CQA，进行风险评估和多因素实验研究。从制剂质量属性到原料药 CQA 的决策过程见图 21-5。

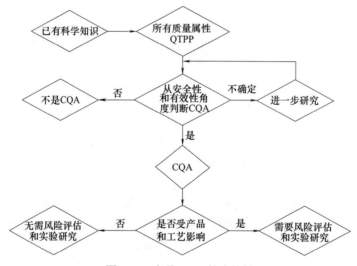

图 21-5　产品 CQA 的决策树

2）化学原料药 CQA

凡是影响药物安全性和有效性的属性都是关键质量属性，一般包括影响鉴别、纯度、性状、物理性质、杂质、微生物和稳定性（表 21-3）。根据 API 质量概况、制剂产品、ICHQ6AB、Q8 等，进行风险分析，确定原料药的关键质量属性。当物理属性对于产品在人体内的活性或制剂产品生产过程非常重要时，也可以指定为 CQA。如原料药的溶解度、粒度分布值、原料药晶形、杂质含量等。化学药物分子的结构与其功能的关系的科学知识可用于评估关键质量属性。

表 21-3　化学原料药的质量属性

属性	项目	是否关键
物理性质	pH，熔点，折射率，溶解性等	取决于产品性质和预期用途
外观性状	颜色，液体或固体，粉末，结晶，颗粒	取决于产品性质
化学性质	鉴别，含量，基因毒性	关键
杂质	有机杂质（含手性杂质），无机杂质，重金属，有关物质，残留溶剂	关键
微生物	细菌，真菌，大肠杆菌，内毒素	取决于风险分析

杂质影响药品安全性，是一类重要的潜在的原料药 CQA。对于化学制药工艺，杂质可能包括有机杂质（包括潜在基因毒性杂质）、无机杂质（如金属残留物）和残留溶剂。

3）生物制品 CQA

对于生物制品，其 CQA 大多是与原料药相关的，即是原料药或其生产工艺设计的直接结果（表 21-4）。对于生物类似药物，可借鉴原研产品或同类产品的经验，确定关键质量属性。

表 21-4　生物制品的质量属性

属性	项目	是否关键
外观性状	颜色，液体或固体，粉末，外来颗粒，体积	取决于产品性质和预期用途
鉴别	pI，分子量，肽图谱，圆二色谱，紫外吸收，末端测序	有效性，关键
性质	纯度（含量或浓度，蛋白质含量），生物活性和比活性，pH，水分含量，复溶时间/溶解性，渗透性	有效性，关键
产品结构变化	聚集，构象，C-端赖氨酸，脱氨基化的异构体，片段化（酶降解产物），修饰（二硫键，糖基化，氧化等）	有效性，关键
杂质	诱导剂、抗生素、宿主蛋白和核酸，残留溶剂，产品相关的有关物质，异常毒性，MTX	安全性，关键
微生物	细菌，真菌，大肠杆菌，内毒素，病毒	安全性，关键

生物制品是复杂的生物大分子产品，如蛋白质、酶、抗体、核酸、多糖等，由于存在糖基化、酰胺化等修饰作用，生产环节使得产品可能发生脱酰胺化、氧化、断裂、聚体化等，使得生物分子间具有很大的异质性，识别它们的 CQA 具有很大的挑战性，是生物制药研发周期中是非常重要的一个环节。对众多的质量属性逐一进行完整的评估是不现实的，可采用风险评估对质量属性进行分级，确定优先级。并尽可能以动物试验和早期临床试验数据作为首要依据，确定关键质量属性。对聚体、氧化、脱酰胺化和不同的糖基化形式的产物，进行体外或体内试验，通过测定其生物学活性来评价这些质量属性对分子药效和安全性的影响程度。

对于生物制品，杂质可能是工艺相关或产品相关的。工艺相关杂质包括细胞基质源杂质（如宿主细胞蛋白质和 DNA）、细胞培养源杂质（如培养基组分）和后续工艺源杂质（如柱滤出物）。生物制品杂质相关的 CQA 也包括对污染和交叉污染方面的考虑，包括所有偶然引入的物质（如外来病毒、细菌或支原体污染物），这些并不是制造工艺中的一部分。

21.3.2　原料药起始物料的选择

（1）化学原料药的起始物料

起始物料是用于生产原料药（API），并成为该药物结构组成部分的一种原料、中间体。反应试剂与溶剂不属于起始物料。通常用来成盐、成酯或其他简单衍生物的化学品可以认为是试剂，而不是起始物料。

选择起始物料是指原料药生产工艺从哪里开始，应该考虑以下要素。

① 起始原料应该是具备确认的化学性质和化学结构，能被分离出来。不可分离的中间体，不能作为起始物料应用于生产工艺路线的设计中。

② 具有较好的稳定性，能较长时间存放；起始物料属性发生变化对 API 质量影响较小。

③ 起始物料可以是大规模的商业化供应、定制合成或自制。如果通过附加的纯化步骤，才能使商业化的化学品成为起始物料，那么这些纯化步骤应该作为原料药生产工艺一部分，要在申报文件中进行描述。

④ 起始物料，都必须有相应的质量标准和分析方法，能对鉴别、含量、杂质等方面进行质量控制，并根据各杂质（包括残留溶剂与重金属等毒性杂质）对后续反应及终产品质量的影响制订合理的限度要求。

⑤ 起始物料的生产要符合 GMP 的有关要求，其供应商必须符合药监部门的有关要求。如果起始物料的工艺或过程控制有变化，要告知原料药生产厂，以便及时进行必要的变更研究与申报，药监部门批准后才能实施。

对于半合成原料药的起始物料，一般来源于微生物发酵产物或植物提取产物。如果在合成工艺中有 1 个可分离的中间体，这个中间体可作为半合成原料药的起始物料。申报文件应该全面分析起始物料，包括其杂质档案、发酵产物或植物产物及提取工艺是否影响原料药的杂质档案。同时要说明微生物来源或其他污染物的风险。

（2）生物制品的起始物料

对于生物制品，菌种或细胞库是起始点，细胞库是一种起始物料。培养基也是很重要的起始物料，如葡萄糖、谷氨酰胺、蛋白质水解物、维生素、矿物质等。细胞系和培养基属于关键物料，它们都影响重组蛋白质和抗体分子的均一性，特别是生成糖基化不均一成分。因此要求培养基化学成分明确，无动物来源，配方合理。对工程菌和培养基的要求见第 3 章，对细胞基质和培养基的要求见第 6 章。

由于对复杂原料的分析、原料中的营养成分与细胞表达和产物质量之间关系的了解不足，制约了生物类似药的研发。因此，在生物制品研发中，需要进行全面定性和定量分析。确定起始物料培养基成分与细胞生长、基因表达及产物质量之间的关系，才能对关键成分进行调控，以满足对产量和质量的要求。

（3）杂质对起始物料选择的影响

在药物生产工艺流程中，上游物料属性或操作条件的改变应该对原料药质量的潜在影响较小。下游工艺和风险是由原料药本身的物理属性和杂质的生成、走向和去除等决定的。下游结晶工艺和对原料药的后续操作（如粉碎、微粉化、运输）决定了原料药的物理属性。上游工艺引入或产生的杂质，有可能被下游的纯化步骤去除（如洗涤、分离中间体），因此可能不被带入原料药中。而下游工艺生成的杂质更容易进入原料药中。

起始物料选择的风险包括质量风险和法规风险两方面。起始物料的质量标准中，其合成工艺的不确定性和耐受性如何？起始物料的杂质谱是否充分研究？主要杂质（有机杂质、无机杂质和残留溶剂）是否容易控制？同时还要考虑未来潜在的供应商变更和生产工艺优化等变更的风险。

21.3.3 工艺参数设计空间的开发

（1）工艺参数设计空间开发的基本思路

在原料药工艺研发中，决定产品质量的工艺参数为关键工艺参数。如果考虑工艺性能属性，如产量、收率和纯度等经济性、生产安全性等，则这些参数为重要工艺参数（key process parameter，KPP）。

① 在充分理解工艺过程或单元操作和中间体或产品的基础上，将关键物料属性（如原料、起始物料、试剂、溶剂、工艺助剂、中间体）与中间体或原料药的关键质量属性相关联，

从中确定关键工艺参数（图21-6）。准确评估关键物料属性和工艺参数的变化，评价对原料药 CQA 的重要性和影响力，提出设计空间限度。

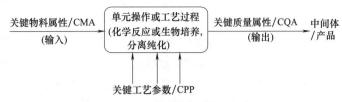

图21-6　关键物料属性、关键工艺参数和产品关键质量属性之间的关系

② 如果现有知识和经验不足，就进行实验（包括合成机理）研究，进行多因素实验设计和研究。通过对实验数据的分析和评估，识别和确认物料属性和工艺参数与原料药的 CQA 之间的联系，建立恰当的参数范围，即期望设计空间的边界值。

③ 开发实验室模型，模拟商业生产流程。模拟要考虑放大效应和商业化生产工艺的代表性。科学合理的模型应该具备两点：第一，能够预测产品质量；第二，当关键工艺参数在一定范围内进行波动时，一个参数或几个参数的共同作用不会影响到产品的最终质量。

④ 特别研究生产工艺每一步杂质的生成、走向（杂质间发生反应和改变了其结构）和去除（结晶、提取等）的相互关系及其控制策略，杂质经过了多步工艺操作，所有步骤（或单元操作）都应该评估。

⑤ 开发后的工艺都应该经过适当的验证。

（2）化学制药工艺的设计空间

化学原料药合成路线的前几步反应都是围绕着 CQA 中的有关物质进行的，对杂质的产生和去除进行风险评估。粒度、晶形应该在最后一步进行讨论，通过选择结晶溶剂和是否粉碎来解决。对于基因毒性杂质、溶剂残留和含量需要贯穿始终，进行综合评价。

以回流操作生成杂质的控制为例，比较分析传统方法和 QbD 方法是如何进行参数设计空间的开发。

在化学制药工艺路线中，由中间体 E 向中间体 F 的转化过程中，加热回流混合物 E。在加热回流的过程中，已经形成的中间体 F 发生水解，产生一个水解杂质，要求将杂质控制在 0.30% 以内（杂质限度标准的制定基于原料药的 CQA 以及纯化工序对该杂质的去除能力）。

假定在回流过程中，回流温度保持恒定，形成的中间体 F 的浓度保持恒定，水解是中间体 F 的唯一反应。中间体 E 中水分含量决定回流混合物的水分值，中间体 E 中的水分可以通过三效合一干燥进行有效控制，并维持在质量标准的范围内。

1）传统方法开发设计空间

通过实验室的小试研究，发现回流时间和中间体 E 的水分含量是中间体 F 水解的关键参数。根据已有知识和风险评估，证明其他潜在因素不重要。通过设计使用不同含水量的中间体 E 以及持续不同的回流时间，即得到水解杂质、回流时间和中间体 E 的水分三者之间简单的对应关系，水解杂质产生的反应遵循以下二级动力学方程式：

$$k[\mathrm{H_2O}][\mathrm{F}] = \frac{d[水解杂质数值]}{dt}$$

式中，[F]代表中间体 F 的浓度。

通过单因素实验，获得中间体 F 水解程度和时间的关系及中间体 E 中的水分之间形成的关系（图 21-7）。结论是中间体 E 水分越高，回流时间越长，中间体 F 水解杂质越多。

如果中间体 F 中杂质限量为 0.3%，那么要求中间体 E 中的水分最大不超过 1.0%，中间体 F 回流时间 1.5h，最大回流时间 4h。这样控制，将杂质内控标准设定为<0.3%。

2）QbD 方法开发设计空间

应用 QbD 方法进行研究，对中间体 F 回流时间和中间体 E 中水分含量这两个关键因素，进行两因素的实验设计。设定更多的边界条件，如不同水分含量的中间体 E 和不同回流时间，进行更多实验。将全部实验数据输入软件，生成设计空间的三维图谱，由统计工具计算出该工艺的边界值，得出设计空间的合理范围，将更加接近真实情况。

通过大量数据，得到二阶速率方程为：

$$\ln\left[\frac{M - X_F}{M(1 - X_F)}\right] = ([H_2O]_0 - [F]_0)kt$$

式中　　　　　$[F]_0$——中间体 F 的起始浓度；

　　　　　　　$[H_2O]_0$——中间体 E 中水的起始浓度；

　　　　$M = [F]_0/[H_2O]_0$——中间体 F 的浓度与中间体 E 中水的起始浓度的比值；

　　　　　　　X_F——中间体 F 水解的时间相关的浓度。

以回流时间（t）解此方程，结合回流最大容许时间和最初水分及水解杂质目标水平（≤0.3%），计算得到曲面对应关系（图 21-8）。在对应关系下的任意回流时间和中间体 E 的水分浓度在日常生产过程中均可以满足水解杂质≤0.3%。在实际生产中，可根据中间体 E 实际测定水分值选择回流时间，使生产操作的控制灵活性。

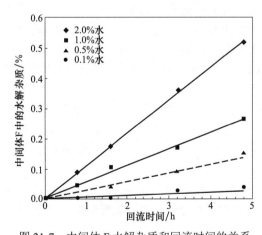

图 21-7　中间体 F 水解杂质和回流时间的关系

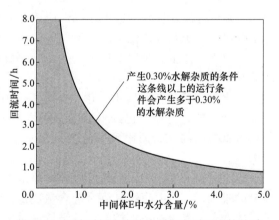

图 21-8　回流时间和水分含量与杂质形成的关系

（3）生物制品的设计空间

以细胞培养阶段的工艺参数为例，进行分析。采用风险评估对培养工艺参数进行分级（表 21-5），分为关键工艺参数（CPP）、容易控制的关键参数（WC-CPP）、影响工艺表现的重要参数（KPP）和一般工艺过程参数（GPP）。

表 21-5　细胞培养工艺参数的风险分级（基于对产品质量的影响）

培养阶段	中等	高风险	低风险
反应控制	种子密度，DO，搅拌，通气	种子代次，温度，pH，CO_2，培养时间	细胞活性
培养基	培养基存放	浓度、渗透压	补料和流加

对工艺参数采用失败和效应模型，进行风险评估，对每个参数进行排序。三点依据是：失败对 CQA 的潜在影响的严重性程度，在相关规模上失败发生的频率，在相关规模上失败的检测频率。

在一定范围内评价 CPP 对关键质量属性的影响，通过 DoE 实验确定 CPP 之间的相互作用并找到其范围。以低、中、高三种水平，对温度（32～36℃）、二氧化碳分压（40～160mmHg）、pH（6.6～7.2）、渗透压（340～440mOsm/kg）、培养基浓度、培养时间等关键质量参数进行实验研究，测定对蛋白质药物 CQA 的影响，包括糖基化、聚集体等不均一性变化，确定各参数适宜的范围。控制 CPP 在设计空间范围内，保证产品质量符合要求。

采用同样的思路，对细胞基质（接种量和活性）、培养基浓度、溶解氧浓度（30%～80%）、流加补料方式、培养基存放等中度和低度风险因素进行实验研究，确定参数的设计空间。

如果目标质量受多个关键工艺参数影响，采用同样的思路，进行多参数变量的系统性实验，从而达到质量标准的设计空间。

21.3.4 原料药生产工艺控制策略

原料药生产工艺控制策略包括物料属性（包括原料、起始物料、中间体、试剂、原料药的基本包装材料等）的控制、生产工艺过程控制［关键步骤控制，如纯化步骤的顺序（生物技术和生物产品），或者试剂（化学品）的加料顺序，投料顺序等］、中间控制（包含中控测试和工艺参数控制）和原料药的控制（如放行测试）。

将传统方法和 QbD 方法结合起来，开发工艺控制策略。使用传统方法确认一些 CQA、操作步骤或单元操作，然后使用 QbD 的方法处理其他的 CQA。使用传统方法开发生产工艺和设定控制策略，设定点和操作范围。使用 QbD 的产品开发方法，对工艺路线中的关键属性 CQA 进行研究，找到控制参数的边界值，并始终将产品的生产放在受控曲面之下，从而保证产品质量。

表 21-6 和表 21-7 分别列举了生物制品和化学原料药生产工艺的部分控制策略。

表 21-6　生物制品生产工艺的部分控制策略

质量属性	控制策略
原料药 CQA	原料药 CQA 的控制策略
生物源物料中的污染物（病毒安全性）	生物来源物料的病毒性安全信息摘要
	包含生物来源物料的详细信息，在生产和病毒清除适当阶段的检测
宿主细胞残留	单元操作的设计空间
糖链异质体	可以持续去除的目标范围
	分析方法及其验证
	隐性控制，包括工艺控制步骤（如细胞培养条件、下游步骤纯化、放置条件等）的总结
	作为 CQA 分类证明的结构解析
	关键步骤的控制，测试过程和质量指标
	质量指标的证据
	稳定性

表 21-7　化学原料药生产工艺的部分控制策略

关键质量属性	原料药 CQA 控制的限度	中间控制（中间样测试和工艺参数）	物料属性控制（原料/起始物料/中间体）	生产工艺设计	CQA 是否在原料药中检测/包含在原料药的指标中
有机纯度	杂质 1 不超过 0.15%	中间体工艺控制与检测，杂质 1≤0.30%			是/是
	杂质 2 不超过 0.20%	中间体工艺控制和检测，杂质 2≤0.50%			是/是
	单个未知杂质不超过 0.10%		起始原料 D 的指标		是/是

关键质量属性	原料药 CQA 控制的限度	中间控制（中间样测试和工艺参数）	物料属性控制（原料/起始物料/中间体）	生产工艺设计	CQA 是否在原料药中检测/包含在原料药的指标中
有机纯度	总杂质不超过 0.50%				是/是
	异构体杂质不超过 0.50%		起始原料 D 的指标异构体≤0.50%	手性中心显示不消旋	否/否
残留溶剂	乙醇≤5000×10⁻⁶	纯化步骤后，干燥检测		中控与原料药检测相关联	否/是
	甲苯≤890×10⁻⁶	中控检测		后续工艺步骤达到相关标准	否/否

21.3.5 工艺参数的生命周期管理

制药工艺的开发和工艺改进在其生命周期中是连续进行的，包括控制策略的有效性和设计空间的适合性，定期评估生产工艺的性能。从质量风险评估得到参数的分级，要贯穿整个产品生命周期。随着知识的积累，风险应该不断进行重新评估。

（1）工艺变更

根据生产工艺变更研究技术指导原则，变更划分为三类：Ⅰ类是微小变更，对产品安全性、有效性和质量可控性基本不产生影响。如起始原料、溶剂、试剂、中间体的质量标准，变更后改善了杂质状况。变更试剂、溶剂的来源，不改变其质量。Ⅱ类是中度变更，需要通过相应的研究工作证明变更对产品安全性、有效性和质量可控性不产生影响。如增加或替换过程控制，起始原料来源发生变更，且其制备工艺未变化。Ⅲ类是大变更，需要通过系列的研究工作证明变更对产品安全性、有效性和质量可控性没有产生负面影响。重大变更包括，如生产路线变更（化学合成路线、合成工艺改为发酵工艺）、生产工艺变更（关键步骤、关键工艺参数、工艺原理、最后一步反应条件、无菌原料药的无菌/灭菌生产工艺）、起始原料制备工艺和最后一步反应物料控制的变更。

（2）生命周期管理的实施例

以阴离子交换树脂色谱工艺为例，分析质量风险的生命周期管理。使用风险分级策略，将阴离子交换树脂工艺的相关参数及其设计空间，用直方图来表示（图 21-9）。通过工艺研发和相互影响关系的研究，为每一个影响 CQA 的高风险参数 $A\sim F$ 建立设计空间上下限。

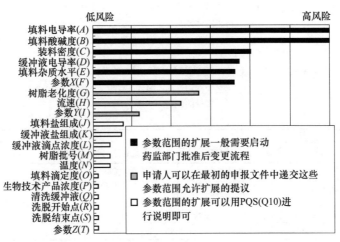

图 21-9　阴离子交换树脂工艺参数风险分级

任何高风险参数（如参数 $A \sim F$）范围的扩大，属于重大变更，都需要批准后才能变更。参数 G、H、I 不会影响 CQA，但其范围仍然有残留风险和放大效应的影响，属于中度变更，值得关注。在注册文件中要描述，如果参数 G、H 和 I 发生特定变更，如何管理。低风险参数 $J \sim T$ 对质量属性的影响不明显，属于微小变更。但如果参数 $J \sim T$ 范围扩大了，需要通知药监部门，但不需要预先得到监管部门的批准。

物料与溶剂回收工艺是正常工艺的一部分，能减少排放，降低成本。对于符合质量标准的回收溶剂，一般适用于相同工艺和步骤，不用于其他步骤和精制步骤。如果重复使用或套用回收的溶剂，要对回收过程进行控制和监测。多次套用，微量杂质会积累，可能超过限度，要对使用和套用次数进行验证。

思考题

21-1 为什么要在制药工艺研究中推行质量源于设计？

21-2 质量源于设计有哪些内容？它们之间是什么关系？

21-3 如何进行工艺参数的风险评估？结合本教材产品工艺的实例，举例分析。

21-4 如何应用过程分析技术进行化学合成和生物制药工艺研究？结合本教材实例，进行分析。

21-5 单因素、正交、均匀实验设计方法的优缺点、适用范围是什么？尝试对一个化学反应或生物反应的工艺参数控制进行实验设计。

21-6 如何制定原料药预期质量标准？结合本教材的产品实例，举例分析。

21-7 如何开发工艺参数的设计空间？结合本教材的生产工艺实例，举例分析。

21-8 如何进行原料药制造工艺的控制？结合本教材的生产工艺实例，举例分析。

21-9 如何进行工艺参数的生命周期管理？结合本教材的生产工艺实例，举例分析。

参考文献

［1］ 王兴旺. QbD 与药品研发：概念和实例. 北京：知识产权出版社有限责任公司，2014.

［2］ International conference on Harmonization (ICH), Q11, Development and manufacture of drug substances (Chemical entities and biotechnological entities). 2012.

第22章

反应器设计与放大

学习目标

▶ 掌握主要反应器的类型及制药应用特点，能够合理选择应用于生物制药和化学制药。

▶ 掌握立式搅拌反应器结构，理解主要参数自动控制方式和原理。

▶ 基于生物反应和化学反应特点，能够初步设计生物反应器、化学反应器、微反应器。

▶ 掌握反应器放大方法，能够对反应器进行放大设计。

  反应器（reactor）是用来进行化学合成或生物合成的装置，其作用是提供适宜的反应条件和可控的工艺参数，达到将原料转化为特定产品的目的。将反应器和自动化技术、计算机技术等结合，已经实现了反应器及其控制软硬件的高度集成，构成了反应器系统(reactor system)。该反应器系统设定工艺参数后，自动运行、自动显示和自动记录。先进的反应器系统，还集成了实验设计，可在线进行制药工艺参数的优化研究。对于生物反应器系统，还可进行培养基配方的优化。原料药的制备，无论是化学药物，还是生物技术药物，都是在反应器内合成的。因此，反应器系统是原料药生产的必备设备，在制药工艺中占有重要地位。本章介绍主要的反应器结构和放大分析。

22.1 概　述

  工业反应器必须考虑适宜的热量传递、质量传递、动量传递和流体流动等特定的工程环境，以实现规定的化学反应或生物反应。可从不同的角度考虑，对反应器进行分类。

22.1.1　反应器的分类

（1）基于反应类型的分类

  根据反应类型，是纯化学反应还是生物化学反应，将反应器分为化学反应釜（或反应罐）和生物反应器（bioreactor）。传统上，进行微生物培养的反应器称为发酵罐（fermentor）。

  由于化学反应的发生通常需要加压和加热，因此化学反应器的设备性能要求高。生物反应器则由生物酶催化，通过细胞的生长和代谢合成产物，但要确保反应器内为无菌环境，因此一般生物反应器为加压设备。

  根据生物催化的类型，生物酶催化和细胞催化，生物反应器可进一步分为酶反应器和细胞反应器。根据细胞类型的不同，细胞反应器还可分为微生物细胞反应器、动物细胞反应器和植物细胞反应器。

（2）基于反应相态的分类

不同相态的反应物往往具有不同的动力学特征和传递特征，可根据反应器内物料的相态进行分类。

如果反应在均一环境中进行，物料是气体、液体或固体，相应地分为气相反应器、液相反应器和固相反应器。

如果反应在非均相环境中进行，可分为气-液相反应器、液-液相反应器、气-固相反应器、液-固相反应器、固-固相反应器以及气-液-固相反应器。这种分类方法可以反映过程的主要物理特征。

（3）基于流体流动状况分类

反应过程中，有物料加入，产物流出，持续进行的反应器为连续反应器，其流动状况很复杂。为了简化研究过程，有两种理想的反应器。全混流反应器（complete stirred tank reactor，CSTR）是指流体在各个方向完全混合均匀的反应器，主要特征是反应物料的加入和反应产物的取出同步进行，反应体积保持不变，反应组成不变，是恒态反应过程。平推流反应器（piston fluid reactor，PFR）或活塞流反应器是反应物料以相同的方向、速度在反应器内推进，在流体流动方向上完全不混合，而在垂直于流动方向的截面上则完全混合，所有微元体的停留时间都相同。

理想反应器可用于实验研究反应过程，获得反应动力学数据，但在实际生产中很难达到理想状态。实际反应器内流体的流动方式往往介于全混流和平推流模型之间，称为非理想流动（混合）模型。非理想反应器需要考虑流动和混合的非理想性，如：流体在连续操作反应器中的停留时间分布、微混合问题、反应器轴向或径向扩（弥）散及反应器操作的振荡问题等。

22.1.2 常见反应器

生产中，常按照反应器主要结构特征进行综合分类，应用较多的如釜（罐）式、管式和塔式等。此外，反应器为达到混合目的，可采用不同的动力输入方式，如机械搅拌式、气流搅拌式和液体环流式。其中机械搅拌反应器采用机械搅拌实现反应体系的混合；气流搅拌反应器通常以压缩空气作为动力来源；而液体环流反应器则通过外部的液体循环泵实现动力输入。

（1）搅拌反应器

如图 22-1 所示，搅拌反应器（stirred tank reactor，STR）是工业上最为常用的反应器形式。它既可用于生物过程，也可用于化学过程；既适用于间歇操作，也适用于连续或半连续操作；小试、中试乃至大规模生产设备都可采用。其搅拌形式通常采用机械搅拌式。理想的 STR 能使罐内反应物实现全混流，即为 CSTR 型反应器。化学原料药种类多样、批量较小，生产过程原料配比及反应条件要求严格，主要采用间歇或半连续操作的搅拌罐。其特点是通用性强、生产计划和调度灵活、各批次追溯性强，在化学合成药物生产中得到广泛应用，例如制药工业中的卤化反应器等。

（2）管式反应器

如图 22-2 所示，管式反应器的特点是结构简单，易于维护，单位反应器体积具有最高转化率，尤其适用于均一气相反应。当管内反应物为活塞流时，即为 PFR 型反应器。填充床（也称固定床）反应器（packed bed reactor，PBR）可以看作是管式反应器内充填固体催化剂颗粒，尤其适用于气-固催化反应，如将大颗粒的固定化细胞，填充在反应器内并且不随液体流动。该类反应器的优点是结构简单，操作简便，但是易发生堵塞，氧传递性能差。

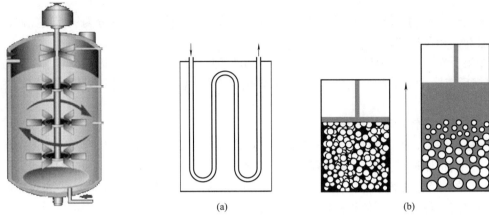

图 22-1　搅拌罐　　　　　　　图 22-2　管式反应器（a）和填充床反应器（b）

（3）流化床反应器

如图 22-3 所示，流化床反应器（fluidized bed reactor，FBR）是固定化细胞或催化剂处于流化状态的非均一催化反应器，因此需要全方位的彻底混合，以利于稳定温度和促进传质及反应速率。流化床反应器能够处理大批量的进料和催化剂,因此,其体积通常较大。通常的催化剂颗粒粒径为 10～300μm。该类反应器尤其适用于高黏度基质并且需要通气，或者是连续反应系统。在设计时，必须提供充足的流体流速，以保证催化剂颗粒处于悬浮状态。实现流态化的能量是输入反应器的流体所携带的动能，这种流体既可以是液体，也可以是气体，或者两者皆是。

（4）塔式反应器

如图 22-4 所示，常见的塔式反应器包括鼓泡塔（bubble column）和气升式反应器（air-lift reactor）。鼓泡塔反应器压缩空气流，同时起到混合和通气的作用。气升式反应器的结构形式与鼓泡塔类似，它是在鼓泡塔的基础上发展起来的。它利用气体的喷射功能和流体密度差造成反应液循环流动，并通过安装导流筒（draft tube）来增强反应器内的传递效果和强化流体的循环流动。该导流筒既可安装于反应器的内部，也可安装于外部，以达到强化环流、实现氧传递和消除剪切力的作用。

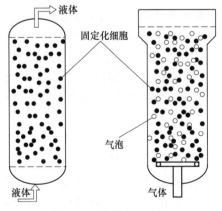

图 22-3　流化床反应器

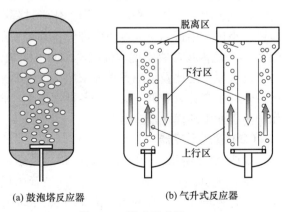

(a) 鼓泡塔反应器　　　(b) 气升式反应器

图 22-4　塔式反应器

（5）连续流反应器

工业反应器最主要的三种操作模式为间歇、连续和半连续。连续化操作的时空产率、产品质量稳定性、自动化程度、环保程度和操作成本等均优于间歇或半连续操作。随着微加工技术的飞速发展，微反应器（microreactor），即微通道反应器（microchannel reactor）作为一类特殊的连续流管式反应器，在药物合成的实验室研发甚至生产阶段取得了突破性进展。其通道或流体的特征尺寸通常在微米至毫米级，远远小于传统的管式反应器。与传统的间歇搅拌反应器相比，由于微反应器通道微小、比表面积大，使其具有连续流动化学的传质传热效率高，反应温度、原料配比及反应时间控制精确，副反应大大减少甚至完全消除，反应操作安全可靠，几乎无放大效应，便于实时监控反应，易于集成实现自动化控制等优势。其构型（图 22-5、图 22-6）在强放热、易燃易爆、危险品生产等高风险过程，以及副反应多的复杂反应体系中有较好的应用潜力，越来越多地被应用在制药行业，已有许多关于活性药物成分多步全合成的成功实例。然而，由于微反应器的通道尺寸微小，限制了流动通量，存在易堵塞和腐蚀等亟待解决的问题，其大规模工业应用仍有较高难度，目前报道较多的是小批量（1～50000t/a）药物的合成过程。此外，连续流反应器并非适用于所有的反应体系，对于某些产品需求量极小或者反应速度很慢的情况，连续流可能并不合适。目前大多数连续流动化学反应装置通用性较差，定制设备价格昂贵，制造周期较长，阻碍了连续流动化学技术的进一步发展。但随着连续流技术及其设备的发展越来越多地受到工业界认可，其在制药领域将具有广阔的应用前景。

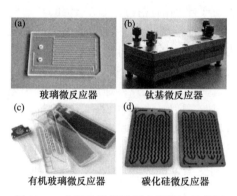

图 22-5　典型的微通道反应器模块示意图

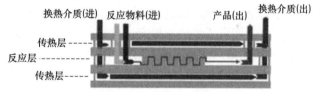

图 22-6　微通道反应器功能模块剖面示意图

综上所述，对于反应器的设计，首先要依据反应特征确定反应器类型，即根据通气、混合、流体及产物的特性、相态等物质和能量传递特性，对反应器进行初步的选型。然后计算反应器的大小和数量，即依据生产规模、生产总量和生产能力定量计算达到所需产量。最后确定反应器的操作条件，如压力、温度、进料组成以及传热形式等。下面分别以生物及化学合成制药中的典型反应器为例，介绍其基本结构与设计分析。

22.2　通气搅拌反应器

工业生产中使用最多的生物反应器是通气搅拌反应器，通气和搅拌相结合，规模可从实验室的几升容积到工业规模的几百立方米，广泛用于微生物发酵和动物细胞培养制药中。本节即以通气搅拌反应器为例进行介绍。

22.2.1 通气搅拌反应器的结构特征

通气搅拌反应器的主要组成部分包括主体壳体、控温部分、搅拌部分、通气部分、进出料口、测量系统、物料进出系统和附属系统等。物料进出系统主要有进料口和出料口，出料口常采用压出管形式，同时还有补料口等。附属系统包括视镜、人孔等以观察发酵液的情况或作设备安装、维修用。典型通气搅拌反应器的一些基本特征见图 22-7。

罐体的装料系数一般为 70%～80%。系统通常还设有消泡装置、参数测试元件、蛇管或夹套冷却装置等。

实验室小型通气搅拌反应器的罐体一般由耐热玻璃或不锈钢制成，大型通气搅拌反应器的罐体曾经使用普通碳钢，但现在都是采用不锈钢材料，其中与物料直接接触部分需用 316L 不锈钢，其他则用 304 不锈钢。这样可以尽量减轻腐蚀，并减少由此带来的不必要的金属离子对生物反应体系的污染。

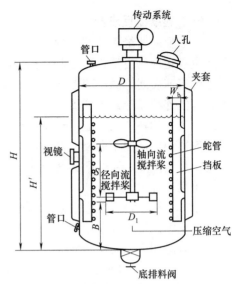

图 22-7　通气搅拌反应器的典型结构

H—罐体高度；H'—液位高度；D—罐体直径；
D_1—搅拌桨直径；S—相邻两层搅拌桨之间的距离；
W_b—挡板宽度；B—最下层搅拌桨高度

反应器底部设有空气分布器或喷嘴，通过空气过滤器的无菌空气从孔径几毫米的多孔管鼓入反应器内部。反应器内部常采用涡轮式搅拌桨，由置于罐顶的搅拌电机以一定的转速驱动旋转（大型发酵罐为了缩短搅拌轴长度，也有采用底搅拌的形式）。搅拌轴与罐体的连接要进行无菌密封。通过搅拌涡轮产生的液体旋涡及剪切力，将鼓入的空气打碎成小气泡，并均匀分散在培养液中。既提供了细胞生长所需氧，同时又使培养液浓度均匀。

通气搅拌反应器适合于大多数生物种类的细胞培养，具有以下优点：适用性强，从小型到中型直至大型的培养过程都可使用；pH 及温度易于控制，易放大；性能好，既适合连续培养，也可以间歇或半间歇生产；尤其对于气体传递，可提供高 K_La 值（单位体积质量传递系数）。其缺点是：机械搅拌剪切力容易损伤细胞，特别是对动物细胞有较大损伤；搅拌消耗的功率较大，耗能高；结构比较复杂，需要彻底清洗，否则受染菌的风险加大。

22.2.2 机械搅拌系统

机械搅拌系统由电机、变速箱、搅拌轴、搅拌桨、轴封和挡板组成，为反应器内质量传递、热量传递、混合和悬浮物均匀分布提供了动力保障。

（1）电机和变速箱

电机和变速箱置于罐体之外。小型反应器的电机是单相电驱动，而大型反应器则采用三相电机。在相同功率下，三相电机的电流较小，因而发热量也相应较低。对大型反应器，电机的转速远高于搅拌转速，因此必须通过变速箱降低转速。小型反应器可采用无级变速，不需要变速箱。如果不同培养阶段的搅拌不同，为了降低功耗，使用可调速电机。

（2）搅拌轴

搅拌轴的安装有两种方式，上搅拌是从顶部伸入罐体，而下搅拌是从底部伸入罐体。上搅拌的制造和安装成本要略高于下搅拌。采用下搅拌时，培养基中的固体颗粒或者可溶性成分在水分挥发后形成的结晶会损坏轴封，使其维护成本增加。不同尺寸的通气搅拌罐，其搅拌桨层数也不同。小型反应器需要一层搅拌桨，而大型通气搅拌反应器需要 2～4 层搅拌桨，以改善混合和传质。

有些小型动物细胞反应器采用磁力搅拌进行混合，以减少对细胞的损伤。

（3）轴封

轴封的主要作用是防止环境中的微生物进入反应器而引起染菌以及培养液等的泄漏。机械传动部件往往是造成反应器染菌的主要原因之一，因此轴封设计的关键是避免染菌和泄漏，并采用无菌密封材料。搅拌轴的密封为动密封，这是由于搅拌轴是转动的，而顶盖是静止固定的，这个构件之间具有相对运动。反应器中使用最普遍的动密封有两种，即填料函密封和机械密封。

① **填料函密封**　填料箱本体固定在反应器顶盖的开口法兰上，将转轴通过填料函，后放置有弹性的密封填料，然后放上填料压盖，拧紧螺栓。填料受压后，产生弹性形变堵塞了填料和轴之间的空隙，从而对轴周围产生径向压紧力，起到密封的作用。

填料函密封的优点是结构简单、拆装方便。缺点是死角多，难彻底灭菌，容易渗漏及染菌；轴的磨损较严重；摩擦所损耗的功率增加，产生大量的摩擦热；使用寿命短，需经常更换填料，因此现在应用得比较少。

② **机械密封**　机械密封是将容易泄漏的轴面密封，改变为较难渗漏的端面（径向）密封，其基本结构包括摩擦副（动环和静环）、弹簧加荷装置、辅助密封圈等。依靠弹性元件，如弹簧、波纹管等，及密封介质压力在两个精密的平面间产生压紧力，相互贴紧，并做相对旋转运动而达到密封。

机械密封同填料函密封相比，优点是泄漏量极少，使用工作寿命长，摩擦功率损耗小，结构紧凑等。缺点是结构复杂，安装技术要求高，拆装不方便等。

（4）挡板

为防止搅拌时液面上产生大的旋涡，并促进罐内流体在各个方向的混合，与搅拌桨相对应，在罐体上还安装有挡板，消除液面旋涡。

（5）搅拌桨

根据搅拌所产生的流体运动的初始方向，通气搅拌罐中使用较多的搅拌桨有径向流搅拌桨和轴向流搅拌桨，典型结构分别为图 22-8(a)所示的涡流式搅拌桨（disk and turbine impeller）和图 22-8（b）所示的推进式搅拌桨（marine style impeller）。径向流搅拌桨将流体向外推进，遇反应器内壁和挡板后再向上下两侧折返，产生次生流［图 22-9（a）］。轴向流搅拌桨则使流体一开始就沿轴向运动［图 22-9（b）］。

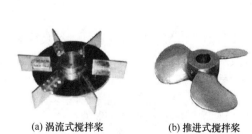

(a) 涡流式搅拌桨　　　(b) 推进式搅拌桨

图 22-8　径向流搅拌桨和轴向流搅拌桨示例

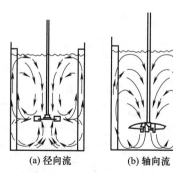

(a) 径向流　　　(b) 轴向流

图 22-9　径向流和轴向流示意

轴向流搅拌桨的功率准数较低，达到同样混合效果所需消耗的能量远低于径向流搅拌桨。而径向流搅拌桨所造成的剪切力大于轴向流搅拌桨，这有利于打碎气泡，从而增大氧传递速率，但会对有些细胞产生伤害。因此，径向流搅拌桨多用于对剪切力不敏感的好氧细菌和酵母的培养，而轴向流搅拌桨多用于对剪切力敏感的动物细胞反应体系。对于大型发酵罐，可采用这两类搅拌桨混合配置的设计，以充分发挥各自的优点。最下层桨一般采用平板桨，破碎气泡效果优良，这是在青霉素发酵研究和开发中得到的经验，一直沿用至今。

22.2.3 通气系统与消泡系统

（1）通气系统

通气系统由无菌空气制备系统、反应器内空气分布装置和出口气体除菌系统组成。无菌空气制备系统是一套相对独立的复杂系统，见第 2 章。

无菌空气通过空气分布管引入反应罐中，一般位于最下层的搅拌桨的正下方。由于小气泡具有更大的比表面积，有利于提高氧传递速率，因此必须将空气分布管中喷射出的空气尽量打碎成小气泡。为了保证气泡的分散，多采用带小孔的环状空气分布管，环的直径一般等于搅拌桨的直径。在大型通气搅拌反应器中，搅拌桨尖附近的剪切力非常大，足以达到充分打碎气泡的目的，为防止培养液中的固体物料或菌丝堵塞空气分布管，对某些特殊的发酵体系有时采用向下开口的单孔管。

出口气体除菌系统由出口气体冷凝装置和过滤装置组成。出口气体冷凝装置可避免培养液水分的过度减少，过滤装置既防止了环境中微生物通过空气出口进入反应器内，也避免了反应器内微生物扩散到环境中。对于简单的小反应器，往往没有冷凝装置，只通过一个简单的阀门控制出口气体。但为了避免染菌，必须调节空气的排出阀，保证反应器内始终处于高于大气压的正压状态。

对于动物细胞反应器，通常有空气、氧气、氮气和二氧化碳等四路供气管路。有些先进的生物反应器还配备了尾气分析装置，对出口气体进行在线分析，获得尾气中的氧及二氧化碳浓度，以协助判断反应过程的正常与否。

（2）机械消泡系统

通气搅拌反应器的装液量一般不能超过容器容积的 70%～80%。通气后液面会有所上升，预留部分空间可以避免泡沫马上冲出罐体，为消除泡沫提供一段缓冲的时间。一般越容易产生泡沫的体系，装液量要越少。此外，生物反应器在工作过程中会产生大量泡沫，机械消泡是常用的策略，即在罐顶部设计一个消泡桨，通过机械作用消除泡沫。消泡装置有耙式消泡器、半封闭式涡轮消泡器、离心式消泡器和碟片式离心消泡器等。

为了及时检测泡沫是否达到预警高度，通常在反应器上方装有液位电极，一旦泡沫达到相应的高度，就可以通过消泡控制装置自动向反应器中流加消泡剂。

22.2.4 检测与控制系统

在生物反应器环境中，安装有 pH 计、温度计、溶氧电极和压力表等，进行反应条件的控制。为防止和消除污染，反应器上所有与物料接触的仪器仪表必须灭菌。由于通常采用蒸汽灭菌，因此在高湿度（100%）的情况下，这些仪器仪表还必须能承受高温（121℃）。除上述检测仪表外，还需对物理参数进行监控和控制，包括搅拌轴功率、泡沫、气体流量、液体流速、液位、黏度和浊度等，如图 22-10 所示的发酵罐上安装连接的各仪器仪表。反应器由电脑控制系统提供开启/关闭阀门或打开/关闭电机的监控，如用于 DO、温度、pH 和压力等检测系统的控制回路，还可进行在线清洗（CIP）和在线灭菌(SIP)。

（1）生物反应器的自动控制方式

自动控制是根据反应变量的有效测量及工艺过程的动力学，借助于自动化仪表和计算机组成的控制器，使关键变量在预定值范围内变化，实现反应过程的稳定运行。

生物反应器的自动控制包括：①温度、pH、溶解氧、压力、生物量等工艺控制参数；②阀门的开关和泵的开停等控制动作；③预测控制动作对反应过程状态影响的数学模型，包括各种反应动力学及其信息化。这三者是相互联系、相互制约、组成具有特定自控功能的自控系统。目前，已经将上述三方面集成为控制软件，成为生物反应系统的一部分，贮存在计算机，通过显示屏界面进行操作和直观显示，并将过程参数的实时变化储存在硬盘中。

自控系统由关键工艺参数及其对应的控制器组成，其硬件包括传感器、变送器、执行机构、转化器、过程接口和监控计算机。自控系统有前馈控制、反馈控制和自适应控制。

1）前馈控制

如果工艺参数动态反应慢，需要频繁干预，则可通过一些动态反应快的变量（干扰量）的测量来预测工艺参数的变化，在工艺参数尚未发生偏离时提前实施控制，这种控制方法叫做前馈控制。图 22-11 所示为反应器温度的前馈控制，通过测量冷却水的压力，控制温度。当冷水压力发生变化时，控制器提前对冷却水控制阀发出控制动作指令，以避免温度的波动。前馈控制的控制精度取决于干扰量的测量精度以及预报干扰量对控制变量影响的数学模型的准确性。

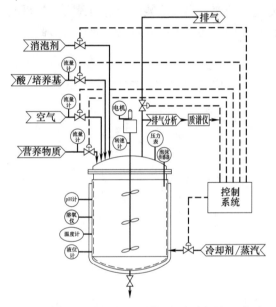

图 22-10　反应器的典型检测和控制用仪器仪表

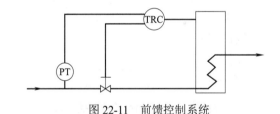

图 22-11　前馈控制系统

PT—压力变送器；TRC—温度记录和控制器

2）反馈控制

反馈控制系统如图 22-12 所示，由传感器检测反应器参数的输出量 $x(t)$，以检测值 $y(t)$ 反馈到控制系统。控制器对检测值与预定值 $r(t)$ 进行比较，得出偏差 e。采用某种控制算法，根据偏差 e 发出控制动作 $u(t)$。反馈控制有以下几种。

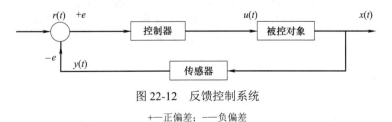

图 22-12　反馈控制系统

+—正偏差；—负偏差

① **开关控制** 最简单的反馈控制。图 22-13 是发酵罐温度的开关控制系统。它通过温度传感器感知反应器内的温度。如果低于设定值，冷水阀关闭，蒸汽或热水阀打开；如果高于设定值，蒸汽或热水阀关闭，冷水阀打开。控制阀的动作要么打开，要么关闭，故称为开关控制。对于加热或冷却负荷相对稳定的过程，适合于这种形式的控制，如灭菌过程。

② **PID 控制** 采用比例（P）、积分（I）、微分（D）控制算法。当控制负荷不稳定时，这种方式的控制信号分别正比于被控制过程的输出量与设定点的偏差、偏差相对于时间的积分和偏差变化的速率。采用 PID 能使反应器温度、液位、消泡等进行精确控制。

③ **串级反馈控制** 由两个以上控制器对一种变量实施联合控制的方法。图 22-14 是溶解氧与搅拌转速、空气流量（氧浓度）、压力组成的串级控制。发酵罐内的溶解氧电极/传感器检知溶解氧，由一级控制器根据 PID 算法计算出控制输出信号 $u_1(t)$，再被二级控制器的搅拌转速、空气流量和压力控制器接收。二级控制器由另一个 PID 算法计算出第二个控制输出，用于实施控制动作，以满足一级控制器设定的溶氧水平。当有多个二级控制器时，可以是同时或顺序控制。图 22-15 的情况下，可以先改变搅拌转速，当到达某一预定的最大值时再改变空气流量，最后是调节压力。在溶解氧的 PID 控制中，还可关联补料泵，通过调节微生物的生长，达到需氧与供氧的平衡。

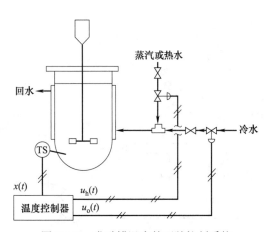

图 22-13　发酵罐温度的开关控制系统

TS—温度传感器；$x(t)$—检测量；$u_\mathrm{h}(t)$—加热
控制输出量；$u_\mathrm{o}(t)$—冷却控制输出量

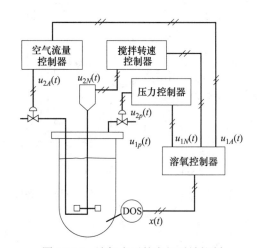

图 22-14　溶氧水平的串级反馈控制

DOS—溶氧传感器；$x(t)$—检测量；$u_1(t)$——级控制输出；
$u_2(t)$—二级控制输出；p—压力；N—搅拌转速；A—空气流量

类似地，同时关联补酸泵、补碱泵或补料泵，对于 pH 进行 PID 模式控制。在动物细胞反应器中，经常将二氧化碳或碳酸盐缓冲液关联起来，进行 pH 控制。

前馈控制所依赖的数学模型大多数是近似的，由于有些干扰量难以测量，从而限制了它的单独应用。因此，可将前馈控制与反馈控制相结合，各自取长补短。图 22-15 为废水的单处理系统的前馈/反馈控制。假如作为干扰量的输入废水中固体悬浮物含量随时间变化，通过在线分析仪测定后，信号前馈至排放控制器，使排出液的固体悬浮物含量保持在设定点上，同时，还根据排出液固体悬浮物含量的直接测量对排放率进行反馈控制。

3）自适应控制

生物反应过程总的来说是个不确定的过程，即描述过程动态特性的数学模型从结构到参数都不确切知道，过程的输入信号也含有许多不可预测的随机因素。这种过程的控制需提出有关的输入、输出信息，对模型及其参数不断进行辨识，使模型逐渐完善，同时自动修改控制器的控制动作，使之适应于实际过程。这种控制系统称为自适应控制系统，其组成如图22-16所示。其中，辨识器根据一定的估计算法在线计算被控对象未知参数 $\theta(t)$ 和未知状态 $x(t)$ 的估计值 $\hat{\theta}(t)$ 和 $\hat{x}(t)$，控制器利用这些估计值以及预定的性能指标，综合产生最优控制输出 $u(t)$，这样，经过不断的辨识和控制，被控制对象的性能指标将逐渐趋于最优。

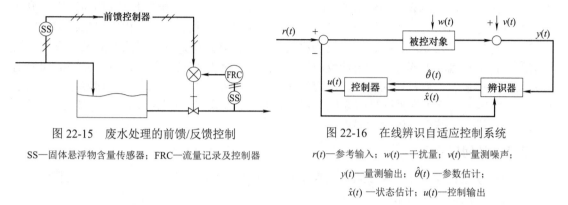

图22-15　废水处理的前馈/反馈控制

SS—固体悬浮物含量传感器；FRC—流量记录及控制器

图22-16　在线辨识自适应控制系统

$r(t)$—参考输入；$w(t)$—干扰量；$v(t)$—量测噪声；

$y(t)$—量测输出；$\hat{\theta}(t)$—参数估计；

$\hat{x}(t)$—状态估计；$u(t)$—控制输出

（2）温度控制系统

温度控制系统由温度测量电极、热交换装置及相应的控制装置组成。对大型通气搅拌反应器，采用罐内冷却盘管或夹套进行温度控制。盘管的冷却效率要远高于夹套，而且传热面积可根据需要设计，但它要占用反应器空间，增加了反应器清洗和灭菌的难度。为了强化传热，夹套可以设计成蜂窝状，以增加冷却介质的流速，这样可以弥补传热面积不足的限制。而对 $5m^3$ 以下的小型通气搅拌反应器，多采用夹套进行温度控制。

对于实罐实消培养基，就需要加热装置。如果反应器温度不足，可通过热交换器加热实现。对于大型反应器，一般采用直接向反应器中通入高压水蒸气，实现快速加热和灭菌过程。对于小型反应器，则通常采用夹套加热或电加热。

（3）pH控制系统

反应器内的 pH 是通过 pH 电极进行在线测量和自动控制。pH 控制系统包括 pH 电极、酸储罐及碱储罐、耐酸或碱的管道和泵以及相应的控制系统。根据不同生物反应体系的实际需要，可以只加酸或只加碱，也可以两者都具备。目前广泛使用的是可加压灭菌处理的玻璃电极，安装在反应器壁上。灭菌后和培养期间必须对 pH 电极进行校正，确保测量准确。生物反应器内流加培养时，通过碳源和氮源的补料也能起到调节 pH 的作用。

（4）溶解氧控制系统

反应器内的溶解氧是通过溶解氧电极进行在线测量和自动控制。溶解氧的感应器是溶解氧电极，其结构见图 22-17。溶解氧电极安装在反应器接管中，再直接插入培养液中，感应氧浓度 。测量时，溶解于电极端头外部被测介质中的氧传递至电极透氧膜外表面，经由透氧膜和内电解质溶液膜中扩散，最后到达电极阴极表面，在适宜的极化电压下发生电化学反应，并产生电极响应电流。电极响应电流与被测介质中的溶解氧水平成正比。

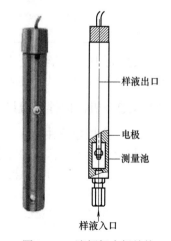

样液出口

电极

测量池

样液入口

图22-17　溶解氧电极结构

22.3 生物反应器设计要点

生物反应器的设计需考虑许多影响因素,诸如产品产量、质量控制、原辅料质量稳定性、生物催化剂的型式和性能等。根据工艺参数及其控制方式,如底物浓度、进料的浓度、流量和生物反应温度、压力、pH、通气量等,对生物反应器进行设计,主要内容包括:①反应器选型,根据生产工艺要求、生物反应及物料的特性等因素,确定生物反应器的操作方式、结构类型、传递和流动方式等;②设计反应器结构,确定各种结构参数,计算所需要的加料速度、反应器体积、主要构件的尺寸,确定反应器的内部结构及几何尺寸、搅拌器形式、大小及转速、换热方式及换热面积等;③工艺参数及其控制方式,确定温度、压力、pH、通气量、底物浓度、进料的浓度、流量和温度等。

22.3.1 几何尺寸

不同规模生物反应器(表 22-1)的典型特征不同,设计不同规模的生产能力及其适用范围,这对生产所需产品非常关键。

表 22-1 不同规模生物反应器典型特征

参数	实验室小试规模	生产规模
体积	5~15L	30m³
氧传递速率(OTR)	300~500mmol/(L·h)	100mmol/(L·h)
传热	40~70kW/m³	<20kW/m³
输入功率	15~30kW/m³	1~3kW/m³

经过半个多世纪的发展,现在通气搅拌反应器的几何尺寸都趋向于标准化,表 22-2 列举了通气搅拌反应器一些主要相对尺寸的范围。

表 22-2 通气搅拌反应器的一些主要相对尺寸的范围

相对尺寸	符号	范围	典型值
罐体的高径比	H/D	1.7~3	
搅拌桨直径与罐体直径之比	D_1/D	1/3~1/2	1/3(涡轮式)
挡板宽度与罐体直径之比	W_b/D	1/12~1/8	1/10(4块挡板)
最下层搅拌桨高度与罐体直径之比	B/D	0.8~1.0	
相邻两层搅拌桨距离与搅拌桨直径之比	S/D_1	1~2.5	

通气搅拌反应器在设计、安装过程中,应该注意避免死角或其他可能在局部位置上妨碍流体混合的瑕疵,以免造成灭菌不彻底或培养过程中形成微生物膜。

22.3.2 机械搅拌系统设计

(1)全挡板条件

挡板的设计要满足"全挡板条件"。所谓全挡板条件,是指在搅拌反应器中增加挡板或其他附件时,搅拌功率不再增加。挡板数目通常为 4~6 块,其宽度为 0.1~0.12D。全挡板条件是达到消除液面旋涡的最低条件。在一定的转速下增加罐内附件而轴功率保持不变。此条件与挡板数 Z、挡板宽度 W_b 和罐径 D 有关,必须满足下列关系式

$$\left(\frac{W_b}{D}\right)Z = 0.4 \sim 0.5 \tag{22-1}$$

式中,W_b 为挡板宽度,m;D 为罐内径,m;Z 为挡板数。

（2）搅拌桨层数

搅拌桨的层数视液体的深度而定。由于推进式和涡轮式搅拌桨器在垂直方向上的有效搅拌距离一般为搅拌桨直径的3～4倍，即搅拌罐内径的1倍。同一搅拌轴上安装的叶轮数目可由下式决定：叶轮层数=液体的当量深度/搅拌罐内径。液体的当量深度是罐内实际液体深度与其平均密度的乘积。若上式的结果不是整数，则圆整取较大的数值。

（3）搅拌功率的计算

搅拌功率的大小对流体的混合、气-液-固三相间的质量传递以及反应器的热量传递都有很大的影响，因此，生物反应器搅拌功率的确定对于反应器的设计相当重要。

1）不通气条件下的搅拌功率计算

在机械搅拌反应器中，搅拌器的输出功率 P_0（W）与下列因素有关：反应器直径 D（m）、搅拌器直径 d（m）、液面高度 H_L（m）、搅拌器的转速 N（r/s）、液体黏度 μ（Pa·s）、流体密度 ρ（kg/m^3）、重力加速度 g（m/s^2）以及搅拌器形式和结构等。通过量纲分析及实验证实，对于牛顿型流体而言，可以得到下列特征数关联式：

$$\frac{P_0}{N^3 d^5 \rho} = K \left(\frac{N d^3 \rho}{\mu} \right)^x \left(\frac{N^2 d}{g} \right)^y \tag{22-2}$$

式中　$\dfrac{P_0}{N^3 d^5 \rho} = N_p$——功率特征数；

　　$\dfrac{N d^3 \rho}{\mu} = Re_M$——搅拌情况下的雷诺数；

　　$\dfrac{N^2 d}{g} = Fr_M$——搅拌下的弗劳德数；

　　　　K——与搅拌器类型、发酵罐几何尺寸有关的常数。

从而上式又可改写为：

$$N_p = K(Re_M)^x (Fr_M)^y \tag{22-3}$$

实验证实，在全挡板条件下，液面未出现旋涡，此时指数 $y=0$，上式可简化为 $N_p=K(Re_M)^x$，即搅拌功率特征数 N_p 是搅拌雷诺数 Re_M 的函数。

2）通气条件下的搅拌功率计算

当反应器通入压缩空气后，搅拌器的轴功率与不通气时相比会有所下降，减小的程度与通气量相关。可能的原因是，通气使得液体密度下降；通气使得液体发生翻动。为了计算通气条件下的搅拌功率，必须引入通气特征数 N_a，它表示发酵罐内空气的表观流速与搅拌叶顶端流速之比，即

$$N_a = \frac{Q_g}{N d^3} \tag{22-4}$$

式中，Q_g 为工况通气量，m^3/s；d 为搅拌桨直径，m；N 为搅拌转速，r/s。

用 P_g 表示通气条件下的搅拌功率，P_0 为不通气时的搅拌功率，则

当 $N_a<0.035$ 时，　　　　　　$\dfrac{P_g}{P_0} = 1 - 12.6 N_a \tag{22-5}$

当 $N_a \geqslant 0.035$ 时，
$$\frac{P_g}{P_0} = 0.62 - 1.85 N_a \qquad (22\text{-}6)$$

3）非牛顿流体特性对搅拌功率计算的影响

某些常见的发酵液具有明显的非牛顿流体特性，其影响通常较大，给搅拌功率的计算也带来很多麻烦。

通常将不服从牛顿黏性定律的流体称为非牛顿流体，非牛顿流体的剪应力与剪切率不成正比关系，因而非牛顿流体没有确定的黏度值。常见的非牛顿流体可分为三类。

① **拟塑性流体** 其剪应力与剪切率的关系满足：
$$\tau = k \left(\frac{dw}{dr} \right)^n \qquad (22\text{-}7)$$

式中，k 为均匀性系数，也称稠度指数；n 为流动性指数，$n < 1$。

大多数发酵液都属于这种类型。特点是随着 k 增大，流体就越黏，n 值越小，流体的非牛顿性越明显。

② **宾汉塑性流体** 其特点是剪应力与剪切率的关系是不通过原点的直线。
$$\tau - \tau_y = \mu_p \left(\frac{dw}{dr} \right) \qquad (22\text{-}8)$$

式中，τ_y 为屈服剪应力；μ_p 为刚性系数。

③ **涨塑性流体**
$$\tau = k \left(\frac{dw}{dr} \right)^n \qquad (22\text{-}9)$$

式中，k 为均匀性系数，n 为流动性指数，$n > 1$。

非牛顿型流体搅拌功率的计算与牛顿型流体搅拌功率的计算方法一样，可用 $N_p = K(Re_M)^x$ 的关系式进行计算。但这类流体的黏度是随搅拌速度甚至发酵时间而变化的，因而必须事先知道发酵液黏度与它们的关系，然后才能计算不同条件下的 Re_M。但从大量的实验数据中可以看出，牛顿型流体和非牛顿型流体的 N_p-Re_M 曲线基本吻合，仅在 $Re_M = 10 \sim 300$ 区间之内存在较大的差别，因此，在计算当中可直接按照牛顿型流体进行搅拌功率的计算。

22.3.3 通气搅拌反应器设计举例

生产用生物反应器的设计就是根据给定的生产任务，使反应器的体积、类型和操作方式最佳。反应器的体积是在反应器的类型和操作方法（或/和条件）已经确定的前提下进行计算得到；或者结合反应器内反应物系的组成与操作条件来确定。

可获得的生产信息越全面，设计依据越充分，反应器的设计也就越合理。在某些重要的初始依据信息缺失的情况下，需将其假定为最佳条件，并且在设计过程中反复核算修正，这同时也是设计过程中普遍存在的一个环节。例如年产量和年工作日的确定是否合理可行等。对发酵罐进行设计，还应该考虑其如何适应其余的生产过程，下面的例题假定已经考虑过这个问题了。

（1）设计依据

① **产物与产量** 重组工程生物细胞内的蛋白质，产量为30000kg/a，且产品经纯化冷冻干燥处理。操作时间为年生产330d，每天24h，每周7d。生产车间和工艺通过验证，符合GMP规范。

② **发酵工段** 发酵特性：最大发酵体积为 20L，最大细胞生物量（干重）为 50g/L，产物表达量为 0.05g/g（细胞干重），基于葡萄糖的细胞得率 $Y_{X/S}$ 为 0.4，基于氧消耗的细胞得率 $Y_{X/O}$ 为 1.0，持续增长速率为 0.3/h（使用配制培养基，30℃，pH6.5 条件下培养）。

发酵工艺：发酵培养基由无机盐、工业酵母提取物、硫胺素、葡萄糖等组成。葡萄糖单独灭菌进料，维持在 5g/L 以下。其他所有组分均需分批灭菌（硫胺素无菌过滤器添加）。灭菌后的葡萄糖和培养基保存在无菌罐中，按照生产进度加料。发酵温度控制在 30℃，通过自动添加 H_2SO_4 或者氨气调节 pH 为 6.5。发酵周期为 16h。

培养基流变特性符合牛顿规律，最大黏度 2mPa·s。温度对生长速率有影响，在 22～32℃之间对产物无影响。CO_2 的总压强不高于 4atm，对生产无影响。在 1VVM 和 500r/min 条件下，发泡影响很小。溶解氧保持在 30%饱和度（相对于大气压），在最后 2h 需要加氧，但没有提供 K_La 的相关信息。流体力学没有影响。

③ **发酵终点** 发酵终点需要将发酵液降温至 4℃，整个过程需在 30min 内不通风条件下完成，对产品降解无影响。

④ **分离纯化工段** 实验室规模下的纯化效率为总量的 80%。

（2）初步设计计算

由年产量和收率，计算出年发酵罐的产量 = 30000kg/0.8 = 37500kg。

由细胞得率，计算出年细胞产量 = 37500kg/0.05 = 750000kg。

由细胞浓度，计算出年发酵体积 = 750000kg×1000/50kg/L = 15000000L。

合理的工厂生产周期为 24h，其中发酵时间 = 16h，辅助时间 = 8h。

由每年操作天数 330 天计算出每天发酵量 = 15000000/330 = 45450L = 45.45m³。

可通过有效容积 45.45m³ 的 1 个发酵罐完成，这样造型，虽然发酵罐投资成本最低，但需要一个巨大的回收系统处理，该回收系统大多数时间处于闲置状态且不会降低生产风险。最好选择 2 个发酵罐，每个工作容积为 22.725m³。虽然发酵罐的设备成本高，但提高了回收设备利用率，从整体和长远发展角度看，总成本更低。

此外，根据回收系统的具体过程和其他工厂实际操作，有可能采用 3 个发酵罐进行生产更好。方便以 8h 的产量做计划，或者 4 个罐。

以上并不是最终设计结果，可据此进行罐体容积、最大功率（搅拌桨选型）、氧传递速率以及传热面积的初步设计计算，并做相关修正调整，以满足年生产量。

22.4 化学反应器设计要点

化学反应器是制备化学药物的主要设备。大量的原料药和中间体的制备常采用釜式反应器，最常见的是立式搅拌反应器，又称为反应釜或反应罐、反应锅。它结构简单，能在很宽的温度、压力范围内工作，适用于从小到中等规模的间歇操作、半连续和连续操作。然而药品生产通常是一个耗时空的过程，传统的釜式反应器自动化控制水平相对较低，容易发生因反应失控而导致火灾、爆炸、中毒等安全事故隐患，此外还存在环境污染、能耗高、批次之间产品质量稳定性差等问题。随着人们对药物生产在环境、健康和安全方面的要求越来越高，连续流工艺因其不仅克服了与药品批量生产相关的时空成本问题，而且能确保药物从实验室转移到生产阶段，实现规模化制备的可行性和可重复性，在制药行业得到了迅猛发展，微反应器也在诸多药物合成中有了应用。本节分别以立式搅拌反应器和微反应器为例进行介绍。

22.4.1　立式搅拌反应器的结构

（1）结构特点与应用

立式搅拌反应器主要由搅拌装置、轴封和搅拌罐及其附属装置组成，如图 22-18 所示，是广泛用于气-液、液-液和液-固相反应的一种标准釜式反应器。筒体由钢板卷焊制成，再焊接上由钢板压制的标准釜底，并配上封头、夹套、搅拌器等零部件。按工艺要求，可选用不同型式的搅拌器和传热构件。标准釜底一般为椭圆形，有时根据工艺上的要求，也可以采用其他形式的釜底，如平底、半球底、锥形底等。其结构简单、加工方便，传质、传热效率高，温度浓度分布均匀，操作灵活性大，便于控制和改变反应条件，适合于多品种、小批量生产。该类反应釜适应于处理各种不同相态组合的反应物料，几乎所有有机合成的单元操作（如：氧化、还原、硝化、磺化、卤化、缩合、聚合、烷化、酰化、重氮化、偶合等），只要选择适当的溶剂作为反应介质，都可以在釜式反应器内进行。

立式搅拌反应器在间歇操作时，辅助时间有时占的比例大，尤其是压热釜（温度、压力高），升温和降温时间很长，降低了设备生产能力。对于大吨位产品，需要多台反应器同时操作，增加产品成本。近年来，釜式反应器趋向于设备大型化、操作机械化、控制自动化，使生产效率大为提高。

前述生物反应器中的通气搅拌发酵罐即是在立式搅拌反应器的基础上，考虑到适应微生物、细胞和酶等活性物质的培养条件，增设了更多的检测和控制系统。本节对两种反应器结构类似之处不再赘述。

（2）常用搅拌装置

如前所述，化学反应器中的搅拌装置也包括传动装置、搅拌轴和搅拌桨。搅拌的目的是使物料混合均匀，强化传热和传质，包括均相液体混合、液-液分散、气-液分散、固-液分散、结晶、固体溶解和强化传热等。液体在设备范围内作循环流动的途径称作液体的"流动模型"，简称"流型"。化学反应釜中搅拌液体的流动模型有径向流、轴向流、切向流以及它们的组合形式，如图 22-19 所示。不同的搅拌桨形式会产生不同的流型。

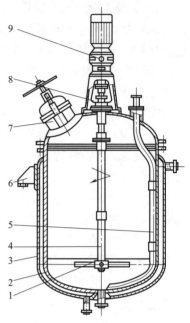

图 22-18　立式搅拌反应器结构

1—搅拌器；2—罐体；3—夹套；
4—搅拌轴；5—压出管；6—支座；
7—人孔；8—轴封；9—传动装置

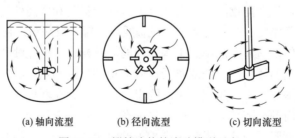

(a) 轴向流型　　　(b) 径向流型　　　(c) 切向流型

图 22-19　搅拌液体的流动模型示意

1）桨式搅拌桨

由桨叶、轴环、键、轴组成。有直叶桨和折叶桨两种形式，分别产生径向流和轴向流。其特点是结构简单，应用广泛。适用于流动性大、黏度小的液体物料，也适用于纤维状和结晶状的溶解液，物料层很深时可在轴上装置数排桨叶。

2）涡轮式搅拌桨

涡轮式搅拌桨有如图 22-20 所示的圆盘式和开启式两种形式，它们按桨叶又可分为平直叶式、弯叶式和折叶式。涡轮式搅拌桨速度较大（300～600r/min），能量消耗不大时，搅拌效率较高。适用于乳浊液、悬浮液等。其中平直叶圆盘涡轮搅拌桨最为常用，工业上又称 Rushton 搅拌桨，会产生如图 22-21 所示的很强的径向流。

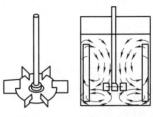

(a) 平直叶圆盘涡轮　　(b) 弯叶开启涡轮　　(c) 折叶开启涡轮

图 22-20　涡轮式搅拌桨形式

图 22-21　Rushton 搅拌桨及其搅拌产生的流型

3）推进式搅拌桨

推进式搅拌桨在搅拌时能使物料在反应釜内循环流动，所起作用以容积循环为主，剪切作用较小，上下翻腾效果良好，如图 22-22 所示。图中的推进式搅拌桨又称为螺旋桨。当需要有更大的流速时，反应釜内可设导流筒。

4）框式和锚式搅拌桨

图 22-23 所示为框式搅拌器，可视为桨式搅拌器的变形，其结构比较坚固，搅动物料量大。如果这类搅拌器底部形状和反应釜下封头形状相似，通常称为锚式搅拌器。这类搅拌器直径较大，转速低（50～70r/min）。桨叶与釜壁间隙较小，有利于传热过程的进行。

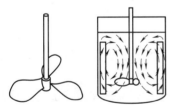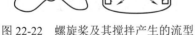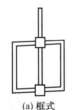

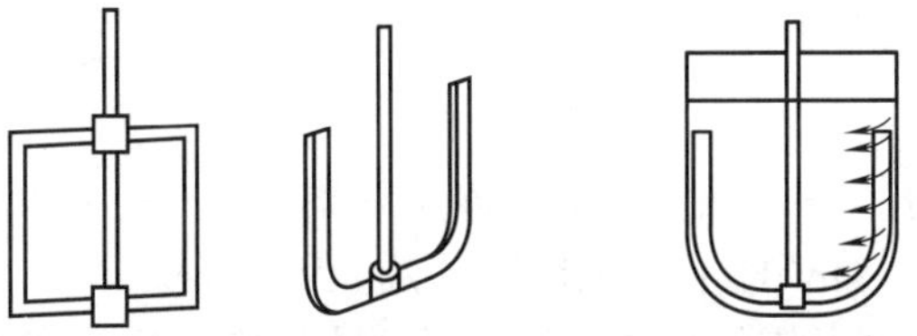

(a) 框式　　(b) 锚式　　(c) 锚式搅拌桨搅拌产生的切向流型

图 22-22　螺旋桨及其搅拌产生的流型

图 22-23　框式和锚式搅拌桨及其产生的流型

快速旋转时，搅拌桨叶片所带动的液体把静止层从反应釜壁上带下来；慢速旋转时，有刮板的搅拌桨能产生良好的热传导。常用于传热、析晶操作和高黏度液体、高浓度淤浆和沉降性淤浆的搅拌。

5）螺带式搅拌桨和螺杆式搅拌桨

图 22-24 为螺带式和螺杆式搅拌桨的结构示意图。螺带式搅拌器，扁钢按螺旋形绕成，直径较大，常做成几条紧贴釜内壁，与釜壁的间隙很小，所以搅拌时能不断地将粘于釜壁的沉积物刮下来，故可兼有框式和推进式搅拌桨的作用。螺带的高度通常取罐底至液面的高度。螺带式搅拌器和螺杆式搅拌器的

(a) 螺带式　　(b) 螺杆式

图 22-24　螺带式和螺杆式搅拌桨的结构示意

转速都较低，通常不超过 50r/min，产生以上下循环流为主的流动，主要用于高黏度液体的搅拌。

22.4.2 立式搅拌反应器的设计要点

（1）确定反应器的体积和数量

对于一定生产规模的化学制药工艺计算，首先需要确定反应器的容积 V_R 和台数 n。基于工艺实验或中试放大数据，根据每天的物料处理量 V 和每处理一批所需时间 T（即生产周期）来计算。从提高劳动生产率和降低设备投资来考虑，选用体积大而台数少的设备较有利，但是还要考虑其他因素做全面比较。如大型设备的操作工艺和生产控制方法是否成熟。

如果先确定了反应器台数，则可计算每台反应器的体积为：

$$V_R = \frac{VT}{24n\phi} \qquad (22\text{-}10)$$

式中，V_R 为反应器体积，m^3；V 为物料处理量（由生产任务决定），m^3/d；$T（=T_1+T_2）$ 为每生产周期所需时间，h；T_1 为物料达到要求转化率所需的反应时间，多由实验测定或从工厂运行数据中选取；T_2 为辅助生产时间，包括加料预热、冷却、卸料、洗涤、烘干等诸工序所耗用时间；n 为所需反应器的台数；ϕ 为装料系数，一般取 0.7～0.85，对易发泡或沸腾反应液取 0.4～0.5。

在计算时应注意，反应器体积 V_R 需要圆整到标准设备尺寸。如算得 V_R=1134L，则选用1200L。

如果先确定反应器容积，按式（22-10）计算得到反应器数量。由于计算值通常不是整数，需圆整为整数 n。这样反应器的生产能力比理论计算值大，其提高程度称为后备系数，即圆整值与计算值的比值。后备系数一般在 1.1～1.15 较为合适。

（2）传热面积计算

对一定体积的反应器，传热面积固定不变。可用以下公式计算：

$$A = \frac{Q}{K\Delta\tau} \qquad (22\text{-}11)$$

式中，$\Delta\tau$ 为热两侧流体间平均温度差，K；Q 为反应时所需传递的热量，W；K 为传热系数，W/（$m^2\cdot$K）；A 为所需传热面积，m^2。

当计算所需的传热面积大于反应器实际所具有的传热面积时，则需按要求增加蛇管换热器，以保证传热要求。

（3）反应时间

反应时间取决于反应速率，反应速率就跟物料浓度、温度有关系，由化学反应动力学进行计算。

反应时间、传热面积和反应体积就是反应器的工艺设计要点，由此提供了反应器的工艺设计条件。

22.4.3 微反应器设计要点

近年来，随着化学反应过程强化技术与微细加工技术的结合，微反应器的应用得到了迅速发展，广泛应用于药物及其中间体的合成、聚合反应、有机合成、纳米材料的制备等领域，也开辟了许多新应用领域，如微流体多相光催化技术、微流体萃取工艺、微流体水净化技术等。

对于分子水平的反应而言，微反应器的体积仍然是非常大的，所以它对反应机理和反应动力学特性影响甚小。其主要作用是对质量和热量传递过程的强化和流体流动方式的改进。与传统间歇式反应器相比，微反应器具有如下主要性能优势。

① **高传热系数，有利于控制反应温度**　常规反应器中由于换热速率不够快，常出现局部过热现象，导致副产物生成，收率和选择性下降。而微反应器的传热系数非常大［可达 $25kW/(m^2 \cdot K)$］，即使是反应速率很快、放热效应很强的化学反应，在微反应器中也能及时吸收热量，维持反应温度不超过设定值，并能控制强放热反应的点火和熄灭，使反应能在传统反应器无法达到的温度范围内操作。这对于药物合成中涉及中间产物和热不稳定产物的部分反应具有重大意义。

② **连续流动反应，有利于精确控制反应时间**　对于剧烈的反应进程，常规间歇式反应器往往采用逐渐滴加反应物，促进反应平衡移动，以防止反应过于剧烈。这就造成一部分先加入的反应物停留时间过长，导致副产物的产生。微反应技术采取的是微管道中的连续流动反应，可以精确控制物料在反应条件下的停留时间，一旦达到最佳反应时间就立即传递到下一步或终止反应，从而有效消除因反应时间长而产生的副产物。

③ **数增放大，有利于解决工艺放大问题**　微反应器在扩大生产时，不需要对反应器进行尺度放大（scale up），而只需并行增加微反应器的数量，即通过"数增放大"效应（numbering up）实现。在对整个反应系统进行优化时，只需对单个微反应器进行模拟和分析，这使得在反应器的开发过程中，节省了中试时间，而且不需要制造昂贵的中试设备，缩短了开发周期。数增放大还提高了生产的灵活性，在传统的经营模式下，企业通过放大原有生产设备，以获得更低的生产成本或满足市场增加的需求，一旦市场需求量减小，便造成生产能力过剩，产品库存增加。而采用微反应器等微型设备后，能通过数增放大去增加或减少产量，并易于做到按时、按地、按需生产。

④ **反应器结构微型化，有利于提高安全性能**　由于微反应器内反应体积小，传质传热速率快，能及时移走强放热化学反应产生的大量热量，从而避免宏观反应器中常见的"飞温"现象。对于易发生爆炸的化学反应，由于微反应器的通道尺寸数量级通常在微米级范围，能有效地阻断链式反应，使这一类反应能在爆炸极限内稳定地进行。对于反应物、反应中间产品或反应产物有毒有害的化学反应，由于微反应器数量众多，即使发生泄漏也只是少部分单个微反应器，而单个微反应器的体积非常小，泄漏量非常小，不会对周围环境和人体健康造成重大危害，并且能在另外微反应器继续生产时，予以更换。同时，由微反应器等微型设备组成的生产过程能够按时、按地、按市场需求进行，从而克服了运输和存储大批有害物质带来的安全难题。

微反应器设计与制备的主要内容包括：选择适用的材料、确定合适的工艺、微结构的设计与成型、微结构密封连接。微通道式微反应器成型后还需要对通道表面进行改性，如改变疏水性以适应不同的流体，改善微通道的性能等。

（1）微反应器的制备材料

微反应器常用的制备材料类别有高分子基、硅基、金属基和陶瓷基等。微反应器的材质选择主要取决于应用条件，包括温度、压力、酸碱度、成本、制造难易程度等。高分子基微反应器相对来说制备成本低，易于实现生产，但是其机械性能不高、导热性能差，主要用于常温常压反应；硅基微反应器，基于集成半导体芯片的制备方法，很快就实现了应用，相比于高分子基微反应器，有较高的反应温度和导热能力，主要应用于实验室研究和小通量产物的生产，也适用于光化学反应；金属基微反应器主要通过精细机械加工来制备，一般适合中试和企业化生产需求，但是耐酸碱和耐高温性还需要提高；这三种材料目前工艺成熟，应用较为广泛。陶瓷基材料微结构制备工艺相对复杂、不成熟，且陶瓷制品易发生脆性断裂，对实际应用有一定的阻碍。但是陶瓷材料因具有很高的化学稳定性和热稳定性，在高温、高机械强度和重腐蚀环境等苛刻反应条件下具有比金属等传统材料更优越的性能。选用陶瓷材料制作的微反应器，既可以利用微化工技术的许多优点，例如微流控制、大比表面积等，同时还能利用陶瓷材料自身的特殊性，例如陶瓷微孔结构能够实现气-液-固三相反应，粗糙表面易于催化剂的负载等，使其具有潜在的发展前景。

（2）微反应器的制备技术

随着微细加工技术的迅猛发展，根据不同的材料类别，微反应器的制作方法有多种。常用的加工方法有机械微加工法、模具塑造法、刻蚀法、LIGA 技术等，而微反应器往往需要使用多种材料和多种制作方法来共同完成。

① **机械微加工法**　通过软件设计图形直接在材料表面使用机械切削或激光加工形成微通道的方法。该方法使用简单，需要对应的精密加工设备和刀具，可以外协加工，成本适中，制备速度快，但是精度根据材料性质决定，精度较好。主要用于金属、有机聚合物和陶瓷类微反应器的加工。

② **模具塑造法**　在具有微结构的模具中注入固态或液态的材料，施加外力成型后通过固化或烧结得到含有微通道基片的方法。该方法可以在实验室进行，对设备和环境要求不高，制备速度快，模具可回收，但是模具成本高，微通道形貌灵活性低，得到的微通道精度不高，主要用于高分子聚合物和陶瓷类微反应器的制备。

③ **刻蚀法**　通过化学或物理的手段将物质剥离下来得到预期图像的方法，包括干法和湿法。如通过光刻得到预蚀图案，然后刻蚀得到需要的微通道，精度高，但是生产设备昂贵且需要在恒温无尘室进行，加工制备成本较高，主要用于玻璃和硅类微反应器的加工。

④ **LIGA 技术**　是一种基于 X 射线光刻技术的精细微加工技术，由光刻、电铸和注塑三个步骤组成，使用该技术能够获得高精密度、高纵横比的微结构，主要用于高分子类、硅类材料的精细加工。

除以上几种方法外还有牺牲模板法、软光刻、电化学腐蚀法等新型加工方法，不再赘述。

（3）微反应装置选型与工艺参数控制

如前（第 17 章）所述，微反应装置一般包含如下基本模块：试剂输送、混合、反应、淬灭、压力调节、收集、分析和纯化。试剂输送模块能准确地将相应的反应物送入流动系统中，反应物经混合模块后进入微反应器中发生化学反应，反应模块直接与淬灭模块连接，能够精确控制停留时间，采用压力调节单元控制体系压力，最后收集产物。此外，还可以使用分析以及纯化设备对产物进行处理，所有基本模块都可以互换和重复排列，从而产生了无限多可能的组合，在实际应用时需要根据反应类型构建一个合适的连续流动化学反应装置。

在连续流动过程中，精准控制物料的流量非常重要，流量不仅可以控制停留时间，而且还会影响反应的化学计量。根据反应所需停留时间、系统承受的压力和溶剂性质，通常使用三种不同类型的流体输送装置，分别是注射泵、蠕动泵及高效液相色谱泵。注射泵通常用于较低流量的流体输送，容量有限，限制了操作的时间和规模；蠕动泵虽然卫生，不会交叉污染，但是不能有效解决微反应系统对压力的要求；高效液相色谱泵分为单柱塞往复泵和双柱塞往复泵，适用于流量高于 0.1mL/min 的低压至高压系统，虽然单柱塞往复泵价格较低，但周期性压力脉冲较高，因此，当输送两相流体（液体/液体、气体/液体）或混合过程非常重要时，不宜使用。

根据功能和应用，微反应功能模块包含微换热器、微混合器和微反应器（图 22-5、图 22-6）。其中微混合器和微反应器是连续流动化学技术的核心组成部分，在化学反应过程中发挥重要作用（详见第 17 章）。

已有研究表明微反应器的传质速率比传统反应器的传质速率高多个数量级，并且微反应器适合对传质传热速率要求较高的过程，尤其是强放热等反应。因此，对微反应器中的通道结构及其强化传质传热过程的研究具有重要意义。根据强化传质的能量来源可以将微反应器分成主动式微反应器和被动式微反应器。主动式微反应器需要额外设置电磁场、超声等外界能量源来提高混合速率和传质效率。此类微反应器能够实现较好的传质效果，但是制造较困难且耗能较高。被动式微反应器主要通过微通道的优化设计来实现传质强化。此类微反应器制造较容易且耗能较小，具有较大应用潜力。

微反应器的特征是其内部尺寸一般为亚微米到亚毫米的流体通道。常见的微反应器有微通道微反应器、毛细管微反应器、微孔阵列微反应器等，其中微通道微反应器应用最为广泛。对于动力学特征不同的反应过程，微通道微反应器的整体性能受微通道结构、尺度等参数的影响差异显著。微通道的形貌结构不同形成了不同的流体混合方式，影响微流体的反应特征时间、停留时间、传质和传热，直接影响其反应过程。

随着先进材料的应用和微加工技术的发展，微反应器的制造材料和加工方式将会有更多的选择，可以进一步拓展微反应器在各种工况条件下的应用场景。微反应器设计的灵活性可以针对每个反应提供最优的解决方案，而数值仿真对微反应器中流体传质传热的快速模拟，将为微反应器的快速设计开发提供重要指导。微反应器的模块化、在线诊断、自主决策优化等技术的全面融合，将进一步简化反应操作过程和优化流程，极大地加快和增强微反应器发现、优化和制造新材料的能力，提升微反应器的应用潜力。

22.5　反应器的放大

制药工艺的规模是由反应器决定的，反应器的体积放大(scale-up)是制药工艺规模放大的核心和关键。反应器体积的变化对化学反应过程和生物反应过程及其单元操作有从量变到质变的影响。反应器放大后，非理想化的物料流动状态对传热和传质、混合影响很大。对于生物反应器，体积的变化还会引起生物学参数的变化，$K_L a$、溶解氧与二氧化碳、搅拌通气与细胞受剪切损伤的显著差异，从而改变了细胞的生长和代谢过程。如果说反应器放大是为了规模化生产，那么反应器放小(scale down)是为了提供更小规模的实验系统用于复制大型反应器中的生产环境。放小规模比大规模更快、更低成本地测试工艺参数研究、工艺验证等，近几年得到快速发展和应用。本节分析反应器的放大设计。

22.5.1　逐级经验放大

根据小试实测数据，结合研究开发者的经验，不断适当增加实验的规模，从实验室装置到中型装置，再到大型装置的过渡，修正前一次试验的参数，而进行的反应器体积放大称为逐级经验放大。

经验放大的原则是空时得率相等，即不同反应体积，单位时间、单位体积反应器所生产的产品量（或处理的原料量）是相同的。通过物料平衡，求出为完成规定的生产任务所需处理的原料量后，得到空时得率的经验数据，即可求得放大反应所需反应器的容积。

放大规模可用放大系数表征，把放大后的规模与放大前的规模之比称为放大系数。比较的基准可以是每小时投料量、每批投料量或年产量等。放大前的实验规模是每小时投料量 50g，中试试验每小时投料 2kg，放大系数就是 40。也可用反应器特征的尺寸比为放大系数。

确定放大系数，要依据反应类型、放大理论的成熟程度，对过程规律的掌握程度以及工作经验等而定。如果能做到放大系数为 1000，可按克级的实验室工艺直接放大到千克级的中试规模，并将中试结果进一步放大到吨级的工业生产过程。由于化学反应复杂，原料与中间体种类繁多，化学动力学方面的研究往往又不够充分，因此难于从理论上精确地对反应器进行计算。

逐级经验放大的前提是放大前后操作条件完全相同，适用于反应器的搅拌形式、结构等反应条件相似的情况，而且放大倍数不宜过大。优点是每次放大均建立在实验基础之上，至少经历了一次中试实验，可靠程度高。缺点是缺乏理论指导，对放大过程中存在的问题很难提出解决方法。

22.5.2 相似模拟放大

运用相似理论和相似特征数（无量纲特征数），依据放大后体系与原体系之间的相似性进行的放大称为相似模拟放大。根据相似理论，保持无量纲特征数（相似特征数）相等的原则进行放大。基于对过程的了解，确定影响因素，用量纲分析求得相似特征数，根据相似理论的第一定律，系统相似时同一相似特征数的数值相同，计算后，进行放大。

（1）相似模拟放大的依据

① 几何相似性，两体系的对应尺度具有比例性。对于反应器的各个部件的几何尺度都可以用于放大，可模拟原型反应器罐体的高度、内径、搅拌器等参数，按比例放大，放大倍数就是反应器体积的增加倍数。

② 运动相似性，两体系的各对应点的运动速率相同。

③ 热相似性，两体系的各对应点的温度相同。

④ 化学相似性，两体系的各对应点的化学物质浓度相同。每种方法都有其适应性。

（2）相似模拟放大的适用性

相似模拟放大在化工单元操作方面已成功应用于各种物理过程，但不适宜于化学反应过程和生化反应过程。各种运动相似性、化学相似性和热相似性在化学反应和生物反应中很难实现，实际上，几何相似也不能完全实现。当反应器的体积放大 10 倍时，反应器的高度和直径均放大 $10^{\frac{1}{3}}$ 倍，而不是 10 倍。在反应器中，反应与流体流动、传热及传质过程交织在一起，要同时保持几何相似、流体力学相似、传热相似、传质相似、反应相似是不可能的。一般情况下，既要考虑反应的速度，又要考虑传递的速度，对于涉及传热和化学反应的情况，不可能在既满足某种物理相似的同时，还能满足化学相似，因此采用局部相似的放大法不能解决问题。相似放大法可能应用于反应器中的搅拌器与传热装置等的放大。

22.5.3 数学模拟放大

数学模拟放大是用数学方程式表述实际过程和实验结果，然后计算机模拟研究、设计、放大。影响反应的因素复杂，不可能用数学方程全面、定量地描述过程的真实情况。一般地，先对过程进行合理简化，提出物理模型，模拟实际过程。再对物理模型进行数学描述，从而得到数学模型。对数学模型，在计算机上研究各参数的变化对过程的影响。图 22-25 为数学模拟放大研究工作的程序。

① **建模**　首先简化建模参数，通过小试，结合化学、生物学、工程学理论，选择重要参数建立动力学模型和流动模型，模拟实际过程。建立数学模型的方法有导师型、无导师型和混合型。

② **模型检验**　模型检验是通过一定规模的试验进行。此时试验的目的不是测取数据，而是注重验证模型是否达到特定目的，并修正、完善模型，使之具备等效性。比较分析模型计算结果与中试放大或生产设备的数据，对模型进行修正，可提高数学模型的可靠性。

③ **模型运用**　模拟放大的最后工作是借助经过验证的数学模型进行各种模拟试验，即通过改变参数，用计算机来解数学方程，达到放大和优化的目的。模拟试验工作仅需在计算机上完成，能进行高倍数放大，不再依赖实物装置。这样做除可以节省时间、人力、物力和资金外，还可以进行高温、高压参数下的计算，缩短放大周期，提高放大工作效率。

采用数学模拟进行工艺放大，主要取决于预测反应器行为的数学模型的可靠性。数学模拟放大法以过程参数间的定量关系为基础，能进行高倍数放大，缩短放大周期。比较分析模型计算结果与中试放大或生产设备的数据，对模型进行修正，可提高数学模型的可靠性。由于制药反应过程的影响因素错综复杂，要用简单的数学形式来完整、定量地描述过程的全部真实情况是不现实的。模型的建立、检验、完善，需要大量的基础研究工作。由于精确建模的艰巨性，数学模拟放大的实际应用成功事例并不多见，但代表着放大的发展方向。

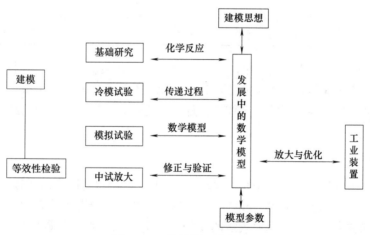

图 22-25　数学模拟放大过程

22.5.4　生物反应器放大策略的选择

反应器参数的设计非常复杂，也影响着反应器的放大。反应器放大过程中必须保持某一参数不变来进行放大计算。一个数量简单地从小规模到大规模，基于生物反应器的特点和生物对反应器的要求，可采取以下常规放大原则和策略。

通气搅拌是生物反应器的基本特征，可基于单位发酵液体分配的通气搅拌功率相同、空气流量相同的原则，按照等功率与体积比（P_0/V）、等传质系数 K_La、等搅拌桨叶尖速率（ωD_i）、等混合时间和/或雷诺数（Re）、等底物或者产物或溶解氧，进行放大设计。

在青霉素的早期发酵中，采用单位体积搅拌功率进行了成功放大。在小试中，求出产物浓度与功率的关系，确定最佳功率值，然后基于该参数的指标进行放大。K_La 既是生物反应器的供氧特征，也反映了细胞对溶解氧的需求。而且，在很多情况下，溶解氧是生物反应的限制性因素，是生物反应过程中的关键控制参数。因此目前常常采用 $K_L a$ 相同的原则进行放大。由于培养成分相同，因此培养液的流体流动性质基本一致，可只考虑操作条件，计算并进行放大。基于 $K_L a$，在青霉素的发酵放大中，实现了从 250mL→20L→500L→1500L 的逐级放大，效果与摇瓶一致。

如果保持放大前后反应器的高度与直径之比不变，则放大后表面积与体积比会显著降低，这将改变提供空气和排除二氧化碳所需的表面积。如果维持几何相似性，则大型发酵罐中的物理条件不能与小型发酵罐中的完全相同。当该变化改变了反应器中化学物质的分布或造成细胞破坏或损伤时，培养物的代谢反应将因规模不同而异。搅拌桨直径与发酵罐内径的比以及发酵罐高径比保持不变时，放大方法比较见表 22-3。

表 22-3　从 75L 到 10000L 发酵罐的不同放大方法的比较

放大标准	符号	小型发酵罐 (75L)	工业发酵罐（10000L）			
			等 P_0/V	等 ω	等 ωD_i	等 Re
输入功率	$P_0 \propto \omega^3 D_i^5$	1	133.3333	3479.8823	26.0991	0.1957
输入功率/体积	$P_0/V \propto \omega^3 D_i^2$	1	1	26.0991	0.1957	0.0015
搅拌桨转速	ω	1	0.3371	1	0.1957	0.0383
搅拌桨直径	D_i	1	5.1087	5.1087	5.1087	5.1087
搅拌桨翻动量	$Q \propto \omega D_i^3$	1	44.9500	133.3333	26.0991	5.1087
搅拌桨翻动量/体积	$Q/V \propto \omega$	1	0.3371	1	0.1957	0.0383
搅拌桨最大转速（叶尖速率）	ωD_i	1	1.7223	5.1087	1	0.1957
雷诺数	$Re = \omega D_i^2 \rho/\mu$	1	8.7987	26.0991	5.1087	1

表 22-3 中可以看出，采用不同的放大原则所得放大结果相差很大。保持高径比不变，将搅拌罐的直径放大了 5 倍。小型反应器设计的适用条件是反应速率，由微观动力学控制。大型反应器则主要受流体混合影响。当使用条件发生变化时，用小型实验的结果进行放大计算就不可靠了。

22.5.5　发酵罐放大设计实例

将 1L 容积的发酵罐放大为 100m³。已确定小型发酵罐的高径比为 2.5，搅拌桨直径为罐体内径的 30%，搅拌速度为 400r/min，使用涡轮式搅拌桨，分别按等 P_0/V、等搅拌桨叶尖速度、等雷诺数的放大原则，计算放大后的发酵罐、搅拌桨的尺寸及搅拌桨转速。

假设放大前后的发酵罐几何相似，罐体是圆筒形的。由已知条件，可得放大前小发酵罐及其搅拌桨的几何尺寸：

$$V = \frac{\pi}{4} D_R^2 H = \frac{\pi}{4} D_R^2 \times 2.5 D_R = \frac{5\pi}{8} D_R^3 \qquad (22\text{-}12)$$

$$D_R = \left(\frac{8V}{5\pi} \right)^{\frac{1}{3}}$$

计算得，$D_R = 0.07986$m；$H = 0.19965$m；$D_i = 0.3 D_R = 0.02396$m。

放大后的大发酵罐体积为 100m³，几何形状与小发酵罐相似。因此，发酵罐尺寸的放大比例是体积比的立方根，即 $(100 \times 1000 \div 1)^{1/3} = 46.41589$。故大发酵罐及其搅拌桨的尺寸分别计算得，$D_R = 3.707$m；$H = 9.216$m；$D_i = 1.1121$m。

（1）按等 P_0/V 原则放大

$$(\omega^3 D_i^2)_小 = (\omega^3 D_i^2)_大 \tag{22-13}$$

$$\omega_大 = \omega_小 \left(\frac{D_{i小}}{D_{i大}} \right)^{\frac{2}{3}} = 400 \times 46.41589^{-2/3} = 31.0 (\text{r}/\text{min})$$

（2）按等搅拌桨叶尖速度原则放大

$$(\omega D_i)_小 = (\omega D_i)_大 \tag{22-14}$$

$$\omega_大 = \omega_小 \frac{D_{i小}}{D_{i大}} = 400 \div 46.41589 = 8.6 (\text{r}/\text{min})$$

（3）按等雷诺数原则放大

$$(\omega D_i^2)_小 = (\omega D_i^2)_大 \tag{22-15}$$

$$\omega_大 = \omega_小 \left(\frac{D_{i小}}{D_{i大}} \right)^2 = 400 \times 46.41589^{-2} = 0.2 (\text{r}/\text{min})$$

从上述结果中可以看出，如果培养物像哺乳动物细胞一样对剪切非常敏感，就应采用按等叶尖速度为原则进行放大。否则，基于等 P_0/V 原则进行放大可能是最适的。通常不会使用基于等雷诺数原则放大的结果。

22.5.6　动物细胞培养过程的放大

生物制药一般起始于-196℃保存的一份种子，其细胞数量约 5×10^5 个/mL。对于动物细胞培养，最终生产的反应器体积一般为 10~20000L，细胞密度 2×10^6 个/mL，这就要求（1~2）百万倍地扩大培养。对于微生物反应器体积可达 100m³ 以上，扩大倍数更大。如何使一份种子满足大规模培养的需要？答案就是放大。多级种子培养就是反应器体积的放大过程，实现了生产反应器对细胞数目和活力的需求。一般地，每级种子培养的体积增加 5~10 倍，需要 4~5d，到生产反应器的扩大培养周期长达 25d。在放大培养过程中，必须保证所有的设备、试剂和操作无污染，还要符合 GMP 的相关要求。目前，放大成为生物制药，特别是蛋白质药物工业化生产的限制瓶颈。

生物反应器放大的主要限制因素是溶解氧的限制、营养物质的限制和代谢废物积累。动物细胞培养，更是需要在培养密度和反应器体积之间平衡（图 22-26）。可选择的几种情况是：①大体积（10000~20000L）反应器，常规细胞密度（1~2）× 10^6 个/mL；②小体积（1~2L）反应器，细胞密度非常高，如中空纤维反应器，达（1~2）× 10^8 个/mL；③中等体积（2~500L），中等细胞密度，如循环过滤，达（1~2）× 10^7 个/mL；④中等体积（200L）反应器，高细胞密度，微载体培养，达 1×10^8 个/mL。

不同的培养体系，表面积、单位体积的细胞密度都不同，从而致使其生产能力差异较大。根据培养体系和反应器的性能，满足细胞系、产品类型、培养周期、产品的年需求量等方面要求，选择适宜的放大过程（图 22-27），把放大的风险降到最低。

实验室培养的容器主要是转瓶，用于贴壁细胞培养，细胞密度可达 10^7 个/L；而磁力搅拌反应器用于悬浮细胞培养，密度可达 10^8 个/L。进入车间的一级培养反应器可选择贴壁系统（如 cell cube）和复盘培养（multitray），细胞密度扩大到 10^9 个/L。然后选择两种方案进行放大。以增加细胞生长的表面积为主，进行体积放大。最后在不改变体积的情况下，进行密度放大。Celltech 公司选用气升式反应器，培养杂交瘤细胞，生产单克隆抗体。就是采用阶梯逐级放大培养工艺，从 10L 放大到 10000L，放大时间为 17d，生产抗体 10g，比转瓶的产率提高约 5 倍。

微生物的发酵培养也是采用类似的逐级放大工艺，主要是通过多级种子扩大培养实现，每级放大约 5～10 倍。与动物细胞培养不同的是，微生物种子放大过程没有产物生成，在生产反应器内才能合成目标产物。以上的放大过程也可用于微生物发酵的固定化高密度培养。

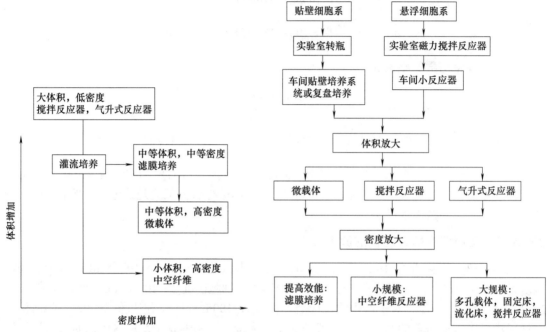

图 22-26 动物细胞反应器放大策略的选择　　　　图 22-27 动物细胞培养的放大过程

思考题

22-1 反应器的主要类型及其特点是什么？如何选择应用？

22-2 维生素 C 发酵生产中，第一步发酵使用通气搅拌发酵罐，第二步发酵使用气升式发酵罐。从两种发酵罐的结构出发，结合生产菌的特性，说明原因。

22-3 通气搅拌生物反应器主要包括哪些系统？主要在线传感器有哪些？使用中应注意什么？

22-4 生物反应器过程自控系统由什么组成？前馈控制、反馈控制及自适应控制的特点及其可适用的参数有哪些？

22-5 反应器设计的基本要求和主要内容是什么？

22-6 比较生物反应器和化学反应器设计的内容和异同？

22-7 连续流反应器相对于传统釜式反应器的优缺点有哪些？

22-8 比较分析反应器放大方法的异同及其适用范围？

22-9 某药品生产中试车间用 200L 搪瓷釜做试验，每批操作可得成品 12.5kg，操作周期为 17h。今需设计年产 1000t 的该药品生产车间，求需用搪瓷釜的数量与容积。年开工天数为 300d。

22-10 对硝基氯苯经磺化、盐析制备 1-氯-4-硝基苯磺酸钠，磺化时物料总量为每天 5m³，生产周期为 12h；盐析时物料总量为每天 20m³，生产周期为 20h。若每个磺化器容积为 2m³，装填系数取 0.75，求（1）磺化器个数；（2）盐析器个数、容积（装填系数取 0.8）。

参考文献

［1］ Liu S. Bioprocess Engineering: Kinetics, Biosystems, Sustainability, and Reactor Design. 2nd ed. New York: Elsevier, 2016.

［2］ Charles G H, Thatcher W R. Introduction to Chemical Engineering Kinetics and Reactor Design. 2nd ed. New Jersey: Wiley, 2014.

［3］ Lydersen B K, D'Elia N A, Nelson K M. Bioprocess engineering: Systems, equipment and facilities. New Jersey: John Wiley & Sons, Inc, 1994.

［4］ Mather J P. Laboratory scale up of cell cultures (0. 5-50 liters). Methods in Cell Biology, 1998, 57: 219-227.

［5］ 于文国. 微生物制药工艺及反应器. 北京: 化学工业出版社, 2008.

［6］ 伍青林, 张仕凯, 陈东. 微反应器的设计与应用. 液压与气动, 2022, 46(5): 103-117.

［7］ 吴迪, 高朋召. 微反应器技术及其研究进展. 中国陶瓷工业, 2018, 25(5): 24-31.

第23章

制药工艺计算

学习目标

▶ 理解制药工艺流程图的表达形式,能够绘制工艺流程图。

▶ 掌握物料衡算的原理和计算方法,能够衡算生物制药和化学制药工艺的物料变化。

▶ 掌握能量衡算的原理和计算方法,能够衡算生物制药和化学制药工艺的能量变化。

在制药工艺研发过程中,需要进行计算,发现工艺参数问题和评价工艺的优劣。在中试和试生产阶段也需要进行计算。本章制药工艺计算主要包括物料衡算和能量衡算,其方法和思路适用于工艺研发阶段和车间设计阶段,乃至于产品的生产阶段。在基本完成工艺路线选择、确定工艺参数和流程后,绘制出工艺流程示意图,标明主要物料的来龙去脉,描述从原材料至中间体或成品所经过的单元操作(如反应和分离、精制等)和相应设备等。然后再进行工艺计算,开始定量计算。通过物料衡算和能量衡算,可以得出制药单元操作和整个工艺过程的产量和质量,据此计算结果,评价工艺优劣和进行优化。

23.1 制药工艺流程图

把制药工艺路线中物料和载能走向用图形表现出来,就是制药工艺流程图。通常有两种图样,包括制药工艺流程示意图和工艺控制流程图,以下分别介绍。

23.1.1 制药工艺流程示意图

工艺流程示意图可用流程框图或流程简图表示,主要内容要体现由原料转变为产品的全部过程,反映原料及中间体的名称及流向,所采用的单元操作和过程的名称。有时,需要标出能量输入和输出的流动,以显示该单元的工艺控制条件和方式。

工艺流程框图是以方框或圆框分别表示单元操作和过程,以箭头表示物料和载能介质流向,并辅以文字说明,对工艺过程和控制进行定性描述。图 23-1 为阿司匹林生产工艺流程框图。由酰化反应、结晶、离心、脱水、干燥、过筛、包装等单元操作组成,每一步都会影响最终产品的产量和质量。酰化反应单元,由水杨酸和乙酸酐在酸催化下,控制温度为 70～75℃,生成阿司匹林。结晶单元,控制温度为 5～8℃,在有机溶剂中进行结晶。

工艺流程简图是由物料流程和一定几何图形的设备组成,它包括设备示意图、设备之间的竖向关系、全部原料、中间体及三废名称及流向,并以必要的文字说明,使流程图更加清晰。如图 23-2 所示为阿司匹林生产工艺流程简图。

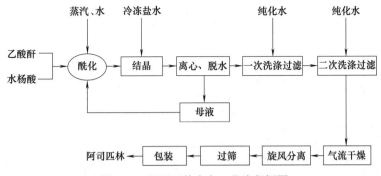

图 23-1　阿司匹林生产工艺流程框图

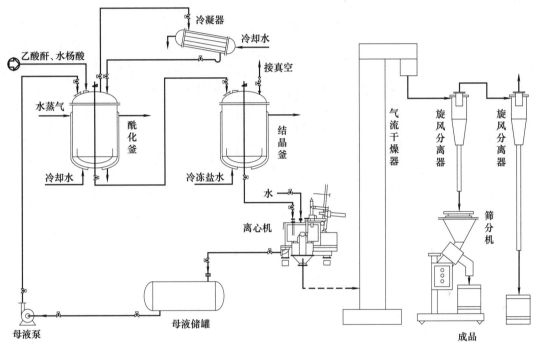

图 23-2　阿司匹林生产工艺流程

在制药工艺研发阶段，一般只需绘制物料工艺流程框图。该阶段重点是工艺过程的详尽描述，有助于强化工艺的理解和参数空间的开发。如果要进行经济性评估，就需要把能荷的流程加到工艺流程图中，计算能量平衡和消耗功率。

23.1.2　制药工艺控制流程图

工艺控制流程图（piping & instrument diagram，PID）是表示全部工艺设备、物料管道、阀门、设备附件以及工艺和自控仪表的图例、符号等的一种内容较为详细的工艺流程图，也称为生产控制流程图或带控制点的工艺流程图。图 23-3 所示为阿司匹林生产工艺控制流程图。在制药工艺研发阶段，不需要工艺控制流程图，但到了厂房设计阶段，工艺控制流程图是工艺设计必须完成的图样。

绘制工艺控制流程图的方法和步骤为如下。

① 参考设计单位的绘图标准，进行具体的 PID 图绘制。在确定图纸幅面和绘图比例后，使用画图软件进行绘图与布局。

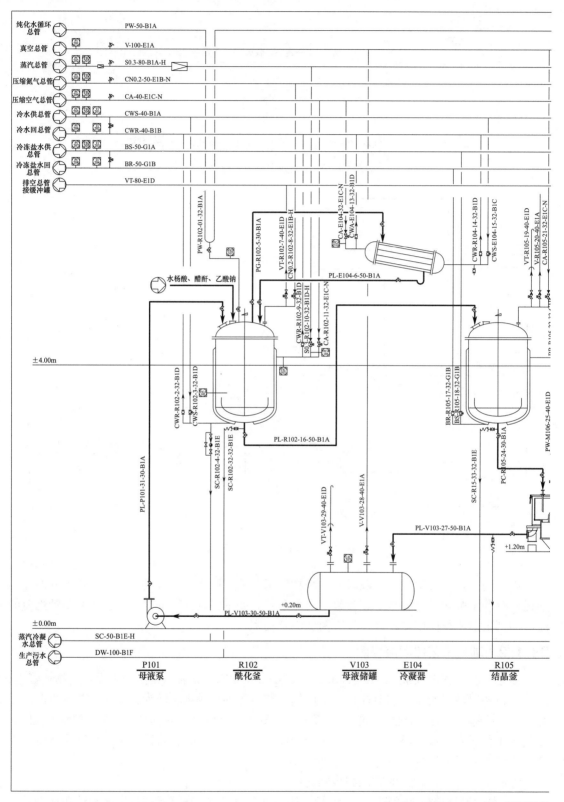

纯化水循环总管　PW-50-B1A

真空总管　V-100-E1A

蒸汽总管　S0.3-80-B1A-H

压缩氮气总管　CN0.2-50-E1B-N

压缩空气总管　CA-40-E1C-N

冷水供总管　CWS-40-B1A

冷水回总管　CWR-40-B1B

冷冻盐水供总管　BS-50-G1A

冷冻盐水回总管　BR-50-G1B

排空总管接缓冲罐　VT-80-E1D

水杨酸、醋酐、乙酸钠

PW-R102-01-32-B1A

PG-R102-5-30-B1A

VT-R102-7-40-E1D

CN0.2-R102-8-32-E1B-H

CWR-R102-9-32-B1D

S0.3-R102-10-32-B1D-H

CA-R102-11-32-E1C-N

CA-E104-12-32-E1C-N

CWA-E104-13-32-B1D

PL-E104-6-50-B1A

CWR-R104-14-32-B1D

CWS-E104-15-32-B1C

VT-R105-19-40-E1D

V-R105-20-40-E1A

CA-R105-21-32-E1C-N

±4.00m

CWR-R102-2-32-B1D

CWS-R102-3-32-B1D

PL-R102-16-50-B1A

BR-R105-17-32-G1B

BS-R105-18-32-G1B

PW-M106-25-40-E1D

SC-R102-4-32-B1E

SC-R102-32-32-B1E

SC-R15-33-32-B1E

PC-R105-24-30-B1A

PL-P101-31-30-B1A

VT-V103-29-40-E1D

V-V103-28-40-E1A

PL-V103-27-50-B1A

+1.20m

+0.20m

PL-V103-30-50-B1A

±0.00m

蒸汽冷凝水总管　SC-50-B1E-H

生产污水总管　DW-100-B1F

| P101 | R102 | V103 | E104 | R105 |
| 母液泵 | 酰化釜 | 母液储罐 | 冷凝器 | 结晶釜 |

图 23-3　（a）阿司匹林

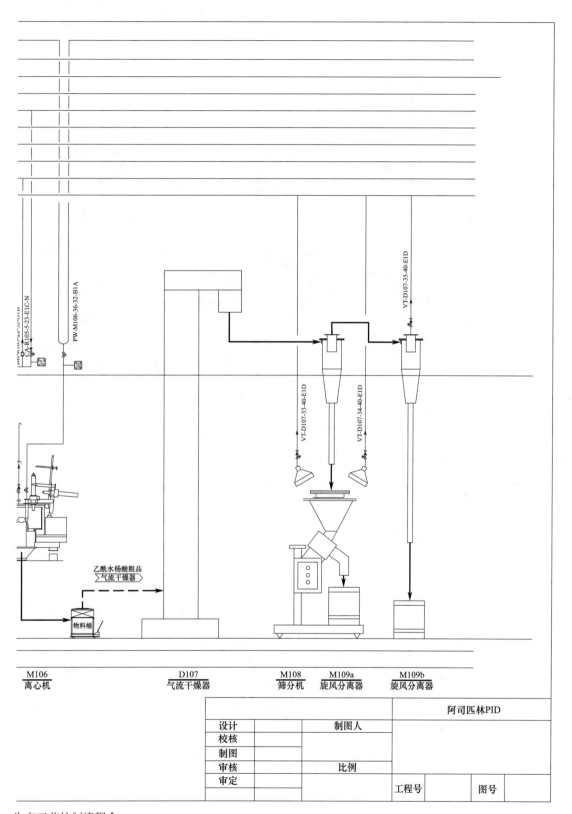

生产工艺控制流程 I

1. 管道的标注

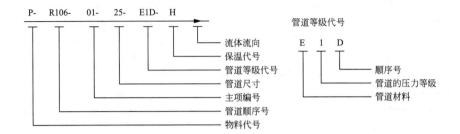

管道等级代号

E 1 D

- E — 管道材料
- 1 — 管道的压力等级
- D — 顺序号

P- R106- 01- 25- E1D- H →

- H — 流体流向
- 保温代号
- 管道等级代号
- 管道尺寸
- 主项编号
- 管道顺序号
- 物料代号

2. 流体代号

序号	流体名称	流体代号	管道等级	序号	流体名称	流体代号	管道等级
1	乙二醇冷媒 (供)	EG	G1D	15	蒸汽	Sn (n为表压)	B1E
2	乙二醇冷媒 (回)	EG	G1D	16	冷凝水，液碱	SC	B1E/E1D
3	自来水	TW	B1A/G1B	17	真空	VE	B1H/E1D/G1C
4	纯化水	WPU	E1D	18	排气	VT	G1D/E1D
5	循环水 (供)	CWS	B1F/E1D	19	工艺物料	P	E1D/E1H/H1F
6	循环水 (回)	CWR	B1F/E1D	20	纯蒸汽	PS	E1D
7	乙二醇热媒 (供)	EG	G1D	21	工艺用压缩空气	PA	E1D
8	乙二醇热媒 (回)	EG	G1D	22	仪表用压缩空气	IA	E1D
9	清下水	DR	B1B/E1D	23	废水	WW	B1B/HOF/G1C
10	去离子水	DIW	E1D	24	氮气	Nn (n为表压)	E1D
11	化学污水	CSW	E1D	25	热水	HW	G1D
12	消防水	FW	B1B	26	废气	TG	E1D
13	软水	SW	E1D				
14	氢气	H	E1D				

3. 仪表代号

(1) 被测变量代号

序号	被测变量名称	代号
1	温度	T
2	压力	P
3	流量	F
4	流量	L

(2) 功能代号

序号	被测变量名称	代号
1	指示	I
2	调节	C
3	积算	Q
4	报警	A

(3) 图　例

◯ 就地安装仪表　　⊖ 集中安装仪表

图 23-3　（b）阿司匹林

4.图 例

序号	名 称	图 例	序号	名 称	图 例
1	球 阀		13	汽水混合阀	
2	截 止 阀		14	保温管道	
3	洁净球阀		15	软管接头	
4	洁净隔膜阀		16	工艺物料	
5	疏 水 器		17	物料进出车间示意	
6	放 空 管		18	物料进出流程图	
7	减 压 阀		19	软 管	
8	安 全 阀		20	视 盅	
9	止 回 阀		21	阻 火 器	
10	针 型 阀		22	爆 破 片	
11	y型过滤器		23	精密过滤器	
12	空气阻断装置		24	顶底阀	

5.设备位号

序号	设备类别	设备名称	序号	设备类别	设备名称
1	V	容 器	7	T	塔
2	W	衡 器	8	M	机械类
3	F	分离设备	9	D	干燥设备
4	E	换 热 器	10	L	起重运输设备
5	P	泵	11	X	其他设备
6	R	反应釜			

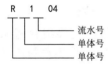

R　1　04
流水号
单体号
单体号

			图例		
设计		制图人			
校核					
制图					
审核		比例			
审定					
			工程号		图号

生产工艺控制流程 II

② 为保证整个图面匀称协调，设备管道可选择适当比例进行绘制。从左到右按流程顺序把各台设备在平面和空间的大致位置关系表示出来,拟布置在楼上的设备不要绘在地坪上。设备之间的距离，应根据图幅的大小、设备的多少，以及各设备间的管道疏密程度来定，不能让管道在个别设备间过于密集，以致影响管道代号的标注，并造成图面布局不均衡，甚至造成图面混乱。

③ 绘制清晰简明的流体流动方向。用不同符号表示设备的管道连接和流动方向，表示出管道上各个阀门和仪表的位置。为了绘图方便，并使图面内的管道图线分布合理，应该按介质分成若干系统，再按系统进行绘制。一般先绘制主物料系统，后绘制辅助物料系统。对于同种介质的，应该先绘制管道多而杂的，再绘制简单的。

④ 标明设备管道及各控制点的编号和名称。对管道按不同设计阶段的要求进行标注。所采用的介质代号和阀门符号均需在流程图右上方列出图例及必要的文字说明。

23.1.3 物料平衡图

以操作单元为基础绘制物料平衡图，也可以整个工艺路线为基础绘制。细实线的长方框表示各车间（工段），只画出主要物料的流程线，用粗实线表示。流程方向用箭头画在流程线上，注明单元操作或车间名称，各原料、半成品和成品的名称、平衡数据和来源、去向等，如图 23-4 所示年产 100t 阿司匹林车间的物料平衡图。

图 23-4　年产 100t 阿司匹林车间的物料平衡

23.1.4 物料流程图

物料流程图是说明操作单元物料组成和物料量变化的图，单位以批（日）计（对间歇式操作）或以小时计（对连续式）。把各个操作单元的物料流程图连接组合起来，就形成了车间物料流程图。工艺流程示意图完成后，开始进行物料衡算，再将物料衡算结果注释在流程中，即成为物料流程图。从工艺流程示意图到物料流程图，工艺流程就由定性转为定量。

对应于工艺流程示意图，物料流程图也有两种表示方法。

以方框流程表示单元操作及物料成分和数量，如图 23-5 所示。它包括框图和图例，每一个框表示过程名称、流程号及物料组成和数量。它的绘制是从左向右展开，分成三个纵行。左边的纵行表示加入的原料和中间体，中间行表示工艺过程，右边的纵行表示副产和排出的三废。通常中间行用双线绘制，以突出物料流程主线。在工艺流程简图上表示车间的物料流程图。

将物料衡算和能量衡算结果直接加进工艺流程示意图中，得到物料流程图（PFD 图），如图 23-6 所示。在其上列表表示物料组成和量的变化，图中有设备位号、操作名称、物料成分和数量。如无变动，在施工图设计阶段中不再重新绘制。

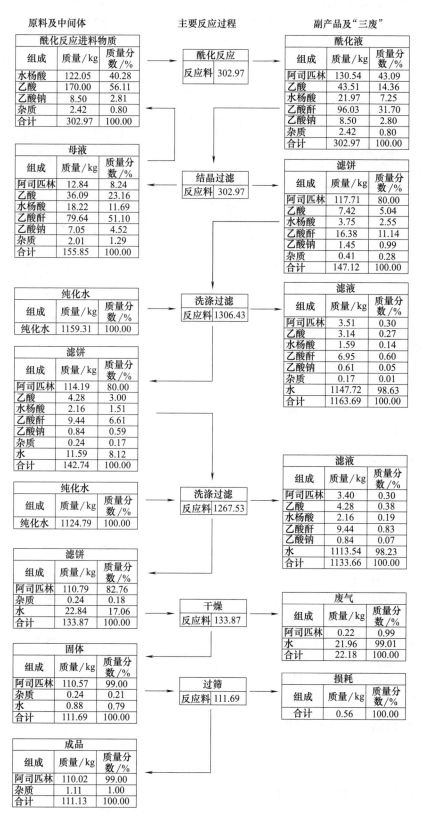

原料及中间体　　　　　　　主要反应过程　　　　　　　副产品及"三废"

酰化反应进料物质

组成	质量/kg	质量分数/%
水杨酸	122.05	40.28
乙酸	170.00	56.11
乙酸钠	8.50	2.81
杂质	2.42	0.80
合计	302.97	100.00

酰化反应　反应料 302.97

酰化液

组成	质量/kg	质量分数/%
阿司匹林	130.54	43.09
乙酸	43.51	14.36
水杨酸	21.97	7.25
乙酸酐	96.03	31.70
乙酸钠	8.50	2.80
杂质	2.42	0.80
合计	302.97	100.00

母液

组成	质量/kg	质量分数/%
阿司匹林	12.84	8.24
乙酸	36.09	23.16
水杨酸	18.22	11.69
乙酸酐	79.64	51.10
乙酸钠	7.05	4.52
杂质	2.01	1.29
合计	155.85	100.00

结晶过滤　反应料 302.97

滤饼

组成	质量/kg	质量分数/%
阿司匹林	117.71	80.00
乙酸	7.42	5.04
水杨酸	3.75	2.55
乙酸酐	16.38	11.14
乙酸钠	1.45	0.99
杂质	0.41	0.28
合计	147.12	100.00

纯化水

组成	质量/kg	质量分数/%
纯化水	1159.31	100.00

洗涤过滤　反应料 1306.43

滤液

组成	质量/kg	质量分数/%
阿司匹林	3.51	0.30
乙酸	3.14	0.27
水杨酸	1.59	0.14
乙酸酐	6.95	0.60
乙酸钠	0.61	0.05
杂质	0.17	0.01
水	1147.72	98.63
合计	1163.69	100.00

滤饼

组成	质量/kg	质量分数/%
阿司匹林	114.19	80.00
乙酸	4.28	3.00
水杨酸	2.16	1.51
乙酸酐	9.44	6.61
乙酸钠	0.84	0.59
杂质	0.24	0.17
水	11.59	8.12
合计	142.74	100.00

纯化水

组成	质量/kg	质量分数/%
纯化水	1124.79	100.00

洗涤过滤　反应料 1267.53

滤液

组成	质量/kg	质量分数/%
阿司匹林	3.40	0.30
乙酸	4.28	0.38
水杨酸	2.16	0.19
乙酸酐	9.44	0.83
乙酸钠	0.84	0.07
水	1113.54	98.23
合计	1133.66	100.00

滤饼

组成	质量/kg	质量分数/%
阿司匹林	110.79	82.76
杂质	0.24	0.18
水	22.84	17.06
合计	133.87	100.00

干燥　反应料 133.87

废气

组成	质量/kg	质量分数/%
阿司匹林	0.22	0.99
水	21.96	99.01
合计	22.18	100.00

固体

组成	质量/kg	质量分数/%
阿司匹林	110.57	99.00
杂质	0.24	0.21
水	0.88	0.79
合计	111.69	100.00

过筛　反应料 111.69

损耗

组成	质量/kg	质量分数/%
合计	0.56	100.00

成品

组成	质量/kg	质量分数/%
阿司匹林	110.02	99.00
杂质	1.11	1.00
合计	111.13	100.00

图 23-5　阿司匹林产品（每批 111kg）的物料流程框图

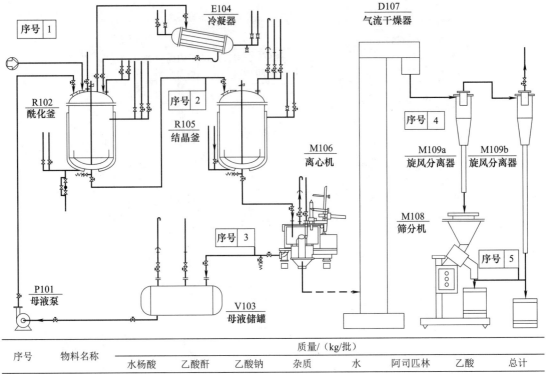

序号	物料名称	质量/（kg/批）							
		水杨酸	乙酸酐	乙酸钠	杂质	水	阿司匹林	乙酸	总计
1	原辅料	122.05	170.00	8.50	2.42				302.97
2	酰化液	21.97	96.03	8.50	2.42		130.54	43.51	302.97
3	母液	18.22	79.64	7.05	2.01		12.84	36.09	155.85
4	干燥固体				0.24	0.88	110.57		111.69
5	成品				1.11		110.02		111.13

图 23-6　阿司匹林（每批 111kg）物料平衡图（用工艺流程简图绘制）

23.2　物料衡算

根据质量守恒定律，以工艺路线、工艺过程或操作单元设备为研究对象，对其进出物料进行定量计算，称为物料衡算（material balance）。通过物料衡算，得到进入与离开某一过程或设备的各种物料的数量、组分以及组分的含量，即产品的质量、原辅材料消耗量、副产物量、三废排放量等。这些指标与工艺开发和操作参数控制有密切关系。可深入分析工艺过程，了解原料消耗定额，揭示物料利用情况；了解产品收率、设备生产能力和潜力；明确各设备生产能力之间是否平衡等。由此可采取有效技术措施，进一步改进和优化工艺，提高产品的产率和产量。

23.2.1　物料衡算的理论基础

物料衡算是研究某一体系内进、出物料及组成的变化情况的过程。因此进行物料平衡计算时，首先必须确定衡算的体系，也就是物料衡算的范围。可以根据实际需要，人为地确定衡算的体系，体系可以是一个设备或几个设备，也可以是一个单元操作或整个制药生产过程。

物料衡算的基础是物质的质量守恒定律，即在化学反应或物理过程前后，反应前或某物理过程中各物质的质量总和等于反应后或某物理过程各物质的质量总和。

$$\sum G_1 = \sum G_2 \qquad\qquad (23-1)$$

式中，$\sum G_1$ 为反应前或某物理过程各物质的质量总和；$\sum G_2$ 反应后或某物理过程各物质的质量总和。

23.2.2 物料衡算的基准

在制药工艺开发和生产的不同阶段，由于计算的目的不同，物料衡算的基准往往是不同的。 要针对解决的问题，选择适宜的基准进行计算。

（1）以体积为基准

以一定的体积（mL、L、m³）为基准，计算单位体积内的原辅料和产物量的变化。对生物制药，通常使用产量（production）或效价（titer）。如重组人干扰素工程菌的生产能力不低于 $2.0 \times 10^9 IU/L$。对于气体物料，也可采用体积基准，但要注意温度和压力的影响。

（2）以时间为基准

以一定时间如 h、d、月、年等为基准，进行计算。适合于单元操作时间较长的过程和连续操作设备，如微生物发酵和细胞培养工艺。常用年为基准，计算产能，生产出产品的量。

（3）以设备操作时间为基准

车间设备每年正常开工生产的天数，一般以 330d 计算，余下的 36d 作为车间检修时间。

（4）以质量为基准

对于固体或液体原辅料和产品，常以质量（mg、g、kg）为基准进行计算。生物制药的得率（yield）可用消耗底物的质量来计算，如消耗每千克底物合成了多少千克产物。对于转化反应，常常采用摩尔为基准进行算，更能反映合成工艺的效率和性能。如消耗每摩尔葡萄糖生成的青霉素的物质的量。以每千克为基准，用于确定原材料和水、电、暖、气等公用工程的消耗定额。

（5）以批操作为基准

GMP 对制药生产实行批次管理，连续生产的原料药，在一定时间间隔内生产的在规定限度内的均质产品为一批。间歇生产的原料药，可由一定数量的产品经最后混合所得的在规定时间内均质产品为一批。以每批操作基准，适用于间歇操作设备、标准或定型设备的物料平衡，也符合制药的实际。

（6）化学计量学

在制药工艺的研究中，经常以反应式为基础，进行化学计量，研究反应体系中反应原料和产物各组分的变化量及其相互关系。生物制药和化学中的计量不完全相同，要注意区分。

在反应体系中，既有主产物，也有副产物，一般采用转化率、收率和选择性（或选择率）来评价反应进程和产物分布。在工艺研发中，要追求高转化率、高选择性和高收率的反应单元和工艺。

转化率（conversion rate）是指反应原料 A 的消耗量与其初始投料量比值的百分数，若用符号 X_A 表示原料 A 的转化率：

$$X_A = \frac{A组分消耗量}{A组分投入量} \times 100\%$$

选择性(selectivity)是生成目标产物的原料 A 量占原料 A 总消耗量的百分数，或主产物量占主副产物总量的百分数，可用符号 φ 表示：

$$\varphi = \frac{主产物折算成原料量}{反应消耗原料量} \times 100\%$$

化学制药工艺研究中，收率（yield）就是化学反应生成产物的实际产量除以理论产量的百分数。也可把实际产量折算成原料量，进行计算。收率反映了原料的利用效率。理论收率是指按化学反应方程式，实际消耗的基准原料全部转化成产物的质量。在化学合成工艺中，常使用收率来评价单元反应和工艺路线的效率。

$$Y = \frac{实际产量}{理论产量} \times 100\% \quad 或 \quad Y = \frac{产物量折算成原料量}{投入原料量} \times 100\%$$

收率、转化率和选择性之间的关系如下：

$$Y = X\varphi$$

生物制药工艺中，通常使用产量（production）或效价（titer）、得率（yield）、产率（productivity）。而分离纯化等单元操作，常使用收率或回收率(recovery rate)。产量是单位体积内的产物量，生物量（biomass，g/L）是单位体积内的细胞干重。产率是单位时间单位体积内产物的质量，用 g/（L·h）表示，反映生产能力。对于生物测活产品，如抗生素、细胞因子、抗体药物等，产率也可用 U/（L·h）表示，以反映其有效生物活性产物的生产能力。

制药过程由生物或化学反应和物理工序连续组成，非反应单元或工序的收率为实际得到的产物量占投料量的百分数，整个工艺的总收率是各单元或工序收率的乘积。化学制药工艺的总收率，由于工艺路线可能是汇聚式和线性式，总收率计算不同，见 14 章。在计算收率时，必须注意质量监控，即对各工序中间体和药品纯度要有质量分析数据。

（7）绿色化学计算

在制药工艺研究中，需要计算原子经济性、环境因子、反应质量效率、过程质量效率等指标，对工艺的绿色性能和可持续性进行评价。

为了克服收率评价的缺陷，1991 年美国斯坦福大学的 B. M. Trost 提出了原子经济性，于 1998 年获得美国总统绿色化学挑战奖。原子经济性（atom economy）是指有多少原料的原子进入到产品中，最大限度地利用原料、节约资源，减少废弃物排放。原子经济性可用原子利用率（atom utilization）度量，即目标产物分子质量占全部产物分子质量总和的百分数。

$$原子利用率 = \frac{产物分子质量}{全部产物分子质量} \times 100\%$$

在合成工艺中，如果每个反应能选择原子经济性高的物料为起始原料，就有可能提高合成工艺路线的总收率。如果没有副产物或废物生成，原料分子的原子无丢失，则原子利用率为 100%，废物为零排放（zero emission），但这种情况罕见。

环境因子（environment factor）是废物量占产物量的比例。由荷兰有机化学家 Roger A. Sheldon 于 1992 年提出。对于制药过程，药物产物以外的任何物质都是废物，工艺对环境的影响如何，可用环境因子评价。环境因子越大，则过程产生的废物越多，造成的资源浪费和环境污染也越大。完美的工艺环境因子是零，原子利用率为 100%。目前，医药行业的环境因子一般为 25～200，而精细化工行业为 5～50。为了综合评价废物排放对环境的污染程度，Sheldon 又提出了环境商（environment quotient）概念，是环境因子与废物的不友好程度的乘积。

考虑到反应收率、催化效率等，为了体现一个化学反应的实际效率，可使用反应质量效率(reaction mass efficiency，RME）表示，计算如下：

$$反应质量效率 = \frac{目标产物质量}{所有反应物质量} \times 100\%$$

为了较全面地评价反应过程的绿色程度，可采用过程质量强度（process mass intensity，PMI）进行评价，即获得单位质量的目标产物消耗的所有原料、助剂、溶剂等物料的总量（一般不包括水）。计算如下：

$$过程质量强度 = \frac{所有用来生产产物的物料质量}{产物质量} \times 100\%$$

完美的工艺过程质量强度是 1。据文献报道，在处于 Ⅲ 期临床试验以上的新药，每千克产品平均使用 10～750kg 溶剂，平均使用 55kg；每千克产品平均使用 20～240kg 材料（不含水），平均使用 77kg。

23.2.3　物料衡算过程

（1）收集相关基本数据

进行物料衡算，应根据小试实验或中试试验或生产操作记录，收集各项初始数据，如反应物的配料比，原辅材料、半成品、成品及副产品等的名称，浓度，纯度或组成，转化率，产率，总产率等。

（2）物料计算步骤

① 对于化学或生物反应单元，写出反应方程式，包括原始料和主、副反应。根据工艺条件，绘制工艺流程简图。

② 选衡算基准，进行物料计算。

③ 列出物料衡算表：输入与输出的物料衡算表；三废排放量表；计算原辅材料消耗定额，通常按生产 1kg 产品计算。

④ 将物料衡算结果注释在工艺流程中，即成为物料流程图。从工艺流程示意图到物料流程图，工艺流程就由定性转为定量。

在化学合成或生物药物的工艺研究中，特别要注意成品的质量标准、原辅材料的质量和规格，各工序中间体的质量监控方法以及回收品的处理等，这些都是影响物料衡算的因素。

23.2.4　化学制药工艺物料衡算

【例 23-1】 以水杨酸和乙酸酐为原料，酸催化合成阿司匹林。原料药阿司匹林生产工艺流程简图见图 23-2。按每批生产 100kg 阿司匹林，产品纯度为 99%，试对酰化反应过程进行物料衡算。

（1）反应单元物料分析

阿司匹林合成反应的方程式为：

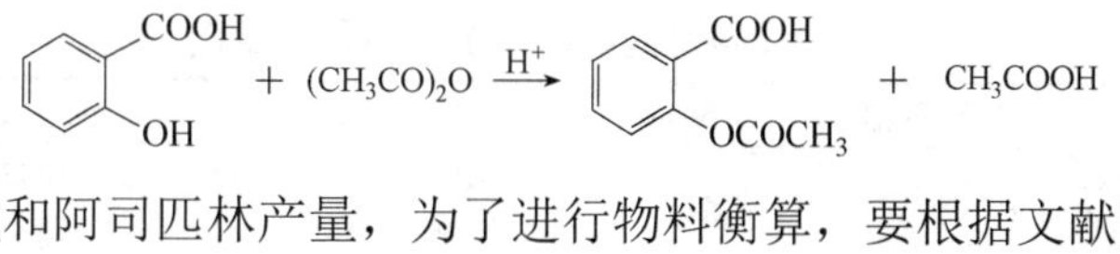

已知反应方程式和阿司匹林产量，为了进行物料衡算，要根据文献资料记录和小试实验或中试试验或生产操作记录，确定基本数据。确定原料水杨酸和乙酸酐的投料比（摩尔比）为 1∶1.2。收集上述方程式中的水杨酸、乙酸酐、阿司匹林、乙酸四种物质的分子量和纯度规格。在反应前后催化剂的化学性质与质量都不变，假定没有损耗，可不计。由阿司匹林生产工艺流程中每个单元操作的收率，计算总收率。利用上述数据，从最后一个单元向前推算，计算出每种原料的投料量。

（2）收集基本数据

收集反应原料与产物的基本性质，见表 23-1。

表 23-1   阿司匹林酰化反应原料与产物的性质

序号	原料	规格	分子量
1	水杨酸	≥99.5%	138.12
2	乙酸酐	≥99%	102.09
3	阿司匹林	≥99%	180.16
4	乙酸	—	60.05

各单元操作收率（质量收率）由实验数据或文献获得：酰化单元工序收率90%，分离工序收率＝结晶收率（92%）×过滤收率（98%）＝90.16%，精制工序收率＝一次洗涤过滤收率（97.02%）×二次洗涤过滤收率（97.02%）×干燥收率（99.8%）×过筛收率（99.5%）＝93.47%。

（3）计算投料量

由各单元操作的收率，计算整个工艺路线的质量总收率＝0.90 × 0.9016 × 0.9347 × 100%＝75.85%。

$$酰化合成单元的阿司匹林纯品批产量＝阿司匹林成品批产量×纯度÷总收率$$
$$＝100×99\%÷0.7585＝130.52（kg）$$

$$水杨酸投料量＝水杨酸纯品量÷纯度＝(水杨酸物质的量×分子量)÷纯度$$
$$＝100.06÷0.995＝100.56（kg）$$

由表23-1的配料比，计算出乙酸酐的批次投料量。

$$乙酸酐投料量＝乙酸酐纯品投料量÷纯度$$
$$＝（水杨酸纯品物质的量×摩尔比×乙酸酐分子量）÷纯度$$
$$＝88.75÷0.99＝89.65（kg）。$$

（4）绘制物料平衡表

① **反应物输入**   由表23-1的纯度和杂质含量，计算得出水杨酸纯品投料量（100.06kg）和水杨酸中杂质量（0.50kg）、乙酸酐纯品投料量（88.75kg）和乙酸酐中杂质量（0.90kg），合计进料总量为190.21kg。

② **反应产物输出**   酰化工序的收率为90%，故合成阿司匹林量＝117.46kg，生成乙酸量＝39.15kg，反应消耗的水杨酸量＝90.05kg，未反应的水杨酸量＝10.01kg，反应消耗的乙酸量＝66.56kg，未反应的乙酸酐量＝22.19kg，杂质1.40kg，酰化液总量为190.21kg。

根据物料衡算结果，把投入和产出物料的数据，输入物料平衡表23-2，完成了阿司匹林酰化工序的计算。

表 23-2   阿司匹林酰化工序的物料平衡

项目	物料名称	质量/kg	质量组成/ %		纯品量/kg
输入	水杨酸	100.56	水杨酸	99.5	100.06
			杂质	0.5	0.50
	乙酸酐	89.65	乙酸酐	99.0	88.75
			杂质	1.0	0.90
	总计	190.21			190.21
输出	酰化液	190.21	阿司匹林	61.75	117.46
			乙酸	20.58	39.15
			水杨酸	5.26	10.01
			乙酸酐	11.67	22.19
			杂质	0.74	1.40
	总计	190.21			190.21

物料衡算的另一种表达形式是物料衡算示意图，如图 23-7 所示。

图 23-7　阿司匹林酰化工序的物料平衡图

23.2.5　生物制药工艺物料衡算

【例 23-2】　利用葡萄糖等原料，进行青霉素 G 发酵生产。发酵罐体积 120t，装量 80%，生产周期 7d。试对发酵工艺进行物料衡算。

（1）发酵过程分析

参考第 8 章，产黄青霉菌是青霉素生产菌株，采用分批补料方式进行青霉素 G 发酵。前 40h 主要进行菌体生长，40h 后菌体生长进入稳定期，带放 10%，同时连续补加葡萄糖、氮源和苯乙酸等，主要进行青霉素 G 的合成积累。在发酵过程中，还需要控制 pH、溶氧等。在菌体进入自溶阶段之前，结束发酵。

（2）理论计算

从代谢角度看，产黄青霉素菌发酵过程中，营养物用于生长、生产和菌体活性维持三部分。通过细胞内的生化反应，把基础培养基成分转化为生物量（生长部分）、青霉素 G（生产部分）、二氧化碳和水（维持部分），同时产生生物热。由此，总的物料和能量变化可用下面的化学式来表示：

碳源（能源）+ 氮源 + 其他所需物质 ——→ 菌体 + 青霉素 G + CO₂ + H₂O + 生物热

假定所有的碳源、氮源、硫源、前体苯乙酸，都用于合成青霉素 G，不用于菌体生长和活性维持，则有下面化学计量式：

$$\frac{10}{6}C_6H_{12}O_6 +(NH_4)_2SO_4 +\frac{1}{2}O_2 + C_8H_8O_2 \longrightarrow C_{16}H_{18}N_2O_4S + 2CO_2 + 9H_2O \qquad (23\text{-}2)$$

由于发酵的主要成本和消耗原料为碳源，由此通常以葡萄糖为基准，计算产率。由上述化学计量式，计算出利用葡萄糖的理论产率是 1.11g 青霉素 G/g 葡萄糖，即每消耗 1g 葡萄糖，生成 1.11g 青霉素 G。

（3）实际计算

对实际发酵过程，可根据底物消耗和产物生成等具体测定值进行计算。理论化学计量式如下：

$$aC_6H_{12}O_6 + b(NH_4)_2SO_4 + cO_2 + dC_8H_8O_2 \longrightarrow eC_{16}H_{18}N_2O_4S + fCO_2 + gH_2O$$

其中，a、b、c、d、e、f、g 为计量系数，其值可通过实验获得。

在发酵过程中，测定通氧量和尾气中排出的二氧化碳和氧气，计算出二氧化碳生成量和耗氧量。发酵结束时，测定发酵液中残糖、残氮、残硫量，测定菌体的干重、含碳量、含氮量、含硫量。由碳源、氮源、硫源、前体投料量，实际耗氧量，青霉素 G 产量，二氧化碳释放量、生物量等，计算出各物料实际计量系数 a、b、c、d、e、f、g 的值，从而对青霉素 G 发酵的物料进行平衡计算。

（4）计算示例

由于青霉素 G 发酵过程的生化反应和代谢产物复杂，难以全部定性和定量测定。本示例，仅给出计算的过程和思路。

120m³ 发酵罐中，发酵液的体积为 96 m³，带放 6 次，每次带放 10%体积，补料流加 10%体积，发酵液中青霉素 G 的含量为 75g/L。假定葡萄糖都用于合成青霉素 G 中的 6-氨基青霉烷酸部分的碳,前体苯乙酸全部用于合成青霉素 G 的侧链,硫酸铵用于生成青霉素 G 中的氮和硫。计算葡萄糖、苯乙酸、硫酸铵的流加质量。

$$发酵总体积\ V = 96 + 6 \times 9.6 = 153.6\ (m^3)$$

$$青霉素\ G\ 总质量\ P = 153.6 \times 75 = 11520\ (kg)$$

由化学计量式(23-2)可知,

$$葡萄糖质量 = \frac{青霉素G总质量 \times 计量系数 \times 葡萄糖分子量}{青霉素G分子量} = \frac{11520 \times \dfrac{10}{6} \times 180}{334} = 10347.31\ (kg)$$

$$苯乙酸质量 = \frac{青霉素G总质量 \times 计量系数 \times 苯乙酸分子量}{青霉素G分子量} = \frac{11520 \times 136}{334} = 4690.78\ (kg)$$

$$硫酸铵质量 = \frac{青霉素G总质量 \times 计量系数 \times 硫酸铵分子量}{青霉素G分子量} = \frac{11520 \times 132}{334} = 4552.81\ (kg)$$

23.3 能量衡算

制药工艺过程包含有化学过程和物理过程,往往伴随着能量变化,因此必须进行能量衡算。因一般无轴功存在或轴功相对来讲影响较小,因此能量衡算实质上是热量衡算。工艺过程中产生的热量或冷量会使物料温度上升或下降,为了保证工艺过程在一定温度下进行,需要有热量的输入或移除系统。该热量可用于计算热水、蒸汽或冷却水的用量,从而保证制药工艺参数在可控条件下正常运行。当然该热是设备的热负荷,也可用于设备的选型和设计、能量的回收和再利用等。

23.3.1 能量衡算的理论基础

热量衡算主要依据是能量守恒定律。在无轴功的条件下,进入系统的热量与离开系统的热量相互平衡。其热量衡算表达式为能量输入等于能量输出:

$$Q_1 + Q_2 + Q_3 = Q_4 + Q_5 + Q_6 \tag{23-3}$$

式中,Q_1 为物料带入的热量;Q_2 为由加热剂(冷却剂)输入的热量(加热时取正值,冷却时取负值);Q_3 为过程热效应,即过程中释放或吸收的热量,它分为两类——化学或生物反应热效应和状态变化热效应;Q_4 为物料带走的热量;Q_5 为消耗于加热(冷却)设备和各个部件上的热量;Q_6 为设备散失的热量。

通过上式可以计算出 Q_2,由 Q_2 进而可计算加热剂或冷却剂的消耗量。

为了计算化学反应过程的绿色程度,可用能量效率参数进行能量消耗的评价。能量效率是指单位能量输入所产生的产物量,计算如下:

$$能量效率 = 单位产物物质总量(kg/mol)/输入能量总量(kJ)$$

能量效率越大,化学反应的绿色程度越高。

23.3.2 能量衡算过程

① Q_1 计算 进入设备中的物料热量可用下式计算:

$$Q_1 = \sum GCt \qquad\qquad (23\text{-}4)$$

式中，G 为物料的质量，kg；C 为物料的比热容，kJ/（kg·℃）；t 为物料的温度，℃。

G 值根据物料衡算的结果而定。t 值由生产工艺操作规程或中间试验数据而定。至于物料的比热容可从《化学化工物性手册》等工具书中查找，在缺乏数据的情况下可根据经验式或实验求取。

② Q_2 计算　在大多数情况下加热剂（或冷却剂）输入的热量为未知数，需利用热量衡算来求出，从而进一步确定加热剂（或冷却剂）的用量，或者换热器传热面积的大小。

③ Q_3 计算　发生化学或生物反应释放或吸收的热量称为化学或生物反应热。发生物理变化过程所引起的热量称为状态热。在某一过程中，有时只有化学或生物反应热，有时只有状态热，有时两者兼有。

属于化学或生物反应热的有聚合热、硝化热、磺化热、氯化热、氧化热、氢化热、中和热等。这些化学反应热的数据可以从物性手册、工艺学书籍、工厂实际生产数据、中间试验数据以及科学研究中获得。如果缺乏数据，可根据元素的生成热和化合物的燃烧热求得。

属于状态热的有汽化热、熔融热、溶解热、升华热、结晶热等。这些数据同样也可从物性手册、化工过程及化工计算书籍等资料来源中找到。

④ Q_4 计算　方法同 Q_1。

⑤（Q_5+Q_6）计算　通常按总输出热的 5%～10%测算。

对于连续操作的设备只需建立物料平衡和热量平衡，不需要建立时间平衡，因为在连续操作中，所有条件都不是时间的函数。但对于间歇操作的设备，还需建立时间平衡，因为在间歇操作中，条件随时间而改变，热量负荷也随时间变化。因此，在进行连续操作的设备热量衡算时，常用 kJ/h 作为计算单位。而在间歇操作时，常以 kJ/一次循环为计算单位，也可以考虑不均衡系数可将 kJ/一次循环换算为 kJ/h。在没有确切的不均衡系数时，亦可根据间歇操作设备的各个操作阶段，分别求出热负荷，从中获得不均衡系数。

23.3.3　化学制药工艺能量衡算

【例 23-3】　每批生产 100kg 阿司匹林原料药，酰化反应过程的物料衡算数据如表 23-2 所示。酰化反应单元过程要求反应温度控制在 75～80℃，反应时间 6h。反应结束后，釜温降低至 50℃时，酰化液出料。已知酰化反应釜中加入的水杨酸、乙酸酐以及乙酸钠的温度均为 20℃，试对酰化过程进行热量衡算。

（1）热过程分析

酰化反应过程包括反应体系的加热升温、控温反应以及反应结束后的冷却降温三个阶段。分别对三个过程进行分析和假设，以便后续热量计算。

加热升温过程：假设进料温度为 20℃，利用热蒸汽对反应釜进行加热至温度达到 78℃（取反应温度中间值）。假设在加热过程中不发生化学反应，故该过程涉及的过程热效应为固体（水杨酸）的熔解热。假设酰化反应单元加热所用热蒸汽的进口温度为 100℃，出口温度为 90℃。

控温反应过程：假设该阶段温度一直控制在 78℃，水杨酸和乙酸酐在催化剂作用下发生反应，故该过程的热效应为酰化反应的反应热。假设酰化反应单元使用常温水冷却，冷却水入口温度 20℃，出口温度 35℃。该过程需加热还是冷却，需后续计算得到。若需加热则使用上述所述热蒸汽加热，若需冷却则需使用冷却水。

降温过程：假设反应结束后，用冷却水对反应釜进行冷却，温度降至 50℃后，酰化液出料。假设该冷却过程，阿司匹林不发生结晶。该过程无化学反应，也无状态热变化，故不存在过程热效应。

输入热量包括物料带入热量 Q_1、补充加热量 Q_2 和过程热效应 Q_3，输出热量包括物料带出热量 Q_4、过程热损失（Q_5+Q_6），由此，绘制出图 23-8 所示的酰化反应热量衡算示意图。

图 23-8　酰化反应热量衡算示意

由于杂质难以定性，含量很低，因此杂质对热量变化的影响可以忽略不计。催化剂的热量变化也可忽略不计。因此以反应原料水杨酸、乙酸酐和产物乙酸、阿司匹林的进料和出料为基础，衡算基准温度选取为 20℃，进行酰化反应的热量计算。

（2）收集相关的基本数据

酰化反应单元主要涉及的有关热力学数据，包括比热容、燃烧热、溶解热。从《化学化工物性数据手册》查到物料的相关热力学数据，得到乙酸酐、乙酸、水的平均比热容和 25℃下的燃烧热，填入表 23-6。但水杨酸和阿司匹林的热力学数据缺乏，需利用经验公式进行估算。

有机化合物的比热容 C_p，kJ/(kg·℃)，可由下式估算：

$$C_p = \frac{\sum n_i C_i}{M} \tag{23-5}$$

式中，M 为化合物的摩尔质量，kg/kmol；n_i 为分子中同种元素的原子数；C_i 为元素的原子比热容，kJ/(kmol·℃)。

从《化工工艺设计手册》查到各元素原子的比热容，如表 23-3 所示。

表 23-3　元素原子的比热容

元素	碳 C	氢 H	氧 O	其他元素
C_i/[kJ/(kmol·℃)]	7.535	9.628	16.740	25.953

由式（23-5），计算水杨酸（$C_7H_6O_3$，$M = 138.12$kg/kmol）的比热容：

$$C_p = \frac{7 \times 7.535 + 6 \times 9.628 + 3 \times 16.740}{138.12} = 1.164 \ [kJ/(kg·℃)]$$

阿司匹林（$C_9H_8O_4$，$M = 180.16$kg/kmol）比热容：

$$C_p = \frac{9 \times 7.535 + 8 \times 9.628 + 4 \times 16.740}{180.16} = 1.176 \ [kJ/(kg·℃)]$$

把上述数据，填入表 23-6。

用 Richard 法计算化合物的标准燃烧热（以 25℃，1atm 为计算基准），标准燃烧热 $q_c^\ominus$（kcal/mol），与该化合物完全燃烧时所需的氧原子数呈线性关系，即

$$q_c^\ominus = \sum a + x \sum b \tag{23-6}$$

式中，a、b 为常数，与化合物结构有关，其值可查；x 为化合物完全燃烧时所需的氧原子数。

查《化工工艺设计手册》可得，水杨酸分子内各基团的 a、b 值如表 23-4 所示。

由式（23-6），计算水杨酸（$C_7H_6O_3$）、阿司匹林（$C_9H_8O_4$）的标准燃烧热，填入表 23-6。

表 23-4　水杨酸各基团的 a、b 值

项目	a	b
液态基本数值	5.7	52.08
苯	−10.1	0.07
芳羟基	7.0	−0.29
羧基	−4.7	0.07

水杨酸（$C_7H_6O_3$）的标准燃烧热的计算过程：

$$x = 7 \times 2 + 6 \times \frac{1}{2} - 3 = 14$$

$$q_c^\ominus = (5.7 - 10.1 + 7.0 - 4.7) + 14 \times (52.08 + 0.07 - 0.29 + 0.07)$$

$$= 724.92 \ (\text{kcal/mol}) = 3034.52 \text{kJ/mol}$$

阿司匹林（$C_9H_8O_4$）的标准燃烧热计算过程是：

$$x = 9 \times 2 + 8 \times \frac{1}{2} - 4 = 18$$

$$q_c^\ominus = (5.7 - 10.1 - 4.7 + 16.1) + 18 \times (52.08 + 0.007 + 0.007 - 0.42)$$

$$= 937.132 \ (\text{kcal/mol}) = 3922.83 \text{kJ/mol}$$

固体溶解热为物理状态变化热，进行估算。当溶质溶解时不发生解离作用，溶剂与溶质间无化学作用时，对于固体溶质，可取其熔融热。

固体的熔融热可用下式估算：

$$\Delta H_m = 4.187 \times \frac{T_m K_1}{M} \tag{23-7}$$

式中，ΔH_m 为熔融热，kJ/kg；T_m 为熔点，K；M 为摩尔质量，kg/kmol；K_1 为常数（见表 23-5）。

如缺乏熔点时，可用下式估算熔点：

$$T_m = T_b K_2 \tag{23-8}$$

式中，T_b 为沸点，K；K_2 为常数（见表 23-5）。

表 23-5　元素及物质的 K_1 和 K_2

类别	K_1	K_2
元素	2～3	0.56
无机物	5～7（本例题取 6）	0.72
有机物	10～16（本例题取 13）	0.58

注：来源于《化工工艺设计手册》。

表 23-6　物料性质

物质	乙酸	乙酸酐	水杨酸	阿司匹林	水	热蒸汽
平均比热容/[kJ/(kg·℃)]	2.254	1.957	1.164	1.176	4.187	1.890
燃烧热/(kJ/mol)	1807.98	875.08	3034.52	3922.83	0	—
熔点/℃	—	—	—	158～161	—	—

（3）加热升温过程热量衡算

将过程的热效应，水杨酸固体溶解热，作为输入热量，绘制出图 23-9 所示的热量衡算示意图。

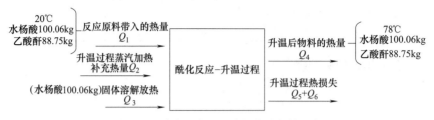

图 23-9　酰化反应升温过程热量衡算示意

① Q_1 计算，基准温度为进料温度，故热量 $Q_1 = 0$，填入表 23-7。

② $Q_4 = Q_{水杨酸} + Q_{乙酸酐}$，由式（23-4），$Q_{水杨酸} = 1.164 \times 100.06 \times 58 = 6755.25$kJ；$Q_{乙酸酐} = 1.957 \times 88.75 \times 58 = 10073.66$kJ；$Q_4 = Q_{水杨酸} + Q_{乙酸酐} = 16828.91$kJ，填入表 23-7。

③ Q_3 只涉及水杨酸的溶解热。水杨酸熔点取 158℃，由式（23-7）计算，$\Delta H = m\Delta H_m = 100.06 \times 4.186 \times (158 + 273.15) \times 13/138.12 = 16997.10$kJ，填入表 23-7。

④ $(Q_5 + Q_6)$ 根据工程实践计算经验，升温过程损失热 $(Q_5 + Q_6)$ 通常为总输出热的 5%～10%。在本反应单元中取 10%，即 $(Q_5 + Q_6) = Q_4/9 = 1869.88$kJ，填入表 23-7。

⑤ Q_2 由下列公式计算，填入表 23-7。

$$Q_2 = (Q_4 + Q_5 + Q_6) - (Q_1 + Q_3) = 1701.69\text{kJ}$$

由以上数据编制出酰化工序第一过程的热量平衡表 23-7。

表 23-7　酰化工序第一过程热量平衡表

输入		热量/kJ	输出		热量/kJ
Q_1	水杨酸 0	0	Q_4	水杨酸 6755.25	16828.91
	乙酸酐 0			乙酸酐 10073.66	
Q_3	水杨酸溶解热	16997.10	$Q_5 + Q_6$	热损失	1869.88
Q_2	补充加热	1701.69			
合计		18698.79	合计		18698.79

$Q_2 > 0$，故该过程需要加热，则需要 100℃水蒸气量为：

$$W = \frac{Q_2}{\eta C_{p水蒸气}(t_{进} - t_{出})} = \frac{1701.69}{75\% \times 1.890 \times (100 - 90)} = 120\text{kg}$$

其中，η 为换热效率。一般间接式换热器一级换热效率不超过 80%，本反应单元换热效率取 75% 计算。

（4）控温反应过程热量衡算

第二阶段是控温反应过程，该过程的热效应为酰化反应热。与第一过程相比，过程热效应，即 Q_3 的计算不同，计算如下。

$$q_r^{\ominus} = \sum q_c^{\ominus} = q_{c阿司匹林}^{\ominus} + q_{c乙酸}^{\ominus} - (q_{c乙酸酐}^{\ominus} + q_{c水杨酸}^{\ominus}) = 1830.71\text{kJ/mol}$$

该反应在 78℃下的反应热为：

$$q_r^{78} = q_r^{\ominus} - (78 - 25) \times \sum \sigma_i C_{pi} = 1814.33\text{kJ/mol}$$

$$Q_3 = nq_r^{78} = \frac{m}{M} \times q_r^{78} = 1182.90 \times 10^3 \text{kJ}$$

其他热量的计算同第一过程的类似，计算得到各 Q 值，填入表 23-8。

Q_4 的计算：由水杨酸、乙酸酐、阿司匹林、乙酸的热量组成。$Q_{水杨酸} = 10.01 \times 1.164 \times 58 = 675.80\text{kJ}$，$Q_{乙酸酐} = 22.19 \times 1.957 \times 58 = 2518.70\text{kJ}$，$Q_{阿司匹林} = 117.46 \times 1.176 \times 58 = 8011.71\text{kJ}$，$Q_{乙酸} = 39.15 \times 2.254 \times 58 = 5118.16\text{kJ}$，故 $Q_4 = 16324.37\text{kJ}$。

将计算结果汇总，得到酰化工序升温反应过程的热量平衡表，如表 23-8 所示。

表 23-8　酰化工序第二过程热量平衡表

	输入	热量/kJ		输出	热量/kJ
Q_1	水杨酸 6755.25 乙酸酐 10073.66	16828.91	Q_4	水杨酸 675.80 乙酸酐 2518.70	16324.37
Q_3	酰化反应热	1182.90×10^3		阿司匹林 8011.71	
Q_2	补充加热	-1181.59×10^3		乙酸 5118.16	
			$Q_5 + Q_6$	热损失	1813.82
合计		18138.19	合计		18138.19

$Q_2 = -1181.59 \times 10^3 < 0$，故该反应控温过程需要降温。使用常温水冷却，则用水量为：

$$W = \frac{|Q_2|}{\eta C_{p冷却水}(t_{出} - t_{进})} = \frac{1181.59 \times 10^3}{75\% \times 4.187 \times (35 - 20)} = 25.1 \times 10^3 \text{kg}$$

（5）冷却降温过程热量衡算

第三阶段是冷却降温过程，该过程只是普通降温过程，不存在化学反应，也不存在状态变化，故 $Q_3 = 0$。

其他热量的计算同第一过程的类似，只是各物料的质量数不同而已，计算得到各 Q 值，填入表 23-9，得到酰化工序冷却降温阶段的热量平衡表。

表 23-9　酰化工序第三过程热量平衡表

	输入	热量/kJ		输出	热量/kJ
Q_1	水杨酸 675.80 乙酸酐 2518.70 阿司匹林 8011.71 乙酸 5118.16	16324.37	Q_4	水杨酸 326.25 乙酸酐 1215.92 阿司匹林 3867.72 乙酸 2470.83	7880.72
Q_3	过程热效应	0	$Q_5 + Q_6$	热损失	875.64
Q_2	补充加热	-7568.01			
合计		8756.36	合计		8756.36

$Q_2 < 0$，故该冷却降温过程需要使用常温水冷却，由热量计算出 $W_{常温水} = 161\text{kg}$。将以上三个阶段热量计算结果汇总，绘制出酰化反应工序热量平衡汇总表 23-10。

表 23-10　酰化反应工序热量（单位 kJ）平衡汇总表

单元过程	Q_1	Q_2	Q_3	Q_4	$Q_5 + Q_6$
加热升温过程	0	1701.69	16997.10	16828.91	1869.88
控温反应过程	16828.91	-1181.59×10^3	1182.90×10^3	16324.37	1813.82
冷却降温过程	16324.37	-7568.01	0	7880.72	875.64

通过上述热量计算，得到该过程所需加热或冷却介质的用量。将酰化反应过程三个阶段所需的加热或冷却介质用量汇总，如表 23-11 所示。

表 23-11 加热或冷却介质用量

单元过程	介质	质量/kg
加热升温过程	热蒸汽（$t_{进}=100℃$，$t_{出}=90℃$）	120
控温反应过程	常温冷却水（$t_{进}=20℃$，$t_{出}=35℃$）	$25.1×10^3$
冷却降温过程	常温冷却水（$t_{进}=20℃$，$t_{出}=35℃$）	161

23.3.4 生物制药工艺能量衡算

【例 23-4】 以【例 23-2】为背景，对青霉素 G 发酵过程中总热量进行衡算，计算冷却水用量。

（1）发酵过程能量分析

根据第 2 章，发酵热的衡算式，尾气带走的显热很少，可以忽略。为此，在青霉素 G 发酵过程中，热平衡方程式为：

$$Q_{发酵} = Q_{生物} + Q_{搅拌} - Q_{蒸发} - Q_{辐射}$$

（2）发酵热的测定

发酵热可以通过两种方式进行测定和计算。

① 通过测定一段时间内冷却循环水的用水量及进、出口温度，可计算出发酵热。计算公式如下：

$$Q_{发酵} = W(t_{出口} - t_{进口})C_{水}/V$$

式中，W 为冷却水用量，kg/h；$C_{水}$ 为水的比热容，kJ/(kg·℃)；$t_{出口}$、$t_{进口}$ 分别为出、进口的温度，℃；V 为发酵液的体积，m^3。

② 通过自动控制发酵罐的温度，先使罐温达到恒定，再关闭自控装置，测定温度随时间上升的速度，再按下式计算出发酵热：

$$Q_{发酵} = (m_1C_1 + m_2C_2)S$$

式中，m_1 为系统中发酵液的质量，kg；m_2 为系统中发酵罐的质量，kg；C_1 为发酵液的比热容，kJ/(kg·℃)；C_2 为发酵罐的比热容，kJ/(kg·℃)；S 为温度上升速度，℃/h。

（3）发酵热的估算

由热平衡方程式可知，对发酵热进行估算需要求出生物热、搅拌热、蒸发热以及辐射热，显热已经忽略不计。

发酵是一个复杂的生化过程，底物和生成物很多，可以利用在反应中起决定作用的物质，来进行近似的估算。

首先，可以根据化合物的燃烧热来近似计算发酵过程中的生物热，根据 HESS 定律，热效应决定于系统的始态和终态，与途径无关，及反应的热效应等于产物的生成热总和减去底物生成热的总和。对于有机物而言，燃烧热可以直接测定，所以采用燃烧热计算就更合适：

$$\Delta H = \sum \Delta H_1 - \sum \Delta H_2$$

式中，ΔH_1 为底物的燃烧热；ΔH_2 为生成物的燃烧热。

生物热是产黄青霉菌生长和合成青霉素 G 过程中释放到菌体外的少部分热量，可通过反应的燃烧热对其进行估算：

$$C_6H_{12}O_6 + 6O_2 \longrightarrow 6CO_2 + 6H_2O \quad (1) \quad \Delta H = -2804kJ/mol$$

由生成青霉素的化学计量式（23-2）可知，每生成 1mol 青霉素 G 产生 2mol CO_2，这些

CO_2 中的 C 原子全部来自葡萄糖，所以在计算燃烧热时先计算葡萄糖的用量为

$$m = \frac{11520}{334} \times \frac{2}{6} \times 180 = 2069.46 \text{（kg）}$$

故每生产周期生物热近似为 $Q_{生物} = \frac{2804 \times 2069.46 \times 1000}{180} = 3.22 \times 10^7 \text{（kJ）}$

对于机械搅拌通气式发酵罐而言，搅拌热与搅拌轴的功率有关，可用下式进行估算：

$$Q_{搅拌} = 3601 P_g \eta T$$

式中，P_g 为搅拌罐的搅拌功率，kW；3601 为机械能转变为热能的热功当量，kJ/(kW·h)；η 为电机效率；T 为发酵时间，h。

参考第 22 章，对该发酵罐进行尺寸及搅拌桨等设计，并计算出 120m³ 发酵罐的搅拌功率，然后进行设备选型。本例中，暂定发酵罐的搅拌功率 $P_g = 180$kW，由经验值得电机的效率为 $\eta = 0.92$，则

$$Q_{搅拌} = 3601 \times 180 \times 0.92 \times 208 = 1.24 \times 10^8 \text{（kJ）}$$

（4）蒸发热和辐射热

蒸发热是指被空气（通入的空气只有部分氧被微生物利用）或蒸发的水分带走的热量，辐射热则是指因发酵罐温度与罐外环境温度不同而使发酵罐通过罐体向外辐射的热量，其值受环境温度变化的影响，难以测量。由实际经验可知，蒸发热与辐射热之和一般约为生物热的 20%，所以

$$Q_{蒸发} + Q_{辐射} = 0.2 Q_{生物} = 0.2 \times 3.22 \times 10^7 = 6.44 \times 10^6 \text{（kJ）}$$

发酵热

$$Q_{发酵} = Q_{生物} + Q_{搅拌} - Q_{蒸发} - Q_{辐射} = 3.22 \times 10^7 + 1.24 \times 10^8 - 6.44 \times 10^6 = 1.50 \times 10^8 \text{（kJ）}$$

（5）循环用冷却水用量的计算

水的比热容为 $C_水 = 4.187$kJ/(kg·℃)，水的进口温度为 $t_{进口} = 15℃$，出口温度为 $t_{出口} = 25℃$。在实际生产中，为保证冷却水充足，取裕量系数为 1.2，则每周期冷却水总用量为

$$W_{发酵} = \frac{Q_{发酵}}{(t_{出口} - t_{进口}) C_水} \times 1.2 = \frac{1.50 \times 10^8}{10 \times 4.187} \times 1.2 = 4.30 \times 10^6 \text{（kg）}$$

思考题

23-1 制药工艺流程图有哪几种形式？各有什么特点？

23-2 以阿司匹林、奥美拉唑、紫杉醇、头孢菌氨苄、头孢噻肟合成工艺为例，计算原子经济性、环境因子、反应质量效率、过程质量强度，并对工艺进行分析和评价。

23-3 以奥美拉唑、紫杉醇、头孢类抗生素为例，绘制工艺流程框图、工艺流程简图、工艺控制流程图，并进行物料和能量平衡计算。

23-4 以青霉素、谷氨酸、维生素 C 为例，绘制出工艺流程框图、工艺流程简图、工艺控制流程图。

23-5 基于生物合成途径，以葡萄糖为碳源，计算青霉素、头孢菌素 C、红霉素、谷氨酸的理论得率。

23-6 以葡萄糖为原料，计算维生素 C 生产工艺的物料平衡和能量平衡。

23-7 以葡萄糖和尿素为原料，生产 1000kg 产品，理论计算谷氨酸发酵工艺的物料平衡和能量平衡。

23-8 以葡萄糖为原料，生产 1kg 产品，理论计算重组人干扰素和红细胞生成素生产工艺的物料平衡和能量平衡。

参考文献

［1］ 蒋作良. 药厂反应设备及车间工艺设计. 北京: 中国医药科技出版社, 2004.

［2］ 梅乐和, 姚善泾, 林东强. 生化生产工艺学. 北京: 科学出版社, 2001.

第24章
制药中试工艺研究与验证

学习目标

▷ 理解制药中试工艺的要求,掌握制药中试工艺研究的内容。
▷ 根据反应单元的工艺条件和过程控制,能够编写化学原料药和生物制品生产工艺规程。
▷ 理解原料药的生产工艺验证,能够编写出单元反应或操作的验证方案。

从实验小试工艺研究到生产工艺的形成过程,是一个工艺放大(process scale-up)的过程。虽然化学反应与生物反应的原理不会因实验规模(小试实验、中试和工业化)而改变,但各步单元的最佳工艺操作条件和控制则随着试验规模和设备等外部条件发生不同程度的改变。工艺放大就是,在原辅料基本不变更的情况下,在不同规模装置上进行试验,不断优化工艺参数与控制范围。由此制定单元操作的标准操作规程,形成生产工艺。并经过成功的工艺验证,才能获得许可,进行药品上市的生产。本章讨论制药中试工艺研究、工艺规程制定和生产工艺验证。

24.1 制药中试工艺研究

中试工艺研究是在中等规模装置中进行的工艺研究,一方面,检验小试工艺参数及控制范围的适应性,另一方面,可解决小试工艺阶段未能解决或尚未发现的问题,优化工艺路线,稳定工艺控制。因此,中试工艺研究是承上启下、获得规模放大数据必不可少的一个工艺试验阶段。

24.1.1 工业化制药对工艺的要求

虽然新药的工艺研究成果通常首先是在实验室内完成的,但小试结果只能说明工艺方案的可行性。如果不经过中试放大研究,则不能直接用于工业化生产,这是因为工业化生产对工艺的要求所决定的,它与小试工艺有许多显著的不同(见表24-1)。

表 24-1　小试工艺与工业化生产工艺的比较

项目	小试工艺	工业化生产工艺
目的	打通工艺路线,获得工艺相关知识及可行性	生产符合质量标准的产品,具有经济性
规模	体积较小,单次产品以 g 计	按批次生产,以年生产能力(kg 或 t)计
设备	玻璃仪器,设备小	金属和非金属设备,设备大和集成装置
物理状态	混合快,反应体系趋于稳态	混合慢,反应体系是非稳态的
反应参数	温度,压力,气体,热效应小	热效应大,危险性高
操作控制	独立单元操作,不连续	机械化、自动化连续操作,智能控制

制药工艺过程是复杂的化学过程、生物过程和物理过程的交织，存在许多在小试中未知的问题。把小试的最佳工艺条件原封不动地搬到工业化生产中，不能重复小试结果，常常会出现反应状况恶化、转化率和收率下降、产品质量变劣和不合格、发生溢料或爆炸等安全事故以及其他不良后果，有时甚至得不到产品。由过程规模变大而造成原有指标不能重复的现象称为放大效应（scale-up effect）。

中试工艺是小试工艺和生产工艺的桥梁，中试工艺研究结果能为车间设计、施工安装提供必要的依据，为制定质量标准与工艺规程提供数据和资料。中试工艺也为临床前的药学和药理毒理学研究以及临床试验提供一定数量的药品。另外，有些疫苗、单克隆抗体、免疫与诊断试剂，在中试规模进行生产制造就能满足需要。

24.1.2　制药中试工艺的试验规模

中试工艺的规模一般是比实验室规模放大 50～100 倍的中等规模。对于细胞培养，通常采用 10～30L 反应器进行研究。由于工业生产的发酵罐容积为 10～50m³，抗生素的发酵罐容积达 100m³，因此，采用吨级发酵罐进行中试，更为有利。也可结合制剂规格、剂型及临床使用情况，确定原料药中试规模，一般每批号原料的用量应达到制剂规格量的 1 万倍以上。根据药品剂量大小和疗程长短，单批次通常需要 2～10kg 数量。

24.1.3　制药中试工艺的试验装置

根据反应类型、操作条件等选择适宜的设备，重点考虑对反应器材质和型式的要求，特别是有腐蚀性物料的单元，并按照工艺流程进行安装。中试工艺的试验可在适应性很强的多功能车间内进行，无需按生产流程来布置生产设备，适合多种产品的中试工艺研究。

目前，我国不同级别的高新产业园区的孵化机构提供中试车间，一般拥有各种规格的中、小型反应器和后处理的分离纯化设备。搅拌反应器连接蒸汽、冷却水或冰盐水等各种配管，进行温度控制。如果配备中、小型离心机等，可将反应与分离耦合起来。采用小型移动式压滤机进行固-液分离过滤。对于化学制药工艺，如果进行回流（部分回流）反应或边反应边分馏或减压分馏等工艺试验时，需要蒸馏装置。高压反应、加氢反应、硝化反应、烃化反应、格氏反应等以及有机溶剂的回收都有通用性设备。

近年来，微型中间装置的发展很迅速，即用微型中间装置取代大型中间装置，为工业化装置提供精确的设计数据。在蛋白质药物生产工艺中，主要是使用一次性反应袋。其优点是免去了清洁和验证，费用低。在一般情况下，不必做全工艺流程的中试试验，而只做流程中某一关键步骤或单元操作的中试试验。

24.1.4　制药中试工艺的试验内容

通过实验室小试研究，已经确定了生产工艺路线、单元操作、工艺参数及其控制范围等。在中试试验阶段，就是检验这个工艺路线的工业化可行性，以产品质量控制为核心，主要针对单元操作及其参数控制进行测试，并进行合理的调整和优化工艺。对化学制药工艺，需要重点关注各种杂质的生成、去向与消除，有机溶剂的残留，晶形等原料药关键质量属性的变化。对于生物制药的培养工艺，重点关注蛋白质药物的结构不均一性、质粒稳定性、菌种和细胞活性等的影响，它们决定着生物制品的质量和产量。

（1）优化工艺参数的控制

针对化学反应或生物反应的主要影响因素，进行试验。受传递速度的影响，溶解氧浓度、pH、流加速度等关键工艺参数，在中试生物反应器的控制与小试反应器中不同。需要调整搅拌速度、通气量、流加等，优化控制方式，平衡细胞生长和产物合成，使生物反应工艺正常进行。

在化学制药工艺中，加料速度、先后顺序、搅拌速度、反应温度、反应时间等也常常需要在中试装置上调整和优化。例如由儿茶酚和二氯甲烷、氢氧化钠，在少量 DMSO 存在下（105℃），生成小檗碱的中间体胡椒环。当使用搅拌速度为 180r/min 时，反应激烈而发生溢料。降低搅拌转速（56r/min）和温度（90～100℃）后，收率达到 90% 以上。

（2）原辅料和中间体质量控制

为解决化学制药工艺和生产安全中可能出现的问题，需要测定某些物料的物理性质和化工参数，如比热容、黏度、闪点和爆炸极限等。

在小试工艺研究阶段，如果原辅材料、中间体质量标准未制定或不够完善时，要根据中试试验的结果进行制定或修订，完善质量控制。

（3）其他小试未发现的问题

在中试试验阶段，可能会遇到单元操作与单元操作之间一些不合理的技术和工程问题，也要予以解决。例如在维生素 C 酸化工艺中，2-酮-L-古龙酸与盐酸在 50℃ 下反应，经烯醇和内酯化，得到维生素 C。催化剂盐酸用量是主要因素。用量大时，反应快，但它同时使底物脱水，生成副产物糠醛。糠醛进一步聚合成不溶于水和醇的糠醛树脂，使原料药维生素 C 带有色杂质。盐酸用量少，反应慢，质量较好，但收率低。通过中试试验，调整盐酸用量，同时，加入丙酮，及时溶解糠醛，阻止糠醛聚合，从而提高转化率和质量。

24.2　生产工艺规程

中试工艺试验的研究结果证实了工业化生产的可能性后，根据市场的容量和经济指标的预测，提出生产任务，进行基建设计，遴选和确定定型设备以及非定型设备的设计和制作。然后，按照施工图进行生产车间或工厂的厂房建设、设备安装和辅助设备安装等。经试车合格和短期试生产稳定后，即可着手制定生产工艺规程。

24.2.1　生产工艺规程的概念

生产工艺规程为基于生产工艺过程的各项内容归纳写成的一个或一套文件，包括起始物料和包装材料，以及工艺、生产过程控制、注意事项。GMP 规定，经注册批准的生产工艺规程和标准操作规程不得任意修改。如需修改时，应按制定时的程序办理修订、审批手续。因此，生产工艺规程是新建和扩建生产车间或工厂的基本技术条件，也是组织管理生产的基本依据。

24.2.2　化学原料药生产工艺规程

生产工艺规程的内容包括：产品名称，生产工艺的操作要求，物料、中间产品、成品的质量标准和技术参数及储存注意事项，物料平衡的计算，成品容器、包装材料的要求等。具体内容如下：

（1）产品概述

原料药的名称、结构和理化性质，概述质量标准、临床用途和包装规格与要求等。①名称，包括中英文通用名、商品名、化学名称、化学文摘（CAS）号；②化学结构式或立体结构、分子式、分子量；③理化性质，包括性状、晶形、稳定性、溶解度；④质量标准及检验方法，包括准确的定量分析方法、杂质检查方法和杂质最高限度检验方法等；⑤药理作用和临床用途；⑥包装规格要求与贮藏条件。

（2）原辅材料和包装材料

起始物料及所用试剂、溶剂、催化剂等的名称、项目（外观、含量和水分）和规格，包装材料名称、材质、形状、规格等。原辅材料和包装材料的生产商及其执行质量标准。

（3）生产工艺流程

以各单元操作为依据，以生产工艺过程中的化学或生物反应为中心，用图解形式把反应冷却、加热、过滤、蒸馏、提取分离、中和、精制等物理化学处理过程加以描述，形成工艺流程图。

（4）反应过程

按化学合成或微生物发酵，分工序写出主反应、副反应、辅助反应（如催化剂的制备、副产物的处理、回收套用等）及其反应原理，标明反应物和产物的中文名称和分子量。还要包括反应终点的控制方法和快速化验方法。

（5）设备流程图及运行能力

设备一览表包括岗位名称、设备名称、规格、数量（容积、性能）、材质、电机容量等。用设备示意图的形式来表示生产过程中各设备的衔接关系即构成设备流程图，说明主要设备的使用与安全注意事项。主要设备的生产能力以中间体为序，主要设备名称和数量、生产班次、工作时间、投料量、批产量和折成品量。

（6）生产工艺过程

生产工艺过程应包括：①原料配比（投料量、折纯、质量比和摩尔比）；②主要工艺条件及详细操作过程，包括反应液配制、反应、后处理、回收、精制和干燥等；对于生物制药工艺过程，还应对菌种保存、接种，培养基的配制，发酵培养、分离纯化等主要工艺条件加以说明；③重点工艺控制点，如加料速度、反应温度、减压蒸馏时的真空度等；④异常现象的处理和有关注意事项，例如停水、停电，产品质量未达标等异常现象。

（7）中间体和半成品的质量标准和检验方法

以中间体和半成品名称为序，将分子式、分子量、外观、性状、含量指标、规格、检验方法以及注意事项等内容列表，同时规定可能存在的杂质含量限度。

（8）生产安全与劳动保护

① **防毒与防辐射危害** 制药生产过程中经常使用具有腐蚀性、刺激性和剧毒的物质，甚至是射线的辐射，容易造成化学烧伤、慢性中毒，损害操作人员身体健康。必须了解原辅材料、中间体和产品的理化性质，分别列出它们的危害性、防护措施、急救与治疗方法，保障人员的生产安全。

② **防火、防爆** 包括高温和高压反应，很多原料和溶剂是易燃、易爆物质，极易酿成火灾和爆炸。如 Raney 镍催化剂暴露于空气中便急剧氧化而燃烧，应随用随制备，贮存期不得超过一个月。氢气是易燃易爆气体，氯气则是有窒息性的毒气，并能助燃。要明确车间和岗位的防爆级别，列出各种原料的危险性和防护措施，包括熔点、沸点、闪点、爆炸极限、危险特征和灭火剂。建立明确而细致的安全防火制度。

③ **资源与环境安全** 强化资源和环境安全意识，做到资源的综合利用和三废处理的达标排放。对废弃物进行有效处理，对溶剂尽可能回收再利用。对于废弃物的处理，将生产岗位、废弃物的名称及主要成分、排放情况（日排放量、排放系数和 COD 浓度）和处理方法等列表。对于回收品的处理，将生产岗位、回收品名称、主要成分及含量、日回收量和处理方法等列表，载入生产工艺流程。

（9）附录

生产技术经济指标包括：①成品生产能力（年产量、月产量）和副产品生产能力（年产量、月产量）；②中间体、成品收率，分步收率和成品总收率，收率计算方法；③劳动生产率及成本，即全员和工人每月每人生产数量和原料成本、车间成本及工厂成本等；④原辅材料及中间体消耗定额；⑤动力消耗定额。

生产周期与岗位定员：记录各岗位的操作单元、操作时间（包括生产周期与辅助操作时间）和岗位生产周期，并由此计算出产品生产总周期，按照岗位需要确定人员责任和数量。

物料平衡、能量平衡等计算，所用酸、碱溶液的密度和质量分数，原料利用率、收率计算公式。

24.2.3 生物制品生产工艺规程

在制定生物制品生产规程时，设备流程、生产能力与技术经济指标、生产安全与劳动保护、生产周期和岗位等，可参考化学原料药生产工艺规程。这里仅就生物制品生产工艺和检定规程的特殊性给予分析。参照现行版《中国药典》三部的相关要求，制定生物制品生产工艺和检定规程，主要内容如下。

（1）产品概述

生物制品的基本信息，包括通用名称、专有名称、起始材料、表达系统（菌种/毒种、生产用培养基/细胞基质）、主要工艺步骤、产品作用和用途等。

（2）生产用菌种或细胞及其检定

包括名称、来源、构建及其遗传特性，细胞库的构建及管理，细胞库的检定与保存方法。

（3）生产用原材料及其检定

除生产用菌种、细胞之外的其他原材料，包括材料的名称、来源、级别、质量标准、保存条件等。对关键原材料，明确来源及质控，如无菌/微生物限度、感染性标志物、效价、毒性、生物安全性等特殊控制。人和动物来源的生物材料，要符合中国药典和国家相关规定，如牛血清应来源于无疯牛病地区的健康牛群，人血清白蛋白应符合国家对血液制品有关管理规定，无血清培养基若添加转铁蛋白、胰岛素、生长因子等生物材料，无潜在外源因子的引入。

（4）工艺流程

从起始物料开始，以各单元操作为依据，用图解形式描述原液制造、半成品配制、成品分批等，形成工艺流程图。

（5）原液

按照工艺流程，逐项描述原液生产工艺操作、过程控制、中间产物检定、中间产物保存和期限等，包括关键工艺参数和内控指标。原液的检定包括检测项目、质量标准和分析方法。

对于重组生物制品，详细描述发酵和纯化工艺与控制。

① **发酵工艺**　包括发酵模式、批次、规模、培养基的组分与配制，工艺参数（如温度、pH、搅拌速度、通气、溶解氧等）与控制范围、内控要求（如细胞/菌密度、活率、诱导表达时间、诱导剂浓度、微生物污染监测等）、培养周期等。

② **纯化工艺**　包括分离原理、纯化介质的类型、填料载量、柱高、流速、缓冲液、洗脱液、收峰条件等。

对于动物细胞表达的重组制品，还要描述病毒灭活或去除关键步骤的工艺参数。

（6）半成品

包括制剂处方、半成品配制方法、主要操作参数及控制范围，半成品检测项目、质量标准和分析方法等检定要求与保存条件和期限。

（7）成品

成品分批包括分批情况、生产批量，分装，规格，包装。成品检定包括检测项目、质量（放行及货架期）标准和分析方法。

（8）保存、运输及有效期

包括对保存和运输条件（温度、湿度、光照）的要求，自生产之日起，有效期的月数。

（9）附录

包括生产用主要原料及辅料的清单，列表提供名称、级别、质量标准、来源等，培养液的组分及制备，关键质控方法 SOP，稀释液、解离液的组分及制备。

24.2.4 制定和修改生产工艺规程

对于新产品的生产，在试车阶段，一般是制定临时生产工艺规程，经过一段时间生产稳定后，再制定生产工艺规程。正式生产以后，工艺研究还需要继续进行，不断改进和完善。在具体实施中，应该在充分调查研究的基础上，多提出几个方案进行分析、比较和验证。如发现问题，应会同有关设计人员共同研究，按规定手续进行修改与补充，或组织专家论证。制定和修改生产工艺规程的要点和基本过程见图 24-1。

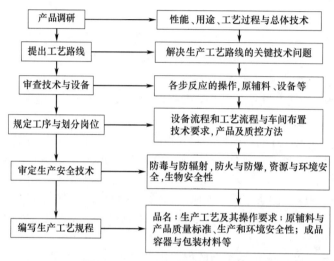

图 24-1　生产工艺规程的制定过程

24.2.5 标准操作规程

在制定和修订生产工艺规程的基础上，编写标准操作规程（standard operation procedure，SOP）。主要包括：生产操作方法和要点，重要操作的复核、复查，中间产品质量标准及控制，安全和劳动保护，设备维修、清洗，异常情况处理和报告，工艺卫生和环境卫生等。

标准操作规程为经批准用于指示操作的通用性文件或管理办法，内容包括：题目、编号、制定人及制定日期、审核人及审核日期、批准人及批准日期、颁发部门、生效日期、分发部门、标题及正文。

24.3　原料药生产工艺验证

2011 年，美国 FDA 颁发的工艺验证指南中指出，工艺验证（process validation）是从工艺设计阶段开始到商业生产全程中进行数据收集和评估的活动，通过科学数据证明工艺能够持续生产出符合质量标准的预期产品。工艺验证包括 3 个阶段，第一阶段是工艺设计（process design），主要进行工艺设计实验，从小试到中试进行工艺开发和放大，获得工艺知识和建立工艺控制策略，为生产工艺提供知识和技术，无需在 GMP 条件下进行。第二阶段是工艺确认（process qualification），对第一阶段的工艺设计进行评估，以确认工艺的生产能力、重现性和稳定性。第三阶段是持续工艺核实（continued process verification），持续保证生产工艺处于控制状态。第二和第三阶段必须在 GMP 条件下进行。从工艺路线开发开始，将制药工艺验证贯穿于整个产品的生命周期内，有利于加快制药工艺研发和最优化、保证质量、安全生产和降低成本。中国 CFDA 发布的《GMP》（2010 版）通则指出，工艺验证应当证明一个生产工艺按照规定的工艺参数能够持续生产出符合预定用途和注册要求的产品。工艺验证应当包括首次验证、影响产品质量的重大变更后的验证、必要的在验证前及其产品生命周期中持续工艺的确认，以确保工艺始终处于验证状态。以下以 CFDA 的工艺验证指南进行分析。

24.3.1　原料药生产新工艺的首次验证

对于新开发的原料药生产工艺，可采用前验证（prospective validation）或同步验证（concurrent validation）。验证的目的是工艺的适用性，即在使用规定（注册时的标准）的原辅料和设备条件下，生产工艺应当始终生产出符合预定用途和注册要求的产品。验证批的批量应当与预定试验批的批量一致（一般为最小批量），至少进行连续三批成功的工艺验证。

在小试初期和中期，处于制药工艺研究和筛选阶段，一直在变化和优化过程中，不具备验证的基础。到了小试末期，虽然制药工艺基本定型，但生产批量过小，不适合工艺验证（实验室做批次工艺验证不被认可）。中试初期（1～2 批），制药工艺可能不稳定，处于小试-中试转换阶段，制药工艺可否放大，还需考察，不合适进行工艺验证。中试末期，根据中试结论，确定制药工艺是否可验证。验证批量规模与中试规模相关联，工艺验证批次的最小批量为大生产的 1/10。

在新工艺路线研发过程，可针对不同单元工艺和操作的中试研究结果，进行预验证，确认该单元操作和工艺的重现性及可靠性。在各单元操作及工艺验证合格的基础上，进行全过程工艺的验证。在特定监控条件下进行试生产，以证明原料药质量符合预定的质量标准，也就完成了产品验证。

一般情况下，先进行清洁验证，然后是工艺验证。但往往同步进行，要考虑批次安排。不能先进行工艺验证，后进行清洁验证。

24.3.2　原料药生产工艺验证的前提条件

① 已经形成较明确、清晰、成熟的工艺，关键步骤和关键参数得到足够展示和初步评估，控制策略清晰可靠，评价具有说服力（仿制药要有参比制剂）。

② 生产工艺规程得到评估或批准，已建立 SOP，并通过审核。各种检验分析方法，经分析方法验证有效。

③ 原辅料和包装材料有供应商和质量标准，经检验合格，数量足够。不能临时更换原辅料，否则重新研究。

④ 厂房设施、设备和系统应经过确认，有 SOP 支持，处于验证有效期内。仪表和仪器检验合格，有 SOP 和记录支持。

⑤ 清洁方法，有使用经验，已经审核，得到批准。

⑥ 参与验证的技术人员和管理人员对工艺有足够深入理解，对车间管理和规范较熟悉。经过培训，体检合格。

24.3.3 原料药生产工艺验证方案

在验证前，编写原料药生产工艺验证方案。主要内容包括：生产工艺的简短概述，关键质量属性概述和可接受程度，关键工艺参数概述及其范围，其他质量属性和工艺参数概述，仪器设备、设施清单及其校准状态。成品放行质量标准，相应的检验方法清单，中间控制参数及其范围；测试项目及其可接受标准，测试分析方法；取样方法和计划，记录和评估方法（偏差处理），验证结果与评价；职能部门的职责，建议时间进度表。

制药工艺验证方案，经过审核和批准后，才能启动验证工作。

24.3.4 原料药生产工艺验证前准备

通过风险评估确定关键工艺和操作，把整个工艺分解成多个单元和操作，评估每个单元和操作的每个关键参数对质量和收率的影响。对于原料药只对关键工艺和单元操作进行验证。

① **确认关键质量属性** 性状、鉴别、含量、物理化学性质、纯度、粒度、晶形、微生物纯度等。

② **关键单元和操作** 反应单元、改变温度或pH、杂质引入或去除，任何改变产品形状（发生相变、溶解、结晶、过滤等），影响产品均一性（混合），影响鉴定、纯度或规格，延长保存期。

③ **确认关键工艺参数及其控制范围** 温度、压力、pH、浓度、时间、搅拌等。

24.3.5 原料药生产工艺验证过程

写明每一工艺步骤的目的和关键参数，根据取样计划（取样位置、时间、取样量、方式等）和测试计划（测试项目、可接受标准及其结果记录），将测试结果汇总到工艺参数列表24-2中。

表 24-2　工艺验证的工艺参数记录表

工艺步骤	参数名称	测定范围		可接受范围		关键工艺参数	
		最小值	最大值	最小值	最大值	是	否

对于新制药工艺，进行杂质来源（起始物料的残留、中间体残留、起始物料带来、试剂、溶剂、催化剂、反应副产物、降解物等）和种类（重金属、催化剂、硫酸盐、氯化物等无机杂质、有机杂质、残留溶剂等）的定量定性分析，包括杂质图谱（已知、未知杂质的定性和定量），进行批次之间的比较，证明杂质在规定限定范围内。动植物来源的原料药、发酵原料药的杂质档案通常不一定有杂质分布图，可比对杂质谱变化。

如果重复使用或套用回收的溶剂，要对使用和套用次数进行验证。

根据验证的数据，写出验证报告。无菌原料药，需提供验证方案和验证报告。其他原料药，仅提供验证方案和批生产记录样稿，应该有编号、版本号、相关人员签章。

思考题

24-1 从工业化生产对制药工艺的要求出发，分析中试试验所要解决的关键技术问题。

24-2 以奥美拉唑或紫杉醇的生产工艺为例，化学制药反应单元操作的中试工艺研究包括哪些内容？与小试研究有何联系？

24-3 以重组人干扰素或红细胞生成素为例，分析工程菌发酵或细胞培养单元操作中试研究的内容。

24-4 以紫杉醇或本教材中其他化学药物生产为例，制定出生产工艺规程的提纲。

24-5 以重组人干扰素或红细胞生成素生产为例，制定出生产工艺规程的提纲。

24-6 以本教材中的化学原料药或生物制品或某个单元操作为例，制定出标准操作规程。

24-7 新生产工艺验证的目的是什么？核心内容是什么？

24-8 以本教材中的化学原料药或生物制品或某个单元操作为例，写出工艺验证方案。

24-9 以工程菌或细胞系保存为例，制定出标准操作规程，写出验证过程。

参考文献

［1］ 中华人民共和国卫生与计划生育委员会. 药品生产质量管理规范(2010 年修订). 2011.

［2］ 顾飞军. 药品研发阶段的工艺验证. 中国医药工业杂志, 2012, 43(6): 509-513.

［3］ 何国强. 制药工艺验证实施手册. 北京: 化学工业出版社, 2011.

［4］ U.S. Food and Drug Administration. Guidance for industry. Process validation: general principles and practices, 2011.

第25章
三废处理工艺

学习目标

▶ 了解国家和部门对制药行业的三废排放的法律法规和要求，能够践行环保和可持续发展理念。

▶ 掌握水质污染参数，了解废水处理方法和达标排放，能够应用于制药工艺的设计中。

▶ 理解三类废气的特点，掌握废气处理原理和方法，能够应用于制药工艺的设计中。

▶ 理解废渣处理原则，掌握不同废渣处理方法，能够应用于制药工艺的设计中。

制药过程中产生的废水、废气、废渣为制药工业的"三废"。据统计，全国制药行业排放废气 10 亿立方米/年（含 10 万吨/年有害物质）、废渣 10 万吨/年，而废水为 50 万立方米/天。我国是化学合成和发酵原料药生产大国，品种多，生产量大，排放量也大，对环境的影响最突出。无论化学原料药生产，还是发酵原料药，投入的原辅料种类多，物料转化率低，因此，单一废弃物的回收经济率不高，难以实现废弃物资源化，一般只能作为废弃物处理。以维生素 C 为例，其产出率为 14%，以年产量 20 万吨计算，需投入原辅料 143 万吨，除去转化为成品的 20 万吨，其余 123 万吨物料为废弃物，需要处理合格后，才能排放。本章基于国家的法规，讨论解决三废的技术和实现工艺。

25.1 概　述

制药工业污染物排放标准是国家强制性标准，主要污染物排放总量须满足国家和地方相关要求。目前制药行业是重点环保监测的行业之一，只有环境评价合格才能建厂、投产、运行。最高人民法院、最高人民检察院于 2013 年和 2017 年先后 2 次对环境污染刑事案件适用法律作了司法解释，将污染环境犯罪纳入刑法体系，全面、系统地规定了污染环境犯罪定罪量刑标准。对环保不达标的制药企业，要求限产或停产整顿。如果违反国家规定，排放、倾倒、处置有毒害性、放射性、传染病原体等物质的污染物，将构成污染环境犯罪，受到定罪和处罚。《中华人民共和国环境保护法》《中华人民共和国水污染防治法》《中华人民共和国大气污染防治法》《中华人民共和国固体废物污染环境防治法》《中华人民共和国清洁生产促进法》等是防治环境污染的基本法律法规。生态环境部还发布了制药建设项目环境影响评价文件审批原则（试行）和制药工业污染防治技术政策。在制药项目和现有制药企业的管理、设计、建设、生产、科研等工作中予以执行，建立、完善环境污染事故应急体系，建设危险化学品的事故应急处理设施，促进制药工业生产工艺和污染治理技术的进步。

25.1.1　清洁生产

清洁生产（cleaner production）是指将整体预防的环境战略持续应用于产品的生产过程中，以期减少对人类和环境的风险，包括清洁生产工艺，使用清洁产品、清洁能源。对于制药领域而言，主要是清洁生产工艺和使用清洁的能源。单位产品物耗、能耗、水耗和污染物产生等清洁生产指标成为先进适用的技术、工艺和装备的必备要素。采用先进生产工艺和设备，淘汰高耗能、高耗水、高污染、低效率的落后工艺和设备。

清洁生产工艺包括物料选择、先进的合成和分离技术、密闭的设备和管道化输送。三废处理中，重点防治化学需氧量、氨氮、残留药物活性成分、恶臭物质、挥发性有机物、抗生素菌渣等污染物。实现清洁生产的核心要素如下。

① 开发新合成工艺，除了满足 GMP 等物料管理要求外，尽可能使用无毒、无害或低毒、低害的原辅材料，减少有毒、有害原辅材料的使用和替代。研究开发生物酶、构建菌种进行生物转化、抗生素、维生素、氨基酸等原料药生产新技术，提高产率，减少能耗。

② 在分离工艺中，采用动态提取、微波提取、超声提取、双水相萃取、超临界萃取、液膜法、膜分离、连续逆流循环、大孔树脂吸附等分离纯化技术，采用多效浓缩、真空带式干燥、微波干燥、喷雾干燥、新型结晶等浓缩和干燥技术。

③ 研发酶法、生物转化、膜、结晶等环保、节能的关键共性产业化装备。采用密闭设备、密闭原料输送管道等密闭式操作，采用放料、泵料或压料技术进行投料，不采用真空抽料，以减少有机溶剂的无组织排放。

④ 选用密闭、高效的工艺和设备，如有机溶剂回收系统，提高溶剂回收率。回收利用废水中有用物质、采用膜分离或多效蒸发等技术回收生产中使用的铵盐等盐类物质，减少废水中的氨氮及硫酸盐等盐类物质。提高制水设备排水、循环水排水、蒸汽凝水、洗瓶水的回收利用率。

⑤ 清洁生产与末端治理相结合、综合利用与无害化处置相结合。注重源头控污，加强精细化管理，废水分类收集、分质处理，采用先进、成熟的污染防治技术，减少废气排放，提高废物综合利用水平，加强环境风险防范。废水、废气及固体废物的处置应考虑生物安全性因素。

25.1.2　污水防治

按照"清污分流、雨污分流、分类收集、分质处理、达标排放"原则，建设废水收集、处理系统。依托公共污水处理系统的项目，在厂内进行预处理，常规污染物和特征污染物排放应满足相应排放标准和公共污水处理系统纳管要求。直排外环境的废水需满足国家和地方相关排放标准要求。

对高浓度废水（如高含盐）进行预处理，含有药物活性成分的废水进行灭活，含烷基汞、总镉、六价铬、总铅、总镍、总汞、总砷等第一类污染物排放浓度在车间或车间处理设施排放口达标。

对可生化降解的高浓度废水进行常规预处理，难生化降解的高浓度废水进行强化预处理。低浓度有机废水，采用好氧生化或水解酸化-好氧生化工艺进行处理。预处理后的高浓度废水，先经厌氧生化处理后，与低浓度废水混合，再进行好氧生化处理及深度处理；或预处理后的高浓度废水与低浓度废水混合，进行厌氧（或水解酸化)-好氧生化处理及深度处理。

单独收集实验室废水、动物房废水，进行灭菌、灭活处理。单独收集毒性大、难降解废水，单独处理后，再与其他废水混合处理。对含氨氮量高的废水，进行物化预处理，回收氨氮后再进行生物脱氮。

接触病毒、活性细菌的生物制药工艺废水要灭菌、灭活后再与其他废水混合，采用二级生化-消毒组合工艺进行处理。

废水处理过程中，要防止二次污染。废水厌氧生化处理过程中产生的沼气，要回收并脱硫后综合利用，不得直接放散。废水处理过程中产生的恶臭气体，经收集后采用化学吸收、生物过滤、吸附等方法进行处理。废水处理过程中产生的剩余污泥，应按照《国家危险废物名录》和危险废物鉴别标准进行识别或鉴别，非危险废物可综合利用。

25.1.3　大气污染防治

优化生产设备选型，密闭输送物料，采取有效措施收集并处理车间产生的无组织废气。发酵和消毒尾气、干燥废气、反应釜（罐、器）排气等有组织废气经处理后，污染物排放需满足相应国家和地方排放标准要求。采取有效措施减少挥发性有机物排放。动物房应封闭，设置集中通风、除臭设施。产生恶臭的生产车间应设置除臭设施，恶臭污染物满足《恶臭污染物排放标准》（GB 14554—1993）要求。

采取除臭措施对发酵尾气进行处理。有机溶剂废气，采用冷凝、吸附-冷凝、离子液吸收等工艺进行回收，不能或难以回收时，进行燃烧法等处理。含氯化氢等酸性废气，采用水或碱液吸收处理。含氨等碱性废气，采用水或酸吸收处理。对粉碎、筛分、总混、过滤、干燥、包装等工序产生的含药尘废气，通过袋式、湿式等高效除尘器捕集。产生恶臭的生产车间，设置除臭设施。封闭动物房，设置集中通风、除臭设施。有机溶剂废气处理过程中产生的废活性炭等吸附过滤物及载体，应作为危险废物处置。除尘设施捕集的不可回收利用的药尘，应作为危险废物处置。溶剂类物料、易挥发物料（氨、盐酸等）应采用储罐集中供料和储存，储罐呼吸气收集后处理。

优先选用低噪声设备，高噪声设备采取隔声、消声、减振等降噪措施，厂界噪声满足《工业企业厂界环境噪声排放标准》（GB 12348—2008）要求。

25.1.4　固体废物处置和综合利用

按照"减量化、资源化、无害化"的原则，对固体废物进行处理处置。固体废物贮存、处置设施、场所需满足《一般工业固体废物贮存和填埋污染控制标准》（GB 18599—2020）、《危险废物贮存污染控制标准》（GB 18597—2023）及其修改单和《危险废物焚烧污染控制标准》（GB 18484—2020）的有关要求。

制药工业产生的列入《国家危险废物名录》的废物，应按危险废物处置，包括：高浓度残液、基因工程制药过程中的母液、生产抗生素类药物和生物工程类药物产生的菌丝废渣、报废药品、过期原料、废吸附剂、废催化剂和溶剂、含有或者直接沾染危险废物的废包装材料、废滤芯（膜）等。生产维生素、氨基酸及其他发酵类药物产生的菌丝废渣经鉴别为危险废物的，按照危险废物处置。

含有药物活性成分的污泥，必须进行灭活预处理。药物生产过程中产生的废活性炭，优先回收再生利用，不能回收利用时，按照危险废物处置。实验动物尸体作为危险废物焚烧处置。

开发发酵菌渣的再利用技术、无害化处理技术、综合利用技术、危险废物厂内综合利用技术。中药、提取类药物生产过程中产生的药渣按一般工业固体废物处置，可作为有机肥料或燃料进行综合利用。

25.1.5　生物安全性风险防范

生物制药中接触病毒或活性菌种的生产、研发全过程，要灭活、灭菌，优先选择高温灭活技术。存在生物安全性风险的抗生素制药废水，进行预处理以破坏抗生素分子结构。通过高效过滤器控制颗粒物排放，减少生物气溶胶可能带来的风险。具有生物安全性风险的固体废物，进行无害化处置。

25.2　废水处理工艺

废水的数量大，种类最多，是制药企业污染物无害化处理的重点和难点。实施《制药工业水污染物排放标准》后，研究制药废水的处理及回用具有重要的意义。制药工业废水通常具有组成复杂、有机污染物种类多、浓度高、色度深、毒性大等特征，单一的处理方法难以实现达标排放，研发的重点应是多种处理手段的有机结合。

25.2.1　水质控制参数

体现水质污染状况的参数有多种，其中生化需氧量、化学需氧量、pH、悬浮物、有害物质含量等几项参数最为重要。

① 生化需氧量（biochemical oxygen demand，BOD）　指在一定条件下微生物分解废水中有机物时所需的氧量，单位为 mg/L。为了使 BOD 检测有可比性，一般采用 5 天时间、在20℃下用水样培养微生物并测定水样中溶解氧的消耗情况，称为五日生化需氧量（BOD_5），无标记时的 BOD 默认为 BOD_5。数值越大，说明水体受有机物的污染越严重。一般情况下，洁净的河水 BOD 为 2mg/L 左右，高于 10mg/L 时，水就会发臭。中国规定工厂排放口废水的BOD 最高为 6mg/L，地面水的 BOD 不得大于 4mg/L。

② 化学需氧量（chemical oxygen demand，COD）　指在一定条件下用强氧化剂（$K_2Cr_2O_7$或 $KMnO_4$）使污染物氧化所消耗的氧量，分别用 COD_{Cr} 和 COD_{Mn} 表示。无标记时的 COD默认为 COD_{Cr}。COD 高，表示废水中污染物多。中国规定工厂排出口废水的 COD 最高允许浓度为 100mg/L，个别特殊行业放宽到 300mg/L。

③ **BOD/COD**　反映废水的可生化参数，比值越大，越容易被生物处理。好氧生化处理，进水废水的 $BOD_5/COD \geqslant 3$。

④ **pH**　是反映废水酸碱性参数，处理后的废水应呈中性或接近中性。

⑤ 悬浮物（suspended substance，SS）　是指废水中呈悬浮状态的固体，是反映水中固体物质含量的一个常用指标，可用过滤法测定，单位为 mg/L。

混合液悬浮固体（mixed liquor suspended solids，MLSS）也称混合液污泥浓度，指曝气池中污水和活性污泥混合后的悬浮固体数量（mg/L）。它是计量曝气池活性污泥数量多少的指标，活性污泥中 MLSS 为 2000～5000mg/L。

混合液挥发性悬浮固体（mixed liquor volatile suspended solids，MLVSS）指混合液悬浮固体中有机物的数量（mg/L）。一般生活污水的 MLVSS/MLSS 值常为 0.7～0.8，工业废水则因水质不同而异。

⑥ 总氮（total nitrogen，TN）　一切含氮化合物以氮计的总称。TKN 即凯氏氮，表示总氮中的有机氮和 NH_3-N（氨氮），不包括 NO_2-N、NO_3-N（亚硝酸盐氮、硝酸盐氮）。

⑦ 总有机碳（total organic carbon，TOC）　即废水中溶解性和悬浮性有机物中的全部碳。

⑧ 污泥沉降比（sludge volume，SV）　指曝气池混合液在 100mL 量筒中静置沉淀 30min后，沉淀污泥与混合液的体积比（%）。SV 测定比较简单并能说明一定问题，因此它成为评

定活性污泥的重要指标之一。由于正常的活性污泥沉降 30min 后，一般可以接近它的最大密度，故污泥沉降比可以反映曝气池正常运行时的污泥量，可用于控制剩余污泥的排放，还能及时反映出污泥膨胀等异常情况，便于查明原因，及早采取措施。

⑨ **污泥指数**（sludge volume index，SVI）　全称为污泥容积指数，是指曝气池出口处混合液经 30 min 静沉后，1g 干活性污泥所占的容积（mL）。SVI 值能较好地反映出活性污泥的松散程度（活性）和凝聚、沉淀性能，SVI 值过低，说明泥粒细小紧密、无机物多，缺乏活性和吸附能力；SVI 值高，说明污泥难以沉淀分离并使回流污泥的浓度降低，甚至出现"污泥膨胀"，导致污泥流失等后果。

⑩ **污泥龄**　是曝气池中的活性污泥总量与每日排放的剩余污泥量的比值（单位：日）。在运行稳定时，剩余污泥量是新增长的污泥量，因此污泥龄也即是新增长的污泥在曝气池中的平均停留时间，或污泥增长一倍所需的平均时间。

⑪ **排水量**　指生产设施或企业排放到企业法定边界外的废水量。包括与生产有直接或间接关系的各种外排废水（含厂区生活污水、冷却废水、厂区锅炉和电站废水等）。

⑫ **单位产品基准排水量**　指用于核定水污染排放浓度而规定的生产单位产品的废水排放量上限值。

25.2.2　废水排放指标

制药废水污染物种类繁多，浓度很高，分子量一般很大，生化处理时间长，对环境污染严重。在国家环境保护总局 1998 年颁布实施的《国家污水综合排放标准》中，按其对人体健康的影响程度，可分两类。

（1）第一类污染物

指能在环境或生物体内蓄积，对人体健康产生长远不良影响的污染物。《国家污水综合排放标准》中规定的此类污染物有 9 种，如表 25-1 所示。含有这一类污染物的废水，不分行业和排放方式，也不分受纳水体的功能差别，一律在车间或车间的处理设施排出口取样，其最高允许排放浓度必须符合规定。

表 25-1　第一类污染物最高允许排放浓度（mg/L）

序号	1	2	3	4	5	6	7	8	9
污染物	总汞	烷基苯	总镉	总铬	六价铬	总砷	总铅	总镍	苯并[a]芘
最高允许排放浓度	0.05	不得检出	0.1	1.5	0.5	0.5	1.0	1.0	0.00005

（2）第二类污染物

指其长远影响小于第一类的污染物。在《国家污水综合排放标准》中规定的有 pH、化学需氧量、生化需氧量、色度、悬浮物、石油类、挥发性酚类、氰化物、硫化物、氟化物、硝基苯类、苯胺类等共 20 项。含有第二类污染物的废水在排污单位排出口取样，根据受纳水体的不同，执行不同的排放标准。部分第二类污染物的最高允许排放浓度列于表 25-2 中。

表 25-2　第二类污染物最高允许排放浓度

污染物	一级标准		二级标准		三级标准
	新扩建	现有	新扩建	现有	
pH	6～9	6～9	6～9	6～9	6～9
悬浮物（SS）/(mg/L)	70	100	200	250	400
生化需氧量（BOD_5）/(mg/L)	30	60	60	80	300
化学需氧量（COD_{Cr}）/(mg/L)	100	150	150	200	500
石油类/(mg/L)	10	15	10	20	30

污染物	一级标准		二级标准		三级标准
	新扩建	现有	新扩建	现有	
挥发酚/(mg/L)	0.5	1.0	0.5	1.0	2.0
氰化物/(mg/L)	0.5	0.5	0.5	3.5	1.0
硫化物/(mg/L)	1.0	1.0	1.0	2.0	2.0
氟化物/(mg/L)	10	15	10	15	20
硝基苯类/(mg/L)	2.0	3.0	3.0	5.0	5.0

国家按地面水域的使用功能要求和排放去向，对向地面水域和城市下水道排放的废水分别执行一、二、三级标准。对特殊保护水域及重点保护水域，如生活用水水源地、重点风景名胜和重点风景游览区水体、珍贵鱼类及一般经济渔业水域等执行一级标准；对一般保护水域，如一般工业用水区、景观用水区、农业用水区、港口和海洋开发作业区等执行二级标准；对排入城镇下水道并进入二级污水处理厂进行生物处理的污水执行三级标准；对排入未设置二级污水处理厂的城镇污水，必须根据下水道出水受纳水体的功能要求，分别执行一级或二级标准。

25.2.3 废水处理过程

（1）"清污"分流

在排水系统划分上执行清污分流的原则。清污分流指将清水（包括冷却水、雨水、生活用水）、污水（包括药物生产过程排出的各种废水）分别经过各自的管道或渠道进行排泄和贮留，以利于清水的套用和污水的处理。此外，特殊废水与一般废水分开，如含剧毒物质（重金属）的废水应与准备生化处理的废水分开；不能让含氰废水、硫化合物废水和呈酸性的废水混合等。

（2）废水处理级数

按废水处理的程度，一般可作如下分级。

① **一级处理** 主要是预处理，用机械方法或简单化学方法使废水中悬浮物、泥沙、油类或胶态物质沉淀下来，调整废水的酸碱度。一级处理废水投资少，并且可减少二级处理负荷、降低污水处理成本等。

② **二级处理** 主要是生化处理，适用于处理各种有机污染的废水，如好氧法、厌氧法。废水经二级处理后，一般能达到排放标准。

③ **三级处理** 主要是深度处理，用物理、化学方法去除可溶性无机物，去除不能被微生物分解的有机物，去除各种病毒、病菌以及氮、磷等营养物质，最后达到地面水或工业用水、生活用水的水质标准。

25.2.4 废水处理技术

废水处理技术很多，按作用原理一般可分为物理方法、化学方法、物理化学方法和生物方法。

① **物理方法** 是利用物理作用将废水中呈悬浮状态的污染物分离出来，在分离过程中不改变其化学条件，如沉降、气浮、过滤、离心、蒸发、浓缩等。物理方法常用于废水的一级处理。

② **化学方法** 是利用化学反应原理来分离、回收废水中各种形态的污染物，如中和、凝聚、氧化和还原等。化学方法常用于有毒、有害废水的处理，使废水达到不影响生物处理的条件。

③ **物理化学方法**　综合利用物理和化学作用除去废水中的污染物。如吸附法、萃取法、离子交换法和膜分离法等。

④ **生物方法**　利用微生物的代谢作用，使废水中呈溶解和胶体状态的有机污染物转化为稳定、无害的物质，如 H_2O 和 CO_2 等，生物方法能够去除废水中的大部分有机污染物，是常用的二级处理法。

上述每种废水处理方法都是一种单元操作。由于制药废水的特殊性，仅用一种方法一般不能将废水中的所有污染物除去。在废水处理中，常常需要将几种处理方法组合在一起，形成一个处理流程。流程的组织一般遵循先易后难、先简后繁的规律，即首先使用物理方法进行预处理，以除去大块垃圾、漂浮物和悬浮固体等，然后再使用化学方法和生物方法等处理。预处理单元选择的重点应是提高废水的可生化性与降低能耗。

25.2.5　制药废水的处理工艺

（1）含悬浮物或胶体的废水

废水中所含的悬浮物一般可通过沉淀、过滤或气浮等方法除去，是废水的常规预处理方法。通常，对于悬浮物质采用沉淀、气浮、过滤等方法去除；对于树脂状物，由于不易上浮和沉淀，需采用辅助手段（如通入压缩空气、直接蒸汽加热、加入无机盐等）使悬浮物聚集起来沉淀或气浮分离；对于极小胶体，可用混凝法或吸附法处理。

例如，4-甲酰氨基安替比林是合成解热镇痛药安乃近（Analgin）的中间体，在生产过程中要产生一定量的废母液，其中含有许多必须除去的树脂状物，这种树脂状物不能用静置的方法分离。若在此废母液中加入浓硫酸铵废水，并用蒸汽加热，使其相对密度增大到 1.1，即有大量的树脂沉淀和上浮物，从而将树脂状物从母液中分离出来。

除去悬浮物和胶体的废水若仅含无毒的无机盐类，一般稀释后即可直接排入下水道。若达不到国家规定的排放标准，则需采用其他方法进一步处理。从废水中除去悬浮物或胶体可大大降低二级处理的负荷，且费用一般较低。

（2）含酸碱性废水

化学制药过程中常排出各种含酸或碱的废水，其中以酸性废水居多。含酸浓度高的废水应考虑尽量回收利用及综合利用。如利用废硫酸制作磷肥等。含酸（碱）1%以下而没有经济价值的废水，经中和后才能排放，以免腐蚀排水管道，危害水生生物。中和时，尽量采用废碱或废酸，也可考虑用氨水中和，后用于灌溉。若中和后的废水水质符合国家规定的排放标准，可直接排入下水道，否则需进一步处理。

除中和法外，还有浓缩、蒸馏、渗析等方法。

（3）含无机物废水

药厂中常见的无机物是溶解于废水中的卤化物、氰化物、硫酸盐及重金属离子。基本处理方法有稀释法、浓缩结晶法以及各种化学处理法。对于不含毒物且一时无法回收综合利用的无机盐废水，可用稀释法处理；单纯的无机盐废水可用浓缩结晶法回收利用；对于剧毒的氰化物、氟化物废水，则必须用化学处理法处理或利用。此外，对于重金属废水（汞、铜、铬等），应用化学沉淀法进行处理，形成碳酸盐、氢氧化物、硫化物等。

较高浓度的无机盐废水应首先考虑回收和综合利用。例如，含锰废水经一系列化学处理后可制成硫酸锰或高纯碳酸锰，较高浓度的硫酸钠废水经浓缩结晶法处理后可回收硫酸钠等。

（4）含有机物废水

在化学制药厂排放的各类废水中，含有机物废水的处理是最复杂、最重要的课题。此类废水中所含的有机物一般为原辅材料、产物和副产物等。在进行无害化处理前，应尽可能考虑回收和综合利用。常用的回收和综合利用方法有蒸馏、萃取和化学处理等。回收后符合排放标准的废水，可直接排入下水道。对于成分复杂、难以回收利用或者经回收后仍不符合排放标准的有机废水，则需采用适当方法进行无害化处理。

有机废水的无害化处理方法很多，可根据废水的水质情况加以选用。对于易被氧化分解的有机废水，一般可用生物处理法进行无害化处理。对于低浓度、不易被氧化分解的有机废水，采用生物处理法往往达不到规定的排放标准，这些废水可用沉淀、萃取、吸附等物理、化学或物理化学方法进行处理。对于浓度高、热值高、难以用其他方法处理的有机废水，可用焚烧法进行处理。

25.2.6 制药废水处理的工艺选择

由于制药废水复杂多变的特点以及制药企业迅猛发展后废水处理量的增加，必须不断改进并组合采取多种方法加以完善，同时，还应兼顾废水处理系统的最优化设计。图 25-1 所示为制药废水处理的基本工艺流程，它包括废水调节池、生化处理池和物化处理池等构筑物和设备。

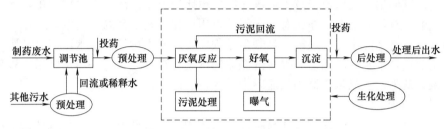

图 25-1　制药废水处理的基本工艺流程

首先采取必要的物理方法进行预处理，如设调节池调节水质、水量和 pH，采用格栅截留、自然沉淀和上浮等分离方法。也可结合实际情况再选用某种物理或化学法处理，以降低水中的 SS、盐度及部分 COD，减少废水中的生物抑制性质，提高废水的可降解性，为废水的后续生化处理奠定良好基础。

预处理后的废水再进行生化处理。可根据其水质特征选择某种厌氧、好氧工艺或厌氧-好氧等组合工艺处理。

生化处理池采用两段或三段生化处理，包括厌氧池、好氧池和污泥沉淀池；第一段生化处理工艺采用高容积负荷和大微生物量，第二和第三段生化处理工艺可采用低容积负荷。若出水要求高，生化处理工艺后还需采取其他方法进行后续处理。

高效而经济的废水处理工艺在脱色和提高可生化性的同时，能尽量减少物化污泥的产生。确定具体工艺时，应综合考虑废水的性质、工艺的处理效果、基建投资及运行维护等因素。总体原则是技术可行、高效实用、合理经济。

25.3　废气处理工艺

按所含主要污染物的性质不同，排出的废气可分为 3 类，即含尘（固体悬浮物）废气、含无机污染物废气和含有机污染物废气。含尘废气的处理实际上是一个气、固两相混合物的分离问题，可利用粉尘质量较大的特点，通过外力的作用将其分离出来；而处理含无机或有机污染物的废气，则要根据所含污染物的物理性质和化学性质，通过冷凝、吸收、吸附、燃烧、催化等方法进行无害化处理。

25.3.1　含尘废气处理工艺

药厂排出的含尘废气主要是由粉碎、碾磨、筛分等机械过程所产生的粉尘，以及锅炉燃烧所产生的烟尘等，常用的除尘方法有 3 种，即机械除尘、洗涤除尘和过滤除尘。

（1）机械除尘

机械除尘是利用机械力（重力、惯性力、离心力）将固体悬浮物从气流中分离出来。机械除尘设备具有结构简单、易于制造、阻力小和运转费用低等特点，但此类除尘设备只对大粒径粉尘的去除效率较高，而对小粒径粉尘的捕获率很低。为了取得较好的分离效率，可采用多级串联的形式，或将其作为一级除尘使用。

（2）洗涤除尘

洗涤除尘又称湿式除尘，它是用水（或其他液体）洗涤含尘气体，利用形成的液膜、液滴或气泡捕获气体的尘粒，尘粒随液体排出，气体得到净化。洗涤除尘器可以除去直径在 0.1μm 以上的尘粒，且除尘效率较高，一般为 80%～95%，高效率的装置可达 99%。洗涤除尘器的结构比较简单，设备投资较少，操作维修也比较方便。洗涤除尘过程中，水与含尘气体可充分接触，有降温增湿和净化有毒废气等作用。尤其适合高温、高湿、易燃、易爆和有毒废气的净化，洗涤除尘的明显缺点是除尘过程中要消耗大量的洗涤水，而且从废气中除去的污染物全部转移到水中，因此必须对洗涤后的水进行净化处理，并尽量回用，以免造成水的二次污染。此外，洗涤除尘器的气流阻力较大，因而运行费用较高。

（3）过滤除尘

过滤除尘是使含尘气体通过多孔材料，将气体中的尘粒截留下来，使气体得到净化。目前，我国使用较多的是袋式除尘器。袋式除尘器结构简单，使用灵活方便，可以处理不同类型的颗粒污染物，尤其对直径在 0.1～20μm 范围内的细粉有很强的捕集效果，除尘效率可达 90%～99%，是一种高效除尘设备。但袋式除尘器的应用要受到滤布的耐温和耐腐蚀等性能的限制，一般不适用于高温、高湿或强腐蚀性废气的处理。对于那些粒径分布范围较广的尘粒，常将两种或多种不同性质的除尘器组合使用。

25.3.2　含无机物废气处理工艺

含有氯化氢、硫化氢、二氧化硫、氮氧化物、氯气、氨气和氰化氢等的废气，主要处理方法有吸收法、吸附法、催化法和燃烧法等。其中以吸收法最为常用，技术比较成熟，可选择适宜的吸收剂和吸收装置进行处理，并可回收有价值的副产。例如，用水吸收废气中的氯化氢可获得一定浓度的盐酸；用水或稀硫酸吸收废气中的氨可获得一定浓度的氨水或铵盐溶液，可用作农肥；含氰化氢的废气可先用水或液碱吸收，然后再用氧化、还原及加压水解等方法进行无害化处理；含二氧化硫、硫化氢、二氧化氮等酸性气体，一般可用氨水吸收，根据吸收液的情况可用作农肥或进行其他综合利用等。

25.3.3　含有机物废气处理工艺

根据废气中所含有机污染物的性质、特点和回收的可能性，可采用不同的净化和回收方法。目前，含有有机污染物废气的一般处理方法主要有冷凝法、吸收法、吸附法、燃烧法和生物法。

（1）冷凝法

通过冷却的方法可使废气中所含的有机污染物凝结成液体而分离出来。冷凝法的特点是设备简单，操作方便，适用于处理有机污染物含量较高的废气。冷凝法常用作燃烧或吸附净化废气的预处理，当有机污染物的含量较高时，可通过冷凝回收的方法减轻后续净化装置的负荷。但此法对废气的净化程度受冷凝温度的限制，当要求的净化程度很高或处理低浓度的有机废气时，需要将废气冷却到很低的温度，经济上通常是不合算的。

（2）吸收法

选用适宜的吸收剂和吸收流程。吸收法在处理含有机污染物废气中的应用不如在处理含无污染物废气中的应用广泛，其主要原因是选择适宜吸收剂比较困难。吸收法可用于处理有机污染物含量较低或沸点较低的废气，并可回收获得一定量的有机化合物，如用水或乙二醛水溶液吸收废气中的胺类化合物，用稀硫酸吸收废气中的吡啶类化合物，用水吸收废气中的醇类和酚类化合物，用亚硫酸氢钠溶液吸收废气中的醛类化合物，用柴油或机油吸收废气中的某些有机溶剂（如苯、甲醇、乙酸丁酯等）。但当废气中所含的有机污染物浓度过低时，吸收效率会显著下降。因此，吸收法不宜处理有机污染物含量过低的废气。

（3）吸附法

吸附法是将废气与大表面多孔性固体物质（吸附剂）接触，使废气中的有害成分吸附到固体表面上，从而达到净化气体的目的。吸附过程是一个可逆过程，当气相中某组分被吸附的同时，部分已被吸附的该组分又可以脱离固体表面回到气相中，这种现象称为脱附。当吸附速率与脱附速率相等时，吸附过程达到动态平衡，此时的吸附剂已失去继续吸附的能力，因此，当吸附过程接近或达到吸附平衡时，应采用适当的方法将被吸附的组分从吸附剂中解脱下来，以恢复吸附剂的吸附能力，这一过程称为吸附剂的再生。吸附法处理含有机污染物的废气包括吸附和吸附剂再生的全部过程。

与吸收法类似，合理地选择和利用高效吸附剂，是吸附法处理含有机污染物废气的关键。常用的吸附剂有活性炭、活性氧化铝、硅胶、分子筛和褐煤等。吸附法的净化效率较高，特别是当废气中的有机污染物浓度较低时仍具有很强的净化能力。因此，吸附法特别适用于处理排放要求比较严格或有机污染物浓度较低的废气。但吸附法一般不适用于高浓度、大气量的废气处理。否则，需对吸附剂频繁地进行再生处理，影响吸附剂的使用寿命，并增加操作费用。

（4）燃烧法

燃烧法是在有氧的条件下将废气加热到一定的温度，使其中的可燃污染物发生氧化燃烧或高温分解而转化为无害物质。当废气中的可燃污染物浓度较高或热值较高时，可将废气作为燃料直接通入焚烧炉中燃烧，燃烧产生的热量可予以回收。当废气中的可燃污染物浓度较低或热值较低时，可利用辅助燃料燃烧放出的热量将混合气体加热到所要求的温度，使废气中的可燃有害物质进行高温分解而转化为无害物质。燃烧过程一般需控制在 800℃左右的高温下进行。为了降低燃烧反应的温度，可采用催化燃烧法，即在氧化催化剂的作用下，使废气中的可燃组分或可高温分解组分在较低的温度下进行燃烧反应而转化成 CO_2 和 H_2O。催化燃烧法处理废气的流程一般包括预处理、预热、反应和热回收等部分。

燃烧法是一种常用的处理含有机污染物废气的方法。此法的特点是工艺比较简单，操作比较方便，并可回收一定的热量。缺点是不能回收有用物质，并容易造成二次污染。

（5）生物法

生物法处理废气的原理是利用微生物的代谢作用，将废气中所含的污染物转化成低毒或无毒的物质。与其他气体净化方法相比，生物处理法的设备比较简单，且处理效率较高，运行费用较低。因此，生物法在废气处理领域中的应用越来越广泛，特别是含有机污染物废气的净化。但生物法只能处理有机污染物含量较低的废气，且不能回收有用物质。

25.4　废渣处理工艺

药厂废渣是在制药过程中产生的固体、半固体或浆状废物。在制药过程中，废渣的来源很多，如活性炭脱色精制工序产生的废活性炭，铁粉还原工序产生的铁泥，锰粉氧化工序产生的锰泥，废水处理产生的污泥，以及蒸馏残渣、失活催化剂、不合格的中间体和产品等。

25.4.1　防治废渣的原则

防治废渣污染应遵循"减量化、资源化和无害化"的"三化"原则。首先要采取各种措施，最大限度地从"源头"上减少废渣的产生量和排放量。其次，对于必须排出的废渣，要从综合利用上下功夫，尽可能从废渣中回收有价值的资源和能量。经综合利用后的残渣或无法进行综合利用的废渣，应采用适当的方法进行无害化处理。

由于废渣的组成复杂，性质各异，故废渣的治理还没有像废气和废水的治理那样形成系统。目前，对废渣的处理方法主要有化学法、焚烧法、热解法和填埋法等。

25.4.2　废渣的化学工艺

化学法是利用废渣中所含污染物的化学性质，通过化学反应将其转化为稳定、安全的物质，是一种常用的无害化处理技术。例如，铬渣中常含有可溶性的六价铬，对环境有严重危害，可利用还原剂将其还原为无毒的二价铬，从而达到消除六价铬污染的目的。再如，将含氰化合物加入氢氧化钠溶液中，再用氧化剂使其转化为无毒的氰酸钠（NaCNO）或加热回流数小时后，再用次氯酸钠分解，可使氰基转化成 CO_2 和 N_2，从而达到无害化的目的。

25.4.3　废渣的焚烧和热裂解工艺

（1）废渣焚烧工艺

焚烧是使被处理的废渣与过量的空气在焚烧炉内进行氧化燃烧反应，从而使废渣中所含的污染物在高温下氧化分解而破坏，是一种高温处理和深度氧化的综合工艺。焚烧法不仅可以大大减少废渣的体积，消除其中的许多有害物质，而且可以回收一定的热量，是一种可同时实现减量化、无害化和资源化的处理技术。因此，对于一些暂时无回收价值的可燃性废渣，特别是当用其他方法不能解决或处理不彻底时，焚烧法常是一个有效的方法。

焚烧法可使废渣中的有机污染物完全氧化成无害物质，有机物的化学去除率可达 99.5% 以上，因此，适宜处理有机物含量较高或热值较高的废渣。当废渣中的有机物含量较少时，可加入辅助燃料。此法的缺点是投资较大，运行管理费用较高。

（2）废渣热解工艺

热解法是在无氧或缺氧的高温条件下，使废渣中的大分子有机物裂解为可燃的小分子燃料气体、油和固态碳等。

热解法与焚烧法是两个完全不同的处理过程。焚烧过程放热，其热量可以回收利用；而热解则是吸热的。焚烧的产物主要是水和二氧化碳，无利用价值；而热解产物主要为可燃的小分子化合物，如气态的氢、甲烷，液态的甲醇、丙酮、乙酸、乙醛等有机物以及焦油和溶剂油等，固态的焦炭或炭黑，这些产品可以回收利用。

25.4.4　废渣的填埋

填埋法是将一时无法利用、又无特殊危害的废渣埋入土中，利用微生物的长期分解作用而使其中的有害物质降解。一般情况下，废渣首先要经过减量化和资源化处理，然后才对剩余的无利用价值的残渣进行填埋处理。同其他方法相比，此法的成本较低，且简便易行，但常有潜在的危害性。例如，废渣的渗滤液可能会导致填埋场地附近的地表水和地下水严重污染；某些含有有机物的废渣分解时要产生甲烷、氨气和硫化氢等气体，造成场地恶臭，严重破坏周围的环境卫生，而且甲烷的积累还可能引起火灾或爆炸。因此，要认真仔细地选择填埋场地，并采取妥善措施，防止对水源造成污染。

除以上几种方法外，废渣的处理方法还有生物法、湿式氧化法等多种方法。生物法是利用微生物的代谢作用将废渣中的有机污染物转化为简单、稳定的化合物，从而达到无害化的目的。湿式氧化法是在高压和150～300℃的条件下，利用空气中的氧对废渣中的有机物进行转化，以达到无害化的目的，整个过程在有水的条件下进行。

思考题

25-1 如何实现原料药的清洁生产工艺？

25-2 青霉素、头孢菌素C等抗生素发酵制药废水、废渣、废气对环境有什么影响？如何处理？

25-3 谷氨酸、维生素C的发酵废水、废渣、废气对环境有什么影响？如何处理？

25-4 重组人干扰素的发酵废水、废渣、废气对环境有什么影响？如何处理？

25-5 抗体和基因药物的制药废水、废渣、废气对环境有什么影响？如何处理？

25-6 奥美拉唑、紫杉醇、半合成抗生素制药的废水、废渣、废气对环境有什么影响？如何处理？

25-7 根据我国现行法律，定罪严重污染环境的情形有哪些？

参考文献

王效山, 夏伦祝. 制药工业三废处理技术. 北京: 化学工业出版社, 2010.